21世纪高等学校规划教材 | 计算机应用

SQL Server 2012 数据库管理（第二版）

屠建飞 编著

清华大学出版社
北京

内容简介

SQL Server 2012是微软公司于2012年新推出的数据库管理系统。SQL Server数据库管理系统经过近30年发展，已成为市场占有率最高的关系型数据库管理系统，在国内外有非常广泛的应用。

本书围绕SQL Server 2012数据库管理的各种应用特性，介绍了服务器管理、数据库、表、视图、存储过程、视图、触发器、索引、备份与还原、T-SQL语言、安全管理、自动化管理、集成服务等内容。本书内容翔实，深入剖析了SQL Server 2012的各项功能。

本书适合作为高等院校、高职高专院校本专科学生信息管理、计算机应用、管理学等专业相关课程的教材和辅助学习资料，也可供从事计算机应用程序开发、数据管理等工作的读者阅读参考。

图书在版编目(CIP)数据

SQL Server 2012数据库管理/屠建飞编著. —2版. —北京：清华大学出版社，2016
21世纪高等学校规划教材·计算机应用
ISBN 978-7-302-44613-2

Ⅰ. ①S…　Ⅱ. ①屠…　Ⅲ. ①关系数据库系统－高等学校－教材　Ⅳ. ①TP311.138

中国版本图书馆CIP数据核字(2016)第175458号

责任编辑：闫红梅　战晓雷
封面设计：傅瑞学
责任校对：白　蕾
责任印制：王静怡

出版发行：清华大学出版社
网　　址：http://www.tup.com.cn，http://www.wqbook.com
地　　址：北京清华大学学研大厦A座　　邮　　编：100084
社 总 机：010-62770175　　邮　　购：010-62786544
投稿与读者服务：010-62776969，c-service@tup.tsinghua.edu.cn
质 量 反 馈：010-62772015，zhiliang@tup.tsinghua.edu.cn
课 件 下 载：http://www.tup.com.cn，010-62795954
印 装 者：北京鑫海金澳胶印有限公司
经　　销：全国新华书店
开　　本：185mm×260mm　　**印　张**：27　　**字　　数**：654千字
版　　次：2011年1月第1版　　2016年9月第2版　　**印　　次**：2016年9月第1次印刷
印　　数：1～2000
定　　价：49.50元

产品编号：070020-01

出版说明

随着我国改革开放的进一步深化，高等教育也得到了快速发展，各地高校紧密结合地方经济建设发展需要，科学运用市场调节机制，加大了使用信息科学等现代科学技术提升、改造传统学科专业的投入力度，通过教育改革合理调整和配置了教育资源，优化了传统学科专业，积极为地方经济建设输送人才，为我国经济社会的快速、健康和可持续发展以及高等教育自身的改革发展做出了巨大贡献。但是，高等教育质量还需要进一步提高以适应经济社会发展的需要，不少高校的专业设置和结构不尽合理，教师队伍整体素质亟待提高，人才培养模式、教学内容和方法需要进一步转变，学生的实践能力和创新精神亟待加强。

教育部一直十分重视高等教育质量工作。2007 年 1 月，教育部下发了《关于实施高等学校本科教学质量与教学改革工程的意见》，计划实施"高等学校本科教学质量与教学改革工程(简称'质量工程')"，通过专业结构调整、课程教材建设、实践教学改革、教学团队建设等多项内容，进一步深化高等学校教学改革，提高人才培养的能力和水平，更好地满足经济社会发展对高素质人才的需要。在贯彻和落实教育部"质量工程"的过程中，各地高校发挥师资力量强、办学经验丰富、教学资源充裕等优势，对其特色专业及特色课程(群)加以规划、整理和总结，更新教学内容、改革课程体系，建设了一大批内容新、体系新、方法新、手段新的特色课程。在此基础上，经教育部相关教学指导委员会专家的指导和建议，清华大学出版社在多个领域精选各高校的特色课程，分别规划出版系列教材，以配合"质量工程"的实施，满足各高校教学质量和教学改革的需要。

为了深入贯彻落实教育部《关于加强高等学校本科教学工作，提高教学质量的若干意见》精神，紧密配合教育部已经启动的"高等学校教学质量与教学改革工程精品课程建设工作"，在有关专家、教授的倡议和有关部门的大力支持下，我们组织并成立了"清华大学出版社教材编审委员会"(以下简称"编委会")，旨在配合教育部制定精品课程教材的出版规划，讨论并实施精品课程教材的编写与出版工作。"编委会"成员皆来自全国各类高等学校教学与科研第一线的骨干教师，其中许多教师为各校相关院、系主管教学的院长或系主任。

按照教育部的要求，"编委会"一致认为，精品课程的建设工作从开始就要坚持高标准、严要求，处于一个比较高的起点上；精品课程教材应该能够反映各高校教学改革与课程建设的需要，要有特色风格、有创新性(新体系、新内容、新手段、新思路，教材的内容体系有较高的科学创新、技术创新和理念创新的含量)、先进性(对原有的学科体系有实质性的改革和发展，顺应并符合 21 世纪教学发展的规律，代表并引领课程发展的趋势和方向)、示范性(教材所体现的课程体系具有较广泛的辐射性和示范性)和一定的前瞻性。教材由个人申报或各校推荐(通过所在高校的"编委会"成员推荐)，经"编委会"认真评审，最后由清华大学出版社审定出版。

目前,针对计算机类和电子信息类相关专业成立了两个“编委会”,即“清华大学出版社计算机教材编审委员会”和“清华大学出版社电子信息教材编审委员会”。推出的特色精品教材包括:

(1) 21 世纪高等学校规划教材·计算机应用——高等学校各类专业,特别是非计算机专业的计算机应用类教材。

(2) 21 世纪高等学校规划教材·计算机科学与技术——高等学校计算机相关专业的教材。

(3) 21 世纪高等学校规划教材·电子信息——高等学校电子信息相关专业的教材。

(4) 21 世纪高等学校规划教材·软件工程——高等学校软件工程相关专业的教材。

(5) 21 世纪高等学校规划教材·信息管理与信息系统。

(6) 21 世纪高等学校规划教材·财经管理与应用。

(7) 21 世纪高等学校规划教材·电子商务。

(8) 21 世纪高等学校规划教材·物联网。

清华大学出版社经过三十多年的努力,在教材尤其是计算机和电子信息类专业教材出版方面树立了权威品牌,为我国的高等教育事业做出了重要贡献。清华版教材形成了技术准确、内容严谨的独特风格,这种风格将延续并反映在特色精品教材的建设中。

清华大学出版社教材编审委员会

联系人:魏江江

E-mail:weijj@tup.tsinghua.edu.cn

前言

近年来,“互联网+”“大数据”“云计算”等新名词不断涌现,这一方面预示了随着经济和社会的不断发展,越来越多的新需求和相关的新技术在不断的出现;另一方面也说明做好数据管理等基础性工作在新时期显得比以往更为重要。

SQL Server 是微软公司推出的数据库管理系统软件,是数据库管理领域市场占有率最高的软件产品之一。SQL Server 2012 版是该公司自 SQL Server 2008 之后在数据库领域的又一重磅之作。作为新版的数据库管理软件,SQL Server 2012 针对数据管理的特点和需要,在高稳定性、高可用性和可靠性等方面有了进一步的提升,已成为企业级数据库管理系统软件的首选产品。

本书详细讲解了 SQL Server 2012 数据管理应用的各项功能特性,涵盖了服务器管理、数据库、表、视图、存储过程、触发器、索引、备份与还原、T-SQL 语言、安全管理、自动化管理、集成服务、报表服务等内容。内容翔实,深入 SQL Server 2012 的各项功能,适合准备从事数据管理的初学者,也适合希望了解 SQL Server 2012 数据管理最新特性的有一定基础的读者,还可以作为高等院校、高职高专院校本专科学生信息管理、计算机应用、管理学等专业相关课程的教材和辅助学习资料。

全书共分 14 章。在内容的安排上,突出了重点理论知识和实际操作应用的讲解,配备了大量的应用实例。读者通过对这些实例的动手实践,可以掌握 SQL Server 2012 数据管理的应用特性。课后还配备了适量习题,可以供读者进一步思考和学习。

本书的编写和出版得到了很多专家学者的帮助,尤其是叶飞帆教授、冯志敏教授、方志梅教授等的支持和指导,在此深表感谢!

由于作者水平有限,加上数据库技术的发展日新月异,书中的错误和不足之处在所难免,恳请广大读者批评指正。

宁波大学　屠建飞

于 2016 年 5 月

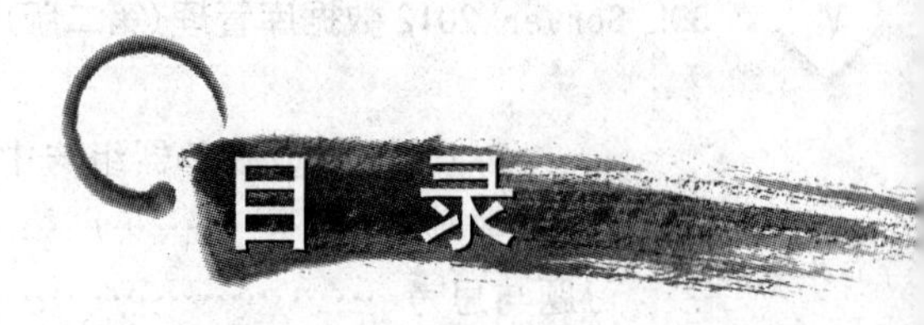

目录

第1章 SQL Server 2012 概述与安装

SQL Server 2012 是微软公司于 2012 年推出的数据库管理系统软件 SQL Server 的最新版本。从时间上看，微软公司从 2008 年推出 SQL Server 2008 版到推出 SQL Server 2012 版，已经过去了近四年，这在软件行业产品更新速度飞快的情况下是比较罕见的。事实上，SQL Server 2012 也是微软公司在数据库领域厚积薄发的重要的代表性产品，也是一款集成了众多数据库领域最新理论和应用技术发展的重量级产品。

SQL Server 2012 是一款面向数据云服务的信息平台，可以支持企业更深入地掌握本企业的数据，在更广的范围内组织和管理数据，实现企业内部与外部的数据集成，从而为企业打开一扇数据管理和应用的更高效率和收益的新窗口。

本章介绍 SQL Server 2012 的基本情况及应用安装。本章要点：

- SQL Server 2012 的发展历程
- SQL Server 2012 的各种版本
- SQL Server 2012 的运行环境
- SQL Server 2012 的安装过程
- SQL Server 2012 的常用工具

1.1 SQL Server 的发展历程

SQL Server 2012 是微软公司于 2012 年 4 月推出的最新版本。这一数据库管理系统从诞生发展至今，已经历时 20 多年。以下是 SQL Server 的发展历程。

1998 年，微软公司与 Sybase 公司和 Aston-tate 公司合作开发第一代的 SQL Server 1.0 for OS/2，这一版本的 SQL Server 是在 Sybase SQL Server 数据库管理系统的基础上开发的。早先的 Sybase SQL Server 面向 UNIX 平台，新推出的版本面向 OS/2 平台（IBM 公司研制的操作系统平台）。

1990 年，Aston-tate 公司退出 SQL Server 的开发合作。而微软公司出于自身战略考虑，希望能够开发基于本公司服务器操作系统平台 Windows NT 的 SQL Server 数据库系统。因此，转向了 Windows NT 平台的关系型数据库系统的开发，并于 1993 年与 Sybase 公司合作推出了 SQL Server 4.2 for Windows NT。这是一个桌面型数据库管理系统，可以满足部门数据存储和处理的需要。由于与 Windows NT 操作系统具有非常良好的集成性，简捷易用，受到了用户的欢迎。

1994 年,微软公司与 Sybase 公司终止合作关系。从此,微软公司致力于 Windows 平台的 SQL Server 系统开发,而 Sybase 公司凭借 Sybase 数据库,尤其是 Adaptive Server Enterprise (ASE)系统,依旧在数据库领域占有一席之地。Sybase 公司开发的 PowerBuider 系列集成开发工具也广受程序开发人员的欢迎。

1995 年,微软公司发布了在该公司数据库管理系统产品历史上具有重大历史意义的新一代关系型数据库产品 Microsoft SQL Server 6。这一版本在性能和特性上都得到了很大提升,已能较好地满足小型电子商务和内联网的数据管理及应用开发需要。1996 年推出的 Microsoft SQL Server 6.5 版已成为数据库管理系统领域较具竞争力的产品。

1998 年,微软公司通过对 SQL Server 原有产品核心数据引擎的重大改写,推出了 Microsoft SQL Server 7。该版本功能完备,操作简捷,界面美观,成为中小型企业数据库管理与应用的首选产品。

2000 年,微软公司推出了企业级的数据库系统 SQL Server 2000。这一版本在可伸缩性和可靠性等方面有了很大改进,并且提供了在线数据分析(OLAP)等商业化应用,引入了数据仓库、数据挖掘等新特征。Microsoft SQL Server 2000 在市场上广受欢迎,市场占有率持续增长,到 2001 年已成为占市场份额第一的数据库管理系统产品(以 40%的市场份额领先 Oracle 公司的 35%的市场占有率),到 2002 年达到了 45%的市场占有率。

2005 年,微软公司推出了经过重大改进的 Microsoft SQL Server 2005。该版本开发周期长,对系统特性改进众多,新引进了报表服务、集成服务等,增强了对.NET Framework 的支持,使基于数据库的应用开发效率和性能得到进一步提升;尤其是对商务智能应用支持的改进,使 Microsoft SQL Server 2005 奠定了大型企业级数据管理应用的基础。

2008 年,微软公司推出了 Microsoft SQL Server 2008。该版本在安全性、易用性和便捷性等方面都得到了很大改进,引进了几项新的数据类型、管理的策略化应用以及新的接近于自然语言的 LINQ 查询语言等,更贴近用户的需求。

2012 年,基于云数据平台应用的快速发展,微软公司新推出的 SQL Server 2012 可以为数据云提供数据整合服务,以便企业对业务数据管理可以有突破性的提升。同时,SQL Server 2012 在多方面做了改进和提高,新增了多项有助于提高数据管理和应用性能的新功能,包括 AlwaysOn、Windows Server Core 支持、Columnstore 索引、大数据支持等新功能。SQL Server 数据库产品已发展成为可用性和大数据领域的领先产品。

1.2 SQL Server 2012 的版本与运行环境

1.2.1 SQL Server 2012 的版本

为适应不同用户的不同需求,微软公司把 SQL Server 2012 划分成为主要版本、专业版本和扩展版本三大类,共计 6 个版本。

其中主要版本有企业版(Enterprise Edition)、商务智能版(Business Intelligence)、标准版(Standard Edition)。专业版中只有一种网络版(Web Edition)。扩展版本包括开发者版(Developer Edition)、免费精简版(Express Edition)。这 6 个版本还可以根据支持 CPU 通用存储器的数据宽度不同细分成为 64 位和 32 位的版本。各版本在保持基本核心功能一致的前提下，对部分高级功能做了划分，如 AlwaysOn、高可用性组和数据压缩等只有企业版支持，其他版本不支持。这种对功能特征的版本划分，既体现了微软公司多元化的市场推广策略，同时也为用户根据自己的需要，选择最经济适用的版本、实现高收益提供了可能。

下面对这 6 个版本进行简要介绍。

- 企业版(Enterprise Edition)。是 SQL Server 2012 诸多版本中最高级的版本，也是功能最全的版本，主要体现在：在对可扩展性的支持上，企业版完全支持分区、数据压缩、资源调控器、分区表并行度等高级功能；在高可用性方面，企业版支持单机安装 SQL Server 服务实例多达 50 个，高于其他版本的 16 个，支持数据库镜像、数据备份压缩等；提供数据仓库、数据挖掘等功能。企业版性能优异，具有不受限制的虚拟化和端到端的商业智能，支持最终用户访问深层数据，可满足大中型企业进行数据管理和数据高级应用的需要。
- 商业智能版(Business Intelligence)。是面向商业智能开发的版本，支持用户在 SQL Server 数据库引擎和数据集成服务基础上开发数据分析、数据挖掘等高级应用。这一版本提供了一个综合性集成平台，可用于组织构建和部署安全、可扩展且易于管理的 BI 解决方案。
- 标准版(Standard Edition)。是功能上仅次于企业版的一个版本，除不支持分区、数据压缩等可扩展性功能，以及数据快照、联机还原、镜像备份、数据仓库与数据分析的部分功能外，标准版包含了 SQL Server 2012 企业版的多数功能。标准版可满足部分大型企业及中小型企业的业务数据管理需要，并支持将常用开发工具用于内部部署和云部署。
- 网络版(Web Edition)。为基于 Web 形式的数据管理应用提供了功能相对简单但更为经济的服务，可满足部分有网站数据管理业务的网络公司的需要。网络版不支持数据仓库、故障群集转移、镜像备份等功能。
- 开发者版(Developer Edition)。是 SQL Server 2012 为满足基于 SQL Server 的数据管理应用系统开发提供的一个受限版本，可满足应用系统服务商、系统开发人员在系统开发时使用。功能上，开发版包含了 SQL Server 2012 企业版所有的功能，但开发版只授权系统开发和测试时使用，不能应用于实际生产环境。
- 免费精简版(Express Edition)。是功能最弱的一个版本，不提供 SQL Server Management Studio、SQL Server Profiler 等管理工具，但精简版是免费的，可从微软公司网站直接下载。精简版可提供小型企业的简单数据管理应用，也可供用户学习、研究时使用。SQL Server 2012 还提供了一种精简版的轻型版本 SQL Server Express LocalDB，具备所有可编程性能，但需要在用户模式下运行。

1.2.2 SQL Server 2012 运行的硬件环境

SQL Server 2012 不同版本对计算机硬件环境的要求差别不大，一般要求 CPU 为 Pentium Ⅲ兼容处理器或速度更快的处理器，要求 32 位处理器的主频最低为 1.0GHz，64 位处理器的主频最低为 1.4GHz，建议 2GHz 或者更高，要求内存最小为 512MB(用于 Express 版，其他版本要求最小 1GB 以上)，建议 4GB 以上或者更大。

SQL Server 2012 对硬盘空间的要求至少在 6GB 以上，在保存数据量较大的场合，对硬盘空间的要求也相应更高。因此,为确保系统运行具有较高的可持续性,建议配备足够的硬盘空间。

SQL Server 2012 作为一种服务器软件,在实际使用过程中,还需要考虑业务的负荷。例如在并发访问用户较多的情况下,适当提高服务器的硬件配置是提高系统性能必要的措施。

1.2.3 SQL Server 2012 运行的软件环境

SQL Server 2012 对软件环境的要求差别比较大。其中,企业版、商业智能版和 Web 版都要求操作系统为服务器操作系统,如 Windows Server 2008、Windows Server 2012 等;标准版、开发版和精简版对操作系统的要求,除可以是 Windows Server 2008、Windows Server 2012 等服务器操作系统外,还可以是 Windows Vista、Windows 7、Windows 8 和 Windows 10 等版本。另外,由于在安装 SQL Server 2012 时会安装 Visual Studio 组件,因此还要求系统必须先安装.NET 3.5 SP1 的所有更新。具体请参见 http://msdn.microsoft.com/zh-cn/library/ms143506.aspx 中的详细介绍。

1.3 安装 SQL Server 2012

SQL Server 2012 安装过程中涉及软件功能选择、安全性设置等多个环节,安装本身也是一个相对复杂的过程。但微软公司对 SQL Server 2012 安装做了很多智能化的优化,使安装过程得到了简化,易于操作。

(1) 启动安装。双击 SQL Server 2012 安装盘根目录中的 Setup.exe,进入"SQL Server 安装中心",如图 1-1 所示。默认选中的是"计划"选项,从中可以查看 SQL Server 2012 安装对软、硬件的要求,以及各项与安装升级有关的帮助信息。

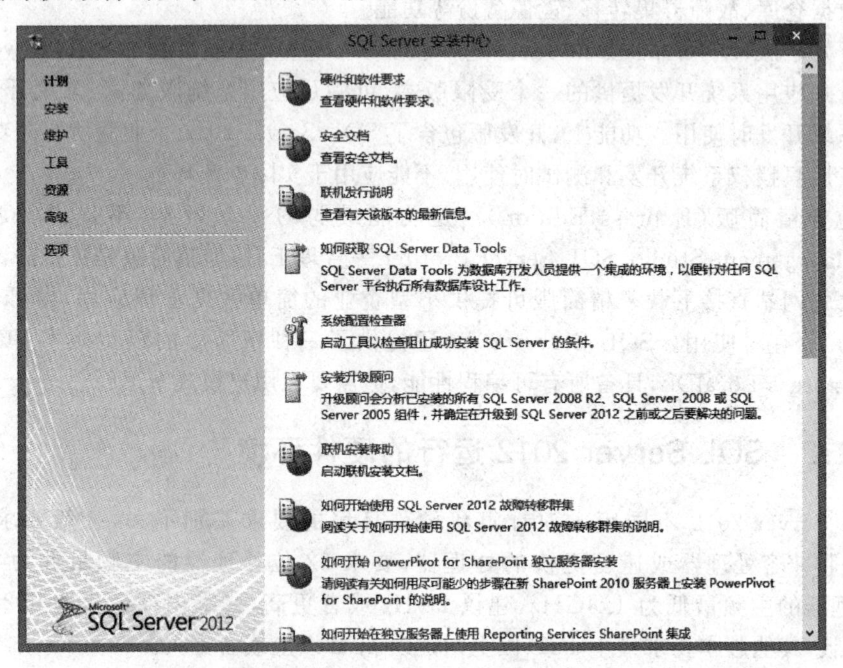

图 1-1 SQL Server 安装中心

(2) 设置安装选项。在图 1-1 所示的对话框中选择左边的“安装”选项，在如图 1-2 所示的对话框中选择“全新 SQL Server 独立安装或向现有安装添加功能”项。

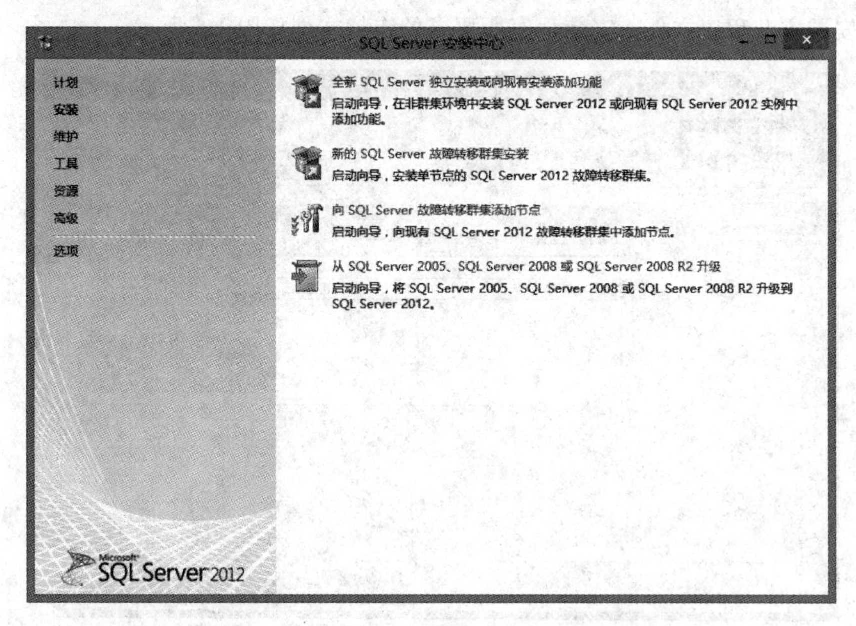

图 1-2 选择全新独立安装 SQL Server 实例

提示 如果本机是第一次安装 SQL Server，将会在本机中安装一个 SQL Server 实例。如果本机中已经安装了 SQL Server 实例，该选项将添加一个新的实例。

(3) 验证计算机配置。SQL Server 2012 安装程序运行“安装程序支持规则”验证计算机配置。SQL Server 2012 不同版本对计算机配置的要求不同，“安装程序支持规则”如果发现错误，要求进行修正后才能够继续下一步安装。图 1-3 所示为要求重启计算机的情况。

SQL Server 2012 安装程序

安装程序支持规则

安装程序支持规则可确定在您安装 SQL Server 安装程序支持文件时可能发生的问题。必须更正所有失败，安装程序才能继续。

安装程序支持规则

操作完成。已通过: 8。失败 1。警告 0。已跳过 0。

隐藏详细信息(S) <<　　重新运行(R)

查看详细报表(V)

规则	状态
安装程序管理员	已通过
设置帐户权限	已通过
重新启动计算机	失败
Windows Management Instrumentation (WMI)服务	已通过
针对 SQL Server 注册表项的一致性验证	已通过
SQL Server 安装介质上文件的长路径名称	已通过
SQL Server 安装程序产品不兼容	已通过
用于 Windows 2008 R2 和 Windows 7 的 .NET 2.0 和 .NET...	已通过
版本 WOW64 平台	已通过

确定　取消

图 1-3 安装程序支持规则

如果计算机配置符合要求,单击“确定”按钮后,安装程序会要求选择系统版本,输入产品密钥,并接受产品授权协议。

(4) 安装安装程序文件。安装程序所要求的支持文件如图 1-4 所示。

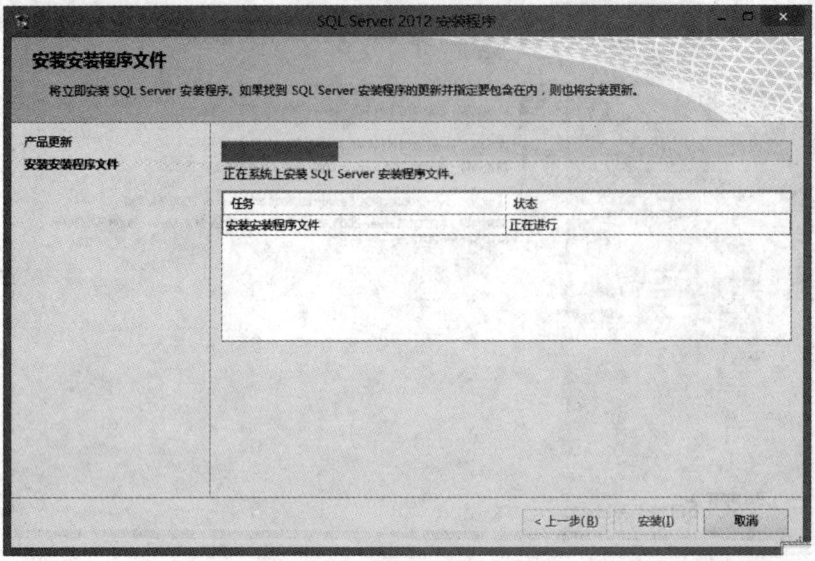

图 1-4 安装安装程序文件

(5) 设置功能角色。SQL Server 2012 安装提供三种功能角色,如图 1-5 所示。“SQL Server 功能安装”可供用户选择所需功能进行安装,如数据库引擎服务、Analysis Services 等,这是默认选项,通常可以选择此项;SQL Server PowerPivot for SharePoint 选项允许用户在 SharePoint 服务器中安装 Analysis Services 服务器组件,实现数据的分析和钻取;“具有默认值的所有功能”选项将安装此 SQL Server 版本的所有功能。此处选择“SQL Server 功能安装”项。

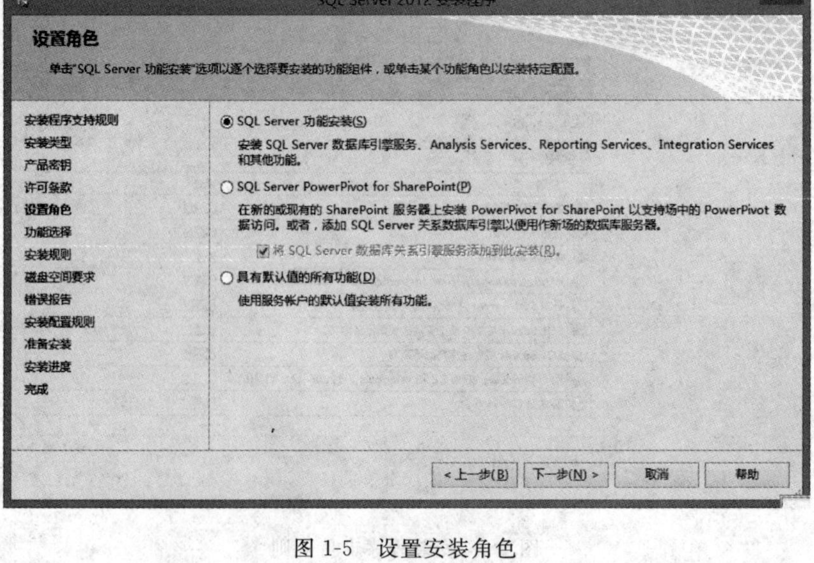

图 1-5 设置安装角色

(6) 选择安装的功能。SQL Server 2012 系统的功能分成两大类：实例功能和共享功能。实例功能包含数据库引擎服务、Analysis Services、Reporting Services-本机；共享功能包括数据质量客户端、Reporting Services-SharePoint、管理工具等。用户可以根据需要进行选择。如只提供数据库基本服务，可以不安装 Analysis Services 等服务，如图 1-6 所示。

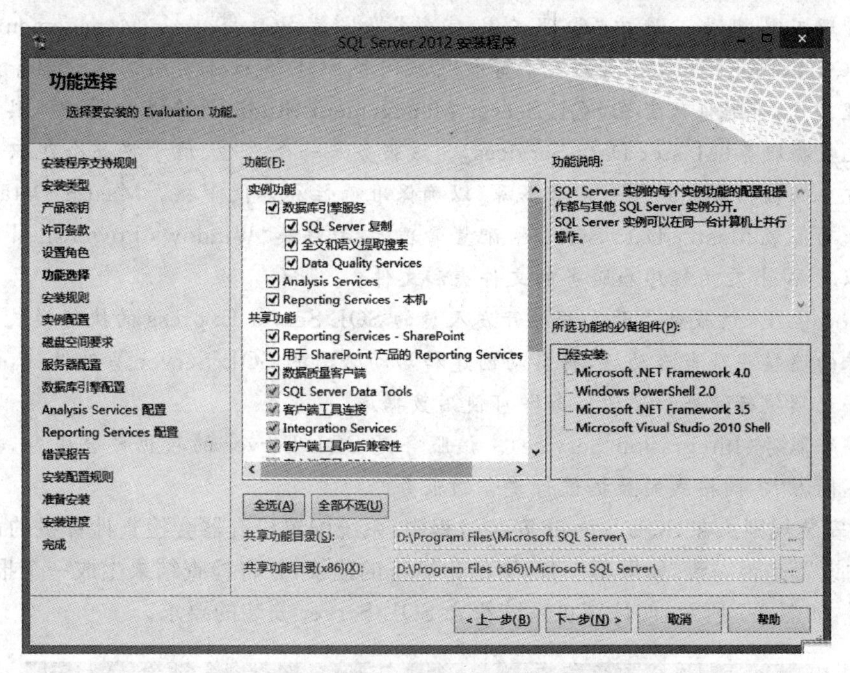

图 1-6 选择安装的功能

提示

- 数据库引擎服务。是 SQL Server 最基本也是最核心的服务。创建和管理数据库都需要使用此服务。该服务还有"SQL Server 复制"和"全文和语义提取搜索"两项可选功能。"SQL Server 复制"可实现源数据库和目标数据库之间的数据同步，如在一台服务器上修改了某数据库，通过"SQL Server 复制"可以将这种更改复制到另一台服务器的对应数据库。"全文和语义提取搜索"可实现对数据库中文本的全文搜索，这是一种比数据检索功能更强大的服务。Data Quality Services 用于查找和发现数据源中不一致和错误的数据，并提供交互方法清除错误数据。
- Analysis Services。这是 SQL Server 自 2005 版开始启用的一项高级服务。通过该服务，可以实现数据仓库构建、数据集获取，以及实现数据 Tube 的切块、切片，从多维度进行数据分析等功能。
- Reporting Services。这是 SQL Server 的报表服务组件。通过该服务，SQL Server 能够生成各种复杂的报表，支持用户根据需要输出多种格式的报表文件。在 SQL Server 2012 中，Reporting Services 可分为"本机模式"和"SharePoint 模式"。"本机模式"可以在本机上创建报表服务并提供客户端操作工具；"SharePoint 模式"用于 SharePoint 环境中，与 SharePoint 集成使用。
- 数据质量客户端。用于连接 Data Quality Services 的客户端工具，提供了图形用户界面执行数据清理和数据匹配操作。

- SQL Server 数据工具(SQL Server Data Tools)。是 SQL Server 用于商业智能应用开发的集成环境。通过该工具,配合 Analysis Services、Integration Services 和 Reporting Services 等服务,可以开发功能复杂的基于数据集成、分析和报表等服务的商业智能应用程序。此工具对应 SQL Server 2008 中的 Business Intelligence Development Studio。
- 管理工具-基本。选中"管理工具-完整"将安装 SQL Server Management Studio、SQL Server Profiler、数据库引擎优化顾问和 SQL Server 实用工具管理等完整的管理工具,否则将只安装 SQL Server Management Studio 这个基本管理工具。
- 主数据服务(Master Data Services)。该服务是一个平台,用于将整个组织内不同系统中的数据集成到单一主数据源,以确保准确性和方便审核。Master Data Services 选项安装 Master Data Services 配置管理器、程序集、Windows PowerShell 管理单元以及 Web 应用程序和服务的文件夹和文件。
- LocalDB。该服务是面向程序开发人员的 SQL Server Express 的执行模式。在由特殊的连接字符串启动后,将自动创建和启动必需的 SQL Server 基础结构,使应用程序无须执行配置和管理任务即可使用数据库。
- 整合服务(Integration Service)。该服务是 SQL Server 的数据整合服务,提供了对不同源、不同格式的数据进行整合的服务。

(7) 安装规则。在 SQL Server 安装过程中,系统配置检查器会检查计算机的设置与安装要求的设置是否一致,如果不一致,会给出更正的建议,并将检查结果生成一个报告,以供用户查看,如图 1-7 所示,使计算机系统符合 SQL Server 安装的要求。

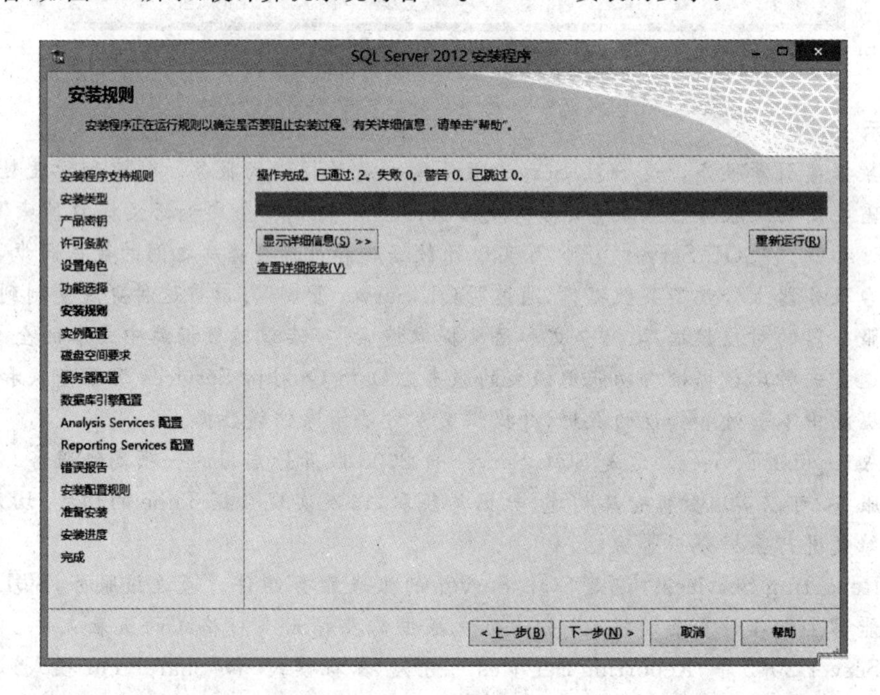

图 1-7 安装规则

(8) 实例配置。实例代表一个完整的 SQL Server 应用系统。在计算机硬件性能许可的情况下,可以在一台服务器上安装多个 SQL Server 实例,每个实例都可以独立对外提供服务，不同实例通过实例名称来区分。在初次安装 SQL Server 2012 时，可以选择"默认实例"，如图 1-8 所示。如果在一台服务器上进行多次安装，可以选择"命名实例"给每次安装设置不同的实例名称。

SQL Server 2012 安装程序

实例配置

指定 SQL Server 实例的名称和实例 ID。实例 ID 将成为安装路径的一部分。

安装程序支持规则
安装类型
产品密钥
许可条款
设置角色
功能选择
安装规则
实例配置
磁盘空间要求
服务器配置
数据库引擎配置
Analysis Services 配置
Reporting Services 配置
错误报告
安装配置规则
准备安装
安装进度
完成

◉ 默认实例(D)
○ 命名实例(A):　MSSQLSERVER

实例 ID(I):　MSSQLSERVER
实例根目录(R):　E:\Program Files\Microsoft SQL Server\

SQL Server 目录:　E:\Program Files\Microsoft SQL Server\MSSQL11.MSSQLSERVER
Analysis Services 目录:　E:\Program Files\Microsoft SQL Server\MSAS11.MSSQLSERVER
Reporting Services 目录:　E:\Program Files\Microsoft SQL Server\MSRS11.MSSQLSERVER

已安装的实例(L):

实例名称	实例 ID	功能	版本类别	版本
MSSQLSERVER	MSSQL11.MSSQL...	SQLEngine,SQLE...	Developer	11.0.2100.60
<共享组件>		SSMS, Adv_SSMS...		11.0.2100.60

< 上一步(B)　下一步(N) >　取消　帮助

图 1-8　实例配置

(9) 磁盘空间要求。SQL Server 2012 根据安装功能选择的不同，对硬盘空间的要求也不相同，图 1-9 显示了图 1-6 选择的功能项对硬盘空间的要求。如果所选硬盘分区空间不够，可单击"上一步"按钮，在图 1-8 所示窗口中通过更改"实例根目录"来选择合适的硬盘分区。

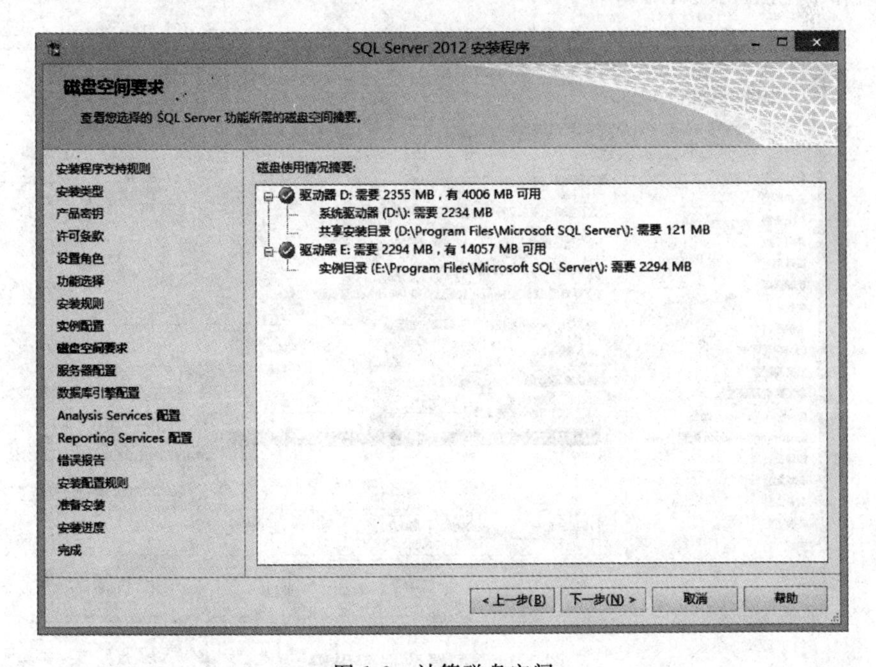

图 1-9　计算磁盘空间

(10) 服务器配置。SQL Server 2012 提供的各项服务在 Windows 操作系统中都是以服务的形式运行的,这些服务可以随操作系统的启动而运行,也可以通过手动方式在需要的时候启动,还可以设置为禁用。出于安全的考虑,运行服务需要已经授权的账户。在图 1-10 所示的对话框中,可以为每项服务设置单独的账户,也可以给所有服务设置相同的账户。默认为对每个 SQL Server 实例使用单独的账户。

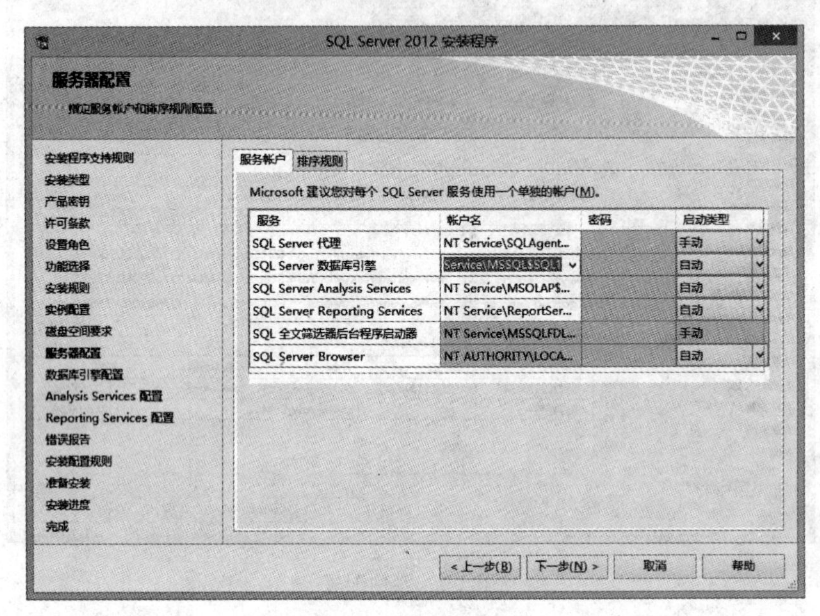

图 1-10 指定服务账户

(11) 配置数据库引擎。在如图 1-11 所示的对话框中,可以设置数据库引擎的账户、数据库目录和 FILESTREAM 等项。

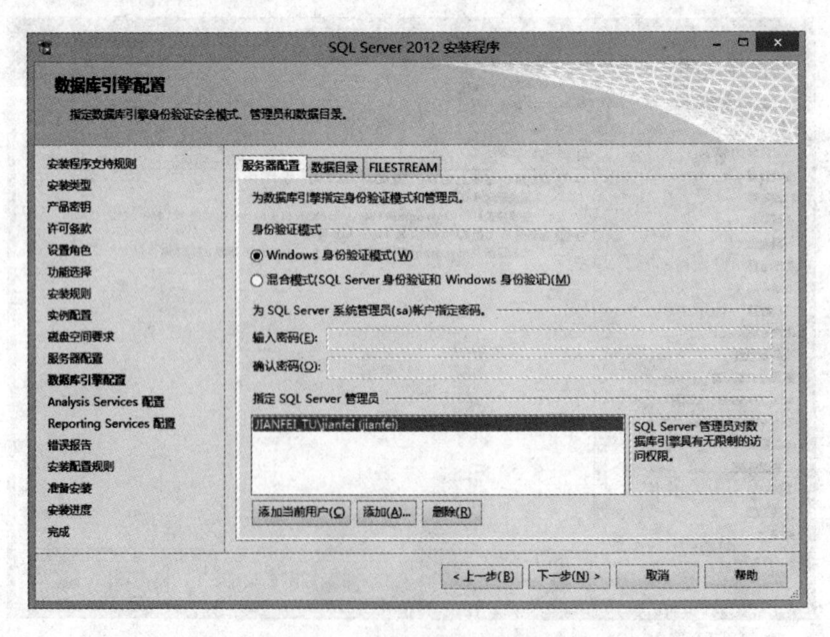

图 1-11 配置数据库引擎

提示

- 账户设置。用于设置客户端登录数据库引擎服务的身份验证模式和系统管理员的初始密码。身份验证分为 Windows 身份验证模式和混合验证模式(SQL Server 身份验证和 Windows 身份验证)两种，相关内容将在第 10 章中介绍。
- 指定 SQL Server 管理员。如果当前登录 Windows 操作系统的用户具有足够的权限，如 Windows 当前的用户是 Administrator 用户时，可以单击“添加当前用户”按钮，将当前用户设置为 SQL Server 管理员。
- 数据目录。可以设定默认的用户数据库、临时数据库和备份文件存放的目录。如果创建用户数据库时未明确指定数据文件的存放目录，系统会使用此项设置的目录来存放数据文件。
- FILESTREAM。在处理大量非结构化数据时需要使用 FILESTREAM。原先这类数据与 SQL Server 数据库数据分开存储，在 SQL Server 2012 中通过使用 FILESTREAM，可以使用 SQL Server 来管理这类数据。相关内容将在第 4 章中介绍。

(12) Analysis Services 配置。如果安装功能选项中选择了安装 Analysis Services，此处需要设定 Analysis Services 的管理员账户、服务器模式和 Analysis Services 数据存放的默认目录，如图 1-12 所示。

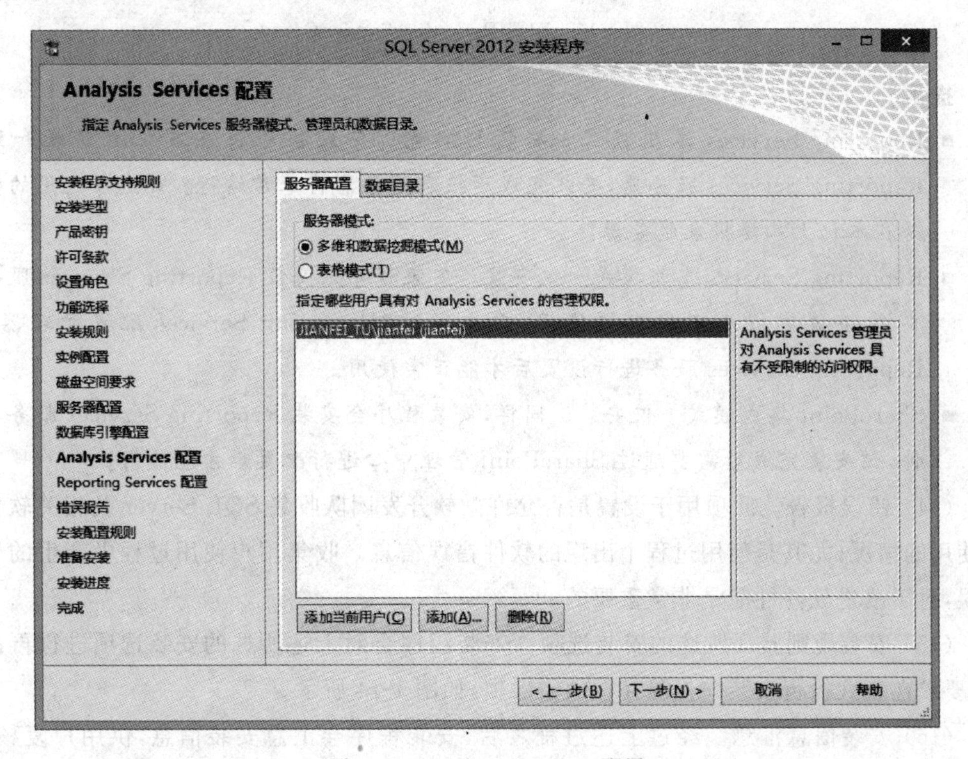

图 1-12　Analysis Services 配置

(13) 配置 Reporting Services。如果安装选项中选择了安装 Reporting Services，此处需要设置 Reporting Services 的配置模式，模式设置分“Reporting Services 本机模式”和“Reporting Services SharePoint 集成模式”两大类，包括 3 个选项，如图 1-13 所示。

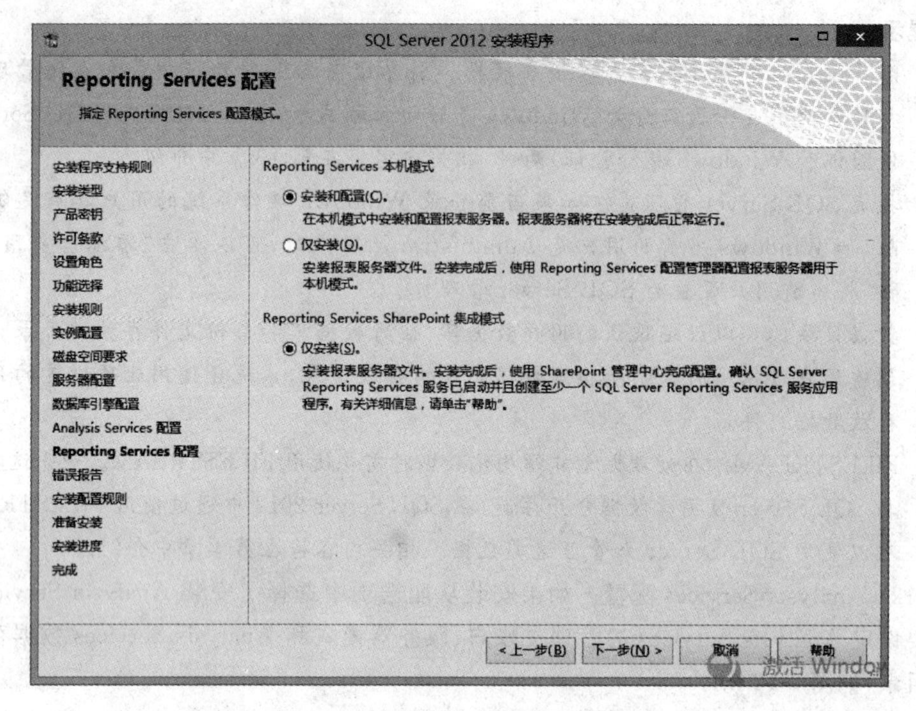

图 1-13 配置 Reporting Services

提示

- Reporting Services 本机模式—安装和配置。安装程序将在本机上安装和配置 Reporting Services 服务器，安装完成后报表服务器将正常运行。此选项适用的场合是在本机上构建报表服务器。
- Reporting Services 本机模式—仅安装。安装程序只安装 Reporting Services 服务器文件，安装完成后不能直接使用，需要通过"Reporting Services 配置管理器"对 Reporting Services 服务进行设置后才能正常使用。
- SharePoint 集成模式—仅安装。同样，安装程序会安装 Reporting Services 服务器文件，但安装完成后需要通过 SharePoint 管理中心进行配置后才能使用。

(14) 错误报告。此项用于设置是否允许微软开发团队收集 SQL Server 及相关软件系统使用的情况，尤其是使用过程中出现的软件错误信息。收集用户使用过程中产生的软件错误，对于改进软件性能是非常重要的。

(15) 安装规则验证所选的安装选项。安装程序会对上述所选的安装选项进行再次验证，要求在正式执行安装前排除存在的错误项，如图 1-14 所示。

(16) 安装信息汇总。经过上述过程之后，安装程序会汇总安装信息，供用户复核，如图 1-15 所示。如果没有错误，安装程序将执行文件复制、系统设置等后续安装过程；如果有错误，可以单击"上一步"按钮返回并进行修改。

安装程序执行完成后，在"开始"→"程序"中可以看到 Microsoft SQL Server 2012，也可以在系统服务中看到安装的 SQL Server(MSSQLSERVER)等服务项。

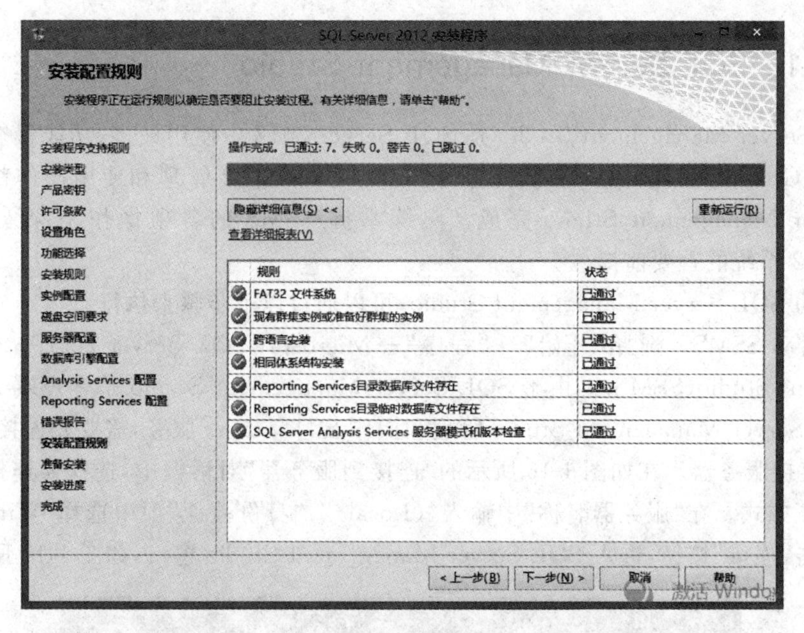

图 1-14　安装规则验证所选安装选项

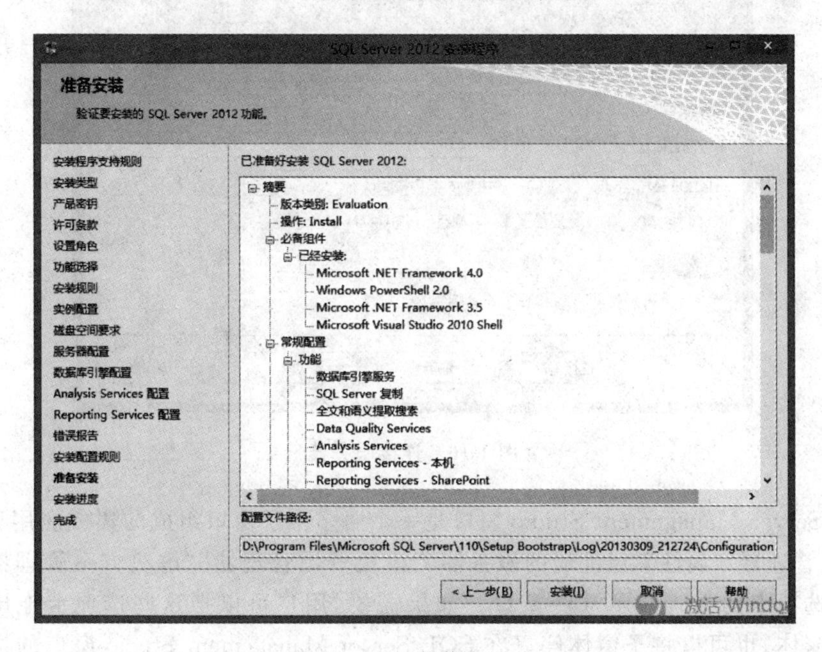

图 1-15　安装信息汇总

1.4　SQL Server 2012 的常用工具

SQL Server 2012 是服务器软件，在操作系统中是以 Windows 服务的形式运行的。SQL Server 2012 提供的管理工具，如 SQL Server Management Studio（SSMS）、SQL Server 配置管理器、SQL Server Profiler 等工具，使用户可以方便地使用和管理 SQL Server 2012 的各项功能。

1.4.1 SQL Server Management Studio

SQL Server Management Studio 是 SQL Server 2012 中使用最多、功能最全面的图形用户界面(GUI)的管理工具，几乎所有的 SQL Server 2012 管理和使用操作都可以通过 SQL Server Management Studio 完成。熟练掌握 SSMS 的各项操作是深入使用 SQL Server 2012 系统的首要前提。

要启动 SQL Server Management Studio，可以通过以下步骤来执行：

(1) 启动 SSMS。选择"开始"→"程序"→Microsoft SQL Server 2012→SQL Server Management Studio(SSMS)。由于 SQL Server Management Studio 是客户端工具，因此，通过 SQL Server Management Studio 管理和操作 SQL Server 服务，需要先连接服务器。

(2) 连接服务器。在如图 1-16 所示的"连接到服务器"对话框中，选择要连接的服务器和身份验证方式。在"服务器名称"中输入"(Local)"，"身份验证"项中选择"Windows 身份验证"，单击"连接"按钮，进入 SQL Server Management Studio 窗口，如图 1-17 所示。

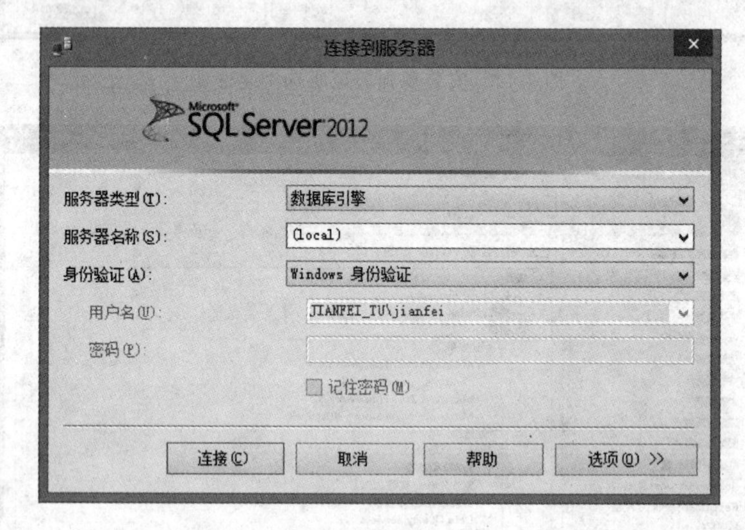

图 1-16 连接服务器

SQL Server Management Studio 窗口是一个由多个子窗口组成的集成应用环境，包括"对象资源管理器""属性""已注册的服务器""模板资源管理器""解决方案管理器"等。系统默认以选项卡的方式显示这些窗口。如果需要，用户可以把这些选项卡拖出来，成为浮动的子窗体，也可以将子窗体停靠在 SQL Server Management Studio 窗口的边缘，成为选项卡。

在 SSMS 窗口中，常用的子窗口包括以下几项：

- 对象资源管理器。该窗口以树形列表列出 SSMS 连接的服务器以及服务器下的各种 SQL Server 对象，包括数据库、安全性、服务器对象、复制、管理、SQL Server 代理等。通过对象资源管器可以对上述节点中的对象执行各项操作，如创建、修改数据库、数据表等。
- 已注册的服务器。该窗口可以注册和管理 SQL Server 支持的各种服务器，包括数据库引擎服务器、Analysis Services 服务器、Integration Services 服务器、Reporting

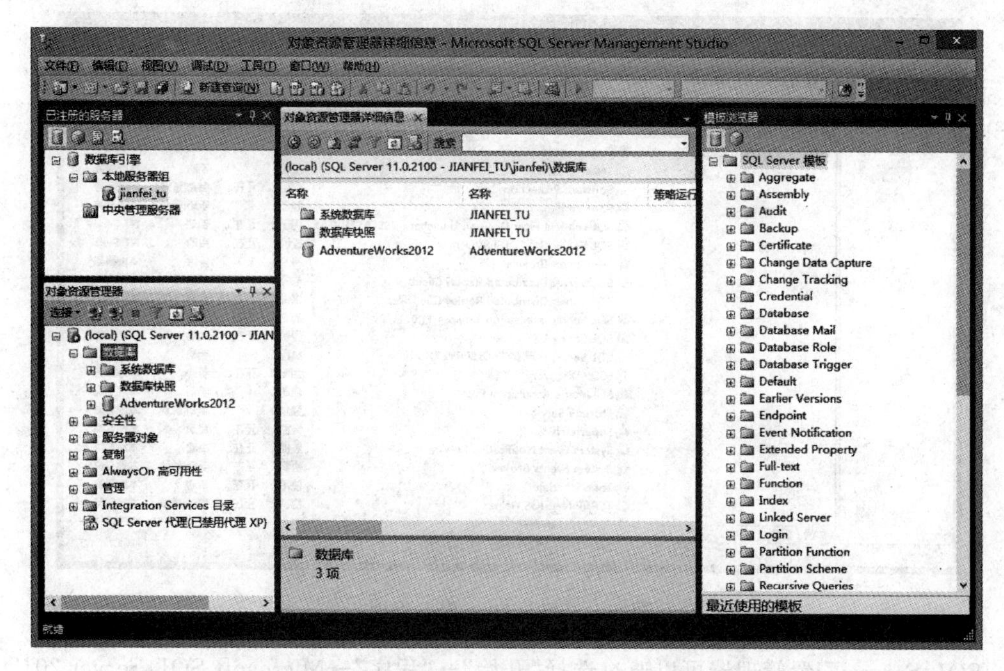

图 1-17　SQL Server Management Studio 窗口

Services 服务器等。通过将 SQL Server 支持的上述服务器注册到 SSMS 工具中，SSMS 可以显示这些已注册服务器的信息，并可以对这些服务器进行管理。服务器下对应的各个对象可以通过对象资源管理器来显示和管理。SQL Server 2012 把数据库引擎分成为本地服务器组和中央管理服务器，在已注册服务器中可以对众多服务器进行分组管理，中央管理服务器还提供了管理 SQL Server 服务器的功能。这部分内容将在第 2 章中详细介绍。

- 模板资源管理器。SQL Server 为便于用户使用，提供常用操作的模板，如“数据库创建”“数据库备份”等，这些模板都集中在模板资源管理器中。用户可以根据需要选择对应的模板，再修改模板提供的代码来完成所需的操作。
- 解决方案资源管理器。该窗口提供了一个类似于 Visual Studio 的解决方案资源管理窗口，可以集成 SQL Server 数据工具来创建和管理商业智能应用项目。
- SQL 查询编辑器。该窗口可以编写 T-SQL 代码，对数据库进行各项操作，如查询数据、修改数据表等。该窗口支持彩色关键词模式，即可以用多种字体和颜色来区分 T-SQL 语句中的关键词和用户数据。单击工具栏“新建查询”按钮可以打开“查询编辑器”窗口。

1.4.2 SQL Server 配置管理器

SQL Server 2012 提供了数据库引擎、Analysis Services、Integration Services、Reporting Services、SQL Server Agent、SQL Server Browser 等多种服务。上述服务可以通过 Windows 操作系统中的“管理工具”→“服务”来进行管理，如图 1-18 所示，也可以通过 SQL Server 提供的 SQL Server 配置管理器来进行管理。

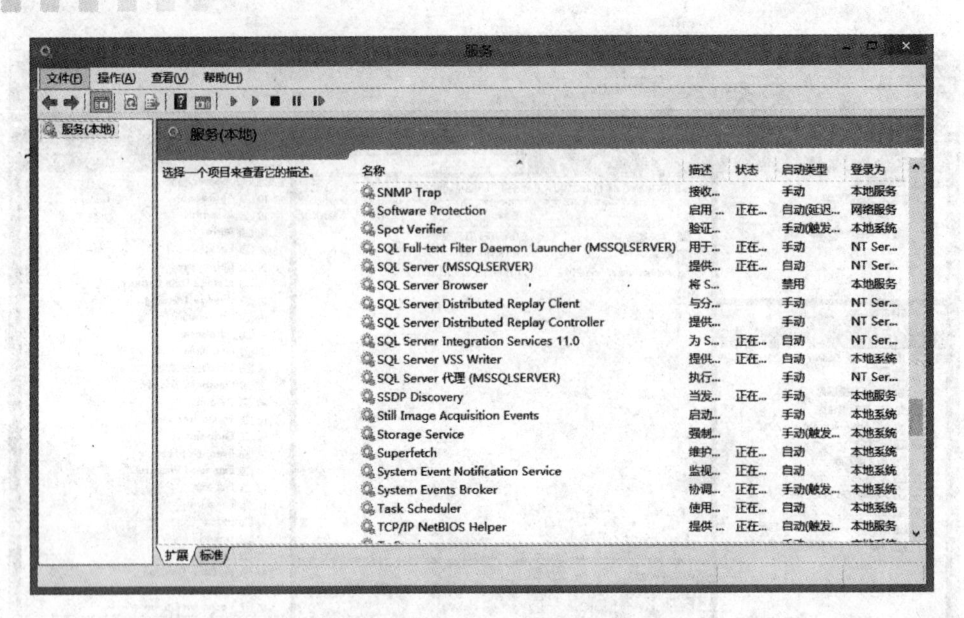

图 1-18 Windows 服务管理

SQL Server 配置管理器可以通过选择“开始”→“程序”→Microsoft SQL Server 2012→“配置工具”→“SQL Server 配置管理器”来启动，如图 1-19 所示。

图 1-19 SQL Server 配置管理器

SQL Server 配置管理器包括 SQL Server 服务、SQL Server 网络配置、SQL Native Client 11.0 配置等项。

(1) SQL Server 服务。可以对 SQL Server 2012 提供的各项服务进行管理，如启动、停止、暂停以及修改服务登录的账户等，列表中的服务项目与安装时所选择的功能项目相对应。更多操作项可以通过查看服务的“属性”，在“属性”对话框中完成，如图 1-20 所示。

(2) SQL Server 网络配置。可以设置 SQL Server 服务器端的网络协议配置选项，SQL Server 服务允许通过多种网络协议来响应客户端的请求，这些协议包括 Shared Memory、Named Pipes 和 TCP/IP，如图 1-21 所示。

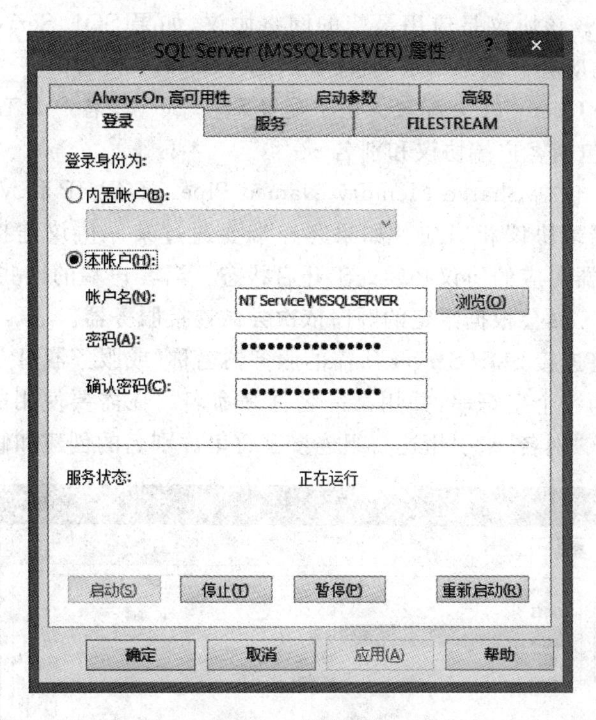

图 1-20　服务属性

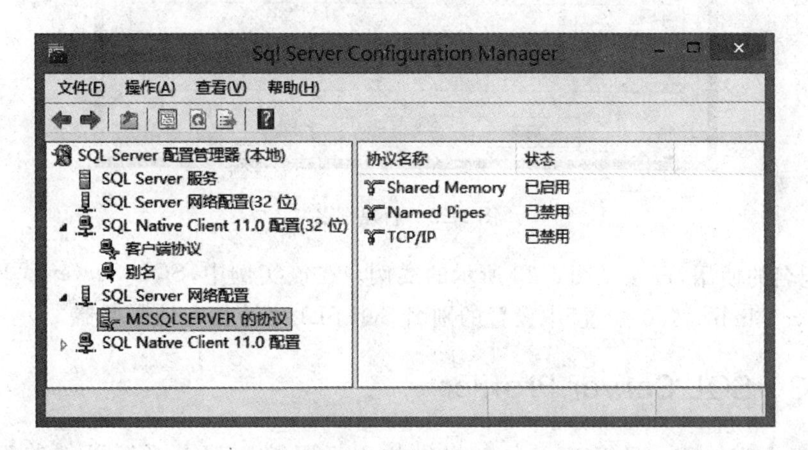

图 1-21　SQL Server 网络配置

- Shared Memory。共享内存协议，用于客户端工具(如 SSMS)和 SQL Server 服务安装于同一台计算机中的应用场合。SSMS 可以通过 Shared Memory 来连接本机 SQL Server 服务。Shared Memory 是系统默认启用的协议，因此，在安装完毕后，可以通过图 1-16 所示的参数连接服务器。
- Named Pipes。命名通道，是一种简单的进程间通信(IPC)机制，主要用于 Windows 平台局域网内通信的协议。应用 Named Pipes 协议，SQL Server 服务可以通过 \\.\pipe\sql\query 来响应客户端的请求。为避免启用协议过多而增加潜在风险，Named Pipes 默认处于关闭状态。如果需要开启 Named Pipes 协议，只需右击该协议，在弹出菜单中选择“启用”即可。

■ TCP/IP 协议。该协议是应用最广的网络协议，如果 SQL Server 服务器需要通过 Internet 来响应客户端的请求，就需要启用 TCP/IP 协议。

(3) SQL Native Client 11.0 配置。用于配置 SQL Server 客户端工具连接 SQL Server 服务器的相关设置，包括客户端协议和别名。

■ 客户端协议。包括 Shared Memory、Named Pipes、TCP/IP 和 VIA 等协议，与 SQL Server 服务器端协议相对应。如果客户端要通过某一协议连接 SQL Server 服务器，要求服务器对应的协议必须处于开启状态。当客户端的这些协议都处于启用状态时，客户端工具会根据给定的顺序依次尝试连接服务器。

■ 别名。是指将连接 SQL Server 所需的服务器名称(或服务器 IP 地址)、连接协议、端口等封装成为一个字符串，并用某一名称来命名。在需要使用的客户端工具中，用户可以使用该"别名"来引用这一组连接字符串。别名的创建和修改如图 1-22 所示。

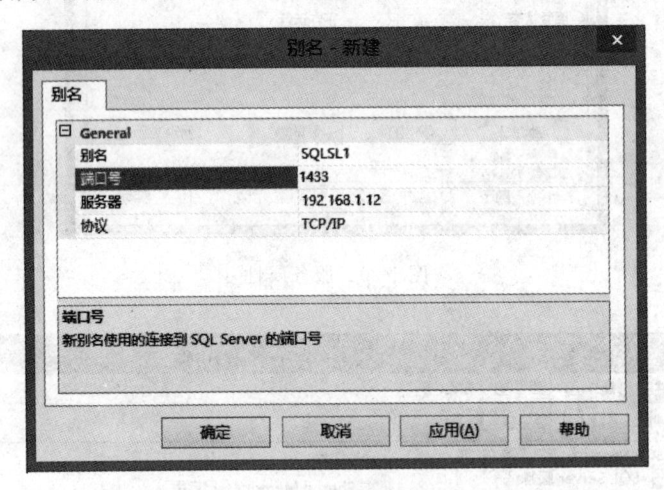

图 1-22　新建别名

对于别名的使用，可参见图 1-23 所示的实例。在该实例中，SQL Server 代理通过调用"SQL Native Client 11.0 配置"中设置的别名 SQLSL1 来连接本地服务器。

1.4.3 SQL Server Profiler

SQL Server Profiler 是 SQL Server 提供的用于跟踪和记录系统事件的工具。使用 SQL Server Profiler 可以对 SQL Server 的使用现状进行监控，以便及时发现系统存在的问题。通过监控 SQL Server 的运行状态来提高系统运行的可靠性，是一项非常重要的工作。

虽然 SQL Server 2012 在安全性和可靠性方面有了很大提升，但是在开放的网络环境中，来自不同方位、出于不同目的对服务器的窥视和攻击行为层出不穷。由于 SQL Server 服务器中所保存的数据往往是一家企业或者组织最重要的资源，如银行的存款账户信息、电子商务公司的客户信息等，这些数据如果出现被窃取、破坏以及由于服务器被攻击而损坏等意外情况，对公司或者组织来说都有可能造成巨大损失。因此，必须充分利用 SQL Server Profiler 提供的功能，做好对系统的日常监控。

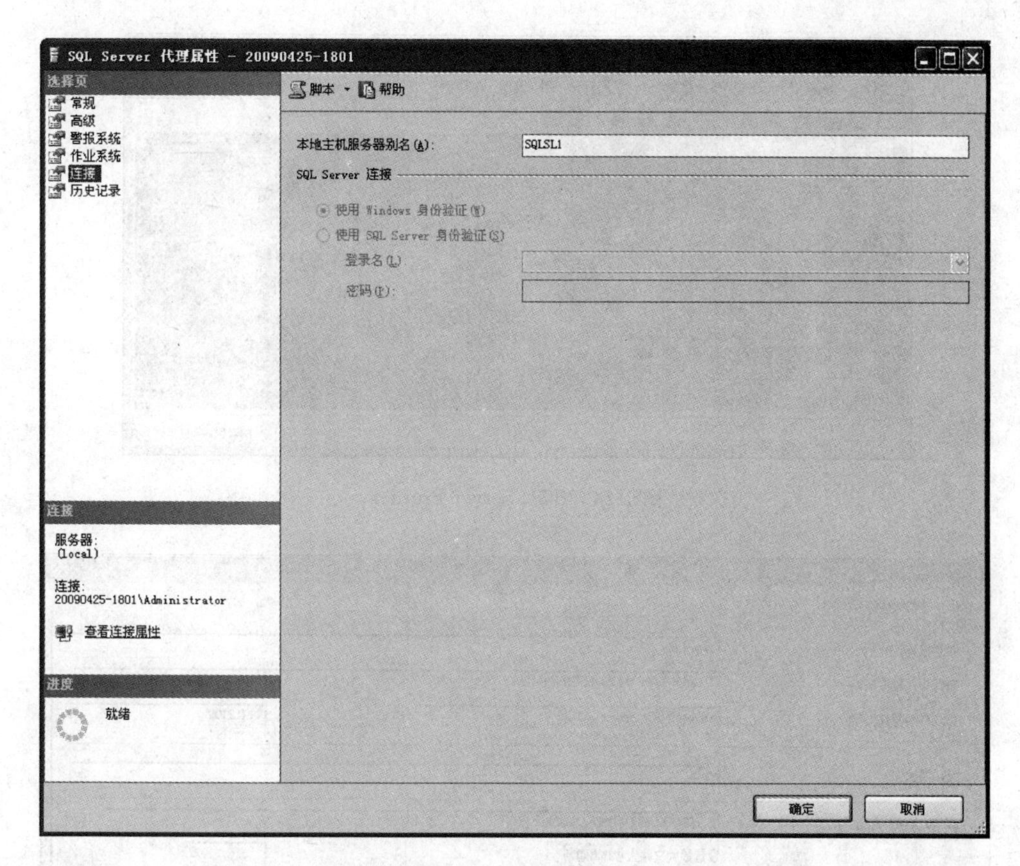

图 1-23 别名的使用

要启动 SQL Server Profiler 可以通过下述操作：

选择"开始"→"程序"→Microsoft SQL Server 2012→"性能工具"→SQL Server Profiler。SQL Server Profiler 的界面如图 1-24 所示。

本节以监控"服务器登录失败"情况为例，介绍 SQL Server Profiler 的使用方法。很显然，如果通过 SQL Server Profiler 发现有人多次试图登录服务器，又多次失败，就可以确定存在用户忘记连接参数或者有人试图非法侵入的情况。因此，对登录服务器失败的行为进行监控是非常必要的，可以及时发现并及时采取相应的措施来进行干预。

要使用 SQL Server Profiler 执行对"服务器登录失败"进行监控，可以通过以下步骤来实现：

(1) 新建跟踪。在如图 1-24 所示的窗口中，选择菜单"文件"→"新建跟踪"。SQL Server Profiler 是客户端工具，需要先连接要监控的 SQL Server 服务器。在"连接到服务器"窗口中，输入服务器名，选择身份验证模式，连接服务器后，进入 SQL Server Profiler 的操作界面。

在如图 1-25 所示的"跟踪属性"对话框的"常规"选项卡中设置所需参数。其中，"跟踪名称"项输入所需的名称，"使用模板"项选择"空白"，"保存到文件"和"保存到表"项分别设置相应参数值，设置完毕后如图 1-25 所示。

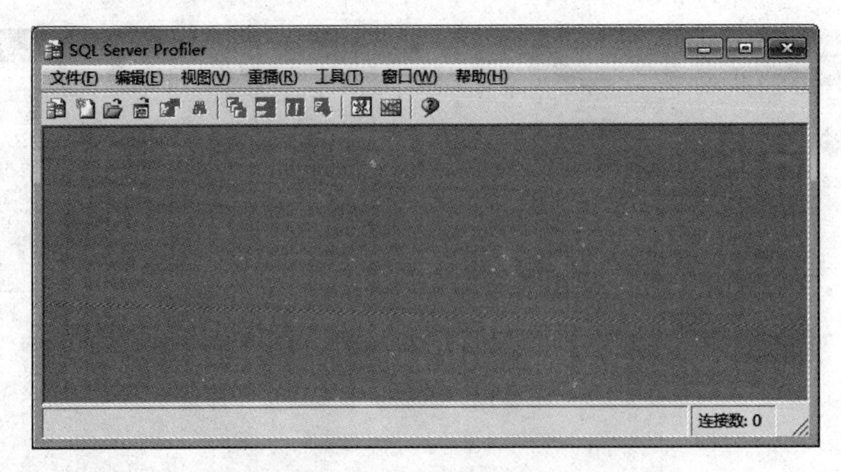

图 1-24 SQL Server Profiler

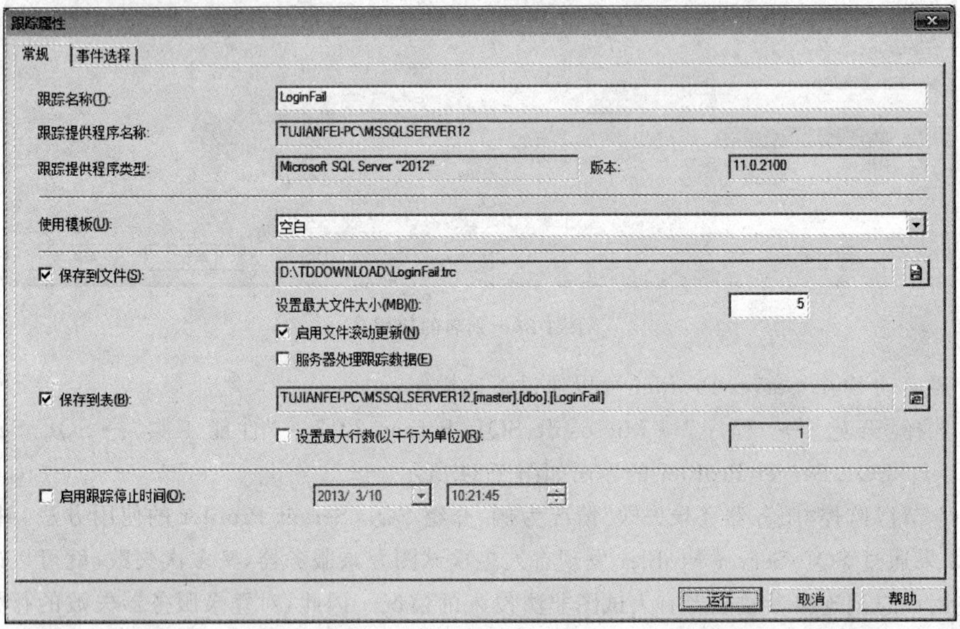

图 1-25 新建跟踪

(2) 选择事件。在“事件选择”选项卡中,选中 Security Audit 的 Audit Login Failed 事件,如图 1-26 所示。

设置完上述参数后,单击“运行”按钮,SQL Server Profiler 开始执行跟踪。

此时,假如用户采用错误的服务器连接方式(如将身份验证方式改为“SQL Server 身份验证”,并使用错误的登录名或密码),将出现如图 1-16 所示的窗口,用户需要重新连接服务器。如果是由于登录名或密码错误,不能成功登录,SQL Server Profiler 会监测到这一事件信息,如图 1-27 所示。从跟踪结果中可以查看试图登录的客户端程序(ApplicationName)、主机名称(HostName)、采用的用户账号等,可以进一步分析事件的详细情况。

如果要持续监控服务器的情况,可以使 SQL Server Profiler 跟踪一直处于运行状态,监

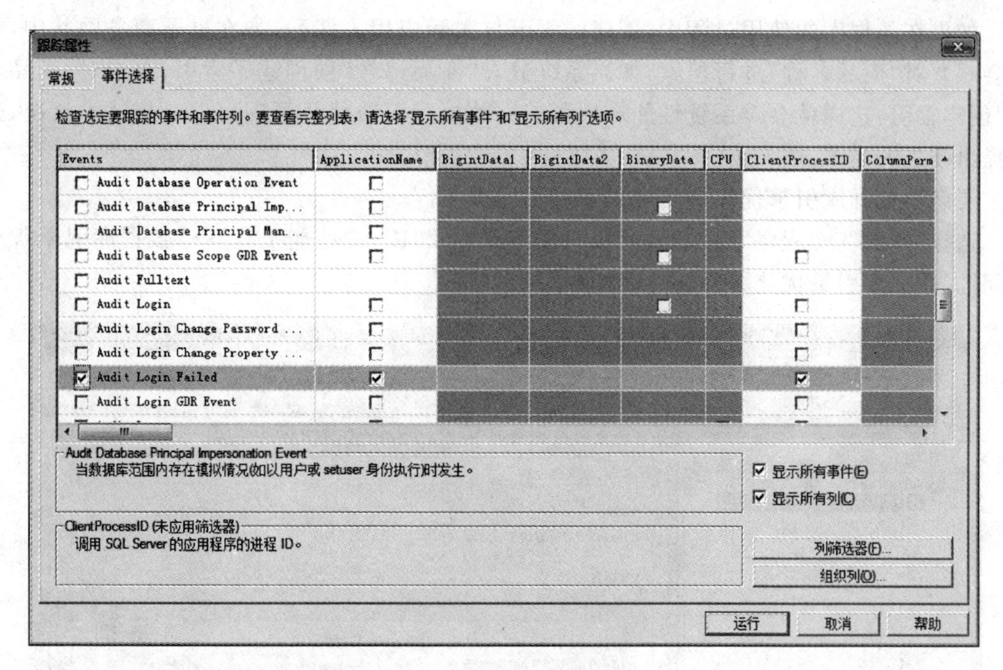

图 1-26 设置跟踪的事件

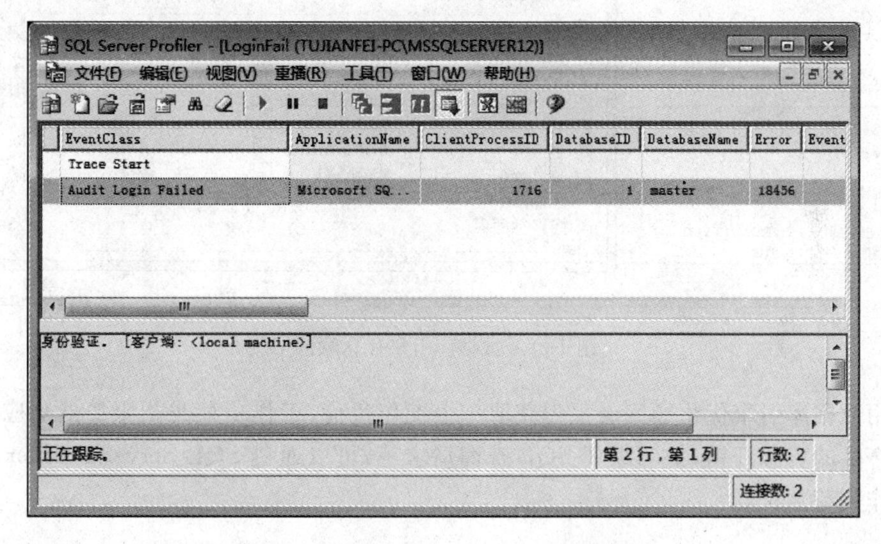

图 1-27 SQL Server Profiler 跟踪信息

控结果会记录在图 1-25 所设定的文件和数据表中，在需要时可以打开上述文件和数据表进行查看。

1.4.4 数据库引擎优化顾问

数据库引擎优化顾问是对 SQL Server 服务器应用过程中承受的工作负荷进行分析，提出优化方案的工具。数据查询是数据库实际使用过程中使用率最高的一项负荷。通过对库中的数据表创建合理的索引、索引视图、分区等可以提高查询的效率。

如果在数据库的使用过程中,创建的索引与实际应用不匹配,如在电子商务网站中,用户会频繁对“商品名称”进行检索,如果系统只对“商品编号”项创建了索引,而未对“商品名称”创建索引,这样就会对系统性能产生影响。数据库引擎优化顾问可以分析这类情况,进而提出改进的建议。

要启动数据库引擎优化顾问可以通过下述操作:

选择“开始”→“程序”→Microsoft SQL Server 2012→“性能工具”→“数据库引擎优化顾问”。数据库引擎优化顾问的界面如图 1-28 所示。

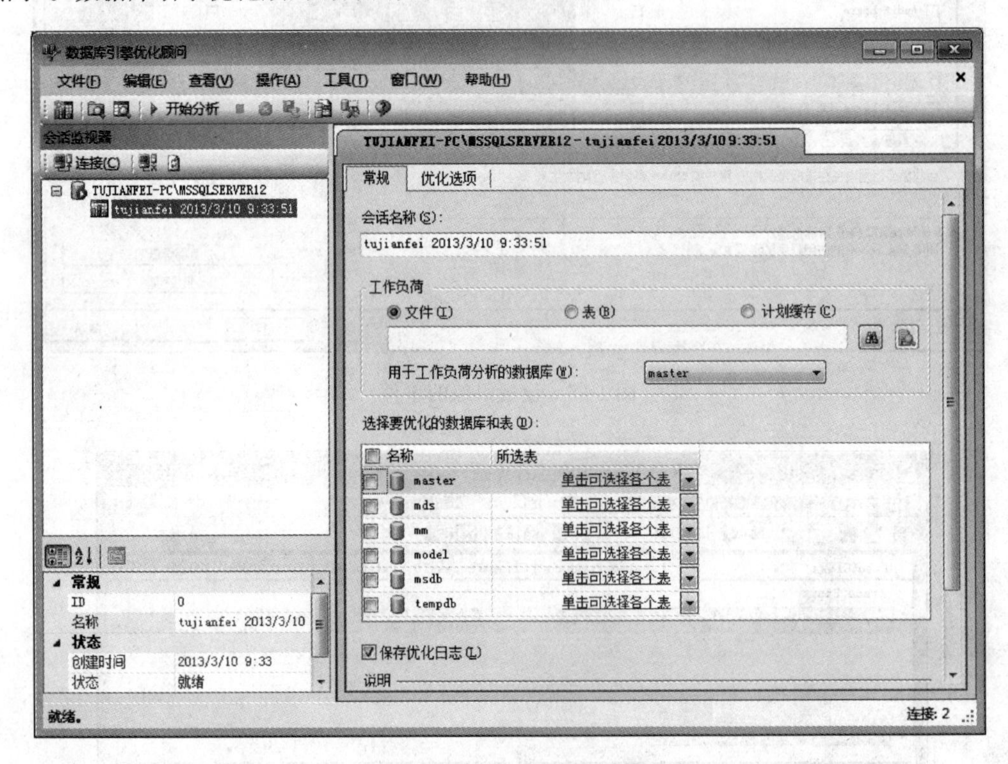

图 1-28 数据库引擎优化顾问

应用数据库引擎优化顾问必须先获取一个工作负荷,工作负荷是指服务器响应各种访问请求产生的资源开销,如一组 T-SQL 查询请求等,可以通过 SQL Server Profiler 跟踪来获取工作负荷。

1.4.5 SQL Server 联机丛书

SQL Server 联机丛书是微软公司提供的有关 SQL Server 的电子帮助资料系统。由于内容丰富,涵盖 SQL Server 相关内容的各方面知识,再加上友好的使用界面,联机丛书已成为 SQL Server 使用人员最有力的学习和使用的帮助手册。

要使用联机丛书,可以执行以下步骤:

选择“开始”→“程序”→Microsoft SQL Server 2012→“文档和社区”→“SQL Server 文档”。

图 1-29 是联机丛书的使用界面。左侧是树形的目录,可以通过选择内容和索引来访问需要的资料;右侧是内容区,也提供了搜索功能,可以通过关键词检索到本机安装的联机丛

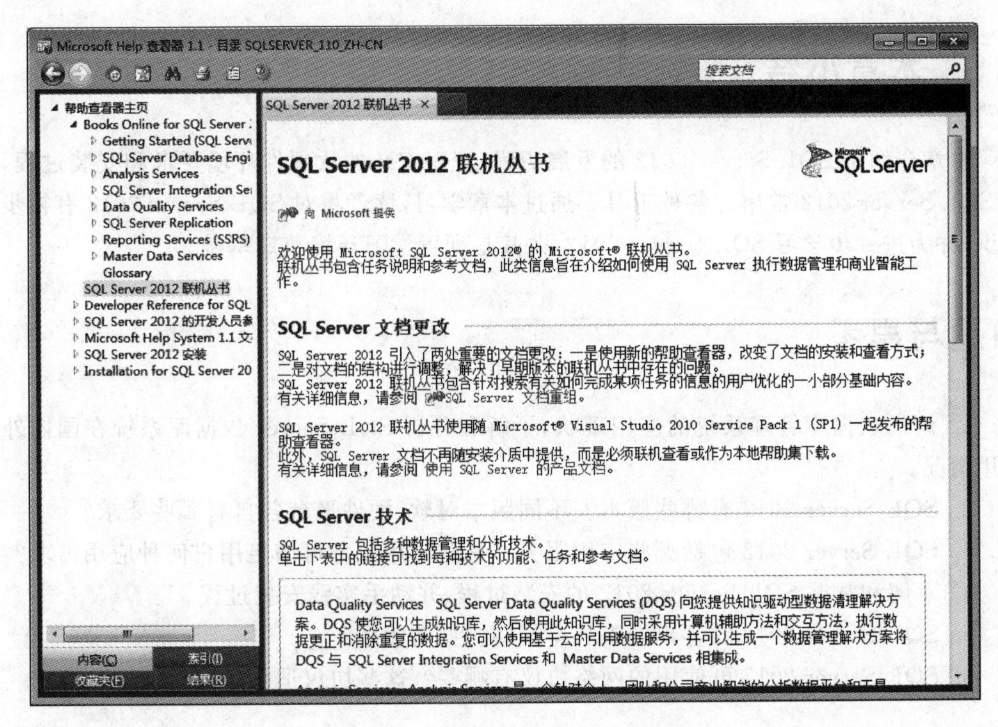

图 1-29　SQL Server 联机丛书

书中的资料，也可检索在线的最新资料。

对于需要经常查看的资料，可以将之添加到“帮助收藏夹”中，以便下次可以快捷访问。联机丛书中的内容可以来源于微软公司的相应网站，也可以来源于本地安装盘，最新的内容可以通过网络联机更新。上述操作可以通过“Help Library 管理器”工具完成，在“Help Library 管理器”窗口中提供了“选择联机帮助或本地帮助”“联机检查更新”“联机安装内容”“从磁盘安装内容”和“移除内容”等操作项。

- 选择联机帮助或本地帮助。用于选择 SQL Server 文档来源于本地，还是微软公司服务器，在网络不可用时，可以选择本地。
- 联机检查更新。连接微软公司服务器，并根据已安装的内容项从服务器下载最新的内容并更新，可使 SQL Server 文档保持最新。
- 联机安装内容。从微软公司服务器下载 SQL Server 文档，并安装到本机。
- 从磁盘安装内容。通过帮助程序安装光盘安装 SQL Server 文档。但在 SQL Server 2012 的安装程序中不包含 SQL Server 文档，需要连接微软公司网站，作为本地帮助集下载。
- 移除内容。从本机中删除 SQL Server 文档。

提示　SQL Server 2012 还提供了 SQL Server Data Tools、导入和导出数据、Data Quality Client、Master Data Services Configuration Manager 等工具，这些工具与 SQL Server 服务配合使用，为用户提供访问服务、管理数据的便捷、高效的途径。这些工具将在后续章节中详细介绍。

1.5 本章小结

本章介绍了 SQL Server 2012 的发展历程、程序安装的软硬件环境要求和安装过程，以及 SQL Server 2012 常用的各种工具。通过本章学习，读者将对 SQL Server 2012 有初步的认识，并为进一步学习 SQL Server 2012，尤其是配置学习环境奠定基础。

习题与思考

1. 调研数据库管理系统的应用现状，了解和分析 SQL Server 数据库系统在国内外的应用情况。

2. SQL Server 2012 有哪些版本？不同版本对软、硬件平台各自有哪些要求？

3. SQL Server 2012 包括哪些应用服务？这些应用服务可满足用户何种应用需求？

4. 了解和掌握 SQL Server 2012 的安装过程，并动手实践安装过程。

5. SQL Server 2012 的客户端工具有哪些？如何使用？

6. SQL Server 2012 可使用的网络协议有哪些？这些协议适用于哪些应用环境？

第2章 SQL Server 2012 服务器管理

SQL Server 2012 以服务形式响应客户端数据处理的请求，对外提供数据存储、维护和管理等各种服务，是服务器的系统软件。对 SQL Server 服务的管理，既可以如第 1 章所介绍的通过 SQL Server 配置管理器实现；也可以通过 Windows 操作系统"管理工具"的"服务"进行管理。这些工具对 SQL Server 服务的管理简捷易用，但是都要求在服务器上进行操作，或者通过远程工具（如 PCAnyWhere、远程桌面连接等）连接服务器后进行远程操作，这在一定程度上增加了管理的难度。

SQL Server 提供的 SQL Server Management Studio 工具可以将本地或者远程的 SQL Server 服务器注册到本机 SQL Server Management Studio 中，通过 SQL Server Management Studio 即可对 SQL Server 服务器以及服务器中的资源进行管理。由于 SQL Server Management Studio 可以注册、连接多台 SQL Server 服务器实例，因此，在多 SQL Server 服务器实例的应用环境中可以实现集中式管理。

另外，自 SQL Server 2008 版起新增了中央管理服务器的新特性。这一新特性使需要同时使用多台服务器中数据的应用能够方便地通过中央管理服务器来完成，极大地简化了操作的过程，提高了使用效率。

本章要点：

- 服务器组
- 服务器注册
- 服务器配置选项
- 本地服务器组（Local Server Groups）和中央服务器组

2.1 服务器组

在大型数据库应用领域，由于单个 SQL Server 服务器实例所能提供的服务性能有限，因此，通过应用多个 SQL Server 服务器实例，以分布式方式提供数据服务是必然的选择。例如，在有些大型跨区域的公司中，考虑到响应不同区域数据请求的性能要求，会划分区域，在各区域配置 SQL Server 服务器实例，实现多服务器分布式数据应用。

在多 SQL Server 服务器实例的应用环境中，对服务器实例进行分组管理是提高管理效率的有效方法。SQL Server Management Studio 中提供了服务器组的特性，可以满足上述对多个 SQL Server 服务器实例进行分组管理的需要。

2.1.1 服务器组划分

服务器分组实际上只是一个为了管理方便而引进的逻辑概念，无论对服务器如何进行分组，都不会改变服务器所处的物理位置和在系统中的业务层次关系。因此，对服务器分组可以根据管理的实际需要进行，如按照业务特性、所在区域或者提供的业务功能等进行分组。表 2-1 给出了几种分组方式的示例。

表 2-1 服务器分组示例

分组方式	组名
按部门分组	销售部服务器组、财务部服务器组
按功能分组	主服务器组、备份服务器、后备服务器组
按区域分组	华东组、华南组、华北组、西南组、西北组

2.1.2 创建服务器组

在 SQL Server Management Studio 中创建服务器组的操作过程如下：

(1) 在“已注册的服务器”窗口中，右击“本地服务器组”，在右键菜单中选择“新建服务器组”命令，如图 2-1 所示。

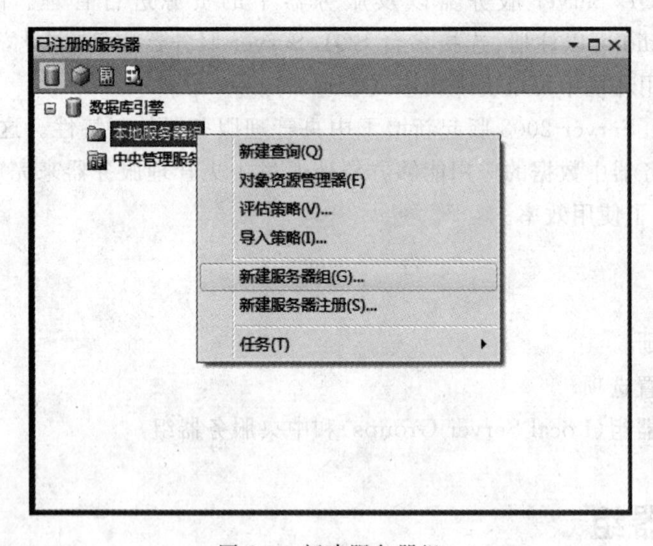

图 2-1 新建服务器组

(2) 在图 2-2 所示的“新建服务器组属性”对话框中，输入“组名”和“组说明”，单击“确定”按钮创建新服务器组。

服务器组具有层次化结构，允许嵌套式设置，即在服务器组下可以创建其他服务器组，但要求同一组中的服务器组名称不能重复。

2.1.3 管理服务器组

服务器组在实际使用过程中可以修改名称，不需要的服务器也能简单地进行删除。

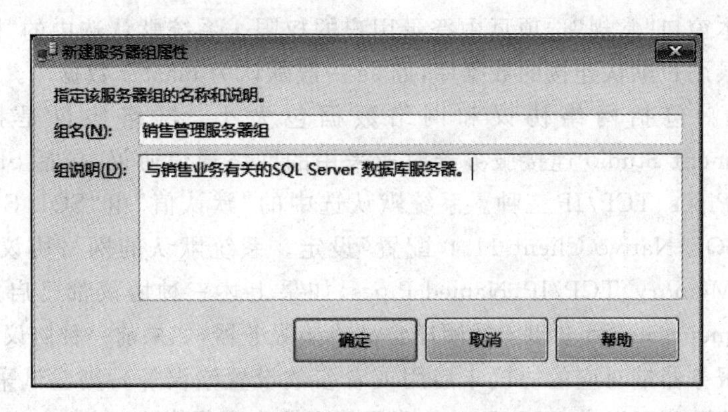

图 2-2 “新建服务器组属性”对话框

- 修改服务器组属性。右击待修改的服务器组，在右键菜单中选择“属性”命令，即可在“服务器组属性”对话框中修改“组名”和“组说明”。
- 删除服务器组。右击待删除的服务器组，在右键菜单中选择“删除”命令，确认后，删除服务器组。

2.2 服务器注册

服务器注册是指在 SQL Server Management Studio 中添加服务器的连接信息，如服务器的名称(或 IP 地址)、身份验证信息、连接属性设置等。服务器注册可以将服务器实例的信息添加并保存到 SQL Server Management Studio 中。今后需要对该服务器进行操作时，可以通过 SQL Server Management Studio 完成，不需要重复输入服务器连接信息。如果已建立了服务器分组方案，可以将服务器注册到对应的服务器组中。

2.2.1 注册服务器

在 SQL Server Management Studio 中注册服务器的操作步骤如下：

(1) 在“已注册的服务器”窗口，右击某一服务器组，在右键菜单中选择“新建服务器注册”命令。系统默认注册的是“数据库引擎”，如果需要注册其他类型的服务器，如 Analysis Services 服务器，可先在“已注册的服务器”窗口的工具栏上选择对应的按钮，如图 2-3 所示。

Analysis Services　Reporting Services
数据库引擎　Integration Services

图 2-3 选择注册的服务器类型

(2) 在图 2-4 所示的“新建服务器注册”对话框中，输入服务器名称、身份验证方式，单击“保存”按钮，完成 SQL Server 服务器的注册。如果选择“Windows 身份验证”，系统将使用 Windows 当前的用户作为登录验证的账户；如果选择“SQL Server 身份验证”，需输入“登录名”和“密码”。单击“测试”按钮，可对当前连接信息进行验证。

(3) 在保存注册信息之前，可以先对“连接属性”进行设置，如图 2-5 所示。

- 连接到数据库。此选项用于设置 SQL Server Management Studio 连接服务器后默认登录的数据库。在组合框中列出了当前可供连接的数据库。可供连接的数据库取决于本窗口“常规”选项页中登录用户的权限。系统默认选中的“默认值”一般是当前登录用户默认连接的数据库,如 sa 一般默认为 master 数据库。

■ 网络项。包括网络协议和网络数据包大小。网络协议是指 SQL Server Management Studio 连接服务器时所采用的网络通信协议,包括 Shared Memory、Named Pipes、TCP/IP 三种。系统默认选中的“默认值”由“SQL Server 配置管理器”中“SQL Native Client 11.0 配置”设定。系统默认的网络协议的使用顺序是 Shared Memory、TCP/IP、Named Pipes,如果上述三种协议都已启用,SQL Server Management Studio 会以上述顺序尝试连接服务器,如果前一种协议不能连接(原因可能是服务器端对应的协议未启用或者参数设置错误等),则尝试采用下一种。协议的默认顺序可以在 SQL Server 配置管理器中进行修改。

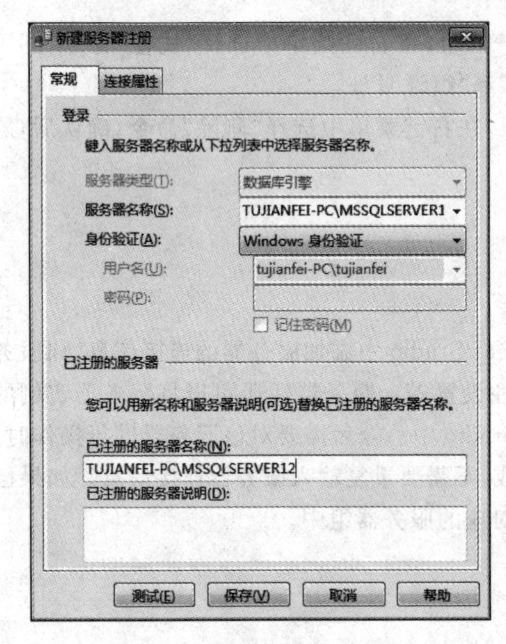

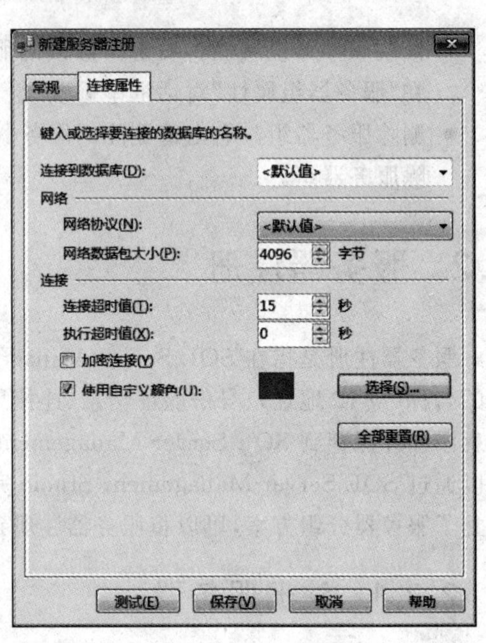

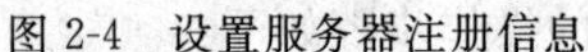
图 2-4 设置服务器注册信息

图 2-5 连接属性

“网络数据包大小”选项设置 SQL Server Management Studio 与注册的服务器通过网络进行通信时发送和接收的数据包的大小,默认值为 4096B,即每个数据包大小为 4KB。如果发送的数据量较大,则需要分割成为多个 4KB 大小的数据包。

■ 连接。该选项中包括“连接超时值”“执行超时值”和“加密连接”等项。“连接超时值”是指 SQL Server Management Studio 从发出连接请求到收到服务器响应之间可允许等待的最大时间值。由于在网络环境中,数据通信受制于网络的传输速度和抗干扰能力,因此合理设置连接超时值是非常必要的。系统默认设置的连接超时值为 15s,对于本地安装或者网络环境较好的场合是够用了。“执行超时值”是指 SQL Server Management Studio 向 SQL Server 服务器发送执行请求到服务器响应并返回执行结果之间最大允许等待的时间,系统默认设置为 0,表示不做限制。如果服务器响应超过上述设置值,就说明连接和执行失败。“加密连接”是复选项,选中表示 SQL Server Management Studio 与服务器之间的连接需要进行加密。如果连接需要通过外部网络，采用加密连接可以提高安全性。

■ 使用自定义颜色。此项可指定注册的服务器在 SQL Server Management Studio 执行查询时查询编辑器窗口中状态栏的背景颜色。此项还受对象资源管理器和已注册的服务器等窗口中对服务器颜色设置值的影响。

(4) 经上述设置，完成服务器注册后，结果如图 2-6 所示。图中的 TUJIANFEI-PC\MSSQLSERVER12 为新注册的本地服务器，添加在“生产管理服务器组”中。已注册服务器如果需要从一个服务器组移动到另一个服务器，可以右击该服务器，在右键菜单中选择“任务”→“移动到”命令，在“移动服务器注册”对话框中选择目标服务器组即可。

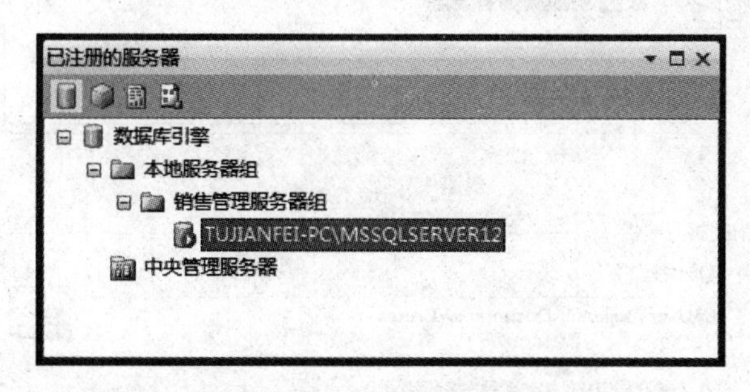

图 2-6 完成服务器注册后的“已注册服务器”窗口

2.2.2 服务器信息的导出与导入

如果服务器实例较多，且服务器参数设置不易管理，可使用 SQL Server Management Studio 提供的服务器注册信息“导出”功能，将注册信息导出到后缀名为 regsrvr 的文件中，该文件是 XAML 格式的文件。SQL Server Management Studio 既允许导出单个服务器实例的注册信息，也允许导出服务器组下的多个服务器实例的注册信息。

1. 导出注册信息

导出服务器实例注册信息的操作过程如下：

(1) 选中要导出注册信息的服务器或服务器组，右击后，在右键菜单中选择“任务”→“导出”命令。

(2) 设置导出选项。在如图 2-7 所示的“导出已注册的服务器”对话框中设置导出选项。其中复选项“不要在导出文件中包含用户名和密码”用于设置是否把密码一同导出。虽然在导出后的 regsrvr 文件中密码已经加密，但是出于安全考虑，如果能够对密码进行单独管理，应尽量避免将密码一并导出。

regsrvr 文件可以通过文本编辑工具打开，其内容如图 2-8 所示。

2. 导入注册信息

导出的注册信息可以在下次需要时再次导入，也可以导入到其他计算机的 SQL Server Management Studio 工具中。

导入服务器注册信息的操作过程如下：

(1) 右击某一服务器组，在右键菜单中选择“任务”→“导入”命令。

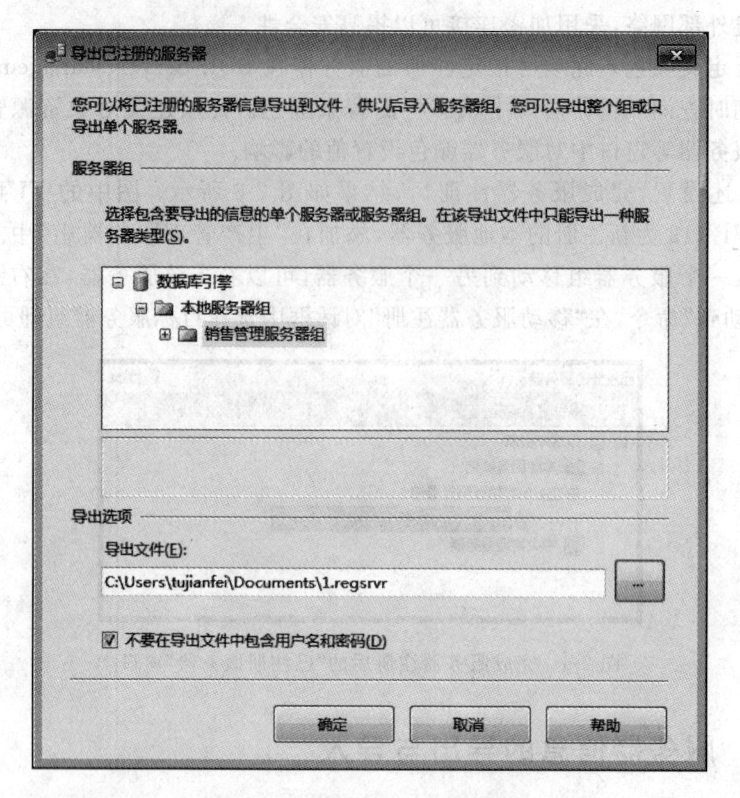

图 2-7 导出服务器注册信息

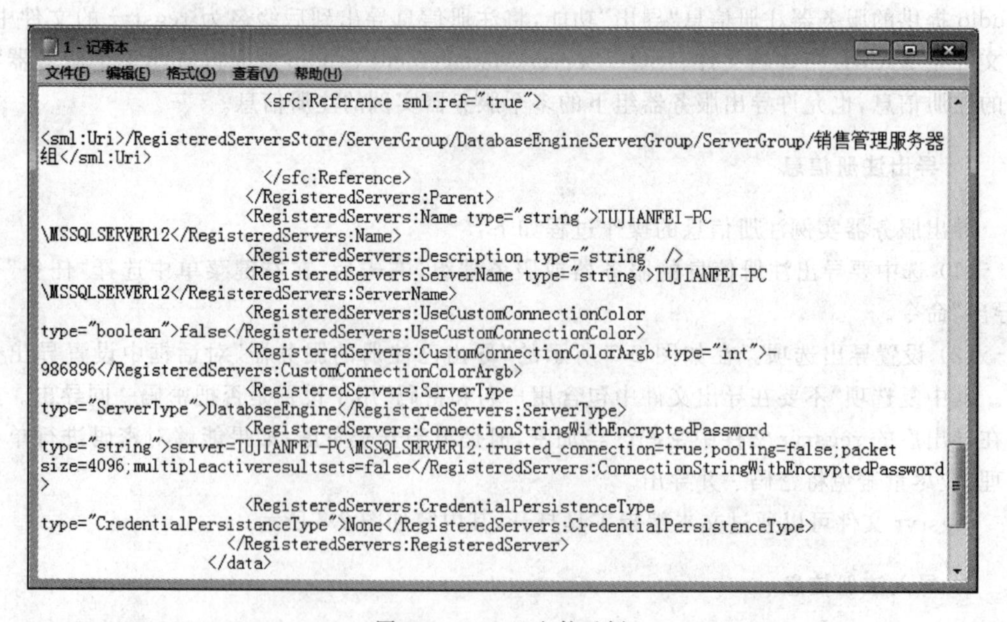

图 2-8 regsrvr 文件示例

(2) 在如图 2-9 所示的"导入已注册的服务器"对话框中，选择导入文件。

如果 regsrvr 文件中包含服务器组的信息，则服务器组也将被一并导入。如果在 SQL Server Management Studio 现有服务器组中含有与导入文件中相同名称的服务器组或服务器，且在组中的层次关系相同，则系统会提示是否以导入版本替代 SQL Server Management Studio 上现有的同名组或同名服务器的注册信息，如图 2-10 所示。

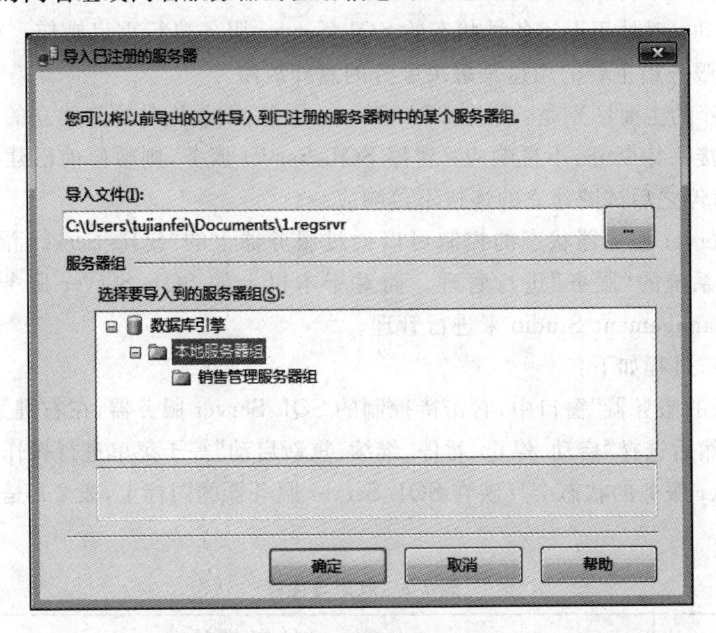

图 2-9 导入已注册的服务器

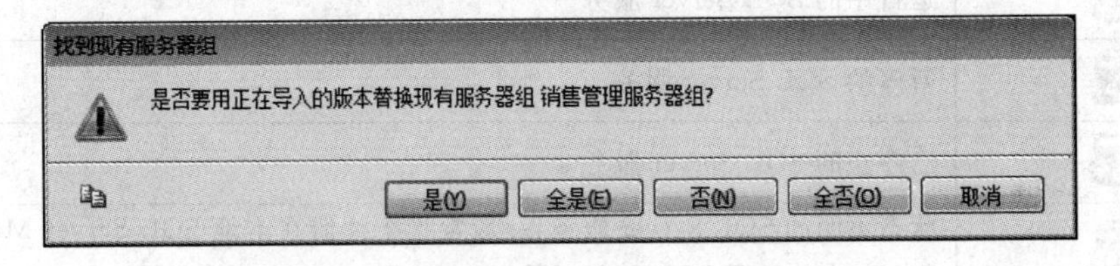

图 2-10 替换同名服务器组或服务器注册信息

2.2.3 管理已注册的服务器

服务器注册完成后，通过 SQL Server Management Studio 可以对服务器进行管理，管理内容包括服务器注册信息修改、控制服务器的运行状态、删除已注册服务器等。

1. 服务器注册信息修改

要修改已注册服务器的注册信息，可以在“已注册的服务器”窗口中，右击待修改的服务器，在右键菜单中选择“属性”命令。在“编辑服务器注册属性”对话框中可以对注册信息进行修改。

2. 控制服务器的运行状态

服务器的运行状态包括运行、暂停、停止，相应的控制服务器运行状态的操作分为启动、停止、暂停、继续、重新启动。

- 启动：启动处于停止状态的 SQL Server 服务。
- 停止：停止处于运行或暂停状态的 SQL Server 服务。

- 暂停：将处于运行状态中的 SQL Server 服务设置为暂停。
- 继续：使处于暂停状态的 SQL Server 服务恢复运行。
- 重新启动：对处于上述各种状态的 SQL Server 服务执行重启操作。重新启动 SQL Server 服务最主要的用途是解决服务的意外故障。

停止和暂停的主要区别是：停止 SQL Server 服务，则无论是原先建立的连接还是之后试图建立的连接一律断开，不再响应；暂停 SQL Server 服务，则暂停前已建立的连接可以继续使用，而暂停之后试图建立的连接不再响应。

对 SQL Server 服务器状态的控制可以通过服务器上的“SQL Server 配置管理器”和 Windows 操作系统的“服务”进行管理。而对于本机上的 SQL Server 服务，还可以通过 SQL Server Management Studio 来进行管理。

具体的操作过程如下：

在“已注册的服务器”窗口中，右击待控制的 SQL Server 服务器，在右键菜单中选择“服务控制”命令，然后选择“启动、停止、暂停、继续、重新启动”等子菜单进行操作。

SQL Server 服务的状态会反映在 SQL Server 服务器的图标上，表 2-2 是各种状态与图标的对应关系。

表 2-2 状态与图标

状态图标	状态描述
	运行中的 SQL Server 服务
	暂停的 SQL Server 服务
	已停止的 SQL Server 服务
	状态不明的 SQL Server 服务，一般常见于注册在本地 SQL Server Management Studio 中的远程 SQL Server 服务

3. 删除已注册服务器

删除已注册服务器的操作相对简单，只需要右击要删除的服务器，然后在右键菜单中选择“删除”命令，并确认如图 2-11 所示的提示对话框，即可以完成删除。需要注意的是，当前删除的是在本机“SQL Server Management Studio”中注册的服务器，实际的 SQL Server 服务系统并不会因此删除。

图 2-11 确认删除 SQL Server 服务器注册信息

删除后，在下次需要时，可以再次将该 SQL Server 服务器注册到 SQL Server Management Studio 中。

2.3 配置服务器选项

SQL Server 2012 安装于服务器计算机中，需要使用计算机的软、硬件资源。由于在同一台服务器上往往还会安装和运行其他应用程序和服务。如在一些小型的网站服务器中，SQL Server 2012、Web Server 甚至还有邮件服务等往往会配置在同一台服务器中，这就不可避免地会出现其他应用程序或服务与 SQL Server 之间争夺资源的情况。为确保 SQL Server 拥有足够的资源或者取得整体性能的最优化，就必须对 SQL Server 服务所需资源进行配置。

SQL Server 2012 的服务器选项既包括上述要求所需的配置，也包括调整 SQL Server 服务运行行为的选项。SQL Server 2012 提供了两种配置服务器选项的方法：采用系统存储过程 sp_configure 或通过 SQL Server Management Studio 进行配置。

2.3.1 SQL Server 2012 服务器选项

SQL Server 2012 提供的可供配置的服务器选项共计 69 项，这些选项可以通过系统目录视图 sys. configurations 在查询编辑器中进行查看，查看方式如图 2-12 所示。

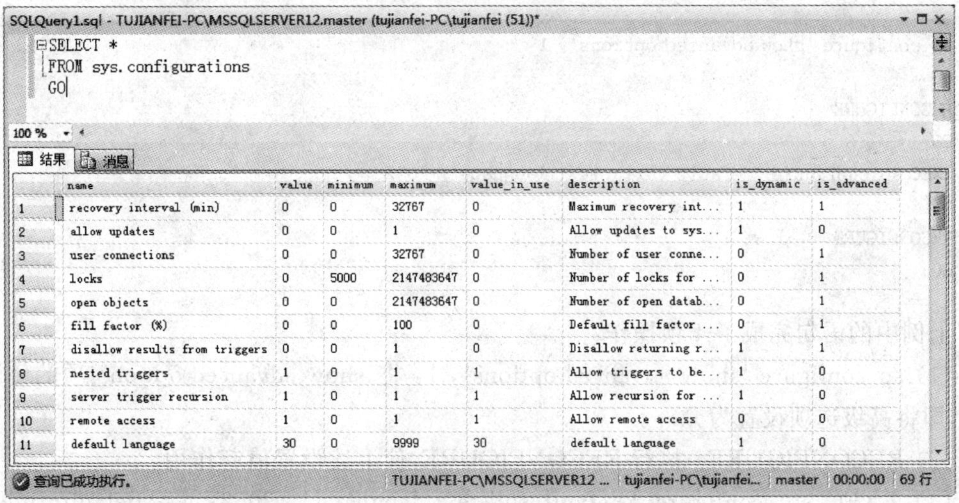

SQLQuery1.sql - TUJIANFEI-PC\MSSQLSERVER12.master (tujianfei-PC\tujianfei (51))*

```
SELECT *
FROM sys.configurations
GO
```

100 %

结果 消息

	name	value	minimum	maximum	value_in_use	description	is_dynamic	is_advanced
1	recovery interval (min)	0	0	32767	0	Maximum recovery int...	1	1
2	allow updates	0	0	1	0	Allow updates to sys...	1	0
3	user connections	0	0	32767	0	Number of user conne...	0	1
4	locks	0	5000	2147483647	0	Number of locks for ...	0	1
5	open objects	0	0	2147483647	0	Number of open datab...	0	1
6	fill factor (%)	0	0	100	0	Default fill factor ...	0	1
7	disallow results from triggers	0	0	1	0	Disallow returning r...	1	1
8	nested triggers	1	0	1	1	Allow triggers to be...	1	0
9	server trigger recursion	1	0	1	1	Allow recursion for ...	1	0
10	remote access	1	0	1	1	Allow remote access	0	0
11	default language	30	0	9999	30	default language	1	0

查询已成功执行。 TUJIANFEI-PC\MSSQLSERVER12 ... | tujianfei-PC\tujianfei... | master | 00:00:00 | 69 行

图 2-12　使用系统目录视图查看服务器选项

这些服务器选项可以按多种方式进行分类。

第一种分类方式，根据选项设置值起作用的情况，可以划分为动态选项和非动态选项。动态选项会在选项值设置完成并执行 RECONFIGURE 语句之后起作用；非动态选项在选项值设置完成后并不会立即起作用，只有重新启动 SQL Server 服务后才会起作用。在如图 2-12 所示的查询结果集中，is_dynamic 的取值为 1 的选项是动态选项，取值为 0 是非动态选项。

第二种分类方式，根据选项设置方式的不同，可以划分为高级选项、普通选项和系统自配置项。图 2-12 所示的查询结果集中，is_advanced 列取值为 1 的即为高级选项，高级选项只有在 show advanced option 选项设置为 1 时才能进行设置。系统自配置项是由系统根据运行需要由 SQL Server 自动配置的选项,如 index create memory、max server memory 等选项。除上述两类之外的选项即为普通选项。

在图 2-12 中,minimum 列和 maximum 列的取值是选项可取的最小值和最大值,value 列的值是对选项进行配置后的值,value_in_use 值表示当前该选项起作用的值。动态选项在配置后,会立即起作用,即 value 列的值等于 value_in_use 列的值;非动态选项配置后,在 SQL Server 服务重启前不会起作用,即 value 列的值不等于 value_in_use 列的值。

2.3.2 sp_configure 配置服务器选项

sp_configure 是 SQL Server 2012 提供的系统存储过程,用于对服务器选项进行配置。这是一种采用命令语句进行配置的方式,虽然操作相对复杂,但功能强,可以对 SQL Server 2012 上述所有服务器选项进行配置。语法如下:

```
sp_configure [ [ @configname = ] 'option_name'  [ , [ @configvalue = ] 'value' ] ]
```

其中,[@configname =] 'option_name'代表需要进行配置的选项名称,[@configvalue =] 'value'为新的配置设置值,value 的数据类型为 int。

例如:

```
sp_configure 'show advanced options', 1
GO
RECONFIGURE
GO
EXEC sp_configure 'default full-text language', 2052
GO
RECONFIGURE
GO
```

上例中的语句完成了 4 项操作:

(1) sp_configure 'show advanced options', 1:将'show advanced options'项的值设置为 1,即将高级选项设置为允许。

(2) RECONFIGURE:执行 RECONFIGURE,使上述设置值起作用。

(3) EXEC sp_configure 'default full-text language', 2052:将'default full-text language'项的值设置为 2052,即全文索引列的默认语言设置为简体中文。

(4) RECONFIGURE:执行 RECONFIGURE,使上述设置值起作用。

上述语句可以在 SQL Server Management Studio 的查询编辑器中执行,如图 2-13 所示。

2.3.3 SQL Server Management Studio 配置服务器选项

SQL Server Management Studio 提供了图形化配置服务器选项的方式,这是一种最简捷易用的配置方式,但是 SQL Server Management Studio 不能完成所有选项的设置。对于不能使用 SQL Server Management Studio 配置的选项,需要使用 sp_configure 来配置。

在 SQL Server Management Studio 中配置服务器选项,可以通过以下步骤来实现:

在"对象资源管理器"窗口中,右击要配置的服务器,在右键菜单中选择"属性"命令,在

如图 2-14 所示的“服务器属性”对话框中可以完成各项配置。

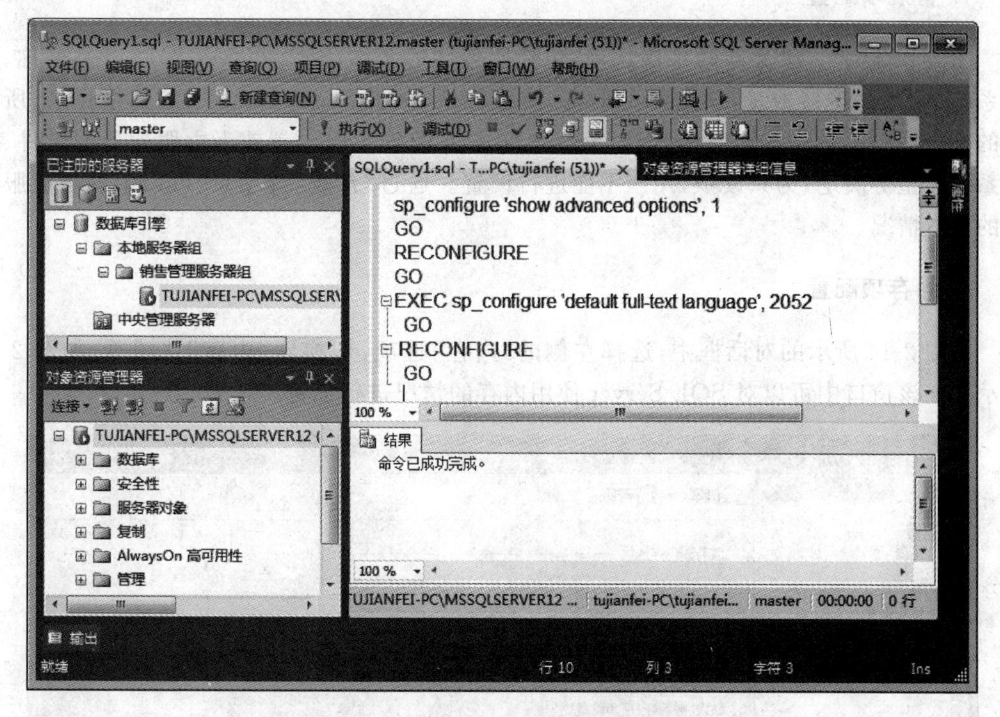

图 2-13 sp_configure 配置服务器选项

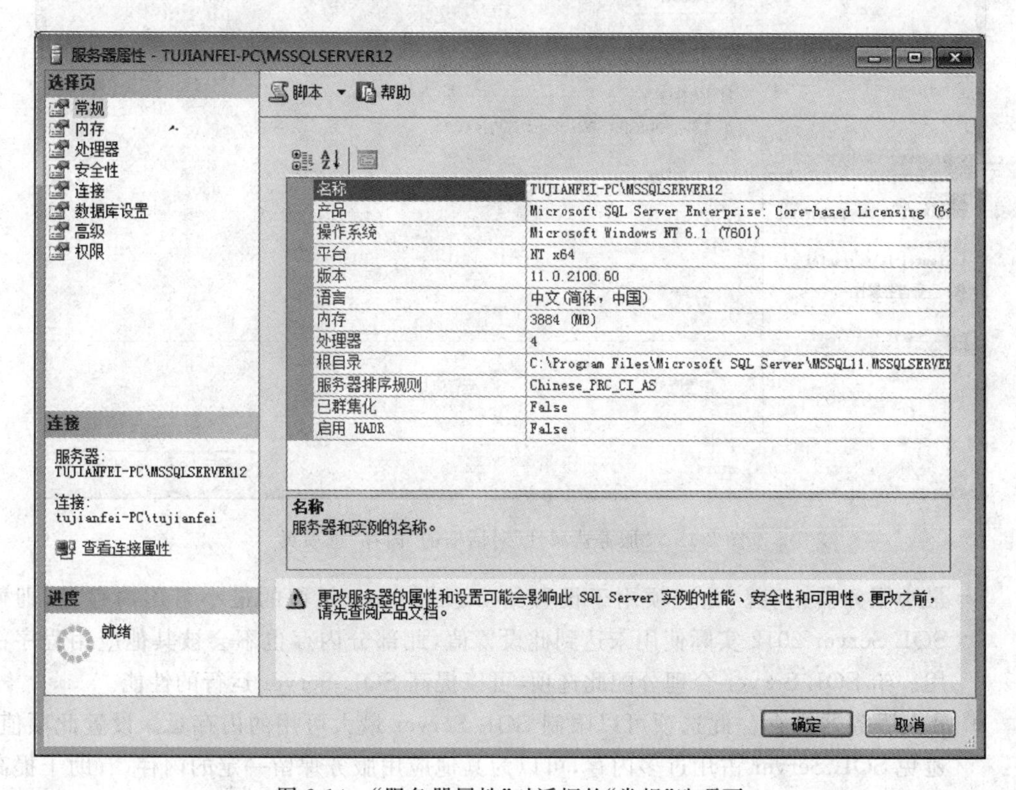

图 2-14 “服务器属性”对话框的“常规”选项页

1. 常规项配置

图 2-14 显示了服务器的常规选项,包括服务器的名称、SQL Server 2012 产品名称、操作系统平台、处理器数量、所使用的语言、内存容量、SQL Server 2012 安装的根目录、所使用的排序规则等。这些选项在 SQL Server 2012 系统安装时设置或者由服务器的硬件、操作系统类型等决定,为只读项,用户不能进行设置。通过"常规"选项页,可以了解当前服务器的基本情况。

2. 内存项配置

在图 2-14 所示的对话框中,选择左侧的"内存"选项,切换到"内存"选项页,如图 2-15 所示。在该窗口中可以对 SQL Server 使用内存的情况进行设置。

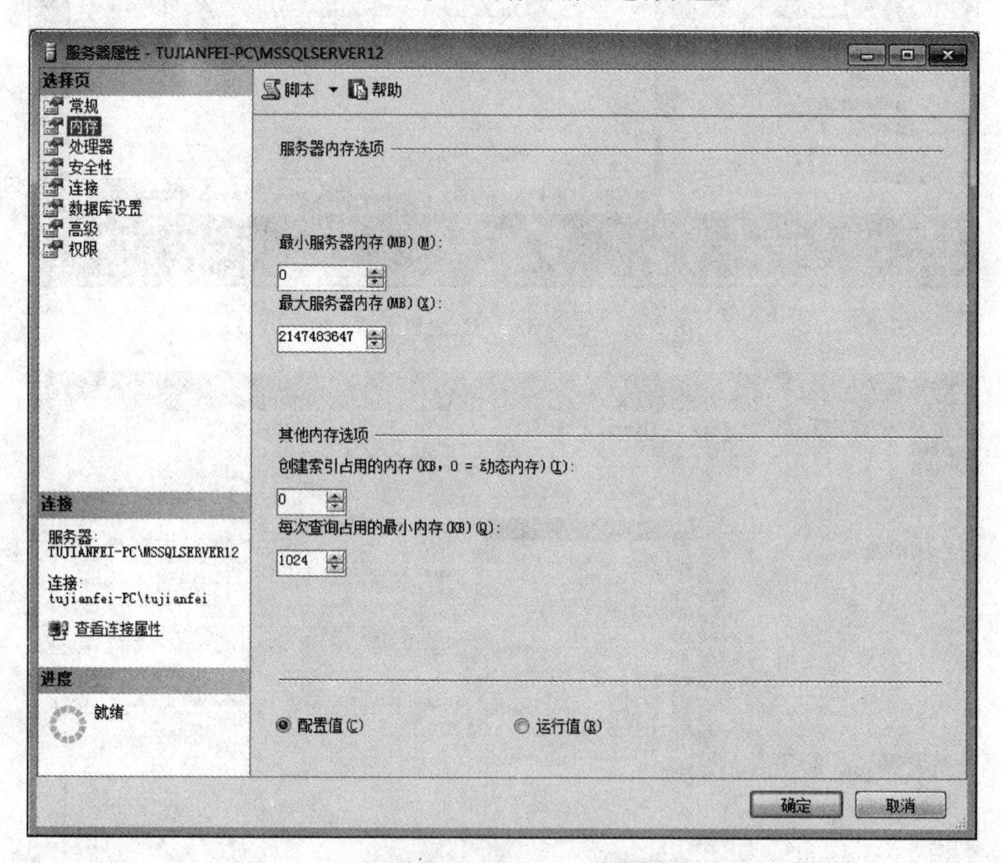

图 2-15 "服务器属性"对话框的"内存"选项页

- 最小服务器内存。此选项用于设置给 SQL Server 保留的最小可用内存量,即便 SQL Server 2012 实际使用未达到此设置值,此部分内存也不会被其他应用程序占用。给 SQL Server 合理分配此选项,可以提高 SQL Server 运行的性能。
- 最大服务器内存。此选项可以限制 SQL Server 最大可用的内存量。设置此项值,避免 SQL Server 占用过多内存,可以为其他应用服务保留一定的内存,有助于提高服务器的整体性能和内存使用效益。

- 创建索引占用的内存。创建索引是一项对内存资源消耗较多的操作，可以通过合理设置此选项，为创建索引分配合适的内存。默认此项设置为0，表示采用动态内存，即由系统动态为索引创建操作分配内存。
- 每次查询占用的最小内存。查询操作是各项数据操作中使用最频繁的操作之一，为避免SQL Server服务响应查询请求时出现内存不足的问题，可事先在此项中设置合理的数值。此项默认值为1024KB。
- 配置值与运行值。SQL Server服务器选项的值又可以分为配置值(即图2-12中value列的值)和运行值(图2-12中valu_in_use列的值)两种。运行值是指系统当前实际运行过程中选项的取值，配置值是指通过sp_configure或SQL Server Management Studio为服务器配置的选项值。但是，由于有些选项的配置值需要执行RECONFIGURE或重启SQL Server服务才能起作用，因此，配置值与运行值有可能并不相同。通过切换上述两个单选项，可以查看当前运行值与配置值的具体取值。

3. 处理器

处理器是服务器最重要的硬件资源。与内存类似，为确保SQL Server与其他应用服务之间的性能平衡，在服务器配有多处理器(如双核、四核等)场合时，可以应用“处理器”配置项为SQL Server分配处理器资源，如图2-16所示。

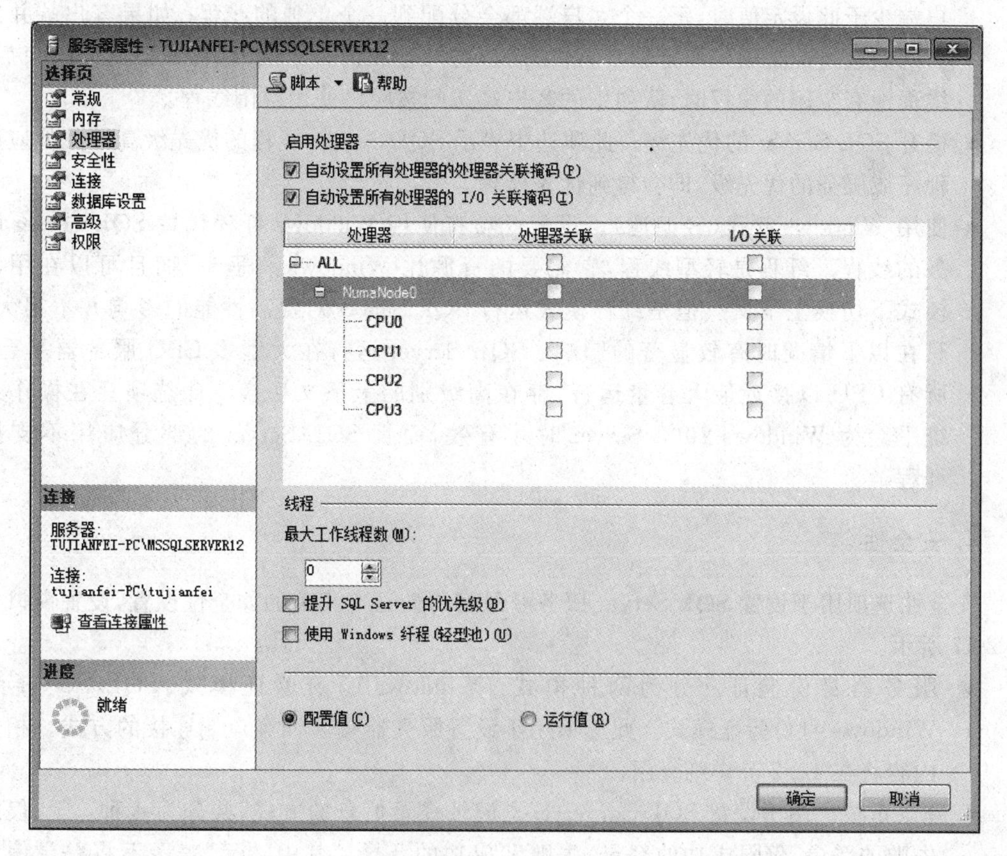

图2-16 “服务器属性”对话框的“处理器”选项页

- 处理器关联。在配有多核处理器的系统中,如果执行的是一项多线程任务,这些线程又可能在不同处理器上执行,因此,执行过程需要在多个处理器之间移动。由此,可能会降低 SQL Server 服务的性能。通过设置处理器关联,可以将处理器分配给特定的线程,从而消除处理器重新加载和减少处理器之间的线程迁移,提高 SQL Server 的执行性能。
- I/O 关联。与处理器关联类似,是指将 SQL Server 磁盘 I/O 任务与处理器进行关联,可以提高 SQL Server 数据读写的性能。
- 自动设置所有处理器的处理器关联掩码。允许 SQL Server 设置与所有处理器的关联关系。如果只对部分处理器执行关联,可以不选中此复选框,然后在"启用处理器"列表中手工设定。
- 自动设置所有处理器的 I/O 关联掩码。允许 SQL Server 设置 SQL Server 磁盘 I/O 与指定的 CPU 子集的关联关系。如果需要手工设置关联关系,也可去掉此复选项,然后在"启用处理器"列表中手工设定。
- 最大工作线程数。此项用于设定处理器为 SQL Server 进程分配的工作线程数。在 32 位系统中,处理器数 4 个以下(包括 4 个)时,最大可用工作线程数为 256;8 个处理器时,最大可用工作线程数为 288。在 64 位系统中,处理器数 4 个以下(包括 4 个)时,最大可用工作线程数为 512;8 个处理器时,最大可用工作线程数为 576。此选项的设置值将影响 SQL Server 的工作线程池,在并发访问 SQL Server 服务的客户端少于此设定值时,每一个客户端都会分配到一个单独的线程;如果客户端并发访问数超过此选项的设定值,超过的用户访问会成为一个队列,在其他访问结束后,线程池有空闲的线程时,队列中的客户端访问按顺序使用空闲线程。
- 提升 SQL Server 的优先级。此项选中表示 SQL Server 线程的优先级高于其他应用程序或服务的优先级,即会得到优先处理。
- 使用 Windows 纤程(轻型池)。设置此项将使用 Windows 纤程代替 SQL Server 服务的线程。纤程是轻型线程,它需要的资源比 Windows 线程少,而且可以在用户模式下切换上下文。但是纤程模式运行 SQL Server 对提高性能的影响并不很大,只在以下情况时有较显著的影响:SQL Server 运行在大型多 CPU 服务器平台,所有 CPU 以接近最大容量运行,存在高级别的上下文切换。此选项只在操作系统平台为 Windows 2003 Server 时才有效,而且 SQL Server 的部分应用不支持纤程。

4. 安全性

安全性选项用于设置 SQL Server 服务登录身份验证等相关的安全性设置,设置窗口如图 2-17 所示。

- 服务器身份验证。分为两种模式:Windows 身份验证模式、SQL Server 和 Windows 身份验证模式。此选项用于设置服务器端验证客户端连接的方式。相关内容将在 10.2 节详细介绍。
- 登录审核。用于设置 SQL Server 日志记录登录信息的方式,共分为 4 种:无、仅限失败的登录、仅限成功的登录、失败和成功的登录。其中,"无"表示不将登录信息

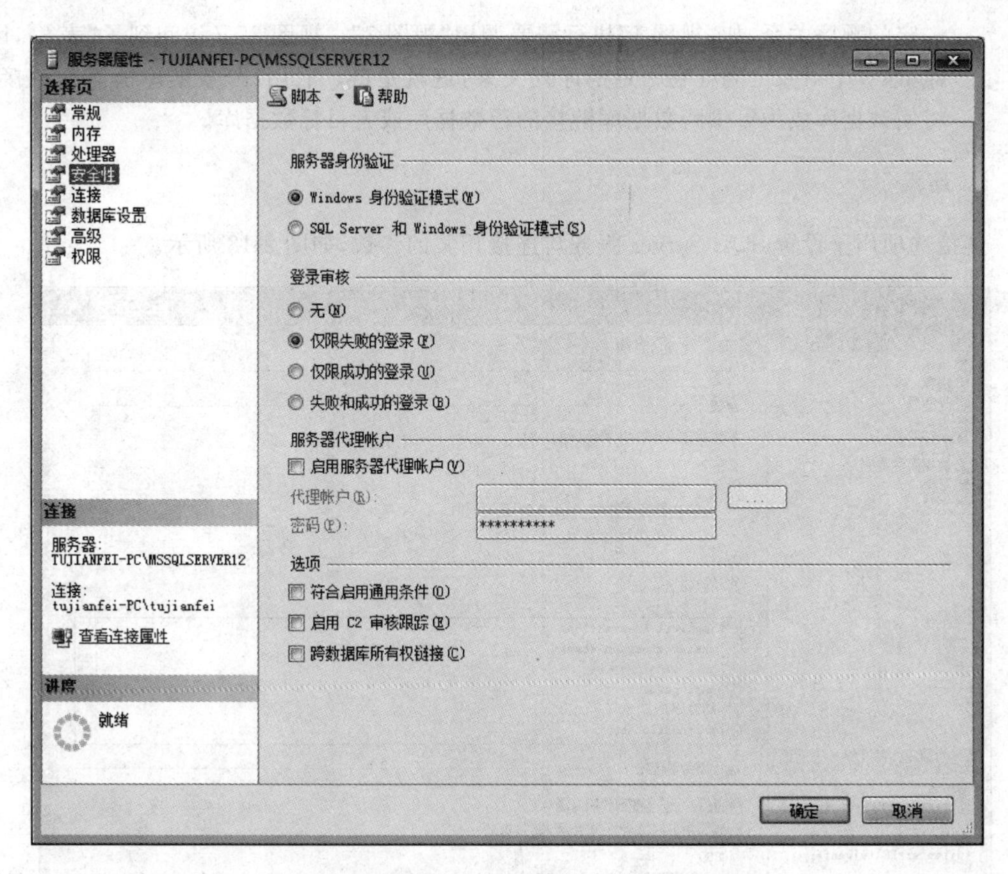

图 2-17　“服务器属性”对话框的“安全性”选项页

记录在日志中；“仅限失败的登录”记录失败的登录信息，成功的登录信息不予记录；“仅限成功的登录”与“仅限失败的登录”相反，只记录成功的登录信息；“失败和成功的登录”表示无论失败和成功都会给予记录。更改登录审核项后需要重新启动服务，设置才会起效。SQL Server 日志可以在 SQL Server Management Studio 的“对象资源管理器”窗口中对应的服务器下的“管理”→“SQL Server 日志”中查看。

- 启用服务器代理账户。SQL Server 可以通过存储过程 xp_cmdshell 来执行操作系统的命令，执行这些命令的用户就是服务器用户。启用此选项，可以从 Windows 账户中选择作为服务器代理的账户。一般来说，此处选中的“服务器代理账户”应当只具备合适权限，否则有可能会被恶意利用。因此，被选账户不宜是 Windows 账户中的管理员账户。
- 符合启用通用条件。此选项设置有助于提高 SQL Server 内存页面重用、转换缓冲区溢出、内存损坏、缓冲区溢出等漏洞防范的安全性。
- 启用 C2 审核跟踪。登录审核验证只验证登录行为，并未记录客户端提交的语句和对象访问的情况。启用此项，将在日志文件中记录客户端提交的语句和对象访问的情况。
- 跨数据库所有权链接。SQL Server 中的链主要是指数据库中对象的访问可能存在一定的顺序关系，如“视图 1”执行需要调用“视图 2”，“视图 2”又访问到了“表 3”，因此，这 3 个对象之间存在一定的序列关系，这就是链。启用“跨数据库所有权链接”将使数据库成为可供跨数据库链接的源数据库或者目标数据库。

5. 连接

连接选项用于设置 SQL Server 服务与连接相关的参数，如图 2-18 所示。

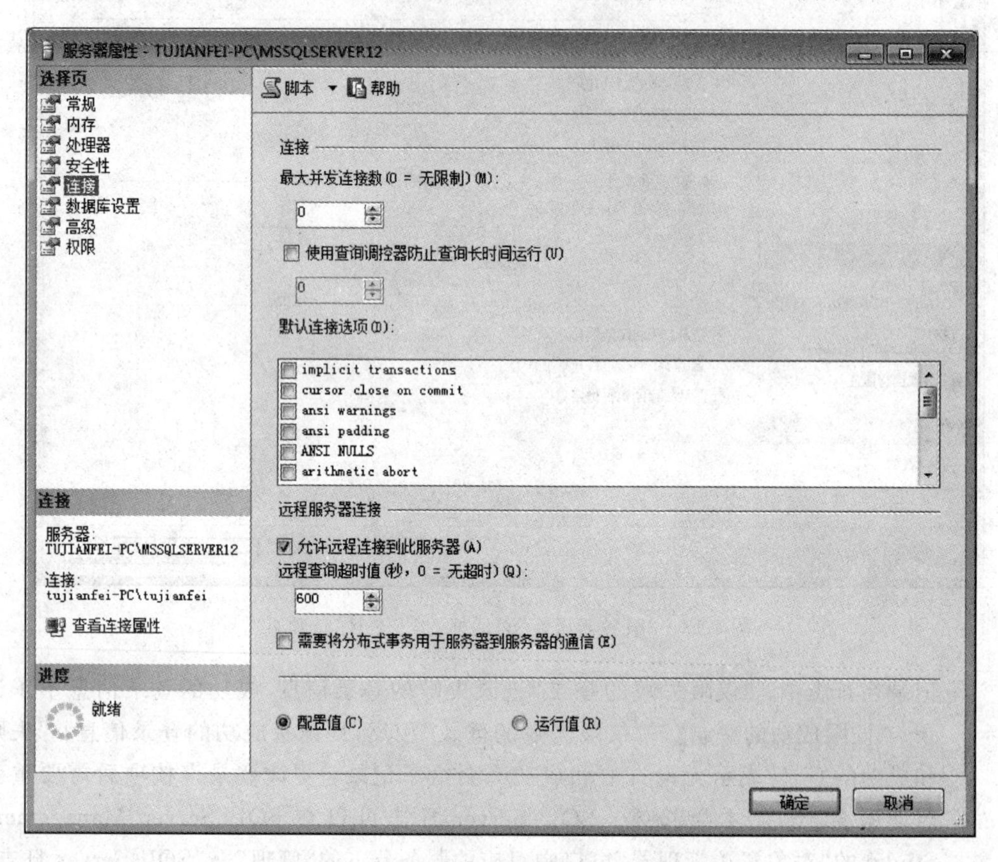

图 2-18 “服务器属性”对话框的“连接”选项页

- 最大并发连接数。本选项用于设置 SQL Server 服务器最大的可供客户端并发连接的数量。如设置为 10，表示 SQL Server 服务器可同时供 10 个客户端用户连接，超过此数的用户只能等现有连接断开后才能连接。0 表示不限制同时连接的客户端数，最大取值为 32 767。
- 使用查询调控器防止查询长时间运行。查询长时间运行有可能是查询语句涉及的数据库对象较多，或者查询的数据量较大；也有可能是由查询语句编写不合理等原因造成的。查询时间过长会导致长时间占用系统资源，造成 SQL Server 响应其他访问的性能下降。因此，合理设置此项值有助于提高服务器的工作性能。此选项是对服务器查询连接行为的限制，与图 2-5“连接属性”中“执行超时”设置是有所区别的，后者是对 SQL Server Management Studio 客户端工具的连接设置。
- 默认连接选项。共有 15 个选项，各选项含义如表 2-3 所示。

表 2-3　默认连接选项

配置选项	说　明
disable deferred constraint checking	控制执行期间或延迟的约束检查
implicit transactions	控制在运行一条语句时是否隐式启动一项事务
cursor close on commit	控制执行提交操作后游标的行为
ansi warnings	控制集合警告中的截断和 NULL
ansi padding	控制固定长度的变量的填充
ansi nulls	在使用相等运算符时控制 NULL 的处理
arithmetic abort	在查询过程中发生溢出或被零除错误时终止查询
arithmetic ignore	在查询过程中发生溢出或被零除错误时返回 NULL
quoted identifier	计算表达式时区分单引号和双引号
no count	关闭在每个语句执行后所返回的说明有多少行受影响的消息
ansi null default on	更改会话的行为，使用 ANSI 兼容为 NULL。未显式定义为 NULL 的新列定义为允许使用空值
ansi null default off	更改会话的行为，不使用 ANSI 兼容为 NULL。未显式定义为 NULL 的新列定义为不允许使用空值
concat null yields null	当将 NULL 值与字符串连接时返回 NULL
numeric round abort	当表达式中出现失去精度的情况时生成错误
xact abort	如果 Transact-SQL 语句引发运行时错误，则回滚事务

- 允许远程连接到此服务器。此项设置启用远程应用程序连接到本服务器，可以与"远程查询超时值"配合使用，超过"远程查询超时值"设置值则表示查询超时失败。
- 需要将分布式事务用于服务器到服务器的通信。此项设置可启用 Microsoft 分布式事务处理协调器(MS DTC)来协调 SQL Server 服务器到服务器之间的通信，这是为了与 Microsoft SQL Server 早期版本兼容而提供的选项。

6. 数据库设置

数据库设置选项用于设置与数据库索引填充、备份还原等相关参数的选项值，如图 2-19 所示。

- 默认索引填充因子。用于设置索引页的填充程度。取值 100 表示索引页完全填满，不留空隙，因此如果有新索引数据需要在中间某页插入时，一部分索引页就需要全部重新填充。因此，取一个相对适中的值，一方面可以提高存储空间的利用效率，另一方面也可以防止索引耗费过多的时间。
- 备份和还原。"指定 SQL Server 等待更换新磁带的时间"用于在已安装使用磁带机来存储数据的场合。"默认备份介质保持期"用于设定数据库备份中每个备份介质保留的时间，以避免被意外覆盖。"压缩备份"复选框设置是否在备份过程中执行压缩，执行压缩可节约存储空间，但会占用系统资源。
- 恢复间隔。此选项设置了 Microsoft SQL Server 还原数据库所需的最大分钟数。0 表示由系统自动确定时间长短，此选项也确定了每次 SQL Server 由停止到重新启动时数据库未提交事务保留的时间间隔，即 SQL Server 为每个数据库调用检查点，以把脏页面数据从数据库缓冲区缓存刷新到硬盘的间隔时间。

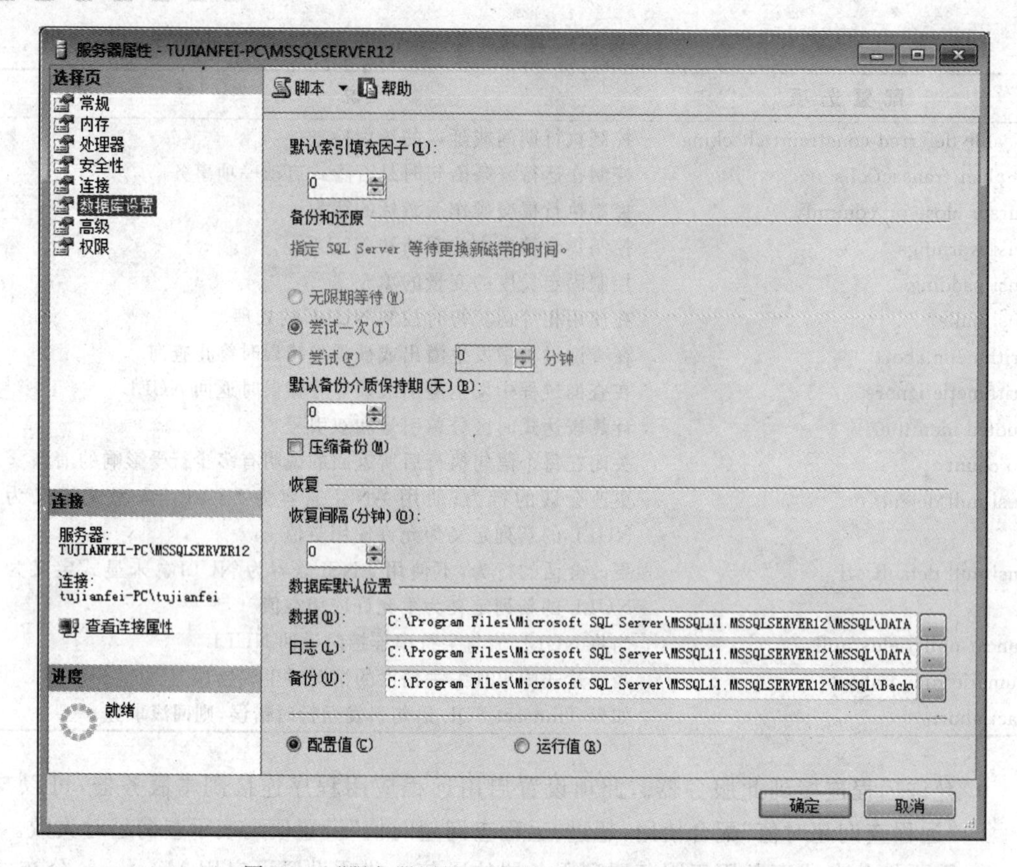

图 2-19 “服务器属性”对话框的“数据库设置”选项页

■ 数据库默认位置。在 SQL Server 2012 安装过程中设置了 SQL Server 数据库文件默认存放的路径,此选项可以修改数据库数据文件和日志文件存放的默认路径。但是此项设置并不限制用户数据库的实际存放位置,用户在创建数据库时可以选择其他路径来存放数据文件和日志文件。

7. 高级

高级选项提供了对高级服务器配置项的设置,包括并行的开销阈值、查询等待时间、锁、最大并行度、网络数据包大小、远程登录超时值等项,如图 2-20 所示。

■ 并行的开销阈值。SQL Server 服务默认对每一待执行任务是以串行方式来进行计划和执行的。如果串行执行超过一定时间时,SQL Server 将会执行并行计划,即在多处理器环境中,由不同处理器同时并发执行任务。此项设置的值决定了 SQL Server 创建并行计划的临界值,即阈值,超过阈值创建并行执行计划。

■ 查询等待值。设置 SQL Server 服务器查询不超时的时间值,与“连接”属性中的“使用查询调控器防止查询长时间运行”,可以配合使用,以两者设置值小的作为超时的依据。此项默认值为－1,表示按查询开销估计值的 25 倍计算超时值,此项值是动态值,会因为不同查询任务所需时间的估计而变化,而“使用查询调控器防止查询长时间运行”则是固定的设置值,这是两者的主要区别之一。

■ 启用包含的数据库。此项是 SQL Server 2012 新增的服务器选项,开启此项表示允

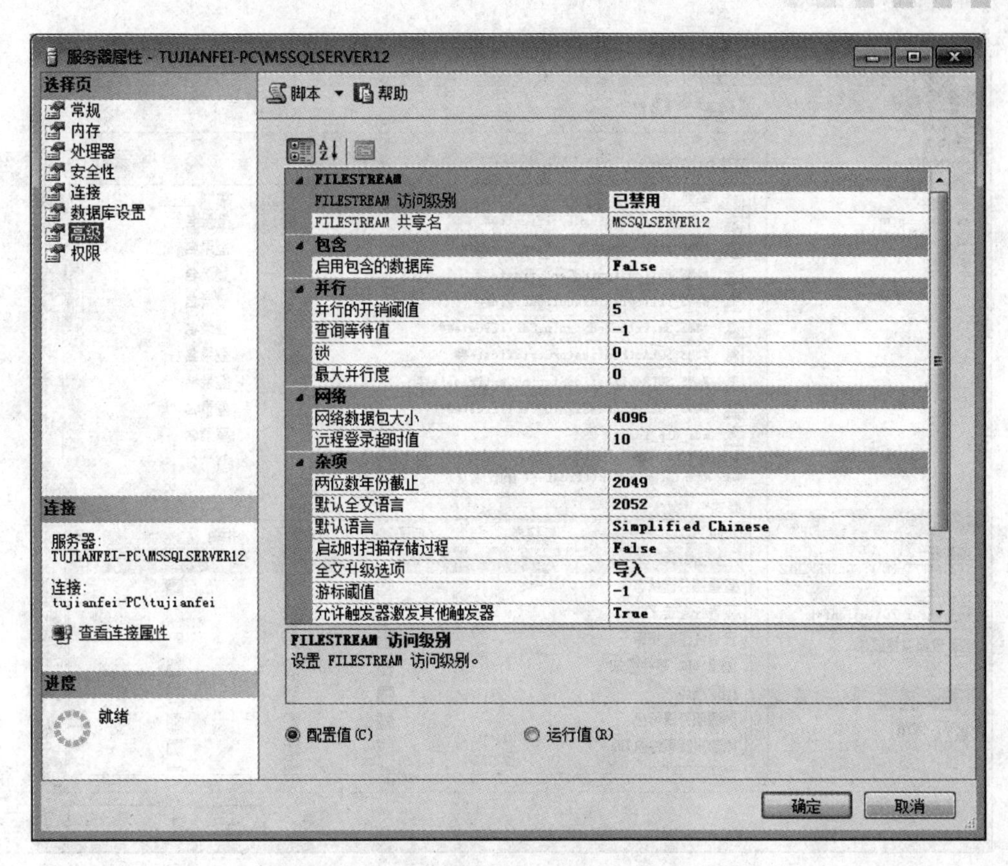

图 2-20　“服务器属性”对话框的“高级”选项页

许在服务器级别使用 Contained Database，使服务器间的数据库迁移可以通过 Contained Database 功能更方便地实现。

- 锁。由于 SQL Server 服务是多用户、多任务的系统，有可能在一项任务执行的同时，会有另一项任务在同时执行，如果两者操作的是相同的数据对象，就有可能产生数据冲突问题。锁是 SQL Server 服务为避免上述并发错误提供的一种数据保护机制，即最先操作数据的任务以锁定的方式掌握对数据的使用权，从而防止产生数据访问冲突。此选项用于设置 SQL Server 使用锁的数量，由于锁需要开销内存资源，限制锁的数量有助于提高服务器的整体性能。默认为 0，表示不做限制，由 SQL Server 动态使用锁，即允许 SQL Server 根据系统需要动态分配和释放锁。
- 最大并行度。此项值用于限制执行并行计划时所使用的处理器数(最多为 64 个)。默认值为 0，表示使用所有可用的处理器。如果该值为 1，表示取消生成并行计划。如果指定的值比可用的处理器数大，则使用实际可用数量的处理器。此项设置在多处理器环境中才有意义。

8. 权限

权限选项用于查看和设置各安全对象的权限，如登录名、角色等，图 2-21 所示是权限选项设置对话框，相关内容将在第 10 章中详细介绍。

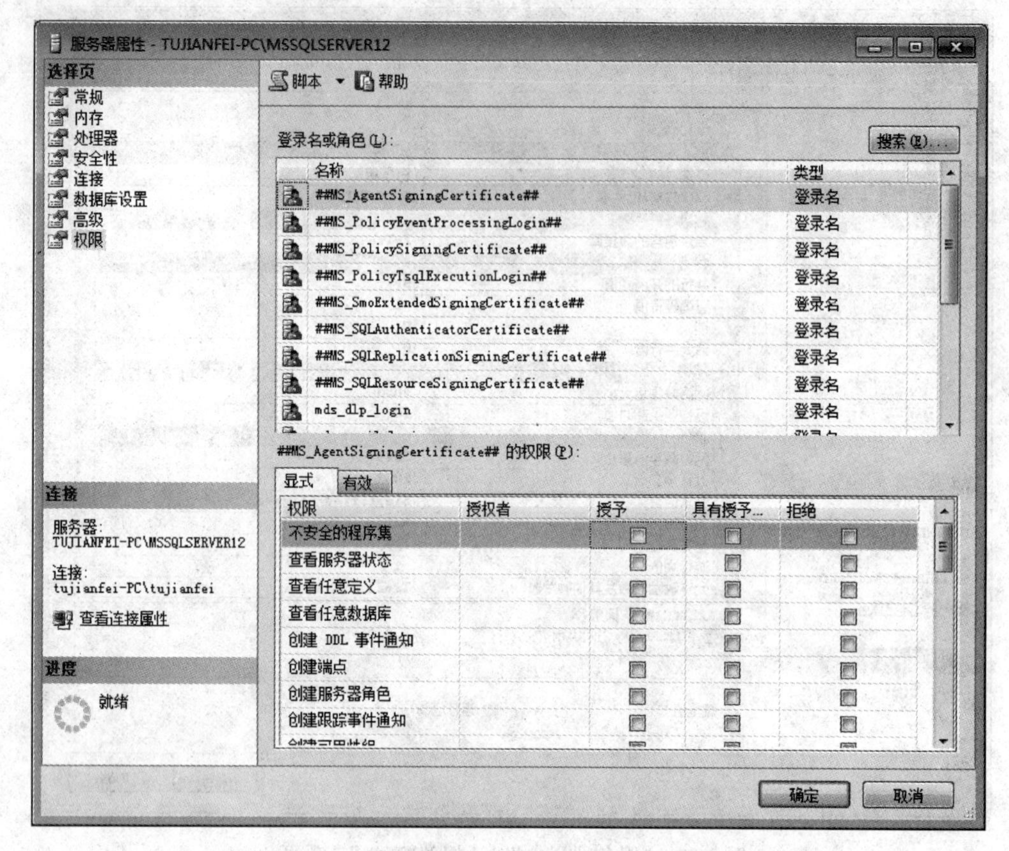

图 2-21 “服务器属性”对话框的“权限”选项卡

2.4 本地服务器组和中央管理服务器

在 2.1 节中介绍了服务器组,虽然服务器组是一个相对较老的概念,在 SQL Server 2000 和 2005 等版本中已经存在;但是自 SQL Server 2008 起服务器组的功能得到了进一步提升,形成了本地服务器组的概念。同时,为进一步加强对多服务器的管理,SQL Server 2008 还新增了中央管理服务器。

本地服务器组和中央管理服务器在多服务器场合为实现多服务器的统一、整合管理提供了很大帮助。例如,需要对多服务器执行同一条 T-SQL 语句,早先只能在每台服务器上单独进行操作,并且需要增加额外的工作,才能汇总执行产生的结果。在本地服务器组和中央管理服务器管理中,可以对服务器组执行上述操作,则对应服务器组下的服务器都会执行相同的操作,并能自动汇总执行的结果。

另外,SQL Server 2012 提供了基于策略的管理,在本地服务器组和中央管理服务器的支持下,可以同时对服务器组下属的服务器执行策略的评估。

2.4.1 使用本地服务器组

在 2.1 节中,已在本地服务器组中创建了一个服务器组。在本节中,将利用上述服务器组及注册的服务器,以执行 T-SQL 查询语句为例,演示本地服务器组新增的功能。

1. 查看服务器组下的服务器信息

如图 2-22 所示,在“生产管理服务器组”下,已经注册有服务器 idnm-1508101228 和 idnm-1508101228\sqlserver2012。要查看这两台服务器的详细情况,可以右击“生产管理服务器组”,在右键菜单中选择“对象资源管理器”命令,可以在图 2-23 所示的“对象资源管理器”窗口中,看到这两台服务器的情况,从中可知“idnm-1508101228”的 SQL Server 版本号为 10.0,即 SQL Server 2008,而“idnm-1508101228\sqlserver2012”的 SQL Server 版本号为 11.0,即 SQL Server 2012。

图 2-22 服务器组下的 SQL Server 服务器

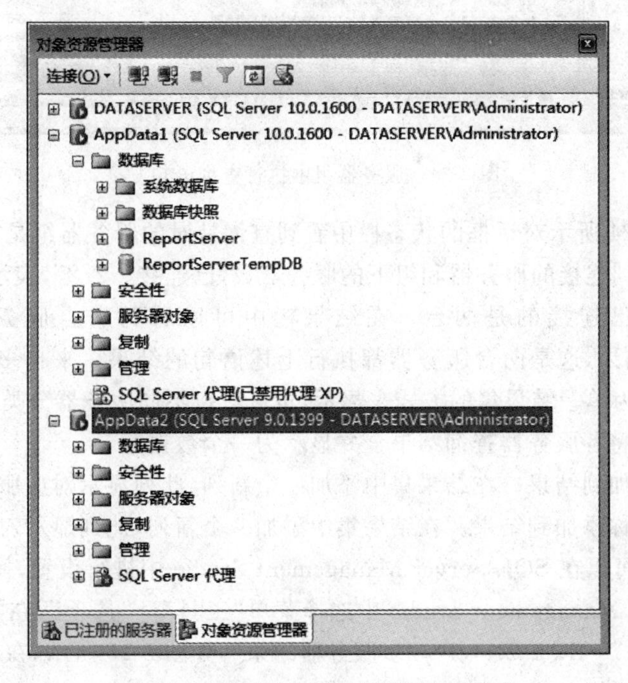

图 2-23 通过服务器组查看服务器信息

2. 在服务器组中执行查询语句

在服务器组中执行查询语句,可以使查询语句在组内的服务器中都得到执行,操作过程如下:

(1) 在“已注册的服务器”窗口,右击服务器组,在右键菜单中选择“新建查询”命令。

(2) 在“查询编辑器”中输入如下 T-SQL 语句,单击工具栏“执行”按钮,执行结果如图 2-24 所示。

```
USE BTTC
Select * from news where 标题 like '%模具%'
```

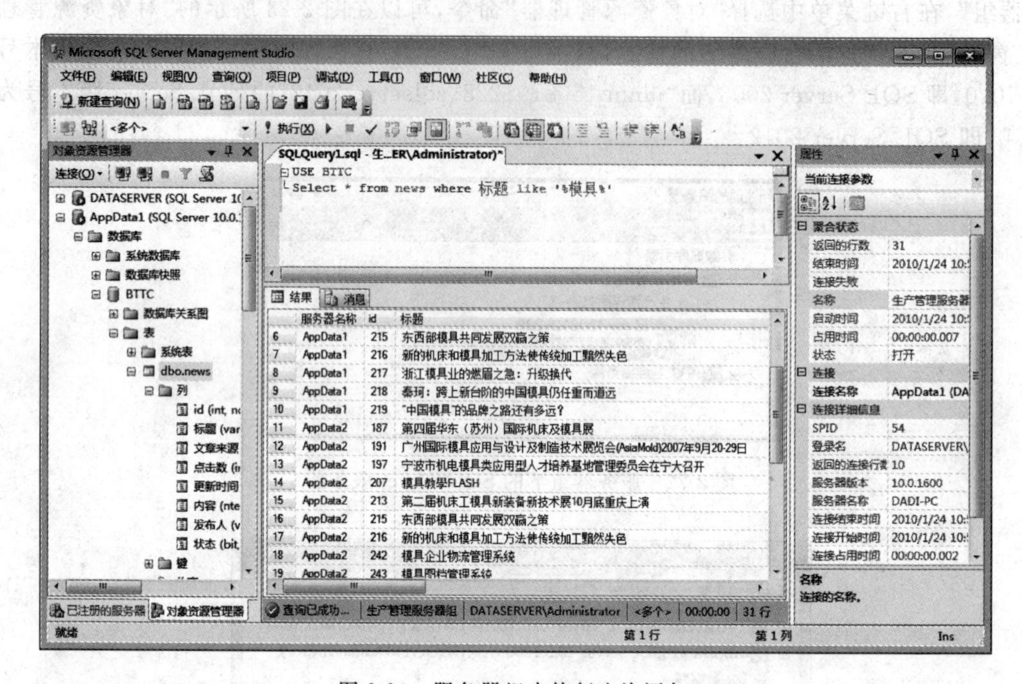

图 2-24 服务器组中执行查询语句

可以在如图 2-24 所示对话框的状态栏中看到查询针对的服务器组是“生产管理服务器组”,执行前可以看到连接的服务器和组下的服务器数“已连接。2/2”,表示服务器组下共有两台服务器,当前已连接的是两台。在结果栏中可以看到来自服务器 AppData1 和 AppData2 的查询结果,这是两台服务器都执行上述语句的结果。来自多台服务器执行查询的结果可以合并为单一结果集的方式来显示,也可以以不同服务器分类的方式来显示。

- 合并结果。将各服务器查询结果合并显示为一个数据集。
- 将登录名添加到结果。在结果集中添加一个新列,此列显示对应服务器的登录名。
- 将服务器名称添加到结果。在结果集中添加一个新列,此列显示对应服务器名称。

上述三种方式可以在 SQL Server Management Studio 中进行设置,操作过程如下:

在 SQL Server Management Studio 中选择菜单“工具”→“选项”,在“选项”对话框中,展开左侧“查询结果”→SQL Server→“多服务器结果”,如图 2-25 所示,在右侧的各选项中,可以设置需要的选项值。

当设置“合并结果”项为 False 时,执行结果显示如图 2-26 所示。

2.4.2 创建中央管理服务器

中央管理服务器相比本地服务器组,在安全性方面有了进一步提升。中央管理服务器

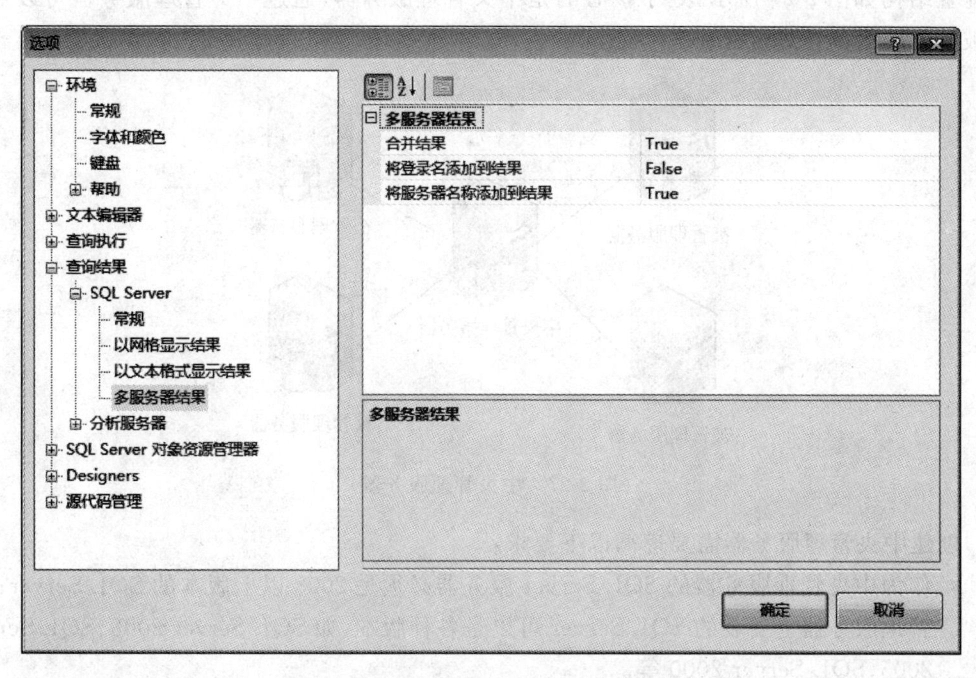

图 2-25　设置多服务器查询结果显示选项

图 2-26　“合并结果”项为 False 时的查询结果

的配置结构如图 2-27 所示,处于核心的是中央管理服务器,通过中央管理服务器可以对下属被管理的服务器进行管理。

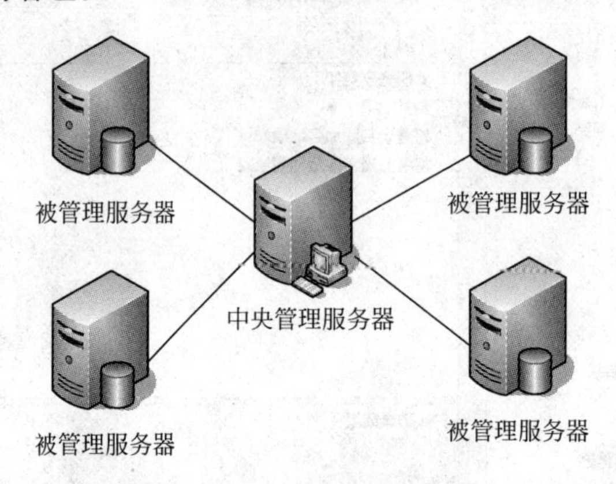

图 2-27 中央管理服务器

创建中央管理服务器需要遵循以下要求:

- 作为中央管理服务器的 SQL Server 服务器必须是 2008 以上版本的 SQL Server;被管理服务器上安装的 SQL Server 可以是各种版本,如 SQL Server 2008、SQL Server 2005、SQL Server 2000 等。
- 将被管理服务器注册到中央管理服务器下时,必须采用 Windows 验证。因此,各被管理服务器的 Windows 操作系统中必须添加与中央管理服务器相同账户的管理员用户。如中央管理服务器上当前使用的 Windows 用户为 Administrator,则其他被管理服务器也须使用 Administrator 来连接,否则可能出现权限问题而无法连接。

创建中央管理服务器及被管理服务器的操作过程如下:

(1) 创建中央管理服务器。在“已注册的服务器”窗口,右击“中央管理服务器”,在右键菜单中选择“注册中央管理服务器”命令,在“新建服务器注册”对话框中,输入中央管理服务器的注册信息。上述注册操作与服务器注册的操作过程相同,本例中的中央管理服务器的名称为 idnm-1508101228\SQLSERVER2012,名称可以根据需要命名。

中央管理服务器创建完毕后,结果如图 2-28 所示。

图 2-28 创建中央管理服务器

(2) 创建被管理服务器。在中央管理服务器下可以创建服务器组,建组方法参见 2.1.2 节。建完组后,可以在组下注册被管理的服务器,注册被管理服务器的方式与本地服务器注册方式相同。但是,被管理的服务器必须采用 Windows 身份验证的方式注册。

创建服务器组和被管理服务器后的结果如图 2-29 所示。

图 2-29 创建完成的中央管理服务器和被管理服务器

在中央管理服务器环境中执行任务的操作与本地服务器组类似,请参照本地服务器组的操作过程。

2.4.3 本地服务器组与中央管理服务器的比较

从以上关于本地服务器组与中央管理服务器的操作和功能可以看出,两者具有很大的相似性。首先从功能上来讲,本地服务器组和中央管理服务器都可以对下属多台服务器执行相同操作,如新建查询、执行策略评估等;其次,两者都是通过层次化结构来实现对多服务器的有序管理;第三,上述操作都是基于 SQL Server Management Studio 工具来完成的。

虽然本地服务器与中央管理服务器存在不少共同点,但两者还是有不少区别。

首先,在中央管理服务器中,具有作为管理核心的"中央管理服务器"。对其他服务器的管理可以通过中央管理服务器来实现。因此,要对被管理服务器进行管理时,必须先连接中央管理服务器,这在一定程度上提高了系统的安全性。

其次,本地服务器组下,被管理服务器可以采用 Windows 身份验证和 SQL Server 混合验证。中央管理服务器下,各服务器需要采用 Windows 身份验证的方式进行验证注册。这样的设置,可以充分利用 Windows 用户管理模块对用户安全性管理的强化作用,如对密码的强制修改等,也在一定程度上提高了系统安全性。

最后,在本地服务器组中,服务器的注册信息保存在 RegSrvr. xml 文件中。该文件记录了各服务器的名称、登录名以及经过加密后的密码,该文件可以在操作系统的下述文件夹中找到。

(1) Windows Server 2003 操作系统:

C:\Documents and Settings\＜使用者名称＞\Application Data\Microsoft\Microsoft SQL Server\100\Tools\Shell\RegSrvr. xml

(2) Windows Server 2008 或 Vista 操作系统:

C:\Users\＜使用者名称＞\AppData\Roaming\ Microsoft\Microsoft SQL Server\100\Tools\ Shell\RegSrvr. xml

由于该文件暴露了太多注册信息,因此有可能成为被攻击者利用的安全漏洞。因此,相比而言中央管理服务器有更高的安全性。

2.5 本章小结

本章介绍了 SQL Server 2012 服务器组、服务器注册、服务器注册信息的导入与导出管理、服务器运行状态的查看与控制、服务器选项配置等,还介绍了 SQL Server 2012 本地服务器组和中央管理服务器的特性与使用。

应用 SQL Server Management Studio 实现对服务器的管理,是日常管理工作中的一项常规性工作,应充分掌握。

习题与思考

1. 掌握在 SQL Server Management Studio 中对服务器分组、服务器注册、服务器选项配置等管理的操作过程。
2. SQL Server 服务器暂停与停止状态的区别是什么?
3. 比较本地服务器组与中央管理服务器的异同。
4. SQL Server 服务器身份验证的类别有哪些?对客户端连接服务器有何影响?
5. 如何使用 sp_configure 对服务器选项进行设置?
6. 如何控制 SQL Server 服务的运行状态?
7. SQL Server 服务器选项有哪些类别?什么是动态选项?什么是高级选项?如何设置高级选项?

第3章 数据库

数据库是为了满足多个用户的多种应用的需要，按照一定的数据模型在计算机系统中组织、存储和使用的互相联系的数据集合。如在电子商务网站中，需要存储和管理的客户信息、订单信息、产品信息等数据，在业务处理过程中是一组相互关联的数据，可以保存在一个数据库中；而与学校管理相关的学生信息、成绩信息、课程信息等数据，是另一组相互关联的数据，可以保存在另一个数据库中。

在 SQL Server 中，数据库所包含的内容不仅是数据，还包括与数据管理和操作相关的各种对象，如数据库关系图、表、视图、同义词、可编程性、Service Broker、存储、安全性等对象，而通常所说的数据则保存在其中的一个数据库对象——数据表中。由此可见，数据库这一概念在 SQL Server 中已成为一个存储数据库对象的容器。作为一种数据库管理系统软件，数据库对 SQL Server 来说不仅是管理的对象，也是系统运行的基础。了解和掌握数据库管理是深入学习 SQL Server 应用的基础。本章介绍 SQL Server 2012 中数据库的应用和管理，在后续各章中将详细介绍数据库中的各种对象。

本章要点：

- SQL Server 2012 系统数据库
- 数据库文件与文件组
- 创建数据库
- 设置数据库选项
- 管理数据库
- 数据库快照

3.1 SQL Server 2012 的系统数据库

在 SQL Server 2012 中数据库分为两大类：系统数据库和用户数据库。系统数据库用于保存系统运行所需的各种数据，包括用户数据库信息和其他系统性信息。用户数据库是由用户创建的，用于保存某些特定信息的数据库。

系统数据库由 SQL Server 系统预设。在 SQL Server 2012 安装完成后，就默认创建了 5 个系统数据库：master、model、msdb、tempdb 和 Resource。这 5 个系统数据库是系统运行的基础，在 SQL Server 系统中起着非常重要的作用。

3.1.1 master

master 数据库是 SQL Server 系统中最重要的系统数据库,记录了 SQL Server 系统运行所需的系统信息。这些系统信息包括:

- 所有登录名和用户 ID 及所属角色。
- 所有的系统配置信息(如数据排序规则、安全规则等)。
- 服务器中其他系统数据和用户数据等信息,如数据库的名称、数据库文件的物理位置等。
- SQL Server 的初始化信息。
- 各种特殊的系统表,如存储缓存使用规则、可用字符集、可用语言列表、系统错误和警告信息等的数据表。

如果 master 数据库出现错误,就会导致 SQL Server 无法启动或发生运行错误。因此,手工改动 master 数据库是一种不明智的行为。

3.1.2 model

model 数据库是模板数据库。在 SQL Server 中创建用户数据库时,都会以 model 数据库为模板,创建拥有相同对象和结构的数据库。

如果修改 model 数据库,之后创建的所有数据库都将继承这些修改。因此,如果希望新创建的数据库都具有相同的特性,如希望在所有新创建的数据库中都建有某个相同的数据表,那么可以预先把这个表建在 model 数据库中。

另外,model 数据库也是另一个系统数据库 tempdb 的模板,对 model 数据库的改动也会反映在 tempdb 数据库中。因此,对 model 数据库的更改也要十分小心,避免造成不必要的麻烦。

3.1.3 msdb

msdb 数据库是存储代理服务信息的数据库。

在 SQL Server 2012 中,代理服务(SQL Server Agent)可以代替用户完成一些事先预定义的作业任务,如在每晚"00:00:00"自动执行数据库的备份操作等。SQL Server 代理服务运行所需的作业信息,如作业运行的时间、频率、操作步骤、警报等信息都保存在 msdb 数据库中。

因此,如果没有特殊原因,也要尽量避免手工修改 msdb 数据库。

3.1.4 tempdb

tempdb 是一个临时数据库。每次 SQL Server 服务重新启动时,都会创建一个空的 tempdb 数据库;在 SQL Server 服务停止或关闭时,tempdb 数据库会丢失。

tempdb 数据库用于保存 SQL Server 运行过程中产生的需要临时存储的数据。如 SQL Server 在执行数据查询时,有时需要临时存放查询的结果以备后续使用,这些查询结果可以存放在 tempdb 数据库中。用户在使用过程中也可能需要创建临时表,这些临时表也会存放在 tempdb 中。虽然 tempdb 提供的是临时存放的功能,但在 SQL Server 服务没有停止或者重新启动前,且存放的临时数据没有明确要求删除时,这些临时数据还是会一直存在,直到明确删除或者 SQL Server 服务发生变动。有关临时表的特性将在第 4 章中介绍。

由此可见,tempdb 也是 SQL Server 中非常重要的一个数据库,如果没有特殊需要,也不应手工修改。如果一旦发生错误,可通过重启 SQL Server 服务来重建一个空的 tempdb 数据库。

3.1.5 Resource

Resource 是自 SQL Server 2005 版起新增的一个系统数据库。在 SQL Server 2005 版以前,所有可执行的系统对象都存储在 master 数据库中。这些可执行系统对象是指不存储数据的系统对象,包括系统存储过程、系统视图、系统内置函数、系统触发器等。

但是 Resource 在 SQL Server 中对用户是不可见的,用户不能直接操作该数据库。这也是用户无法在 SQL Server Management Studio 中找到这个系统数据库的原因。之所以将原先存放于 master 数据库的执行对象迁移到新数据库中,并且不让用户直接访问的原因是为了提高系统的安全性。改存到 Resource 数据库之后的好处还在于:一方面 Resource 数据库是只读的,可以避免被误修改;另一方面,执行对象统一存放在 Resource 数据库,便于管理和升级。

事实上,这些执行对象除了限制直接访问外,并不禁止用户使用。只是用户需要通过 sys 架构才能调用这些系统可执行对象。通过 sys 架构,用户可以在当前的数据库(如某个用户数据库)中引用存储在 Resource 数据库中的对象,如通过 select * from sys. objects 来引用存放在 Resource 数据库中的 objects 对象。在 SQL Server 2012 中,Resource 数据库文件保存在安装文件夹的 Binn 中,文件名为 mssqlsystemresource. mdf 和 mssqlsystemresource. ldf。

提示

- ReportServer 数据库。是一个用于保存 SQL Server 报表服务信息的数据库。因此,在安装 SQL Server Reporting Services 后,就会产生此数据库;且这个数据库只可用于给定的 Reporting Server 实例,也只能通过 Reporting Server 修改和访问。
- ReportServerTempDB 数据库。与 ReportServer 数据库类似,ReportServerTempDB 数据库也是一个由安装 SQL Server Reporting Services 产生,且只能由 Reporting Server 修改和访问的数据库。ReportServerTempDB 数据库主要用于存储 Reporting Services 运行过程中的非持久化数据。
- 示例数据库。为了便于用户学习使用 SQL Server,系统还提供了两个学习的示例数据库:AdventureWorks 和 AdventureWorksDW。AdventureWorks 是一个基于虚拟的主营金属和复合材料自行车生产的大型跨国公司业务经营的数据库,AdventureWorksDW 是为展示 SQL Server 2012 数据仓库、报表服务、数据分析服务等新特性提供的示例数据库。AdventureWorks 和 AdventureWorksDW 并未在 SQL Server 2012 的默认安装过程中自动安装,如果用户需要,可以到以下地址下载并安装:http://codeplex. com/SqlServerSamples。此外还可以选择安装 AdventureWorksLT 等示例数据库。

3.2 数据库文件及文件组

SQL Server 创建的数据与其他数据一样，都是保存在计算机硬盘中的。但是 SQL Server 所保存的数据量往往非常大，如一些超大型数据库可以达到 TB 级，所面对的用户数量也可能非常大，如一些大型门户网站、金融服务系统等，并发用户可达数万、数十万，甚至更多。因此，SQL Server 为保证系统有较高的响应性能和管理效率，在数据存储方面采取了一些特殊的方式。

3.2.1 SQL Server 数据存储原理

1. 数据存取过程

在计算机系统中，内存和外存是两种最基本的存储设备。一般内存执行速度快，但容量小，在停电状态下不易保存数据；而外存存储容量大，但速度慢，可以在停电状态下继续保存数据。因此，在一般应用系统中，往往采用两者协同工作的方式来处理和存储数据，图 3-1 所示是常见应用系统的数据存储和处理方式。

从图 3-1 中可见，一般的应用系统会把存于外存(一般是硬盘)中的数据读取到内存，在内存中将数据处理(如修改、删除等操作)完毕，然后把数据保存回硬盘的数据文件中。新增数据也是先读到内存，然后再保存到硬盘。这种对数据的处理和存储方式虽然简单，但是存在不少问题，尤其是对数据操作的可靠性比较差。比如，在内存中修改完数据后，如果在保存过程中出现系统错误或者掉电等情况，此项修改操作的数据就可能丢失。另外，由于数据只保存在数据文件中，在出现数据文件被破坏时，很可能导致数据全部丢失。

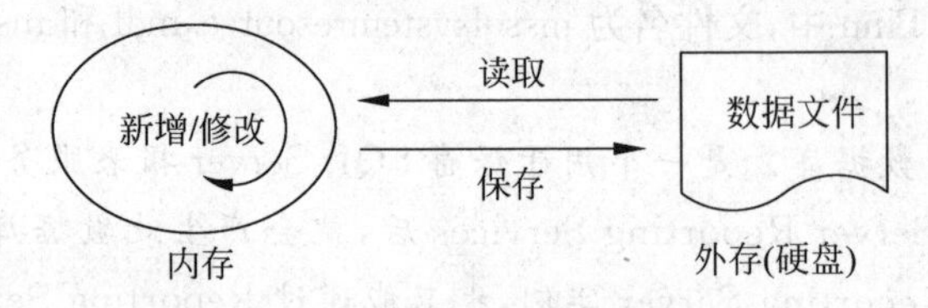

图 3-1 一般应用程序的数据存取过程

SQL Server 为提高数据存储的可靠性，采用了优先写日志的方式。即在 SQL Server 中存储数据的文件除了数据文件外，增加了事务日志文件。数据文件用于保存数据，日志文件用于保存各种操作事务，如修改、新增数据的事务。SQL Server 存取数据的过程如图 3-2 所示。

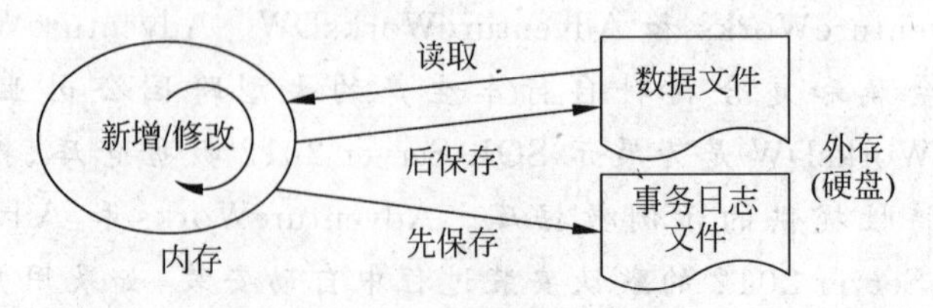

图 3-2 SQL Server 的数据存取过程

首先，SQL Server 在新增数据时，会先在内存中处理好新增的数据，然后在写入硬盘数据文件之前，先把该项操作保存到事务日志文件中，之后才把数据写入数据文件。

如果是修改数据，SQL Server 会先从硬盘数据文件中把待修改的数据读取到内存中，在内存中修改处理完毕后，再把处理操作作为一项事务保存到事务日志文件中，最后才把内存中的修改结果保存到数据文件。

SQL Server 这种优先写事务日志的数据存储方式对维护数据的可靠性有很多好处。由于数据操作的过程事先存储在事务日志文件中，实际是对数据的每一项操作新增了一个备份，一旦数据出现意外问题，这种存储方式可以提供恢复的基础。其次，由于事务日志文件保存的内容在某些场合数据量会小于数据文件的数据量，从而为 SQL Server 提供了一种只需备份少量事务日志的数据库备份方式。相关内容将在第 11 章中进行介绍。

2. 存储空间分配

在 Windows 系统中，如果有文件需要保存时，操作系统会寻找硬盘中可用的空间分配给文件进行保存。虽然 Windows 操作系统在硬盘空间的分配上具有一定的智能性，但是往往无法解决大文件对空间位置的最优分配问题。因此，经常会出现一些大文件被保存在硬盘多个不同的位置，即所谓文件碎片。文件碎片多了，硬盘驱动器读写数据的效率就会降低，这也是需要对磁盘碎片经常进行整理的原因。SQL Server 为防止碎片过多，同时也为了兼顾存取效率，在存储空间分配中使用了较小的数据存储单元，即页和盘区。

页是 SQL Server 数据文件存储的最小单位，页的大小为 8192B，即 8KB。其中 96B 用于保存头部信息，用于记录此页的相关信息，另外在页尾存储用于记录数据行位置的行偏移和其他一些信息。因此，一页实际可保存的数据量为 8060B。根据页保存数据类型的不同，页可以划分为数据页、全局分配图页、索引页、索引分配图页、页面自由空间页和文本/图像页。

- 数据页。用于保存 SQL Server 中除文本和图像之外的各种数据。
- 全局分配图页(GAM)。由于 SQL Server 分配空间时不是以单个页为单元进行分配，而是采取每次 8 页的量进行分配，因此有可能会存在已分配但尚未使用的页。"全局分配图页"用于跟踪已分配且可用的页。
- 索引页。在索引数据与记录数据分开保存的场合(如非聚集索引)，索引页用于保存索引数据。
- 索引分配图页。跟踪已分配且可用的索引页。
- 页面自由空间页(Page Free Space)：是一种特殊的用于跟踪数据库中其他所有页面上可用空间的页。
- 文本/图像页。由于 SQL Server 中可能会保存一些大型文档和图像数据，这些数据量较大，如果与其他数据一起存放在相同的数据页中，会降低存取效率。因此，SQL Server 使用专门的文本/图像页保存这类数据。

盘区是连续 8 个页的集合。因此，SQL Server 分配存储空间是以 1 盘区/次为单位进行分配的。盘区根据实际保存数据的不同可以划分成为两类：单一盘区(也称统一盘区)和混合盘区(也称混合区)。单一盘区中所存放的数据为一个数据对象所有，如某盘区 8 个页，存放的都是"数据表 1"的数据；混合盘区存放的数据来自多个对象，如有"数据表 1"和"数据表 2”的数据等。当混合区中的某个表或索引的大小增长到 8 页时,系统会将表或索引存放到专门的单一盘区中,以提高访问的效率。

3.2.2 SQL Server 数据库文件

SQL Server 运行在 Windows 操作系统平台上。对于操作系统而言,所有应用程序的数据都是以文件的形式进行管理的。SQL Server 数据也是以文件的形式保存在 Windows 系统中。

由上述介绍可知,SQL Server 采用两类文件来保存数据:数据文件和事务日志文件。数据文件存储数据,事务日志文件记录各种对数据库执行的操作。数据文件还可往下分为两类:主数据文件和辅助数据文件。

1. 主数据文件

主数据文件(Primary Data File,扩展名为 MDF)是 SQL Server 数据库中最重要的文件,每个 SQL Server 数据库有且仅有一个主数据文件。在主数据文件中可以保存 SQL Server 数据库中的所有数据,包括用户对象和系统对象(如系统表)。

2. 辅助数据文件

辅助数据文件(Secondary Data File,扩展名为 NDF),也称为次数据文件,在 SQL Server 中用于保存用户数据,比如用户数据表、用户视图等;但是不能保存系统数据。与主数据文件在 SQL Server 数据库中有且只能有一个不同,辅助数据文件在一个数据库中可以有多个,一个数据库最多可以有 32 767 个辅助数据文件。

一般,对于小型数据库,主数据文件基本可以满足数据存储需要,不需要增加辅助数据文件。但是在一些数据量较大的大型数据库中,应用辅助数据文件可以给数据存储带来很多的好处。主要表现在以下几方面:

- 扩展数据存储空间。因为在硬盘中文件不能跨分区存储,而主数据文件只能有一个,因此,有可能在数据量特别大的时候出现分区空间不足或者单个硬盘空间不足的问题。应用辅助数据文件,可以把多个辅助数据文件分别存储在其他盘区或不同硬盘中,从而实现对存储空间的扩展。
- 提高系统性能。用户对数据的使用可以分为两种基本方式:读取和写入。在一个大型多用户系统中,如果能够明确区分一部分数据表是以读为主,另一部分数据表是以写入为主,那么,就可以有针对性地把写入类表和读取类表分别存放在不同的硬盘中。由此可以实现一个硬盘只负责读取,另一个硬盘只负责写入,这样的分工可以减少硬盘读取的交互,有助于提高系统性能。
- 提高系统安全性。采用辅助数据文件,把用户数据存放在不同硬盘中,有助于避免或减少因部分硬盘损坏造成所有数据丢失的损失。
- 提高系统的可管理性。采用多辅助数据文件,再配合文件组,可以为数据备份,提供新的基于文件和文件组的备份方式。即用户能够以文件或文件组为单位,备份其中的部分数据,而不是所有数据。

3. 事务日志文件

事务日志文件(Log File,扩展名为 LDF),是 SQL Server 数据库中用于记录操作事务的文件。在 SQL Server 数据库中,事务日志文件也是不可缺少的数据库文件。但与主数据文件在每个数据库中只能有一个不同,事务日志文件可以有多个,最多可达 32 767 个。为提高系统的可靠性和安全性,可以将事务日志文件与主数据文件分别存放在不同分区,如果有多个硬盘,建议存放在不同硬盘中。

事务日志文件由系统管理,如果需要查看,可以通过第三方软件来查看,如 Lumigent Log Explorer for SQL Server,图 3-3 是通过该软件查看事务日志文件的实例。

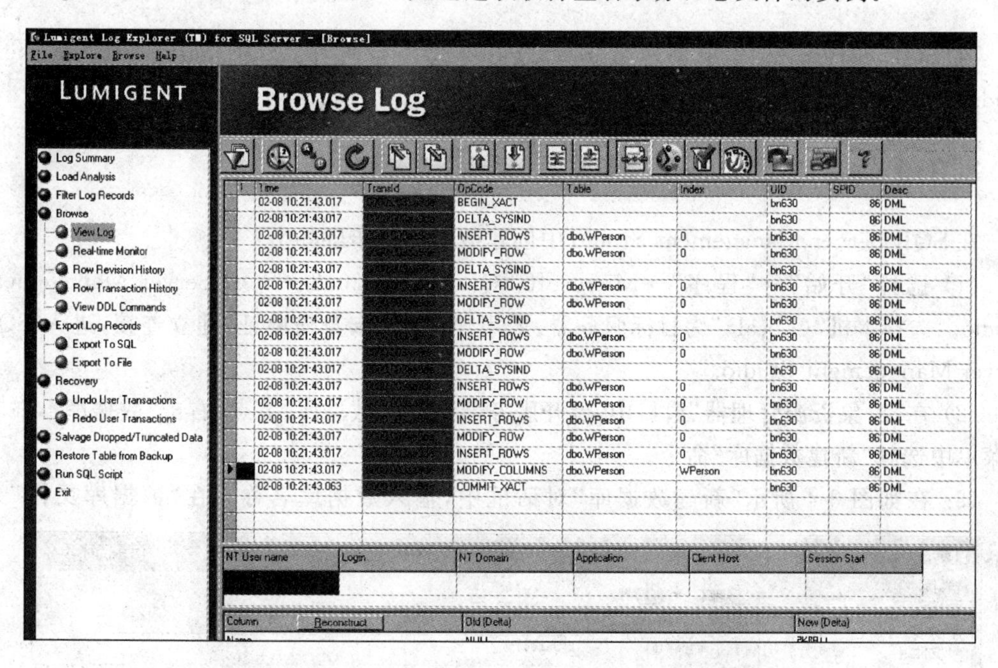

图 3-3 Lumigent Log Explorer for SQL Server 查看事务日志文件

3.2.3 文件组

在数据文件或事务日志文件数量较多的场合,可以通过文件组对数据文件和事务日志文件进行分组管理。文件组是文件的逻辑分组。在 SQL Server 2012 中文件组可以划分为两大类:主文件组(Primary File Group)、次文件组(Secondary File Group)。还有一种特殊的文件组是默认文件组(Default File Group)。

- 主文件组。是每个数据库默认提供的文件组,该文件组不能被删除。主数据文件只能置于主文件组中。
- 次文件组。是由用户创建的文件组,在一个数据库中用户可以根据管理需要创建多个次文件组。次文件组也被称为用户定义文件组(User-defined File Group)。
- 默认文件组。在新增数据库文件时,如果未明确指定该数据文件所属的文件组,那么该数据文件就会被放置在默认文件组中。系统的默认文件组对应主文件组,但可以修改,如可以将某个用户文件组设置为默认文件组。

应用文件组来管理数据库文件有很多的好处。一方面,在数据库文件较多的场合,可以有序管理数量众多的数据文件。另一方面,通过文件组可以实现将数据库对象,如数据表等分置于不同的硬盘或分区中。前面已介绍,辅助数据文件可以分别置于多个硬盘或硬盘分区中,但是数据库对象(如数据表等)并不能直接置于指定的数据文件中。要实现将数据表分置于指定的数据文件中,以便将数据表置于不同分区或硬盘,就需要使用文件组,因为数据表可以置于不同文件组中。

3.3 创建数据库

在 SQL Server 2012 中创建数据库的主要途径有两种:SQL Server Management Studio 和 T-SQL 语句,另外还可以通过模板、数据导入等方式来创建。

3.3.1 使用 SSMS 创建数据库

在 SQL Server Management Studio 中创建数据库的步骤如下:

(1) 选择“开始”→“程序”→Microsoft SQL Server 2012→SQL Server Management Studio。选择本机“(Local)”为目标服务器,采用“Windows 身份验证”建立连接,进入 SQL Server Management Studio。

(2) 在“对象资源管理器”窗口中,展开服务器,选择“数据库”节点,右击“数据库”,在右键菜单中选择“新建数据库”命令。

(3) 在如图 3-4 所示“新建数据库”对话框中,输入数据库名称。在“数据库文件”列

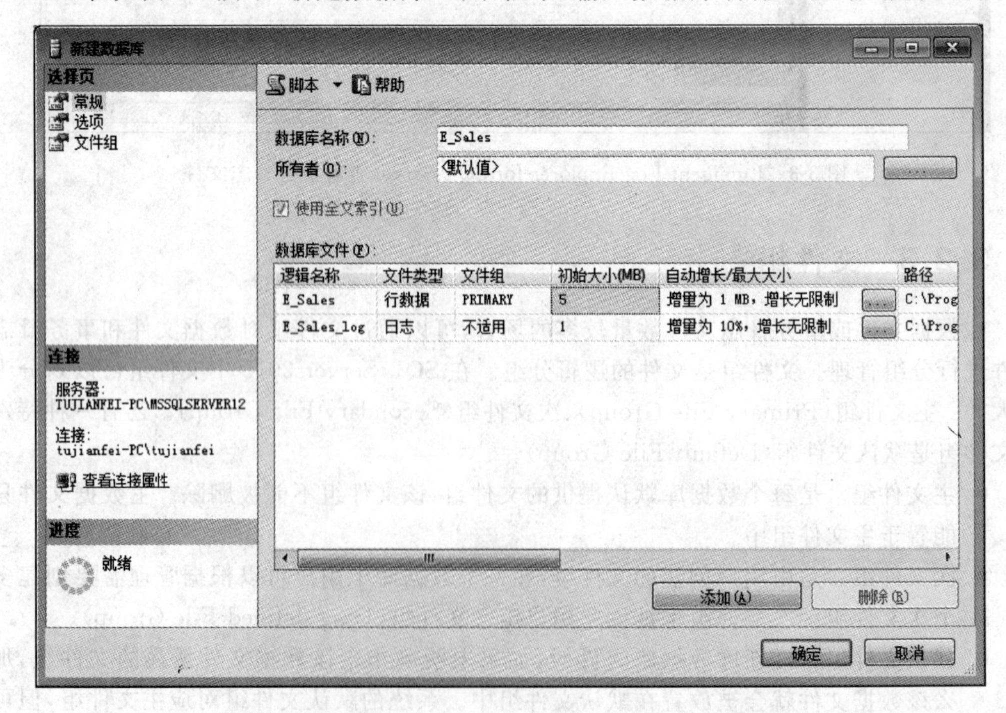

图 3-4 使用 SQL Server Management Studio 创建数据库

表中可见两个基本的数据文件：主数据文件和日志文件，名称由系统根据数据库名称自动命名。其中，主数据文件所在的文件组为 PRIMARY，即主文件组。事务日志文件由于不能与主文件保存在同一文件组，因此，事务日志文件组的状态为“不适用”。这两个文件的默认存储路径由“数据库默认位置”指定(关于“数据库默认位置”的设定请参见图 2-19)。

(4) 文件大小。主数据文件存储空间的“初始大小”为 5MB，事务日志文件的“初始大小”为 1MB，可以直接输入需要的数值进行修改。

(5) 单击“确定”按钮，完成数据库创建。在“对象资源管理器”窗口中，可以看到新创建的数据库出现在“数据库”节点中。如果需要，可以单击“刷新”按钮来刷新节点所包含的项目。

3.3.2 使用 T-SQL 语句创建数据库

创建数据库的 T-SQL 语句为 CREATE DATABASE，该语句的基本语法如下：

```
CREATE DATABASE database_name
    [ ON
        [ PRIMARY ] [ <filespec> [ ,...n ]
        [ , <filegroup> [ ,...n ] ]
    [ LOG ON { <filespec> [ ,...n ] } ]
    ]
    [ COLLATE collation_name ]
    [ WITH <external_access_option> ]
]
[;]
<filespec> ::=
{
(
    NAME = logical_file_name ,
        FILENAME = { 'os_file_name' | 'filestream_path' }
        [ , SIZE = size [ KB | MB | GB | TB ] ]
        [ , MAXSIZE = { max_size [ KB | MB | GB | TB ] | UNLIMITED } ]
        [ , FILEGROWTH = growth_increment [ KB | MB | GB | TB | % ] ]
) [ ,...n ]
}
<filegroup> ::=
{
FILEGROUP filegroup_name [ CONTAINS FILESTREAM ] [ DEFAULT ]
    <filespec> [ ,...n ]
}
```

主要关键词含义如下：

- database_name，指定新创建的数据库的名称，可长达 128 个字符。
- PRIMARY，指定主数据文件的名称及路径。
- LOG ON，指定事务日志文件的名称及路径。
- NAME，指定数据库文件的逻辑名称，是数据库文件在 SQL Server 中的标识符，与

图 3-4 数据库文件列表中的“逻辑名称”对应。

- FILENAME,指定数据库文件在操作系统中的文件名称和路径,该操作系统文件名和 NAME 的逻辑名称一一对应。
- SIZE,指定数据库文件的初始存储空间大小。
- MAXSIZE,指定数据库文件的最大可用存储空间大小。
- FILEGROWTH,指定文件每次增加容量的大小,当指定数据为 0 时,表示文件不增长。

使用 T-SQL 语句创建数据库的操作步骤如下:

(1) 在 SQL Server Management Studio 中,单击工具栏“新建查询”按钮,在“查询编辑器”窗口中,输入以下代码:

```
CREATE DATABASE CateringN
ON
PRIMARY(NAME = CateringN_Data,filename = 'c:\data\CateringN_Data.mdf',Size = 5MB,
maxsize = 20MB,fileGrowth = 1MB),
(NAME =  CateringN_Data_1,filename = 'C:\data\CateringN_Data1.ndf',size = 1MB,
maxsize = 20MB,filegrowth = 2MB),
(NAME = CateringN_Data_2,filename = 'C:\data\CateringN_Data2.ndf',size = 2MB,
maxsize = 20MB,filegrowth = 2MB)
Log on
(NAME = CateringN_Log,filename = 'c:\data\CateringN_Log.ldf', size = 1MB,maxsize = 20MB,
filegrowth = 10%)
Go
```

上述代码创建了一个名称为 CateringN 的数据库。数据库的主数据文件逻辑名为 CateringN_Data,在操作系统中对应的文件名和路径为 c:\data\ CateringN_Data.mdf,初始空间大小为 5MB,分配的最大可用空间为 20MB,增长率为每次增加 1MB。另外,该数据库还有两个辅助数据文件和一个事务日志文件。

(2) 单击工具栏“执行”按钮,执行完成后,可以在“对象资源管理器”窗口的“数据库”节点中看到新建的数据库 CateringN。

(3) 在 Windows 系统中打开 C:\Data 文件夹,可以看到新增加 4 个数据库文件,如图 3-5 所示。

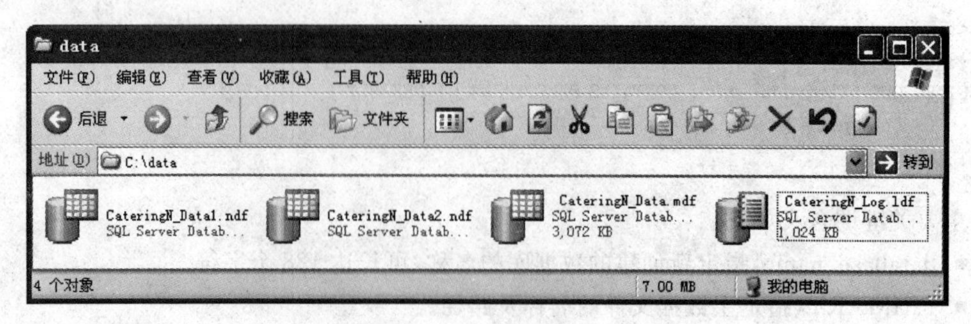

图 3-5 新增的数据库文件

3.4 设置数据库选项

3.4.1 数据库选项及设置

配置 SQL Server 服务器的选项,可以定制服务器行为和特性。同样,可以通过对数据库配置选项来定制数据库特性。SQL Server 2012 提供了 30 多个数据库选项,包括排序规则、恢复模式、兼容级别、页验证、默认游标、ANSI NULL 默认值、ANSI_NULLS 已启用、数据库状态等。

以下是常用数据库选项的含义:

- 排序规则。用于设置数据库中字符串数据的排序和比较规则,排序的标准是安装时选定的语言和区域的设置。
- 恢复模式。此项设置会影响数据库的备份与恢复方式,共有 3 个选项可供选择:完整、大容量日志和简单。
  - 完整:允许对数据库记录完整的事务日志,可以执行数据备份和日志备份。
  - 大容量日志:是完整恢复模式的附加模式。该模式通过使用最小方式记录大容量操作,如在执行大数据量的导入或者导出操作时,采用此种恢复模式可以减少日志空间的使用。
  - 简单:数据库不能做事务日志备份,因此也无法采用事务日志备份来恢复数据。
- 兼容级别。用于设置数据库与早期 SQL Server 版本之间的兼容性。
- 包含类型:这是 SQL Server 2012 新增的数据库选项,分为“无”和“部分包含”两个选项。“无”表示此数据库是完全包含数据库,“部分包含”表示此数据库为部分包含数据库。在完全包含数据库中,任何对象和函数都不能应用程序模型和数据库引擎之间的边界,而部分包含数据库则允许对象跨越这种边界,并且部分包含数据库中的用户可以不通过服务器的登录名,直接连接到数据库。相关应用将在后续章节中详细介绍。
- 页验证。此项的主要作用是检验页面数据的正确性。SQL Server 向磁盘页写入数据时,有可能出现停电或其他硬件故障,造成数据存盘错误,即磁盘 I/O 错误。页验证的 CheckSum 选项值可以通知 SQL Server 为数据页生成一个检查和值,保存在页的页头中。当该页被读取时,会重新计算此页并生成一个检查和值。这个值会与页头原先存储的值进行比较,如果相同,则该数据页有效,否则就是已被损坏的。
- 默认游标。有两个选项值:Local 和 Global。设置为 Local,表示在该数据库中所建的游标是局部游标,只能供创建它的过程调用。设置为 Global,表示所建游标是全局游标,创建游标的数据库连接上的其他过程都可以调用这个游标。
- ANSI NULL 默认值。在 SQL Server 创建数据表时,可以指定列是否允许为空。如果指定某列允许为空,则该列可保存空值;如果未指定某列允许为空,而此选项设置为 True,则该列可以接收空值,此项设置为 False 时,该列不允许为空。
- ANSI_NULLS 已启用。如果此项设置为 True,则所有与 NULL 值的比较求得的值均为 UNKNOWN;如果此项设置为 False,当两个值都为 NULL 时,结果为 True。

■ 递归触发器已启用。本项设置允许使用递归触发器,即在一个触发器中可以调用其他触发器。

■ 数据库为只读。此项设置为 True,表示该数据库不允许写入,将数据库设为只读可以提高数据读取的性能,因为不需要对读取的数据执行锁的操作。对一些只提供查询而不需要写入的数据库可以设为只读。

■ 数据库状态。表示当前数据库所处的状态,常用值有 ONLINE、OFFLINE、RESTORING、RECOVERING、RECOVERY PENDING、SUSPECT、EMERGENCY。
  - ONLINE 表示数据库状态正常,处于在线或联机状态。
  - OFFLINE 表示数据库处于离线状态,不能供用户使用。
  - RESTORING 表示数据库正处于还原状态,此时数据库不能使用。
  - RECOVERING 表示数据库正在恢复过程中。恢复成功,数据库会自动转为在线状态;恢复失败,数据库会处于可疑状态(SUSPECT)。
  - RECOVERY PENDING 表示数据库恢复未完成,可能是由于缺少系统资源造成的故障,需要其他操作以继续恢复后续进程,数据库不可用。
  - SUSPECT 表示数据库处于可疑状态,可能是主文件受损,数据库不能使用。
  - EMERGENCY 表示数据库处于紧急状态,只能供 sysadmin 固定服务器角色的成员访问。

数据库状态的转换如图 3-6 所示。

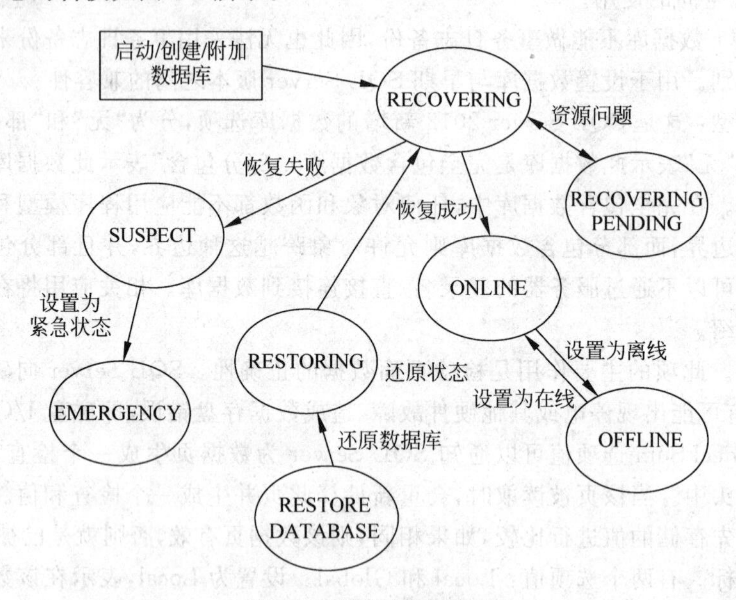

图 3-6 数据库状态转换

在启动 SQL Server 服务、创建和附加数据库时,数据库会处于 RECOVERING 状态。如果恢复成功,数据库就会自动转换为 ONLINE 状态,此时数据库可用。如果恢复失败,并且失败的原因是由资源问题引起,则数据库会设置为 RECOVERING PENDING 状态,可由管理员解决资源问题后,再转换为 ONLINE 状态;如果失败是由其他原因引起的,则数据库会转换为 SUSPECT 状态,此状态可由人工设置为 EMERGENCY 状态。如果是还原数据库操作,则在还原阶段,数据库会处于 RESTORING 状态,还原结束,数据库会转换为

RECOVERING状态。如果恢复成功，即还原没有错误，则数据库会转换为ONLINE状态。处于ONLINE状态的数据库可转换为OFFLINE，处于OFFLINE状态的数据库也可以转换为ONLINE。

- FileStream非事务访问。此项可以为从文件系统到FileTables中非事务性访问存储的FILESTREAM数据指定选项值，值可取以下选项之一：OFF、READ_ONLY或FULL。如果在服务器上未启用FILESTREAM，则该值将设置为OFF并且被禁用。此项设置与FileTable相关。
- FILESTREAM目录名称。此项为与所选数据库相关联的FILESTREAM数据指定目录名称。
- 限制访问。此项用于指定哪些用户可以访问此数据库，选项值有MULTI_USER、SINGLE_USER、RESTRICTED_USER。MULTI_USER表示数据库状态正常，允许多个用户同时访问此数据库。SINGLE_USER表示数据库处于维护状态，一次只允许一个用户访问此数据库。RESTRICTED_USER表示只有db_owner、dbcreator或sysadmin角色的成员才能使用此数据库。
- 已启用加密。True表示对数据库启用加密设置，数据库中所有文件组将进行加密。如果有文件组设置为只读，则加密操作失败。
- 自动创建统计信息。此项用于控制系统是否能自动为查询优化创建统计信息，设置为True，则为优化查询创建统计信息。统计信息可以为查询性能的优化提供依据。
- 自动更新统计信息。设置为True，则SQL Server会自动更新统计信息。如果设置为False，则需要手工更新统计信息。在系统资源较充分时，应将此项设置为True。
- 自动关闭。用户连接到数据库时，数据库处于打开状态，此项设置为True，则表示所有用户都断开连接后，数据库关闭。对于系统资源较紧张的平台，此项可以设置为True，否则应设为False，因为频繁关闭和打开数据库也会降低系统性能。
- 自动收缩。SQL Server会定期扫描数据库，检查可用空间的情况。如果此项设置为True，则当可用空间占数据库已分配空间的25%以上时，超过部分会被自动收回，即对数据库执行收缩操作。
- 自动异步更新统计信息。如果设置为True，则新查询会启动统计信息自动更新，但不会等待最新的统计信息，即该查询不会使用最新的统计信息。更新后的统计信息可供后续查询使用。如果设置为False，则新查询将会启动统计信息自动更新，并会等待更新结束，然后使用最新的统计信息来完成本次查询。要使此项起作用，需要将“自动更新统计信息”项设置为True。

配置数据库选项可以在SQL Server Management Studio完成，也可以通过T-SQL完成。在SQL Server Management Studio设置数据库选项的操作步骤如下：

(1) 在“对象资源管理器”中，右击要进行设置的数据库，在右键菜单中选择“属性”命令。

(2) 在如图3-7所示的“数据库属性”对话框中，选择左侧的“选项”，可以在右侧列出的选项列表中进行设置。

配置数据库选项的T-SQL语句与数据库修改的语句相同，都是ALTER DATABASE。以下代码修改数据库E_Sales的数据恢复模式为SIMPLE，并将自动收缩设置为ON。

```
USE master
GO
ALTER DATABASE E_Sales
SET RECOVERY SIMPLE,
AUTO_SHRINK ON
GO
```

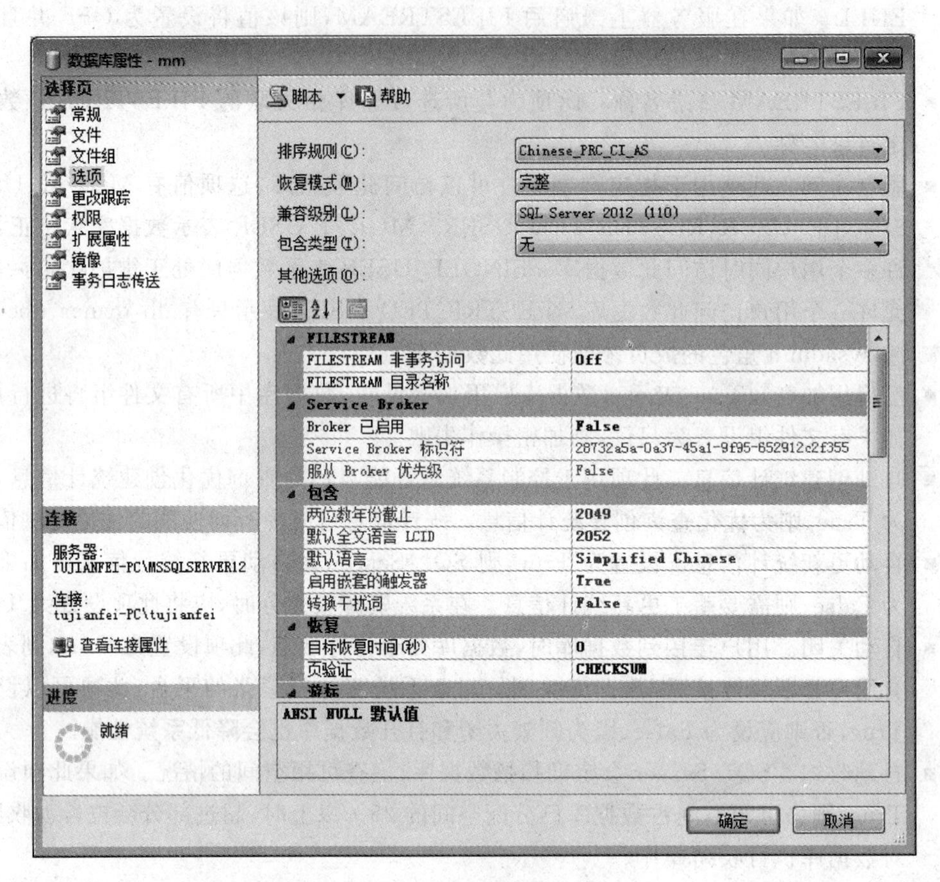

图 3-7 数据库选项设置

3.4.2 查看数据库信息

在 SQL Server 2012 中,用户数据库的信息保存在系统数据库中,可以通过对系统数据库执行查询或通过系统存储过程、系统视图和函数来查看用户数据库的信息。

1. 通过应用系统视图、函数查看数据库信息

- 通过系统视图 sys. databases 可以查看数据库的基本信息,包括各种选项的设置值。
- 通过 sys. database_files 视图可以查看数据库的文件信息。
- 通过 sys. filegroups 视图可以查询数据库文件组信息。
- 通过 DATABASEPROPERTYEX 函数可以查看数据库的选项的值。

例如,以下代码展示了上述各项操作:

```
select * from sys.databases
GO
select * from sys.database_files
GO
select * from sys.filegroups
GO
select DATABASEPROPERTYEX('E_Sales','Status')
GO
```

执行结果如图 3-8 所示。

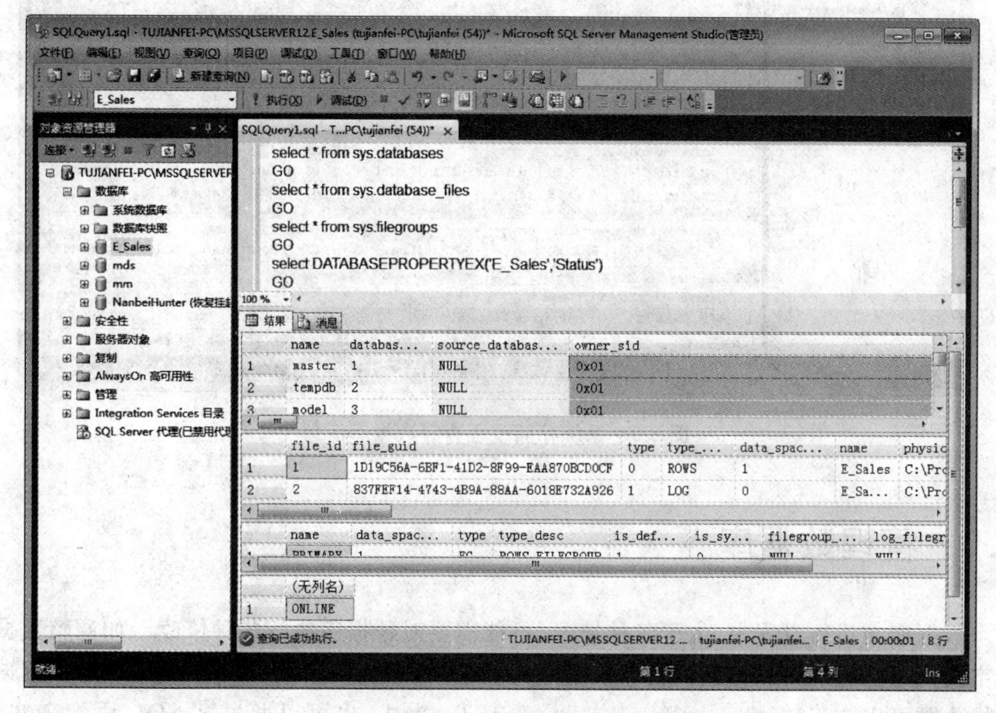

图 3-8 应用系统视图查看数据库信息

2. 通过应用系统存储过程查看数据库信息

- 通过系统存储过程 sp_spaceused 可以查看数据库空间的使用情况。
- 通过系统存储过程 sp_helpdb 可以查看数据库的信息。

执行的操作代码如下：

```
USE E_Sales
GO
sp_spaceused
GO
sp_helpdb
GO
sp_helpdb E_Sales
GO
```

执行结果如图 3-9 所示。

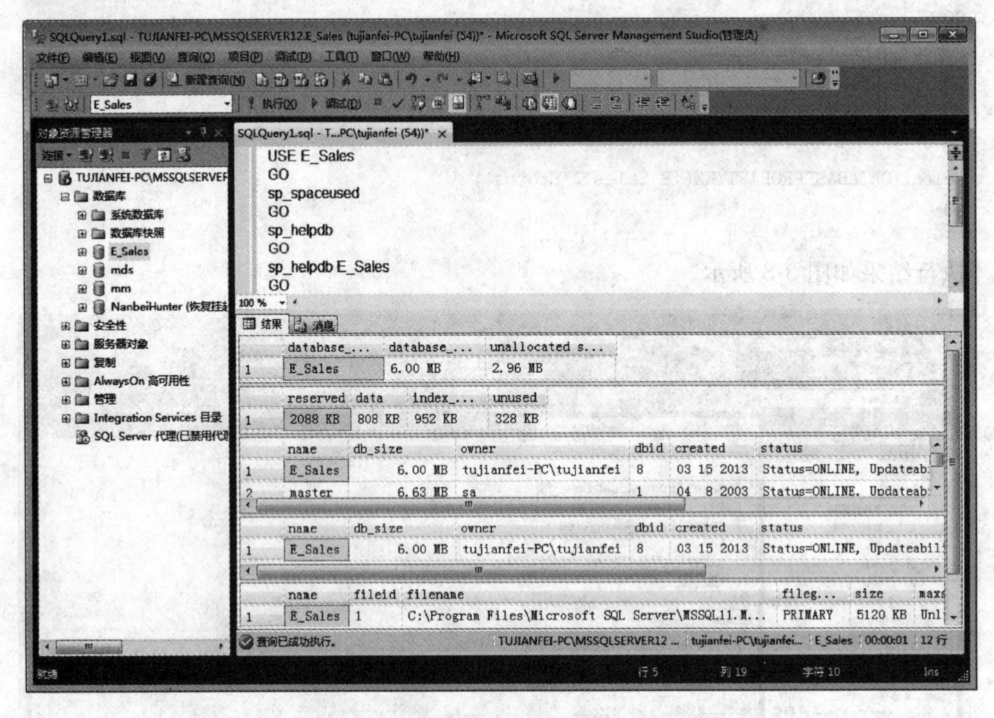

图 3-9　系统存储过程查看数据库信息

3.5 管理数据库

数据库在运行过程中,由于各种情况,可能需要对数据库执行各种修改。如调整数据库的空间大小,增加数据库文件,管理数据库文件组,调整文件所属的文件组等。修改数据库的操作既可以在 SQL Server Management Studio 完成,也可以通过 T-SQL 语句来实现。本节采用上述两种方法,说明数据库修改的过程和方法。

3.5.1 扩大数据库空间

数据库在实际使用过程中,会由于数据量的增加导致原先分配的数据库空间不够用,就需要给数据库增加存储空间。有两种方法可以扩大数据库存储空间:手工改动数据文件的大小,设置数据库文件的自动增长方式。

1. 手工扩大数据库文件大小

在 SQL Server Management Studio 中手工扩大数据库空间的操作过程如下:

(1) 在“对象资源管理器”窗口中,展开服务器、数据库节点。右击要调整空间大小的数据库,在右键菜单中选择“属性”命令。

(2) 在“数据库属性”对话框中,单击左侧的“文件”选项,如图 3-10 所示。

(3) 在“数据库文件”列表下,分别调整数据文件、事务日志文件的大小。如将主数据文

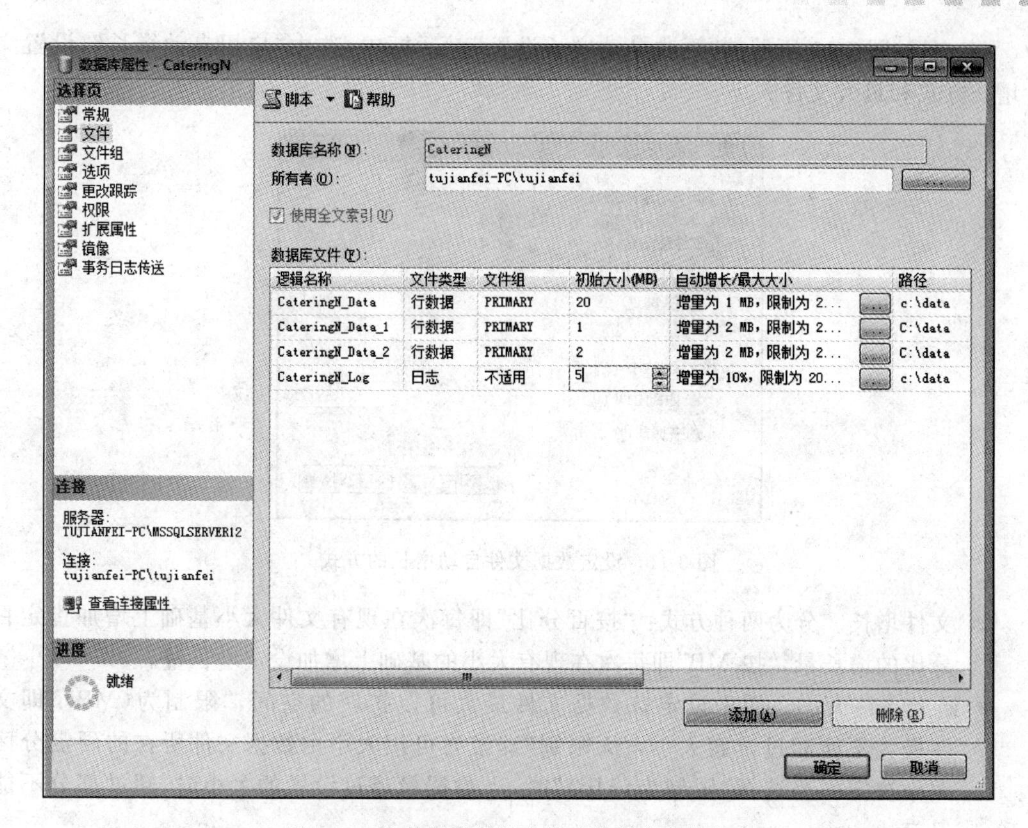

图 3-10 在数据库属性中修改数据库文件大小

件大小调整到 20MB，事务日志文件调整到 5MB。

(4) 单击“确定”按钮，保存对数据库文件大小的修改。

上述操作过程也可以通过执行以下 T-SQL 代码实现。该 T-SQL 代码使用 ALTER DATABASE 语句，通过 Modify File 修改数据库 CateringN 的主数据文件，使主数据文件从原先的 3MB 扩大为 15MB。

```
USE master
GO
ALTER DATABASE CateringN
Modify File ( NAME = CateringN_data, size = 15MB)
```

2. 设置数据库自动增长方式

手工调整数据库大小只能不定期地由管理员来操作，需要管理员经常性地监控数据库的使用情况；在数据数量比较大的场合，往往会产生很大的工作量。通过对数据库增长方式进行设定，可以让 SQL Server 系统自动根据使用情况进行调整。当数据库的使用量超过设置的数据库文件初始大小时，可以按照设置的增长方式增长。

在 SQL Server Management Studio 设置数据库自动增长方式的操作步骤如下：

(1) 在如图 3-10 所示的“数据库属性”对话框中，在“数据库文件列表”中，选择要调整自动增长方式的数据文件，单击“自动增长”栏后的按钮。

(2) 在如图 3-11 所示的“更改自动增长设置”对话框中,选中“启用自动增长”,设置文件增长方式和最大文件大小。

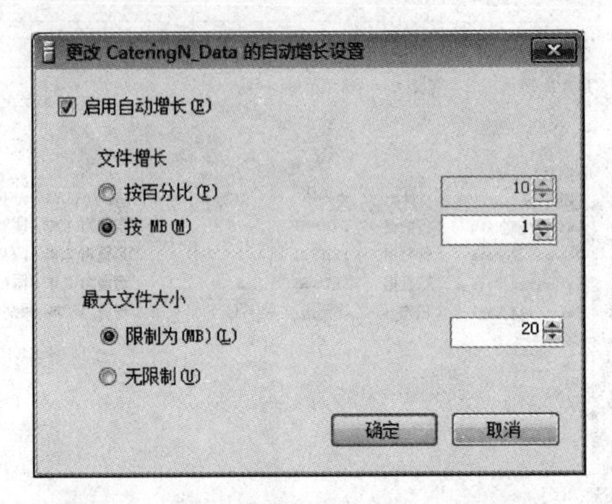

图 3-11 设定数据文件自动增长的方式

- 文件增长。分为两种方式:“按百分比”即每次在现有文件大小基础上增加指定百分比的增长量,“按 MB”即每次在现有大小的基础上增加设定增长量。
- 最大文件大小。用于设定该数据文件最大可以扩展的空间,“限制为(MB)”即文件最大不能超过设定大小,“无限制”即最终可用大小由数据文件所在的硬盘分区大小决定。当选择“限制为(MB)”时,当数据量超过设置的大小时,超过部分不能保存。

(3) 事务日志文件的大小也可以做相应的设置。

3.5.2 收缩数据库空间

如果预先分配的数据库空间过大,超过数据库的实际使用需要,或者在使用过程中清除了大量数据,造成所占空间浪费,这时可以通过收缩数据库空间来收回多余的存储空间。

在 SQL Server 2012 中,可以通过 4 种方式来收缩数据库。

- 在如图 3-10 所示的窗口中直接修改数据库文件的大小,但是此种方法较适用于刚分配尚未使用的情况。
- 通过设置数据库选项 AUTO_SHRINK 为 True,使 SQL Server 自动监控数据库空间的使用情况,把可用自由空间限制在 25%以内。
- 通过收缩整个数据库的空间来实现多余空间的回收。
- 收缩指定数据文件来实现收缩。

1. 收缩整个数据库

收缩整个数据库的操作可以使用 SQL Server Management Studio 和 T-SQL 语句来实现。在 SQL Server Management Studio 中收缩整个数据库的操作步骤如下:

(1) 在“对象资源管理器”窗口中,展开服务器、数据库节点。右击待收缩的数据库,在右键菜单中选择“任务”→“收缩”→“数据库”命令。

(2) 在如图 3-12 所示的“收缩数据库”对话框,选中“在释放未使用的空间前重新组织文件。选中此项可能影响性能。”，设置其下的“收缩后文件中的最大可用空间”，例如为50%，即将数据库的可用空间从原先的67%收缩到50%。

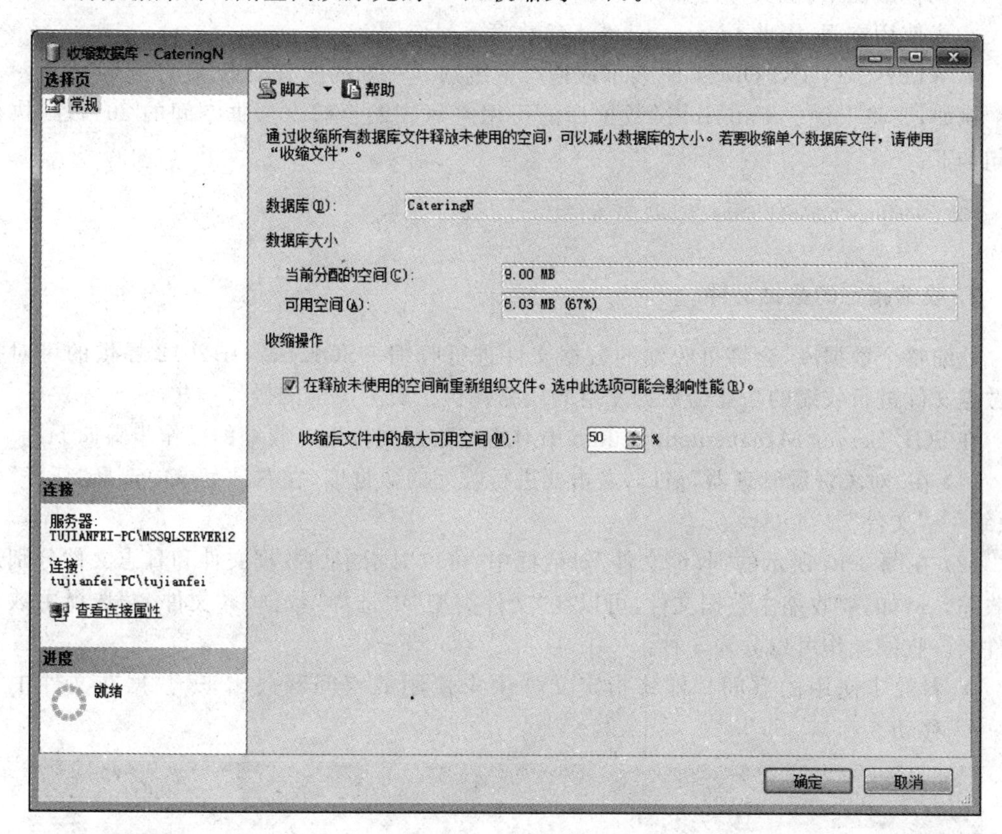

图 3-12 收缩数据库

(3) 单击“确定”按钮，执行收缩。

收缩数据库的T-SQL语句为DBCC SHRINKDATABASE，语法如下：

```
DBCC SHRINKDATABASE
( database_name | database_id | 0
    [ , target_percent ]
    [ , { NOTRUNCATE | TRUNCATEONLY } ]
)
[ WITH NO_INFOMSGS ]
```

各参数的主要含义如下：

- database_name | database_id | 0：指定收缩的数据库的名称或ID。如果指定为0，表示为当前数据库，即在“查询编辑器”窗口输入代码时，在工具栏“可用数据库”项选中的数据库。
- target_percent：收缩的目标大小，如10%等。
- NOTRUNCATE | TRUNCATEONLY：二选一参数。NOTRUNCATE参数表示收缩时将数据文件中的数据移动到前面的数据页，但并不将多余的空间释放出来，数据文件的大小并未改变。因此，数据库好像并未收缩，此项只针对数据文件，对日

志文件不产生作用。TRUNCATEONLY 参数表示收缩时将文件末尾的未使用空间释放出来,但文件内数据并不移动。由于 TRUNCATEONLY 只释放文件尾部的未使用空间,因此 target_percent 参数将不起作用。

- WITH NO_INFOMSGS,表示取消严重级别 0～10 的所有消息。

例如,要将上例中 CateringN 数据库的可用空间收缩至整个数据空间的 20%,则执行语句如下:

```
DBCC SHRINKDATABASE('CateringN',20 % )
```

2. 收缩指定的数据文件

收缩整个数据库,会将可收缩的数据文件进行收缩。SQL Server 2012 提供的可对指定数据文件进行收缩的功能为数据库空间压缩提供了更为灵活的操作方式。

在 SQL Server Management Studio 中对指定数据文件进行收缩的操作步骤如下:

(1) 在"对象资源管理器"窗口,右击要进行收缩的数据库,在右键菜单中选择"任务"→"收缩"→"文件"。

(2) 在图 3-13 所示的"收缩文件"对话框中,可以对指定的数据文件和日志文件分别进行收缩。例如,要收缩主数据文件,可以在"文件类型"中选择"数据","文件名"选择主数据文件名。收缩操作可以分为 3 种:

- 释放未使用的空间。即将指定文件中未使用的空间释放出来,数据在文件中不移动。

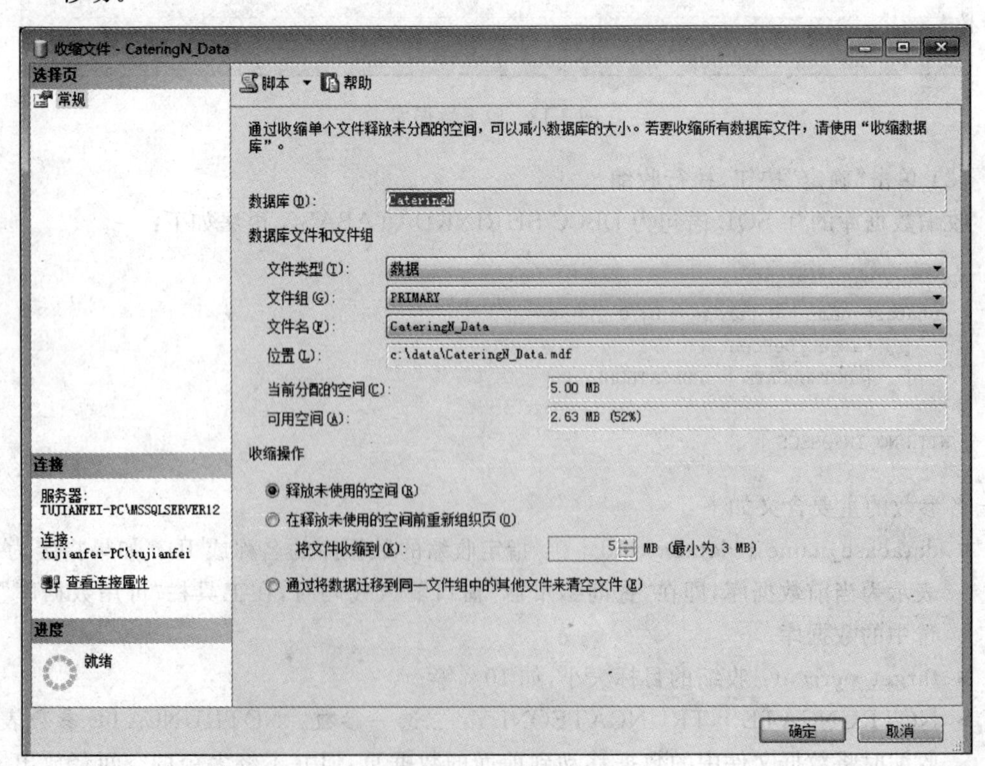

图 3-13 收缩文件

■ 在释放未使用的空间前重新组织页。此项用于将指定文件收缩到指定大小,并将数据重新组织,使用时需要指定收缩后的文件大小。
■ 通过将数据迁移到同一文件组中的其他文件来清空文件。此项用于将指定文件中的数据移动到同文件组中的其他文件,然后清空此文件。此项不适合于主数据文件,因为主数据文件在每个数据库中必须有一个,且主数据文件中存放的系统数据对象无法存放到其他数据文件中。

(3) 如果需要收缩事务日志文件的大小,可以在"文件类型"中选择"日志"。

收缩单个数据库文件的 T-SQL 代码为 DBCC SHRINKFILE,语法如下:

```
DBCC SHRINKFILE
(
    { file_name | file_id }
    { [ , EMPTYFILE ]
    | [ [ , target_size ] [ , { NOTRUNCATE | TRUNCATEONLY } ] ]
    }
)
[ WITH NO_INFOMSGS ]
```

各参数的主要含义如下:

■ file_name | file_id,用于指定要收缩的文件在 SQL Server 中的逻辑名或文件 id。
■ EMPTYFILE,可选参数,表示是否清空指定收缩的文件,如要清空,则会把该文件中的数据移动到同文件组的其他文件中,该空文件会被删除。
■ target_size,指定文件收缩的目标大小。
■ NOTRUNCATE | TRUNCATEONLY,WITH NO_INFOMSGS,与收缩整个数据库的 DBCC SHRINKDATABASE 中的含义相同。

注意 数据库最大的收缩量不能小于现有数据库的实际使用量,即如果一个数据库中实际使用量为 10MB,最后收缩完成后的数据库不能小于 10MB。

3.5.3 管理数据库文件

通过前述介绍可知,数据库中可以有多个数据文件和事务日志文件。通过增加数据文件和日志文件,可以扩大数据库存储空间,提高数据库运行的性能。但如果数据文件过多,也会造成数据库管理困难,如系统迁移,尤其是硬盘更换时可能会遗漏文件。因此,多余的文件也需要及时清除。

1. 增加数据库文件

在 SQL Server 2012 中,增加数据库文件也可以通过 SQL Server Management Studio 和 T-SQL 语句来实现。

在 SQL Server Management Studio 中增加数据文件的操作步骤如下:

(1) 在"对象资源管理器"窗口,展开服务器、数据库节点。右击要增加文件的数据库,在右键菜单中选择"属性"命令。

(2) 在“数据库属性”对话框中,单击左侧的“文件”选项,如图 3-14 所示。如果要增加数据文件或事务日志文件,可以单击“数据库文件”列表下侧的“添加”按钮,在列表中会新增一个空行。

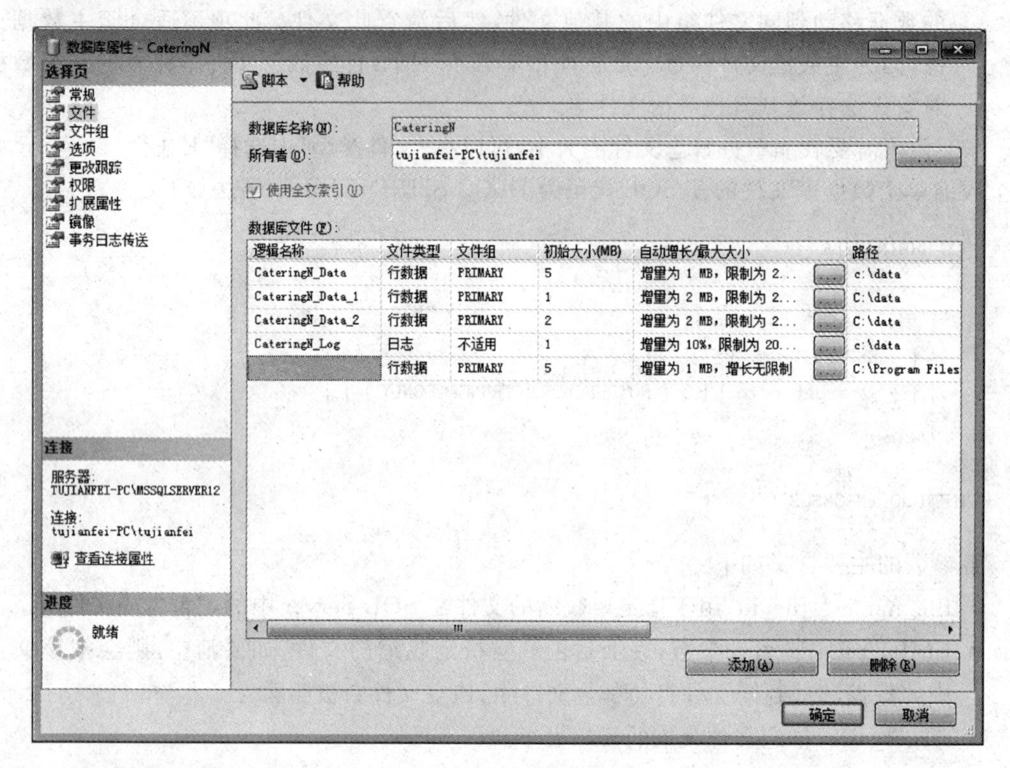

图 3-14 增加数据库文件

(3) 在新增的空行中,输入文件的逻辑名称。如果新增的是数据文件,“文件类型”可选为“行数据”,如果是事务日志文件,可选“日志”;继续设定“文件组”“初始大小”“自动增长方式”“路径”“文件名”等项参数。

(4) 设置完毕后,单击“确定”按钮,新添加的文件会新增到此数据库中。

新增数据库文件的 T-SQL 语句为 ALTER DATABASE 和 ADD FILE,例如:

```
ALTER DATABASE CateringN
ADD FILE
(
    NAME = CateringN_LOG_2,
    FILENAME = 'C:\data\CateringN_LOG_2.log',
    SIZE = 5MB,
    MAXSIZE = 100MB,
    FILEGROWTH = 5MB)
```

上述代码向数据库 CateringN 中新增一个事务日志文件,该文件的逻辑名称为 CateringN_LOG_2,物理名称为 C:\data\CateringN_LOG_2.log,初始大小为 5MB,最大可用空间为 100MB,增长率为每次增加 5MB。

2. 删除数据库文件

在 SQL Server Management Studio 中删除数据库文件的操作步骤如下：

(1) 在“对象资源管理器”窗口，展开服务器、数据库节点。右击要删除文件的数据库，在右键菜单中选择“属性”命令。

(2) 在“数据库属性”对话框中，选择“文件”项，如图 3-14 所示。“数据库文件”列表选中要删除的数据文件或事务日志文件，然后单击“删除”按钮，在列表中会删除选中的文件项。

(3) 单击“确定”按钮完成删除操作。

删除数据库文件的 T-SQL 语句为 ALTER DATABASE 和 REMOVE FILE，例如：

```
ALTER DATABASE CateringN
REMOVE FILE CateringN_LOG_2
```

上述代码表示从数据库 CateringN 中删除文件 CateringN_LOG_2。

注意 不能删除主数据文件，也不能将所有事务日志文件都删除。

3.5.4 管理文件组

文件组是 SQL Server 对数据库文件进行逻辑管理的工具。使用文件组可以实现对数据库文件进行分组管理，可以简化管理的复杂度，也可以提升数据库的性能。另外，通过文件组还可以将数据表保存在不同硬盘或分区中。

系统在创建新数据库时，会同时创建主文件组 PRIMARY。因此，默认情况下，所有数据文件都会存放在主文件组中。如果用户创建了用户文件组，可以将部分数据文件存放到用户文件组中。但是主数据文件只能存放在主文件组中，且事务日志文件不能存放在主文件组，因为系统要求事务日志和主数据文件不能存放在同一文件组中。

在 SQL Server 2012 中，增加/删除文件组可以使用 SQL Server Management Studio 和 T-SQL 语句来实现。

1. 增加文件组

在 SQL Server Management Studio 中增加文件组的操作如下：

(1) 在“对象资源管理器”窗口中，展开服务器和数据库节点。右击要增加文件组的数据库，在右键菜单中选择“属性”命令。

(2) 在“数据库属性”对话框中，选择左侧的“文件组”选项，在如图 3-15 所示的对话框中单击“添加”按钮。

(3) 在“行”列表下会新增一个空行，可以输入新文件组的名称，如 NewUserGroup。如果选中“默认值”项，则该文件组将被设为默认文件组。今后新增的文件不作特别说明，都会存于该默认组中。如果选中“只读”项，该文件组将无法添加文件，但是可以在文件添加完毕后，将“只读”项选中，则该文件组中的文件只能读取，不能修改。

(4) 选择“文件”项，单击“添加”按钮，在数据库文件列表中新增一个文件，在该新文件的“文件组”项中选择新建的文件组 NewUserGroup，即把该文件存于此新文件组中。

2. 删除文件组

如果需要删除文件组,可以在图 3-15 所示对话框的“行”列表中选中要删除的文件组,然后单击“删除”按钮,可以删除选中的文件组。但是,主文件组不能删除。删除文件组会同时删除此文件组下的数据文件或事务日志文件,因此,如果只需要删除文件组,而不删除文件,可以在删除前将此文件移动到其他文件组。

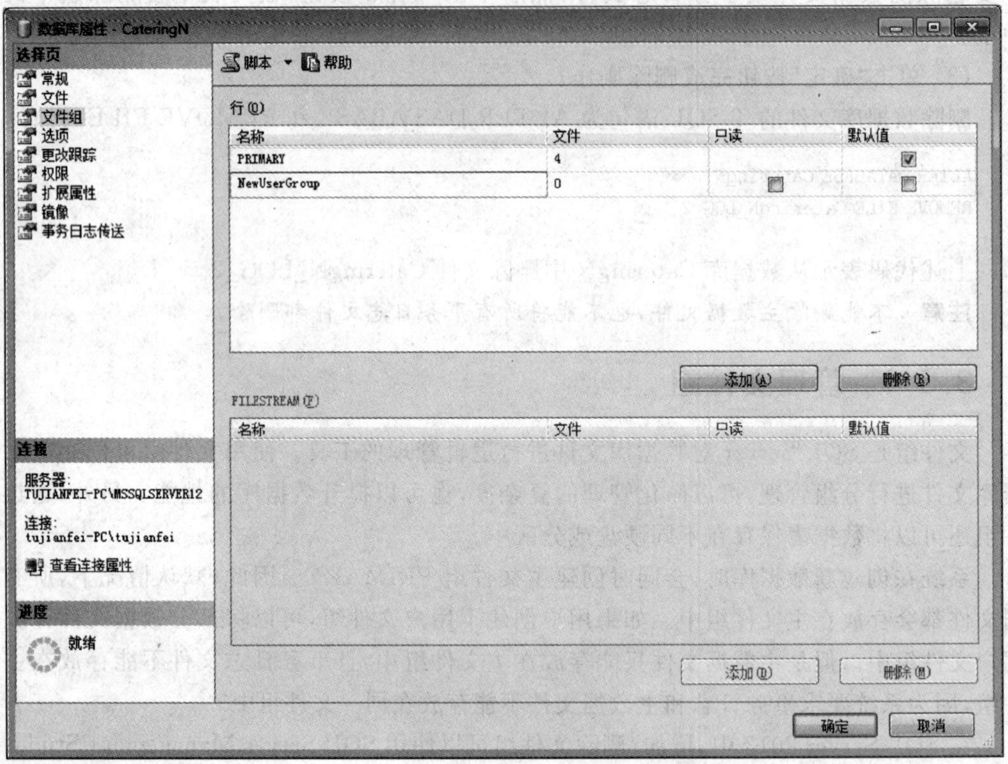

数据库属性 - CateringN

选择页
常规
文件
文件组
选项
更改跟踪
权限
扩展属性
镜像
事务日志传送

脚本 帮助

行(O)

名称	文件	只读	默认值
PRIMARY	4		☑
NewUserGroup	0	☐	☐

添加(A) 删除(R)

FILESTREAM(F)

名称	文件	只读	默认值

添加(D) 删除(M)

连接
服务器:
TUJIANFEI-PC\MSSQLSERVER12
连接:
tujianfei-PC\tujianfei
查看连接属性

进度
就绪

确定 取消

图 3-15 新增文件组

要移动文件所在的文件组时,可以在图 3-15 所示对话框中将指定的文件“行”的文件组项改为目标文件组。

增加文件组的 T-SQL 语句为 ALTER DATABASE 和 ADD FILEGROUP,以下代码实现了在数据库 CateringN 中添加一个文件组 NewUserFileGroup,并新增一个事务日志文件 CateringN_LOG_3 到该文件组中。

```
ALTER DATABASE CateringN
ADD FILEGROUP NewUserFileGroup
GO
ALTER DATABASE CateringN
ADD FILE
(
    NAME = CateringN_LOG_3,
    FILENAME ='C:\data\CateringN_LOG_3.log',
```

```
    SIZE = 5MB,
    MAXSIZE = 100MB,
    FILEGROWTH = 5MB
)
TO FILEGROUP NewUserFileGroup
GO
```

将用户文件组设置为“默认组”的 T-SQL 代码如下：

```
ALTER DATABASE CateringN
MODIFY FILEGROUP NewUserFileGroup DEFAULT
GO
```

修改已存在文件组名称的 T-SQL 代码如下：

```
ALTER DATABASE CateringN
MODIFY FILEGROUP NewUserFileGroup NAME NewUserGROUP
GO
```

删除用户文件组的 T-SQL 代码如下：

```
ALTER DATABASE CateringN
REMOVE FILEGROUP NewUserGROUP
GO
```

3.5.5 删除数据库

如果数据库使用完毕后不再需要可以删除，以便为其他应用提供空间。删除数据库的操作可以通过 SQL Server Management Studio 或 T-SQL 来完成。

在 SQL Server Management Studio 中删除数据库的操作步骤如下：

(1) 在“对象资源管理器”窗口中，展开服务器、数据库节点。右击待删除的数据库，在右键菜单中选择“删除”命令。

(2) 在图 3-16 所示的“删除对象”对话框中，可以选中“删除数据库备份和还原历史记录信息”复选框，表示同时从系统数据库 msdb 中删除该数据库的备份和还原的历史记录。选中“关闭现有连接”复选框，表示断开删除前已建立的用户与该数据库的连接。

(3) 单击“确定”按钮，该数据库相关的数据文件和事务日志文件以及文件组都会从系统中被删除。

删除数据库的 T-SQL 语句为 DROP DATABASE，语法如下：

```
DROP DATABASE { database_name | database_snapshot_name } [ ,...n ]
[;]
```

参数含义如下：

database_name | database_snapshot_name：待删除的数据库或者数据库快照的名称。

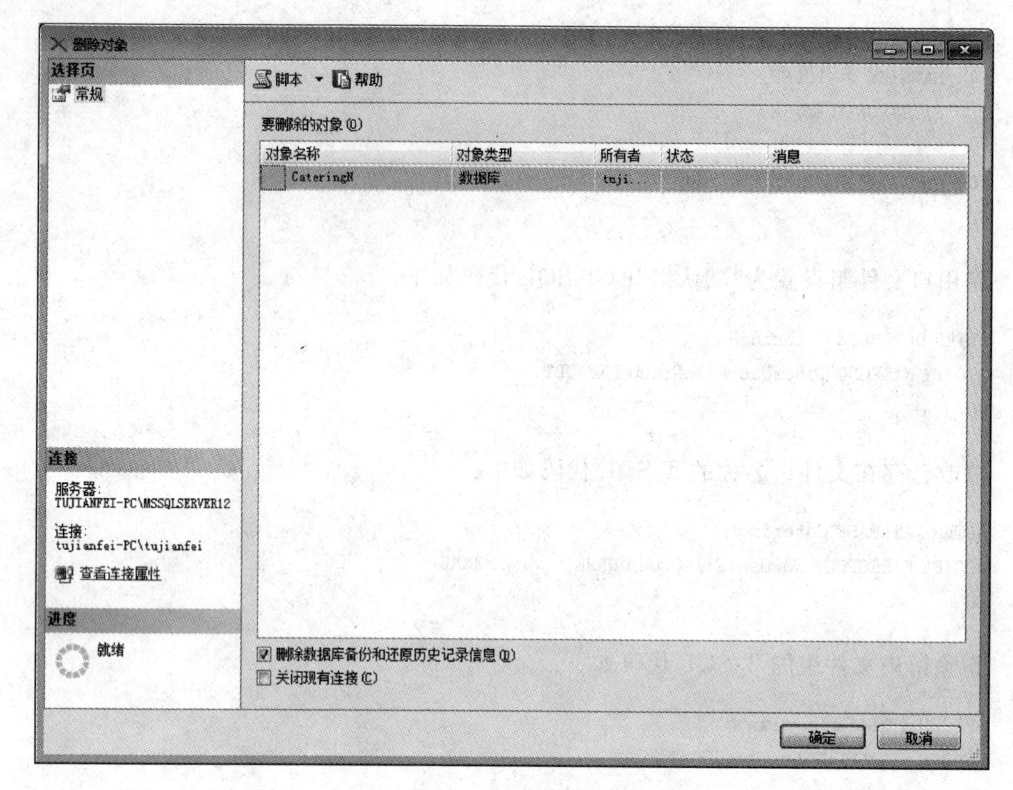

图 3-16　删除数据库

DROP DATABASE 可以删除单个数据库，也可一次删除多个数据库。例如删除单个数据库的语句如下：

```
DROP DATABASE CateringN
```

一次删除多个数据库的语句如下：

```
DROP DATABASE CateringN,CateringN1,CateringN2
```

注意　删除数据库是一个不可逆的过程，在删除数据库前务必确认无误，防止误删有用的数据库。

3.5.6　分离数据库

处于在线状态的数据库，其数据库文件由 SQL Server 占用，无法通过 Windows 平台对该数据库的文件进行操作。在有些场合，例如需要将数据库从一个服务器复制到另一台服务器，从一个硬盘或分区迁移到另一个硬盘或分区时，可以将数据库从 SQL Server 中分离出来，然后对数据库文件执行复制或移动。

在 SQL Server Management Studio 中分离数据库的操作如下：

(1) 在“对象资源管理器”窗口中，展开服务器、数据库节点。右击要分离的数据库，在右键菜单中选择“任务”→“分离”命令。

(2) 在如图 3-17 所示的“分离数据库”对话框中，如果看到“消息”栏当前有一个“活动连接”,即说明已有用户连接到该数据库。如果分离数据库,需要选中“删除连接”,此选项表示在分离时需要先把当前的连接删除。

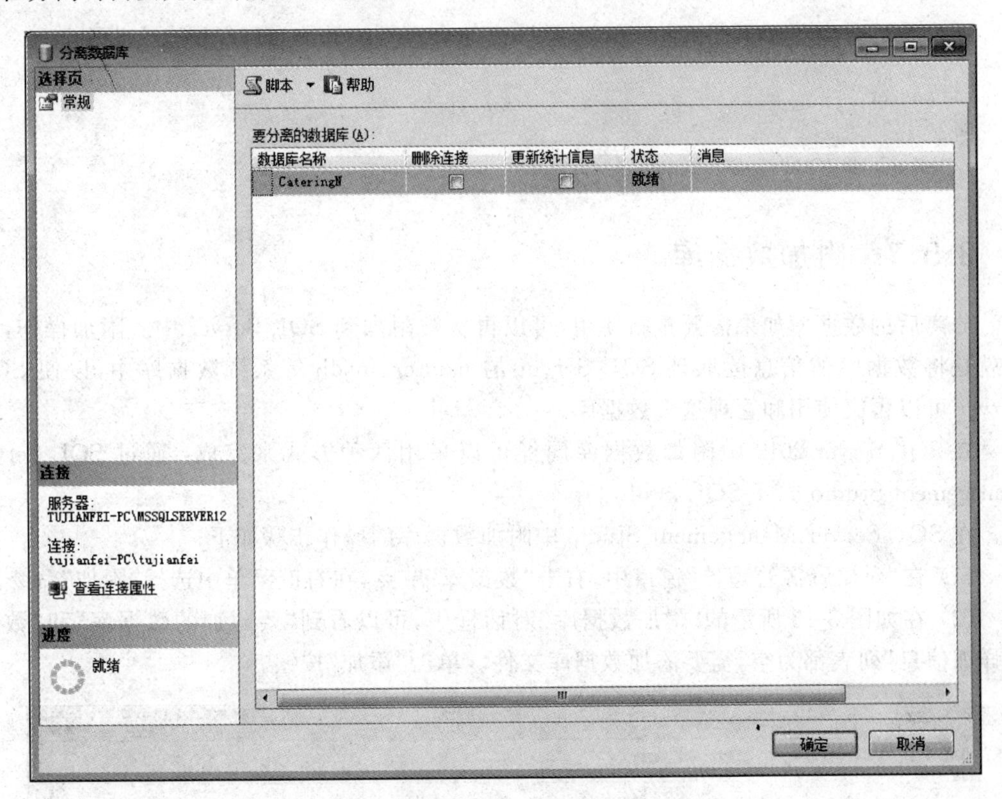

图 3-17　分离数据库

选中“更新统计信息”表示当 SQL Server 在分离数据库前更新状态信息,如索引等,这样不会丢失之前生成的全文索引等信息。

(3) 单击“确定”按钮,分离数据库。

注意　分离数据库,实际上只是从 SQL Server 的 master、msdb 等系统数据库中删除与被分离数据库有关的信息,实际上并没有删除硬盘中的数据库文件,这与数据库删除是完全不同的。因此,分离后的数据库文件还存在,如果需要可以复制到其他硬盘、分区或服务器上。

分离数据库的 T-SQL 语句需要调用系统存储过程 sp_detach_db,语法如下:

```
sp_detach_db [ @dbname = ] 'database_name'
    [ , [ @skipchecks = ] 'skipchecks' ]
    [ , [ @keepfulltextindexfile = ] 'KeepFulltextIndexFile' ]
```

各参数含义如下:

- @dbname,是指待分离的数据库名称。
- @skipchecks,默认值为 NULL,表示分离前会更新统计信息,为 True 表示跳过更新统计信息,直接分离。

- @keepfulltextindexfile,设置为 True(默认值),表示保留被分离数据库中生成的所有全文索引文件。

下列代码分离了数据库 CateringN,且分离前会更新统计信息和保留全文索引。

```
use master
Go
sp_detach_db 'CateringN'
```

3.5.7 附加数据库

分离后的数据库如果需要重新使用,可以再次被附加到 SQL Server 中。附加操作,实际就是将数据库的信息读取到 SQL Server 的 master、msdb 等系统数据库中,以便 SQL Server 可以再次使用和管理这个数据库。

在 SQL Server 2012 中附加数据库同样可以采用两种方式来完成:通过 SQL Server Management Studio 或 T-SQL 语句。

在 SQL Server Management Studio 中附加数据库的操作步骤如下:

(1) 在"对象资源管理器"窗口中,右击"数据库"节点,在右键菜单中选择"附加"命令。

(2) 在如图 3-18 所示的"附加数据库"对话框中,可以看到"要附加的数据库"和"数据库详细信息"列表都为空,需要添加数据库文件。单击"添加"按钮。

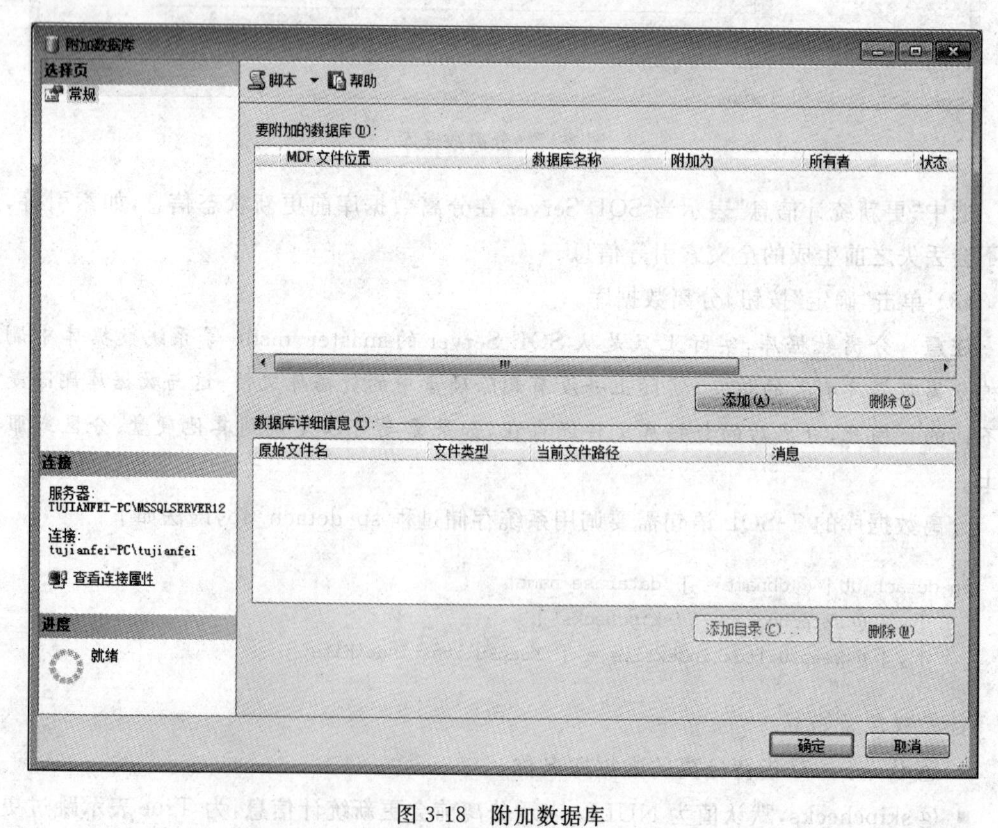

图 3-18 附加数据库

(3) 在如图 3-19 所示的“定位数据库文件”对话框中,找到并添加所要附加数据库的主数据文件(MDF 文件),然后单击“确定”按钮,返回到前一对话框。

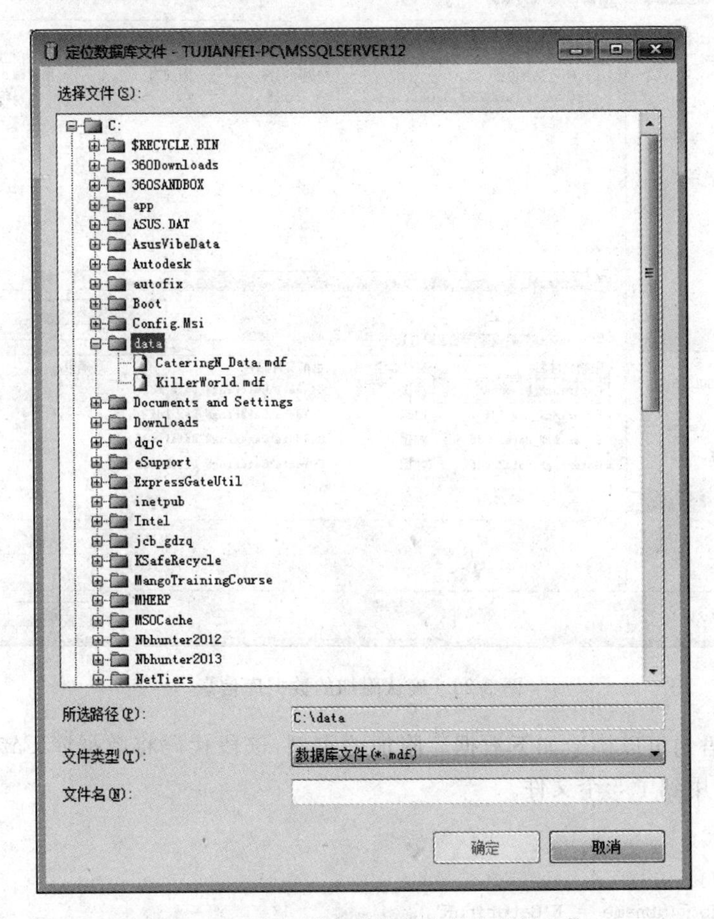

图 3-19 选择要附加的数据库的主数据文件

(4) 此时,在“附加数据库”对话框中会根据添加的主数据文件更新“要附加的数据库”列表和“数据库详细信息”列表,如图 3-20 所示。

(5) 确认信息无误,单击“确定”按钮,系统执行数据库附加操作。附加完成后,该数据库会出现在对象资源管理器的数据库节点下,如果未看到该数据库,可单击工具栏“刷新”按钮,刷新数据库节点。

数据库附加操作还可以通过系统存储过程 sp_attach_db 来实现,T-SQL 的语法如下:

```
sp_attach_db [ @dbname = ] 'dbname'
    , [ @filename1 = ] 'filename_n' [ ,...16 ]
```

参数的含义如下:

- @dbname,是指要附加到该服务器的数据库的名称。该名称不能与服务器中现有的数据库名称重复。
- @filename1,是指用于附加的数据库文件的物理名称,包括路径。文件名可以多达 16 个,但文件名中必须有主数据库文件。

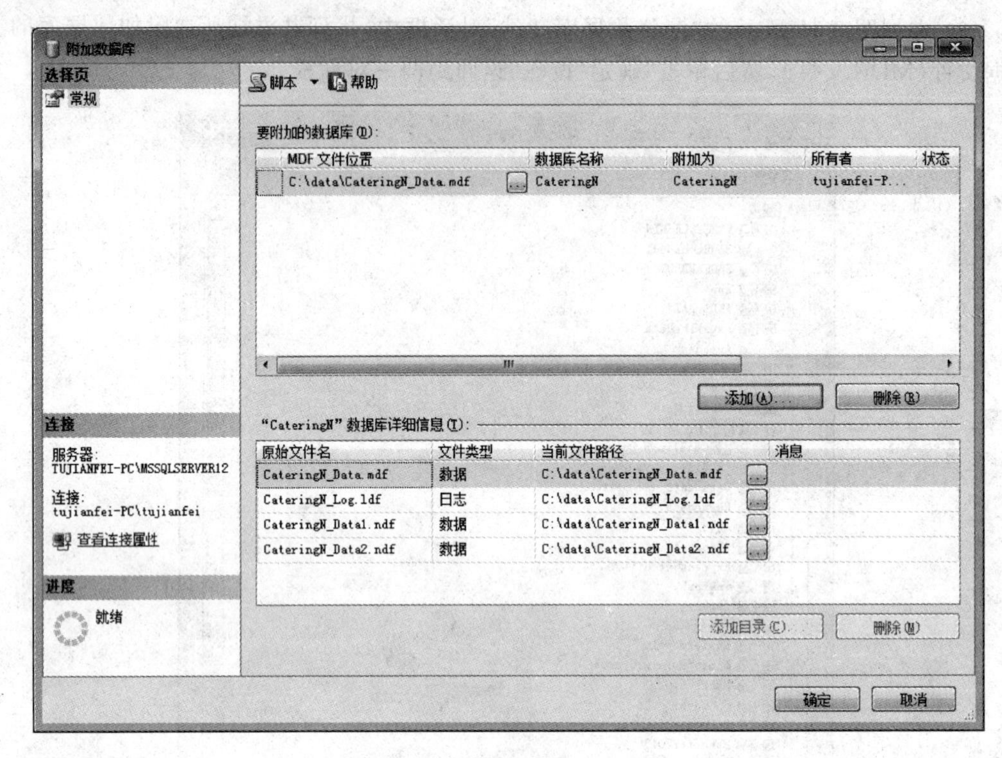

图 3-20 确认附加的数据库信息

应用上述语句可以构造如下数据库附加的实例,该段代码将数据库 CateringN 附加到系统中,其间使用到了 5 个文件。

```
use master
Go
sp_attach_db @dbname = N'CateringN',
    @filename1 = N'C:\data\CateringN_Data.mdf',
    @filename2 = N'C:\data\CateringN_Data1.ndf',
    @filename3 = N'C:\data\CateringN_Data2.ndf',
    @filename4 = N'C:\data\CateringN_Log.ldf';
```

sp_attach_db 系统存储过程在后续版本中将会被删除,SQL Server 推荐使用 CREATE DATABASE database_name FOR ATTACH 来附加数据库,该命令的语法包含在创建数据库的 T-SQL 语法中,以下用实例说明附加的操作步骤。

```
use master
GO
CREATE DATABASE CateringN ON
    (FILENAME = 'C:\data\CateringN_Data.mdf'),
    (FILENAME = 'C:\data\CateringN_Data1.ndf'),
    (FILENAME = 'C:\data\CateringN_Data2.ndf'),
    (FILENAME = 'C:\data\CateringN_Log.ldf')
FOR ATTACH;
GO
```

上述代码将CateringN数据库附加到系统中，其中涉及的数据库文件包括一个主数据文件和三个次数据文件。

3.5.8 部分包含数据库

从上述介绍的分离、附加操作可知，可以通过分离附加实现将数据库从一个服务器实例迁移到另一个服务器实例。即在这个服务器实例上分离数据库，然后将数据库文件复制到另一个服务器，在那个服务器实例上附加数据库。在第11章介绍的备份还原操作也可以完成上述要求。但是，由于数据库所包含的往往只是用户的数据，而很多与数据库相关的登录名、元数据等内容一般保存在系统数据库中，这些数据无法通过用户数据库的分离附加或备份还原直接迁移过去，还需要通过额外工作完成。这在一定程度上增加了迁移的复杂性。

部分包含数据库(contained database)是SQL Server 2012新增的特性，其主要作用是提高数据库在多个数据库引擎服务实例中迁移时的便捷性。通过将用户数据库启用部分包含数据库特性，可以将数据库用户等数据保存在用户数据库中，从而可以通过数据库的迁移完成服务器信息的迁移。同时，部分包含数据库还可以与AlwaysOn结合，提高系统管理和维护的可靠性与高可用性。

1. 启用部分包含数据库

部分包含数据库是服务器级的选项，要启用此新特性，需要在服务器上启用此选项。启用部分包含数据库，可以通过SQL Server Management Studio或T-SQL来实现。

使用SQL Server Management Studio启用部分包含数据库的步骤如下：

(1) 在“对象资源管理器”窗口中，右击服务器，在右键菜单中选择“属性”命令，在如图3-21所示的“服务器属性”对话框中，选择左侧“高级”选项，在“高级”选项页中设置“启用包含的数据库”为True。

(2) 单击“确定”按钮，保存选项设置值。

在T-SQL启用部分包含数据库的代码如下：

```
sp_configure 'show advanced options' 1,
GO
sp_configure 'contained database authentication', 1;
GO
RECONFIGURE;
GO
```

2. 数据库设置

数据库要开启部分包含的特性，需要在数据库选项中做对应的设置。设置数据库的此项选项也可以通过SQL Server Management Studio完成。操作步骤如下：

(1) 在“对象资源管理器”窗口中，展开服务器，选择“数据库”节点，右击NetSales数据库，在右键菜单中选择“属性”命令。在如图3-22所示的“数据库属性”对话框中，选择左侧的“选项”，在右侧的“选项”页中设置“包含类型”为“部分”。

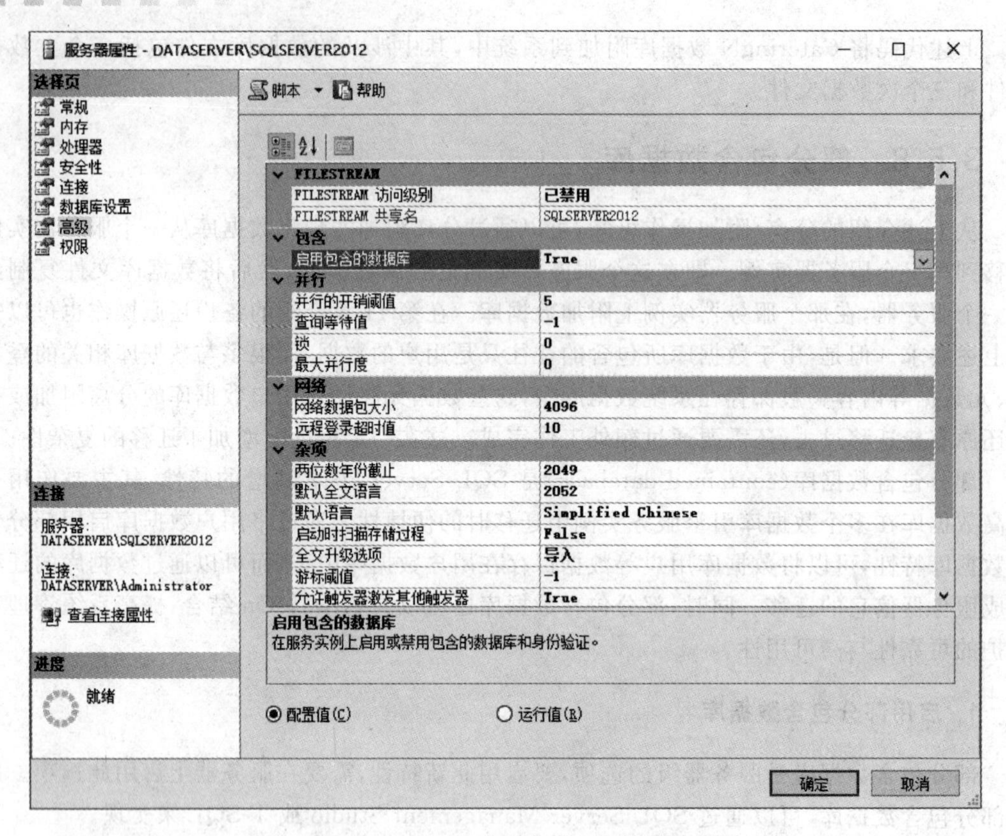

图 3-21　SSMS 启用部分包含数据库

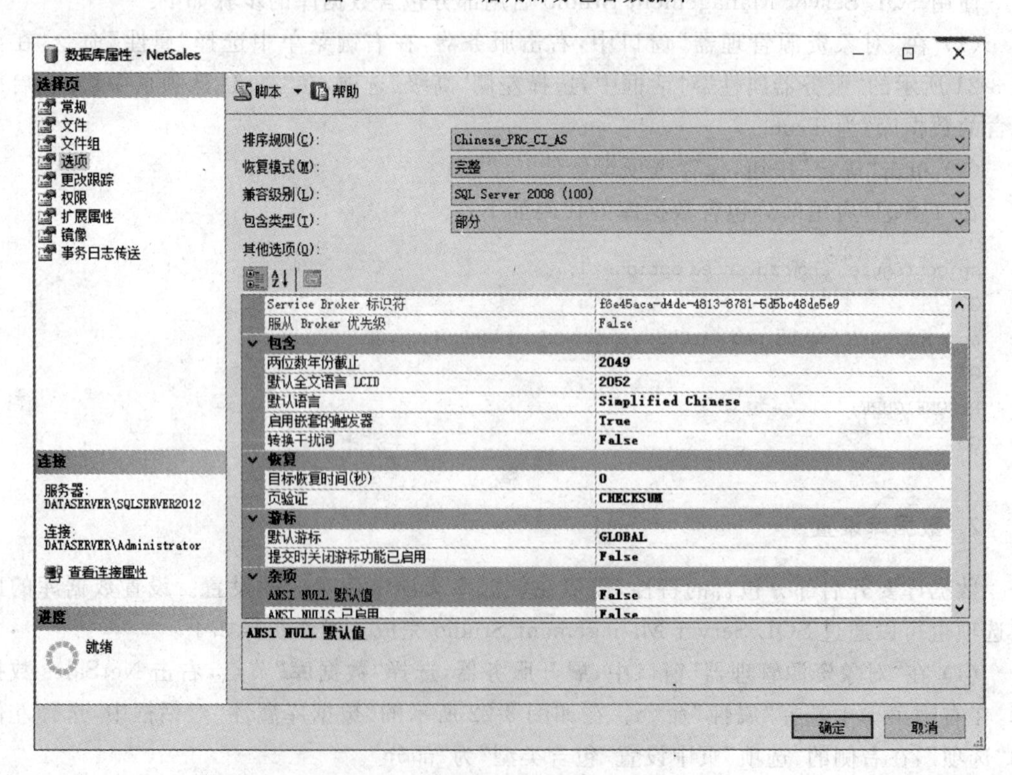

图 3-22　数据库选项设置包含类型

(2) 单击“确定”按钮后，保存对选项的设置。

3. 创建数据库级的用户

比较在数据库中创建用户的特点，可以看出启用部分包含数据库与未启用之间的差别。右击 NetSales 数据库下的“安全性”下的“用户”，在右键菜单中选择“新建用户”命令。在如图 3-23 所示的“新建数据库用户”的对话框中，输入用户名、密码等，可以看出此处不需要指定登录名。

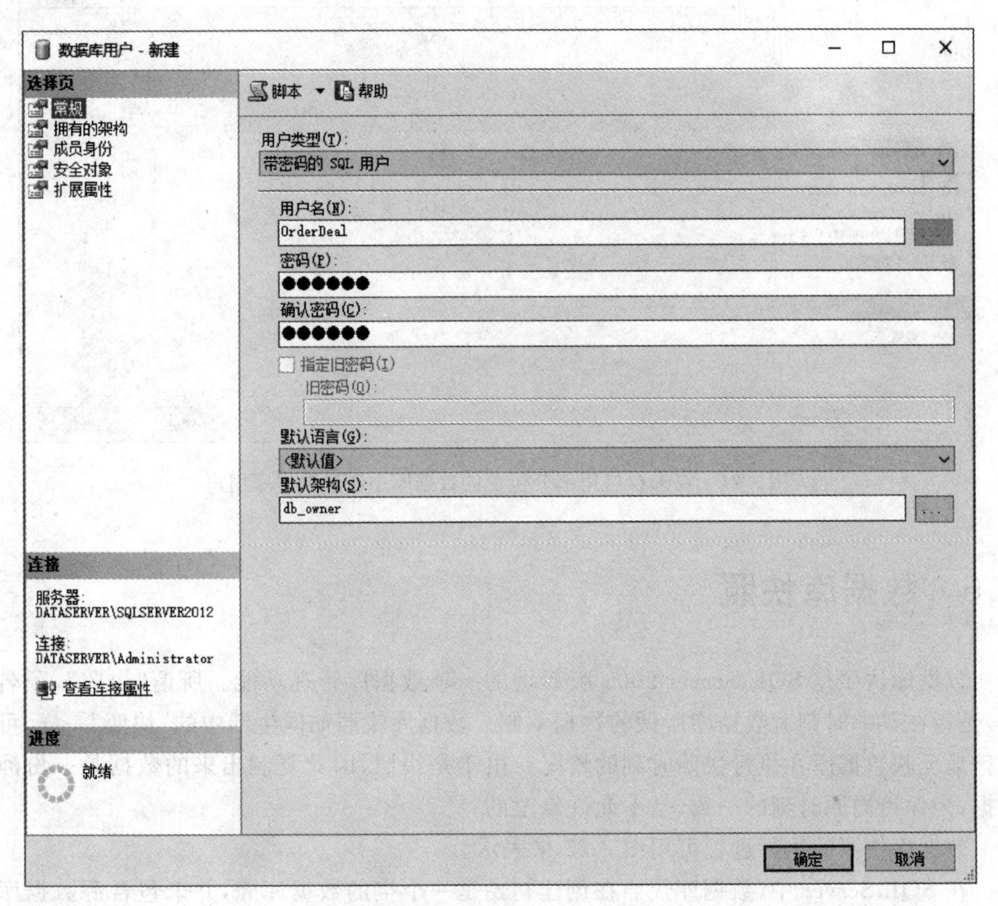

图 3-23 在启用部分包含的数据库中新建数据库用户

在未启用部分包含数据库的数据库中创建数据库用户的对话框如图 3-24 所示。通过对比可以发现，此处指定登录名是必须的。

登录名是服务器对象，不能包含在数据库中。因此，通过数据库分离附加或者备份还原迁移到另一服务器时，需要重新建立登录名，并映射登录名与数据库用户之间的关系。通过启用部分包含数据库这一新特性，数据库用户会被同时迁移，且可以使用此数据库用户连接这个数据库。

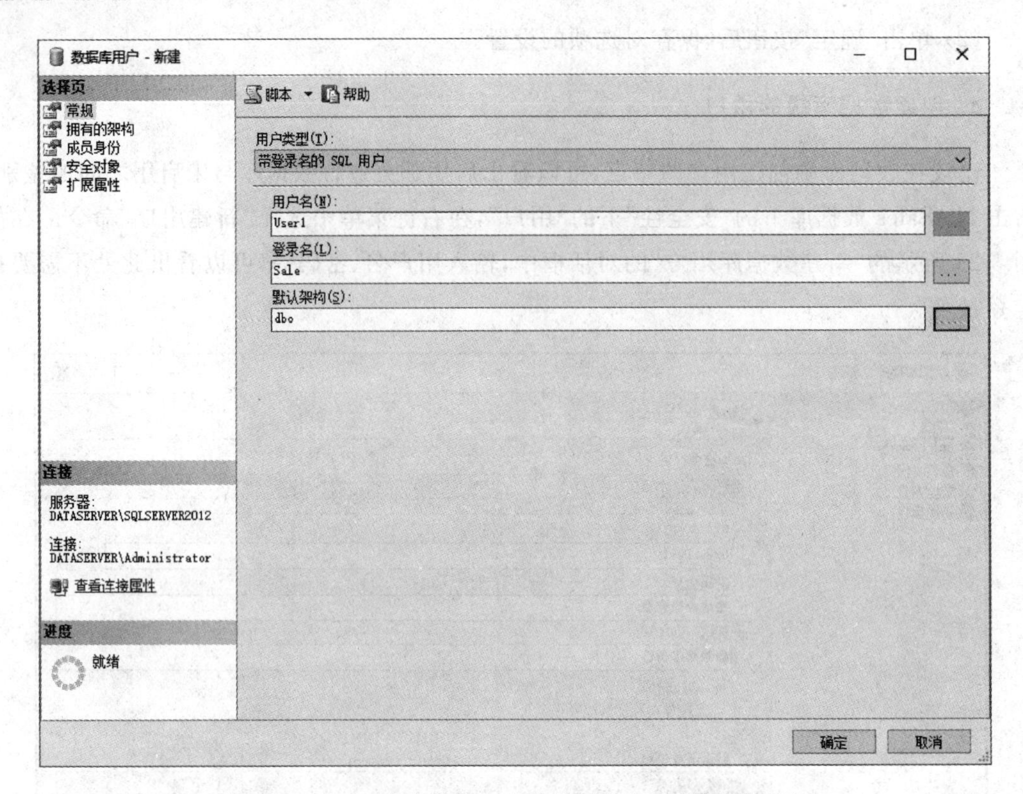

图 3-24 在未在启用部分包含的数据库中新建数据库用户

3.6 数据库快照

数据库快照是 SQL Server 2005 版新增的一项数据库管理功能。所谓"快照",顾名思义,是指在某一时刻对数据库所做的数据复制。数据库快照如同生活中的"快照"一样,可以完整地反映数据库在执行快照时刻的情况。由于是快照,因此复制出来的数据是一份静态数据,为保持同原时刻的一致,是不允许修改的。

数据库快照的执行过程可用图 3-25 来表示。

在 SQL Server 中,数据库快照在创建初始是一个空的数据库壳,并未包含源数据库中的数据,只包含了一个指向源数据库页面的指针。如果此时要从空的快照数据库中读取数据,SQL Server 会从源数据库中读取需要的数据。只有当源数据库发生数据变化,如需要将数据写到数据页时,SQL Server 才会执行复制。如图 3-26 所示,当"页面 A"的数据需要被更改时,系统会先把原"页面 A"复制一份到快照数据库文件的对应位置。源数据库中未发生变化的数据页面不会被复制到快照数据库中。这种模式在数据库快照中被称为 copy-on-write(写时复制),即先将数据页面复制到快照文件中,然后再将被更改的数据写入到源数据库文件的数据页中。并且这种复制只会在源数据库第一次发生更改时执行,后续源数据库同一页再次发生更改时,就不会再次复制到数据库快照中。因此,这种模式也被称为 copy-on-first-write,即"首次写时复制",这样数据库快照就确保了能够反映创建快照时的数据库状况。

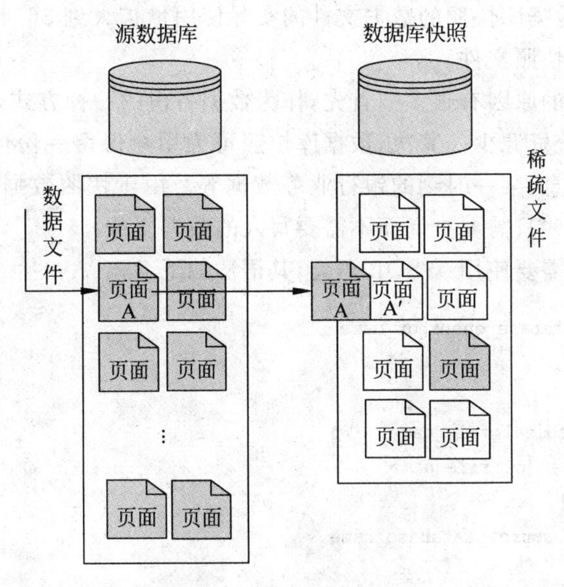

图 3-25 数据库快照过程

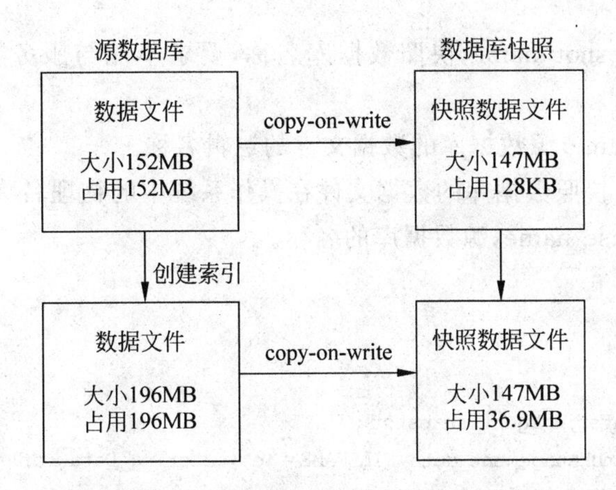

图 3-26 索引影响快照文件存储空间的变化

由于某一时刻源数据库更改的可能只是其中的几页数据，复制到快照文件中的也只是对应的几页，而源数据库中其他未修改的页不会被复制。因此，快照数据库的数据文件会比源数据库的数据文件要小很多。所以，快照数据库的数据文件也称为稀疏文件，即文件并没有被完全填满。

稀疏文件会因为从源数据库中复制过来的数据量的增加而逐步扩大。SQL Server 2012 会以每次 64KB(即 8 个页)的大小为稀疏文件分配空间。这种稀疏文件的存储机制可以有效地提高空间的使用效益，避免相同的数据存储两份。但是在有些场合，快照数据文件会增长得很快，如对源数据库创建索引或重新生成索引等操作。因为索引会修改源数据库中的很多数据页，所以会造成众多数据页被复制到快照数据文件中。以下例子验证了这一现象。

如图 3-26 所示，源数据库中数据文件分配空间大小为 152MB，占用 152MB，对应的数据库快照的初始数据文件分配空间为 147MB，实际使用只有 128KB。在对源数据库中某一数据表创建索引后,数据库快照的数据文件的实际使用量扩大到 36.9MB,即有大量数据页已经复制到了数据库快照文件。

使用数据库快照的原因有很多。首先,作为数据备份的一种方式,快照备份数据要比其他方式快,且占用系统资源少。其次,数据库快照可为用户保留一份可供读取的历史数据,如历年的客户订单信息、某一时刻的银行业务数据等。由于快照数据是只读的,因此,可以代替源数据库实现某些只需要查询而不需要写入的数据服务。

创建数据库快照需要使用 T-SQL 语句,其语法如下:

```
CREATE DATABASE database_snapshot_name
    ON
        (
        NAME = logical_file_name,
        FILENAME = 'os_file_name'
        ) [ ,...n ]
    AS SNAPSHOT OF source_database_name
[;]
```

各参数含义如下:

- database_snapshot_name,快照数据库名称,要求不能与服务器中现有数据库名称重复。
- logical_file_name,源数据库的数据文件的逻辑名称。
- os_file_name,快照数据库的数据文件在操作系统中的物理名称及路径。
- source_database_name,源数据库的名称。

构造实例如下:

```
use master
GO
CREATE DATABASE CateringMgent_snapshot
ON (NAME = CateringManagement_data,FILENAME = 'c:\catering_Data.mdf' )
    AS SNAPSHOT OF CateringManagement
```

该实例对 CateringManagement 创建了名称为 CateringMgent_snapshot 的快照,快照的主数据文件为 c:\catering_Data.mdf。

创建数据快照需要注意以下事项:

(1) 如果源数据库中有多个数据文件,就需要在文件列表中列出这些文件在快照中对应的逻辑名称、物理名称与路径。

(2) 数据库快照只有数据文件,没有事务日志文件。原因是快照是只读的,不需要记录写入操作,因此,不需要事务日志文件。

(3) 快照文件必须建在 NTFS 盘区,否则会因无法创建稀疏文件而失败。

(4) 数据库快照与源数据库相关。数据库快照必须与源数据库在同一服务器实例上。一个源数据库可以建立多个数据库快照,可以以此反映源数据库在不同时间点的状态。但是,如果源数据库因某种原因不能使用,则它的所有数据库快照也将不可用。

(5) 创建快照时,要求当前执行快照的 SQL Server 登录用户拥有对快照文件所在文件夹的写入权限，否则，会出现无法创建文件的错误。具体方法是：把当前用户添加到文件夹的“安全”项用户组中，并授予对文件夹的写入权限。

(6) 快照不需要时，需要手工删除。

(7) 不能对 master、tempdb、model 等数据库创建数据库快照。

3.7 本章小结

本章介绍了 SQL Server 2012 中存储空间的分配方式、数据库文件与文件组、创建数据的 SQL Server Management Studio 和 T-SQL 方法、数据库的选项配置、数据库空间扩大与收缩、数据库的分离与附加、数据库删除及快照等各项内容。

数据库是 SQL Server 2012 中的一个核心概念，今后的学习将围绕数据库展开。

习题与思考

1. SQL Server 2012 中系统数据库有哪些？这些系统数据库的作用分别是什么？

2. SQL Server 2012 中数据库文件有哪些？主数据文件和日志文件保存的内容有何区别？辅助数据文件的主要用途是什么？如何在数据库中新增辅助数据文件和日志文件？

3. 文件组的类别有哪些？文件组在 SQL Server 中的主要作用是什么？

4. 如何通过 SQL Server Management Studio 和 CREATE DATABASE 语句创建数据库？

5. 在 SQL Server 2012 中数据库的状态有哪些？代表的具体含义是什么？

6. 控制数据库空间大小的途径有哪些？如何扩大和收缩数据库的大小？

7. 数据库分离操作对数据库有何影响？与删除数据库有何区别？如何附加数据库？

8. 稀疏文件的特点是什么？在 SQL Server 2012 中应用稀疏文件有何要求？

9. 什么是部分包含数据库？这一特性的作用有哪些？

10. 数据库快照的特点、用途是什么？如何创建数据库快照？

第4章 表

前面已经做过介绍，在SQL Server中数据库是存放和管理各种数据对象的容器，数据实际上是存放在其中的一个数据库对象——表中。其他数据库对象，如视图、数据库关系图、索引、存储过程等对象都是围绕数据表展开的，是为更有效地管理和使用表中的数据提供服务的。因此，掌握数据表的概念和管理操作，毫无疑问是掌握SQL Server 2012的基础。

本章全面介绍SQL Server 2012中数据表的知识和管理技术。

本章要点：

- 数据表的规划与规范化
- 数据类型
- 定义数据表
- 分区表
- 数据表关系

4.1 数据表概述

4.1.1 关系型数据表

数据库技术自20世纪60年代美国系统发展公司首先使Data Base一词以来，经历了网状数据库技术、层次型数据库技术和关系型数据库技术等多个阶段的发展。

SQL Server是关系型数据库管理系统。所谓关系型数据库是指数据库内数据的组织模型是关系模型。关系模型的特点可以用一张二维表格来描述，如图4-1是一张常见的二维表格，该表格由行和列两部分组成。行代表了该表格内保存的某一具体对象的信息，如在该表格中保存的是学生的基本信息，则一行数据就是某一个特定学生的基本信息。列是表格所定义的对象的某一方面的信息，也可称为“属性”，如表中的“学号”列保存“学生”对象的学号。

这张二维表能够体现关系模型的以下特点：

- 表中列之间的关系。在表中列与列是存在关系的。如在学生信息的日常管理中，一般确定了一个学生的“学号”，那么其他信息，如“姓名”“性别”等信息也能够随之确定，也就是说表中的“姓名”“性别”等列与“学号”列之间存在主从关系。

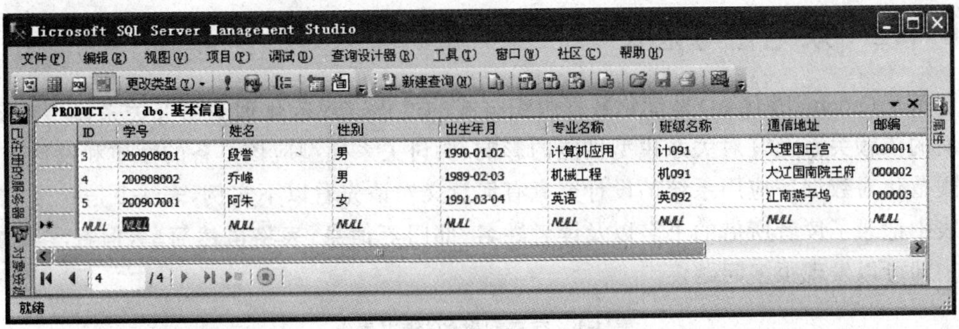
Microsoft SQL Server Management Studio
文件(F) 编辑(E) 视图(V) 项目(P) 调试(D) 查询设计器(R) 工具(T) 窗口(W) 社区(C) 帮助(H)
更改类型(Y)
新建查询(N)
PRODUCT..... dbo.基本信息
ID 学号 姓名 性别 出生年月 专业名称 班级名称 通信地址 邮编
3 200908001 段誉 男 1990-01-02 计算机应用 计091 大理国王宫 000001
4 200908002 乔峰 男 1989-02-03 机械工程 机091 大辽国南院王府 000002
5 200907001 阿朱 女 1991-03-04 英语 英092 江南燕子坞 000003
NULL NULL NULL NULL NULL NULL NULL NULL
4 /4
就绪

图 4-1 关系型数据表

- 行与行之间的关系。主要体现在两方面：一是在一个表内这些行同属于某一类对象，如图 4-1 中所示，除了第一行表示列的名称之外，其余各行都是对“学生”信息这一对象的描述；二是如果还存在其他更多的数据表，表与表之间的数据可能存在对应关系，如“学生信息表”与“学生成绩表”之间，在“学生信息表”中的某一条学生信息，可以在“学生成绩表”中找到对应的成绩信息。
- 表与表之间的关系。如同“行与行之间的关系”所描述的，如果在一个数据库内存在多张数据表，那么数据库中的部分表之间可能存在多种对应关系。

用关系模型来描述和管理数据，具有简捷易懂，使用和维护方便的优点。所以，到目前为止，关系型数据库还是主流的数据库。

在 SQL Server 2012 中，为组织和管理某一项应用，在数据库中创建的数据表，在表内存在列与列、行与行之间的关系，表间也存在表与表之间的对应关系。这种对应关系有三种：一对一、一对多和多对多关系。

- 一对一。如果对于 A 中的每一实体，B 中至多有一个实体与其存在联系；反之，B 中的每一实体至多对应 A 中的一个实体，则称 A 与 B 是一对一关系。如将学生的联系方式单独作为一个表(如为“联系方式表”)来保存，那么“学生基本信息表”中的每一个学生与“联系方式表”中的联系方式之间存在一对一的关系。
- 一对多。如果对于 A 中的每一实体，B 中有一个以上实体与之存在联系；同时，B 中的每一实体至多只能对应于 A 中的一个实体，则称 A 与 B 是一对多关系。如“订单表”与“订单细节表”之间，“订单表”中的每一条订单信息都可以在“订单细节表”中找到多条对应细节信息；而“订单细节表”中的每一条细节信息只能在“订单表”中对应找到一条订单信息，则订单表与订单细节表之间存在一对多的关系。
- 多对多。如果 A 中至少有一实体对应于 B 中一个以上实体，反之，B 中也至少有一个实体对应于 A 中一个以上实体，则称 A 与 B 为多对多关系。如网上图书销售数据库中，一位客户可以购买多本书，而一本书可以为多位客户购买，则“客户信息表”与“图书信息表”之间就存在多对多的关系。

因此，在设计数据表之前区分和规划好数据表的结构、列与列之间关系、表与表之间关系是非常重要的。数据表规划涉及数据库的规范化与范式理论，以下将对规范化和范式进行介绍。

4.1.2 规范化与范式

规范化(normalization)是优化数据组织方式的过程。规范化理论研究关系模型中各属性之间的依赖关系及其对关系模型性能的影响,探讨关系模型应该具备的性质和设计方法。

规范化对数据库应用系统的设计究竟有何意义? 请先看以下实例,表 4-1 是一张"借书表",表中记录了读者所借的书名以及读者姓名、部门等信息,表格虽然简单,但在实际使用过程中却可以发现很多问题。

表 4-1 存在问题的"借书表"

书 名	读者姓名	读者部门	借出日期
计算机应用	张三	工学院	2008-2-1
SQL Server	李四	工学院	2008-2-2
数据库开发技术	王五	理学院	2008-2-2
计算机图形	张三	工学院	2008-2-3

首先,该表中存在数据冗余。当往表中输入借书信息时,需要重复输入"读者姓名""读者部门""书名"等内容,会增加很多的工作量,并会造成存储空间浪费。

其次,存在更新异常。如果更改了一条记录中的"读者姓名",比如把"张三"借的两本书误输入为"李四"借的,这样需要连续修改两次,否则会出现更改遗漏。

第三,存在插入异常。如果一位读者从未借过书,则该借书记录中就没有此读者的数据,无法通过其他方式加入该读者的信息。

第四,可能存在删除异常。当一个读者的借书全部归还后,从此表的设计来看,该读者的借书记录可能要全部删除,就无法从该借书表中查阅该读者的信息,如读者姓名、读者部门等。

表 4-1 之所以会存在上述问题,实际上是由于表设计不规范造成的。要解决上述问题,需要根据规范化理论的要求调整表的结构。

规范化理论是 E. F. Codd 在 1971 年提出的。他及后来的研究者为数据结构定义了 5 种规范化模式(Normal Form,简称范式)。范式表示的是关系模式的规范化程度,即满足某种约束条件的关系模式,根据满足的约束条件的不同来确定范式。这 5 种范式根据满足规范化要求的不同,分别称为第一范式(First Normal Form,简称 1NF)、第二范式(Second Normal Form,简称 2NF)、第三范式(Third Normal Form,简称 3NF)、第四范式(Fourth Normal Form,简称 4NF)和第五范式(Fifth Normal Form,简称 5NF),这 5 种范式中前 3 种在实际应用中使用较多,而后两种主要用于理论研究。

1. 第一范式

第一范式要求表中的每个列(或属性)中的每个分量都必须是不可分割的数据项。比如图 4-2 中,如果"通信地址"与"邮编"合并在同一列中,即只设有"通信地址"列,在输入数据时,必须按如下的格式输入"浙江省宁波市江东区通省大道 1 号,315000"。虽然在某些使用场合,这样的设置方式并不会产生太大的影响,但是设计过打印信封的程序员都知道,由于信封标准格式要求"通信地址"和"邮编"是分开打印的,这种不区分地址与邮编的设计方式会带来不小的麻烦。因此,要符合第一范式的要求,就应该将这两项分成两列来存储。同样在"姓名"列设计时,最规范的方式是将"姓"与"名"分开,这样就便于实现按"姓"检索的应用。

姓名	通信地址
王飞	浙江省宁波市江东区通省大道1号,315000
李强	浙江省宁波市江东区通省大道2号,315000

⇨

姓	名	通信地址	邮编
王	飞	浙江省宁波市江东区通省大道1号	315000
李	强	浙江省宁波市江东区通省大道2号	315000

图 4-2 将左表中"姓名"与"通信地址"分解成右表更符合规范化第一范式

2. 第二范式

规范化理论第二范式要求在满足第一范式的基础上,还要求表中的非主属性列完全依赖于主属性列,即一个表中只能保存一个实例对象的数据。例如表 4-1 中,"读者部门"与"读者姓名"有关,即通过"姓名"确定了一个具体读者,那么该读者的部门也应该是确定的(事实上,还存在读者同姓同名的例外情况);而"书名"与"借出时间"等项并不与"读者"存在从属关系,也就说同样书名的一本书,既可以借给这位读者,也可借给那位读者。事实上,表 4-1 中描述的不只是一个实例,而是包括了"书""读者"和"借阅情况" 3 个实例。因此,该表的设计是不符合第二范式的。

要使表 4-1 符合第二范式的要求,需要根据表中反映的实例对象不同,将该表拆成数个表,分别是图书表、读者表和借阅记录表,如表 4-2 至表 4-4 所示。

表 4-2 图书表

书 号	书 名
2000001	计算机应用
2000002	SQL Server
2000003	数据库开发技术
2000004	计算机图形

表 4-3 读者表

读者编号	读者姓名	读者部门
1	张三	工学院
2	李四	工学院
3	王五	理学院
4	陈六	计算机学院

表 4-4 借阅记录表

借阅编号	读者编号	书 号	借出日期
201001001	1	2000001	2008-2-1
201001002	2	2000002	2008-2-2
201001003	3	2000003	2008-2-2
201001004	1	2000001	2008-2-3

3. 第三范式

第三范式要求在满足第二范式的基础上,还要求表中各列必须直接依赖于主属性列。如果表 4-4 设计成如表 4-5 所示,则该表就存在不符合第三范式的问题。从表 4-5 中看,"借阅编号"是主属性列,"读者编号""书号""借出日期"分别依赖于"借阅编号";但是"读者部门"却与"借阅编号"无关,而与"读者编号"有关,需要通过"读者编号"间接与"借阅编号"发生联系,因此,表中的非主属性列不是直接依赖于主属性列。要使该表符合第三范式,可以将“读者部门”调整到“读者表”中。

表 4-5 不符合第三范式的借阅表

借阅编号	读者编号	书号	读者部门	借出日期
201001001	张三	2000001	工学院	2008-2-1
201001002	李四	2000002	工学院	2008-2-2
201001003	王五	2000003	理学院	2008-2-2
201001004	张三	2000001	工学院	2008-2-3

4.1.3 ER 图

ER 图是一组用图形和符号表示的,用于描述客观实体对象的属性与关系的图形工具。由于 ER 图直观、易用,成为数据表规划设计的一种常用工具。在 ER 图中包含 3 种图形,其中矩形代表实体,圆角矩形(或椭圆)代表实体的属性,菱形代表实体间的关系,如图 4-3 所示。

ER 图用实线连接两个有联系的对象,并在实线的两端标注数字和字母。例如,一端为 1,另一端为 $n(1:n)$,表示这两者为一对多的关系;如果两端都是字母$(n:m)$,表示两者是多对多的关系;如果两端都是 1(1:1),表示两者是一对一的关系。例如图 4-4 表示读者与图书之间的借书关系是一对多的关系,即一位读者可以借多本书,但一本书只能被一位读者借走。

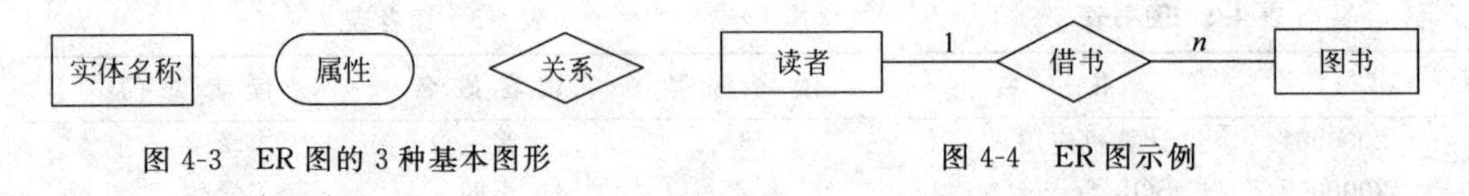

图 4-3 ER 图的 3 种基本图形　　图 4-4 ER 图示例

图 4-5 为网上书店的部分实体对象间的 ER 图。

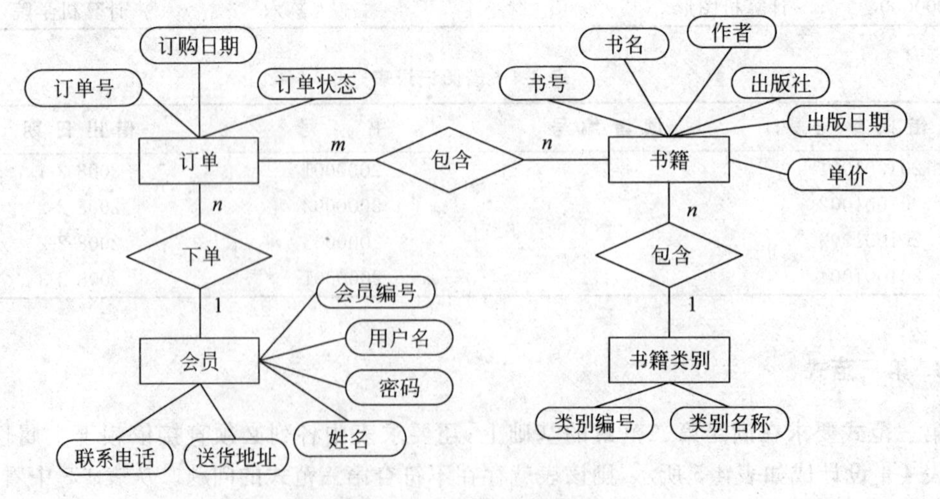

图 4-5 网上书店的 ER 图

ER图能够以图形方式分析系统中的各种实体对象、实体对象的属性、实体对象间的关系。经ER图分析之后，每个实体可以作为单独的对象创建数据表，各属性项可以作为表中的列，重要的可起标识作用的列可以加下划线，这些列可以作为主属性。

因此，ER图能够直观地描述数据表的结构与关系，是实现快捷高效设计的有效工具。

4.1.4 SQL Server 2012 中数据表的类型

在SQL Server 2012中，共有5种类型的数据表：系统表、普通表、临时表、分区表和FileTable。

- 系统表。是由SQL Server系统提供的，用于存放系统运行信息的数据表，例如有关服务器配置、数据库选项等信息都保存在系统表中。
- 普通表。即用户表，是由用户创建的，用于存储用户数据的数据表。普通表是用户使用SQL Server存储和管理数据的对象，用户数据保存在普通表中。
- 临时表。是因用户、应用程序或者系统运行需要临时创建的数据表。临时表只能保存在临时数据库tempdb中，当用户断开连接或者SQL Server服务重启或停止时，临时表会丢失。临时表根据用户使用权限的不同可以划分成为两大类：全局临时表和本地临时表。全局临时表在创建之后，所有用户和连接都可访问；本地临时表只能供创建它的用户或连接访问。
- 分区表。是一种特殊的数据表，用于将大型数据表分割成多个较小的数据表以提高数据管理性能的场合。在某些应用系统中，由于用户多、数据量大，运行一段时间后，有些数据表就会变得非常大。这些数据表会因为包含的数据页面量过大，导致系统读写数据效率下降，影响访问速度。应用分区表，可以把大表切分成小表，用户通过访问小表就可以获取需要的数据，因此可以提高数据存取的速度。
- FileTable。是SQL Server 2012新增的一种用于保存非结构化数据的用户表，如Word文档、Excel电子数据表格等文件都可以通过SQL Server进行管理。

4.2 数据类型

在SQL Server 2012中，每种数据对象都有对应的数据类型，如图4-1所示的“学生基本信息”表中，“姓名”是字符型数据，“出生日期”是日期型数据。将不同数据按类型来存储和管理，可以提高系统使用性能。一方面，可以提高系统存储的效益，如对于一个45622的整型数据，如果使用字符型(如char)的方式来存储，需要占用6B的存储空间，而使用整型(如int)只需要2B。另一方面，还可以提高系统运行效率，如有两个整型数据需要执行算术运算，如果以字符型来存放，就需要在运算前先执行数据类型的转换，这就会增加系统资源的开支，降低系统的运行效率。

在SQL Server 2012中提供的系统内置数据类型共有38种，可以分为数值型数据类型、字符型数据类型、日期型数据类型、货币型数据类型、二进制型数据类型、程序用数据类型和其他数据类型7类。SQL Server 2012所包含的数据类型非常丰富，能够满足各种应用的不同需要，如果用户有其他特殊的需要，还可以在系统数据类型的基础上创建用户自定义的数据类型。

4.2.1 系统数据类型

1. char(*n*)

char 是一种定长度的字符型数据类型,用于存储长度固定的字符串。如在“性别”用“男”或“女”表示时,可以采用 char(2)。char 数据类型可存储的字符数由 *n* 决定,但是最长不能超过 8000 个字符。如果 *n* 的设定值超过实际需要的长度时,多余的空间会被空格填满,如图 4-6 中的“姓名 char(10)”列,该列定义为 char(10),当输入姓名“王三”时,多余空间由空格填充。如果定义的数据长度小于实际输入的长度时,输入的数据将不能被保存。

2. nchar(*n*)

该数据类型与 char(*n*)基本相同,不同之处在于,该数据类型是基于 Unicode 字符集的数据类型,即该数据类型可以存储 Unicode 字符。在一些非英语系的国家和地区,如中国、日本、韩国、阿拉伯国家等,这些国家使用的语言在计算机中的编码方式与英语的编码方式不同,需要采用更大的字符集才能将文字编码。Unicode 采用 4B 的长度来存储非英语系语言的文字字符集,可以存储 65 536 个字符,远超过了 ANSI 字符集的 256 个。因此,采用 Unicode 字符集的数据类型可用于保存非英语系的语言文字;反过来,如果对上述语言文字不采用 Unicode 编码的数据类型,那么在存储这些文字和字符时就会出现乱码。但是,Unicode 的数据类型要比非 Unicode 的数据类型多占用一倍的空间,如 nchar(10)要比 char(10)多占用 10B,需要 20B。

3. varchar(*n*)

varchar 是一种可变长度的字符数据类型,最大长度为 8000 个字符。对于一些输入数据长度不固定的列,如“姓名”,有些是两个字,也有三个字,还有四个字甚至更多,如果采用定长的 char 或 nchar,设得太长会浪费空间,设短了无法保存完整的数据。如果采用可变长度的数据类型,在出现输入的数据小于设置的长度时,系统会自动取实际数据作为该列数据长度。如图 4-6 中的“姓名 varchar(10)”列,采用 varchar(10)来定义该列,可在实际使用过程中节约空间。

4. nvarchar(*n*)

nvarchar(*n*)与 varchar(*n*)基本相同,主要区别在于 nvarchar(*n*)可存储 Unicode 字符集,且最大长度只能存储 4000 个字符。

nvarchar(*n*)与 varchar(*n*)、nchar(*n*)与 char(*n*)之间的区别可用图 4-7 来验证。图中打开的是 Production. ProductDescription 数据表,其中的 Description 列采用了 nvarchar 数据类型,所以可以正常存储非 ANSI 字符集的字符。

5. varchar(max)

用 max 标注列的长度,表示该列可以存储长度超过 8000 字节的字符,最大存储空间达

$2^{31}-1$(2 147 483 647)个字符。因此,可用于存储较长的字符数据,如文本型的备注、描述等数据,可用于替代原先的 text 型的数据类型。

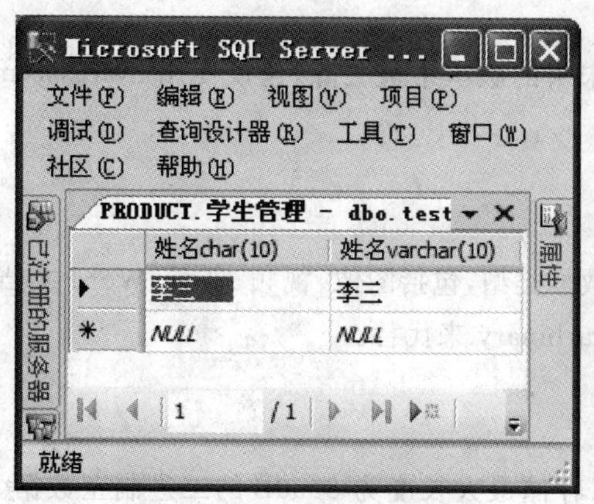

(a) char(10)用空格填充多余的空间

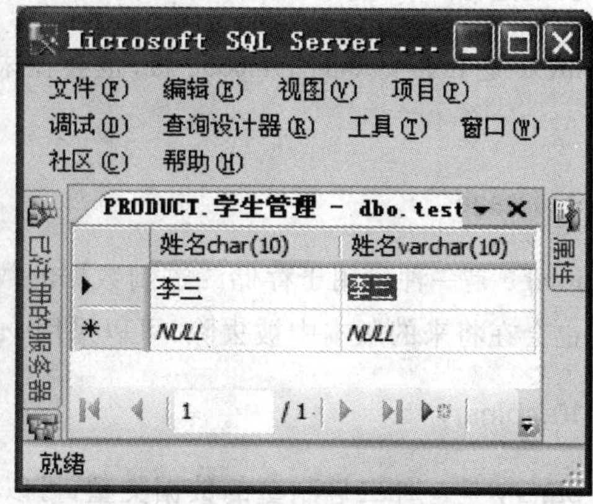

(b) varchar(10)长度由实际长度决定

图 4-6 char(10)与 varchar(10)的对比

图 4-7 nvarchar(*n*)可以存储 Unicode 字符

6. nvarchar(max)

nvarchar(max)与 nvarchar(*n*)类似,但长度可超过 4000 个字符,最大可达 $2^{31}-1$(2 147 483 647)个字符,因此可用于存储比较长的 Unicode 字符数据。

7. text

text 是一种可以存储长度大于 8000B 的字符型数据类型。但是 text 数据类型在未来的 SQL Server 版本中将会被去除,可以使用 varchar(max)来代替 text。

8. ntext

ntext 是 text 类型的 Unicode 版,也会在未来的版本中被去除,建议使用 nvarchar(max)代替。

9. image

image 是一种可用于存储二进制数据的数据类型,包括图像、视频、音乐、Word 文档等。但它也会在将来的版本中被去除,可以采用 varbinary 来代替。

10. binary

binary 是一种二进制型的数据类型,可以存储最大长度为 8000B 的二进制型数据。适合用于存储作为标记和标记组合的数据。如需要存储客户状态的标记,如果客户处于活动状态(值为 1),最近一月内下过订单(值为 2),最后一次订单超过 1000 元(值为 4),符合大客户标准(值为 8)。如果采用其他数据类型,为了分别存储这 4 种状态,也许需要 4 个数据列,而采用 binary 列,如果值为 13,表示该客户的值为 1+4+8,即符合上述状态中的 3 种。

11. varbinary

varbinary 与 binary 相似,但这是一种变长度的二进制型数据类型,实际存储的长度取决于输入的实际数据。varbinary 类型的列可保存最大长度不超过 8000B 的二进制型数据。

12. varbinary(max)

varbinary(max)与 varbinary 相似,只是最大存储长度可以超过 8000B,达 $2^{31}-1$(2 147 483 647)B,适合代替 image 类型来存储图像、Word 文档、应用程序等二进制型数据。

13. int

int 是一种用于存储整型数据的数值型数据类型,存储范围在 -2^{31}(−2 147 483 648)~$2^{31}-1$(2 147 483 647)之间,占用 4B 的存储空间。

14. bigint

bigint 与 int 相类似,但存储的范围更大,存储范围在 -2^{63}(−9 223 372 036 854 775 808)~$2^{63}-1$(9 223 372 036 854 775 807)之间,占用 8B 的存储空间,适用于存储长度超过 int 范围的整型数据。

15. smallint

smallint 与 int 相类似,但存储范围较小,存储范围在 -2^{15}(−32 768)~$2^{15}-1$(32 767)之间,占用 2B 的存储空间。

16. tinyint

tinyint 与 int 相类似，但存储范围比 smallint 小，只能存储 0～255 的整型数据，占用 1B 的存储空间。

17. decimal

decimal 可存储范围为 $-10^{38}-1\sim10^{38}-1$ 之间的固定精度与标量的数值型数据。该数据类型包含两个参数：精度与标量。精度指字段中可以存放的总位数，标量指小数点后可以保存的位数，因此，如果定义 decimal 的精度为 6，标量为 2，那么该列可以存储形如 1111.22 的数值。decimal 数据类型的长度随精度变化，当精度低于或等于 9 时，其数据所需的存储空间为 5B，当精度达到 38 时，需要存储空间为 17B。

18. numeric

numeric 与 decimal 相同。

19. float

float 用于存储范围为 -1.79E+308～1.79E+308 之间的浮点型近似数字值，可用 float(n)来表示，n 的范围为 1～53。当 n 的取值范围为 1～24 时，float 数据类型的精度可以达到 7 位，占 4B 的存储空间；当 n 的取值范围为 25～53 时，精度可达 15 位，占用 8B 存储空间。

20. real

real 用于存储范围在 -3.40E+38～3.40E+38 之间的浮点近似数字值，占 4B 的存储空间。

21. money

money 用于存储范围为 -922 337 203 685 477.580 8～922 337 203 685 477.580 7 之间的币值数据，精度为币值单位的万分之一，占用 8B 的存储空间。但是该数据类型中存储的数据并不包括货币符号。

22. smallmoney

smallmoney 用于存储范围在 -214 748.364 8～214 748.364 7 之间的币值数据，与 money 类似，占用 4B 的存储空间，适合用来存放比 money 型小的币值。

23. date

date 用于存储日期型的数据，其范围从 0001 年 1 月 1 日至 9999 年 12 月 31 日，需占用 10B 的存储空间。数据格式为 YYYY-MM-DD，不包含具体的时间。只存储日期而不存储时间，对一些不需时间的日期型数据的存储提供了很大方便，如出生日期、入学日期等。

24. datetime

datetime 用于存储从 1753 年 1 月 1 日至 9999 年 12 月 31 日之间的日期和时间,需占用 8B 的存储空间,时间部分的精度为 3.33ms。

25. datetime2(*n*)

datetime2(*n*)与 datetime 类似,不同之处是 datetime2 类型中秒的小数部分精度更高,存储范围更大,为 0001 年 1 月 1 日至 9999 年 12 月 31 日。格式为 YYYY-MM-DD hh:mm:ss[.nnnnnnn],即秒数可以精确到小数点后 7 位,在实际使用过程中可以通过 *n* 值来设置精度。该类型所占用的存储空间也会因 *n* 的取值不同而不同,存储空间的范围为 6～8B。

26. smalldatetime

smalldatetime 与 datetime 类似,但数值范围小,其范围为 1900 年 1 月 1 日至 2079 年 6 月 6 日,占用的存储空间为 4B。

27. datetimeoffset(*n*)

datetimeoffset(*n*)用于存储与日期和时区相关的日期、时间数据。存储的日期时间数据需要转化成为 UTC(Coordinated Universal Time)值的时间,即需要根据时区关系进行换算。如要存储北京时间 2010-01-01 10:00:00 需换算存储为 2010-01-01 18:00:00,该类型的格式为 YYYY-MM-DD hh:mm:ss[.nnnnnnn][+|-]hh:mm。占用的存储空间也会因 *n* 的取值不同而不同,存储空间范围为 26～34B。

28. time(*n*)

time(*n*)是一种专用于存储时间的数据类型,与 datetime 相比的不同之处在于没有日期值。格式为 hh:mm:ss[.nnnnnnn],占用的存储空间因 *n* 的不同而不同,存储空间范围为 3～5B。

29. hierarchyid

hierarchyid 是 SQL Server 2008 新增的一种用于存储层次化结构型数据的数据类型。对于商品目录、组织机构等具有层次化结构的数据,采用 hierarchyid 来存储,可以利用 hierarchyid 提供的函数非常方便地实现数据的存储和节点搜索。

30. geometry

geometry 是一种用于存储平面几何对象(平面球)的数据类型,如点、多边形、曲线等 11 种几何度量中的一种。

31. geography

geography 用于存储 GPS 等全球定位类型的地理数据(椭圆球),以纬度和经度为度量来存储。

32. rowversion

rowversion 用于存储由 SQL Server 产生的可标注数据行唯一性的二进制数据。每次行数据发生变化时，该值也会发生变化，用于反映修改的记录。在早先的版本中该数据类型对应的是 timestamp。

33. uniqueidentifier

uniqueidentifier 用于存储全局唯一标识符(GUID)。该数据类型的值在插入和修改记录时由 SQL Server 系统生成，其值来源于计算机上安装的网卡物理地址、处理器 ID 和日期时间的信息综合计算，生成的数据具有全球唯一性。

34. bit

bit 用于存储 0 和 1 值的数据类型，该类型的数据列只能存储 0 或 1 中的一个，适合存储需要标识“是”或“否”两种状态的数据。

35. xml

xml 用于存放整个 XML 文档或者部分片段。

36. cursor

cursor 是一种变量或存储过程的输出参数使用的数据类型，也称为游标。cursor 提供了一种逐行处理查询数据的功能。用 cursor 定义的变量只能用于定义游标和与游标有关的语句，不能在表设计时使用。

37. table

table 是用于存储对表或者视图处理后的结果集的数据类型。这种数据类型使得变量可以存储一个表，从而使函数或过程返回查询结果更加方便、快捷。

38. sql_variant

sql_variant 是一种允许存储多个不同类型数据值的数据类型，除了 varchar(max)、nvarchar(max)、text、image、sql_variant、sql_variant(max)、xml、ntext、rowversion 等之外的数据类型都可以用 sql_variant 类型存储。

4.2.2 用户自定义数据类型

如果系统提供的上述数据类型尚不能满足需要，用户可以自定义需要的数据类型。自定义数据类型以数据库为应用范围，需要在具体的数据库中进行定义。自定义数据类型可以在 SQL Server Management Studio 中创建，也可以通过 T-SQL 语句来生成。

通过 SQL Server Management Studio 创建用户自定义数据类型的操作步骤如下：

(1) 在“对象资源管理器”窗口，选择“数据库”→CateringN→“可编程性”→“用户自定义数据类型”。

(2) 在如图 4-8 所示的“用户自定义数据类型”对话框中，“名称”项输入 PostCode，“数据类型”选择 varchar，指定长度为 6，选中“允许 NULL 值”复选框，表示允许按此数据类型定义的列可以不输入数据。

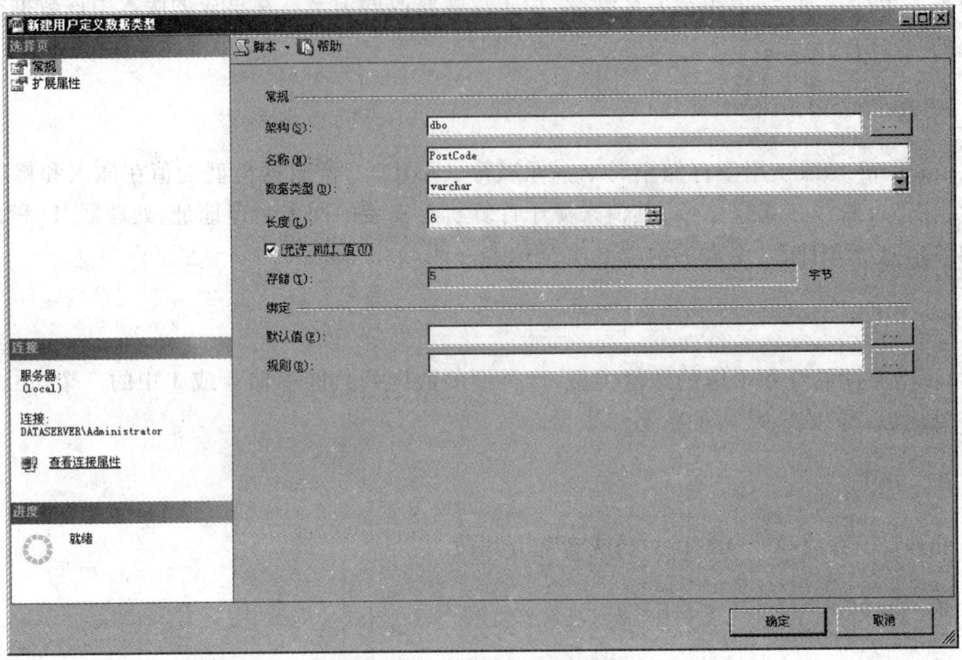

图 4-8 用户自定义数据类型

(3) 单击“确定”按钮，保存自定义的数据类型。这样在“用户自定义数据类型”节点下可以看到新创建的数据类型，在当前数据库中，可以像使用系统数据类型一样使用这个自定义的数据类型。

创建用户自定义数据类型的 T-SQL 语句需要调用系统存储过程 sp_addtype，其语法如下：

```
sp_addtype [ @typename = ] type,
    [ @phystype = ] system_data_type
    [ , [ @nulltype = ] 'null_type' ] ;
```

各参数所代表的含义如下：

- @typename：自定义的数据类型的名称，在数据库中不能与已有数据类型名称重复。
- @phystype：现有的系统数据类型，用于作为自定义数据类型的基础。
- @nulltype：是否允许该数据类型保存 NULL 值。

例如，以下语句可以创建一个名称为 address，可变字符型，长度为 80，不允许为空的用户自定义数据类型：

```
Exec sp_addtype address, 'varchar(80)', 'not null'
```

4.3 创建数据表

在 SQL Server 2012 中创建数据表，最常用方法是通过 SQL Server Management Studio 和 T-SQL 语句。本节以网络销售管理数据库（NetSale）为例来演示 SQL Server 中创建数据表的两种方法。在 NetSale 数据库中包含 4 个基本表：产品数据表（Products）、客户数据表（Customers）、订单表（Orders）和订单细节表（Orderdetail）。

这 4 个数据表的基本结构如表 4-6 至表 4-9 所示（为便于说明，对表中的列作了部分简化）。

表 4-6 产品数据表（Products）

列 名	数据类型及长度	是否为空	备 注
ProductID	int，标识	Not NULL	产品编号
ProductName	varchar(100)	Not NULL	产品名称
UnitPrice	decimal(10,2)	NULL	单价（默认值 0）
Unit	varchar(20)	Not NULL	单位
Description	varchar(max)	NULL	描述

表 4-7 客户数据表（Customers）

列 名	数据类型及长度	是否为空	备 注
CustomerID	int，标识	Not NULL	客户编号
CustomerName	varchar(200)	Not NULL	客户名称
ShipAddress	varchar(50)	NULL	送货地址
Postcode	varchar(6)	NULL	邮编
TEL	varchar(20)	NULL	联系电话
EMAIL	varchar(50)	NULL	电子邮箱

表 4-8 订单表（Orders）

列 名	数据类型及长度	是否为空	备 注
OrderID	int，标识	Not NULL	产品编号
Ordertime	datetime	NULL	订单生成时间（默认值 getdate()）
CustomerID	int	Not NULL	客户名称
Status	bit	not NULL	订单状态，0 为未发货，1 为已发货（默认值 0）
Shiptime	datetime	NULL	发货时间

表 4-9 订单细节表（Orderdetail）

列 名	数据类型及长度	是否为空	备 注
DetailID	int，标识	Not NULL	订单细节编号
Ordered	int	Not NULL	订单编号
Productid	int	Not NULL	产品编号
Sale_unitprice	decimal(10,2)	Not NULL	销售单价
Sales	decimal(10,2)	Not NULL	销售数量
Subtotal	decimal(10,2)	NULL	小计

4.3.1 使用 SSMS 创建数据表

使用 SQL Server Management Studio 创建数据表是在设计阶段使用最多的方式。原因是 SQL Server Management Studio 提供了图形化创建数据表的直观方式，简捷易用。以下以“产品数据表”为例说明使用 SQL Server Management Studio 创建数据表的过程。

(1) 在“对象资源管理器”窗口中，展开服务器、数据库，选择目标数据库下的“表”节点，如本例是在 NetSale 数据库中建数据表。右击“表”节点，在右键菜单中选择“新建表”命令。

(2) 在如图 4-9 所示的“表设计器”对话框中，在“列名”项中输入 ProductID，“数据类型”选择 int，不选中“允许 Null 值”项，表示不允许保存 NULL 值。

(3) 在列属性列表的“标识规范”中，将“是标识”项改为“是”，“标识增量”为 1，“标识种子”为 1。此项设置表示，将 ProductID 列的数据值作为数据行与行之间识别的标识，即 ProductID 列输入的值不能与已有数据重复，标识种子为 1 表示该列值从 1 开始计值，标识增量为 1 表示每新增一行 ProductID 列值会在前一行的值上加 1。标识列的值不允许手工输入。

(4) 单击列名下的空白行，输入 ProductName，选择“数据类型”为 varchar(100)，不允许为空。长度默认值为 50，可以修改为 100，表示可以输入 100 个字符，即 50 个汉字。

(5) 单击列名下的空白行，输入 UnitPrice，选择“数据类型”为 decimal(10,2)，允许为空；在“列属性”列表中的“默认值”项中输入 0，表示如果用户不在此列中输入数据，则自动给该列添加 0 作为输入值。

(6) 参照上述列创建的方法，继续创建其他各列。最后，完成创建的数据表结构如图 4-10 所示。

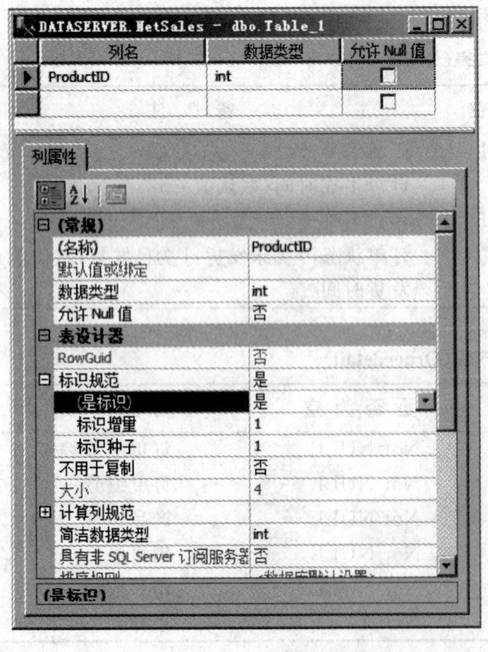

图 4-9　新建表

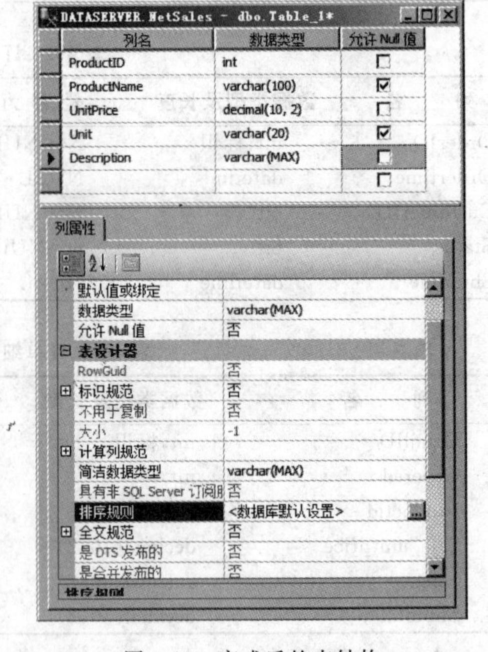

图 4-10　完成后的表结构

(7) 选择菜单"文件"→"保存"命令，在如图 4-11 所示的"选择名称"对话框中输入数据表的名称为"产品数据表"，单击"确定"按钮，保存数据表。

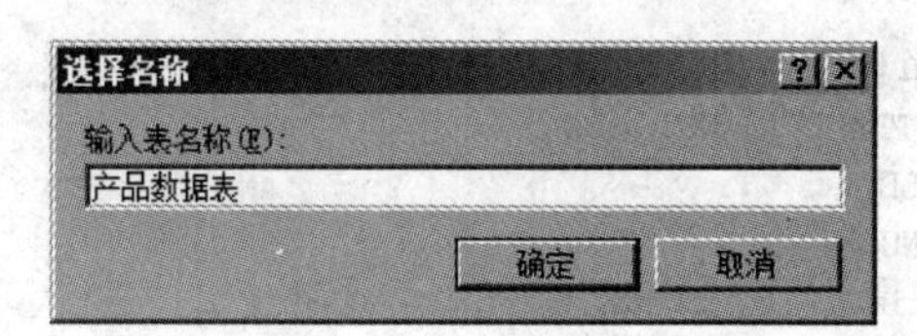

图 4-11 选择名称

新建的数据表可以在"对象资源管理器"窗口 NetSale 数据库中的"表"节点下看到。

4.3.2 使用 T-SQL 创建数据表

T-SQL 创建数据表也是 SQL Server 数据库设计与管理中使用较多的一种方式，尤其是在程序设计中，有时需要通过代码生成数据表。这时，就需要使用 T-SQL 代码来创建表。

在 SQL Server 2012 中创建数据表的 T-SQL 语句是 CREATE TABLE，基本语法如下：

```
CREATE TABLE
[ database_name.[ schema_name]. | schema_name. ]table_name
        ( { <column_definition> | <computed_column_definition>
                | <column_set_definition> }
        [ <table_constraint> ] [ ,...n ] )
    [ ON { partition_scheme_name ( partition_column_name ) | filegroup
        | "default" } ]
```

各主要参数的含义如下：

- database_name，数据表所属的数据库名称。
- schema_name，架构名称，关于架构请参见相关章节。
- table_name，数据表的名称。
- column_definition，各数据列的定义。
- computed_column_definition，定义计算列，关于计算列请详见后续内容。

如要使用 T-SQL 创建"客户数据表(Customers)""订单表(Orders)""订单细节表(Orderdetail)"，这 3 个数据表创建的 T-SQL 代码如下：

```
CREATE TABLE [dbo].客户数据表 (
    CustomerID int IDENTITY(1,1) NOT NULL,
    CustomerName varchar(200) NULL,
    ShipAddress varchar(50) NULL,
    Postcode varchar(6) NULL,
    TEL varchar(20) NULL,
    EMAIL varchar(50) NULL
)
CREATE TABLE [dbo].订单表(
    orderID int IDENTITY(1,1) NOT NULL,
    ordertime datetime NULL DEFAULT Getdate(),
    customerID int NOT NULL,
```

```
    Status bit NOT NULL DEFAULT(0),
    shiptime datetime NULL
)
CREATE TABLE [dbo].订单细节表(
    DetailID int IDENTITY(1,1) NOT NULL,
    orderid int NOT NULL,
    productid int NOT NULL,
    Sale_unitprice decimal(10, 2) NOT NULL,
    sales decimal(10, 2) NOT NULL,
    suntotal decimal(10, 2) NULL
)
```

可以在"查询编辑器"中执行上述代码。在 SQL Server Management Studio 的"对象资源管理器"窗口中,右击"数据库"节点下的 NetSales 数据库,在右键菜单中选择"新建查询"命令。在"查询编辑器"对话框中输入上述代码,如图 4-12 所示,然后单击工具栏"执行"按钮,执行此段代码,创建新数据表。

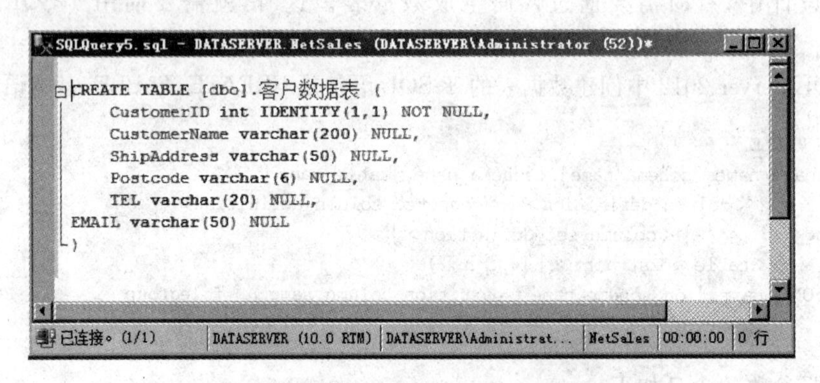

图 4-12 在"查询编辑器"中执行创建表的代码

注意 执行上述代码时,请选择正确的数据库,如本例是 Netsales 数据库,从图 4-12 的状态栏中可以看到。否则,数据表可能会创建到其他数据库中。

4.4 修改数据表

已创建的数据表在使用过程中需要进行修改,也可以通过 SQL Server Management Studio 和 T-SQL 来完成。

4.4.1 使用 SSMS 修改数据表

使用 SQL Server Management Studio 修改数据表,如同创建数据表一样可以在"数据表设计器"的图形用户界面工具中完成。可以修改的内容包括修改列的名称、数据类型、长度、是否允许为空以及列的其他属性;同样,也可以增加或删除数据列。

修改数据表的操作过程如下:

(1) 在"对象资源管理器"窗口中,展开服务器、数据库节点,找到要修改的数据表。

(2) 右击要修改的数据表,在右键菜单中选择"设计"命令。

(3) 在打开的“表设计器”窗口中,可以对列名、数据类型等进行修改。

(4) 如要添加新的列,可以单击列列表底部的空白行,输入新的列名、数据类型,设置是否允许为 NULL 等。

(5) 修改完毕后,可以单击工具栏的“保存”按钮,保存修改后的数据表。

如果在保存修改时出现如图 4-13 所示的警告对话框,是因为 SQL Server 2012 默认设置启用了“阻止保存要求重新创建表的更改”选项,该选项会阻止那些需要删除原数据表并重建数据表的修改操作。要更改此项设置,可以在 SQL Server Management Studio 的选项设置中进行修改。修改的操作步骤如下:

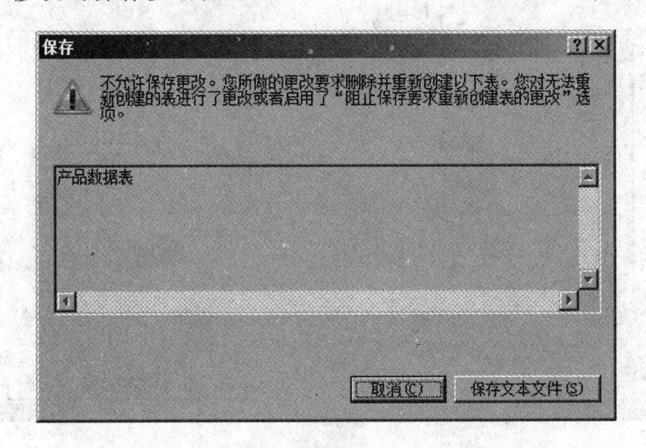

图 4-13 阻止保存修改内容的警告

在 SQL Server Management Studio 中选择菜单“工具”→“选项”命令,在如图 4-14 所示的“选项”对话框中,选择左侧的“设计器”→“表设计器和数据库设计器”。在右边的“表选项”中不选中“阻止保存要求重新创建表的更改”。

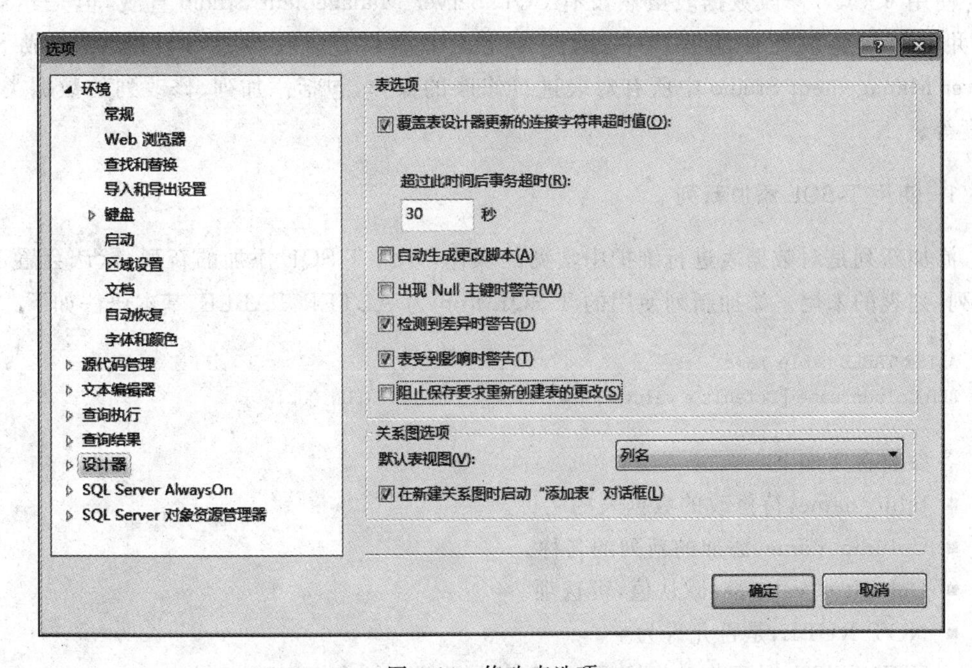

图 4-14 修改表选项

注意 如果数据表中已输入部分数据，对表结构的修改会受到已有数据的影响，如将数据类型从varchar改为int，或者将数据长度从200改为100时，会由于存储数据类型或空间的变化，出现数据兼容问题。在这种情况下，部分修改会受到限制不能保存，也有部分会发出警告，如图4-15所示，用户需要根据实际情况进行确认。另外，在修改过程中，修改结果会受到表中已有约束、索引等影响，有关约束和索引请参考后续的相关内容。

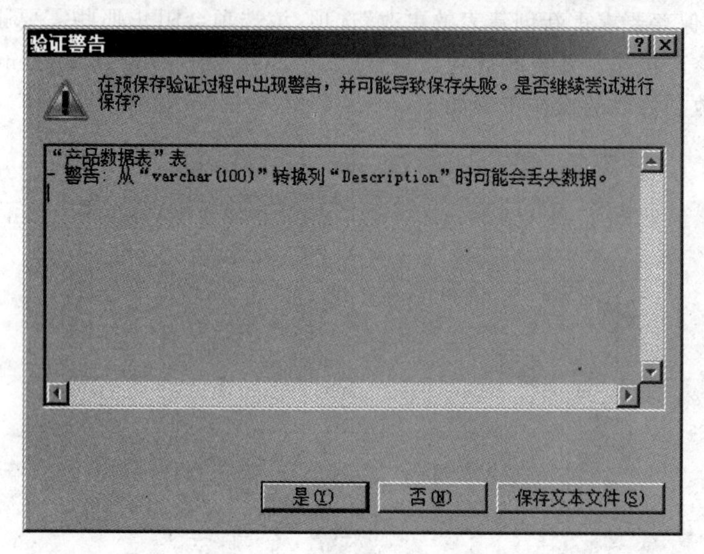

图4-15 保存修改的警告

4.4.2 使用T-SQL修改数据表

使用T-SQL修改数据表虽然没有SQL Server Management Studio直观，但是相对灵活，并且可以集成在应用程序中，因此使用面非常广泛。使用T-SQL可以完成SQL Server Management Studio中所有对表进行修改的操作，包括添加列、修改列的数据类型、长度等。

1. 使用T-SQL添加新列

添加新列是对数据表进行维护中常见的操作，使用T-SQL添加的新列，默认会置于表中"列"列表的末尾。添加新列使用的T-SQL语句为ALTER TABLE，基本语法如下：

```
ALTER TABLE table_name
ADD Column_name [Default <value>] [NOT NULL][IDENTITY][UNIQUE]
```

各参数含义如下：

- table_name，待修改的数据表的名称。
- Column_name，添加的新列的名称。
- Default <value>，默认值，可选项。
- NOT NULL，是否允许为空。
- IDENTITY，是否作为标识列，一个表中只能有一个标识列。

■ UNIQUE，是否创建唯一约束。

例如，要在“客户数据表(Customers)”中添加一个新列：CustomerType，数据类型为varchar(20)，默认值为“个人客户”，则修改表的语句如下：

```
ALTER TABLE 客户数据表
ADD CustomerType varchar(20) NOT NULL Default('个人用户')
```

注意 此处添加的新列由于不允许为空，如果在数据表中已输入了数据，则必须给新增列设置默认值。否则，会因为不能给已有数据行中的新列赋值而出现错误。

2. 使用 T-SQL 修改现有列

SQL Server 2012 允许修改现有列的数据类型、数据长度和默认值等，修改现有列的语法如下：

```
ALTER TABLE table_name
ALTER Column Column_name new_data_type
```

各参数含义如下：

■ table_name，待修改的数据表的名称。

■ Column_name，修改的列的名称。

■ new_data_type，列的新数据类型。

例如，要将“客户数据表(Customers)”中的 ShipAddress 的数据类型修改为 varchar(200)，可以采用以下语句：

```
ALTER TABLE 客户数据表
ALTER Column ShipAddress varchar(200)
```

3. 使用 T-SQL 删除现有列

对于表中的现有列，如果不需要了，也可以通过 T-SQL 删除。删除现有列的语句如下：

```
ALTER TABLE table_name
DROP Column Column_name [,...n]
```

各参数含义如下：

■ table_name，待修改的数据表的名称。

■ Column_name，待删除的列的名称。

例如，要从“订单细节表(Orderdetail)”中删除 SubTotal 列，则语句如下：

```
ALTER TABLE 订单细节表
DROP Column SubTotal
```

在一条删除语句中，可以删除多个列。此时，需要在 DROP Column 后面连续写上要删除的列名，并用英文半角的逗号分隔列名。

4. 关于计算列

计算列在数据表中是一种特殊的列,它不需要指定数据类型,其值来源于其他列的表达式计算,这些表达式可以是函数、常量或表中的其他列。默认情况下,计算列并不会将数据值实际存储在数据表中,只是在需要时,如通过查询语句获取时,才会重新计算表达式来获取值。因此,计算列可以算作是一种虚拟的列。

计算列可以在表创建时与参与表达式计算的其他列一起定义;也可以通过添加新列时添加进来。

例如,以下语句可以为"订单细节表(Orderdetail)"新增一个名称为 SubTotal 的计算列,其数值取自列 Sale_unitprice 与 sales 的乘积。

```
ALTER TABLE 订单细节表
ADD SubTotal As Sale_unitprice * sales
```

上述语句创建的计算列在默认情况下是虚拟列。如果需要将虚拟列改为可以物理化保存数值的计算列,可以采用以下语句(即在原语句之后添加关键词 PERSISTED),这样该列会自动计算并保存数值,当 Sale_unitprice 与 sales 的数值发生变化时,该计算列的值也会自动更新。

```
ALTER TABLE 订单细节表
ADD SubTotal As Sale_unitprice * sales PERSISTED
```

4.5 删除数据表

当数据库中某些数据表不再需要时,可以删除。删除数据库中已有的数据表,也可以通过 SQL Server Management Studio 和 T-SQL 语句来完成。

4.5.1 使用 SSMS 删除数据表

在 SQL Server Management Studio 中删除数据表,简捷直观,不易出错。具体操作步骤如下:

(1) 在 SQL Server Management Studio 中,展开"对象资源管理器"的服务器、数据库节点,在数据库节点中展开"表"节点。

(2) 选中要删除的数据表,右击该数据表,然后在右键菜单中选择"删除"命令。

(3) 在如图 4-16 所示的对话框中,在"要删除的对象"列表中可以查看待删除数据表的信息,如果当前其他程序正在使用该数据表,则可以在"消息"列中查看到相关的信息。单击"确定"按钮,可以完成对数据表的删除。

使用上述操作过程,只能一次删除一个选中的数据表;如果要一次删除多个数据表,可以通过以下操作步骤来实现。

(1) 在 SQL Server Management Studio 中,选择菜单"视图"→"对象资源管理器详细信息",打开"对象资源管理器详细信息"窗口。

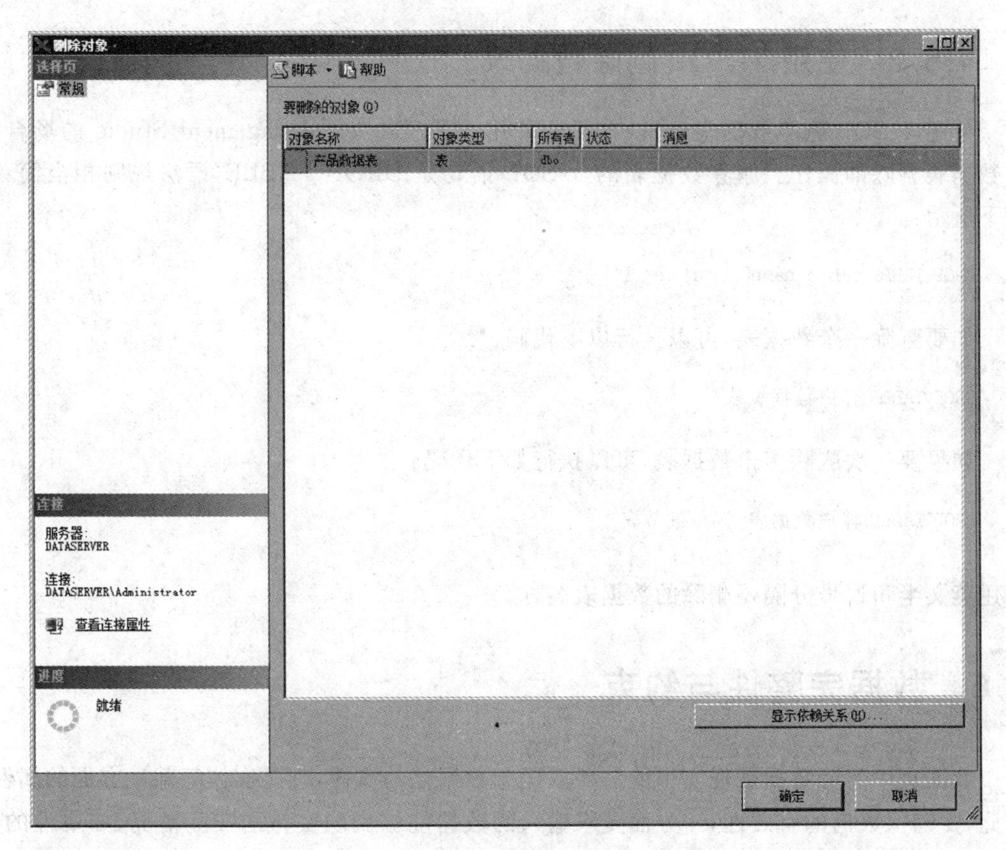

图 4-16 删除数据表

(2) 在"对象资源管理器"窗口中,展开服务器、数据库,单击"表"节点,在"对象资源管理器详细信息"窗口中,会显示"表"节点中的所有数据表。

(3) 在"对象资源管理器详细信息"窗口,选中多个要删除的数据表,右击,在右键菜单中选择"删除"命令,如图 4-17 所示。

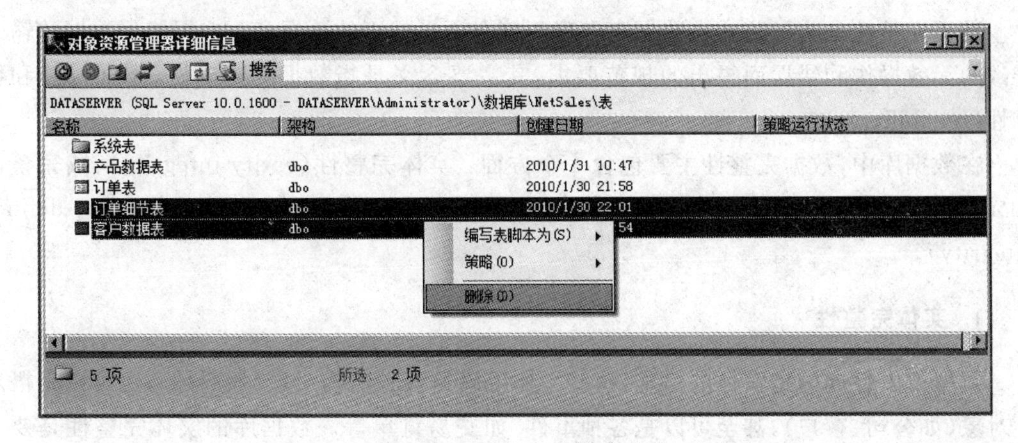

图 4-17 删除多个数据表对象

(4) 在类似图 4-16 所示的"删除对象"对话框中,单击"确定"按钮,完成多个表的删除操作。

4.5.2 使用 T-SQL 删除数据表

使用 T-SQL 删除数据表,可以在无法使用 SQL Server Management Studio 的场合完成数据表删除的操作。删除数据表的 T-SQL 语句是 DROP TABLE,语法规则相当简单,如下所示:

```
DROP TABLE table_name[,...n]
```

如要删除一个数据表,可以执行以下代码:

```
DROP TABLE 客户数据表
```

如果要一次删除多个数据表,可以执行如下代码:

```
DROP TABLE 客户数据表,订单细节表
```

即用英文半角逗号分隔要删除的数据表名称。

4.6 数据完整性与约束

数据表中的行数据是现实中的对象或概念数据化的实体,列是实体的某一方面的属性。因此,要确保数据的有效性,一方面要求输入的数据能够反映实体的实际情况,如属性的选择要具有针对性;另一方面在数据库中的数据可以清晰区分,不会出现数据互相混淆等情况。这就涉及数据的完整性,在 SQL Server 2012 设置数据约束是确保数据完整性的重要手段。

4.6.1 数据完整性

数据完整性是为了防止在数据库出现不符合语义规则的数据和防止因错误数据的输入导致的无效操作和错误而提出的规范要求,其主要含义是指数据的精确性(accuracy)和可靠性(reliability)。

在数据库中,数据完整性主要包含 4 个方面:实体完整性(entity integrity)、域完整性(domain integrity)、参照完整性(referential integrity)和用户定义完整性(user-defined integrity)。

1. 实体完整性

数据库中存放的是实体的信息,这些实体可以是各种实物对象(如产品),也可以是概念性对象(如公司、客户),甚至可以是各种事件,如交易订单等。数据库的实体完整性是要求数据库中存放的每个实体必须能够被唯一地标识。如图 4-18 所示,表中显示的是一组产品信息,如果不看 ProductID 列,只看 ProductName 列,就会出现产品名称相同的数据,即以产品名称是无法完全区分每一条实体信息的。

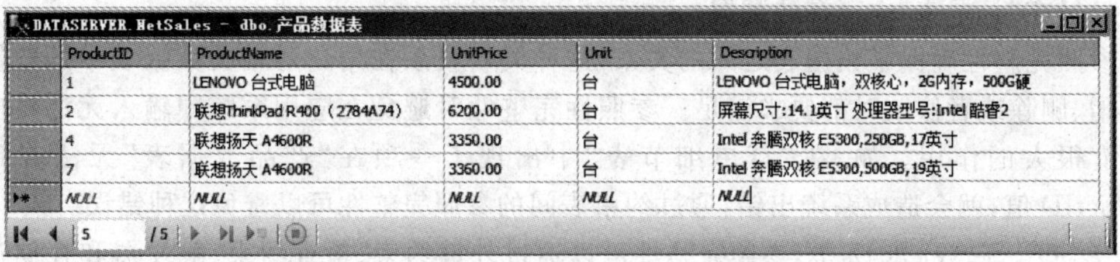

DATASERVER.NetSales - dbo.产品数据表

	ProductID	ProductName	UnitPrice	Unit	Description
	1	LENOVO 台式电脑	4500.00	台	LENOVO 台式电脑，双核心，2G内存，500G硬
	2	联想ThinkPad R400（2784A74）	6200.00	台	屏幕尺寸:14.1英寸 处理器型号:Intel 酷睿2
	4	联想扬天 A4600R	3350.00	台	Intel 奔腾双核 E5300,250GB,17英寸
	7	联想扬天 A4600R	3360.00	台	Intel 奔腾双核 E5300,500GB,19英寸
▶*	NULL	NULL	NULL	NULL	NULL

5 /5

图 4-18 实体完整性

在数据库中用于解决实体完整性的主要方法是在数据表中设置表的主关键词，要求主关键词在数据输入过程中不会出现重复。这样的主关键词可以划分为简单主关键词和复合主关键词。

- 简单主关键词。是指仅用数据表中的一个列作为主关键词，如图 4-18 中选用 ProductID 列作为主关键词。
- 复合主关键词。是指使用表中一个以上的列作为主关键词。如使用"产品名称"+"规格"作为区分不同产品的关键词。

在 SQL Server 2012 中，与主关键词对应的，用于保证实体完整性的主要工具是主键、标识和唯一性约束等。

2. 域完整性

域完整性用于确保表中每列的数据符合要求，如对单价要求输入的是数值型数据，以便用于计算。同时域完整性也要求表中的部分列是必须输入的，如产品名称是不能为空的，否则就无法了解究竟是何种产品的数据。因此，域完整性可以理解为是一组用于约束列数据特性的规则。

在 SQL Server 2012 中，用于确保域完整性的主要工具如下：

- 数据类型。用于明确区分不同列只能输入和保存对应数据类型的数据。如文本数据不允许保存到数值型的列中。
- 是否允许输入 NULL 值。用于确保必须输入的列不会出现空值。
- 约束。包括默认值约束、检查约束、外键约束等。默认值约束用于在用户不输入数据时，由系统自动填入事先设定的值作为该列的值。检查约束用于验证输入的数据是否是列所要求的，如"性别"列，不允许输入除"男""女"之外的其他数据。外键约束是通过与其他数据表之间的关系来避免错误数据的输入。

3. 参照完整性

参照完整性，也称为引用完整性，主要应用于某些数据表的完整性需要通过另一个数据表来检验的场合。例如本章所创建的"订单表"中的 CustomerID 列实际上是来源于"客户数据表"中的 CustomerID 列，"订单细节表"中的 OrderID 列来源于"订单表"中的 OrderID 列，"订单细节表"中 ProductID 列来源于"产品数据表"中的 ProductID 列。也就是说，要确保"订单表""订单细节表"等表的参照完整性，就要求上述列的值与"客户数据表""订单表"和"产品数据表"中对应列符合所要求的关系。例如，"订单细节表"中输入的 OrderID 值必须是已经在“订单表”中存在的数据。

参照完整性确保了数据表之间的关系,这种关联关系在用户对相关数据表中的数据进行新增、删除或者修改时都要求满足。参照性完整性对避免在应用系统中输入无法对应的数据有很大的作用。如,在“订单细节表”中出现了一项在“产品数据表”无法查到的ProductID值,就会造成系统出错,通过约束表间的参照完整性可以避免这种错误。

在SQL Server 2012中,参照完整性可以通过外键约束、检查约束、触发器和存储过程等工具来实现,相关内容将在后续章节中介绍。

4. 用户定义完整性

用户定义完整性可应用于上述3种数据完整性不能够或较难使用的场合。如在一些商品销售应用系统中,需要确保在生成销售订单时,必须要求所销售的产品在库存中满足一定的数量;外派售后服务人员时,要求所派售后服务人员达到一定的服务指标等。这些应用或者更复杂一些的应用很难通过数据库本身的工具来实现,有些就需要通过应用程序系统来实现。这也就是所谓的业务逻辑规则的组成部分。

应用用户定义完整性,用户可以使用数据库的代码和程序设计代码,通过存储过程、触发器、应用程序模块等来确保数据完整性。

对于用户定义完整性,可以存放在服务器端,也可以通过客户端代码来实现。服务器端可以是数据库的存储过程,也可以是服务器端代码,如以Website及Web Service等方式提供的应用服务。将用户定义数据完整性置于服务器端,可以方便部署。置于客户端的模式常见于C/S模式的应用系统,即整个系统由服务器(server)和客户端(client)两部分组成,客户端可以包含数据预处理、业务逻辑模块等,用户定义数据完整性可以置于其中。

4.6.2 创建约束

在SQL Server 2012中,约束是实现数据完整性的主要工具之一,常用的约束有主键约束、NOT NULL约束、默认值约束、UNIQUE约束、检查约束、外键约束等。

1. 主键约束

主键(primary key)约束,是指通过对数据表设置主键列,以确保表中的行数据能够通过主键进行区分,避免出现数据重复的一种约束。如前文所述,这是一种实现实体完整性的常用工具。

在表中,被设置为主键的列要求输入的数据不能出现重复,并且不允许为NULL。在SQL Server 2012中可以选择单一列作为主键,也可以选择多个列作为主键,但是每个数据表只能设置一个主键。

在SQL Server Management Studio中创建主键约束的操作过程较为简单,以下是操作的步骤:

(1) 在SQL Server Management Studio的“对象资源管理器”窗口中,展开服务器、数据库、表等节点。

(2) 右击要创建主键的数据表,在右键菜单中选择“设计”命令。

(3) 在如图 4-19 所示的"表设计器"窗口中，选中要设为主键的列，右击，在右键菜单中选择"设置主键"命令。

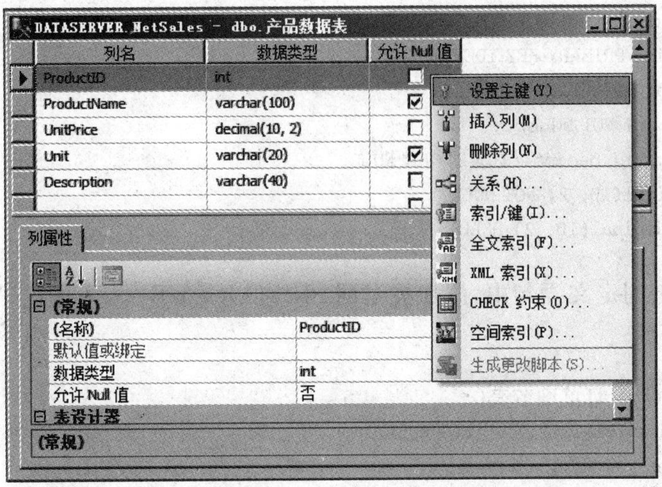

图 4-19 设置主键

(4) 单击工具栏"保存"按钮，可以保存主键设置。

如果需要在多个列上创建主键，可以选中多个列，然后设置为主键。另外，如果表中已有数据存在重复，则会阻止保存主键设置。

可以将表中的标识列作为主键，标识列具有自动增长、不重复的特点，是作为主键的比较合适的选择之一。创建主键的同时，数据表会生成索引，该索引默认是聚集索引。

创建主键的操作也可以通过 T-SQL 代码来实现，例如将现有"订单表"中的 ORDERID 设置为主键的 T-SQL 代码如下：

```
ALTER TABLE 订单表
ADD CONSTRAINT PK_ORDERID
PRIMARY KEY(ORDERID)
```

上述代码的含义是：设置主键是对数据表执行修改操作，因此需要先使用 ALTER TABLE 语句修改数据表，PK_ORDERID 为新设置的主键的名称，PRIMARY KEY (ORDERID)表示主键建在表中的 ORDERID 列上。

如果在数据表中已建有一个主键，现在需要在其他列上建新的主键，可以通过先删除原有主键，然后创建新主键的方式来实现。如下代码表示在"产品数据表"中删除原有主键"PK_产品数据表"，并把新的主键建在 ProductID 和 ProductName 两列上。建在两个或两个以上列的主键被称为复合主键。

```
ALTER TABLE dbo.产品数据表
DROP CONSTRAINT PK_产品数据表
GO
ALTER TABLE dbo.产品数据表
ADD CONSTRAINT PK_ProductID_ProductName
PRIMARY KEY(ProductID,ProductName)
```

主键也可以在创建数据表的同时直接定义。如在创建“订单细节表”时，将DetailID设置为主键，则创建数据表“订单细节表”的代码可以修改如下：

```
CREATE TABLE [dbo].订单细节表(
    DetailID int PRIMARY KEY IDENTITY(1,1) NOT NULL,
    orderid int NOT NULL,
    productid int NOT NULL,
    Sale_unitprice decimal(10, 2) NOT NULL,
    sales decimal(10, 2) NOT NULL,
    suntotal decimal(10, 2) NULL)
```

即在设置主键列定义语句中，添加关键词PRIMARY KEY。上述代码还可以修改为以下代码：

```
CREATE TABLE [dbo].订单细节表(
    DetailID int IDENTITY(1,1) NOT NULL,
    orderid int NOT NULL,
    productid int NOT NULL,
    Sale_unitprice decimal(10, 2) NOT NULL,
    sales decimal(10, 2) NOT NULL,
    suntotal decimal(10, 2) NULL,
    CONSTRAINT PK_DETAILID PRIMARY KEY(DetailID)
)
```

CONSTRAINT PK_DETAILID PRIMARY KEY(DetailID)表示采用定义单独的约束来创建主键。

创建完主键约束后，可以在“对象资源管理器”窗口的数据表下的“键”节点中查看主键约束的情况，如图4-20所示。

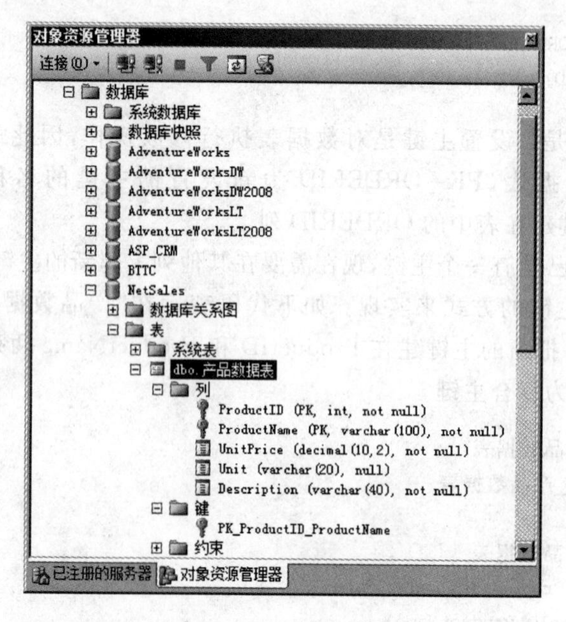

图4-20 主键约束查看

2. NOT NULL 约束和默认值约束

NOT NULL 约束用于确保必须输入的列不会出现为 NULL 的情况。默认值约束是指如果用户在不允许为空的列中未输入数据时，由系统自动把预设的默认值填入列中。NOT NULL 约束和默认值约束是两个实现域完整性的方法。

在 SQL Server Management Studio 中设置 NOT NULL 约束和默认值约束比较简单，操作步骤如下：

(1) 在 SQL Server Management Studio 的“对象资源管理器”窗口，展开服务器、数据库和表节点，选中要设置 NOT NULL 约束和默认值约束的数据表。

(2) 右击该数据表，然后在右键菜单中选择“设计”命令，在“表设计器”窗口中，可以对要设计的列进行 NOT NULL 和默认值约束的设置。

对列设置默认值时，必须与列的数据类型一致，如对 char、vachar 等字符型的数据类型必须输入字符数据，如'台'，即字符串两边需要英文半角的单引号“'”；数值型的默认值可以直接输入数值。默认值也可设置为函数，如对“订单表”的 ordertime 列设置的默认值为 Getdate()，这是一个系统函数，表示取系统当前时间，即在此列需要输入数据时，系统自动将服务器的系统时间添加到该列中。

NOT NULL 约束还可以通过 T-SQL 修改列属性的语句 ALTER Column 来实现，如将“客户数据表”的 ShipAddress 设置为 NOT NULL 约束，可以通过以下代码来实现：

```
ALTER TABLE 客户数据表
ALTER column ShipAddress varchar(200) not null
```

但是要对数据表中的列添加默认值约束的语句有点特殊，需要通过添加约束语句 ADD Constraint 来实现。如以下代码对“客户数据表”的 ShipAddress 列添加默认值为“浙江”，约束的名称为 DEFAULT_ShipAddress。

```
ALTER TABLE 客户数据表
ADD constraint  DEFAULT_ShipAddress  default('浙江') for ShipAddress
```

3. UNIQUE 约束

UNIQUE 约束，即唯一性约束，用于确保表中该列的数据值具有唯一性。因此，与主键约束相类似，UNIQUE 约束也可以实现表中数据的唯一性，唯一性约束也可以建在单一列和复合列上。

但是唯一性与主键约束也存在区别，最主要的区别是：在一个数据表中主键约束只能创建一个，而 UNIQUE 约束可以在一个数据表中创建多个；创建主键约束的同时，系统会同时生成一个对应的主键索引，且这个索引默认是聚集索引，而 UNIQUE 约束创建的索引为非聚集索引。关于索引请参见后续内容。

在 SQL Server Management Studio 中创建 UNIQUE 约束的操作步骤如下：

(1) 在 SQL Server Management Studio 的“对象资源管理器”窗口，展开服务器、数据库和表节点，选中要创建 UNIQUE 约束的数据表。

(2) 右击该数据表,然后在右键菜单中选择“设计”命令,进入“表设计器”窗口。

(3) 在如图 4-21 所示的“表设计器”窗口中,右击设计器的空白区,在右键菜单中选择“索引/键”命令;或者在“表设计器”工具栏中选择“管理索引/键”按钮。

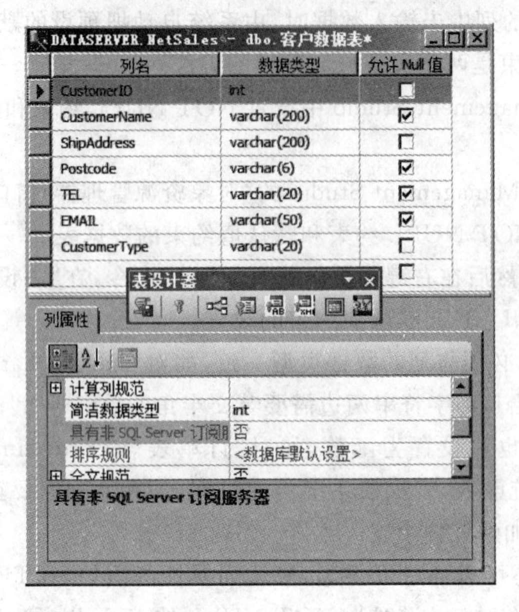

图 4-21 表设计器

(4) 在如图 4-22 所示的“索引/键”对话框中,单击“添加”按钮,在左侧列表框中会新增一个“索引/键”,名称默认为“IX_”+数据表名称,可以通过右侧属性列表框中的“名称”项进行修改。

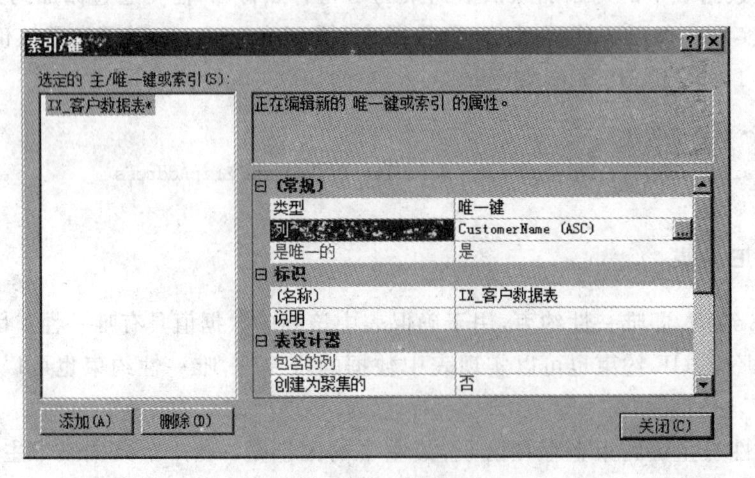

图 4-22 “索引/键”对话框

(5) 在“索引/键”对话框中,设置“类型”项为“唯一键”,单击“列”项后的按钮,在如图 4-23 所示的“索引列”对话框中指定列为 CustomerName,排序方式为“升序”。如果是在多个列上创建 UNIQUE 约束,可以在列表中继续选择其他列。

(6) 在“索引列”对话框中单击“确定”按钮,返回到“索引/键”对话框。如果还需要创建

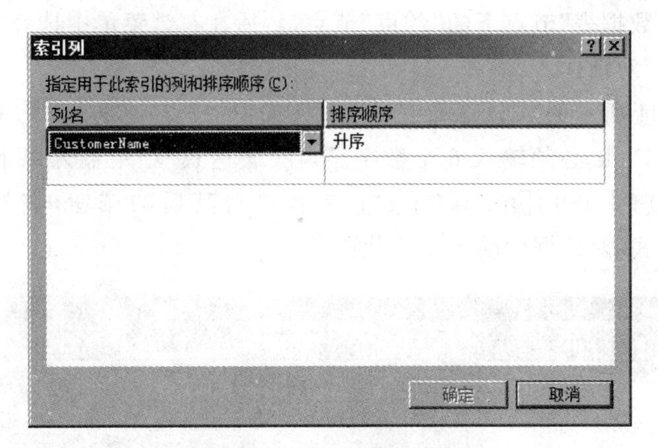

图 4-23 “索引列”对话框

其他 UNIQUE 约束,可以继续单击“添加”按钮。

(7) 创建完毕后,在“索引/键”对话框中单击“关闭”按钮,返回到“表设计器”中。保存对表的修改,完成 UNIQUE 约束的创建。

使用 T-SQL 创建 UNIQUE 约束的语句为 ADD CONSTRAINT UNIQUE_Name UNIQUE (Column_NAME),如以下语句在数据表“产品数据表”的 ProductName 列上创建一个名称为 UNIQUE_ProductName 的 UNIQUE 约束:

```
ALTER TABLE dbo.产品数据表
ADD CONSTRAINT UNIQUE_ProductName UNIQUE(ProductName)
```

注意 如果数据表中的列 ProductName 存在重复数据,会阻止 UNIQUE 约束的创建,并给出警告,例如,“消息 1505,级别 16,状态 1,第 1 行,因为发现对象名称'dbo.产品数据表'和索引名称'UNIQUE_ProductName'有重复的键,所以 CREATE UNIQUE INDEX 语句终止。重复的键值为(联想扬天 A4600R)。消息 1750,级别 16,状态 0,第 1 行无法创建约束。请参阅前面的错误消息。”第一个消息提示因原有数据重复不能创建 UNIQUE 索引,第二个消息提示因同样的原因无法创建 UNIQUE 约束。

4. 检查约束

通过数据类型可以使列中输入的数据符合类型的要求,通过数据长度可以确保数据值在恰当的范围内,但是这样还是无法保证输入的数据在逻辑上是否符合系统的实际要求。例如,在“性别”栏,要求输入的值是“男”或者“女”,不能是其他的数据;“邮编”要求输入 6 位数字值。这些都需要通过检查约束来验证。

检查约束是指通过对列设定合理的表达式,由系统通过对列中内容与表达式的运算来判断输入的数据是否符合要求。如“客户数据表”中的 PostCode 列,根据国内对邮编设置的特点,要求只能输入 6 个 0~9 的数字,在 SQL Server Management Studio 中可以通过以下步骤来创建这个检查约束。

(1) 在 SQL Server Management Studio 的“对象资源管理器”窗口中,展开服务器、数据库和“客户数据表”。

(2) 右击“客户数据表”节点下的“约束”节点,然后在右键菜单中选择“新建约束”命令,进入“CHECK 约束”对话框。

(3) 在如图 4-24 所示的“CHECK 约束”对话框中,设置“名称”项为 CK_PostCode,在“说明”项输入“PostCode 必须输入 6 个数字。”,在“表达式”项中输入以下条件:PostCode like '[0-9][0-9][0-9][0-9][0-9][0-9]';或者单击其后的按钮,在如图 4-25 所示的“CHECK 约束表达式”对话框中输入上述代码。

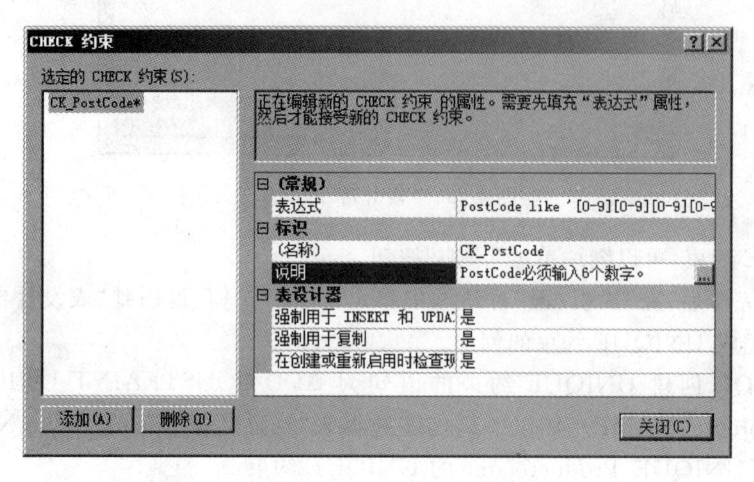

图 4-24 创建 CHECK 约束

(4) 如果还需要设置更多的 CHECK 约束,可以在图 4-24 所示的对话框中,单击“添加”按钮继续创建。创建完毕后,可以单击“关闭”按钮返回到“表设计器”窗口中,保存对数据表的修改,完成 CHECK 约束创建。

当创建完 CHECK 约束表达式后,可以尝试输入一些违反约束表达式要求的数据进行测试。例如在“客户数据表”的 PostCode 列中输入任意字符串,系统会产生警告提示,如图 4-26 所示。

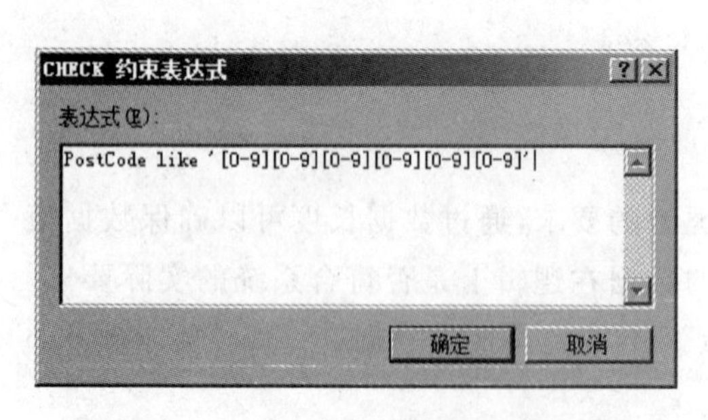

图 4-25 输入 CHECK 约束表达式

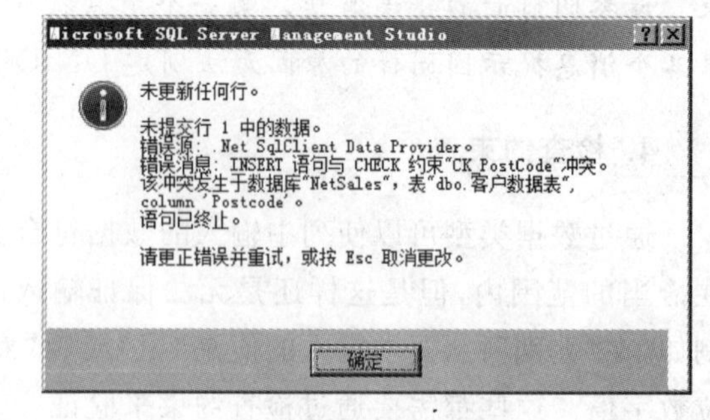

图 4-26 CHECK 约束提示

通过 T-SQL 也可以对数据表添加列的 CHECK 约束,一是在新建表时,添加对列的 CHECK 约束;二是对已存在的表进行修改,增加对列的 CHECK 约束。

在创建新表时,可以通过设置列的 CHECK 约束来实现,如下代码新建了一个名称为“用户”的数据表,并在 GENDER 列上设置 CHECK 约束,只能输入“男”或“女”。

```
CREATE TABLE dbo.用户
(Userid int IDENTITY PRIMARY KEY,
USERNAME varchar(20) NOT NULL,
PASSWORD varchar(20) NOT NULL,
GENDER char(2) CHECK(GENDER = '男' or GENDER = '女')
)
```

对现有数据表添加 CHECK 约束的代码如下。该段代码表示修改数据表"用户",并对列 GENDER 添加 CHECK 约束。

```
ALTER TABLE dbo.用户
ADD CONSTRAINT CK_gender check(GENDER = '男' or GENDER = '女')
```

5. 外键约束

外键约束可以实现前文所述的关系型数据库中表与表之间的关联关系。另外,通过在表间建立外键约束也可以实现参照完整性。如本章所建的数据表"订单表"中输入 CustomerID 列的值时,必须是已经存在于"客户数据表"中的值,否则就会出现有订单但无法确定客户的不合理情况。

在 SQL Server Management Studio 中创建外键约束的过程如下:

(1) 确定主键表,并在主键表中创建候选键。外键约束是基于表间的约束关系,其中用于被引用参照的表被称为主键表,如"客户数据表"。首先必须在主键表的被引用列上创建候选键,候选键可以是主键,也可以是 UNIQUE 约束,即要求数据具有唯一性。此例中"客户数据表"的 CustomerID 是主键表中被引用的列,因此,应在此列上创建主键或 UNIQUE 约束,此例中将之创建为主键。

(2) 在外键表中创建外键约束。此例中的外键表是"订单表"。在 SQL Server Management Studio 的"对象资源管理器"窗口中,展开服务器、数据库和"订单表"。

(3) 右击"订单表"节点下的"键"节点,然后在右键菜单中选择"新建外键"命令,进入"外键关系"对话框,如图 4-27 所示。

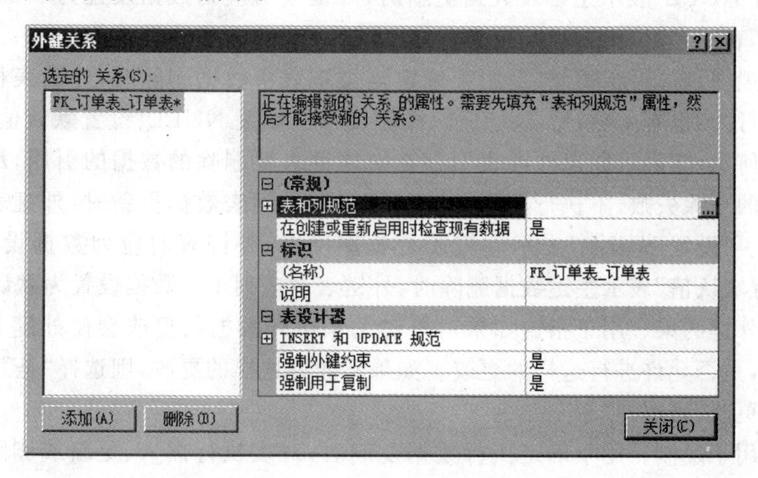

图 4-27 "外键关系"对话框

(4) 单击“表和列规范”后的按钮,在如图4-28所示的“表和列”对话框中,设定主键表及列的对应关系。在“主键表”列表中选择“客户数据表”,对应列选择CustomerID,同样在外键表“订单表”中选择CustomerID列作为外键列。设定完毕后,单击“确定”按钮返回。

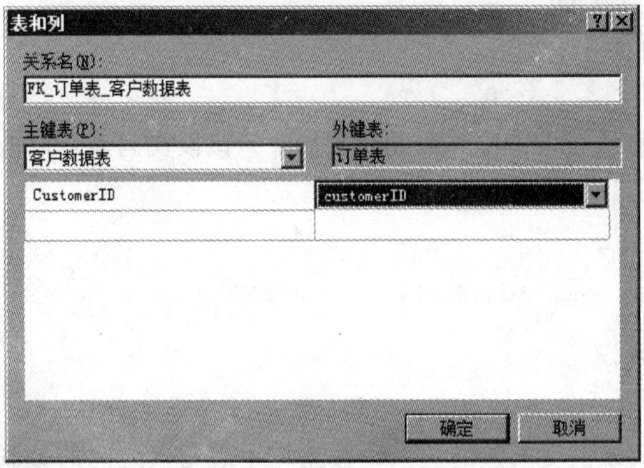

图4-28 “表和列”对话框

注意 如果采用复合列作为表间对应关系的列,则两表间对应的列数与数据类型应该相同。如果所选主键表与外键表相同,则为自参照约束。

在每个表中,最多可以创建253个外键,每一个外键只能引用一个主键。

(5) 如果需要创建其他外键关系,可以在“外键关系”对话框中单击“添加”按钮继续添加。还可以对属性列表框的“INSERT和UPDATE规范”等项进行设置。上述各项的含义分别如下:

- 更新规则。用于确定当主键表中的数据发生更新时,外键表对应列的数据如何应变。有4个选项:不执行任何操作、级联、设置NULL、设置默认值。其中“不执行任何操作”表示,如果外键表中存在对主键表要更新的数据的引用,那么对主键表数据的更新会失败,不执行操作;反之在外键表中输入主键表中关联列不存在的数据时,外键表不能输入数据。“级联”表示主键表数据更新时,外键对应的数据也更新。“设置NULL”表示主键表数据更新时,外键表对应列数据设置为NULL。“设置默认值”表示主键表更新时,外键表对应列中的数据设置为默认值。
- 删除规则。与更新类似,是用于确定当主键表中数据删除时,外键表相应列数据的应变行为,也有4项:不执行任何操作、级联、设置NULL、设置默认值。其中“不执行任何操作”表示如果外键表中存在对主键表要删除的数据的引用,那么对主键表数据的删除失败,不执行删除。“级联”表示主键表数据更新时,外键表对应数据也删除。“设置NULL”表示主键表数据删除时,外键表对应列数据设置为NULL。“设置默认值”表示主键数据删除时,外键表对应列中的数据设置为默认值。
- 强制外键约束。用于指定如果对外键关系中列数据的更改会使外键关系的完整性失效,是否允许进行这样的更改。如果不允许这样的更改,则选择“是”;如果允许这样的更改,则选择“否”。
- 强制用于复制。用于确定执行数据复制时,对表执行插入、更新或删除操作时是否强制约束。选择“是”表示实施强制约束,选择“否”表示不执行强制约束。

- 在创建或重新启用时检查现有数据。如果表中已存在数据，那么此项选择“是”时，在创建外键约束或重新启用外键约束时会检查数据表的现有数据是否符合外键约束的要求，不符合会给出警告。选择“否”则不作检查。

(6) 完成后，单击“关闭”按钮，返回到“表设计器”，保存对表所作的修改，完成外键的创建。

上述过程创建的外键约束是否有效可以通过实验进行验证。目前“客户数据表”的数据为空，如果在“订单表”尝试输入数据，执行以下代码：

```
insert into dbo.订单表(ordertime,customerID,[Status]) values ('2010 - 1 - 10',1,'0')
```

系统会提示由于违犯外键约束，数据输入失败，如图 4-29 所示。因为输入的订单数据中所包含的 CustomerID 值 1 无法在“客户数据表”中找到。

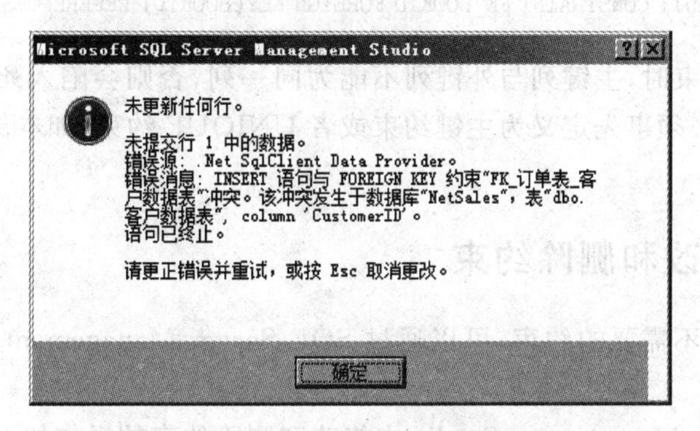

图 4-29 违反外键约束时的系统提示

而如果先在“客户数据表”输入数据，然后在“订单表”引用主键表中已存在的 CustomerID 值，那么执行可以成功。如下例所示：

```
insert into dbo.客户数据表
(CustomerName,ShipAddress,Postcode,TEL,CustomerType) values('联升 S 服务中心','通途大道号',
'100001','123456789','企业用户')
insert into dbo.订单表(ordertime,customerID,[Status]) values ('2010 - 1 - 10',1,'0')
```

由于第一条 insert 语句已经在“客户数据表”中插入了一条客户数据，且“客户数据表”中 CustomerID 列设置为标识，如果是第一次往“客户数据表”中输入数据，那么输入的第一条数据的 CustomerID 列值为 1。因此，在第二条 insert 语句中输入 CustomerID 列值为 1 时，符合外键约束关系的要求。

使用 T-SQL 创建外键约束的代码与其他约束类似。如在“订单细节表”中的 Productid 列和 OrderID 列分别引用“产品数据表”和“订单表”，可以通过以下代码为“订单细节表”创建两个外键约束：

```
ALTER Table dbo.订单细节表
add CONSTRAINT FK_ORDERID FOREIGN KEY(ORDERID) REFERENCES  订单表(ORDERID)
GO
ALTER Table dbo.订单细节表
```

```
add CONSTRAINT FK_productid FOREIGN KEY(productid) REFERENCES  dbo.产品数据表(productid)
GO
```

另外一种比较特殊的外键约束是自参照约束，也就是说，外键表引用的主键表是其自身。这种自参照表常用于建立树形结构，如图书目录，可以在“图书数据表”中创建BOOKID和ParentID列，然后将ParentID列作为主键列，BOOKID列为外键列，这样建立自参照约束后，在下级图书目录中输入BOOKID时，必须已存在上级目录ParentID。

通过以下代码可以实现上述要求：

```
CREATE Table dbo.图书目录
(Parentid int not null CONSTRAINT PK_Parentid PRIMARY KEY,
bookname varchar(150) not null,
bookid int not null CONSTRAINT FK_BOOKID FOREIGN KEY(BOOKID) REFERENCES 图书目录(Parentid))
```

创建自参照约束时，主键列与外键列不能为同一列，否则会陷入死循环，创建失败。另外，作为主键的列必须事先定义为主键约束或者UNIQUE约束，如本例中ParentID列被定义为主键列。

4.6.3 修改和删除约束

对于错误的和不需要的约束，可以通过SQL Server Management Studio和T-SQL来修改和删除。

在SQL Server Management Studio中修改和删除约束的操作如下：

(1) 在SQL Server Management Studio的“对象资源管理器”窗口中，展开服务器、数据库，表节点，右击要修改的数据表，在右键菜单中选择“设计”命令。

(2) 在“表设计器”窗口中，通过选择“表设计器”工具栏的按钮，或者右击“表设计器”的空白区域，在右键菜单中选择相应的操作项进行操作。

- 删除主键。可以删除选中的主键。
- 关系。进入“外键关系”对话框，对现有外键进行修改或者删除操作。
- 索引/键。对UNIQUE约束进行修改或者删除。
- CHECK约束。对现有CHECK约束进行修改和删除。

(3) 修改和删除完毕后，保存对表的修改，即可完成对约束的修改和删除。

多数约束不能通过T-SQL语句直接修改，一般需要先删除现有的约束，然后再通过添加约束语句来重建约束。如主键约束，因为在一个数据表中只能有一个约束，因此，必须先删除现有主键约束，然后才能重建主键约束。关于新建约束的代码，前文已经介绍，接下来介绍删除约束的T-SQL语句。

删除约束的T-SQL语句为DROP CONSTRAINT，语法如下：

```
ALTER TABLE table_name
DROP CONSTRAINT constraint_name [,...n]
```

如要删除“客户数据表”的CK_PostCode约束，可以使用如下代码：

```
ALTER TABLE 客户数据表
DROP CONSTRAINT CK_PostCode
```

4.6.4 禁用约束

在创建约束时，有些时候需要对约束做某些限制，如现有数据表已经存在大量数据，而这些数据可能会存在不符合约束要求的情况，或者对大量数据进行约束检查会消耗大量资源。此时可以禁止新建的约束对现有数据进行检查，而只对将来的数据进行约束检查即可。

禁用约束主要包含两种情况：一种情况是对现有数据禁用约束，另一种情况是关闭约束。下面分别对这两种情况进行介绍。

1. 对现有数据禁用约束

要对现有数据禁用约束，可以用两种方法实现：一是在 SQL Server Management Studio 中对约束属性进行设置；二是在约束创建的定义语句中添加 WITH NOCHECK 选项来实现，但是这种禁用只能在向表中添加新约束时才能指定，并且只对外键约束和检查约束有效。

(1) 在 SQL Server Management Studio 的“对象资源管理器”窗口中，展开服务器、数据库，表节点，右击要修改的数据表，在右键菜单中选择“设计”命令。

(2) 在“表设计器”窗口中，选择“表设计器”工具栏的“关系”按钮，或者右击“表设计器”的空白区域，在右键菜单中选择“关系”命令。

(3) 在如图 4-30 所示的“外键关系”对话框中，可以设置外键约束的属性“在创建或重新启用时检查现有数据”项为“否”。这样当外键创建或重新启用时，不会对现有数据进行检查，反之选择“是”，将对现有数据进行检查。此方法适用于外键约束。

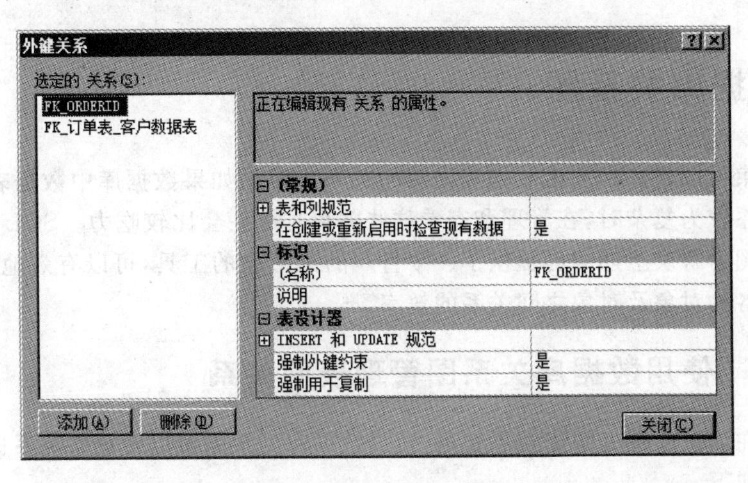

图 4-30 禁用外键约束对现有数据进行检查

(4) 对于检查约束，可以在“表设计器”的工具栏中选择“管理 CHECK 约束”按钮，在“CHECK 约束”对话框中，同样将 CHECK 约束的属性“在创建或重新启用时检查现有数据”项设置为“否”，就可以禁用 CHECK 约束对现有数据进行检查。

使用 T-SQL 创建约束时,可以添加 WITH NOCHECK 选项来禁用约束检查现有数据,如以下代码创建了一个新的检查约束,但不会对现有数据执行检查。

```
ALTER TABLE dbo.用户
WITH NOCHECK
ADD CONSTRAINT CK_gender check(GENDER = '男' or GENDER = '女')
```

对现有数据禁用约束,会禁止约束对现有数据进行检查。但在今后这些未检查的数据发生更新时,这些被禁止检查现有数据的约束会对发生更改的数据执行检查。如上例中,检查约束 CK_Gender 不会对"用户"表中的现有数据进行检查,但如果现有数据中有数据执行了更改,无论更改的是否是约束列 Gender,检查约束 CK_Gender 都会对该行数据的 Gender 列进行检查。检查通过,则更改操作成功,否则更改操作失败。

2. 关闭和启用约束

对于暂时需要停用的约束,如需要向现有数据表导入大量数据,而这些数据可能存在不符合现有外键约束和检查约束的要求。这时可以先关闭约束,在完成数据导入后,对不符合约束条件的数据进行修改,再启用约束。

关闭约束,可以使用 NOCHECK 选项来实现,启用约束可以使用 CHECK 选项来实现。如下例中对"用户"表中的 CK_gender 进行了关闭又启用的操作。

```
ALTER TABLE dbo.用户
NOCHECK CONSTRAINT CK_gender          --关闭约束 CK_gender
GO
ALTER TABLE dbo.用户
CHECK CONSTRAINT CK_gender            --启用约束 CK_gender
GO
```

4.7 数据库关系图

外键约束可以定义和规范数据表之间的关系。但是如果数据库中数据表数量非常多,且表之间关系较为复杂时,在管理和查看这些关系时往往会比较吃力。SQL Server 提供的数据库关系图为解决上述问题提供了一个直观的图形化的工具,可以有效地提高管理员管理数据库内各种对象及对象之间关系的效率。

4.7.1 使用数据库关系图管理表间关系

如果已在数据库的表间建立了关系,通过数据库关系图可以对这些关系进行管理,主要的操作过程如下。

1. 新建数据库关系图

(1) 在 SQL Server Management Studio 的"对象资源管理器"窗口中,展开服务器、数据库,选择本章所建的 NetSales 数据库。

(2) 右击 NetSales 数据库节点下的“数据库关系图”，在右键菜单中选择“新建数据库关系图”命令。

(3) 在如图 4-31 所示的“添加表”对话框中，选择需要建立关系的数据表，如本例中选择了“产品数据表”“订单表”“订单细节表”和“客户数据表”，然后单击“添加”按钮，将上述数据表添加到关系图中。

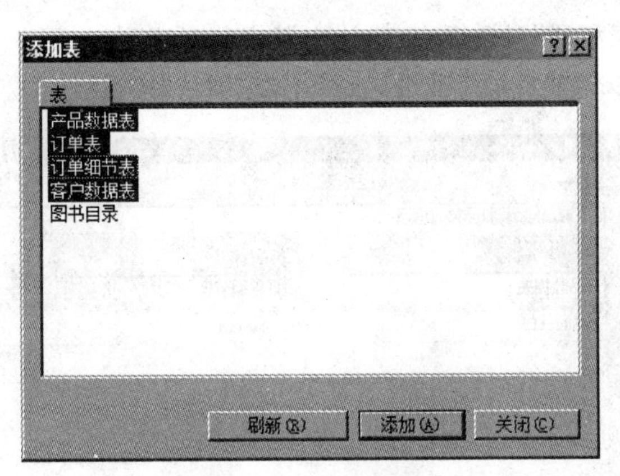

图 4-31 添加数据表

(4) 由于这些数据表在前文中已经建立了外键关系，因此，在数据库关系图编辑区内，系统自动根据表间的关系建立了数据库关系图。如图 4-32 所示。

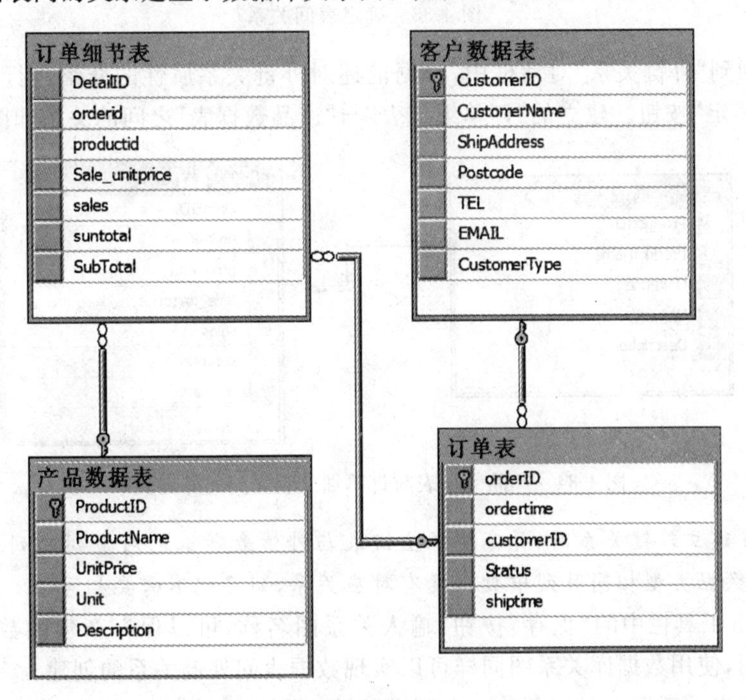

图 4-32 显示已建的表间外键关系

(5) 从图 4-32 中可见，关系连线中，带钥匙一端的表是主键表，另一端则是外键表。一张数据表可以和其他多张数据表建立关系。

(6) 为演示表间关系在数据库关系图中创建的过程，先把这些关系去除。分别右击这些关系连线，在右键菜单中选择“从数据库中删除关系”命令，可以将这些关系删除。

(7) 要在“订单细节表”和“产品数据表”中建立表间关系，先选择外键表“订单细节表”，然后选中 ProductID 列，按住鼠标左键，将 ProductID 列拖动到“产品数据表”上的对应列 ProductID 上，松开左键。

(8) 在弹出的“表和列”对话框中，确认主键表和对应列，如图 4-33 所示。一般情况下，如果拖动时正确，可以保留自动生成值，直接单击“确认”按钮。

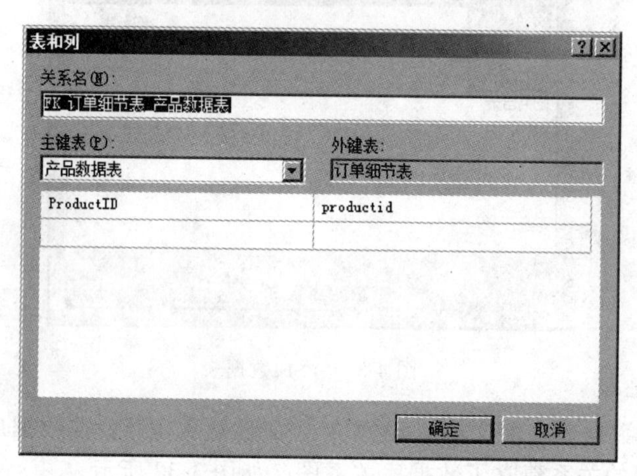

图 4-33 确定表间关系

(9) 返回到“外键关系”对话框中，根据前述对外键关系属性的介绍进行属性设置。完成后，单击“确定”按钮。建立的“订单细节表”与“产品数据表”之间的关系如图 4-34 所示。

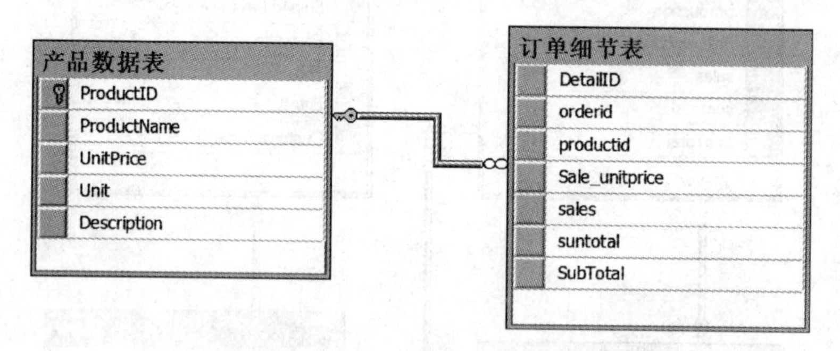

图 4-34 产品数据表与订单细节表之间的外键关系

注意 在建立外键关系时，并不要求主键表与外键表所选的对应列的列名相同。事实上，只要列的数据类型相同且列中数据具有对应关系，列名就不需要相同。

(10) 单击工具栏中的“保存”按钮，输入关系图名称，可以保存新建的数据库关系图。上述操作表明，使用数据库关系图同样可以实现数据表间外键关系的创建。

使用数据表关系图也可以创建自参照完整性，操作过程如下：

(1) 在 SQL Server Management Studio 的“对象资源管理器”窗口中，右击 NetSales 数据库下的“数据库关系图”节点，在右键菜单中选择“新建数据库关系图”命令。

(2) 在如图 4-31 所示的“添加表”对话框中，选中“图书目录”，然后单击“添加”按钮，将该数据表添加到关系图编辑区中。

(3) 在数据库关系图编辑器中，选中“图书目录”表的BOOKID列，并将之拖动到ParentID列上，同样在“表和列”对话框中设定对应的表和列。

(4) 保存所建的关系，则数据表“图书目录”的自参照完整性关系图如图4-35所示。

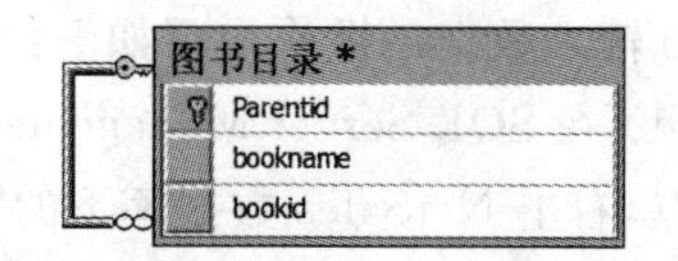

图4-35 “图书目录”表的自参照关系

4.7.2 使用数据库关系图管理数据库

在数据库关系图中，除了可以直观地查看和创建关系之外，还可以创建新的数据表、给数据表创建主键约束等各项操作。

(1) 在“数据库关系图”编辑窗口中，右击空白区域，在右键菜单中选择“新建表”命令。

(2) 在如图4-36所示的“选择名称”对话框中，输入新建数据表的名称。

(3) 在数据库关系图编辑区中会出现定义数据表的窗口，可以在此窗口中定义列及列的数据类型等属性，完成数据表的新建，如图4-37所示。

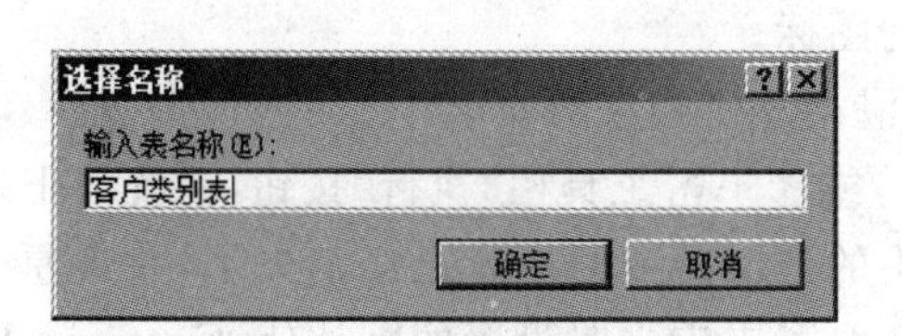

图4-36 命名新建的数据表

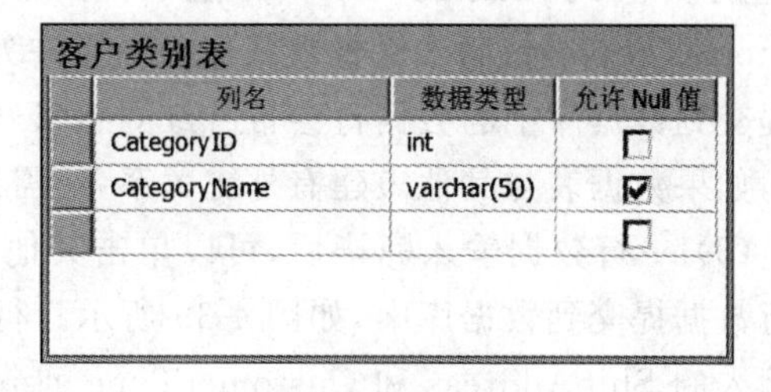

图4-37 新建数据表

(4) 给数据表创建各种约束，也可以在数据库关系图中完成。如给“订单细节表”创建主键约束。在数据库关系图编辑区中，选中“订单细节表”的DetailID列，然后右击，在右键菜单中选择“设置主键”命令。

(5) 保存对数据库关系图的修改后，上述对数据表的修改会保存到数据表中。

数据库关系图是一个功能非常强大的工具，集成了很多数据库管理操作的工具，可以说是数据库架构的图形化的表示方式。

4.8 使用数据表

创建完成后的数据表可以用来保存用户数据，也可以编辑和修改数据。这些用户数据在数据表中可以长期存在，除非人为删除或者出现系统故障，造成数据丢失。

使用数据表管理数据，可以通过SQL Server Management Studio来操作，也可以通过T-SQL完成，本章着重介绍SQL Server Management Studio管理数据，使用T-SQL管理数据的操作将在第5章中详细介绍。

1. 输入数据

将数据输入到数据表是应用数据库系统保存数据的基础。使用SQL Server Management

Studio 输入数据的操作步骤如下：

(1) 在 SQL Server Management Studio 的“对象资源管理器”窗口中，展开服务器、数据库节点，右击 NetSales 数据库下的“客户数据表”，在右键菜单中选择“编辑前 200 行”命令。

(2) 在如图 4-38 所示的“数据表数据编辑”窗口中输入需要的数据。

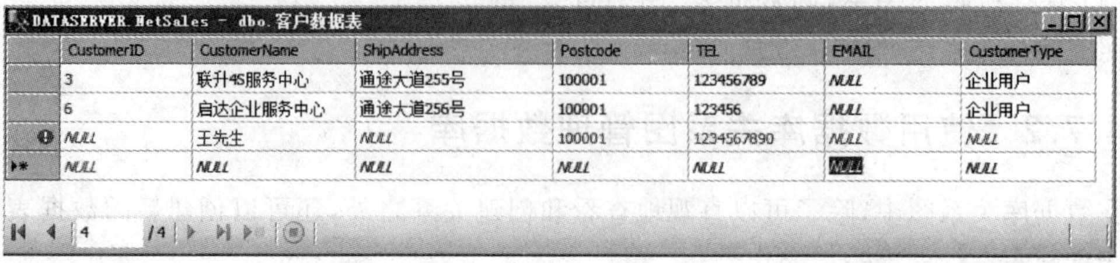

DATASERVER.NetSales - dbo.客户数据表

	CustomerID	CustomerName	ShipAddress	Postcode	TEL	EMAIL	CustomerType
	3	联升4S服务中心	通途大道255号	100001	123456789	NULL	企业用户
	6	启达企业服务中心	通途大道256号	100001	123456	NULL	企业用户
!	NULL	王先生	NULL	100001	1234567890	NULL	NULL
▸*	NULL	NULL	NULL	NULL	NULL	NULL	NULL

4 /4

图 4-38　数据表数据编辑

在输入数据时，每一列的输入内容必须符合该列的数据类型和长度，不能超过长度设置。对于被定义为标识的 CustomerID 列，其值由系统自动赋值，不允许手工输入；对于已设置默认值约束的列，如果不输入，系统将赋为默认值，如表中的 ShipAddress 和 CustomerType 列，而未设置默认值且不允许为 NULL 的列必须输入。刚输入完数据，但尚未提交到数据库中的数据行会带有红圈感叹号的图标。

如果数据表与其他表建有外键关系，还需要满足外键约束的要求。

(3) 一行数据输入完毕后，可以单击其他行，或者单击工具栏“执行”按钮，系统将把这一行数据提交到数据库中，如图 4-39 所示。行头的红圈感叹号图标已经消失了，并且原先未输入的 ShipAddress 和 CustomerType 列分别取了表定义时设置的默认值，CustomerID 也取为标识值。

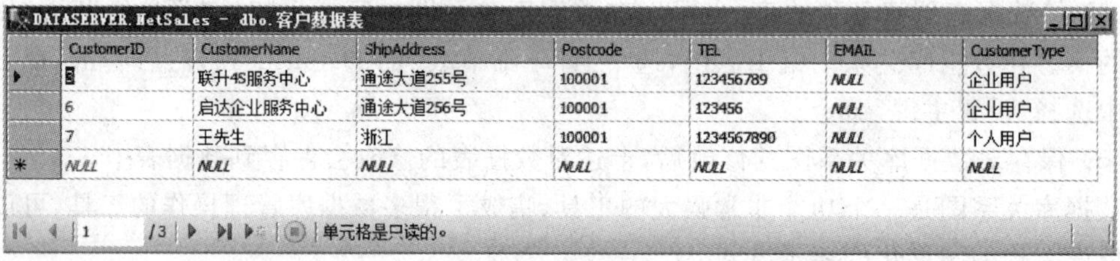

DATASERVER.NetSales - dbo.客户数据表

	CustomerID	CustomerName	ShipAddress	Postcode	TEL	EMAIL	CustomerType
▸	3	联升4S服务中心	通途大道255号	100001	123456789	NULL	企业用户
	6	启达企业服务中心	通途大道256号	100001	123456	NULL	企业用户
	7	王先生	浙江	100001	1234567890	NULL	个人用户
*	NULL	NULL	NULL	NULL	NULL	NULL	NULL

1 /3 单元格是只读的。

图 4-39　保存数据

2. 编辑数据

要修改数据，可以在打开的“数据表数据编辑”窗口中找到相应的行数据进行修改。

在上面的操作中，打开数据表采用的是“编辑前 200 行”，这样就存在一个问题，如果数据表中的数据量非常大，且要编辑修改的数据比较靠后，不在打开的前 200 行中，这时就无法在窗口中找到要编辑的数据行。

此时，可以采用以下方法进一步扩大数据的选择范围。

方法 1：在 SQL Server Management Studio 的“对象资源管理器”中，展开服务器、数据库节点，右击 NetSales 数据库下的“客户数据表”，在右键菜单中选择“选择前 1000 行”命令，使在“数据表数据编辑”窗口中显示的数据扩大到前 1000 行，如果待编辑的数据还是不在前 1000 行中，可以采用方法 2。

方法 2：本方法需要用到 T-SQL 语句，如果已知道要修改的行数据的某些特征，如 CustomerID 列在某一范围内，如大于 1500，小于 2000，则可以采用以下语句：

```
Select * from 客户数据表 where CustomerID > 1500 and CustomerID < 2000
```

或者，已知 CustomerName 包含某些字符，如“服务中心”等，则可以采用如下语句：

```
Select * from 客户数据表 where CustomerName like '%服务中心%'
```

这些都是给定条件的查询语句，可以对数据按给定条件进行过滤，查找出符合条件的数据行(有关查询的 T-SQL 语句将在后续章节中进行介绍)。然后，可以在查询结果的数据行中对需要编辑的数据进行编辑。

注意　对数据行的编辑一样要求满足各种约束，如标识列不允许输入，非空列不允许为空，如果建有外键，还需要满足外键关系。

3. 删除数据

在“数据表数据编辑”窗口中删除数据行也非常简单。只要在左侧行头选中要删除的数据行，单击右键，在右键菜单中选择“删除”命令，即可把选中的数据行删除。如果出现要删除的数据行不在窗口，也可以参照“编辑数据”中提供的方法筛选数据，然后再删除数据。

注意　如果所涉及的数据表与其他表之间建有外键关系，则删除数据也需要满足外键约束的要求。

4.9　临时表

临时表是一种特殊的数据表。与普通表不同，临时表只能临时存在，在创建临时表的用户断开连接或者 SQL Server 服务停止、重启后就会丢失。另外，临时表统一存放在系统数据库 tempdb，也与普通表一般存放在特定的用户数据库中不同。

因此，临时表一般用于存放一些临时性的数据。比如，当有些数据需要联接多个数据表，并且在应用程序中需要多次使用时，这些数据可以保存为临时表，用户访问临时表即可获取需要的数据，从而可以避免多次重复地生成相同数据，增加服务器负荷。

临时表根据使用范围的不同，可以分为局部临时表和全局临时表。局部临时表只能供创建者使用，全局临时表可在生命周期内供所有连接使用。

4.9.1　创建临时表

临时表只能通过 T-SQL 语句来创建，无法在 SQL Server Management Studio 中新建。创建临时表的语句与普通表的创建基本相同，唯一不同是数据表名称前要添加“#”或“##”。“#”表示创建的是局部临时表，“##”表示创建的是全局临时表。

以下代码创建了一个名称为“#订单细节表”的临时表，无论该段代码在哪个数据库上执行，所创建的临时表都保存在 tempdb 数据库中，如图 4-40 所示。

```
CREATE TABLE [dbo].#订单细节表(
    DetailID int PRIMARY KEY IDENTITY(1,1) NOT NULL,
    orderid int NOT NULL,
    productid int NOT NULL,
    Sale_unitprice decimal(10, 2) NOT NULL)
```

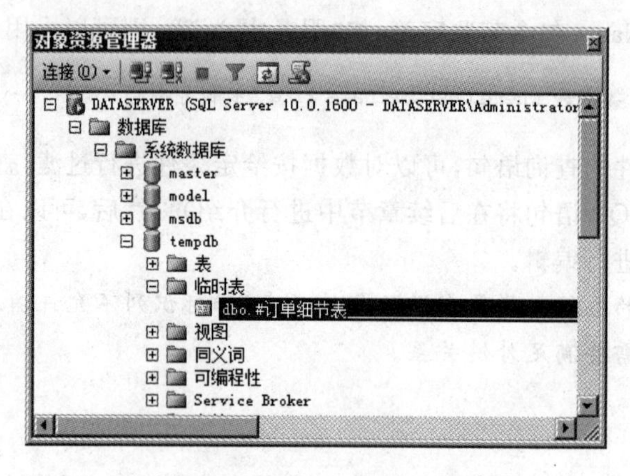

图 4-40 tempdb 中的临时表

为避免出现重复,系统给临时表添加了一个非常长的后缀。但在实际使用时,可以不考虑后缀。

同样,可以使用下列语句创建一个全局临时表:

```
CREATE TABLE [dbo].##订单细节表(
    DetailID int PRIMARY KEY IDENTITY(1,1) NOT NULL,
    orderid int NOT NULL,
    productid int NOT NULL,
    Sale_unitprice decimal(10, 2) NOT NULL)
```

4.9.2 使用临时表

临时表无法在 SQL Server Management Studio 中打开和查看,要在临时表中输入数据可以采用 T-SQL 语句来实现。如要在局部临时表输入数据可以采用以下代码:

```
insert into #订单细节表(orderid,productid,Sale_unitprice)
values(1,1,1.1)
```

要从临时表中获取数据可以采用以下代码:

```
select * from #订单细节表
```

执行的结果如图 4-41 所示。

注意 为了验证临时表的作用时效,可以在创建临时表后,断开 SQL Server Management Studio 与现有服务器的连接。重新连接后,查看 tempdb 中是否还存在原来所建的临时表。

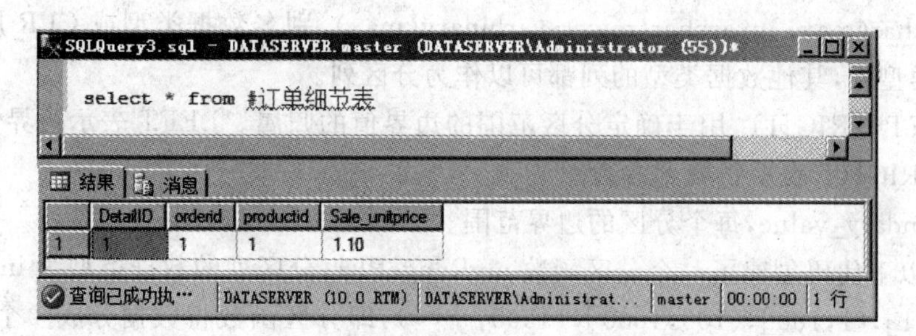

图 4-41　从临时表中查看数据

4.10 分区表

在数据库应用系统中，某些数据表（如订单细节表）会因为使用频繁，在表中会积累大量数据。由于数据量过大，会使数据查询、更新等操作变得非常缓慢，容易造成系统响应性能降低。但是在通常情况下，在数据表中并不是所有的数据都会频繁地被使用，如对订单细节表来说，往往最近一年内、或者近几个月内的数据是使用最频繁的，而几年前的数据往往不会被频繁地使用。因此，可以将数据表中的数据按订单下单的日期进行拆分，拆成几个数据表，将经常被使用和不常用的数据分别置于不同表中，从而实现数据的分块，提高数据使用效率。

在 SQL Server 中，能够实现上述应用要求的表就是分区表。分区表也是一种特殊的表，是一种通过对数据表进行水平拆分，即按数据行划分数据，实现数据分区存放的表。

在 SQL Server 2012 创建分区表涉及以下过程：

(1) 创建分区函数。分区函数是对数据进行分区的依据，分区函数定义了按分区列的值，将数据行映射到分区的机制。

(2) 创建分区方案。分区方案根据分区函数，将不同数据分区映射到不同的文件组中。通过文件组中数据文件在硬盘中物理位置的不同，将数据分别存储到不同的硬盘或分区中，从而可以进一步提高存储的效率和系统性能。

(3) 创建分区表。根据分区方案的要求创建分区表，今后数据存储时会按照分区函数的设定分区存放。

4.10.1 创建分区函数

分区函数需要使用 T-SQL 语句来创建，语法如下：

```
CREATE PARTITION FUNCTION partition_function_name ( input_parameter_type )
AS RANGE [ LEFT | RIGHT ]
FOR VALUES ( [ boundary_value [ ,...n ] ] )
[ ; ]
```

各参数的主要含义如下：

■ partition_function_name，分区函数的名称。

■ input_parameter_type，分区列的数据类型，除 text、ntext、image、xml、timestamp、 varchar(max)、nvarchar(max)、varbinary(max)、别名数据类型或 CLR 用户定义数据类型外,其他数据类型的列都可以作为分区列。

- LEFT | RIGHT,用于确定分区范围的边界值的归属。LEFT 表示边界值归属到左边,RIGHT 表示归属到右边。
- boundary_value,每个分区的边界范围。

例如,以下代码创建了一个分区函数 myRangePF1,分区列的数据类型为 int,分区范围为:(-∞,1],(1,100],(100,1000],(1000,+∞),即分区函数将数据分成 4 个区,边界值归属到左边区间,如值 1,100 都在左区间内。

```
CREATE PARTITION FUNCTION myRangePF1(int)
AS RANGE LEFT FOR VALUES (1, 100, 1000)
```

如果需要对"订单表"按 Ordertime 列进行分区,分区的范围为:2005 年以前,2005—2008 年,2008—2010 年,2010 年以后,那么分区函数可以定义为

```
CREATE PARTITION FUNCTION RangePF_orderTime(datetime)
AS RANGE LEFT FOR VALUES ('2004-12-31','2008-12-31','2010-01-01')
```

4.10.2 创建分区方案

分区方案用于确定表中数据分别映射到具体的文件组,创建分区方案的代码如下:

```
CREATE PARTITION SCHEME partition_scheme_name
AS PARTITION partition_function_name
[ ALL ] TO ( { file_group_name | [ PRIMARY ] } [ ,...n ] )
[ ; ]
```

各参数的主要含义如下:

- partition_scheme_name,分区方案名称。
- partition_function_name,分区方案使用的分区函数,一个分区方案只能使用一个分区函数,但一个分区函数可以重复使用在多个分区方案中。
- ALL,表示所有分区数据都映射到同一个文件组中,因此使用参数 ALL 之后,只能指定一个文件组。
- file_group_name,文件组名称。

例如,以下代码创建了一个分区方案 myRangePS1,使用的分区函数为 myRangePF1,用于分区的文件组为 test1fg、test2fg、test3fg、test4fg。

```
CREATE PARTITION SCHEME myRangePS1
AS PARTITION myRangePF1
TO (test1fg, test2fg, test3fg, test4fg)
```

如果要将"订单表"的数据根据分区函数 RangePF_orderTime 分别映射到 FLG1、FLG2、FLG3、FLG4 四个文件组,即将分区函数中所分的 4 个分区分别映射到 4 个文件组中,分区方案的创建代码如下:

```
CREATE PARTITION SCHEME ORDERPS
AS PARTITION RangePF_orderTime
TO (FLG1,FLG2,FLG3,FLG4)
```

4.10.3 创建分区表

有了分区方案，接下来就可以创建分区表。创建分区表的代码与创建普通表的代码非常类似。例如，以下代码创建一个分区表“订单表_RANG”。

```
CREATE TABLE [dbo].订单表_RANG(
    orderID int IDENTITY(1,1) NOT NULL,
    ordertime datetime NULL DEFAULT Getdate(),
    customerID int NOT NULL,
    Status bit NOT NULL DEFAULT(0),
    shiptime datetime NULL
) ON  ORDERPS(ordertime)
```

从上述代码中可见，创建分区表的代码与创建普通表的代码的主要区别在于：创建分区表的语句添加 ON 参数，ORDERPS 是前面所建的分区方案，而 ordertime 则是分区函数所使用的分区列。

创建完成后的分区方案和分区函数可以在“对象资源管理器”窗口中的数据库 NetSales 下的“存储”节点中查看到，如图 4-42 所示。分区表则保存在“表”节点中。

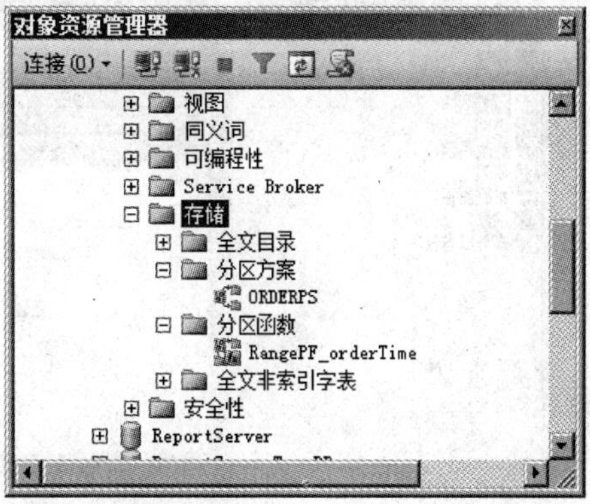

图 4-42 “存储”节点中的分区方案和分区函数

4.10.4 分区表的使用

分区表创建完成后，就可以往分区表中录入数据。例如，可以将原先存有大量数据的未分区的表中的数据通过数据导入的方式导入进来，然后在需要时可以将原数据表删除或者更名，将已导入数据的分区表更名为原数据表的名称，再对表作必要设置(如创建约束、索引)之后，就可以代替原数据表工作。

要验证分区表的工作情况，可以在建有上述分区表的数据库 NetSales 中执行以下代码进行验证。

下述代码表示往分区表“订单表_RANG”的不同分区中分别插入一条数据。

```
insert into dbo.订单表_RANG(ordertime,customerID) values('2004-07-01',1)
insert into dbo.订单表_RANG(ordertime,customerID) values('2005-07-01',1)
insert into dbo.订单表_RANG(ordertime,customerID) values('2009-07-01',1)
insert into dbo.订单表_RANG(ordertime,customerID) values('2010-01-20',1)
```

然后，可以通过执行以下代码，查看这些数据在分区表中的位置。

```
SELECT ordertime, $PARTITION.[RangePF_orderTime](ordertime) as '分区号' FROM 订单表_RANG
```

查询结果如图4-43所示,可见数据确实已经分别存储到不同分区中了。

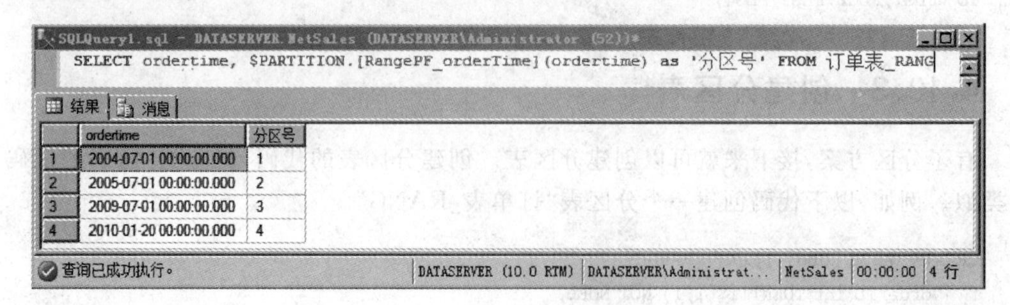

图4-43 分区数据验证

注意 要在本章所建的NetSales数据库中创建上述分区函数、分区方案和分区表,请先按以下步骤修改数据库。

(1) 给数据库添加文件组。最终完成的NetSales数据库文件组如图4-44所示。

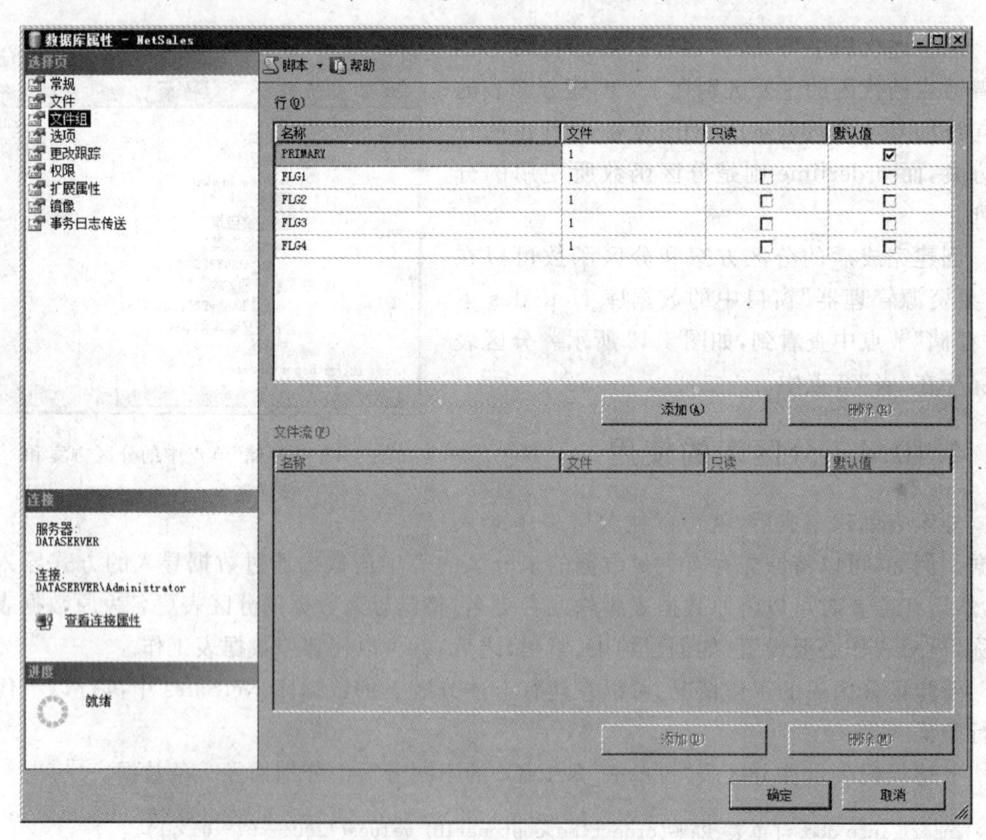

图4-44 NetSales数据库的文件组

(2) 给每个文件组中添加一个辅助数据文件,最终完成的NetSales数据库文件如图4-45所示。

如果不希望添加过多的文件和文件组,也可以利用参数ALL将所有分区映射到同一

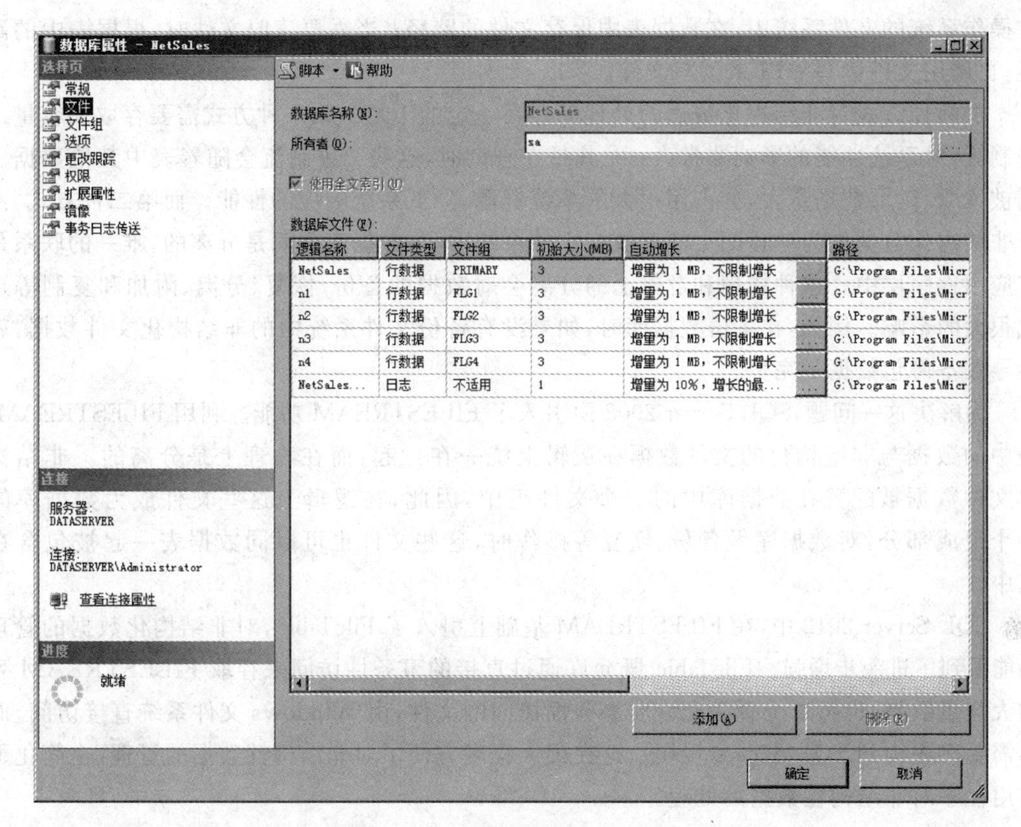

图 4-45 NetSales 数据库的文件

文件组，或者将部分分区映射到同一个文件组中。

使用 ALL 参数，可将所有分区映射到同一分区中。此时只能添加一个文件组，但此文件组可以是主文件组(PRIMARY)，也可以是其他文件组，例如：

```
CREATE PARTITION SCHEME ORDERPS
AS PARTITION RangePF_orderTime
ALL TO (FLG1)
```

也可以将部分分区映射到同一个文件组，但是文件组数与分区数要相等，例如：

```
CREATE PARTITION SCHEME ORDERPS
AS PARTITION RangePF_orderTime
TO (FLG1, FLG1, FLG2, FLG2)
```

4.11 FileTable

Word、Excel 等文档以及 JPEG、MP3、RMVB 等图片、音频和视频文件的使用越来越频繁，与保存在数据表中的普通行列数据不同，这些数据容量大，且很难结构化。以往要在 SQL Server 中保存和管理这些大容量非结构化数据，主要的途径有两种：一是将整个文件以二进制流的形式保存在 varbinary(max)或 image 类型的列中；另一种方式是将文件保存在操作系统的文件系统中，在数据表中保存文件的路径；当需要读取文件时，根据表中的路径，再调用文件读写 API 来读写文件。

这两种方式对非结构化数据的处理都存在一定的不足。第一种方式需要存取大容量二进制流，对系统性能的影响非常大；尤其是在查询时，这些二进制流会随着表中其他数据一同被读取，读取数据量大，会占用很大的系统资源，降低系统响应的性能。而第二种方式，由于非结构化数据作为单独的文件存放在文件系统中，与数据库之间是分离的，唯一的联系是在应用程序层中。这种物理和逻辑上的分离会对数据的备份、恢复、分离、附加和复制等造成很大的影响。例如，在备份数据库时，如果没有备份文件系统中的非结构化文件数据，就会导致备份包数据不完整。

为解决这一问题，SQL Server 2008 中引入了 FILESTREAM 功能。利用 FILESTREAM，表中的数据与非结构化的文件数据在逻辑上统一在一起，而在物理上是分离的。非结构化文件数据被配置在数据库中的一个文件组中，因此，在逻辑上这些文件成为数据库的一个组成部分，对数据库做备份、恢复等操作时，这些文件也可以同数据表一起被包含在其中。

SQL Server 2012 中，在 FILESTREAM 基础上引入了 FileTable，对非结构化数据的管理功能得到了进一步增强。FileTable 既允许通过直接的事务性访问来存取 FILESTREAM 列的大容量数据，也可以配置为允许非事务性访问的文件，由 Windows 文件系统直接访问，而不需要事先得到 SQL Server 授权。这在很大程度方便了对非结构性数据的管理，也简化了应用程序对非结构性数据的处理。

4.11.1 启用 FILESTREAM

FILESTREAM 是使用 FileTable 的基础。因此，必须先启用和配置 FILESTREAM，才能使用 FileTable。以下通过实例介绍 FILESTREAM 的启用方法。

如果要使用 FILESTREAM，首先必须在 SQL Server 数据库引擎实例中启用 FILESTREAM，操作过程如下：

(1) 单击“开始”→“程序”→Microsoft SQL Server 2012→“配置工具”→“SQL Server 配置管理器”，打开“SQL Server 配置管理器”。在左侧列表中，单击“SQL Server 服务”。然后，右击右侧详细内容列表中的“SQL Server (MSSQLSERVER)”服务，在如图 4-46 所示的“SQL Server (MSSQLSERVER)属性”对话框中选择 FILESTREAM 选项页。

(2) 在图 4-46 所示的对话框中，选中“针对 Transact-SQL 访问启用 FILESTREAM”，以及其下两个选项，单击“确定”按钮保存设置。其中：

- 启用 FILESTREAM 进行文件 I/O 访问。选中此项设置，允许 Windows 系统通过“Windows 共享名”项设置的共享名进行文件的读写操作。
- 允许远程客户端访问 FILESTREAM 数据。选中此项设置，允许远程客户端访问存储在此共享目录中的 FILESTREAM 数据。

(3) 数据库引擎服务器选项。在 SQL Server Management Studio 中，单击工具栏“新建查询”按钮，执行以下代码，将数据库引擎服务器的选项“FILESTREAM 访问级别”设置为“已启用完全访问”。

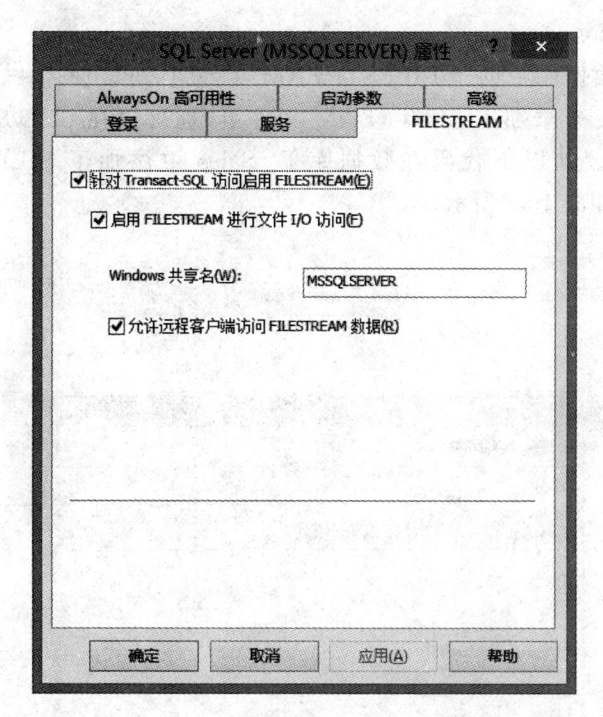

图 4-46 启用数据库引擎实例 FILESTREAM

```
EXEC sp_configure filestream_access_level, 2
RECONFIGURE
```

(4) 重新启动 SQL Server 数据库引擎服务。数据库引擎服务器 FILESTREAM 选项是非动态选项，只有重启 SQL Server 数据库引擎服务，所做设置才会起效。

(5) 数据库添加 FILESTREAM 文件组。

除了数据库引擎实例启用 FILESTREAM 之外，还需要在数据库实例中提供 FILESTREAM 文件组，即启用 FileTable 的数据库必须包含 FILESTREAM 文件组。如果是新建的数据库，可以在创建数据的代码中添加 FILESTREAM 文件组。如以下代码创建了一个带有 FILESTREAM 文件组 FileStreamGroup1 的数据库 Customer，创建代码与普通数据库的创建代码类似，只是在文件组中使用了 CONTAINS FILESTREAM 关键词，指明创建一个 FILESTREAM 文件组。

```
CREATE DATABASE Customer
ON
PRIMARY (NAME = Customer_data,FILENAME = 'c:\data\Customer_data.mdf'),
FILEGROUP FileStreamGroup1 CONTAINS FILESTREAM(NAME = Customer_data1,FILENAME = 'c:\data\
filestream1')
LOG ON  ( NAME = Customer_log,FILENAME = 'c:\data\ Customer_log.ldf')
GO
```

创建完成后，在 c:\data 文件夹中会新建子文件夹 filestream1，并在其中创建 filestream.hdr 文件和 $FSLOG 文件夹。filestream.hdr 文件是 FILESTREAM 容器的头

文件,此文件不能删除。

如果是在现有数据库中创建 FILESTREAM 文件组,可以使用修改数据库的 T-SQL 语句 Alter Database 来添加 FILESTREAM 文件组,也可以在 SQL Server Management Studio 中进行修改。如以下代码在数据库 E_Sales 中添加了 FILESTREAM 文件组 FileStreamgroup。如图 4-47 所示。

```
Alter Database E_Sales
Add FileGroup FileStreamgroup Contains Filestream
GO
```

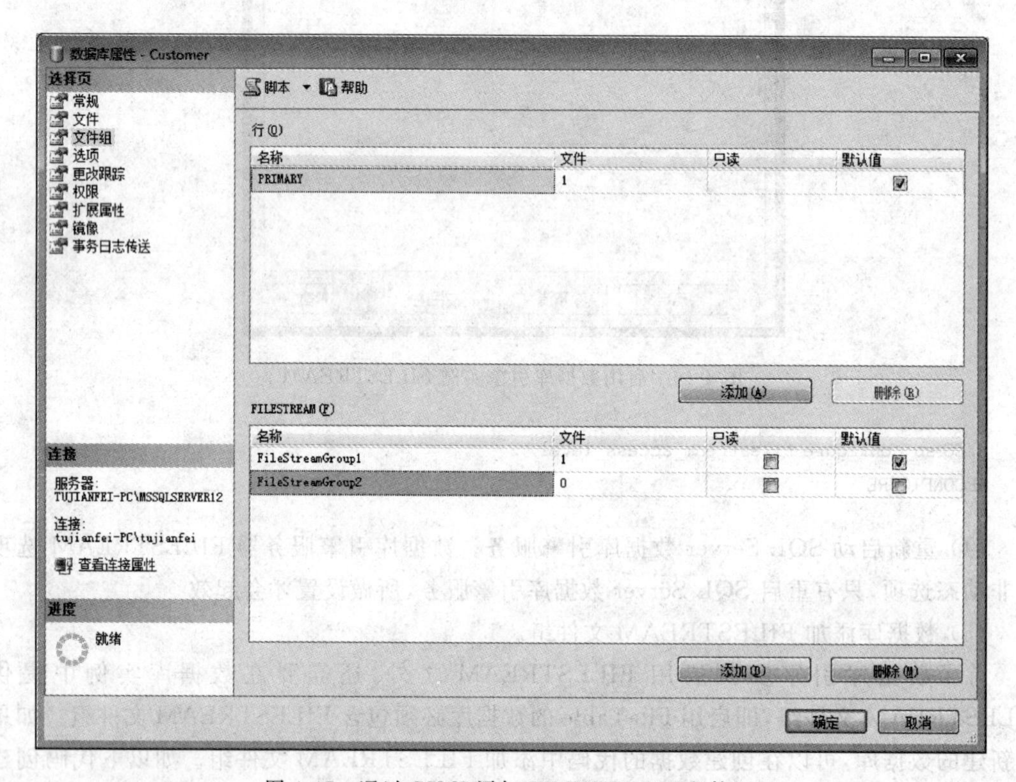

图 4-47 通过 SSMS 添加 FILESTREAM 文件组

(6) 指定数据库非事务性访问的级别和 FileTable 的目录。

当文件数据保存在 SQL Server 数据库的 FileTable 时,Windows 应用程序可以通过 FileTable 访问 FILESTREAM 数据,这需要给数据库指定非事务性访问的级别。上述操作可以通过设置数据库选项“FILESTREAM 非事务性访问”来实现,该选项有 FULL、READ_ONLY 和 OFF 三个可选项,其含义如下:

- FULL:完全的,即允许通过非事务性访问来读写 FILESTREAM 数据。
- READ_ONLY:只读的,只允许以只读的方式通过非事务性访问来读写 FILESTREAM 数据。
- OFF:表示不允许通过非事务性访问来读写 FILESTREAM 数据。

通过 T-SQL 语句设置数据库非事务性访问级别的代码如下:

```
ALTER DATABASE Customer
SET  FILESTREAM ( NON_TRANSACTED_ACCESS = FULL, DIRECTORY_NAME = N'Filestream 目录')
```

在上述代码中,NON_TRANSACTED_ACCESS 项用于设置数据库的非事务性访问级别。代码还同时指定了数据库级别 FileTable 的目录。FileTable 目录将会成为服务器级别指定的 Windows 共享名下的子目录。例如,在图 4-46 中指定了服务器级别的 Windows 共享名为"MSSQLSERVER",代码中指定的 FileTable 目录为"Filestream 目录",则存放在此数据库 FileTable 中的文件可以通过"MSSQLSERVER\ Filestream 目录"进行访问。

DIRECTORY_NAME 项的值要求在 SQL Server 数据库引擎服务器实例中必须是唯一的,不能重复。即,在某一 SQL Server 数据库引擎中,如果设置了多个 DIRECTORY_NAME 项的值,这些 DIRECTORY_NAME 项即便不是同一数据库的,也不能重复。这种要求也是符合 Windows 文件系统的命名规则的,因为这些 FileTable 的目录都是根目录 MSSQLSERVER 的子目录,同层的子目录是不能重复的。同样,遵循 Windows 文件系统的命名规则,FileTable 目录名是大小写无关的,并且不能出现"/、*、\、?"等非法字符。

完成上述操作后,在 Windows 系统的资源管理器中,打开"网络"找到本机后,可以看到本机下的共享目录 mssqlserver,在该共享目录下有子目录"Filestream 目录",如图 4-48 所示。

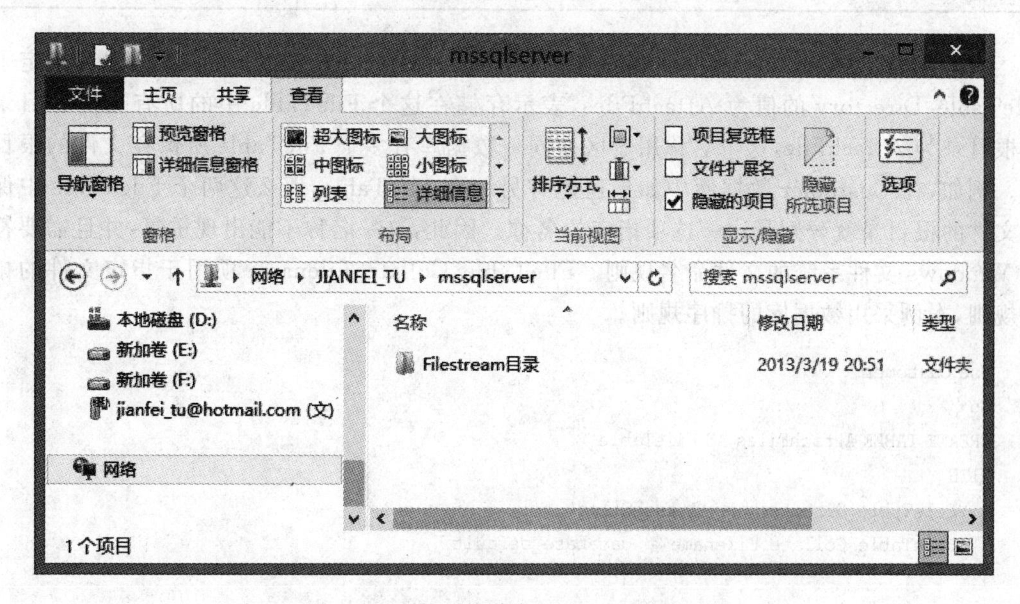

图 4-48 文件系统共享的 FileTable 的目录

4.11.2 创建 FileTable

与普通的用户数据表不同,FileTable 的结构是固定的,包含的列和列的数据类型与文件信息相符。因此,创建 FileTable 时不需定义表的列和列数据类型。FileTable 的表结构如表 4-10 所示。

表 4-10 FileTable 的结构

列 名	数据类型	含 义
path_locator	hierarchyid	是 FileTable 的主键，用于指明节点在文件系统中的层次位置
stream_id	[uniqueidentifier]	FILESTREAM 数据的唯一标识(ID)
file_stream	varbinary(max)	保存 FILESTREAM 数据
file_type	nvarchar(255)	文件的类型
name	nvarchar(255)	文件或目录的名称
parent_path_locator	hierarchyid	包含目录的 hierarchyid
cached_file_size	bigint	FILESTREAM 数据的大小(以字节为单位)
creation_time	datetime2(4) not null	文件的创建日期和时间
last_write_time	datetime2(4) not null	上次更新文件的日期和时间
last_access_time	datetime2(4) not null	上次访问文件的日期和时间
is_directory	bit not null	是否目录
is_offline	bit not null	是否脱机文件
is_hidden	bit not null	是否隐藏文件
is_readonly	bit not null	是否只读文件
is_archive	bit not null	是否存档
is_system	bit not null	是否系统文件
is_temporary	bit not null	是否临时文件

以下代码在 Customer 数据库中创建一个名称为 AttachFiles 的 FileTable，并且指定了 FileTable_Directory 的值为 AttachFiles，表示存储在这个 FileTable 中的所有文件和目录的根目录为 AttachFile，这个名称用于区分同一数据库有多个 FileTable 所保存文件的根目录。例如，在 Customer 数据库中如果还建有另一个 FileTable，那么这两个 FileTable 中保存文件的根目录就分别是这一选项指定的名称。因此，这一名称不能出现重复，并且需要符合 Windows 文件系统的文件命名规则。FileTable_Collate_Filename 项用于指定文件的排序规则，本例采用数据库的排序规则。

```
Use Customer
Go
CREATE TABLE AttachFiles AS FileTable
WITH
(  FileTable_Directory = 'AttachFiles',
   FileTable_Collate_Filename = database_default
);
GO
```

执行完成后，展开 Customer 数据库表节点下的 FileTables 节点，可以看到其下新添加的 AttachFiles，如图 4-49 所示。

FileTable 创建完成后，右击该表，在右键菜单中选择"浏览 FileTable 目录"，可以打开如图 4-50 所示的 Windows 文件系统中的目录，此目录的路径包括服务器级别的 Windows 共享名、数据库级别的 FileTable 目录和 FileTable 表级根目录，构成一个多层次的结构。由于尚未往此 FileTable 表添加任何非结构化文件数据，因此，此目录为空。

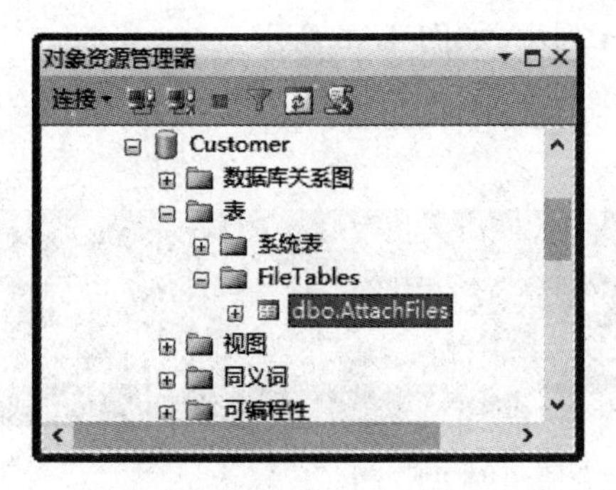

图 4-49 FileTable 节点下新增的表

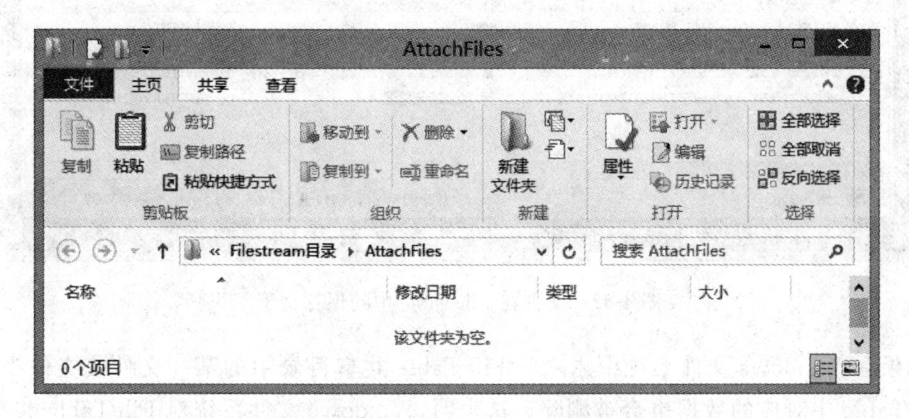

图 4-50 浏览 FileTable 目录

4.11.3 使用 FileTable

在图 4-49 所示的共享目录中，首先复制若干文件，如 4-51 所示。

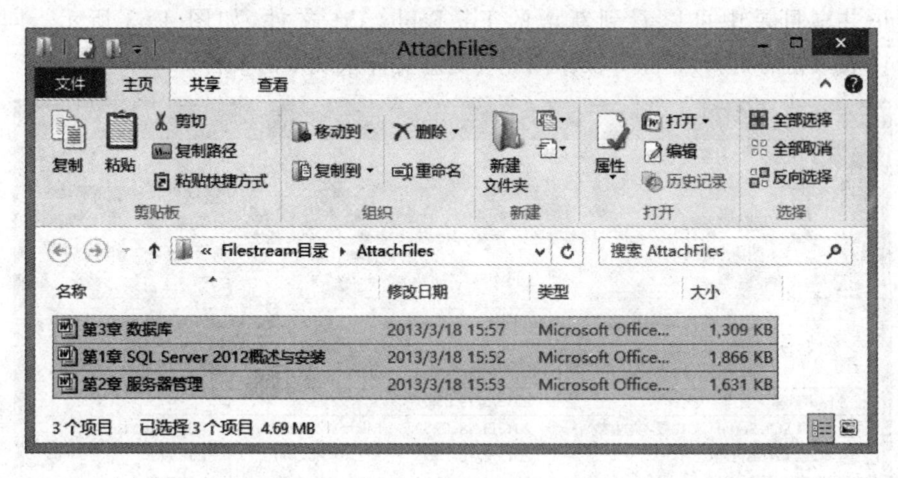

图 4-51 Windows 文件系统中复制文件到 FileTable 共享目录

然后在 SQL Server Studio Management 的查询编辑器中执行如下查询语句，可以看到 AttachFiles 表中已保存上述文件的数据，包括文件的名称、文件的创建时间等各种属性，文件的内容保存在 file_stream 列中,如图 4-52 所示。

```
SELECT *  FROM [Customer].[dbo].[AttachFiles]
```

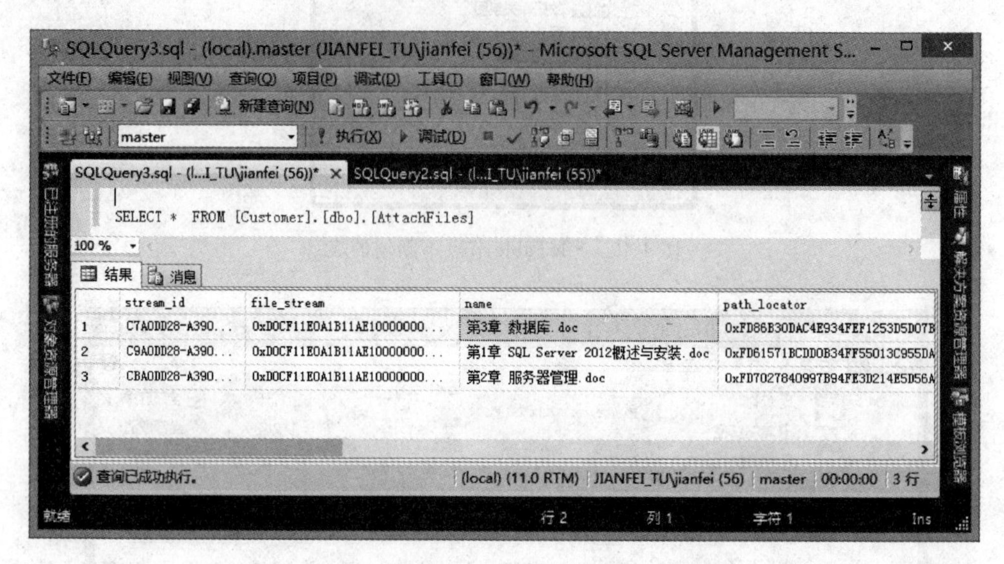

图 4-52 文件在 FileTable 中的保存情形

如果在 Windows 文件系统中删除此 FileTable 共享目录中的某一文件或文件夹,相应的 FileTable 中对应的数据也会被删除。这表明,Windows 文件系统对 FileTable 共享目录中文件的操作都会反映到 SQL Server 数据库,实现了 Windows 文件系统对 SQL Server 非结构文件数据的非事务性访问。

同样,在 SQL Server 中对 FileTable 的事务性操作也会更新 FileTable 目录中的文件。如执行以下代码,即向 FileTable 中新增一条数据,执行完成后,在 Windows 文件系统的 FileTable 共享目录中可以看到新增的 FileTable.txt 文件,如图 4-53 所示。同样,对 FileTable 表数据的更新、删除等操作同样会更新文件系统中的文件。

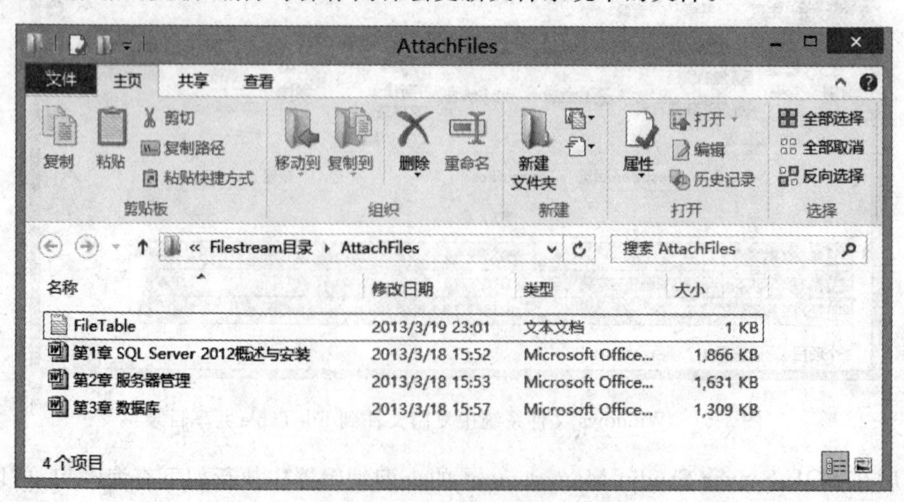

图 4-53 SQL Server 事务操作对 FileTable 共享目录的影响

```
use Customer
go
insert into AttachFiles(name,file_stream,creation_time)
values('FileTable.txt',0x53514C20536572766572203230313220466696C655461626C65,getdate())
go
```

这表明,SQL Server 系统通过 FileTable 已经可以非常有效地处理非结构性文件数据,从而与 Windows 文件系统实现互操作。

4.12 本章小结

数据表是数据库中存储数据的对象,是数据库中最重要也是最基本的对象。

本章对关系型数据库的关系模式、数据规范范式理论、数据完整性等进行了介绍;对数据表创建、表结构修改的 SQL Server Management Studio 操作方式和 T-SQL 语句都进行详细介绍;对数据表的主键约束、检查约束、NOT NULL 约束、默认值约束、外键约束等各种约束的作用、使用和操作方式进行了介绍和演示;对临时数据表、分区表和 FileTable 这 3 种较为特殊的数据表也介绍了创建和使用的方法。

掌握数据表是进一步深入学习 SQL Server 2012 的基础。

习题与思考

1. 在关系型数据库中,实体间的关系有哪几种?图书与出版社、图书与作者的对应关系分别是什么?

2. 规范范式有哪几种?这些范式的主要含义与相互关系是什么?

3. 画出电子商务网站的几个基本对象(如订单、商品、客户等)的 ER 图。

4. SQL Server 2012 中数据表有哪些类型?各类型数据表的特点是什么?

5. 如何应用 SQL Server Management Studio 和 Create Table 语句创建数据表?

6. 如何应用 Alter Table 修改数据表结构?如在表中添加一新列,删除某一列,修改某列的数据类型与长度。

7. 什么是计算列?它与普通列有何区别?

8. 数据完整性有哪些类别?SQL Server 2012 如何实现数据完整性?

9. SQL Server 2012 有哪些约束?如何创建这些约束?约束对数据有何影响?

10. 什么是分区表?如何创建分区表?

11. 什么是 FileTable?如何使用?

第5章 Transact-SQL基础

Transact-SQL，即 T-SQL，是 SQL Server 数据管理系统的操作语言。很多对 SQL Server 进行管理的操作，无论是通过图形界面的 SQL Server Management Studio，还是其他应用程序界面执行的操作，其实质基本都是调用了 T-SQL 语句。

T-SQL 语言在数据库管理系统中如此重要，以致微软公司将自己的产品命名为 SQL Server，另一款使用面较广的数据库管理系统 MySQL 也采用 SQL 来命名；可以说 SQL 语言是关系型数据库系统应用的基础。

在前面的数据库、数据表的创建和管理中已经介绍了部分 T-SQL 的语句，如 Create DataBase、Create Table、Alter Database、Alter Table 等，在本章将对 T-SQL 语句的相关内容作更深入的介绍。

本章要点：

- T-SQL 概述
- T-SQL 数据操纵语句
- T-SQL 数据查询语句
- T-SQL 附加语言

5.1 T-SQL 概述

5.1.1 T-SQL 的发展

说起 T-SQL，不能不先说 SQL 语言。而讨论 SQL，又不得不说 E. F. Codd。SQL 是关系型数据库的标准语言，而 Codd 则是关系型数据库理论的奠基者，他对关系型数据库的发展以及对 SQL 的发展都作出了重大的贡献。

在 20 世纪 70 年代初，IBM 公司的 Codd 发表了 *A Relation Model of Data for Large Shared Data Banks*，即《大型共享数据库的数据关系模型》，确立了关系型数据库的概念。20 世纪 70 年代中期，IBM 公司首先使用该模型开发出了结构化英语查询语言 SEQUEL（Structed English Query Language），作为其关系数据库原型 System R 系统的操作语言，实现了对关系型数据库的信息检索；Oracle 公司则在 1979 年率先推出商用的 SQL 语言。由于 SQL 语言简单易用，近似于自然语言，因此，自推出之后，受到了数据库软件开发厂商和用户的广泛欢迎，无论是 DB2、Oracle、Sybase、Informix、SQL Server 还是 Visual Foxpro、

Access 等都支持 SQL 语言作为查询语言。

1986 年 10 月，SQL 成为美国国家标准组织（ANSI）的关系型数据管理系统操作语言的国家标准（ANSI X3.135—1986）。由于 SQL 使用普遍且发展迅速，ANSI 分别于 1989 年、1992 年、1999 年、2003 年和 2006 年推出了 SQL 的 ANSI 标准的新版本。国际标准化组织（ISO）也将之确定为关系型数据库语言的国际标准（ISO 9075—1989：Database Language SQL with Integrity Enhancement）。

T-SQL 是微软公司在遵循 SQL 标准的基础上，经过进一步发展，应用于 SQL Server 数据库系统的操作语言。由于市场竞争和客户需求多样化等原因，不同软件厂商的数据库管理系统产品都在 SQL 国际标准的基础上添加了各自的特色语句，SQL Server 的 T-SQL 如此，Oracle 的 PL/SQL 也是如此。这些带有各自特色的语言虽然在一定程度上给标准的一致性带来了一些问题，但是不同的特色也进一步丰富了 SQL 标准的内涵，推动了 SQL 标准的进一步发展。

对于普通的开发人员来说，由于不同厂商产品 SQL 的基本语句是大致相同的，并不会带来太多的平台切换的困难。因此，掌握 T-SQL 语言，同样有利于更深入地去使用其他数据库产品。

5.1.2 T-SQL 语言的分类

T-SQL 语言中语句众多，非常丰富，按其功能不同可以大致分为以下 4 类：

- 数据控制语言（DCL，Data Control Language）。用于安全性管理，可以确定哪些用户可以查看或者修改数据，包含 GRANT、DENY、REVOKE 等。
- 数据定义语言（DDL，Data Definition Language）。用于执行数据库管理任务，创建和管理数据库以及数据库中的各种对象，包含 CREAT、ALERT、DROP 等。
- 数据操纵语言（DML，Data Manipulation Language）。用于在数据库中操纵各种对象、检索和修改数据，包含 SELECT、INSERT、UPDATE、DELETE 等。本部分语言中，根据对数据影响情况又可以细分为数据操纵语言和数据查询语言。数据操纵语言是对数据库数据产生变更影响的语言，包含 INSERT、UPDATE、DELETE；数据查询语言是指从数据库中获取与指定条件相符合的数据，而对原始数据不会产生变更影响的语言，主要是各种 SELECT 语句。
- 附加语言。包含变量、运算符、函数、流程控制语言和注释等。

数据控制语言将在第 10 章中介绍，数据定义语言已在数据库管理、数据表管理中做了部分介绍，在后续的索引管理、存储过程、视图、触发器等章节中还将介绍相关内容。本章着重介绍数据操纵语言和附加语言。

5.2 T-SQL 数据操纵语言

在数据表中输入数据、编辑数据和删除数据是数据库系统管理数据的三项最基本的操作。在 SQL Server 2012 实现上述三项操作的基本语句是 INSERT、UPDATE 和 DELETE。

5.2.1 INSERT 插入数据

INSERT 是 SQL Server 插入数据的语句,其基本语法如下:

```
INSERT
    [ INTO ]
    {table_or_View_name}
{
    [ ( column_list ) ]
    [ <OUTPUT Clause> ]
    { VALUES ( ( { DEFAULT | NULL | expression } [ ,...n ] ) [ ,...n ] )   }
}
```

各主要参数的含义如下:

- table_or_View_name,是指接收插入数据的数据表或者视图名称。
- column_list,插入数据表或视图中的列的名称,是可选项。如果省略该参数,则插入的数据值的个数要求与列在表或视图中的顺序一致。
- OUTPUT Clause,是指执行 INSERT 语句后系统返回值的子句。
- VALUES,插入的数据值的列表,需要使用英文半角逗号分隔。

1. 插入单行数据

使用 INSERT 插入单行数据的代码较为简单,例如,以下代码为向"产品数据表"中插入一行数据:

```
INSERT INTO 产品数据表(ProductName,UnitPrice,Unit,Description)  VALUES('联想 Y450A - TSI',
4899.00,'台','T6600 酷睿 2GBDDR320G 独立显存')
```

执行完毕后,"产品数据表"中的数据如图 5-1 所示,末行选中的数据即为上述代码执行后新添到数据表中的数据。可以看出,数据值与列之间是根据代码中列的顺序和值的顺序一一对应的,即,ProductName 对应'联想 Y450A-TSI',UnitPrice 对应 4899.00,Unit 对应'台',Description 对应'T6600 酷睿 2GBDDR320G 独立显存'。

DATASERVER.NetSales - dbo.产品数据表*

	ProductID	ProductName	UnitPrice	Unit	Description
	1	LENOVO 台式电脑	4500.00	台	LENOVO 台式电脑,双核心,2G内存,500G硬
	2	联想ThinkPad R400(2784A74)	6200.00	台	屏幕尺寸:14.1英寸 处理器型号:Intel 酷睿2
	4	联想扬天 A4600R	3350.00		Intel 奔腾双核 E5300,250GB,17英寸
	7	联想扬天 A4600R	3360.00	台	Intel 奔腾双核 E5300,500GB,19英寸
▶	8	联想Y450A-TSI	4899.00	台	T6600酷睿2GBDDR320G独立显存
*	NULL	NULL	NULL	NULL	NULL

5 /5

图 5-1 INSERT 语句执行后数据表的变化

如果表中列的顺序比较明确，INSERT 语句中列列表也可以不显式列出，如上述代码，可以改写成为以下代码：

```
INSERT INTO 产品数据表 VALUES('联想 Y450A - TSI',4899.00,'台','T6600 酷睿 2GBDDR320G 独立显存')
```

注意 在使用 INSERT 输入数据时，必须遵守表结构设计时设置的约束要求。例如，主键由系统自动生成，不能手工输入；Not Null 约束要求列必须输入值。如果将上述语句改写为以下语句就会出错，因为 ProductID 是标识列，不允许赋值。

```
INSERT INTO 产品数据表(ProductID,ProductName,UnitPrice,Unit,Description)  VALUES(10,'联想
Y450A - TSI',4899.00,'台','T6600 酷睿 2GBDDR320G 独立显存')
```

但是如果确实需要强行向标识列中输入数据，可以采用 SET IDENTITY_INSERT 语句，例如：

```
SET IDENTITY_INSERT 产品数据表 on
INSERT INTO 产品数据表(ProductID,ProductName,UnitPrice,Unit,Description)  VALUES(10,'联想
Y450A - TSI',4899.00,'台','T6600 酷睿 2GBDDR320G 独立显存')
```

如果对某列设置了默认值约束或允许为 NULL，则该列可以不输入，系统会自动取默认值或者将之设置为 NULL 值。但不输入数据的列不应该出现在列列表中。如下述代码是错误的，因为与原式相比，不需要输入 Unit，因为 Unit 设有默认值“台”，但在列列表中出现了 Unit，从而造成列列表与值列表的不匹配(列列表有 4 项，而值列表只有 3 项)。

```
INSERT INTO 产品数据表(ProductName,UnitPrice,Unit,Description)  VALUES('联想 Y450A - TSI',
4899.00,'T6600 酷睿 2GBDDR320G 独立显存')
```

2. 插入多行数据

INSERT 语句可以一次插入多行数据，插入的数据行可以以数据组的形式列在 VALUES 列表中。例如以下代码向“产品数据表”中输入了 3 条数据：

```
INSERT INTO 产品数据表(ProductName,UnitPrice,[Description])
VALUES ('联想',4899.00,'T66001'),
       ('联想',4999.00,'T66002'),
       ('联想',5099.00,'T66003')
```

INSERT 语句还可以插入来自另一个表中的数据，这时需使用查询子语句 SELECT。如以下代码表示从“产品”数据表中取出数据添加到“产品数据表”中，从代码中可以看到，两个数据表的列名不需要相同，但要求列数相同且数据类型与长度符合约束要求。

```
INSERT INTO 产品数据表(ProductName,UnitPrice,Unit,Description)
SELECT NAME,UPRICE,UNIT,P_DESC from 产品
```

上例中是将“产品”表中的所有数据添加到“产品数据表”中，如果只需要将“产品”表中的部分数据添加到“产品数据表”中，则可以使用 TOP 和 PERCENT 关键词。如以下代码表示将“产品”表中的 10 行数据添加到“产品数据表”中；而 PERCENT 表示百分比范围内

的数据,如 TOP (10) PERCENT 表示取符合查询条件的数据集中10%的数据。

```
INSERT TOP(10) INTO 产品数据表
(ProductName,UnitPrice,Unit,Description)
SELECT NAME,UPRICE,UNIT,P_DESC from 产品
```

但是 TOP 和 PERCENT 指定的数据是无顺序随机的,如 TOP(10)取的并不一定是前10行,TOP (10) PERCENT 也并不一定是前10%的数据,如果需要指定顺序,则需要添加 ORDER BY 子句。例如,以下代码从"产品"表中取出数据并按 P_ID 列的值从小到大排序后,再将前10行数据添加到"产品数据表"中。

```
INSERT TOP(10)INTO 产品数据表
(ProductName,UnitPrice,Unit,Description)
SELECT NAME,UPRICE,UNIT,P_DESC from ORDER BY P_ID
```

5.2.2 UPDATE 更新数据

T-SQL 中更新数据的语句是 UPDATE,UPDATE 可以一次更新一行数据,也可以一次更新多行数据;可以一次只更新一列的值,也可以一次更新多列的值。在 UPDATE 中可以通过更新列列表,指定更新的列数及数据值。通过 WHERE 条件子句可以指定更新的数据行。

UPDATE 语句的基本语法如下:

```
UPDATE table_or_View_name
SET <SET caluse expression> [{,<SET caluse expression>},...]
[WHERE <search condition>]
```

各主要参数的含义如下:

- table_or_View_name,被更改的数据表或视图名称。
- SET caluse expression,被更改的列的表达式,如 unit='PCS'等。
- search condition,用于行数据筛选的条件表达式。

例如,需要将"产品数据表"中所有行的 UNIT 改为 PCS,则代码如下:

```
UPDATE 产品数据表 SET UNIT = 'PCS'
```

如果只需要将 ProductID 列值为3的数据行的 UNIT 列更新为 PCS,ProductName 列的值更改为"LENOVO 电脑",则代码如下:

```
UPDATE 产品数据表 SET UNIT = 'PCS',ProductName = 'LENOVO 电脑'
            WHERE ProductID = 3
```

其中,UNIT='PCS',ProductName='LENOVO 电脑'是被更新的列列表及数据,使用英文半角逗号分隔;ProductID=3 是被更新的行数据筛选条件。

如果一次更新的数据行较多,且只需要更新其中的部分数据行,那么可以配合使用 TOP 和 PERCENT 来完成。例如,下例更新产品数据表中满足条件 ProductID=3 的3行

数据。

```
UPDATE TOP 3 产品数据表 SET UNIT = 'PCS',ProductName = 'LENOVO 电脑' WHERE ProductID = 3
```

同样,由于 TOP 和 PERCENT 子句并不会指定行的顺序。因此,如果需要指定修改的数据是前 3 行数据还是后 3 行,可以添加 ORDER BY 子句来实现。例如,以下代码将“产品数据表”中的数据按 ProductID 列的值从大到小排列,然后修改符合要求的前 3 行。

```
UPDATE TOP(3) 产品数据表 SET UNIT = 'PCS',ProductName = 'LENOVO 电脑'
WHERE ProductID = 3 ORDER BY ProductID DESC
```

UPDATE 语句中被更改列的值可以使用常量,如前述例子;也可以使用表达式,如需要将“产品数据表”中的单价打 9 折销售,则可以使用如下代码,此句中 UnitPrice = UnitPrice * .9 表示将 UnitPrice 列的值更改为原值的 0.9 倍。

```
UPDATE 产品数据表 SET UnitPrice = UnitPrice * .9
```

注意 在 UPDATE 中如果不指定 WHERE 条件子句,则修改的是数据表中的全部数据。由于更改过程往往是不可逆的,因此为了避免出现数据被误改,除非有确实的需要,否则指定 WHERE 条件是必需的。同样,修改后的数据必须符合表所设置的各种约束的要求。

UPDATE 还可以借助另外一个表的信息来修改数据,如下例中实现了一个相对较为复杂的更新操作,从 Sales 表中取 qty 值来更新 titles 表的 ytd_sales 列的值,条件是满足 titles. title_id= sales. title_id and sales. ord_date=(select max(sales. ord_date) from sales))。

```
UPDATE titles SET ytd_sales = titles.ytd_sales + sales.qty From titles,sales where
titles.title_id = sales.title_id and sales.ord_date = (select max(sales.ord_date) from sales)
```

5.2.3 DELETE 删除数据

T-SQL 中删除数据的语句是 DELETE。DELETE 可以删除指定表的一行或者多行数据。DELETE 的基本语法如下:

```
DELETE  FROM  table_or_View_Name  [WHERE <search condition>]
```

各主要参数的含义如下:

- table_or_View_Name,指定要删除数据的表或者视图名称。
- search condition,指定要删除的行数据的条件。

例如,以下代码从“产品数据表”中删除 ProductID 列值为 3 的数据行:

```
DELETE  FROM 产品数据表 WHERE  ProductID = 3
```

如果不指定 WHERE 条件子句,则指定表中的所有数据都会被删除。例如,以下代码删除了数据表“产品数据表”中的所有数据:

```
DELETE  FROM 产品数据表
```

注意 如果没有明确要求从表中删除所有数据,就应该使用 WHERE 子句指定要删除的数据行的条件,否则,可能会出现数据被误删的严重后果。

DELETE 语句同样支持 TOP 语句,TOP 子句的作用与 INSERT、UPDATE 语句中的 TOP 相同,删除时会随机删除 TOP 指定的数据,由于未对数据排序,删除的数据可能是随机的。

如果需要删除表中的所有数据,除了使用 DELETE 语句外,还可以使用 TRUNCATE Table 语句。例如,以下代码与"DELETE FROM 产品数据表"一样都能把"产品数据表"中的数据删除:

```
TRUNCATE Table 产品数据表
```

相对来说,使用 TRUNCATE Table 语句删除表中的所有数据效率更高,且占用系统资源量要少。原因是 TRUNCATE Table 删除表中的数据时,并不会把删除操作记录在日志,而且会立即释放表中数据和索引所占的空间。因此,在需要删除表中所有数据时,建议使用 TRUNCATE Table 语句。

注意 当删除表中数据时,需要符合表所设置的约束的要求;如果涉及外键约束的,还可能会影响其他表中的数据或受到其他表中数据的影响,如删除的是主键表,外键关系是"级联",则外键表中相关联的数据也会被删除。

删除表中的全部数据时,并不会删除表结构,对数据表结构的定义还将保留在数据库中。要彻底删除数据表,需要使用 DROP TABLE 语句。

5.3 T-SQL 数据查询语言

数据查询同样是数据库管理系统中最常用的操作之一。在 T-SQL 中提供了众多功能强大的数据查询方式,可以供用户实现多角度、多条件的灵活的数据查询。

5.3.1 单表数据查询

在 T-SQL 中数据查询的基本语句是 SELECT。SELECT 语句最基本的应用如下例代码所示,表示从"产品数据表"中查询所有数据,包括所有列,"*"代表将所有列都显示出来。因此,该段代码执行的结果如图 5-2 所示。

```
SELECT * FROM 产品数据表
```

1. 查询指定列的数据

在某些列数较多的数据表或者某些只需要显示部分列的应用中,如新闻网站的首页只需显示新闻标题等场合时,可以使用 SELECT 语句显示部分列查询需要的数据。此时,可以采用列列表来代替"*",并且列列表中列的顺序可以与表结构中列的顺序不一致。如以

DATASERVER.NetSales - dbo.产品数据表*

SELECT * FROM 产品数据表

	ProductID	ProductName	UnitPrice	Unit	Description
▶	1	LENOVO 台式电脑	4050.00	台	LENOVO 台式电脑，双核心，2G内存，500G硬
	2	联想ThinkPad R400（2784A74）	5580.00	台	屏幕尺寸:14.1英寸 处理器型号:Intel 酷睿2
	4	LENOVO电脑	3015.00	PCS	Intel 奔腾双核 E5300,250GB,17英寸
	7	联想扬天 A4600R	3024.00	台	Intel 奔腾双核 E5300,500GB,19英寸
	8	联想Y450A-TSI	4409.10	台	T6600酷睿2GBDDR320G独立显存
	11	联想1	4409.10	台	T66001
	12	联想2	4499.10	台	T66002
	13	联想3	4589.10	台	T66003
*	NULL	NULL	NULL	NULL	NULL

1 /8 单元格是只读的。

图 5-2 查询结果

下代码表示从“产品数据表”中查看 ProductName、UnitPrice 两列的数据，查询结果如图 5-3 所示。

```
SELECT  ProductName, UnitPrice FROM  产品数据表
```

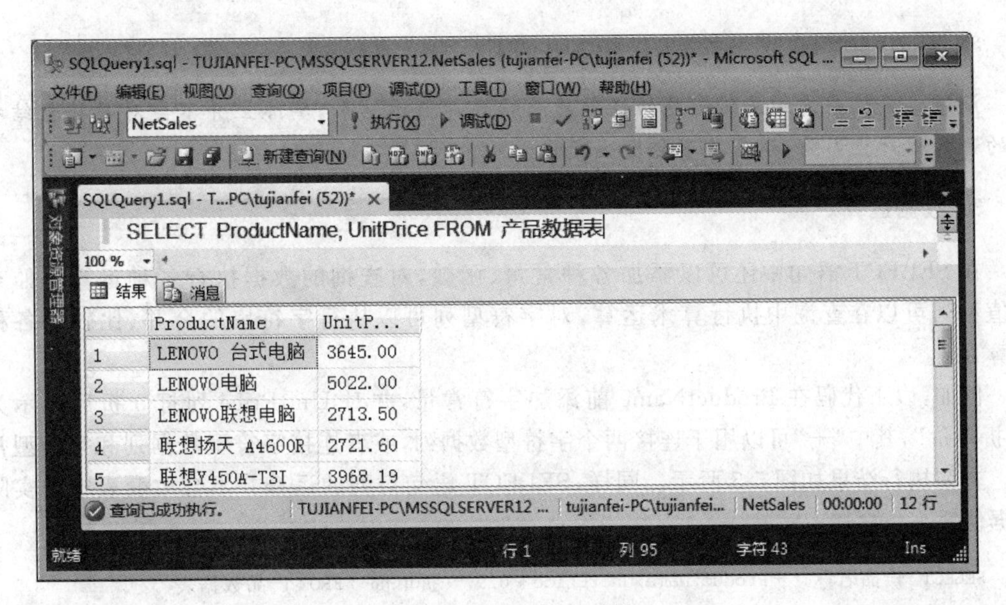

	ProductName	UnitP...
1	LENOVO 台式电脑	3645.00
2	LENOVO电脑	5022.00
3	LENOVO联想电脑	2713.50
4	联想扬天 A4600R	2721.60
5	联想Y450A-TSI	3968.19

图 5-3 查询部分列的数据

2. 更改列标题的名称

在图 5-3 所示的查询结果中，列标题显示的是数据表中列的名称。在有些场合，需要将标题更改为更易于理解的名称，如将 ProductName 显示为“产品名称”更易于理解，且不会产生歧义。此时，可以通过更改列标题来实现，如以下代码的查询结果如图 5-4 所示。

```
SELECT ProductName AS '产品名称',UnitPrice AS '单价' FROM 产品数据表
```

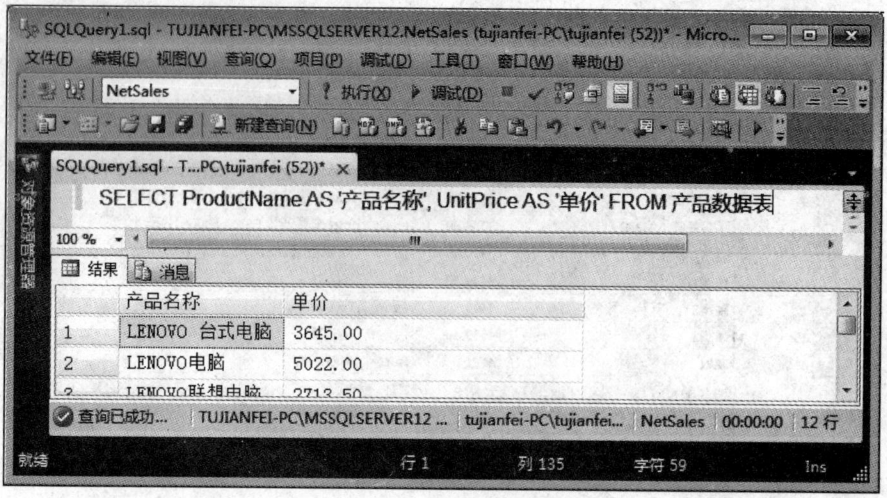

图 5-4 更改查询结果的标题

上例使用的 AS 关键词在 SELECT 语句中是一个可选项，也可以将之去掉，如以下代码可以完成同样的更改列标题显示的作用。

```
SELECT ProductName '产品名称', UnitPrice '单价' FROM 产品数据表
```

注意 更改查询结果列标题的操作更改的只是显示结果，实际上并不会对数据表结构中的列名称产生影响，列名称不会发生变化。

3. 数据运算

在 SELECT 语句中还可以添加各种常量、函数，对查询的数据执行各种运算。如对数值型列可以在查询中执行算术运算，对字符型列可以执行字符串的合并、比较等各种运算。

例如，以下代码在 ProductName 前添加字符常量，并对 UnitPrice 列打 9 折后显示为“9 折单价”，其中“+”可以用于连接两个字符型数据列，或者连接字符型数据列和字符型常量。查询执行结果如图 5-5 所示。同样，SELECT 语句对列的运算并不会改变表中的实际数据值。

```
SELECT '产品名称:' + ProductName, UnitPrice * 0.9 '9 折单价:' FROM 产品数据表
```

如果需要对不同数据类型的列或数据执行运算，则需要将其转换成相同的数据类型。在 T-SQL 中可以使用的转换函数有 CAST 和 CONVERT。这两个函数的语法如下：

```
CAST ( expression AS data_type [ (length ) ])
CONVERT ( data_type [ ( length ) ] , expression [ , style ] )
```

主要参数含义如下：

- Expression，需要转换的列或表达式。
- data_type，转换的目标数据类型。
- Length，目标数据类型的长度。

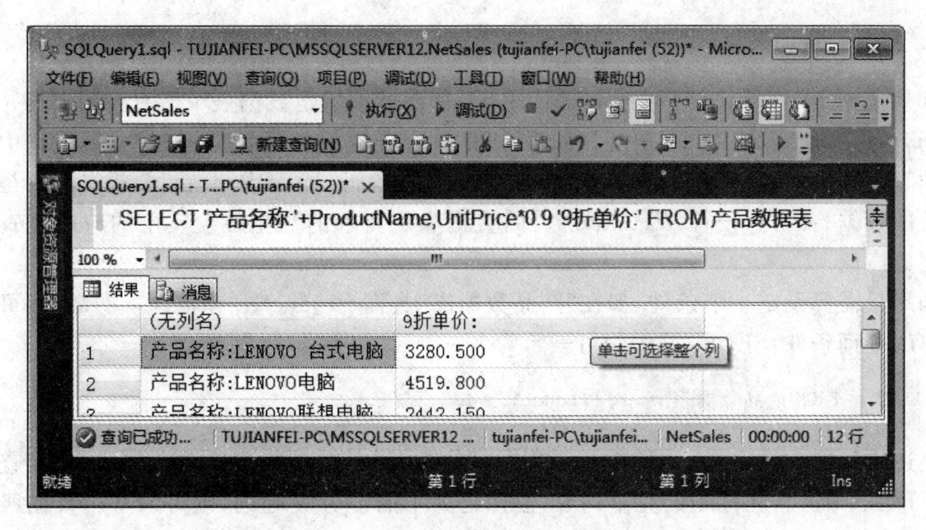

图 5-5　对列进行运算后的查询结果

■ Style,样式参数。

例如,需要将 ProductID 列从 int 数据类型转换成 varchar 数据类型,可以采用以下代码:

```
CAST(productid as varchar)
```

或

```
convert(varchar,productid)
```

经转换后,可以实现不同数据类型之间的运算。例如,以下代码将 ProductID 列转换成为 varchar 数据类型后与 ProductName 列和常量连接显示为“产品编号与名称”。查询执行结果如图 5-6 所示。

```
SELECT '产品编号' + convert(varchar,productid) + ',' + '产品名称:' + ProductName as '产品编号与
名称',UnitPrice * 0.9 '9 折单价:' FROM 产品数据表
```

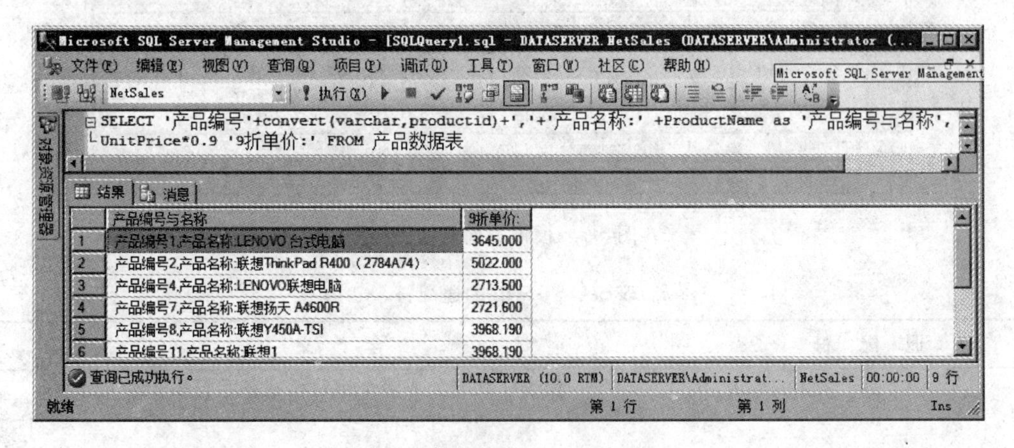

图 5-6　使用数据转换后的查询结果

4. 简单的查询条件

如果不指定 WHERE 条件子句,SELECT 查询显示的是数据表中所有行的数据。但在很多场合,用户所需的往往不是全部数据,而是符合条件的部分数据,如在搜索引擎中用户输入的查询关键词,希望得到的是符合条件的数据;银行 ATM 刷卡后,希望得到的是与卡号相关的数据。因此,设置 WHERE 条件,查询满足要求的数据在现实中的应用比查询全部数据更广泛。

如果只需要设定一个条件,如在"产品数据库"查询 ProductID 列值为 4 的数据,可以称为简单的查询条件,SELECT 语句可表示为

```
SELECT * FROM 产品数据表 where ProductID = 4
```

上述构建的条件 ProductID=4,采用"="构建,属于精确匹配。在有些场合,如查询新闻时,可能不知道新闻标题的完整内容,但知道其中的部分关键词,则可以采用模糊匹配条件。模糊匹配采用的关键词是 LIKE,一般用于字符型数据的匹配条件中。例如,想从"产品数据表"中查询 ProductName 列中包含"联想"的产品时,条件表达式可以写为 ProductName like '%联想%',则查询语句如下:

```
SELECT * FROM 产品数据表 where ProductName like '%联想%'
```

查询结果如图 5-7 所示。其中需要说明的是,ProductName like '%联想%'中,两端的"%"是通配符,可以匹配任意字符。因此,该表达式的含义是,只要 ProductName 列中含有"联想",不论"联想"两个字符出现在哪个位置,都是符合条件的。在 T-SQL 中共有 4 种通配符,除了"%"之外,还有三种通配符:_、[]和[^],这 4 个通配符的代表的含义如表 5-1 所示。

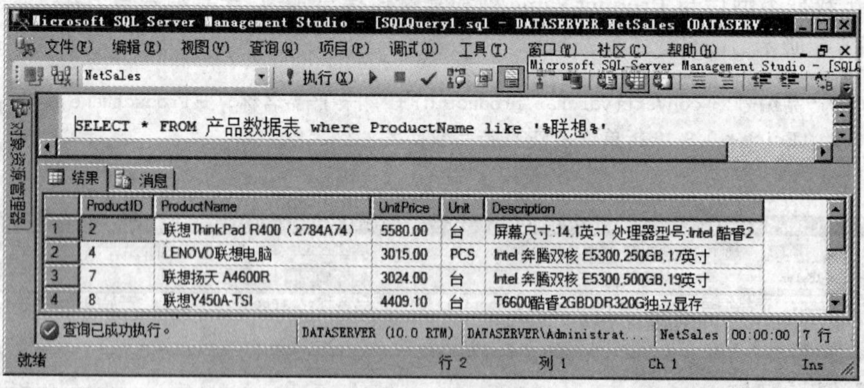

图 5-7 模糊查询的结果

表 5-1 T-SQL 的通配符

通配符	含义
%	代表任意零个或多个字符构成的字符串
_	代表一个任意字符
[]	代表指定范围或集合中的任意单个字符
[^]	代表不在指定范围或集合内的任意单个字符

例如：

- ProductName like '联想%'，表示检索 ProductName 列中以“联想”两个字符开头的数据，例如联想电脑，联想笔记本。
- ProductName like '%联想'，表示检索 ProductName 列中以“联想”两个字符结尾的数据，例如世纪联想，LENOVO 联想。
- ProductName like '_ab'，表示检索 ProductName 列中以 ab 结尾的 3 个字符的数据，例如 Mab，cab 等。
- ProductName like 'a_b'，表示检索 ProductName 列中以 a 开头，以 b 结束的 3 个字符的数据，例如 agb，aab 等。
- ProductName like 'ab_'，表示检索 ProductName 列中以 ab 开头的 3 个字符的数据，例如 abc，abm 等。
- ProductName like '[abc]'，表示检索 ProductName 列中含有 a 或 b 或 c 字符的数据，例如 adfghj，bdefhj，ddckjjd 等。
- ProductName like '[^abc]'，表示检索 ProductName 列中不含有 a 或 b 或 c 中任何一个字母的数据，例如 ghk，ttmj 等。

例如，以下代码可以从 AdventureWorks 数据库的 Person. Address 表中查找 4 个字符的邮政编码，且第一个字符限制在 a～e，第二个字符限制在 a～z，最后两位为数字。查询执行的结果如图 5-8 所示。

```
SELECT city, postalcode, AddressLine1 FROM Person. Address
where postalcode like '[a-e][a-z][0-9][0-9]
```

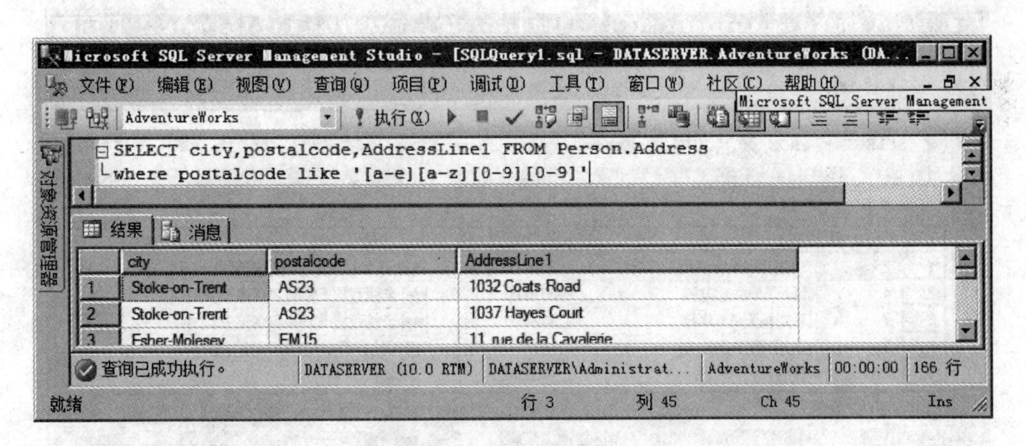

图 5-8 使用通配符的查询结果

5. 复合查询条件

如果查询条件中包含的条件不止一个，如要求同时满足两个以上的条件，或者满足几个条件中的一个，这样的复杂条件称为复合查询条件。复合查询条件根据逻辑关系的不同可以分为“与”条件和“或”条件两种。

“与”条件表示要求同时满足两个以上的条件，使用 AND 关键词，可以构造“与”条件。“或”条件表示在几个条件中只要满足其中的一个，使用 OR 关键词可以构造“或”条件。

例如,以下代码构造了一个“与”条件,即要求从“产品数据表”中查询既满足ProductName列中含有“联想”字符,且UnitPrice列低于4000的产品数据,查询结果如图5-9所示。

```
SELECT * FROM 产品数据表 where ProductName like '%联想%' AND UnitPrice<4000
```

	ProductID	ProductName	UnitPrice	Unit	Description
1	4	LENOVO联想电脑	3015.00	PCS	Intel 奔腾双核 E5300,250GB,17英寸
2	7	联想扬天 A4600R	3024.00	台	Intel 奔腾双核 E5300,500GB,19英寸

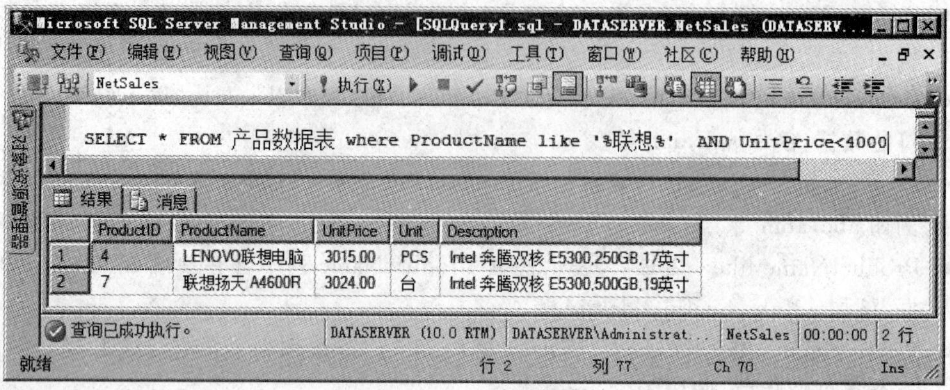

图5-9 复合“与”条件的产品数据

再如以下代码构造了一个“或”条件,即要求查询ProductName列中含有“联想”字符,或者UnitPrice列低于5000的产品数据,查询结果如图5-10所示。

```
SELECT * FROM 产品数据表 where ProductName like '%联想%' OR UnitPrice<5000
```

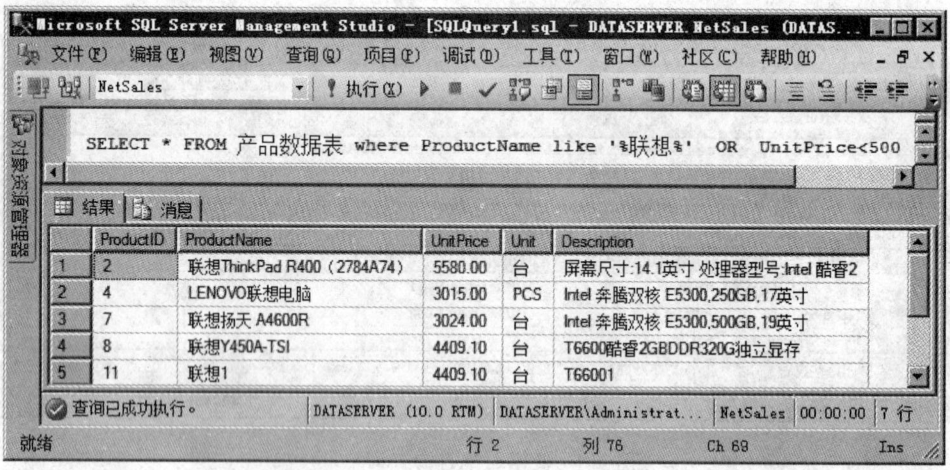

	ProductID	ProductName	UnitPrice	Unit	Description
1	2	联想ThinkPad R400（2784A74）	5580.00	台	屏幕尺寸:14.1英寸 处理器型号:Intel 酷睿2
2	4	LENOVO联想电脑	3015.00	PCS	Intel 奔腾双核 E5300,250GB,17英寸
3	7	联想扬天 A4600R	3024.00	台	Intel 奔腾双核 E5300,500GB,19英寸
4	8	联想Y450A-TSI	4409.10	台	T6600酷睿2GBDDR320G独立显存
5	11	联想1	4409.10	台	T66001

图5-10 复合“或”条件的产品数据查询

“与”和“或”条件还可以组合在一起构成更加复杂的复合查询语句,如以下代码表示在“产品数据表”中查询同时满足ProductName like '%联想%'和UnitPrice<4000两个条件,或者满足ProductID<8条件的产品数据,查询结果如图5-11所示。由于AND运算的优先级高于OR,前一个AND条件中的括号可以不写,但为了使代码容易阅读,还是应该添加合适的括号。

```
SELECT * FROM 产品数据表 where (ProductName like '%联想%' and UnitPrice<4000) or (ProductID<8)
```

注意 如果是字符串、日期时间作为条件值，请使用英文半角单引号，如 ProductName='联想'，如果以数值作为条件值，可以直接写数字，如 ProductID＜8。

AND 和 OR 也被称为逻辑运算符，构造的条件表达式也被称为逻辑表达式，T-SQL 还有一个逻辑运算符是 NOT，即对逻辑运算结果取反。

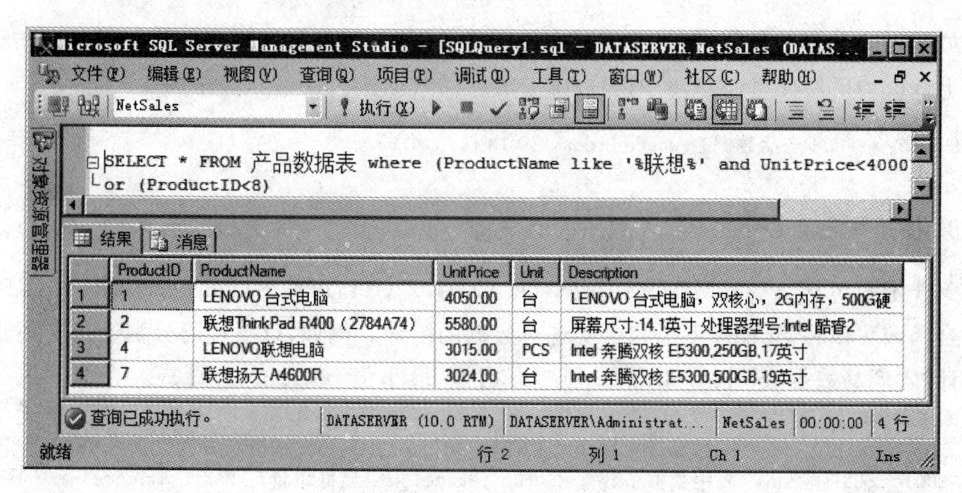

图 5-11 复杂的复合查询语句

6. 使用比较运算符

T-SQL 支持采用“=、＞、＜、＞=、＜=、＜＞、!=、!＞、!＜”等比较运算符来构造查询条件，其中“＜＞”表示“不等于”，与“!=”含义相同。“!＞”表示“不大于”，与“＜=”含义相同，“!＜”表示“不小于”，与“＞=”含义相同。

在上例中已介绍了“UnitPrice＜4000”的使用形式，其他比较运算符的使用形式基本相同，不另作介绍。

7. 使用范围和列表

在某些情况下，要求查询条件在某一个范围内，如要求查询在 2010-01-01 到 2010-01-31 范围内的订单，或者销售量在 100 到 200 范围内的产品等，这时可以使用范围关键词 BETWEEN 和 AND 来构建条件。

例如，以下代码要求从 Orders 表中查询 orderdate 列在 2010-01-01 到 2010-01-15 之间的订单数据：

```
Select orderid,customerid,employeeid,orderdate from orders where orderdate between '2010-01-01' and '2010-01-15'
```

上例也可以使用比较运算符来构造，例如：

```
Select orderid,customerid,employeeid,orderdate from orders where orderdate>= '2010-01-01' and orderdate<='2010-01-15'
```

虽然都能获得相同的结果，但相比较而言，BETWEEN 和 AND 语句相对简洁一些。

在另外一些场合，范围是不连续的，而是一些离散的值，这时可以采用列表。在 T-SQL 中列表可以使用 IN 关键词来构造。如以下代码表示要求从 authors 表查询满足 state 在“'CA','IN','MD'”三项列表中的数据。

```
Select * from authors where state in('CA','IN','MD')
```

如果列表范围是数值，可以使用数字值来构造列表，如以下代码表示从“产品数据表”中查询 ProductID 列在“1,3,4,8”列表范围中的产品数据：

```
SELECT * FROM 产品数据表 where ProductID IN (1,3,4,8)
```

8. 使用聚合函数

聚合函数包括 AVG、MIN、MAX、SUM、COUNT、STDEV、STDEVP、VAR、VARP，这些聚合函数可以在 SELECT 语句中实现对数据的统计。例如，以下代码分别使用上述聚合函数计算“产品数据表”中 UnitPrice 列的平均值、最小值、最大值、合计等。查询的执行结果如图 5-12 所示。

```
SELECT COUNT( * ) as '表中数据条数', Min(UnitPrice) as '最低单价', MAX(UnitPrice) as '最高单价', SUM(UnitPrice) as '单价合计',AVG(UnitPrice) as '平均单价',
STDEV(UnitPrice) as '单价标准偏差', STDEVP(UnitPrice) as '单价总体标准偏差',
VAR(UnitPrice) as '单价方差', VARP(UnitPrice) as '单价总体方差'  FROM 产品数据表
```

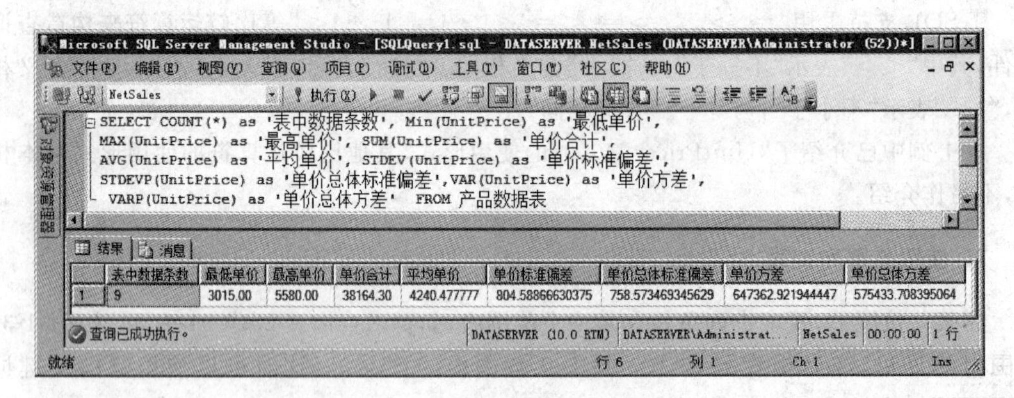

图 5-12 使用聚合函数查询的结果

9. 数据排序

在有些时候，用户要求获取的查询结果的数据具有某种顺序。如新闻网站的新闻列表，往往会按时间排序，把最新的新闻排在最前面；在网络论坛中，很多人气比较高的帖子会被置顶。这些应用都需要对查询结果进行排序，在 T-SQL 中用来排序的语句是 ORDER BY。

ORDER BY 可以对数据按升序或者降序排列，升序使用的关键词是 ASC，降序使用的关键词是 DESC，系统默认设置是升序，即 ASC 可以省略。

例如，以下代码对“产品数据表”中的数据按 UnitPrice 列从低到高的顺序排列，查询执行的结果如图 5-13 所示。

```
SELECT * FROM 产品数据表 ORDER BY UnitPrice
```

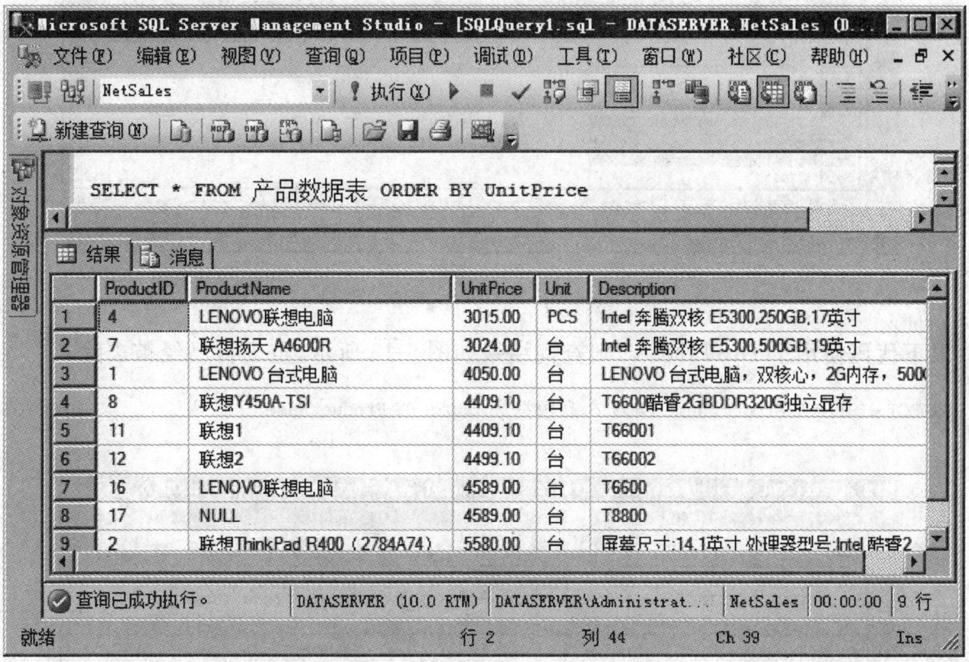

图 5-13 使用排序后的查询结果

ORDER BY 可以按多个列进行排序，如“ORDER BY UnitPrice,ProductID”，排序时会先以第一个指定列的顺序进行排列，如果第一列的值相同，再按第二列的顺序进行排序，以此类推。在对多个列排序时，可以对每个列分别指定排列的顺序，如“ORDER BY UnitPrice DESC,ProductID”，对第一列 UnitPrice 按从高到低的降序排列，第二列按默认设定的升序排列。

注意 ORDER BY 配合 TOP(n)/TOP(n) PERCENT 可以实现对前几位、前百分之几和后几位、后百分之几的筛选应用。

10. 去除重复数据

虽然在数据表中应用约束，如主键约束可以实现对数据完整性的检验，但并不能完全避免数据重复，如在某几列出现相同内容。事实上在有些列出现相同数据也是业务所需要的，如“订单细节表”往往会出现 orderid 列相同的情况，因为有多行订单细节数据是属于同一订单的。但是在有些情况下应该避免在查询结果中显示重复的数据，如新闻网站中新闻列表的标题不应该出现重复等。

在 T-SQL 中可以使用 DISTINCT 关键词来避免在查询结果中显示重复数据。如在不使用 DISTINCT 时，如图 5-14 所示，“产品数据表”的查询结果中出现了重复(第 3、4 行数据)。

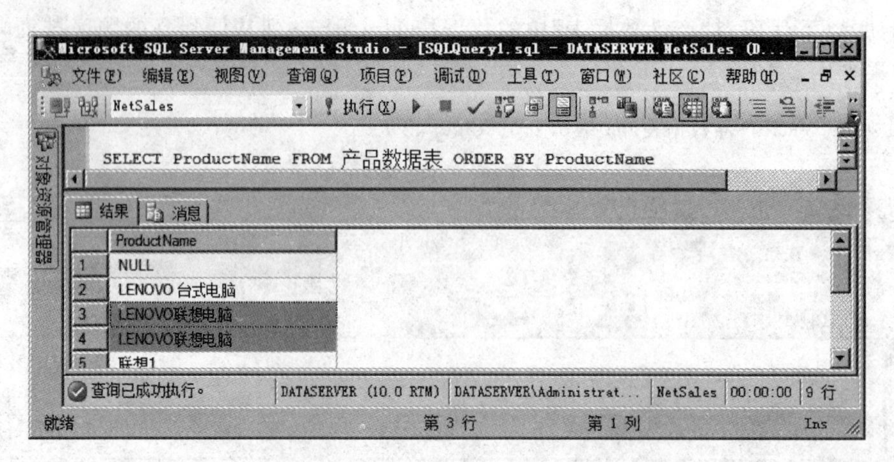

图 5-14 出现重复的查询结果集

以下代码使用了 DISTINCT,则查询结果如图 5-15 所示,重复行已经被去除。

```
SELECT DISTINCT ProductName FROM 产品数据表 ORDER BY ProductName
```

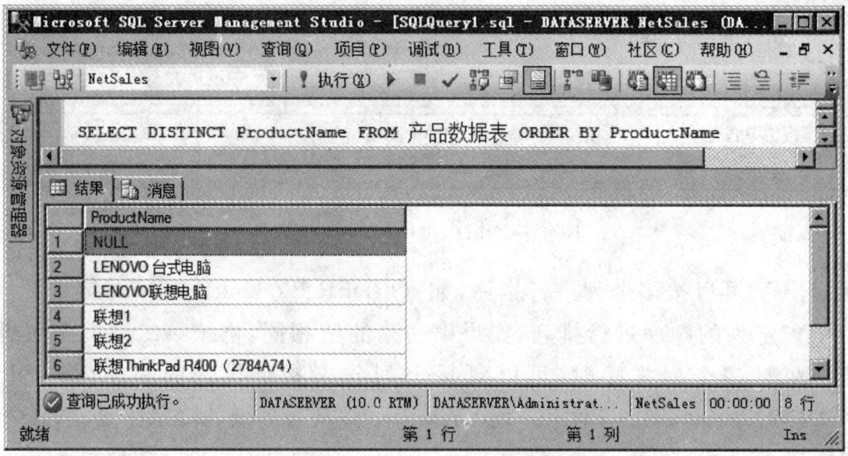

图 5-15 使用 DISTINCT 去除重复行数据

DISTINCT 是以列列表作为重复判断的依据。因此,如果将上述查询语句更改为

```
SELECT DISTINCT ProductName,ProductID FROM 产品数据表 ORDER BY ProductName
```

由于 ProductName 和 ProductID 两列数据组合不重复,因此不会去除任何数据行。

11. 关于 NULL

NULL 是一个特殊值,如果需要查看数据表中某一列值为 NULL 的数据,有两种方式可以构造 NULL 条件:“IS NULL”和“= NULL”,例如,ProductName IS NULL 或者 ProductName=NULL。究竟取哪种表达式,取决于系统的设置:SET ANSI_NULLS {ON|OFF}。

在 SQL Server 早期的版本中,允许使用 where ProductName=NULL 检查 ProductName

列中是否含有 NULL 值。但是，这不符合 ANSI 标准，因为 ANSI 标准将 NULL 看成一个完全未知的值，不能等于任何其他值。设置 SET ANSI_NULLS ON，将无法使用 where ProductName＝NULL，此时可以使用 where ProductName IS NULL。

例如下列代码中，第二行代码没有查询到数据，而第一行代码有数据产生，如图 5-16 所示。

```
SELECT * FROM 产品数据表 where ProductName is null
SELECT * FROM 产品数据表 where ProductName = null
```

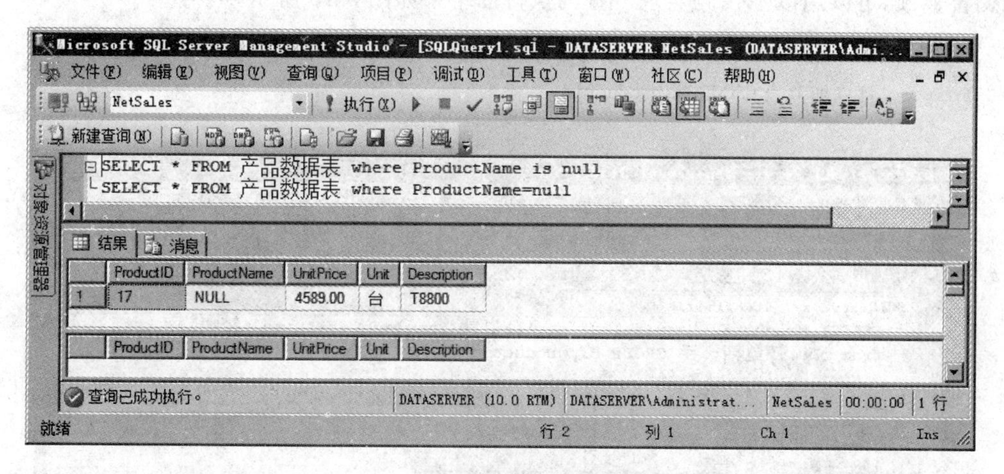

图 5-16 NULL 与 IS NULL 的区别

如果在查询代码前添加 SET ANSI_NULLS OFF，即关闭 ANSI_NULLS 选项的设置后，则两条语句执行的结果是相同的，如图 5-17 所示。

```
SET ANSI_NULLS OFF
SELECT * FROM 产品数据表 where ProductName is null
SELECT * FROM 产品数据表 where ProductName = null
```

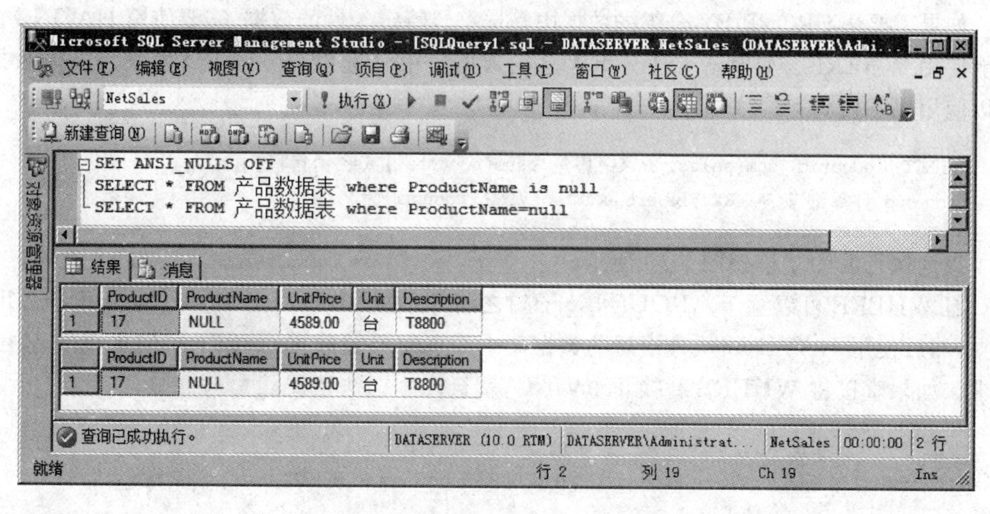

图 5-17 设置 SET ANSI_NULLS OFF 后两条语句结果相同

注意 对于空值,可以使用 where ProductName=''。

12. 使用 GROUP BY 分组

在实际业务运行过程中,企业会经常需要对数据进行分组。如需要查看不同产品的销售量、不同业务员的业绩等,这需要对查询数据进行分组,然后执行统计。在 T-SQL 中可以利用 GROUP BY 来实现对数据的分组。

例如,需要对"订单细节表"中的数据按照产品进行分组统计,计算不同产品的销售数量和销售金额,可以用以下代码实现。查询执行的结果如图 5-18 所示。

```
SELECT productid, sum(sales) as '销售量',sum(subtotal) as '销售额'
from dbo.订单细节表 GROUP BY productid
```

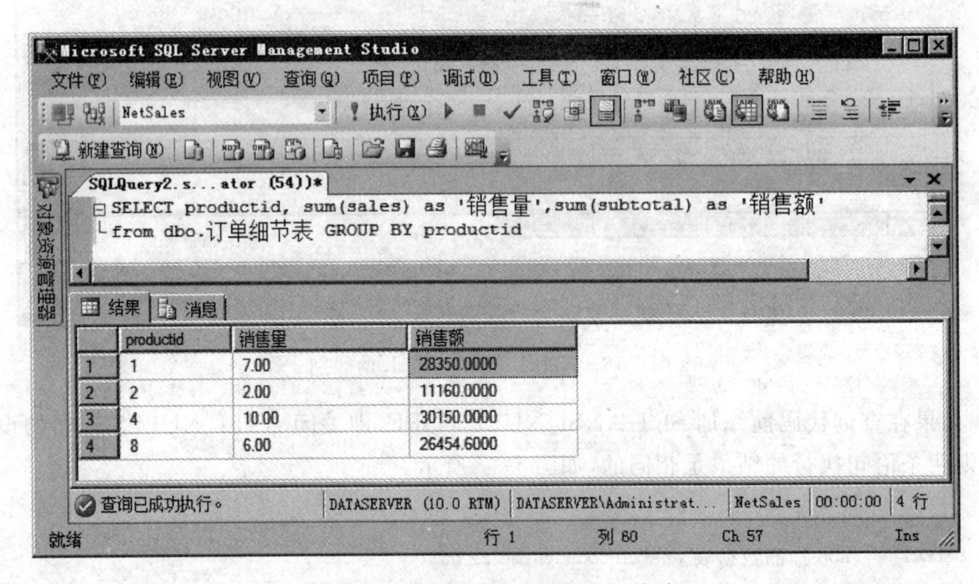

图 5-18 使用 GROUP BY 分组统计

如果需要从 GROUP BY 分组的数据中筛选符合特定条件的数据,需要使用 HAVING,而不能使用 WHERE。如要从上述分组汇总的数据集中筛选出 ProductID 列值为 2 的数据,可以使用以下代码:

```
SELECT productid, sum(sales) as '销售量',sum(subtotal) as '销售额'
from dbo.订单细节表 GROUP BY productid HAVING ProductID = 2
```

查询执行后的结果如图 5-19 所示。

但 WHERE 可以置于 GROUP BY 子句之前,即先按 WHERE 条件过滤要用于分组的数据,然后使用 HAVING 从分组后的数据集中筛选需要的数据,如以下代码可以实现上述要求。如果直接将 WHERE 替换 HAVING,就会产生语法错误。

```
SELECT productid, sum(sales) as '销售量',sum(subtotal) as '销售额'
from dbo.订单细节表 Where ProductID > 1 GROUP BY productid HAVING ProductID = 2
```

另外,GROUP BY 还可以组合 TOP(n) PERCENT、ROLLUP、CUBE 等,实现更加复

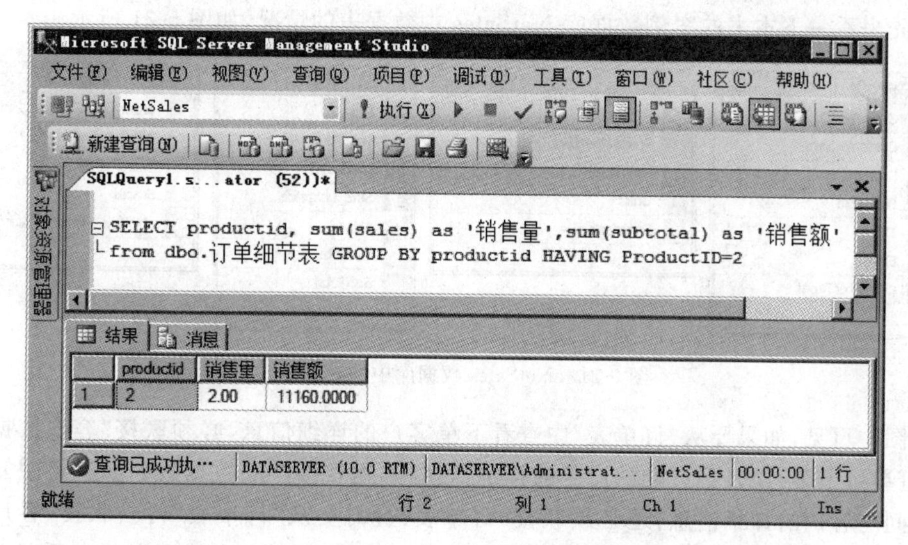

图 5-19 使用 HAVING 筛选分组数据

杂的查询分组统计的结果。例如以下代码中添加了 WITH ROLLUP,执行结果如图 5-20 所示,与图 5-18 相比,多了一行汇总数据,汇总了销售量和销售额。

```
SELECT productid, sum(sales) as '销售量',sum(subtotal) as '销售额'
from dbo.订单细节表 Where ProductID>1 GROUP BY productid WITH ROLLUP
```

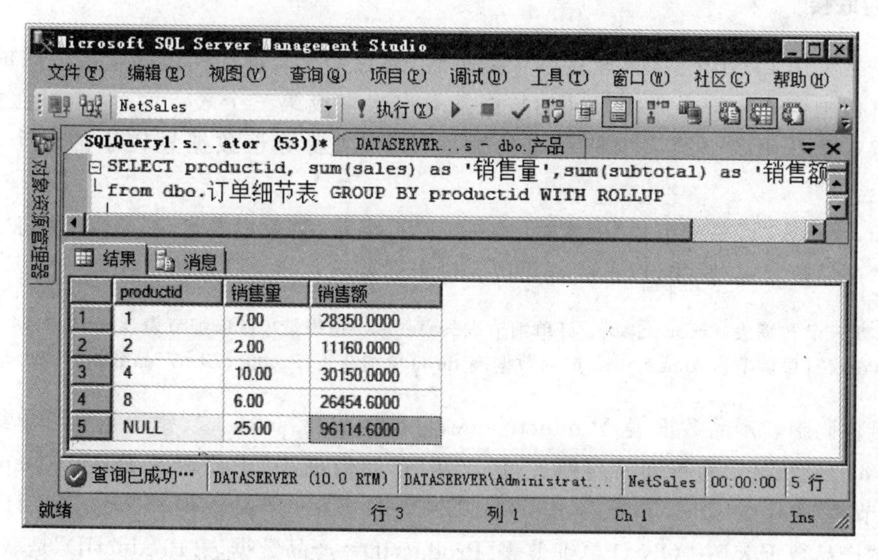

图 5-20 使用 ROLLUP 执行分组统计的结果

5.3.2 多表联接数据查询

在 SQL Server 中根据关系型数据库规范化的要求,有时为避免数据的重复冗余,需要将数据表做水平分隔,以满足规范范式的要求。这样,在进行数据查询时,为了解查询数据的全貌,经常需要将多个表的数据联接到一起来显示。

请先来看一下本书的案例数据库 NetSales 中数据表的情况，如图 5-21 所示。

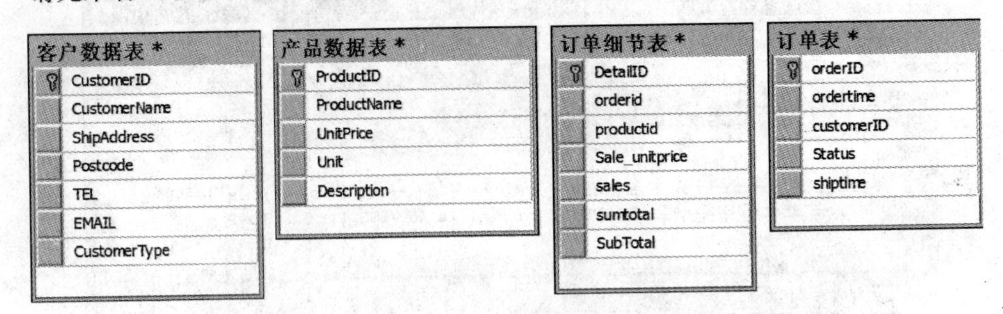

图 5-21 NetSales 数据库中的数据表

从图中可见，如果要从"订单表"中查看下单客户的详细信息，必须联接"客户数据表"，要从"订单细节表"中查看订购的产品的详细信息，必须联接产品数据表。如果还想知道下单的时间与客户的详细信息，还必须联接"订单表"且需要从"订单表"再去联接"客户数据表"。虽然，在数据表的设计过程中，表间已建立了多种外键关系，但这种外键关系只对数据管理起作用，对于查询不起作用。用户要从多个表中获取数据，必须使用查询联接语句在表间建立联接。

T-SQL 中，用于联接多表的联接查询语句可以划分为内联接(INNER JOIN)、外联接(OUTER JOIN)和交叉联接(CROSS JOIN)。

1. 内联接

内联接采用 INNER JOIN 联接两个数据表，通过 ON 关键词构造两个表之间的关系。内联接可以把两表中符合联接条件的数据抽取出来生成第三个表。因此，内联接生成的表的数据通常会比两个源表中任一表的数据量少，或者等于数据量较小的那个表的数据量。

例如，要从表"订单细节表"中查询"购买的产品名称、数量以及金额"，则需要将"订单细节表"与"产品数据表"联接，以下代码可以实现上述要求：

```
SELECT 产品数据表.ProductName, 订单细节表.sales as '销售量',订单细节表.subtotal as '销售额'
from dbo.订单细节表 inner join 产品数据表 on 订单细节表.ProductID = 产品数据表.ProductID
```

上例代码中，"产品数据表.ProductName，订单细节表.sales as '销售量'，订单细节表.subtotal as '销售额'"为查询的列列表，包含从"产品数据表"中提取的 ProductName 列和"订单细节表"表中的 sales 和 subtotal 列；"INNER JOIN 产品数据表"表示从"订单细节表"联接"产品数据表"；"ON 订单细节表.ProductID=产品数据表.ProductID"是联接的条件，即要求"订单细节表"中 ProductID 列的值等于"产品数据表"中 ProductID 列的值。查询结果如图 5-22 所示。

为简化代码编写，在联接语句中可以使用别名替换表名，如以下代码使用 P 代表"产品数据表"，使用 D 代表"订单细节表"，查询执行的结果同图 5-22。

```
SELECT P.ProductName, D.sales as '销售量',D.subtotal as '销售额' from dbo.订单细节表 AS D
inner join 产品数据表 AS P on D.ProductID = P.ProductID
```

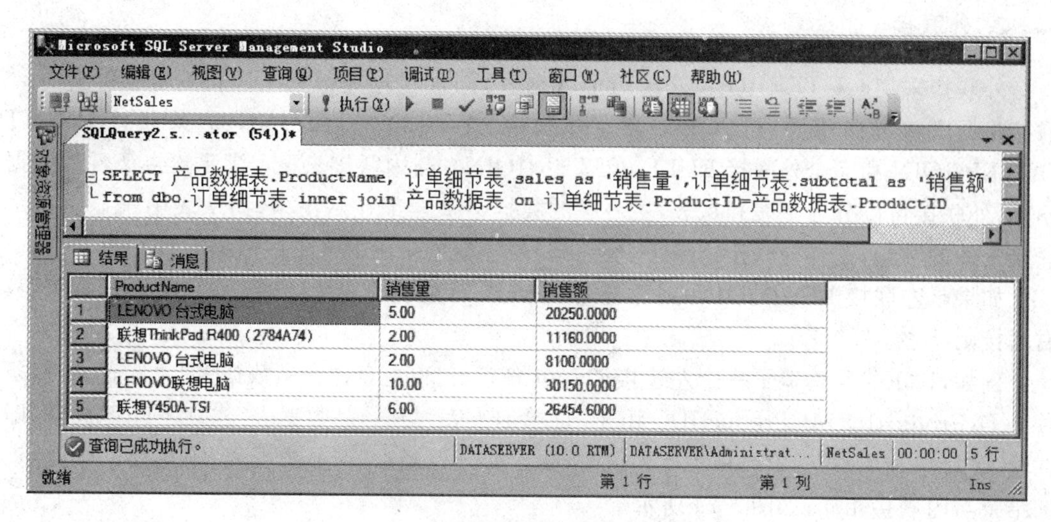

图 5-22 联接查询

如果需要联接两个以上数据表，则可以使用 INNER JOIN 继续联接，例如以下代码联接了“订单细节表”“订单表”“客户数据表”和“产品数据表”，查询结果如图 5-23 所示。

```
SELECT P. ProductName, D. sales as '销售量', D. subtotal as '销售额', C. CustomerName as '客户名称',
C. ShipAddress as '送货地址', O. ordertime as '订购时间' from dbo. 订单细节表 AS D
inner join 产品数据表 AS P on D. ProductID = P. ProductID inner join dbo. 订单表 as Oon D. orderID =
O. orderID inner join dbo. 客户数据表 as C on O. CustomerID = C. customerID
```

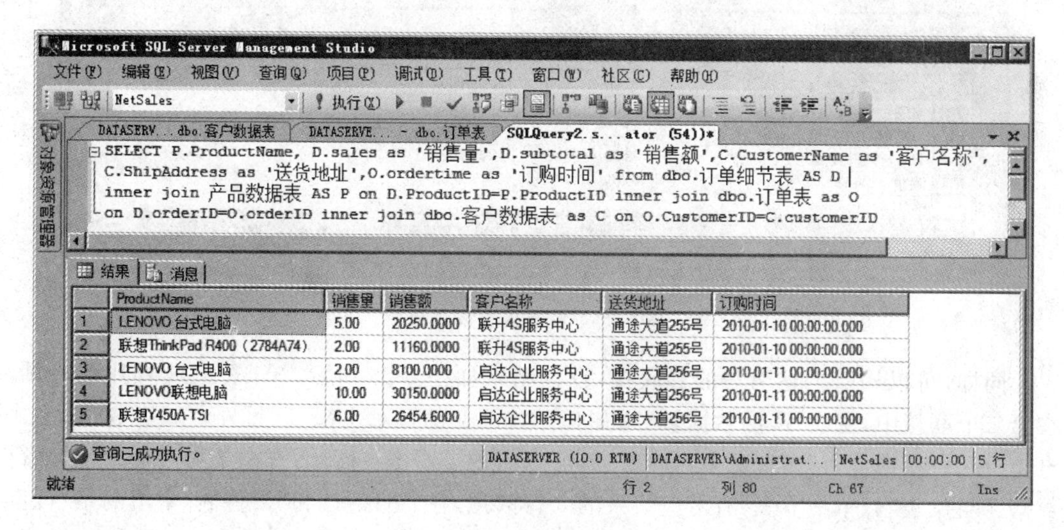

图 5-23 联接多个表的查询

联接数据表，并不要求用作联接条件的两列的名称必须相同，如 D. orderID＝O. orderID 中等号两端的 orderID 并不要求名称相同，但是数据类型最好相同或者能够转换为相同的类型。系统默认联接是内联接，因此 JOIN 等同于 INNER JOIN，即当 INNER 省略时，执行的联接方式是内联接。

2. 外联接

外联接采用 OUTER JOIN 联接两个数据表,同样通过关键词 ON 构造联接条件。外联接根据联接方向不同,可以划分为左外联接 LEFT OUTER JOIN、右外联接 RIGHT OUTER JOIN 和完全外联接 FULL OUTER JOIN。与内联接只显示满足连接条件的数据不同,外联接可以分为主表和从表,主表中的数据会被全部显示出来,而从表中只显示满足联接条件的数据,这样外联接结果一般会比两表中数据量小的表中的数据多。

如果是左联接 LEFT JOIN,则位于 FROM 子句左端的表为主表,另一端的表为从表;右联接则反之。

例如,以下代码构造了一个左连接,“订单细节表”为主表,“产品数据表”为从表,联接条件是 D. ProductID=P. ProductID。由于“订单细节表”与“产品数据表”建立了外键关联,即在输入“订单细节表”的 ProductID 列值时,要求必须已经在“产品数据表”中存在。因此,查询结果与内联接相同,如图 5-24 所示。

```
SELECT P.ProductName, D.sales as '销售量',D.subtotal as '销售额' from dbo.订单细节表 AS D LEFT
join 产品数据表 AS P on D.ProductID = P.ProductID
```

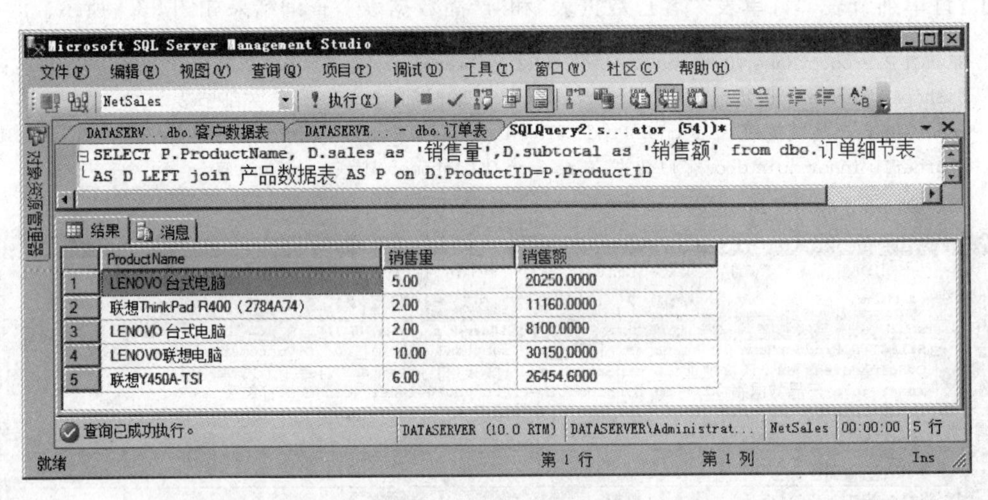

图 5-24　左联接查询结果

同样,可以构造上述两表的右联接,查询结果如图 5-25 所示。与图 5-24 相比较可见,在第二个联接中,主表“产品数据表”原有 9 行数据全部显示出来了,另外,“LENOVO 台式电脑”在“订单细节表”中有两条对应数据,所以出现了两次。因此,查询结果共计产生 10 行数据。与从表“订单细节表”有对应关系的 5 行数据,在“销售量”和“销售额”中填的是“订单细节表”中获取的数据,而另 5 行在“订单细节表”未找到对应数据,则填充为 NULL。

```
SELECT P.ProductName, D.sales as '销售量',D.subtotal as '销售额' from dbo.订单细节表 AS D
RIGHT join 产品数据表 AS P on D.ProductID = P.ProductID
```

FULL OUTER JOIN 与上述两种外联接不同,会从两个联接表中获取数据,如果有对应关系的会填上对应数据,没有对应关系的以 NULL 值填充。因此,FULL OUTER JOIN

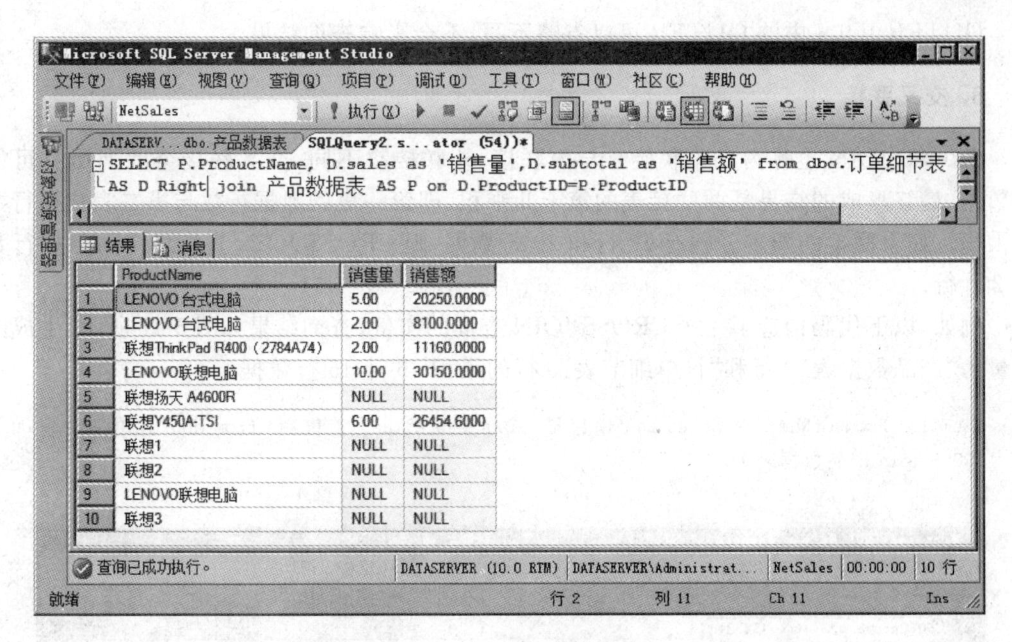

图 5-25 右联接查询结果

生成的数据量会比两个联接表的数据量大，一般会等于左联接与右联接两种方式产生的数据量中大的数量。

例如，以下代码构造了“订单细节表”与“产品数据表”之间的 FULL OUTER JOIN，查询的结果如图 5-26 所示。数据量与数据量大的右联接查询的数据量相同。

```
SELECT P.ProductName, D.sales as '销售量',D.subtotal as '销售额' from dbo.订单细节表 AS D FULL
join 产品数据表 AS P on D.ProductID = P.ProductID
```

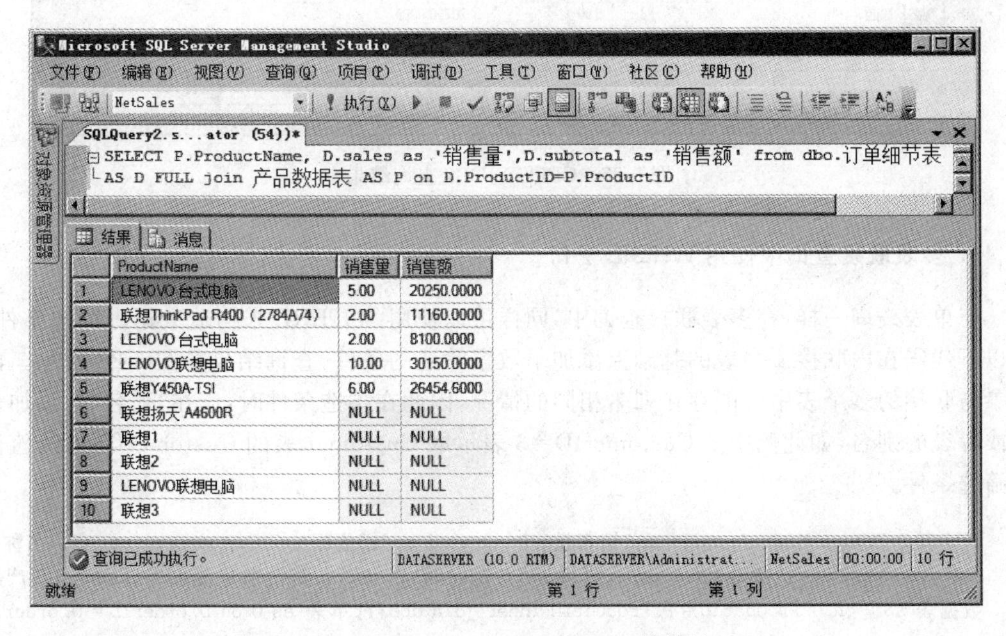

图 5-26 FULL OUTER JOIN 查询结果

OUTER JOIN 中的 OUTER 可以省略不写,不会影响查询结果。

3. 交叉联接

CROSS JOIN 也称为交叉联接。与内联接、外联接都不同,交叉联接会罗列所有可能的数据,最终形成的结果是两联接表的笛卡儿乘积,即第一表的数据行数与第二表数据行数的乘积。如果联接的两表分别有 10 行和 20 行数据,则 CROSS JOIN 查询结果的数据行数为 200 行。

例如,以下代码构造了一个 CROSS JOIN 查询的实例,查询结果如图 5-27 所示,生成的数量为"产品数据表"9 行和"订单细节表"5 行的乘积,共计 45 行数据。

```
SELECT P.ProductName, D.sales as '销售量',D.subtotal as '销售额' from dbo.订单细节表 AS D
CROSS join 产品数据表 AS P
```

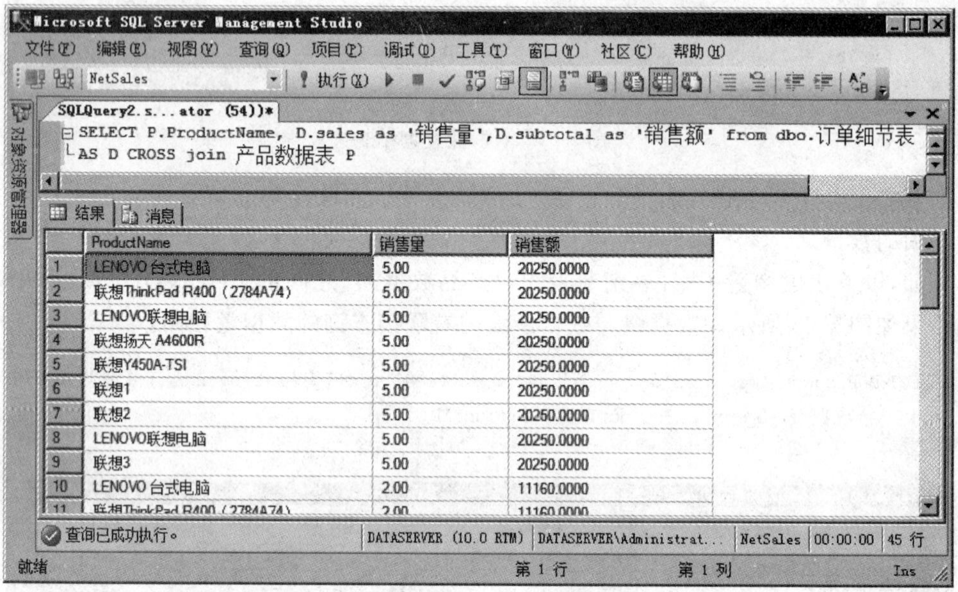

图 5-27　CROSS JOIN 查询结果

4. 多表联接查询中使用 WHERE 子句

与单表查询一样,在多表联接查询中,同样可以使用 WHERE 来构造数据查询的条件,如以下代码在内联接 4 个表的基础上添加了数据筛选的条件,查询结果如图 5-28 所示。由于参与联接的多个表中可能存在列名相同的情况,因此在构造条件时,应在"列名"前添加表名或者表的别名,如此例中 c.CustomerID=3 表示取 Customer 表的 CustomerID 列的值作为筛选条件。

```
SELECT P.ProductName, D.sales as '销售量',D.subtotal as '销售额', C.CustomerName as '客户名称',
C.ShipAddress as '送货地址',O.ordertime as '订购时间' from dbo.订单细节表 AS D inner join 产品
数据表 AS P on D.ProductID = P.ProductID inner join dbo.订单表 as O on D.orderID = O.orderID
inner join dbo.客户数据表 as C on O.CustomerID = C.customerID where c.CustomerID = 3
```

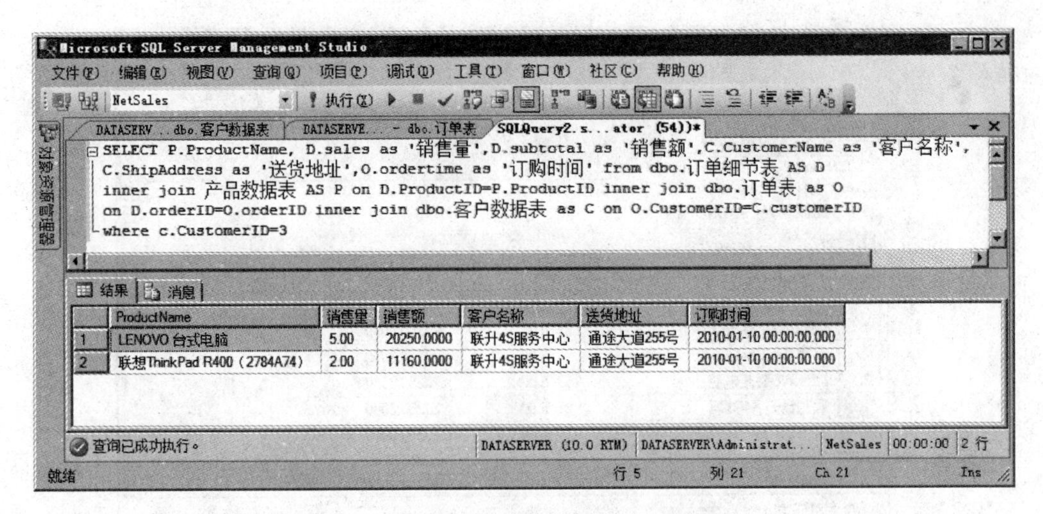

图 5-28 多表联接查询中使用 WHERE 条件

提示 *在多表联接中,同样可以使用单表联接中的各种关键词,如* TOP(n) PERCENT、DISTINCT、ORDER BY、GROUP BY 等。

5.3.3 使用 SELECT INTO 语句

SELECT INTO 可以把由 SELECT 语句中选定的数据保存到一个新数据表中。事实上 SELECT INTO 语句包含 3 个子过程:第一个子过程,SELECT INTO 语句根据 SELECT 选择的列列表及各列的数据类型生成一段创建数据表的代码;第二个子过程,SELECT INTO 语句使用第一个子过程生成的代码新建这个数据表;第三个子过程,将从源表中选定的数据导入到新建的数据表。

例如,以下代码是图 5-27 执行的 CROSS JOIN 语句,会生成 45 条数据,本例稍作修改,添加了 INTO Sales,改造成为一条 SELECT INTO 语句,执行之后会在当前数据库 NetSales 中创建数据表 Sales,并且会在 Sales 中添加 45 行数据。

```
SELECT P.ProductName, D.sales as '销售量',D.subtotal as '销售额' into sales from dbo.订单细节表 AS D CROSS join 产品数据表 AS P
```

新生成的 Sales 表中的数据如图 5-29 所示。

通过 SELECT INTO 生成的数据表可以是普通用户表,也可以是临时表。如果在 SELECT INTO 语句中添加 Where 条件,则生成的数据是满足特定条件的数据。这使 SELECT INTO 非常适合在一些复杂的数据库应用程序中生成临时数据以备下一步使用的场合。

以下代码将 SELECT INTO 生成的数据保存到本地临时数据表 #sales 中。本地临时数据表在使用完毕后会自动删除,不会给系统造成负担。

```
SELECT P.ProductName, D.sales as '销售量',D.subtotal as '销售额' into #sales from dbo.订单细节表 AS D CROSS join 产品数据表 AS P
```

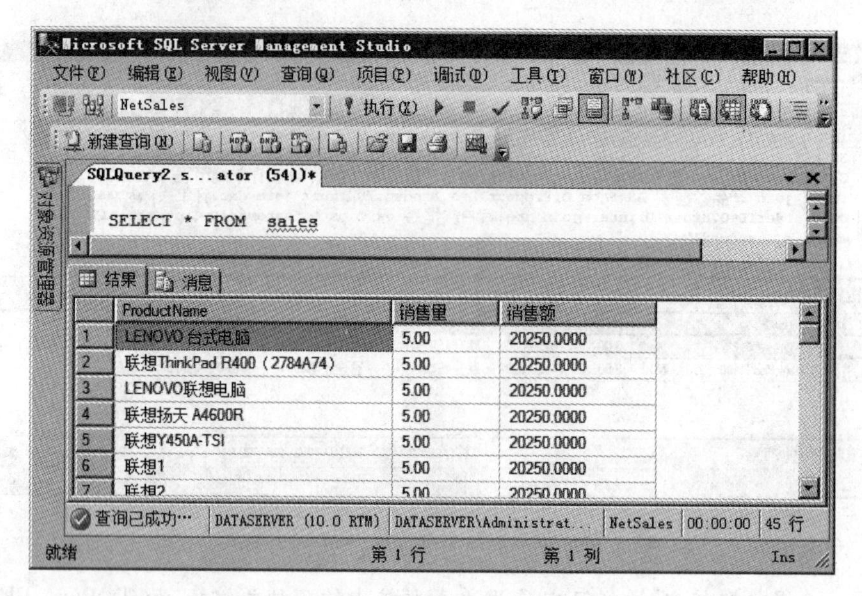

图 5-29　SELECT INTO 生成的新数据表

5.3.4 组合查询

T-SQL 提供了 UNION、INTERSECT 和 EXCEPT 运算符，可以实现组合查询。所谓组合查询是指在某些场合，查询结果需要通过多条 SELECT 语句从一个或多个表中获取，查询最终结果是多条 SELECT 语句查询结果的汇总数据集。组合查询可以看作是数据的垂直联接，而前面所介绍的多表联接查询可以看作是数据的水平联接。

T-SQL 提供的 3 个查询组合运算符可以分别满足 3 种不同的需要，但是组合查询要求每条 SELECT 语句生成的数据集中列的个数、列的数据类型和顺序必须相同。

1. UNION

UNION 是一种并集运算，可以将两个或两个以上的查询结果合并成一个结果，并在后续的结果集中去除前面结果集中已有的数据行。例如以下代码采用 UNION 组合了两条 SELECT 语句，这两条 SELECT 分别从“产品数据表”和“产品”表中查询 ProductName 数据。

```
SELECT ProductName from 产品数据表
UNION
SELECT ProductName from 产品
```

该段代码执行的查询结果如图 5-30 所示，共计生成 11 条数据。图 5-31 是“产品数据表”和“产品”表中原有数据情况，“产品数据表”原有 9 条数据，但两条重复，被去除 1 条，因此第一个查询从“产品数据表”中获取了 8 条数据；而第二个查询原本应该生成 6 条数据，由于有两条与第一个查询重复，两条本身重复，被去除 3 条，因此共计生成了 11 条数据。

如果需要保留所有重复数据，可以使用 UNION ALL。如以下代码执行后，生成的数据

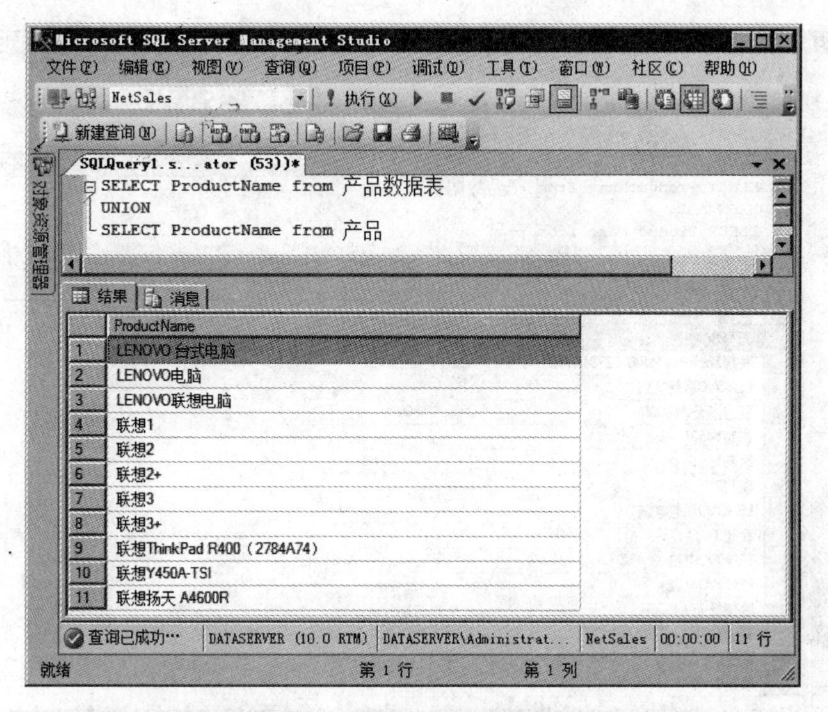

图 5-30 UNION 组合查询结果

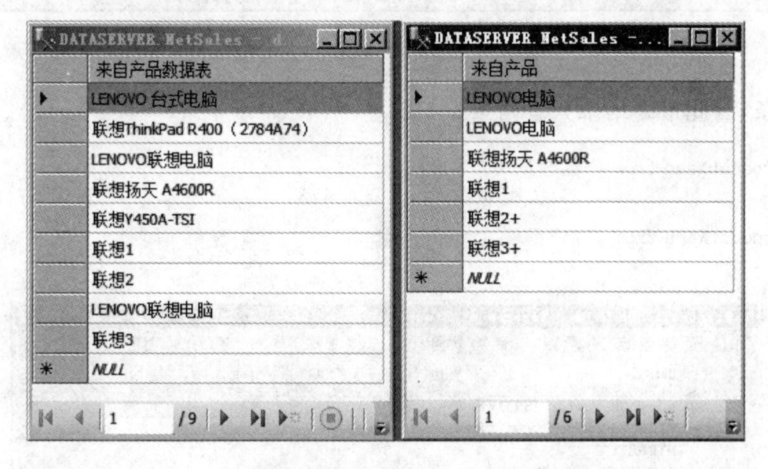

图 5-31 “产品数据表”和“产品”表的原始数据

集是两条查询语句产生的数据集的总合,共计 15 条,执行结果如图 5-32 所示。

```
SELECT ProductName from 产品数据表
UNION ALL
SELECT ProductName from 产品
```

2. INTERSECT

INTERSECT 可以返回多条查询语句中都包含的非重复数据。例如以下代码从“产品数据表”和“产品”表中执行 INTERSECT 组合查询,结果如图 5-33 所示。由于两表都有的

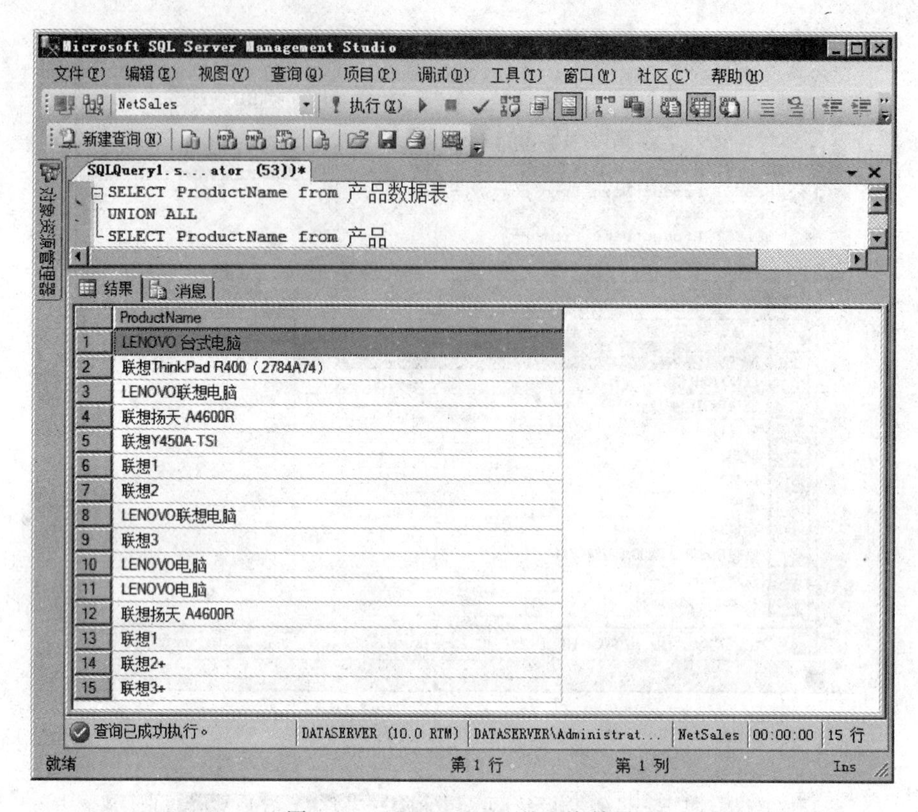

图 5-32　UNION ALL 的查询结果

数据只有两条，因此最终结果只有两条。

```
SELECT ProductName from 产品数据表
INTERSECT
SELECT ProductName from 产品
```

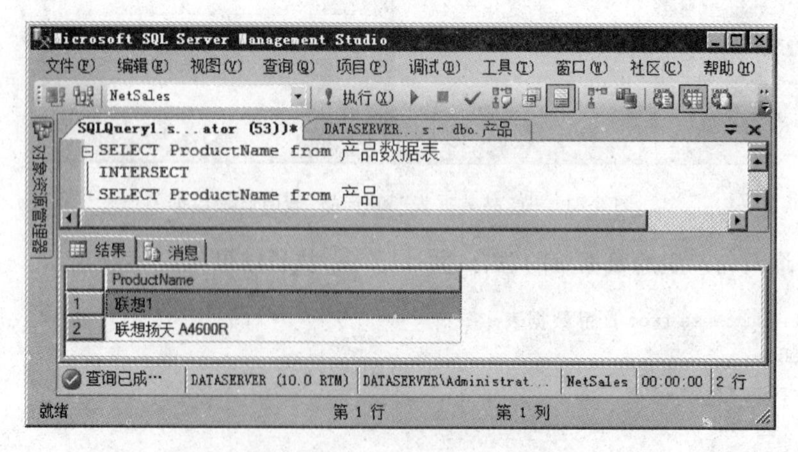

图 5-33　INTERSECT 组合查询

注意　INTERSECT 不支持 ALL 操作。

3. EXCEPT

EXCEPT 可以比较左右两个查询结果集的差异,并从左侧的查询结果集中返回在右侧找不到的数据,即从左侧的结果集中减去与右侧结果集相同的数据后得到的结果。

例如,以下代码使用 EXCEPT 从"产品数据表"和"产品"表中获取组合查询结果。执行结果如图 5-34 所示。因为"产品数据表"中原有 8 条非重复的数据,经去除"产品"表中的两条与之相同的数据后,最后得到 6 条非重复的数据。

```
SELECT ProductName from 产品数据表
EXCEPT
SELECT ProductName from 产品
```

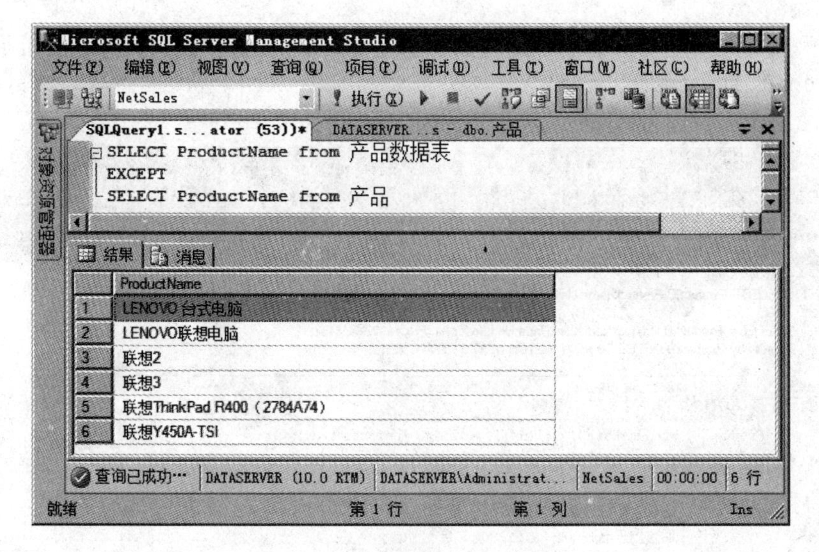

图 5-34 EXCEPT 组合查询结果

5.3.5 使用 FETCH 与 OFFSET 分页

当查询结果集中记录数量较大时,采用分页方式显示数据是一种必然的选择。在 SQL Server 2012 之前,T-SQL 并未提供直接的分页语句,实现分页功能是一个相对较为复杂的过程。SQL Server 2012 提供了 FETCH 和 OFFSET 参数,可以非常简便、高效地实现大数据集的分页显示。

FETCH 和 OFFSET 参数可以作为 ORDER BY 子句的参数,其语法如下:

```
OFFSET { integer_constant | offset_row_count_expression } { ROW | ROWS }
    [
      FETCH { FIRST | NEXT } {integer_constant | fetch_row_count_expression }
      { ROW | ROWS } ONLY
    ]
```

其中,OFFSET 参数用于指定从结果集中获取记录的起始行,其后的参数可以是整数,也可以是表达式，integer_constant 代表整数值，offset_row_count_expression 代表表达式。FETCH 用于指定在处理 OFFSET 子句后返回的行数，该值可以是大于或等于 1 的整数常量或表达式，同样 integer_constant 代表整数值，offset_row_count_expression 代表表达式。参数中 ROW 和 ROWS 具有相同含义，FIRST 和 NEXT 也具有相同含义。

以下实例演示了 FETCH 和 OFFSET 参数的使用方法。

在 SQL Server Management Studio 中，单击工具栏中的"新建查询"按钮，在查询编辑器窗口执行以下代码，执行结果如图 5-35 所示。第一条 SELECT 语句显示了产品数据表中的所有数据，第二条 SELECT 从产品数据表返回从第一行开始的 3 条记录。

```
Use NetSales
SELECT  ProductID,ProductName,UnitPrice,Unit,Instocks  FROM 产品数据表  order by ProductID
GO
 SELECT  ProductID,ProductName,UnitPrice,Unit,Instocks  FROM 产品数据表  order by ProductID
OFFSET 0 ROW  FETCH NEXT 3 ROW ONLY
```

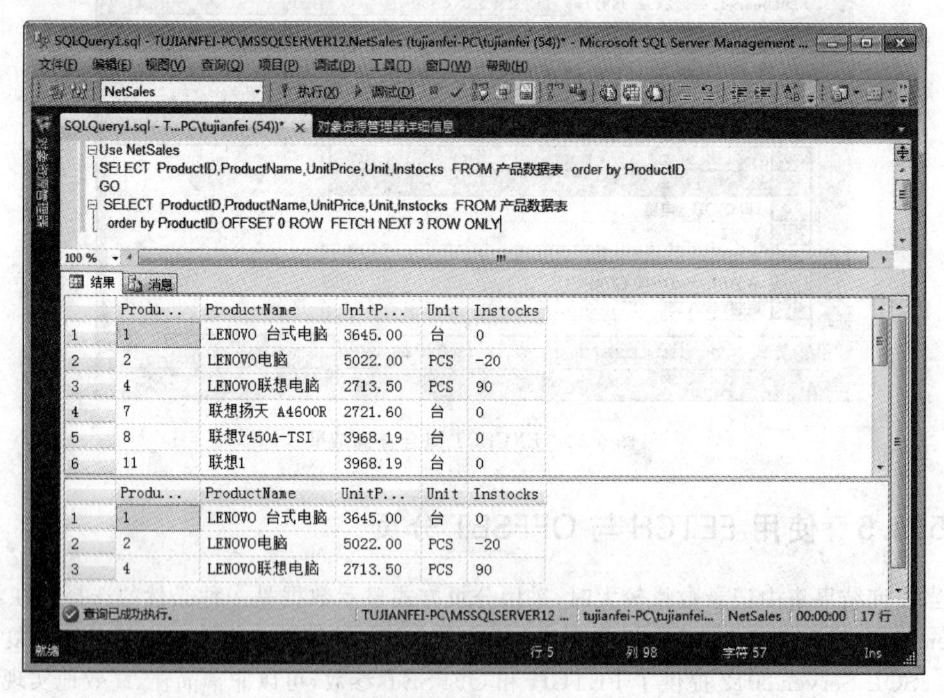

图 5-35　使用确定整数值的 FETCH 和 OFFSET 分页

在这个例子中 FETCH 和 OFFSET 参数都使用了确定的整数值。在实际使用过程中，FETCH 和 OFFSET 参数可以是变量值。以下代码演示了变量的使用方法，执行结果如图 5-36 所示。

```
Use NetSales
DECLARE @OffsetRows tinyint = 1,@FetchRows tinyint  = 5
SELECT  ProductID,ProductName,UnitPrice,Unit,Instocks  FROM 产品数据表 Order by ProductID
OFFSET @OffsetRows ROWS FETCH NEXT @FetchRows ROWS ONLY
```

上述代码定义了两个 tinyint 型变量@OffsetRows 和@FetchRows，分别用于保存分页起始的记录行和每页返回的行数。根据这两个变量的取值变化可以实现灵活的分页，FETCH 和 OFFSET 参数的分页可以结合存储过程，接受客户端程序传递的参数，实现大记录集的分页。

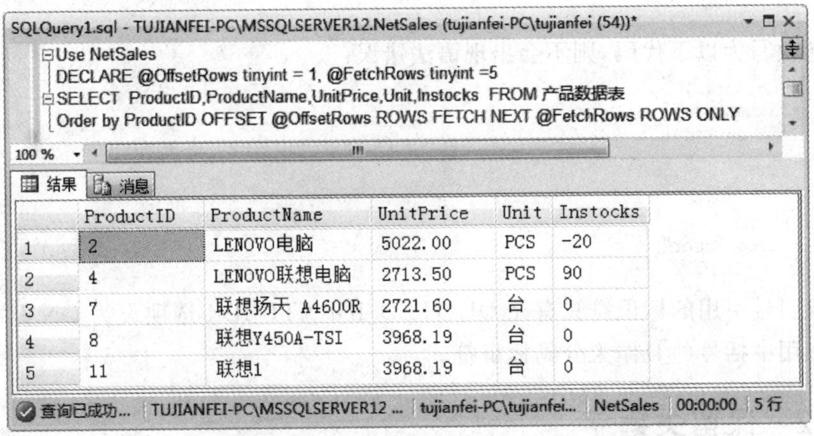

SQLQuery1.sql - TUJIANFEI-PC\MSSQLSERVER12.NetSales (tujianfei-PC\tujianfei (54))*

```
Use NetSales
DECLARE @OffsetRows tinyint = 1, @FetchRows tinyint =5
SELECT  ProductID,ProductName,UnitPrice,Unit,Instocks  FROM 产品数据表
Order by ProductID OFFSET @OffsetRows ROWS FETCH NEXT @FetchRows ROWS ONLY
```

100 %

结果 消息

	ProductID	ProductName	UnitPrice	Unit	Instocks
1	2	LENOVO电脑	5022.00	PCS	-20
2	4	LENOVO联想电脑	2713.50	PCS	90
3	7	联想扬天 A4600R	2721.60	台	0
4	8	联想Y450A-TSI	3968.19	台	0
5	11	联想1	3968.19	台	0

查询已成功... | TUJIANFEI-PC\MSSQLSERVER12 ... | tujianfei-PC\tujianfei... | NetSales | 00:00:00 | 5 行

图 5-36　使用变量实现分页

5.4 T-SQL 附加语言元素

T-SQL 作为数据库操作语言，除了上述语句之外，还包含很多附加的语言元素，如标识符、保留关键字、常量、变量、运算符、流程控制语句、函数、注释等。本节介绍这些内容。

5.4.1 标识符

在 T-SQL 语言中，标识符用于命名各种对象，如数据库名称、数据表名称、存储过程名称、变量名称和函数名称等。与其他语言类似，T-SQL 中的标识符也必须符合标识符命名的规则，这些规则包括以下几项。

(1) 首字符可以是 Unicode 字符集中的一个字母，包括英文字母 A～Z，a～z，以及其他 Unicode 字符，如汉字等。

(2) 首字符还可以是下划线(_)、位置符号(@)、数字符号(#)。但以这些符号作为首字符时会有不同的含义，如位置符号(@)开头表示定义的标识为局部变量，以两个位置符号(@@)开头表示系统内置的某些函数；以一个数字符号(#)开头表示为局部临时表或过程，以两个数字符号(##)开头表示为全局临时对象。

(3) 标识符长度限制在 128 个字符以内，除了局部临时表的名称之外，其他标识长度限制在 116 个字符以内。

(4) 后续字符可以是 Unicode 字母、数字、@、$、_、# 等符号。

(5) 标识符不能是 SQL Server 的保留关键字。

(6) 标识符不能嵌入空格或除上述字符以外的其他特殊字符。

例如，Products129、_129、@1G 等都是合法的标识符，而 Customer Name、1_name 等则

不是合法标识符。

在有些场合,可以使用双引号("")和中括号([ ])来引用标识符,被称为分隔标识符,如以下语句会因为USER是SQL Server保留关键字而出现语法错误:

```
SELECT * from user
```

但是将语句改写为以下代码,则不会出现语法错误:

```
SELECT * from [user]
```

或

```
SELECT * from "user"
```

但是双引号引用的标识符只有在QUOTED_IDENTIFIER选项设为ON时才会有效。默认可以使用中括号([])作为分隔标识符。

5.4.2 保留关键字

保留关键字是SQL Server预留的用于定义、操作和访问数据库的关键词,是T-SQL语言的组成部分。这些关键词不能直接用于命名标识符,虽然允许通过分隔标识符,如[]或""来引用这些关键词作为标识符,但为了避免引起不必要的误解,建议不要使用关键字作为标识符。

TSQL中的保留关键字包括ADD、ALL、ALTER、AND、ANY、AS、ASC、AUTHORIZATION、BACKUP、BEGIN、BETWEEN、BREAK、BROWSE、BULK、BY等现在使用的180多个关键词,还包括ABSOLUTE、ACTION、ADMIN、AFTER、AGGREGATE、BEFORE、FREE等将来可能使用的关键词190多个。

有关保留关键字的详细内容请参见"SQL Server联机丛书"。

5.4.3 常量与变量

常量是表示特定数据值的符号,如'SQL Server 2012'表示一个字符串常量,1表示一个整型常量,1.0表示浮点数常量。在SQL Server 2012中,要求字符串常量需要使用一对单引号(''),数值型常量直接使用数值,日期时间型常量需要使用一对单引号('')。

变量是指在T-SQL代码执行过程中其值可变,需要赋值的对象。在SQL Server 2012中,变量可用于批处理和脚本中,用来计算循环的次数,也可以保存数据值以供控制流语句测试,还可以用于保存存储过程或函数返回的数据值。

在T-SQL中,定义变量的语句为DECLARE,所定义变量的首字符必须是@,且必须指定数据类型和长度。例如:

```
DECLARE @SalesCount int
```

DECLARE语句可以一次指定多个变量,例如:

```
DECLARE @SalesCount int,@saler_name varchar(20)
```

默认定义的变量其值为 NULL，如果需要对变量赋值，可以使用 SET 语句，例如：

```
DECLARE @saler_name varchar(20)
SET @saler_name = '王强'
```

变量定义后，可以在存储过程、函数或者其他过程中使用。如以下代码定义了变量@id，并将之用于 SELECT 语句，执行结果如图 5-37 所示。

```
DECLARE @id int
Set @id = 100
select * from News where id>@id
```

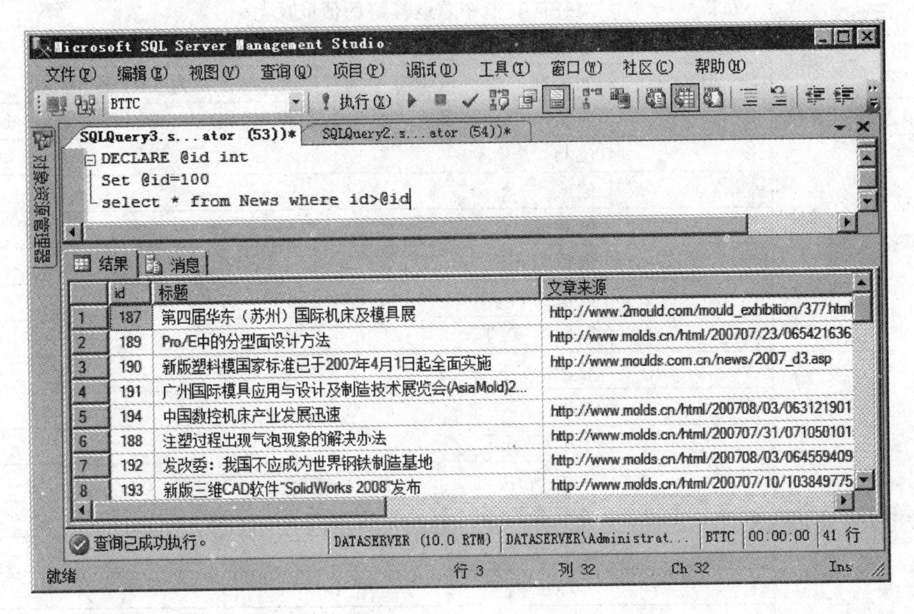

图 5-37 使用变量

5.4.4 运算符

运算符是程序设计语言的重要元素。在 T-SQL 中提供了算术运算符、比较运算符、逻辑运算符、赋值运算符、字符串连接运算符、位运算符和一元运算符等多种运算符，使 T-SQL 具备完成各种运算的能力。

T-SQL 运算符的含义见表 5-2。

表 5-2 T-SQL 的运算符

类　别	运算符	含　义
算术运算符	+(加)	加
	-(减)	减
	*(乘)	乘
	/(除)	除
	%(取模)	返回一个除法运算的整数余数。例如 13 % 5 = 3

续表

类　别	运算符	含　义
赋值运算符	＝	给变量赋值，或其他相关的赋值运算
逻辑运算符	ALL	如果一组的比较都为TRUE，那么就为TRUE
	AND	如果两个布尔表达式都为TRUE，那么就为TRUE
	ANY	如果一组的比较中任何一个为TRUE，那么就为TRUE
	BETWEEN	如果操作数在某个范围之内，那么就为TRUE
	EXISTS	如果子查询包含一些行，那么就为TRUE
	IN	如果操作数等于表达式列表中的一个，那么就为TRUE
	LIKE	如果操作数与一种模式相匹配，那么就为TRUE
	NOT	对任何其他布尔运算符的值取反
	OR	如果两个布尔表达式中的一个为TRUE，那么就为TRUE
	SOME	如果在一组比较中有些为TRUE，那么就为TRUE
字符串连接运算符	＋	连接两个字符串成一个新的字符串，如'abc'＋'123'，值为'abc123'
位运算符	&	位与
	|	位或
	^	位异或
	＋	数值为正
	－	数值为负
	～	返回数字的非
比较运算符	＝	等于
	＞	大于
	＜	小于
	＞＝	大于等于
	＜＝	小于等于
	＜＞	不等于
	!＝	不等于
	!＜	不小于
	!＞	不大于

当一个表达式中包含上述运算符中的多个时，T-SQL会根据不同运算符的优先级来执行运算。这些运算符的优先级从高到低的顺序如下。

- 正、负、非(＋、－、～)
- *、/、%
- ＋(加法或字符串连接)、－(减法)、&
- ＝(比较)、＞、＜、＞＝、＜＝、＜＞、!＝、!＞、!＜
- ^、|
- NOT
- AND
- ALL、ANY、BETWEEN、IN、LIKE、OR、SOME
- ＝(赋值)

例如，以下代码中使用了SOME运算符，由于“产品数据表”中的ProductID列有小于3的值，所以下式中的IF条件成立，会继续执行“SELECT * from 订单细节表”查询语句。

```
if (3 > SOME(select Productid from dbo.产品数据表))
SELECT * from 订单细节表
```

而如果改为以下表达式，因为“产品数据表”中的ProductID列并不全小于3，因此，下式中的IF条件不成立，不会执行“SELECT * from 订单细节表”。

```
if (3 > ALL(select Productid from dbo.产品数据表))
SELECT * from 订单细节表
```

再如：

```
30&12 = 12     30|12 = 30     30^12 = 18     ~50 =-51     3%4 = 3
```

5.4.5 控制流语句

T-SQL中提供了9种控制流语句，可以实现对程序流程的控制。这些语句包括BEGIN…END、BREAK、CONTINUE、GOTO、IF…ELSE、RETURN、TRY…CATCH、WAITFOR、WHILE等，这些语句的含义如表5-3所示。

表5-3 T-SQL控制流语句的含义

控制流语句	含 义
BEGIN…END	用于定义一组要求连续执行的语句块，语句块可以嵌套定义
BREAK	跳出循环语句的循环过程，继续执行循环语句后面的语句
CONTINUE	重新开始新的WHILE循环
GOTO	跳转到由GOTO后指定的语句，并执行
IF…ELSE	条件分支语句，如果条件成立，执行IF后的语句，条件不成立执行ELSE后的语句
RETURN	从过程、函数中返回，不再执行RETURN后的语句，如果RETURN语句指定了返回值，则将值返回，否则返回值为0
TRY…CATCH	错误捕捉语句，程序先执行TRY后的语句，如果出现错误，则执行CATCH后的语句。因此，可以在CATCH中添加错误处理语句，实现对错误的响应
WAITFOR	挂起后续语句，直到以下情况发生再继续执行挂起的及后续的语句：已超过指定的时间间隔；到达一天中指定的时间；指定的RECEIVE语句至少修改一行数据
WHILE	循环语句。当条件成立时，循环执行循环体内的语句；条件不成立时，执行循环体后续的语句

上述控制流语句经组合后可以实现顺序结构、条件分支结构和循环结构等程序结构，以下对常用的程序结构进行介绍。

1. 使用IF…ELSE实现条件分支结构

IF…ELSE语句是实现条件分支最常用的语句，基本语法如下。当Boolean_expression为真时，执行IF后的语句块；为假时，执行ELSE后的语句块。

```
IF Boolean_expression
     { sql_statement | statement_block }
```

```
[ ELSE
    { sql_statement | statement_block } ]
```

例如,以下代码配合 EXISTS,构建了一个条件分支语句。在 IF 语句中先判断是否存在“产品”表,如果存在,就执行 BEGIN…END 之间的语句块;如果不存在,则提示“数据表产品不存在。”该段代码执行的结果如图 5-38 所示。

```
USE NetSales
IF EXISTS(SELECT * from INFORMATION_SCHEMA.TABLES where TABLE_NAME = '产品')
BEGIN
SELECT '数据表产品存在.'
SELECT * from 产品
END
else
SELECT '数据表产品不存在.'
```

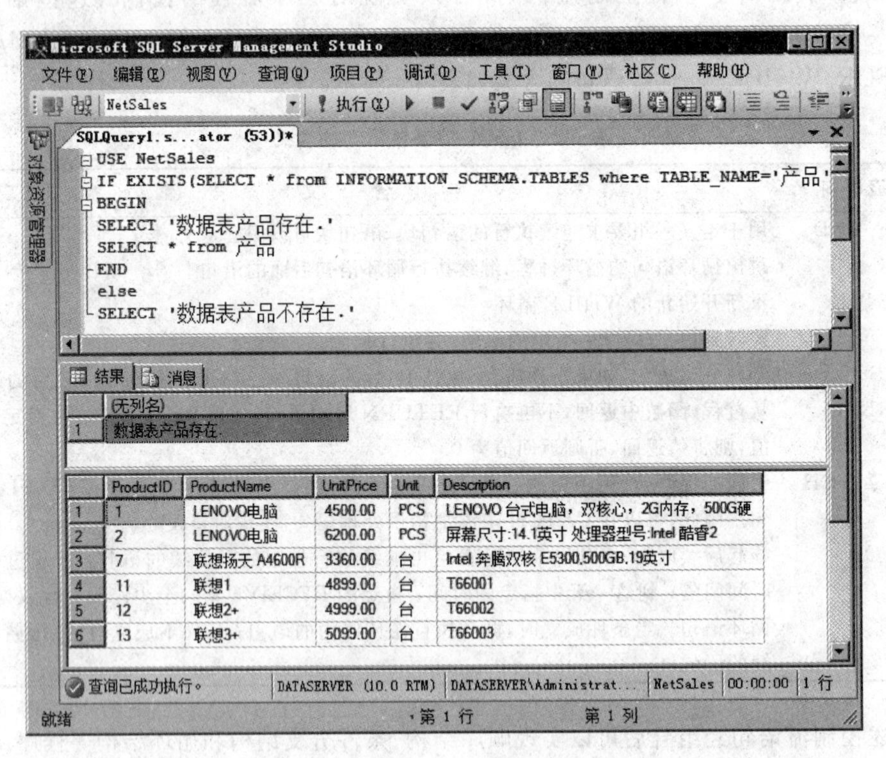

图 5-38 执行 IF…ELSE 条件分支语句

2. 使用 WHILE 构造循环结构

WHILE 语句可以用来构造循环结构程序。WHILE 语句的语法为,即当 Boolean_expression 表达式为真时,执行循环体内的语句,执行到 BREAK 时跳出循环,执行循环体后续的语句。

```
WHILE Boolean_expression
      { sql_statement | statement_block }
      [ BREAK ]
      { sql_statement | statement_block }
      [ CONTINUE ]
      { sql_statement | statement_block }
```

例如，以下使用 WHILE 语句构造了一个循环结构的程序，WHILE 循环体执行了 3 次，当变量@i=4 时退出循环。执行结果如图 5-39 所示。

```
declare @i int
set @i = 1
while 0 <(SELECT COUNT( * ) from 产品)
BEGIN
SELECT * from 产品
set @i = @i + 1
if @i > 3
break
END
```

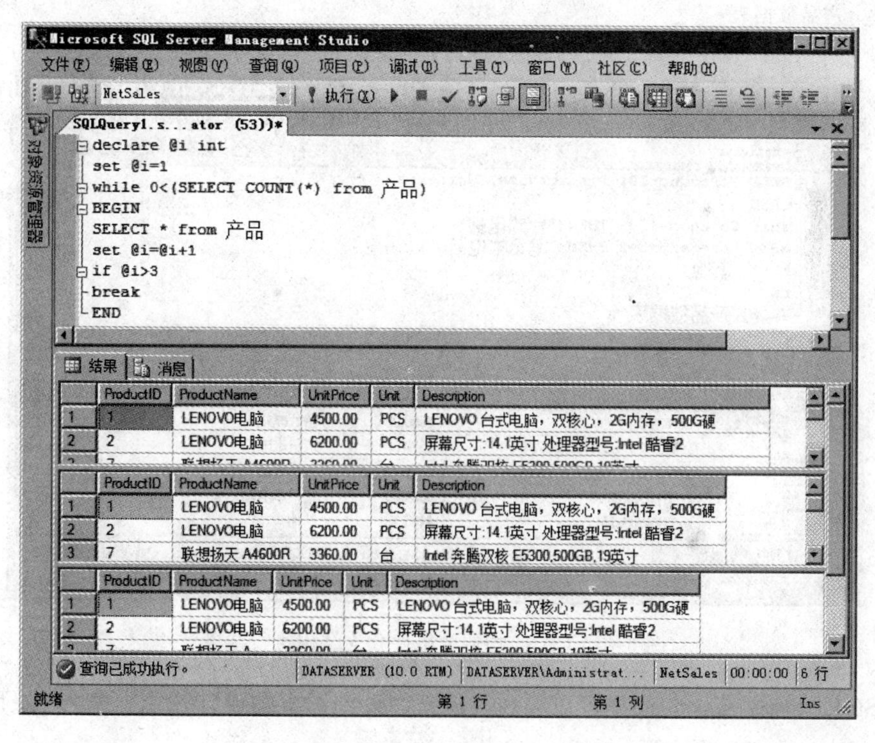

图 5-39 WHILE 循环执行结果

3. 使用 CASE

在 T-SQL 中还可使用 CASE 语句来构造条件分支结构。CASE 的基本语法如下，其中 input_expression 为输入的用于判断的表达式，当 when_expression 表达式为真时，执行

THEN 后的语句。WHEN 语句可以有多条,当所有的 WHEN 语句条件都不满足时,执行 ELSE 后的语句。

```
CASE input_expression
     WHEN when_expression THEN result_expression
    [ ...n ]
     [
    ELSE else_result_expression
     ]
END
```

例如,以下实例构造了一个应用 CASE 语句实现的条件分支结构,根据 CategoryID 列取值的不同,将数据分成 3 类,即“台式电脑”“笔记本电脑”和“其他”,执行结果如图 5-40 所示。

```
SELECT ProductID, ProductName, UnitPrice, 产品类别 =
CASE
WHEN CategoryID = 1 THEN '台式电脑'
WHEN CategoryID = 2 THEN '笔记本电脑'
ELSE '其他'
END
FROM  产品数据表
```

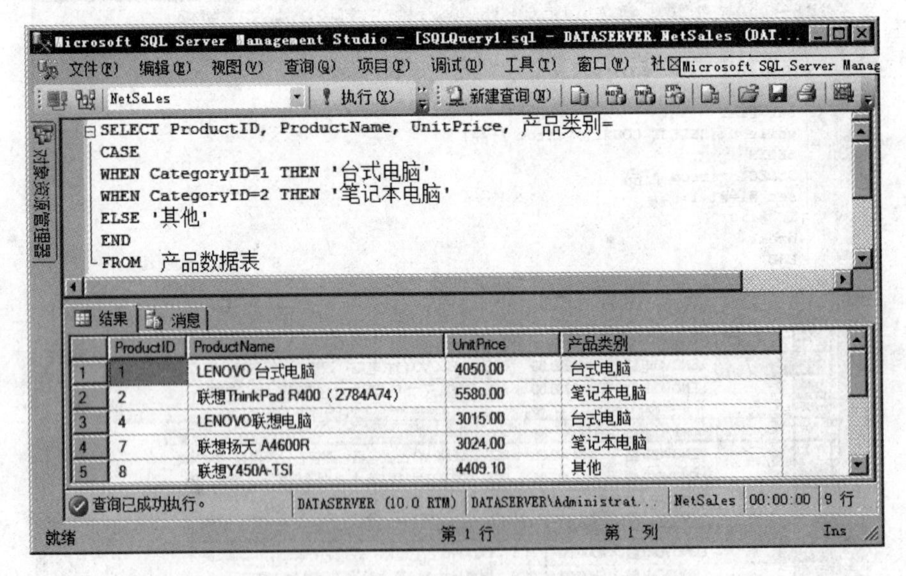

图 5-40 CASE 构造的条件分支结构执行结果

T-SQL 的控制流语句同样可以实现其他程序设计语言的设计功能。例如,以下代码实现了 1+2+…+100 的计算。

```
Declare @i int,@sum int
SET @i = 0
SET @sum = 0
while @i<= 100
```

```
BEGIN
SET @sum = @sum + @i
SET @i = @i + 1
END
SELECT @sum
```

执行结果为 5050。

5.4.6 函数

T-SQL 提供了大量的系统函数，可用于实现查询语句列运算、查询条件的构造、触发器、视图以及各种表达式等。这些系统函数提高了 T-SQL 程序设计的效率，也进一步提升了 SQL Server 的易用性。

在 T-SQL 中，函数根据执行功能的不同，可以分为聚合函数、配置函数、加密函数、游标函数、日期和时间函数、数学函数、元数据函数、排名函数、行集函数、安全函数、字符串函数、系统函数、系统统计函数、文本函数 14 类。还可以根据返回值是否能够确定，分为确定和非确定两类。确定是指对于一组确定的输入值，函数始终返回相同的结果，如 SQUARE(3)的值始终为 9，则 SQUARE 就是严格确定函数。非确定是指针对一组特定的输入值，返回的结果可能会不同，如 GETDATE，会返回系统当前的时间，由于其返回值会根据执行时间的不同产生不同的值，因此是非确定的。

以下介绍几种常用的函数。

1. 聚合函数

聚合函数经常用于数据的统计，如统计不同产品的销售量、统计最高的成绩等。这类函数包括 AVG、MIN、MAX、SUM、COUNT、STDEV、STDEVP、VAR、VARP 等，这些函数的使用方法在 5.3.1 节中已经介绍了，此处不再重复。

2. 日期和时间函数

日期和时间函数用于日期和时间的计算，在 T-SQL 查询中经常需要用到对当月销售数量、本周出勤率等与时间有关的统计应用。使用日期和时间函数可以处理日期和时间数据，生成需要的结果值。

在 T-SQL 中，日期和时间函数主要包括 DATEADD、DATEDIFF、DATENAME、DATEPART、DAY、GETDATE、GETUTCDATE、MONTH、YEAR 等，这些函数的含义如表 5-4 所示。

表 5-4 日期时间函数

函数名称	语法及含义
DATEADD	DATEADD(datepart,number,date) 在指定的日期时间值上加上一个时间间隔值，产生一个新值，如，DATEADD(dd,1,'2010-10-12')，表示在 2010-10-12 时间值上加上 1 天(dd 代表天数)，形成的新日期时间值为 2010-10-13

续表

函数名称	语法及含义
DATEDIFF	DATEDIFF(datepart,startdate,enddate)
	用于返回两个日期时间值的边界数。如,DATEDIFF(year,'2009-12-31','2010-01-02'),表示比较两个日期的年份(year)的差值
DATENAME	DATENAME(datepart,datetoinspect)
	用于返回指定日期时间值中指定部分的值,如,DATENAME(month,'2010-01-25'),要求返回月份(month)的值
DATEPART	DATEPART(datepart,datetoinspect)
	用于返回指定日期值指定部分的值。如,DATEPART(day,'2010-01- 25'),要求返回天(day)的部分
DAY	DAY (date)
	用于返回指定日期中的天的值,如 DAY('2010-02-07')
GETDATE	GETDATE()
	返回系统当前的日期和时间值
GETUTCDATE	GETUTCDATE()
	与 GETDATE()一样都能返回系统当前的日期和时间,但返回值是 UTC 的日期时间值
MONTH	MONTH(date)
	返回指定日期时间值的月份的值
YEAR	YEAR(date)
	返回指定日期时间值的年份的值
EOMONTH	EOMONTH(start_date,month_to_add)
	返回值为 datetime2(7),是针对指定开始日期 start_date 的月份的最后一天。month_to_add 是可选参数,如果提供这个参数值,函数会将此值添加到开始日期 start_date 的月数上,然后再返回结果月份的最后一天
DateFromParts	DateFromParts(year,month,day)
	基于给定的 year、month、day 返回 Date 值
DateTime2FromParts	DateTime2FromParts (year,month,day,hour,minute,seconds,fractions,precision)
	基于给定的 year、month、day、hour、minute、seconds、fractions、precision 返回 DateTime2 值
DateTimeFromParts	DateTimeFromParts (year,month,day,hour,minute,seconds,fractions,precision)
	基于给定的 year、month、day、hour、minute、seconds、fractions、precision 返回 DateTime 值
DateTimeOffSetFromParts	DateTimeOffSetFromParts (year, month, day, hour, minute, seconds, fractions, hour_offset, minute_offset, seconds_offset, fractions_offset, precision)
	基于给定的 year、month、day、hour、minute、seconds、fractions、hour_offset、minute_offset、seconds_offset、fractions_offset、precision 返回 DateTime Offset 值
SmallDateTimeFromParts	SmallDateTimeFromParts (year,month,day,hour,minute)
	基于给定的 year、month、day、hour、minute 返回 DateTime 值
TimeFromParts	TimeFromParts (year, month, day, hour, minute, seconds, fractions, precision)
	基于给定的 year、month、day、hour、minute、seconds、fractions、precision 返回 Time 值

表 5-4 中，参数 datepart 的取值与含义如表 5-5 所示。

表 5-5 datepart 的取值及含义

日期部分	缩写	说明	日期部分	缩写	说明
year	yy,yyyy	年	week	wk,w	星期
quarter	qq,q	季度	weekday	dw	星期几
month	mm,m	月	hour	hh	小时
dayofyear	dy,y	一年中的第几天	minute	min	分
day	dd,d	日期	second	ss,s	秒
millisecond	ms	毫秒			

例如，以下代码可以从“订单表”中返回一个月内的订单，如果今天是 2010-02-07，则订单的时间范围为 2010-01-08 到 2010-02-07，执行结果如图 5-41 所示。

```
SELECT * FROM dbo.订单表
WHERE ordertime > DATEADD(m, - 1,DATEADD(d,1,getdate())) and ordertime <= GETDATE()
```

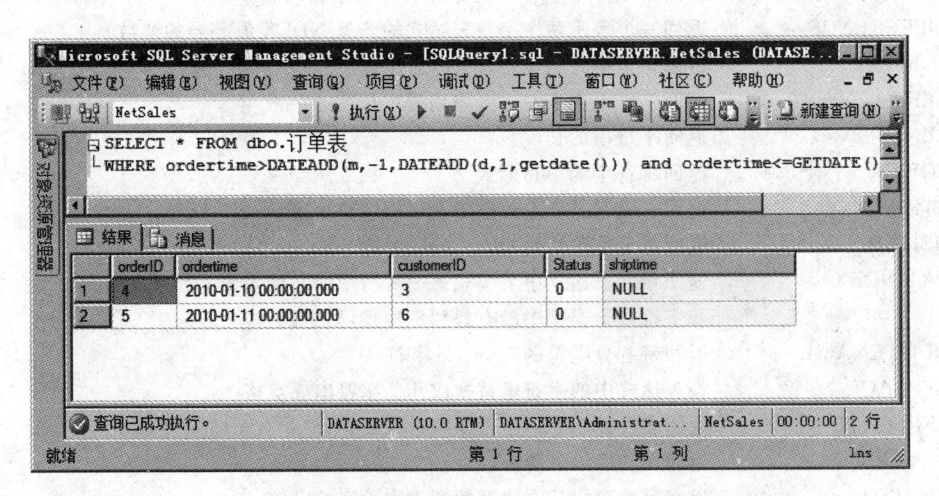

图 5-41 使用日期函数查询一个月内订单

如果需要查询当月订单，可以使用以下代码，即通过判断年份与月份是否同时相等来获取当月的订单。

```
SELECT * FROM dbo.订单表
WHERE datePART(yy,ordertime) = datePART(yy,getdate()) and datePART(m,ordertime) =
datePART(m,getdate())
```

3. 数学函数

T-SQL 中提供了 23 种数学函数，这些数学函数可以对 SQL Server 2012 中的各种数值型数据进行运算。这些数学函数包括 ABS、ACOS、ASIN、ATAN、ATN2、CEILING、COS、COT、DEGREES、EXP、FLOOR、LOG、LOG10、PI、POWER、RADIANS、RAND、ROUND、SIGN、SIN、SQRT、SQUARE、TAN 等，这些数学函数的功能与 C#、C 等编程语言的函数

功能相同,请参见相关资料。

4. 字符串函数

字符串函数是对字符串进行各种操作的函数。T-SQL 提供的字符串函数包括 ASCII、CHAR、CHARINDEX、DIFFERENCE、LEFT、LEN、LOWER、LTRIM、NCHAR、PATINDEX、QUOTENAME、REPLACE、REPLCATE、REVERSE、RIGHT、RTRIM、SOUNDEX、SPACE、STR、STUFF、SUBSTRING、UNICODE、UPPER 等。

这些函数具体含义见表 5-6。

表 5-6　字符串函数的含义

函　数	含　义
ASCII	将单个字符转换成对应的 ASCII 码
CHAR	将一个数字值转换成字符
CHARINDEX	返回字符串在另一个字符串中的起始位置
CONCAT	将两个或多个字符串组合为单个字符串
DIFFERENCE	返回一个表示两个字符表达式的 SOUNDEX 值差异的整数
FORMAT	返回指定格式的值
LEFT	返回字符串中从左边开始到指定长度的字符
LEN	返回字符串的长度
LOWER	返回字符串的小写形式
LTRIM	返回去除字符串左边空格之后的字符串值
NCHAR	返回指定整数代码的 Unicode 字符
PATINDEX	返回指定表达式中某模式第一次出现的起始位置；如果在全部有效的文本和字符数据类型中没有找到该模式,则返回 0
QUOTENAME	返回带有分隔符的 Unicode 字符
REPLACE	将表达式中的字符串替换成其他字符串或空格
REPLCATE	返回多次复制后的字符串表达式
REVERSE	返回反转后的字符串
RIGHT	返回字符串中从右边开始到指定长度的字符
RTRIM	返回去除字符串右边空格之后的字符串值
SOUNDEX	返回一个由 4 个字符组成的代码,用于评估两个字符串的相似性
SPACE	返回由指定数量的空格组成的字符串
STR	返回由数字数据转换来的字符数据
STUFF	将字符串插入另一个字符串
SUBSTRING	返回整个字符串中指定的部分字符串
UNICODE	返回输入表达式的第一个字符的整数值
UPPER	返回字符串的大写形式

例如,以下代码使用了部分字符串函数,执行的结果如图 5-42 所示。

```
SELECT ASCII('SQL Server') as 'ASCII',CHAR(56) AS 'CHAR(56)',
LEFT('SQL Server',5) as 'LEFT5',LOWER('SQL Server') as 'LOWER',
UPPER('SQL Server') AS 'UPPER',RIGHT('SQL Server',5) as 'RIGHT5',
SUBSTRING('SQL Server',3,LEN('SQL Server')) as 'SUMSTRING'
```

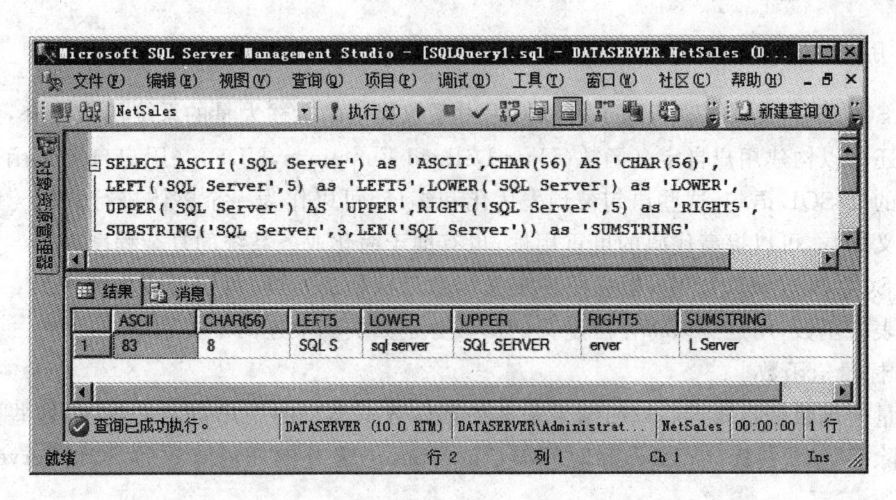

图 5-42 字符串函数执行的结果

5. 其他常用函数

(1) ISDATE 函数。

该函数是一个判别列、变量或常量是否一个日期时间值的函数。如果是日期时间,则返回 1,否则返回 0。这个函数能否正确运算与操作系统的区域和日期格式设置有关。

例如:

```
ISDATE('20010 - 01 - 01')
```

(2) ISNULL 函数。

该函数用于判断列或变量的值是否为 NULL,如果为 NULL,可以用指定的值替换 NULL 值。该函数的语法如下:

```
ISNULL(value_to_test,new_value)
```

例如,以下代码使用 ISNULL 函数对变量进行判断,并使用 ISNULL 字符串替换 NULL 值。

```
DECLARE @p varchar(20)
select ISNULL(@p,'ISNULL')
```

由于变量刚定义,未赋值前其值为 NULL,所以该代码的输出结果为 ISNULL。

(3) ISNUMERIC 函数。

这是一个对变量、列或常量进行判断,确定是否数字值的函数。如果是数字值则返回 1,否则返回 0。货币符号也会被判定为数字值。

例如,以下代码中,@p 被赋值为 1.2,是数字值,因此判定结果为 1。

```
DECLARE @p varchar(20)
SET @p = 1.2
select ISNUMERIC(@p)
```

6. 用户自定义函数

在 SQL Server 2012 中,除了可以使用由系统提供的上述大量的系统函数之外,用户根据需要还可以构建用户自定义函数(User-Defined Functions,UDF)。用户自定义函数是一组有序的 T-SQL 语句,这些语句被预先优化和编译,可以作为一个整体进行调用。应用用户自定义函数,可以提高代码的可重用性,也有助于简化业务系统的复杂程度。

在 SQL Server 2012 中,根据用户定义函数返回值的不同,可以分成为两大类：标量值函数和表值函数,用户可以将自己定义的函数分别归类到上述两个类别中。

1) 标量值函数

标量值函数是指执行后返回结果是某种具体数据类型的用户自定义函数,这些数据类型包括除 BLOB、游标(Cursor)和时间戳(timestamp)之外的任何有效的 SQL Server 数据类型。

以下代码创建了用于判断产品是否可销售的用户自定义函数,函数的名称为 IsCanSale,返回的数据类型为 BIT。函数输入两个整型参数,@ProductID 用于代表产品编号,@Qty 代表产品销售数量,通过判断"产品数据表"中指定的产品是否有足够库存量来确定返回值,返回值为 1,表示产品可销售；为 0 表示产品数量不足或产品不存在,不能销售。

```
USE [NetSales]
GO
SET ANSI_NULLS ON
GO
SET QUOTED_IDENTIFIER ON
GO
CREATE FUNCTION [dbo].[IsCanSale](@ProductID int,@Qty int)
RETURNS BIT
AS
BEGIN
DECLARE @iReturn BIT
SET @iReturn = 0
IF(EXISTS(SELECT * FROM [dbo].[产品数据表] WHERE [ProductID] = @ProductID AND [Instocks]>=
@Qty))
SET @iReturn = 1
ELSE
SET @iReturn = 0
Return @iReturn
END
```

此函数创建后,可以在当前数据库中作为一个对象,在查询、视图、存储过程等多处调用,甚至可以被其他函数调用。以下代码演示了该函数在查询中调用的方法：

```
SELECT * FROM [dbo].[产品数据表] WHERE
[dbo].[IsCanSale](ProductID,20) = 1
```

执行结果如图 5-43 所示。

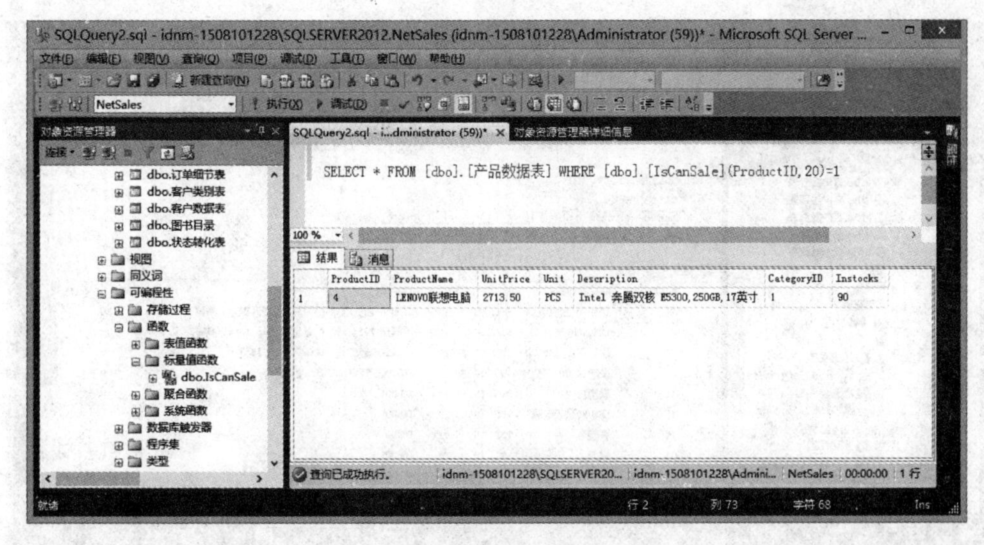

图 5-43　调用标量值用户自定义函数

2）表值函数

与标量值函数相对应，表值函数是指返回值的数据类型为表的用户自定义函数。由于返回结果为表，这使表值函数很适合于需要提取中间数据的场合。如在某些场合，需要先了解“产品数据表”中库存不足的产品数据，然后再由这些数据生成对应的采购数据，在这个业务应用中，库存不足的产品数据是中间表，可以由表值函数来实现。

以下代码创建了一个用于获取“产品数据表”中库存小于某一指定值的产品数据的用户自定义函数。函数的名称为 Get_LowStockProduct，返回值的数据类型为 TABLE，使用的参数@Qty 用于指定库存的最低数量。

```
USE [NetSales]
GO
SET ANSI_NULLS ON
GO
SET QUOTED_IDENTIFIER ON
GO
CREATE FUNCTION [dbo].[Get_LowStockProduct](@Qty int)
RETURNS TABLE
AS
RETURN (SELECT * FROM [dbo].[产品数据表] WHERE  [Instocks]<= @Qty)
```

同样，表值函数也可以在查询、视图、存储过程和函数等多处重复调用。以下代码演示了在查询中调用的方法：

```
DECLARE @Qty int
set @Qty = 20
SELECT * FROM [dbo].[Get_LowStockProduct](@Qty)
```

执行结果如图 5-44 所示。

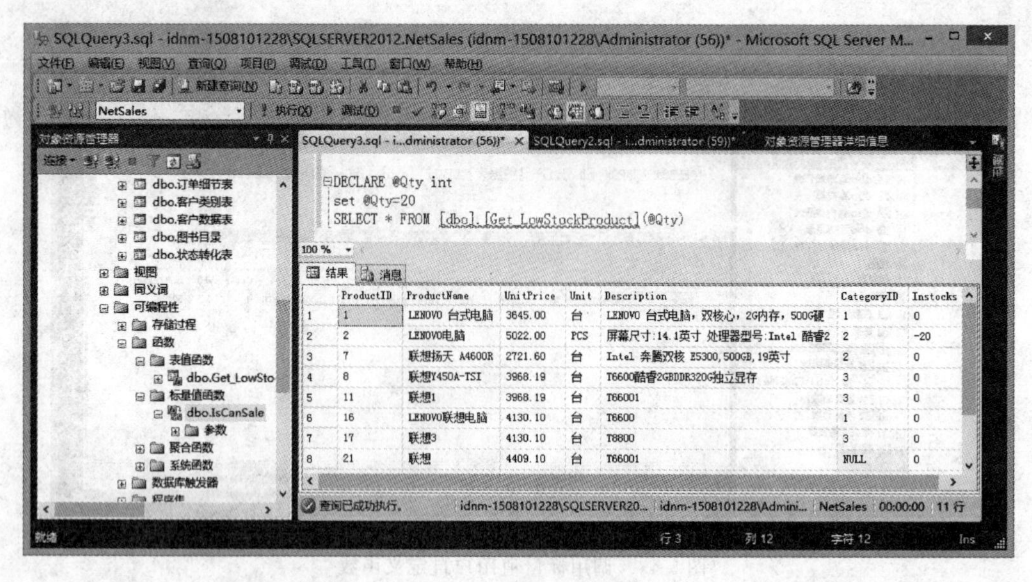

图 5-44 调用表值函数

5.5 本章小结

T-SQL 是 SQL Server 数据管理的基础,几乎所有 SQL Server 管理操作都可以通过 T-SQL 完成。T-SQL 是基于 SQL 国际标准,应用于 SQL Server 中的数据操作语言;与 SQL 国际标准相比,T-SQL 增加了很多独具特色的语句,使 SQL Server 具备更强的功能和特色。

本章介绍了 T-SQL 语言,包括 T-SQL 的数据操纵语言、数据查询语言,并对 T-SQL 语言的附加元素,如变量、运算符、控制流语句、函数等进行了深入介绍。掌握 T-SQL 是进一步深入 SQL Server 2012 应用和管理的重要前提,也有益于深入了解 SQL Server 2012 的管理机制。

习题与思考

1. 简述 T-SQL 语言的发展过程及与 ANSI SQL 语言的区别。
2. T-SQL 语言的分类有哪几种?分别包含哪些语句?
3. 如何使用 INSERT 语句在数据表中添加数据?如何使用 UPDATE 语句修改指定条件数据行的列值?如何使用 DELETE 语句删除表中符合指定条件的数据?
4. 如何使用 SELECT 语句检索表中符合指定条件的数据?如何构造模糊匹配条件?如何使用通配符构建检索条件?
5. 如何联接多表检索数据?SQL Server 中多表联接检索的种类有哪些?
6. 如何对检索结果数据进行排序和分组?
7. 如何去除检索结果中的重复数据?

8. 如何使用 UNION、INTERSECT 和 EXCEPT 运算符实现组合查询？
9. SQL Server 中标识符命名有何要求？
10. 如何使用 SELECT INTO 批量加载数据到数据表中？
11. 如何使用 IF…ELSE、WHILE、CASE 等语句构造流程控制程序？
12. 如何使用 OFFSET 和 FETCH 参数实现分页？

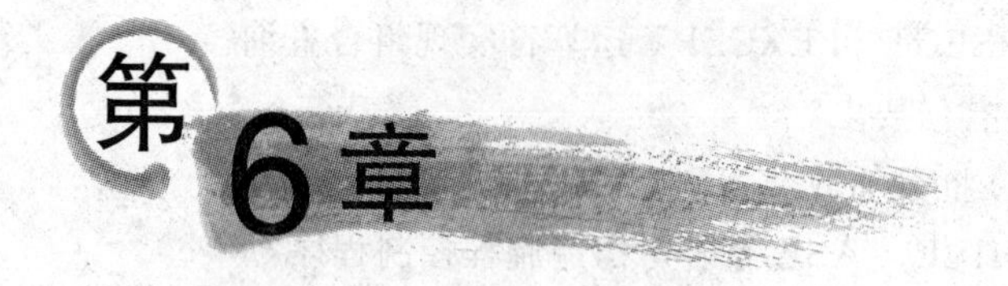

第6章 索 引

数据库应用系统一般都具有存储数据规模大、访问用户多、应用系统覆盖面广的特点。因此，提高数据存取效率是提高应用系统性能的重要前提。对于数据查询来说，减少每次查询扫描数据页的数量，即尽可能直接地读取目标数据是提高数据查询速度的关键。

SQL Server 2012 是一个面向企业级应用的大型数据库管理系统，所面对的应用环境也具有上述数据规模大、访问用户多的特点。因此，在数据库系统中必须做好规划，设置有效的特性参数，尤其是索引的设置。

本章将详细介绍 SQL Server 2012 的索引结构、聚集索引、非聚集索引的创建与应用。

本章要点：

- SQL Server 2012 数据查询的方式
- 索引的结构
- 聚集索引、非聚集索引
- 索引的创建与应用

6.1 概述

试想一下，如果图书馆里的图书是杂乱放置的，且没有可用的图书编目以供检索，那么怎样才能找到一本或几本想要的书呢？恐怕只能一个书架一个书架地找过去，一直找到想要的书为止。最差的情况是，找遍了整个图书馆，一直找到最后一本书，才发现是想要的。

在数据库中存储的数据具有类似的情况，SQL Server 2012 以每页 8KB 的容量给数据存储分配空间，每次分配 8 个页面(即一个盘区)。在默认情况下，SQL Server 根据数据存取的先后顺序，把数据存储到这些页面中，在用满一个盘区后，再分配下一个盘区。

因此，这些数据存放时，除了业务上具有时间的先后关系之外，并没有其他逻辑顺序。例如，有某位客户在两年内实施了两次购买行为，一次在 2008 年 1 月 21 日，另一次在 2010 年 1 月 19 日，在“订单”数据表中记录了该客户的这两次购买行为。可能在这两条数据的中间夹杂了大量的其他数据，如果这个订单数据表未对数据做额外的组织，如索引，可以设想，如果想要查询汇总这位客户的购买情况，最少也必须从 2008 年 1 月 21 日一直查找到 2010 年 1 月 19 日。而更多的时候，这种查询操作必须从数据表头部一直扫描到数据表的末尾，这就是表扫描。

表扫描必须对整个数据表的数据做完整扫描，才能找到符合特定条件的数据。因此，在表中数据量非常大的情况下，这种表扫描的数据查询方式效率是非常低的。为解决这种大数据量查询的不足，在 SQL Server 中提供了对数据表创建索引的数据管理和组织的方式。数据库中的索引是某个表中一列或者若干列值的集合和指向这些值所在数据页的物理位置的逻辑指针清单。针对表中被频繁查询的列创建索引，可以为数据查询提供索引表。如果创建的是聚集索引，数据表中的数据还将根据索引的顺序进行重新排列。

索引这种对数据构建排序表的方式可以提高数据查询时的速度。因为查询数据时，可以先到索引中去查找，然后再根据索引提供的数据所在盘区、页码和记录号的位置，直接到指定的数据页中提取所需的数据，如图 6-1 所示。

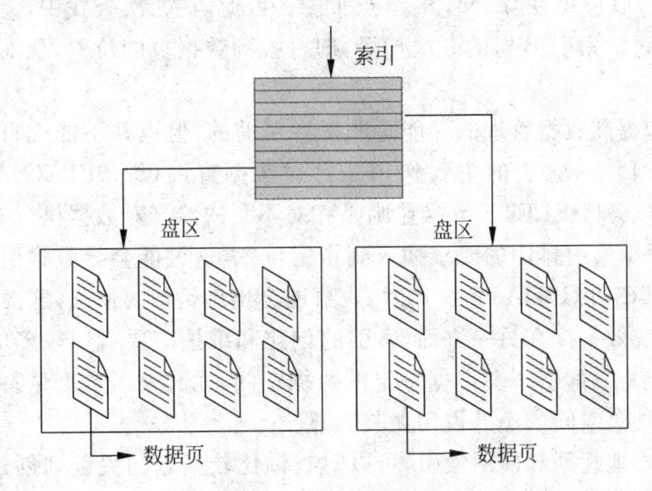

图 6-1 索引扫描数据

如要在前述的“订单”数据表中查找该客户的两条购买数据时，如果事先在“订单”数据表上以“客户名称”为关键列创建了索引，在索引中该客户的两条数据是相邻的。因此，只需扫描到第一条，第二条紧跟着就可以读取出来，而之后的数据由于与该客户的名称不符，已经无须继续扫描剩余的数据，从而大幅缩短了数据查询的扫描时间。这种通过对索引检索，然后再根据索引提供的地址指针查找数据的方式，被称为索引扫描。

索引还可以提高多表联接查询时表间数据的联接速度，尤其是在索引列与联接列相同时。因为在索引的帮助下，表间联接也可以缩小数据扫描的范围。索引还可以在应用 ORDER BY、GROUP BY 子句查询时减少排序与分组的时间，提高操作执行的效率。使用索引可以在检索数据的过程中使用优化隐藏器，提高系统性能。同时，索引还可以通过设置唯一性选项，即创建唯一性索引，来实现唯一性约束的功能，对确保数据完整性同样很有帮助。

在 SQL Server 中创建和维护索引的结构叫平衡树(Balance Tree，即 B 树)，这是一种树状的层次化的结构。图 6-2 是 B 树索引的一个实例。由图中可知，B 树由一个根节点(root node)、零个或多个中间层节点以及一个或者多个叶节点组成。根节点包含了指向中间层节点的指针，中间层节点又包含了指向下一层中间层节点的指针，一直类推到最低层的中间层节点。叶节点包含了被索引的数据排序后的指针，如果索引是聚集索引，则叶节点中还包含具体的数据。

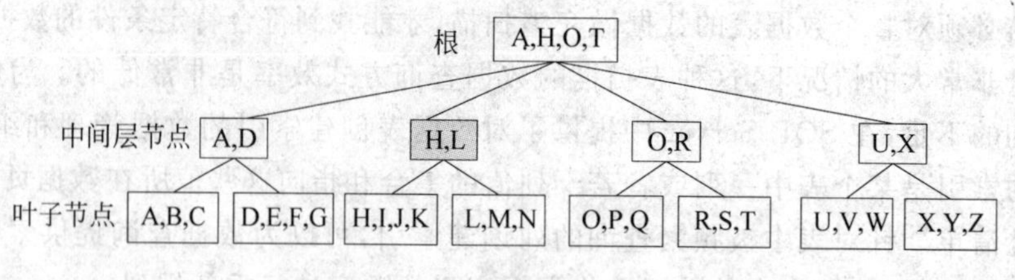

图 6-2　B树索引实例

例如，需要查询 LENOVO，查询先扫描索引的根节点，在节点中查询会查找到数据 H 和 O，因为 L 在 H 之后，在 O 之前，所以应该在 H 带头的节点中查找。查询接着扫描 HL 节点，发现 LENOVO 应该在“L，M，N”节点页中。因此，在一次查找中，无论数据库中有多少数据，只需要通过对索引 B 树的 3 次扫描，即可找到数据页的位置，从而可以大幅缩短数据检索的时间。

索引对改进和提高数据管理的性能是非常有帮助的，但也并不能说可以因此给数据表创建过多的索引。因为，索引的主要作用是针对数据查询（即 SELECT）的，而对数据的 UPDATE、INSERT 和 DELETE 等操作则是相对不利的。当对数据执行 INSERT 操作时，新增的数据需要根据索引排序的要求插入到指定位置，这可能会导致索引数据的重排。同样，在执行 DELETE 和 UPDATE 操作时，也可能会出现类似的情况，这会增加数据 I/O 操作的频率，降低系统效率。在另一方面，索引的创建和维护需要占用较多的系统资源，会影响对正常应用的响应；索引还会占据一定的数据空间，尤其是对数据量特别大的数据表创建聚集索引时，对硬盘空间的额外占用尤其明显。

因此，必须合理地规划和使用索引，可以对查询比较频繁的关键列创建索引，在主键上创建索引，在外键列上创建索引，在需要排序与分组的列上创建索引，在低维护列（更新不频繁的列）上创建索引。而对于不太会被作为查询条件的列不应该创建索引。对于选择性较少的列也不应该创建索引。如性别列只有两种选择，就是创建了索引，也需要扫描一半的数据，对提高性能作用不大。数据量较少的数据表也不应该创建索引，因为先检索索引表再检索数据的方式可能还不如直接扫描表中少量的数据更快。

6.2　索引的类别及特点

SQL Server 提供了两种主要的索引：聚集索引和非聚集索引，相应地对表中数据未建聚集索引时数据存放的方式称为堆。除此之外，还有唯一性索引、索引视图、全文索引、XML 索引等，本章主要介绍聚集索引、非聚集索引和堆，上述三者是理解其他索引的基础。

6.2.1　聚集索引

聚集索引是一种使数据表中数据的物理存放顺序与索引顺序一致的索引。当给数据表创建聚集索引时，系统会根据聚集索引的关键列取值的顺序重排表中数据。由于每一个数据表的物理存放顺序只能按一种方式排序，因此每个表中只能有一个聚集索引。

聚集索引也采用 B 树结构组织索引，包含一个根节点、若干中间层节点和叶节点，不同的是，聚集索引的叶节点包含的是实际数据。聚集索引的结构如图 6-3 所示，在每个节点中包含多个索引行，每个索引行中包含一个索引键值和指针，索引键值来自索引列的取值，如在“产品数据表”的“产品名称”列上创建聚集索引，则索引键值是“产品名称”列的数据；索引行中的指针分别指向索引的某一中间级页或叶级索引中的某个数据行。每级索引中的页均被链接在双向链接列表中。

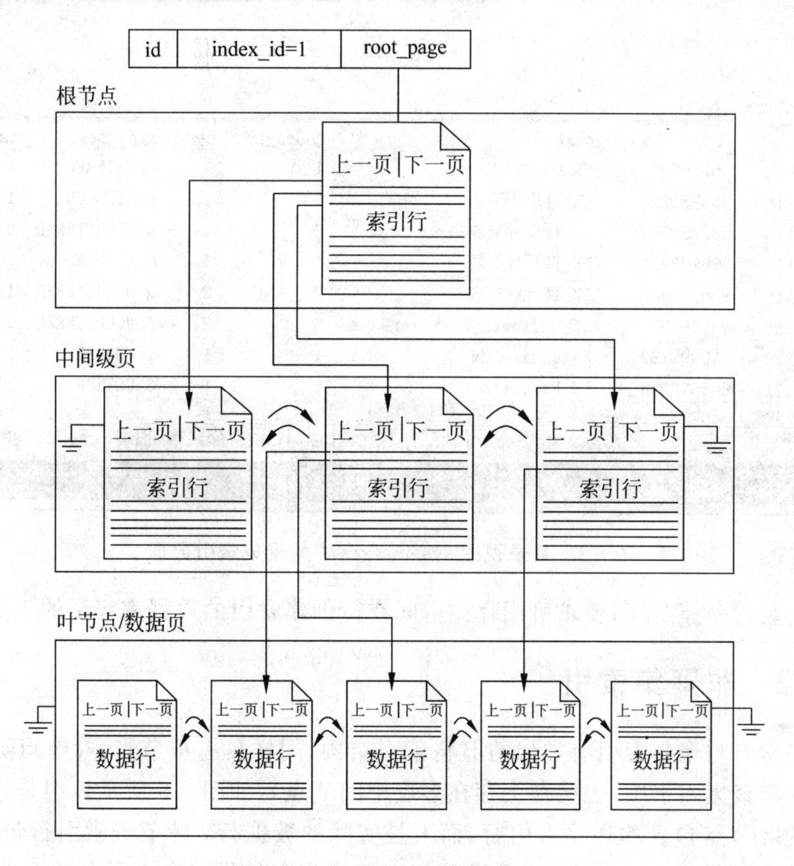

图 6-3 聚集索引的结构

每个聚集索引可以通过系统视图 sys. indexes 找到一条 index_id＝1 的记录，如图 6-4 中“PK_订单细节表”是一个 type_desc 为 CLUSTERED、index_id 为 1 的聚集索引，该聚集索引是通过创建主键约束形成的。

在已创建聚集索引的数据表中查询数据时，如“SELECT * FROM 产品数据表 WHERE ProductID＝2”，查询条件列是 ProductID，系统会先到 sys. indexes 系统视图中查找该列是否是索引列，并通过 index_id 的值判断是否是聚集索引；如果是聚集索引，系统会通过系统视图 sys. system_internal_allocation_units 获取聚集索引的 root_page，该地址信息指向聚集索引的根节点。然后，查询操作会通过根节点，从索引 B 树中查询 ProductID 键值为 2 的索引行，再使用该索引行提供的指针逐级找到叶节点中的目标数据。

聚集索引一般可建在表中的关键列，如主键或者具有高选择性的列（即数据取值多，重复较少的列）或者经常需要在检索中进行排序的列，但是需要频繁修改和数据长度较大的列不适合作为聚集索引列。聚集索引列可以是单一的关键列，也可以是多个列的组合，但最多不能超过 16 个列，且索引列的字节总和不能超过 900B。创建聚集索引时，需要临时使用数

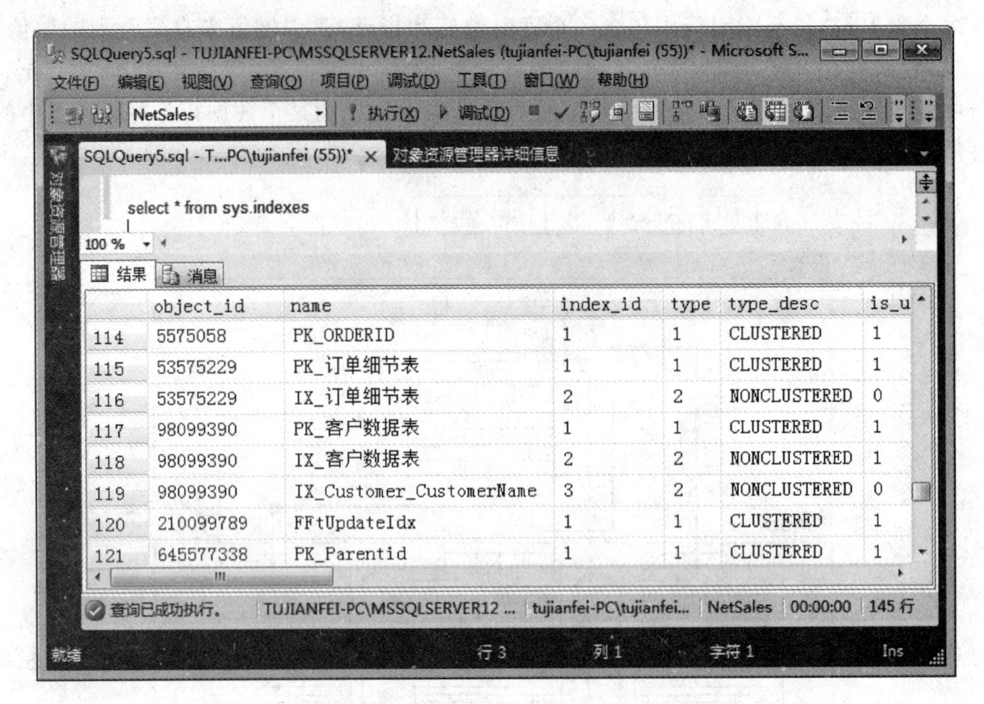

	object_id	name	index_id	type	type_desc	is_u
114	5575058	PK_ORDERID	1	1	CLUSTERED	1
115	53575229	PK_订单细节表	1	1	CLUSTERED	1
116	53575229	IX_订单细节表	2	2	NONCLUSTERED	0
117	98099390	PK_客户数据表	1	1	CLUSTERED	1
118	98099390	IX_客户数据表	2	2	NONCLUSTERED	1
119	98099390	IX_Customer_CustomerName	3	2	NONCLUSTERED	0
120	210099789	FFtUpdateIdx	1	1	CLUSTERED	1
121	645577338	PK_Parentid	1	1	CLUSTERED	1

图 6-4 目录视图 sys.insexes 中的聚集索引数据

据库所在硬盘的存储空间,要求可用存储空间在待创建索引的数据表容量的 1.2 倍以上。

6.2.2 非聚集索引

非聚集索引与聚集索引有类似的 B 树索引结构,同样具有根节点、叶节点页面(在数据量比较大的非聚集索引中,也同样会存在多层中间节点),如图 6-5 所示。但是,不同的是非聚集索引的叶节点包含的还是索引行,而不是实际的数据行;叶节点索引行包含了索引列内容和指向数据页地址的指针。非聚集索引与聚集索引的另一个不同点是不会对表中数据的物理存放顺序进行重新排列,在非聚集索引中索引页与数据页是相互独立的,而不像在聚集索引中,索引页与数据页是组合在一起的。

由于不涉及对数据表中数据物理存放顺序的重新排列,所以非聚集索引在一个数据表中可以有多个,最多可达 999 个。因此,在需要对表中数据创建索引时,可以在完成一个聚集索引后,对其他列创建非聚集索引。

每个非聚集索引同样可以通过 sys. indexes 系统视图找到对应的记录,其中 index_id 的取值为 2～251,在图 6-4 中可以看到,由约束生成的“IX_订单细节表”是“订单细节表”的非聚集索引。

SQL Server 在查询建有非聚集索引的数据表中的数据时,会首先查询 sys. indexes 视图,获得一条与表名相关的记录和 index_id 值。如果确定是在非聚集索引列上查询数据,则会通过系统视图 sys. system_internal_allocation_units 获取非聚集索引的 root_page。然后,由 root_page 指向的根节点对索引 B 树进行检索,在此过程中,查询可能会经过若干中间层节点,最后找到叶节点。由叶节点提供的地址,读取目标数据页以获得查询所要的数据,这种情况与表中没有聚集索引时,即数据以堆的方式杂乱存储的场合是相符合的。

但是，如果表中除了非聚集索引外还有聚集索引，那么情况就会有所不同。此时，非聚集索引的叶节点所指向的将不是堆数据页，而是聚集索引键值。因此，查询在完成对非聚集索引的查询时，会继续查询聚集索引，然后通过聚集索引的叶节点页面获取数据。这种查询需要经过两个索引，似乎会影响查询的性能。在有些场合确实是如此，但主要的不同是在数据的更新上，例如，当有新数据添加到表中，如果表中没有聚集索引，新增的数据会添加在数据页的末尾或其他新分配的数据页，然后生成一个新的指向这条数据的键值，并把该键值添加到非聚集索引的相应位置；如果需要，还会再更新非聚集索引的键值。但是当表中有聚集索引时，这条新数据会依据聚集索引的要求被插入到适当的位置。如果此时其中的一个数据页被填满，而后续还有数据要继续填入，则 SQL Server 将执行分页，分页会造成该数据页中的一部分数据被移到其他页面。如果在非聚集索引的叶节点中保存的是数据页指针，这种分页操作会引起非聚集索引叶节点索引指针的错误，需要重建非聚集索引。而如果非聚集索引的叶节点中保存的是聚集索引的键值，就可以减少这种重建非聚集索引的要求。

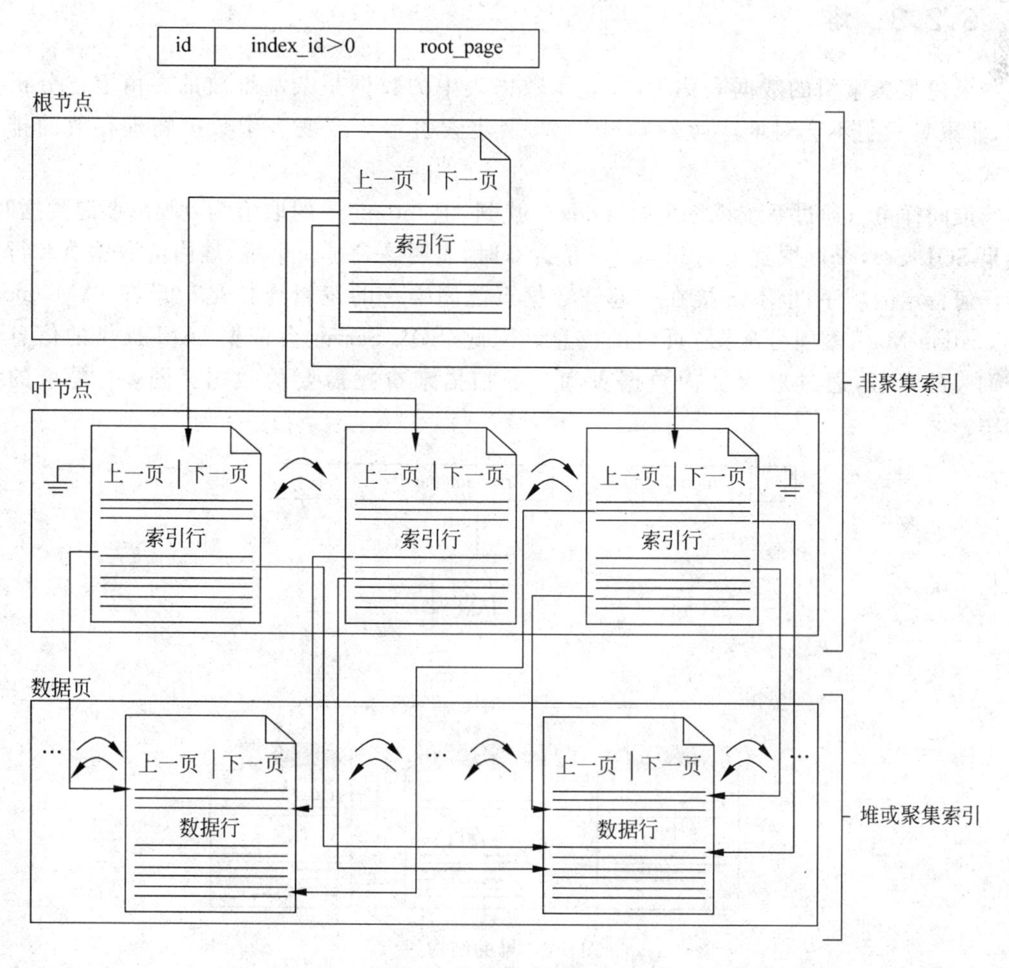

图 6-5　非聚集索引的结构

非聚集索引一般可以建在表中除聚集索引列之外的其他列上，同时也必须满足最多不能超过 16 列，列的字节总和不能多于 900B 的要求。但是与聚集索引不同的是，在非聚集索引上可以添加包含性列(即非关键列),这些包含性列仅存储在索引叶节点上。通过使用包含性列,可以突破索引的 16 列、合计 900B 的限制。尤其是对于某些查询频繁的大容量列,如"备注""产品描述"等列,可以包含在包含列性中,从而提高索引的覆盖范围,提高查询的性能。包含性列的最大数量为 1024。

但是增加包含性列后,也会产生一些问题,如每个索引页能够存储的索引行会减少,索引对硬盘空间的要求会增加等。因此,应该合理地设置非聚集索引列和包含性列。

自 SQL Server 2008 开始,非聚集索引还增加了一个新的特性:筛选索引,即在建立非聚集索引时,可以使用 WHERE 条件对表中的数据进行筛选。如要在"产品数据表"中的 ProductName 列上创建非聚集索引时,可以设定条件,如 ProductName like '%LENOVO%',则不符合该条件的数据不会出现在非聚集索引中。由此可以大幅减少索引的容量,也能在一定程度上提高数据查询的效率。但是由于筛选索引会遗漏部分数据,也会影响索引的有效性。

6.2.3 堆

未建聚集索引的数据表称为堆,表示数据表中的数据是杂乱堆放的。由上述分析可知,非聚集索引不会对堆产生影响,因为非聚集索引不会改变表中数据物理存放的排列方式。

堆同样可以通过系统视图 sys. indexes 找到,但 index_id 的取值为 0。在查询数据时,如果 SQL Server 读取到表的 index_id 值为 0 时,表明该表是一个堆,堆内的数据页和行没有任何特定的顺序,也不链接在一起。数据页之间唯一的逻辑连接是记录在 IAM(Index Allocation Map,索引分配图)页内的信息。因此,SQL Server 会依据 IAM 提供的信息来查询表的盘区,通过对盘区内数据页和行的扫描来查找需要的数据。图 6-6 是堆的结构图。

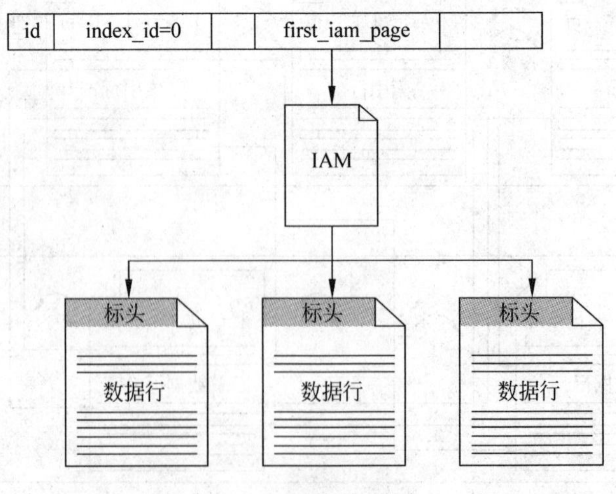

图 6-6 堆的结构图

因此,在堆中通过表扫描的方式查询数据,效率是非常低的。但是当在表中创建非聚集索引后,数据查询可以通过非聚集索引来提高检索的速度。

6.3 创建索引

在 SQL Server 2012 中,索引可以通过 SQL Server Management Studio 和 T-SQL 来创建。

6.3.1 在 SSMS 中创建索引

在 SQL Server Management Studio 中可以使用图形用户界面来创建索引,创建过程直观简捷,易于操作。以下通过对“产品数据表”的 ProductID 创建聚集索引为例,说明索引创建的步骤。

(1) 在 SQL Server Management Studio 的“对象资源管理器”窗口中,展开服务器、数据库等节点,选择 NetSales 数据库。

(2) 在 NetSales 数据库节点中,展开“产品数据表”,右击“索引”节点,在右键菜单中选择“新建索引”→“非聚集索引”命令。如果在数据表中已建聚集索引,如在前文中已对“产品数据表”创建了主键约束,主键约束也是一种聚集索引,那么右键菜单中只能选择创建非聚集索引。

(3) 在如图 6-7 所示的“新建索引”对话框中,输入“索引名称”为 ProductID_Index,选中“唯一性”复选框。

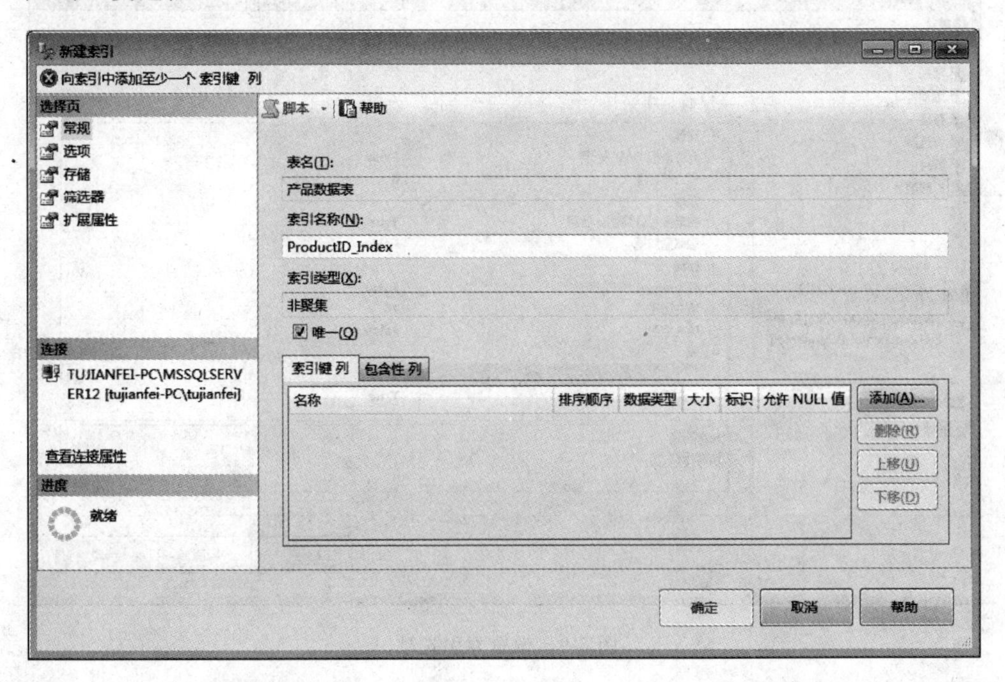

图 6-7 新建索引

(4) 在图 6-7 所示的对话框中,在“索引键列”选项页中,单击“添加”按钮。

(5) 在如图 6-8 所示的对话框中,选中 ProductID 列作为索引关键列,单击“确定”按钮返回“新建索引”对话框。

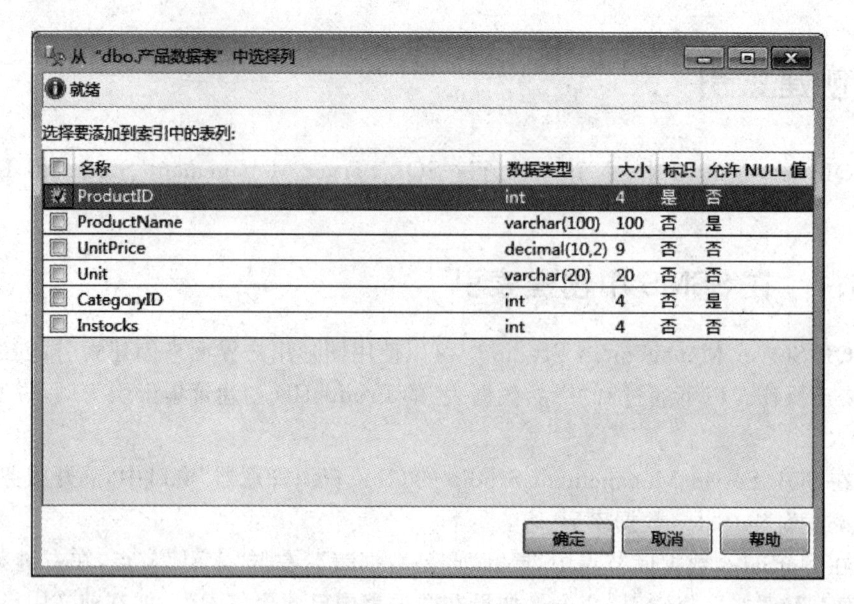

图 6-8　选择索引列

(6) 在“新建索引”对话框中,单击左侧的“选项”。

(7) 在“选项”页面中,选中“设置填充因子”,设置填充因子为 70%,如图 6-9 所示。

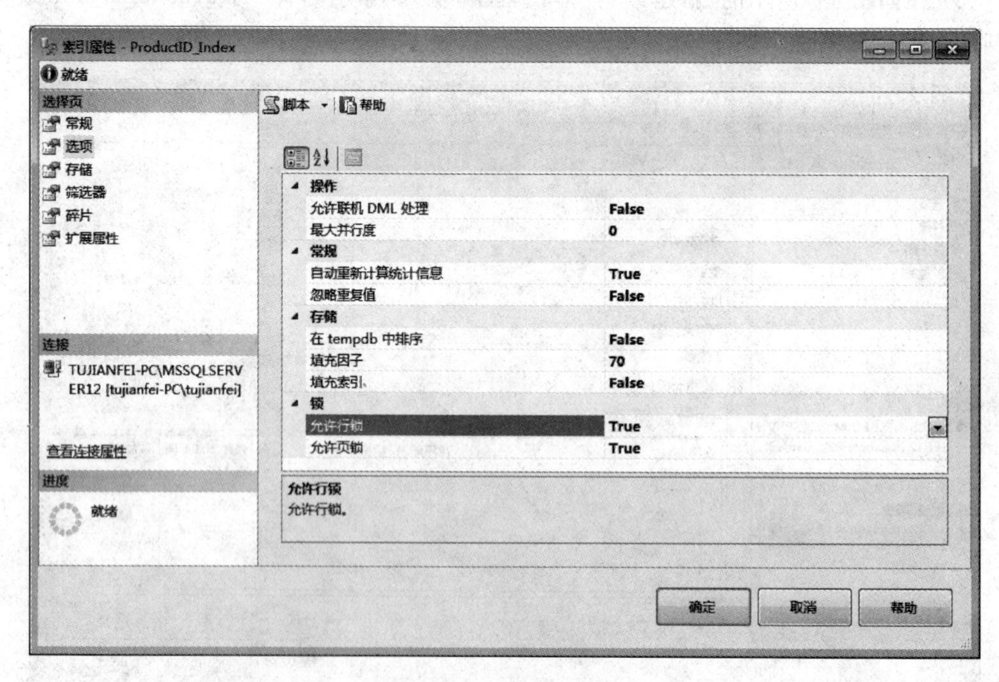

图 6-9　设置索引选项

(8) 单击“确定”按钮完成索引的创建。

如果要创建的是非唯一性索引,可以不选中“唯一性”复选框;如果创建的索引是建在多个列上,可以在图 6-8 所示的对话框中选中多列。

包含性列只能添加在非聚集索引中,因此要创建含包含性列的索引,必须先创建非聚集索引。以下通过在“产品数据表”中创建 Description 列作为包含性列的非聚集索引来说明包含性列索引创建的过程。

(1) 在 SQL Server Management Studio 的“对象资源管理器”窗口中，展开服务器、数据库等节点，选择 NetSales 数据库。

(2) 在 NetSales 数据库节点中，展开“产品数据表”，右击“索引”节点，在右键菜单中选择“新建索引”→“非聚集索引”命令。

(3) 在如图 6-7 所示的“新建索引”对话框中，输入“索引名称”为 ProductID_Include _Index，不选中“唯一性”复选框。单击“添加”按钮，在图 6-8 所示的对话框中选择 ProductName 作为索引列。由于 Description 列的数据类型为 varchar(max)，列的长度超过索引列总长度不能多于 900B 的限制，因此，在图 6-8 所示的对话框中已经被过滤。

(4) 单击“包含性列”选项页，进入“包含性列”页面，单击“添加”按钮，将 Description 列添加到要包含在索引中的非键列列表中，如图 6-10 所示。

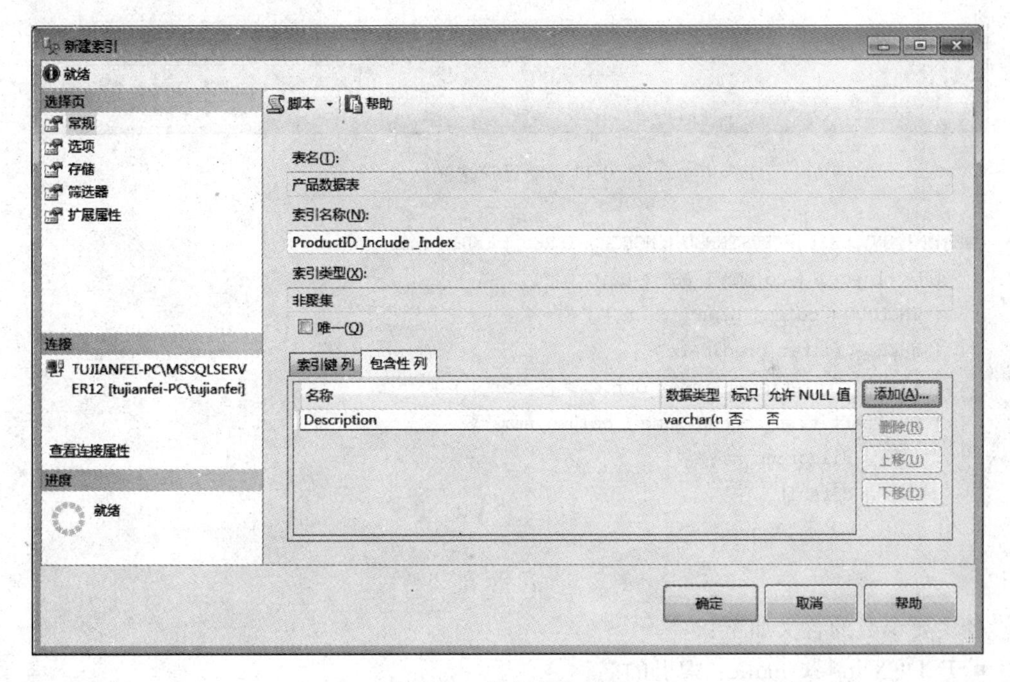

图 6-10 添加包含性列

(5) 如果需要创建筛选索引，可以单击左侧的“筛选器”选项。在“筛选器”页面中，输入筛选表达式，例如 ProductName is not null，如图 6-11 所示。

索引还可以通过约束来创建，在创建主键约束时，SQL Server 也同时创建了以该主键列作为索引键列的聚集索引；在创建 UNIQUE 约束时，SQL Server 也同时创建了唯一性的非聚集索引。

6.3.2 使用 T-SQL 中创建索引

创建索引的 T-SQL 语句是 CREATE INDEX，基本语法如下：

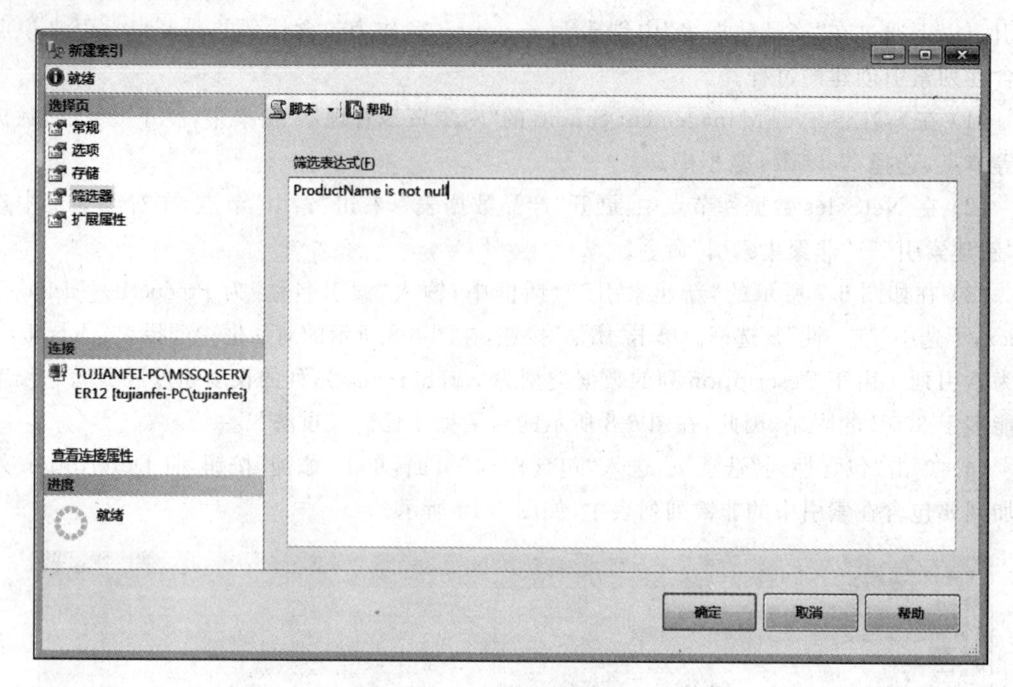

图 6-11　设置筛选表达式

```
CREATE [ UNIQUE ] [ CLUSTERED | NONCLUSTERED ] INDEX index_name
    ON <object> ( column [ ASC | DESC ] [ ,...n ] )
    [ INCLUDE ( column_name [ ,...n ] ) ]
    [ WHERE <filter_predicate> ]
    [ WITH ( <relational_index_option> [ ,...n ] ) ]
    [ ON { partition_scheme_name ( column_name )
          | filegroup_name
          | default
        }
    ]
```

各主要参数的含义如下：

- INDEX index_name：索引的名称。
- [UNIQUE] [CLUSTERED | NONCLUSTERED]：创建索引的类型，分别代表唯一性索引(约束)、聚集索引、非聚集索引。
- Column：索引的键列，可以是单列，也可以是多列的组合。
- INCLUDE (column_name [,...n])：包含性列，可以是多列的组合，但只能创建在非聚集索引中。
- WHERE <filter_predicate>：筛选条件表达式，用于创建筛选索引。

例如，以下代码在“客户数据表”上创建了一个非聚集索引 IX_Customer_CustomerName，索引键列是 CustomerName 和 TEL 列的组合，排列顺序为升序，包含性列为 ShipAddress 和 EMAIL，筛选表达式是 CustomerName IS NOT NULL，填充因子为 80。

```
CREATE NONCLUSTERED INDEX IX_Customer_CustomerName
    ON dbo.客户数据表(CustomerName,TEL)
    INCLUDE (ShipAddress, EMAIL)
    WHERE CustomerName IS NOT NULL
    WITH (FILLFACTOR = 80)
```

创建完成后的索引可以在 SQL Server Management Studio 的“对象资源管理器”窗口中 NetSales 数据库的“客户数据表”的“索引”节点下找到，如图 6-12 所示。右击该索引，可以选择右键菜单的“属性”命令查看索引的内容。

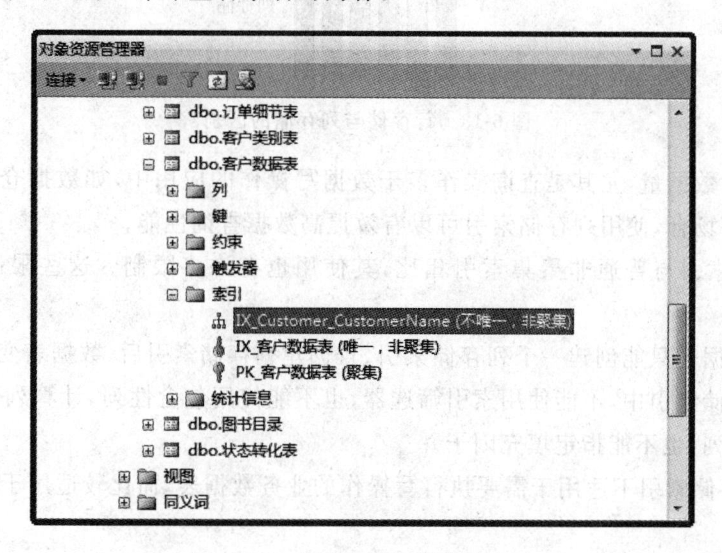

图 6-12 通过 T-SQL 创建的索引

6.4 列存储索引

ColumnStoreIndex，即列存储索引，是 SQL Server 2012 新增的一种索引类型。这种索引类型与之前的索引类型存在很大的不同。传统的索引是基于行数据存储方式的，而列存储索引是以索引列作为数据对象进行存储的。

图 6-13 显示了两者的区别。在行存储中，无论是堆数据，还是经 B 树索引后的数据，都是以行为单位存储在数据页中的；在列存储中，数据以列为单位进行存储。这种列存储方式的好处如下：

- 提高查询性能。在行存储数据中，使用 SELECT 查询数据，不管在 SELECT 语句的列列表中是一列还是多列，提取的数据都是整行所在的数据页；使用基于列的索引，只需要提取 SELECT 语句的列列表中的列，不用提取整页的数据页。因此，查询返回的数据量减少，有助于提高查询性能。
- 便于数据压缩。由于每一列中的数据类型都是相同的，压缩效率高于由不同数量类型组成的行数据。
- 缓存命中率大大提高，因为以列为存储单位，缓存中可以存储更多的页（缓存常用的列，而不是整个行）。

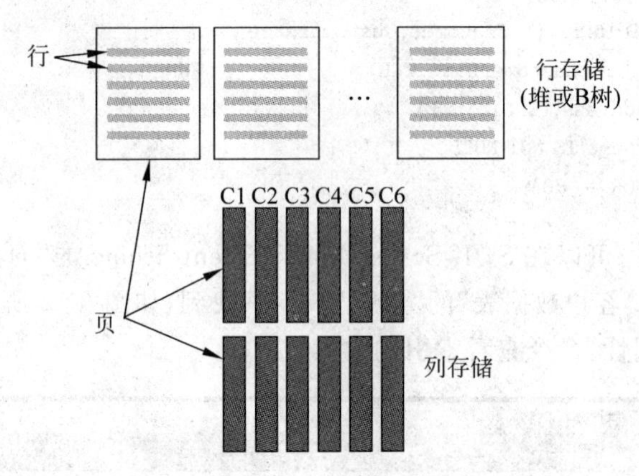

图 6-13　行存储与列存储的区别

因此,在大数据量,尤其是查询操作多于数据写操作的应用中,如数据仓库、OLAP(在线数据分析)等场合,使用列存储索引可以有效提高数据查询性能。

但列存储索引与普通非聚集索引相比,其使用也有许多限制。这些限制包括以下几方面:

- 一个数据表只能创建一个列存储索引,且创建列存储索引后,数据表变成只读表。
- 在列存储索引中,不能使用索引筛选器,也不能使用包含性列,计算列不能作为列存储索引列,也不能指定填充因子。

因此,列存储索引不适用于需要执行写操作的业务数据表,而比较适用于以查询为主的数据表。

创建列存储索引,同样可以使用 T-SQL 语句和 SQL Server Management Studio。以下介绍两种方式的列存储索引创建步骤。

1. 使用 T-SQL 语句

创建列存储索引的 T-SQL 语句类似于创建非聚集索引的语句,主要的区别是增加了 ColumnStore 关键词。如以下代码表示在“客户数据表”上创建了一个名称为 IX_Customer_CustomerName_CS 的列存储索引,索引键列为 CustomerName。

```
CREATE NONCLUSTERED ColumnStore INDEX IX_Customer_CustomerName_CS
ON dbo.客户数据表(CustomerName)
```

2. 使用 SQL Server Management Studio 创建列存储索引

使用 SQL Server Management Studio 创建列存储索引的步骤与普通非聚集索引的创建方法一致。

(1) 在 SQL Server Management Studio 的“对象资源管理器”窗口中,展开服务器、数据库等节点,选择 NetSales 数据库。

(2) 在 NetSales 数据库节点中,展开“产品数据表”,右击“索引”节点,在右键菜单中选择“新建索引”→“非聚集 ColumnStore 索引”命令。

（3）在如图 6-14 所示的“新建索引”对话框中，输入“索引名称”为 ProductID_ColumnIndex，不选中“唯一性”复选框。单击“添加”按钮，在图 6-9 所示的选择列对话框中，选择 ProductName 作为索引列。

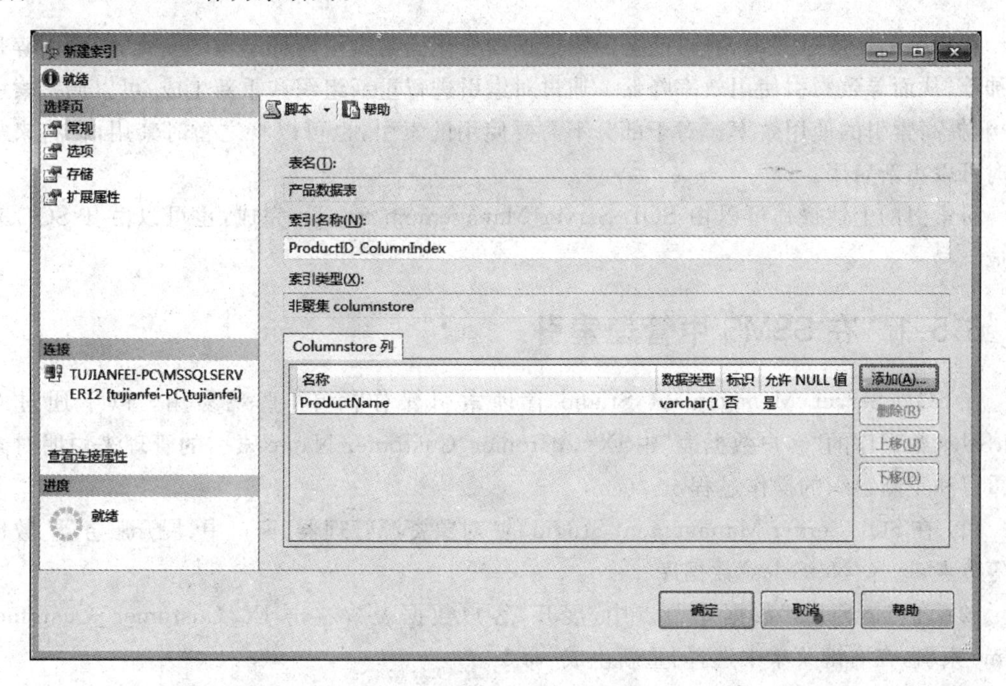

图 6-14　创建非聚集 ColumnStore 索引

创建 ColumnStore 索引后的数据表不能保存和修改数据，如以下语句对“客户数据表”中的数据进行修改，系统会提示错误，如图 6-15 所示。

```
update 客户数据表 set CustomerName = '联盛科技' where CustomerID = 5
```

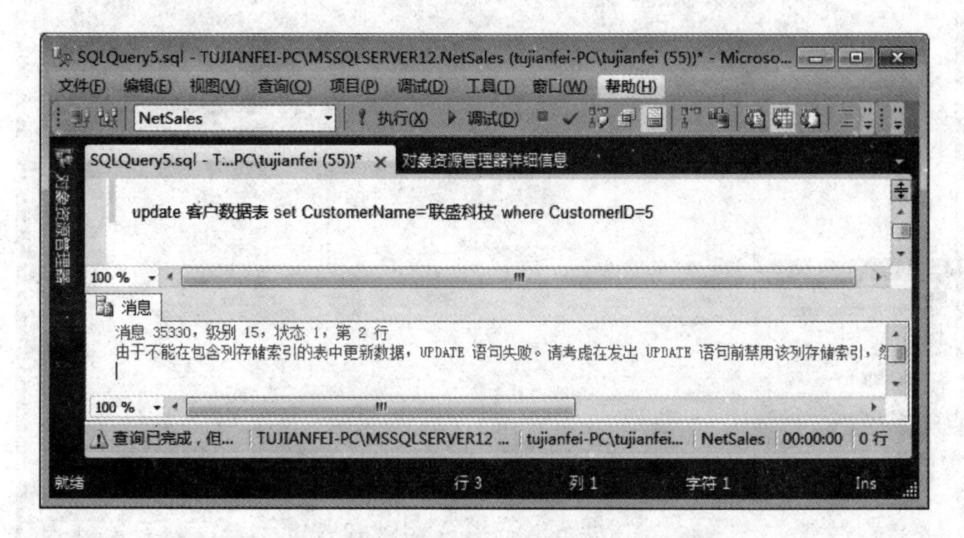

图 6-15　创建 ColumnStore 索引后的数据表不能修改

6.5 管理索引

在索引的使用过程中,有可能会因为数据的变化引起索引内部结构的变化,如索引碎片增加等,从而导致索引使用效率降低。通过对索引进行重新组织和重新生成,可以调整索引结构,提高索引的使用效率。对于部分不需要使用的索引,也可以将之暂时禁用,在将来需要时可以重新启用。

对索引的上述操作可以由 SQL Server Management Studio 完成,也可以由 T-SQL 来完成。

6.5.1 在 SSMS 中管理索引

在 SQL Server Management Studio 管理索引操作简单,直观易用。以下通过对 NetSales 数据库的"客户数据表"中 IX_Customer_Customer Name 索引的管理来说明对索引重建和重新组织的操作过程。

(1) 在 SQL Server Management Studio 的"对象资源管理器"窗口中,展开服务器、数据库等节点,选择"NetSales"数据库。

(2) 在"NetSales"数据库节点中,展开"客户数据表",右击 IX_Customer_Customer Name 索引,在右键菜单中选择"重新生成"命令。

(3) 在如图 6-16 所示的"重新生成索引"对话框中,可以查看索引碎片,单击"确定"按钮,执行索引的重新生成操作。

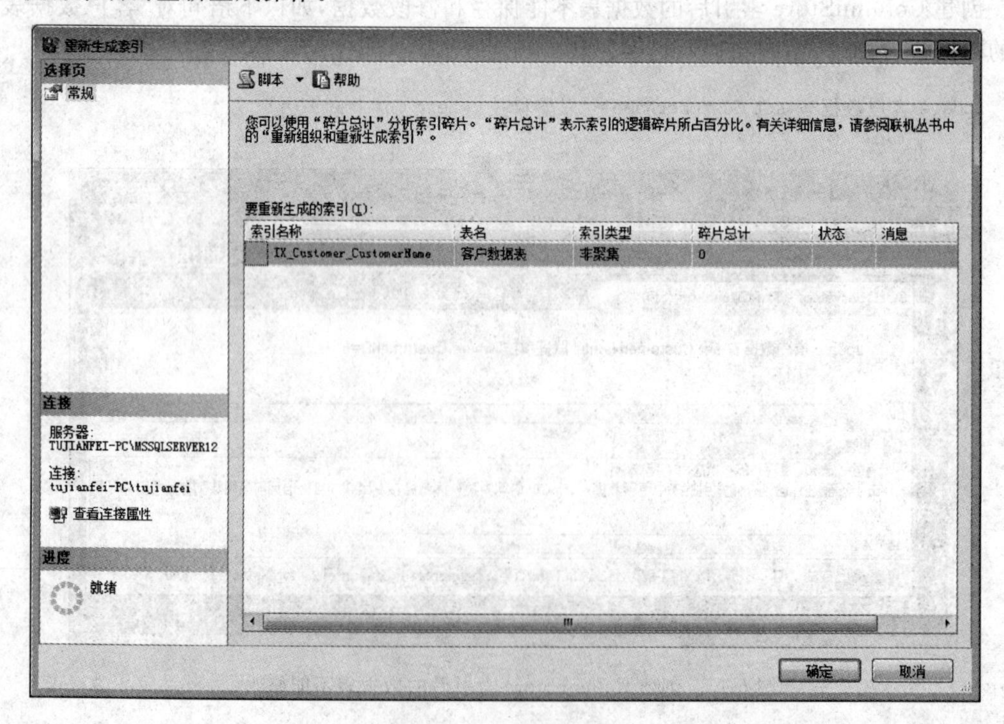

图 6-16 重新生成索引

(4) 要对现有索引进行重新组织,可以在右键菜单中选择"重新组织"命令。

(5) 要禁用索引,可以在右键菜单中选择"禁用"命令。

如果要对数据表中所有索引执行"重新生成""重新组织"和"禁用"等操作,可以选择数据表下的"索引"节点;右击后,在右键菜单中选择"全部重新生成""全部重新组织"和"全部禁用"等项,可以完成相应操作。

索引重新生成和重新组织的主要区别在:重新生成是将现有索引删除后,再创建一个同名的新索引;重新组织只是对索引的叶节点页进行重新排序,因此,占系统资源较少,但可能存在索引更新不完全的缺点。

6.5.2 使用 T-SQL 管理索引

使用 T-SQL 管理索引的语句是 ALTER INDEX,基本语法如下:

```
ALTER INDEX { index_name | ALL }
    ON <object>
    { REBUILD
        [ [PARTITION = ALL]
                    [ WITH ( <rebuild_index_option> [ ,...n ] ) ]
          | [ PARTITION = partition_number
                [ WITH ( <single_partition_rebuild_index_option>
                        [ ,...n ] )
                ]
            ]
        ]
    | DISABLE
    | REORGANIZE
        [ PARTITION = partition_number ]
        [ WITH ( LOB_COMPACTION = { ON | OFF } ) ]
  | SET ( <set_index_option> [ ,...n ] )
    }
```

主要参数含义如下:

- index_name,要修改的索引名称,与 ALL 参数为二选一,选 ALL 时表示对表中所有索引执行修改。
- REBUILD,表示执行的是重新生成索引的操作。
- DISABLE,表示执行的是禁用索引的操作。
- REORGANIZE,表示执行的是重新组织索引的操作。

例如,以下代码分别表示对"客户数据表"中的索引 IX_Customer_Customer Name 执行"重新生成""重新组织"和"禁用"等操作。

```
ALTER INDEX IX_Customer_CustomerName
    ON dbo.客户数据表
  REBUILD              --- 重新生成索引

ALTER INDEX IX_Customer_CustomerName
    ON dbo.客户数据表
```

```
    REORGANIZE          --- 重新组织索引

ALTER INDEX IX_Customer_CustomerName
    ON dbo.客户数据表
    DISABLE             --- 禁用索引
```

索引被禁用时,虽然索引的定义还在系统中,但不能使用。当表中数据更改时,系统也不再维护被禁用的索引,也不能用于查询。如果被禁用的是聚集索引,整个数据表将不能被使用,禁用的索引要启用,可以采用重新生成索引来启用。

在修改索引时,还可以使用 ONLINE 参数,此参数表示联机处理索引的重新生成或重新组织。所谓联机执行索引维护(ONLINE),是指在索引重新生成或重新组织过程中,其他用户可以继续访问数据表,并与数据进行交互。与之相对应的是离线维护索引,在离线(OFFLINE)状态时,索引重新生成和重新组织都使用了排他锁,不允许其他用户访问数据表。联机索引维护实际上使用的是索引的行锁,在此状态,SQL Server 实际上会维护两个索引,一个是旧的索引,另一个是新的正在生成的索引,SQL Server 会记录在此期间用户对数据表的访问,并将这些结果反映到新索引中。当新索引生成完毕后,再使用新索引覆盖旧索引。

例如,以下代码表示在重新生成索引时采用联机索引维护机制,如果将 ONLINE 设置为 OFFLINE,表示采用离线机制。

```
ALTER INDEX IX_Customer_CustomerName
    ON dbo.客户数据表
  REBUILD WITH (ONLINE = ON)
```

删除索引可以使用 DROP INDEX 语句。例如,以下代码删除 IX_Customer_CustomerName 索引。

```
DROP INDEX IX_Customer_CustomerName ON dbo.客户数据表
```

6.6 索引选项

索引可以提高查询的速度,但是对数据的 INSERT、UPDATE 和 DELETE 等操作同样会产生影响。一般来讲,索引对 INSERT、UPDATE 和 DELETE 等操作会有负面影响。因此,需要对索引设置合适的选项,如填充因子、估计索引使用空间等,以确保索引能最大程度地发挥优点,而将不良影响控制在尽可能小的范围中。

6.6.1 填充因子

在未创建聚集索引的数据表(即堆)中,新数据通过 INSERT 操作会被添加到数据表最后一个数据页的末尾处。如果数据页的空间不够用时,系统会分配一个新的盘区。但是,在创建聚集索引后,由于聚集索引要求数据必须按索引列的顺序排列。因此,新添加的数据也不能简单地添加到表尾,也必须根据键值的顺序插入到合适的位置。在数据页被填满后,如果还有数据要插入，系统会对数据页执行分页，即添加一个新的数据页，并将原数据页中的部分数据(50%的数据)移动到新数据页中。图6-17所示是分页的过程。

页面99 上一页98 下一页100	页面100 上一页99 下一页101	页面101 上一页100 下一页102
数据行	数据行	数据行
数据行	数据行	数据行
数据行	数据行	数据行
数据行	数据行	数据行
数据行	数据行	数据行
数据行	数据行	数据行

(a) 分页前

页面99 上一页98 下一页100	页面100 上一页99 下一页152	页面101 上一页152 下一页103	页面152 上一页100 下一页101
数据行	数据行	数据行	数据行
数据行	数据行	数据行	数据行
数据行	数据行	数据行	数据行
数据行		数据行	
数据行		数据行	
数据行		数据行	

(b) 分页后

图6-17 分页过程

在分页前，表中数据受聚集索引的影响，所有的数据页都是按顺序排列的。每个数据页的标头除了标记本页编号外，还标记上一页和下一页的地址。因此，这些数据页是双向链接在一起的。此时，如果有一条数据需要插入到数据页100，由于该数据页已经填满，新增加的INSERT操作会导致该数据页执行分页，分页操作会增加一个新的页面(假设为"页面152")，系统会将"页面100"中的一半数据移到"页面152"中，这样在"页面100"中有可用空间来保存新增的数据。相关数据页的双向链接地址也必须做相应调整，例如，"页面100"的下一页链接到"页面152"，而"页面152"的下一页链接到了"页面101"。

为避免引起过于频繁的分页，需要为数据页保留足够的可用空间以容纳新数据。在SQL Server中用于设定这个预留空间的选项为填充因子(fill factor)。填充因子是一个系统选项，可以在创建索引时设定，默认设置值是0，表示尽可能填满，与设置100%的效果相同，可以设置值的范围为1%～100%。填充因子的值越大，每个数据页中的可用空间就越少。

但也并不是说给数据页预留空间越大越好，因为数据页预留空间越多，每个数据页可保存的数据就越少，索引占用的空间就会越大。一般对于数据执行INSERT、UPDATE、DELETE操作较多的OLTP(在线事务处理)数据库，如业务数据库等，应该多预留可用空间，可将填充因子设得小些；而对于主要以查询分析服务为主的OLAP数据库(如数字图书馆数据库等)，应该设置较小的填充因子值。而从经验上讲70%～80%是一个相对合适的范围。

对填充因子进行修改后，需要重新生成或重新组织索引，新的填充因子才会起作用。

填充因子针对的是叶节点的数据填充程度，如果需要在索引的中间层次也使用填充因子设置，可以使用PD_INDEX选项。例如，以下代码可对IX_Customer_CustomerName索引的中间节点页执行填充因子，值为80%，并对该索引执行重新生成。

```
ALTER INDEX IX_Customer_CustomerName
    ON dbo.客户数据表
REBUILD WITH (FILLFACTOR = 80, PAD_INDEX = ON)
```

6.6.2 索引的其他选项

除了填充因子是索引的重要选项之外,还有一系列选项需要进行设置,包括自动重新计算统计信息,在访问索引时使用行锁等。图 6-18 是索引的选项页内容。

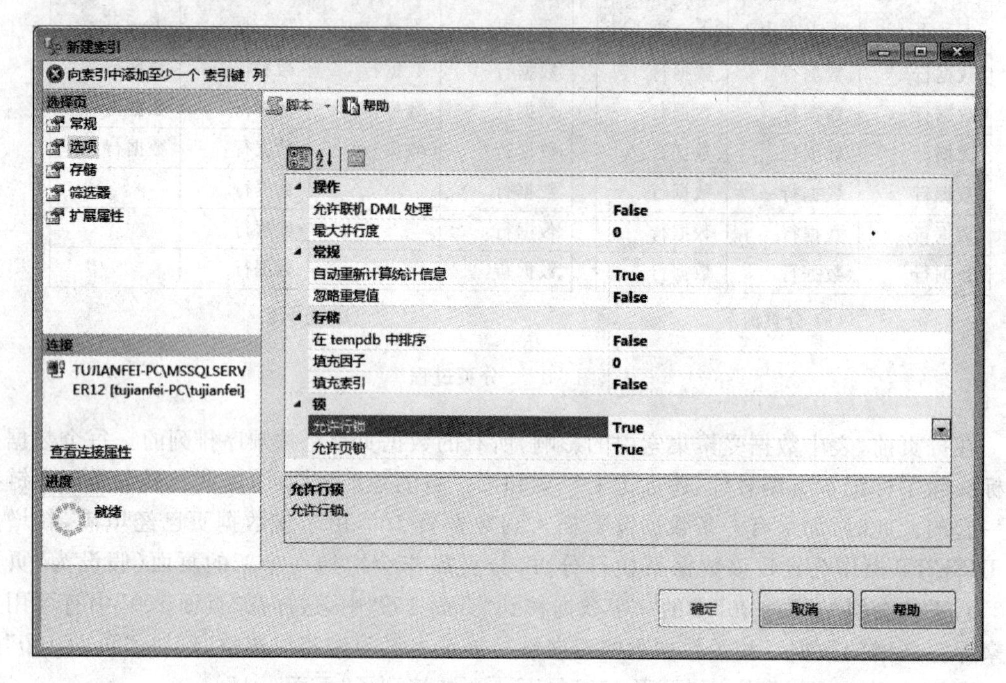

图 6-18 索引选项

1. 自动重新计算统计信息

选中此项表示系统将自动更新索引的统计信息。索引统计信息对于优化数据查询具有非常重要的影响。当在一个数据表中创建多个索引时,有可能出现一个查询涉及多个索引的情况,例如:

```
SELECT * FROM 客户数据表 WHERE CUSTOMER_NAME like '%LENOVO%' and CustomerID = 2
```

如果已经在"客户数据表"中的 CUSTOMER_NAME 列和 CustomerID 列上都创建了索引,那么究竟是先从哪个列上使用索引呢?这就需要使用索引的统计信息,系统会将统计信息中选择性能高的索引列作为优先查询的列。

2. 允许行锁

选中此项,在访问索引时,将会使用行级锁定。使用行级锁定有助于提高系统维护索引的速度。但也可能会给其他用户带来不能使用索引的情况。在联机索引维护,如索引重新生成和索引重新组织时,将采用行锁。

3. 允许页锁

选中此项表示将使用页级锁定,而不是行或者表级锁定。使用页锁可以降低阻滞其他用户访问的问题，但是对维护索引不利，可能会降低维护索引的效率。

4. 在 tempdb 中排序

选中此项表示在创建或者重新生成索引时，可以允许数据库引擎将索引的中间排序结果暂时存储在 tempdb 数据库。在此情况下，当 tempdb 与用户数据库不在同一磁盘时，可以加速索引的生成，但也会增加索引使用硬盘空间的容量。

5. 填充索引

当设置填充因子时，可以选中此项，表示将在索引的中间层节点页面上也使用填充因子，即对中间层节点页面也预留一定的可用存储空间，减少索引分页的频率。

6. 允许联机 DML 处理

选中此项，表示在创建索引或者索引重新生成时，允许用户访问数据表和索引，这样有助于提高用户使用时的系统性能。但是，会降低维护索引的效率。

7. 最大并行度

此选项用于设置在执行并行任务时使用 CPU 的数量。在单核处理器场合，此项无意义，默认设置为 0，表示使用所有的 CPU。设置并行度可以提高并行任务处理的效率。

8. 忽略重复值

选中此项，数据表索引键列的值如果存储重复，重复值会被忽略，这会造成索引行数会小于实际行数据的数量，造成部分行数据无法在索引中找到。

6.7 本章小结

在 SQL Server 中，索引是提高数据查询效率的最重要的工具之一。本章介绍了 SQL Server 2012 中索引的类别，着重讲解了聚集索引、非聚集索引和列存储索引的结构与特点，分析了这 3 类索引的适用场合。

在索引的创建和管理中，介绍了 SSMS 和 T-SQL 两种创建和维护索引的方法，分析了索引分页的机制与过程，以及填充因子的使用。掌握索引的使用是 SQL Server 数据库管理员做好系统性能管理工作的重要基础。

习题与思考

1. SQL Server 中数据检索的过程是什么？索引对数据检索有何影响？
2. 聚集索引和非聚集索引的特点与区别是什么？
3. 应该如何合理地规划和使用索引？
4. 如何使用 SQL Server Management Studio 和 T-SQL 创建索引？

5. 什么是索引列？什么是包含性列？包含性列的作用是什么？
6. 什么是填充因子？填充因子的作用是什么？
7. 重新生成索引和重新组织索引有何区别？
8. 什么是索引碎片？它是如何产生的？
9. 什么是列存储索引？与普通索引相比，它的特点是什么？如何使用？

第7章 视 图

数据库中的数据是一个企业(或组织)最重要的资源之一。使用户只能获取允许获取的数据是确保数据安全性的重要手段。例如,对于与客户接触无关的人员,就不应看到客户的联系方式;与业务销售无关的人员,也不应该看到客户的订单数据;再如会员的密码等敏感信息也不应该暴露给无关人员。

当用户能直接对数据表进行操作时,往往很难控制用户的操作行为,会给数据的安全性带来很多问题。同时,当数据表中的数据变得足够大时,直接对表中的巨量数据进行操作也会产生明显的性能问题。因此,有必要构建数据存取的中间对象,来隔离用户对数据表的直接操作。这样,一方面可以提高数据的安全性,另一方面也可以改善和提高数据存取的性能。

视图是 SQL Server 为解决上述应用需求问题提供的工具。本章介绍 SQL Server 视图的特点、创建方法和应用途径。

本章要点:

- SQL Server 2012 视图的特点
- SQL Server 2012 视图的创建与维护
- SQL Server 2012 视图的应用
- 分区视图与索引视图

7.1 视图简介

在 SQL Server 中,视图被视为虚拟表。之所以称为虚拟表,是因为视图具有表的部分特性,如用户可以通过视图来查询和更改数据;而所谓"虚拟",是指视图本身并不保存数据,数据还是保存在数据表中。视图以数据表(称为视图的基表)或其他视图作为数据的来源,使用 SELECT 语句来构造获取数据的语句。

SQL Server 提供视图这一特性的原因是,通过视图可以隔离用户对表的直接访问,这可以为提高系统的安全性、系统的响应性能、简化应用程序的开发带来一系列的好处。

首先,视图可以提供定制的数据。如在某些企业中,出于业务管理的需要,不希望员工获取不该了解的信息,如生产管理人员不该了解产品的订购客户。如果直接对数据表进行操作,就很难避免信息的过多暴露(当然通过应用程序定制和用户权限的设置也可以实现上述要求,但需要付出额外的代价)。通过视图提供定制的数据,既可以屏蔽不该显示的数据列,也可以过滤不该显示的数据行,从而避免数据的过多暴露。

其次,视图可以简化数据的查询操作。在关系型数据库,一条完整的信息可能会由于关系范式的要求分成多个部分分别存储在多个不同的表中。在获取信息时,需要将多个表联接在一起,通过联接查询才能获取。这种联接查询方式对一般用户来说是一项难度较大的工作。如以下代码使用内联接,从“项目成果”“产业化阶段”“联系人”“项目类别”“单位”5个数据表中获取一条项目成果的完整信息。由于表间联接关系较多,增加了数据查询操作的难度。

```
SELECT top 200 项目成果.id,项目成果.项目名称,项目成果.合作方式,项目类别.项目类别,产业化阶段.产业化阶段,联系人.姓名,联系人.办公电话,联系人.传真,联系人.电子邮箱,单位.单位名称,项目成果.项目编号 FROM 项目成果
INNER JOIN 产业化阶段 ON 项目成果.产业化阶段 = 产业化阶段.id
INNER JOIN 联系人 ON 项目成果.联系人编号 = 联系人.联系人编号
INNER JOIN 单位 ON 项目成果.单位编号 = 单位.单位编号
INNER JOIN 项目类别 ON 项目成果.项目类别 = 项目类别.id
ORDER BY 项目成果.id DESC
```

而如果将上述操作定义为一个视图,如视图名称为 Project_View,则只需一条简单的查询语句就可以实现上述操作,如以下代码所示,这能在很大程度上简化操作的复杂性。

```
SELECT * from Project_View
```

第三,视图可以减少网络传输的数据量,提高系统响应性能。在基于 SQL Server 的数据库应用系统中,SQL Server 服务器提供数据的存取服务,客户端程序提供应用系统的操作界面。这种客户/服务器(C/S)的程序结构,要求客户端程序把要获取或提交的数据请求通过网络发送给服务器,服务器响应后,再把数据返回给客户端程序。如上例联接查询在未建视图时,需要通过网络来传输较长的语句代码,在客户端较多的情况下,会造成网络的额外负担。甚至在网络环境较差的场合会导致传输失败,严重影响系统性能。如果采用视图方式,则只需传输简短代码,从而有效减少网络传输的数据,提高系统响应的性能。

第四,视图可以简化应用程序的开发。尤其是在客户/服务器(C/S)程序结构中,如果在客户端程序中部署了较多的 T-SQL 代码,如果出现系统更新时,需要更新每个客户端程序。而应用视图则可以简化这一过程,因为视图是保存在服务器端的,客户端调用的只是视图的名称。因此,只需在服务器端对视图的定义进行修改就可以实现对程序的更新。

第五,视图还可以强化对数据表管理的规范化。如在视图的定义中,添加 SCHEMABINDING 参数,可以禁止对视图所参照基表的修改。在修改前,必须先删除视图。

视图提供的好处是如此之多,因此 SQL Server 系统本身也大量使用视图,对 SQL Server 中系统性数据的管理很多都是通过视图(或存储过程)来实现的。在某些应用系统中,也会采用对每个表创建一个视图来实现数据的存取。

在 SQL Server 2012 中,视图可以划分为三大类:标准视图、索引视图和分区视图。

- 标准视图。是应用最广泛的视图,一般用户创建的用于对用户数据表进行查询、修改等操作的视图都是标准视图。在系统中,标准视图并不保存数据。

- 索引视图。是指在视图上创建索引后得到的视图。索引视图的索引是唯一性聚集索引，由于聚集索引会提取索引键列值，并按键值顺序排列后保存在索引页中。因此，索引视图是包含数据的视图。但这可以理解为是由索引保存的数据，而不是视图本身保存的数据。
- 分区视图。这类视图可以联接一个或多个服务器上的分区数据表，通过使用 UNION 关键词连接后，使分区数据能够以类似单一表的形式提供。

7.2 创建视图

在 SQL Server 2012 中，视图和其他对象一样，可以使用 SQL Server Management Studio 和 T-SQL 来创建。

7.2.1 使用 SSMS 创建视图

使用 SQL Server Management Studio 创建视图，过程简捷直观，易于操作。以下以数据库 NetSales 的“客户数据表”创建数据查询视图为例，说明在 SQL Server Management Studio 中创建视图的过程。

(1) 在 SQL Server Management Studio 的“对象资源管理器”窗口中，展开服务器、数据库“NetSales”节点。

(2) 右击“视图”节点，在右键菜单中选择“新建视图”命令。

(3) 在如图 7-1 所示的“添加表”对话框中，选中“客户数据表”，然后单击“添加”按钮，将“客户数据表”添加到“视图设计器”中，然后关闭“添加表”对话框。

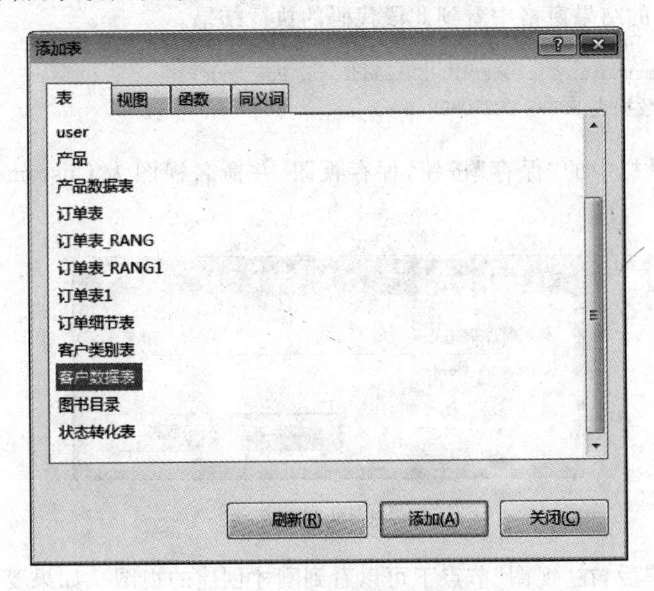

图 7-1 添加视图基表

(4) 在如图 7-2 所示的“视图设计器”窗口中，可以在上部的关系图窗格中选择要显示的列，如选中“*(所有列)”即把数据表中所有列都包含在视图中。本例中，选择

CustomerID、CustomerName、ShipAddress、Postcode 等列，则在下方的 SQL 窗格中会生成相应的 T-SQL 代码。

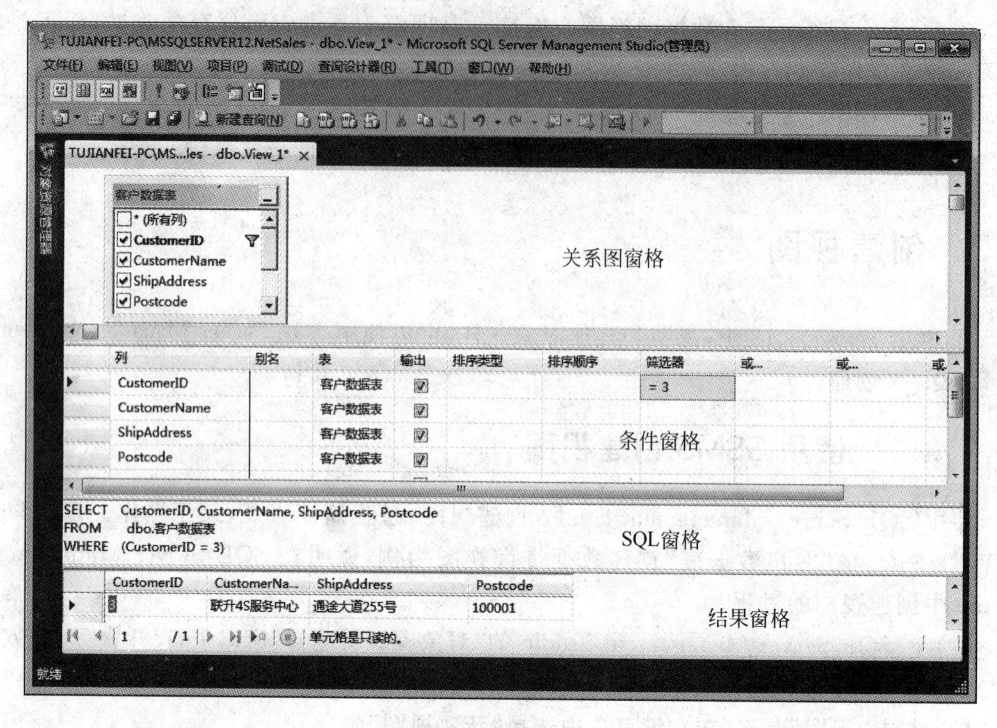

图 7-2 视图设计器

(5) 在 SQL 窗格中，修改现有 T-SQL 语句，如以下代码所示。此时单击工具栏“执行”按钮，可以在底部的结果窗格中看到此段代码的执行结果。

```
SELECT  CustomerName, CustomerID, ShipAddress, Postcode
FROM dbo.客户数据表 WHERE CUSTOMERID = 3
```

(6) 单击工具栏中的“保存”按钮，保存视图，并命名视图为 Customer_view，如图 7-3 所示。

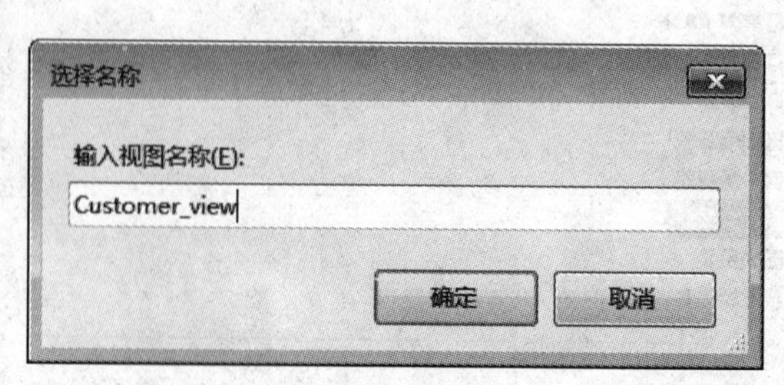

图 7-3 为视图命名

视图创建完毕后，在“视图”节点下可以看到刚才创建的视图。如果要使用该视图，查看视图的执行结果，可以在“新建查询”窗口中执行以下代码。

```
SELECT  * from Customer_view
```

执行结果如图 7-4 所示。可以看到，查询结果中显示的列与视图设计时选中的列是相同的，也就是说通过视图而不是数据表来查询数据，可以以定制的数据列向用户提供数据。

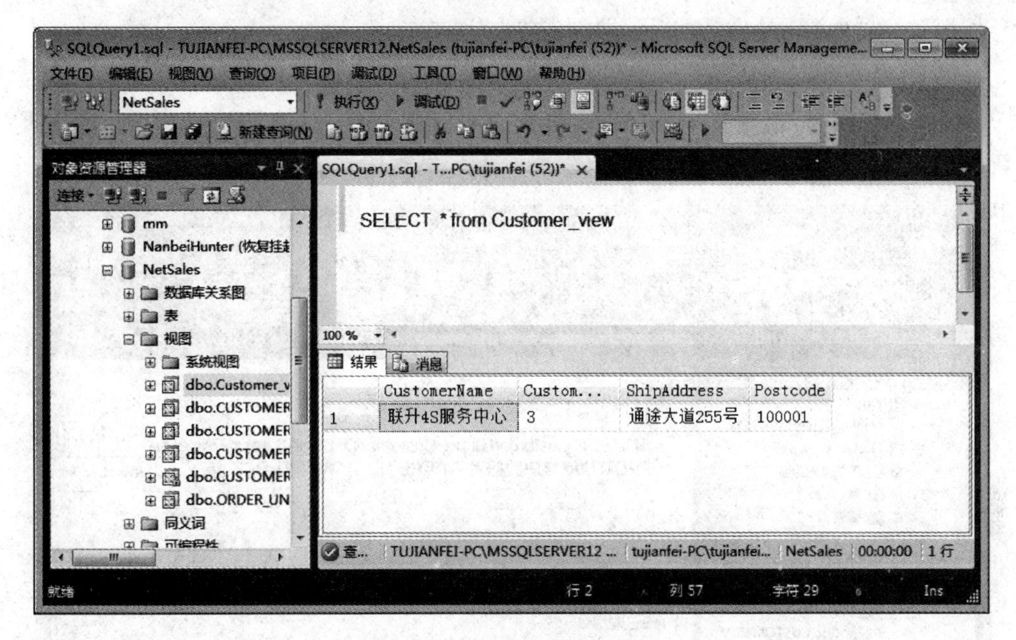

图 7-4　视图的使用结果

7.2.2　使用 T-SQL 创建视图

在 T-SQL 中，创建视图的语句是 CREATE VIEW，基本语法规则如下：

```
CREATE VIEW [ schema_name. ]view_name [ (column [ ,...n ] ) ]
[ WITH < view_attribute > [ ,...n ] ]
AS select_statement
[ WITH CHECK OPTION ] [ ; ]
```

各主要参数说明如下：

- schema_name，架构名称，默认架构为 DBO。
- view_name，视图的名称。
- column，视图中的列使用的名称。列可以是基表中的列，也可以是各种表达式、系统内置函数或常量等列。
- view_attribute，视图的特性设置，可以设置为 ENCRYPTION、SCHEMABINDING、VIEW_METADATA 等值。
- select_statement，视图的 SELECT 语句，视图中的数据来源于一个或多个数据表（或视图），通过 SELECT 语句来构造获取数据的语句。
- CHECK OPTION，表示通过视图更新数据时，必须符合视图定义中“SELECT 语句”对过滤条件的设置，这是一种强制要求。

例如，使用 T-SQL 创建上例中视图的代码如下：

```
CREATE VIEW CUSTOMER_VIEW2
AS
SELECT  CustomerName, CustomerID, ShipAddress, Postcode
FROM dbo.客户数据表 WHERE CUSTOMERID = 3
```

上述代码可以在“新建查询”中执行,执行完毕后会生成一个名为 CUSTOMER_VIEW2 的新视图,如图 7-5 所示。

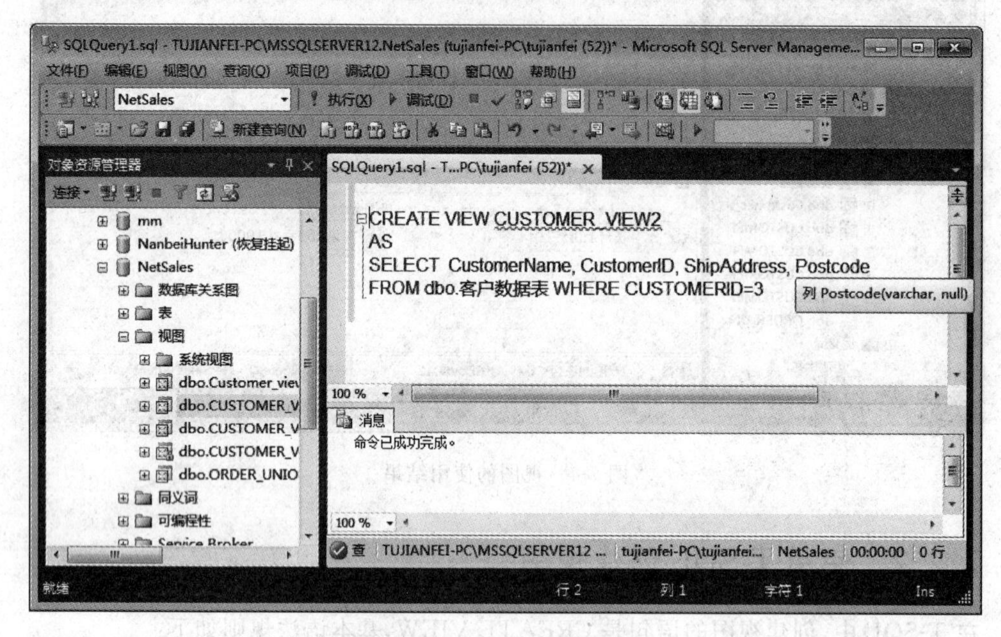

图 7-5 T-SQL 创建视图

7.2.3 更改视图列标题

上例中,视图所选数据列标题与原数据基表中的列名相同,为了提高视图数据的可读性,可以在视图中修改列标题的显示名称。有两种方法可以实现上述要求。

方法一:添加视图的列列表。例如,上例可以修改成如下代码:

```
CREATE VIEW CUSTOMER_VIEW3(客户名称,客户编号,送货地址,邮编)
AS
SELECT  CustomerName, CustomerID, ShipAddress, Postcode
FROM dbo.客户数据表 WHERE CUSTOMERID = 3
```

即在视图名称后添加一组列列表,列列表要求与“SELECT 语句”中所选列列表的个数和顺序对应。上述代码执行完成后,生成视图 CUSTOMER_VIEW3,在“新建查询”中可以使用该视图查询数据,如图 7-6 所示。可以看到,列名称都已经得到更改。

注意 视图的列列表一般可以省略,但在以下情况时需要使用列列表:使用表达式、常量和系统内置函数作为列时;希望列的标题与基表中不同时;在多表联接,可能会产生两个或两个以上同名列时。通过使用视图列列表可以使列以定制的名称来显示。

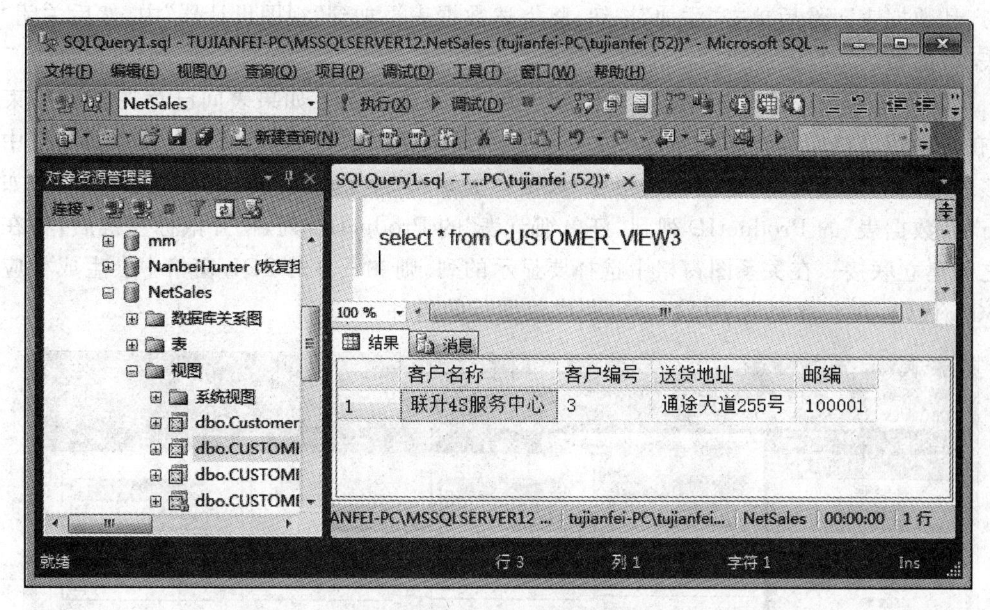

图 7-6　使用视图的列列表

方法二：在 SELECT 语句中使用别名。在 SELECT 查询中，可以给列定义别名来更改查询结果的列标题。在视图中，同样可以通过“列别名”来实现列标题的更改。如以下代码：

```
CREATE VIEW CUSTOMER_VIEW4
AS
SELECT  CustomerName as '客户名称', CustomerID as '客户编号', ShipAddress as '送货地址',
Postcode as '邮编'
FROM dbo.客户数据表 WHERE CUSTOMERID = 3
```

该段代码的执行效果与方法一中的效果相同。

注意　在视图定义中，不能使用 COMPUTE 和 COMPUTE BY 子句；不能使用 ORDER BY 子句，除非与 TOP 语句配合使用，但这种使用方式并不是对数据排序，而是通过与 TOP 的配合，从数据基表中获取指定 TOP 的数据；还不能使用 INTO 关键字或者 OPTION 语句，临时表和表变量也不能使用。只能在当前数据库中创建视图。视图最多可以包含 1024 列。

7.2.4　创建多表联接视图

创建多表联接视图的方法与一般视图的创建方式相同。以下介绍通过 SQL Server Management Studio 和 T-SQL 两种方式来创建多表联接视图的方法。

在 SQL Server Management Studio 中创建多表联接视图的过程如下：

(1) 在 SQL Server Management Studio 的“对象资源管理器”窗口中，展开服务器、数据库“NetSales”节点。

(2) 右击“视图”节点，在右键菜单中选择“新建视图”命令。

(3) 在如图 7-1 所示的“添加表”对话框中，选中“客户数据表”“订单表”“订单细节表”

和“产品数据表”，然后单击“添加”按钮，将上述数据表添加到“视图设计器”中，然后关闭“添加表”对话框。

(4) 在如图 7-7 所示的“视图设计器”窗口中，可以看到：如果表间已存在外键约束关系，在关系图窗格中会自动显示这些关系。如果尚未建立联接关系，可以在关系图窗格中创建多表之间的联接关系，创建方法与在“数据库关系图”中创建联接关系的方式相似。如拖动“产品数据表”的 ProductID 列到“订单细节表”的 ProductID 列，松开鼠标左键后，将在两表之间建立联接。在关系图窗格中选择要显示的列，则在下方的 SQL 窗格中会生成相应的 T-SQL 代码，在条件窗格中可以设定获取数据行的条件。

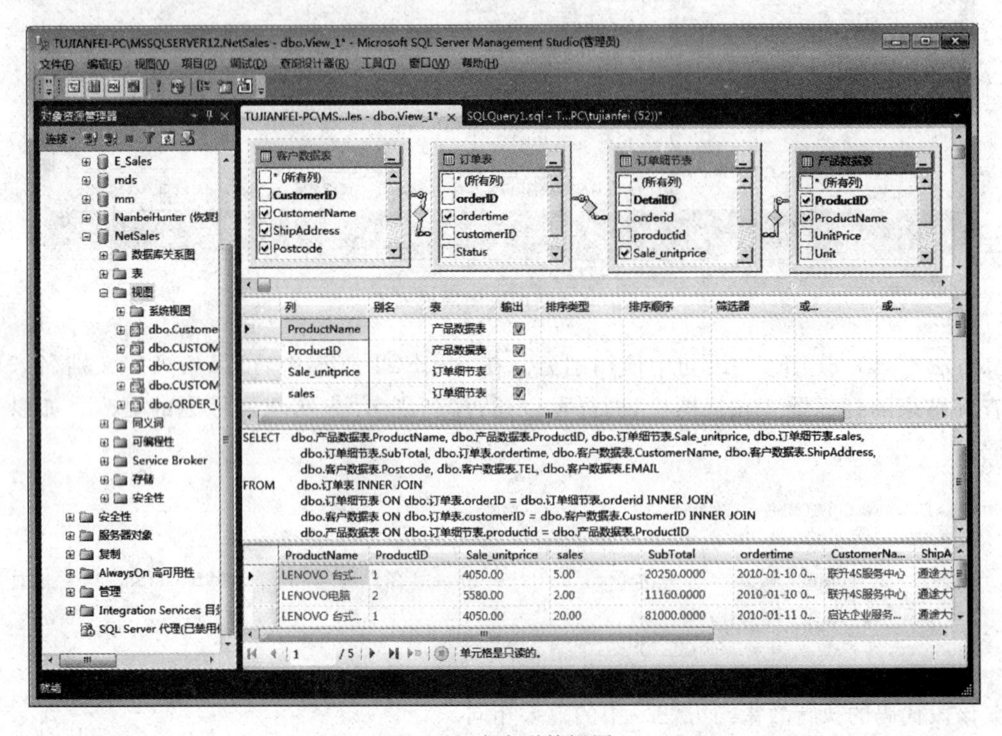

图 7-7　多表联接视图

(5) 在 SQL 窗格中生成的代码如下。此时单击工具栏中的“执行”按钮，可以在底部的结果窗格中看到此段代码的执行结果。

```
SELECT dbo.产品数据表.ProductName, dbo.产品数据表.ProductID, dbo.订单细节表.Sale_
unitprice, dbo.订单细节表.sales, dbo.订单细节表.SubTotal, dbo.订单表.ordertime, dbo.客户数
据表.CustomerName, dbo.客户数据表.ShipAddress, dbo.客户数据表.Postcode, dbo.客户数据表.
TEL, dbo.客户数据表.EMAIL   FROM   dbo.订单表 INNER JOIN dbo.订单细节表 ON dbo.订单表.
orderID = dbo.订单细节表.orderid INNER JOIN  dbo.客户数据表 ON dbo.订单表.customerID =
dbo.客户数据表.CustomerID INNER JOIN dbo.产品数据表 ON dbo.订单细节表.productid = dbo.产
品数据表.ProductID
```

(6) 单击工具栏中的“保存”按钮，保存视图，并命名视图为 Order_Detail_view，完成多表联接视图的创建。

使用 T-SQL 创建多表联接视图的代码如下：

```
CREATE VIEW Order_Detail_view1
AS
SELECT dbo.产品数据表.ProductName, dbo.产品数据表.ProductID, dbo.订单细节表.Sale_
unitprice,dbo.订单细节表.sales, dbo.订单细节表.SubTotal, dbo.订单表.ordertime,dbo.客户数
据表.CustomerName,dbo.客户数据表.ShipAddress, dbo.客户数据表.Postcode, dbo.客户数据表.
TEL, dbo.客户数据表.EMAIL   FROM   dbo.订单表 INNER JOIN dbo.订单细节表 ON dbo.订单表.
orderID = dbo.订单细节表.orderid INNER JOIN  dbo.客户数据表 ON dbo.订单表.customerID =
dbo.客户数据表.CustomerID INNER JOIN dbo.产品数据表 ON dbo.订单细节表.productid = dbo.产品
数据表.ProductID
```

代码执行后，会生成名称为 Order_Detail_view1 的多表联接视图。

7.3 视图维护

视图在使用过程中，用户可以查看视图的定义，也可以对视图执行修改、删除等操作。但是这些操作会受视图创建时设置的视图选项的影响。

7.3.1 查看视图定义

如果用户需要查看视图的定义，可以采用以下 3 种方法。

第一种方法是采用系统存储过程 sp_helptext。例如，以下语句可以查看视图 CUSTOMER_VIEW4 的定义，执行结果如图 7-8 所示。

```
EXEC sp_helptext CUSTOMER_VIEW4
```

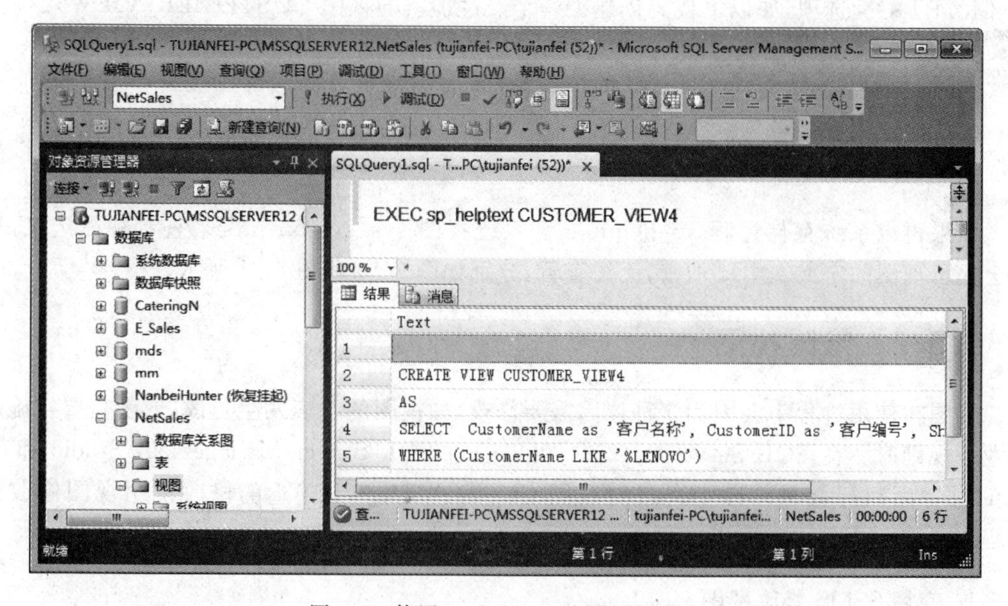

图 7-8 使用 sp_helptext 查看视图定义

第二种方法是通过系统视图 sys.syscoments 查看视图定义。例如，以下语句同样可以查看视图 CUSTOMER_VIEW4 的定义，执行结果如图 7-9 所示。

```
SELECT text FROM sys.syscomments WHERE id = object_id('CUSTOMER_VIEW4')
```

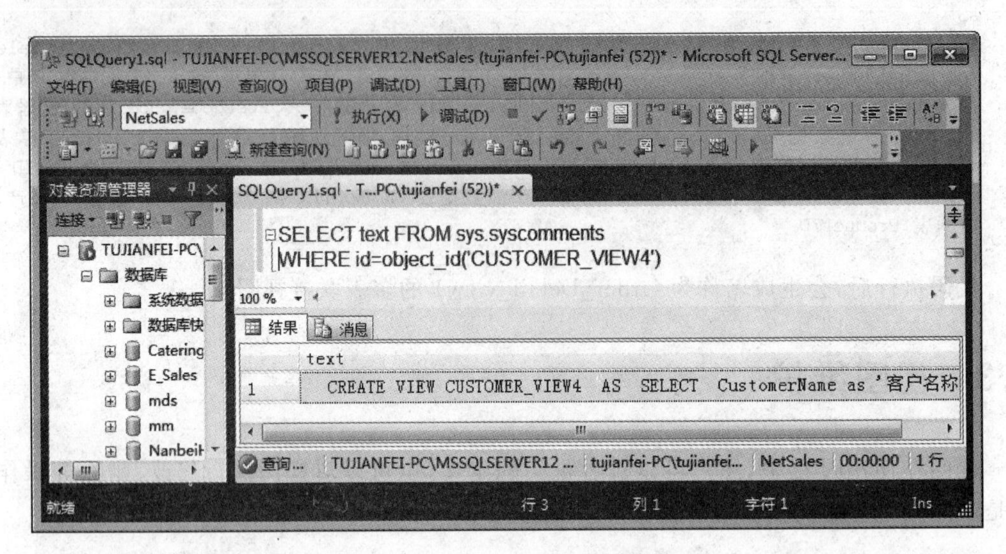

图 7-9 使用 sys.syscoments 查看视图定义

第三种方法是使用 sys.sql_modules 元函数。例如,以下代码查看视图 CUSTOMER_VIEW4 的定义,执行后可以得到与 sp_helptext 同样的视图定义代码。

```
SELECT * FROM sys.sql_modules WHERE id = object_id('CUSTOMER_VIEW4')
```

如果出于某些业务管理需要,不希望用户查看视图的定义,可以在视图定义代码中添加 ENCRYPTION 选项,如以下代码创建了一个经过加密的视图 CUSTOMER_VIEW5:

```
CREATE VIEW CUSTOMER_VIEW5
WITH ENCRYPTION
AS
SELECT   * FROM dbo.客户数据表
```

如果再以系统存储过程 sp_helptext 和系统视图 sys.syscoments 来查看视图定义,系统会提示视图的定义文本已加密,无法查看,分别如图 7-10 和图 7-11 所示。

7.3.2 修改视图

视图在使用过程中会因为多种原因需要修改,如视图的基表发生更改,或者需要实施新的业务规则时。在 SQL Server 2012 中,可以通过 SQL Server Management Studio 和 T-SQL 对视图执行修改。以下通过对视图 CUSTOMER_VIEW4 的修改说明视图修改的过程。

1. 使用 SSMS 修改视图

在 SQL Server Management Studio 中修改视图的操作过程如下:

(1) 在 SQL Server Management Studio 的"对象资源管理器"窗口中,展开服务器、数据库 NetSales 节点。

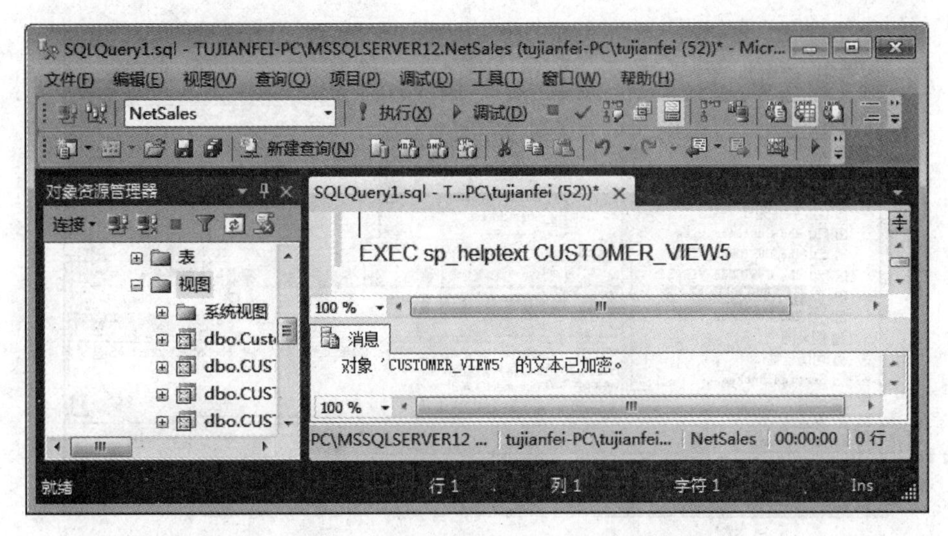

图 7-10 使用 sp_helptext 无法查看已加密的视图定义

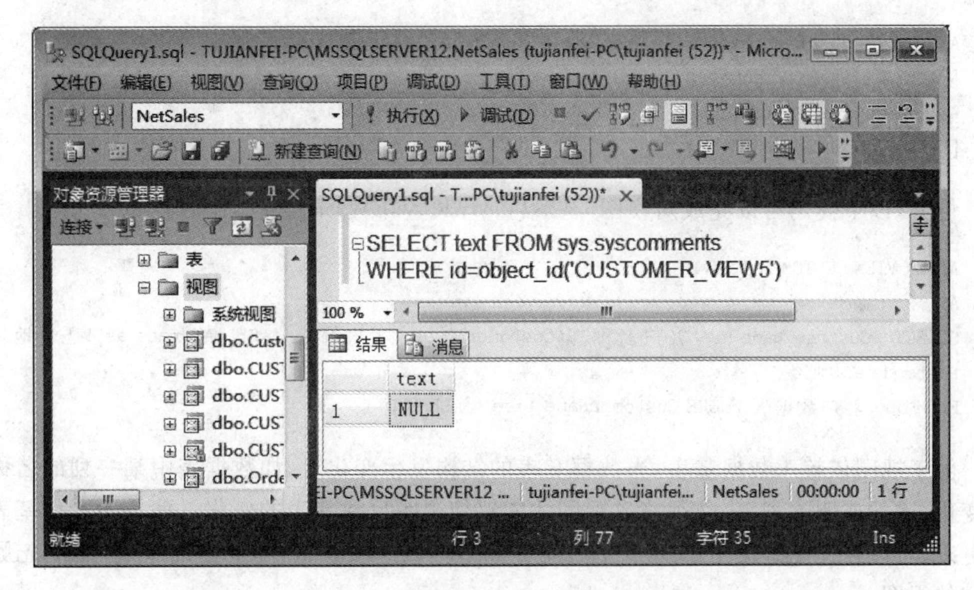

图 7-11 使用 sys.syscoments 无法查看已加密的视图定义

(2) 在“视图”节点下，右击视图 CUSTOMER_VIEW4，在右键菜单中选择“设计”命令。

(3) 在如图 7-12 所示的“视图设计器”窗口中，可以对现有视图的定义进行修改，修改的方式与视图创建的方式相同。

(4) 如果需要添加新的数据表，可以右击关系图窗格，在右键菜单中选择“添加表”命令。在“添加表”对话框中选择要添加的数据表，同样，也可设置多表之间的联接关系。

(5) 视图修改完毕后，单击工具栏中的“保存”按钮，可以将修改结果保存到视图中。

2. 使用 T-SQL 修改视图

修改视图的 T-SQL 语句为 ALTER VIEW，基本语法与视图创建的语法相似：

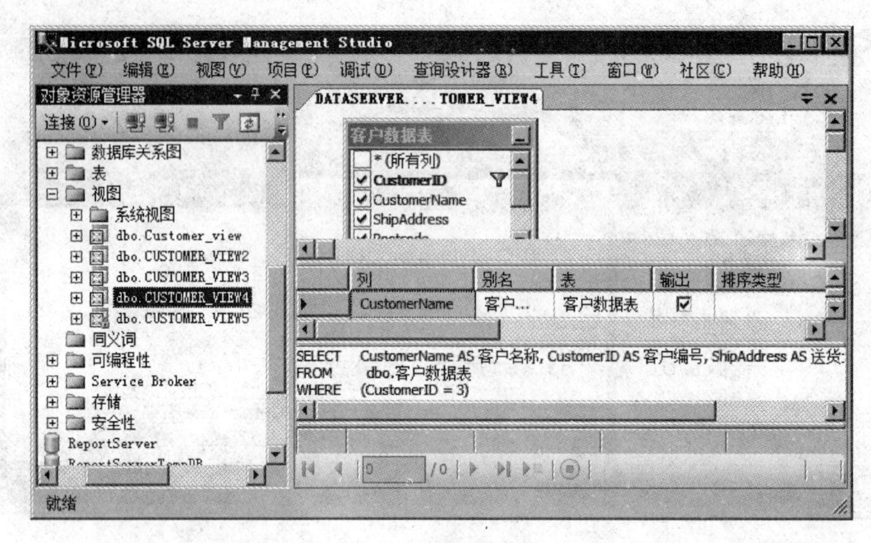

图 7-12 修改视图

```
ALTER VIEW [ schema_name . ] view_name [ ( column [ ,...n ] ) ]
[ WITH <view_attribute> [ ,...n ] ]
AS select_statement
[ WITH CHECK OPTION ] [ ; ]
```

例如,以下代码可以完成对视图 CUSTOMER_VIEW4 的修改。

```
ALTER VIEW CUSTOMER_VIEW4
AS
SELECT  CustomerName as '客户名称', CustomerID as '客户编号', ShipAddress as '送货地址',
Postcode as '邮编'
FROM dbo.客户数据表 WHERE CustomerName like '%LENOVO'
```

由于视图依赖于数据基表,当数据基表的结构发生变化时,如数据表中某一列的名称发生变化、增加或删除列等,必须修改视图才能够使视图反映基表的变化。如果不希望基表发生更改,可以在视图定义中添加 SCHEMABINDING 选项。这样,要修改基表,必须先删除对应的视图。

例如,以下代码使用 SCHEMABINDING 选项定义了新的视图 CUSTOMER_VIEW6:

```
CREATE VIEW CUSTOMER_VIEW6
WITH SCHEMABINDING
AS
SELECT  CustomerName as '客户名称', CustomerID as '客户编号', ShipAddress as '送货地址',
Postcode as '邮编'
FROM dbo.客户数据表 WHERE CustomerName like '%LENOVO'
```

7.3.3 删除视图

对于不再需要的视图,可以通过 SQL Server Management Studio 和 T-SQL 执行删除。

在 SQL Server Management Studio 中删除视图的操作相对简单,基本步骤如下:

(1) 在 SQL Server Management Studio 的"对象资源管理器"窗口中,展开服务器、数据库"NetSales"节点。

(2) 在"视图"节点下,右击视图 CUSTOMER_VIEW4,在右键菜单中选择"删除"命令。

(3) 在如图 7-13 所示的"删除对象"对话框中,单击"确定"按钮,可以删除选定的视图。

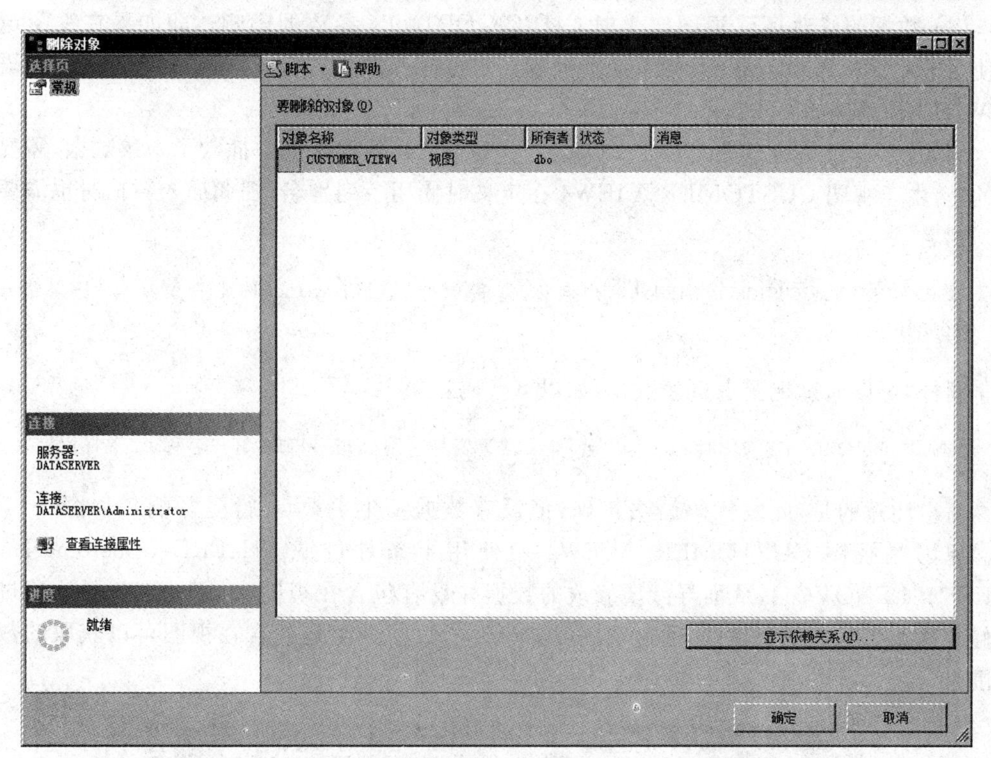

图 7-13 删除视图

T-SQL 删除视图的语句为 DROP VIEW,基本语法如下:

```
DROP VIEW [ schema_name. ]view_name [ ...,n ] [ ; ]
```

例如,以下代码删除视图 CUSTOMER_VIEW4。同样,使用 DROP VIEW 可以用一条语句删除多个视图。

```
DROP VIEW CUSTOMER_VIEW4
```

7.4 视图的应用

视图除了可以用来查看数据之外,还可以通过视图来插入、更改和删除数据。但是通过视图对数据基表中的数据进行操作时,需要注意以下条件:

(1) 虽然视图可以建于多个基表之上,但通过视图一次只能修改一个基表上的数据。

(2) 所有变动都直接基于列而不是派生列。如通过聚合函数 AVG、SUM 等派生的列、通过计算得到的列、由内置函数生成的列等都属于派生列,不能通过派生列更新数据。当视图定义中使用了列别名,则在通过视图更改数据时也需使用列别名。

(3) 更改的数据需要符合数据基表中设置的约束的要求。如有些列设置了 NOT NULL 约束,不能输入 NULL 值。那么,通过视图更新数据时,这些列也不能输入 NULL 值,否则会出现数据更新错误。

(4) 数据的修改还受视图定义时 CHECK OPTION 参数的影响。即如果在视图定义中使用了 CHECK OPTION,则系统会强制要求更改的数据符合视图定义的 SELECT 语句中 WHERE 条件的要求。

例如,以下代码通过视图 CUSTOMER_VIEW4 向数据基表中插入了一条数据,需要注意的是,由于视图 CUSTOMER_VIEW4 在定义时使用了列别名,因此插入数据时也需要采用列别名。

```
INSERT INTO dbo.CUSTOMER_VIEW4(客户名称,送货地址,邮编) values('常青贸易','长兴路号',
'100000')
```

同样,可以通过视图来更新数据,如以下代码:

```
UPDATE dbo.CUSTOMER_VIEW4 set 客户名称 = '常青贸易有限公司' WHERE 客户名称 = '常青贸易'
```

值得注意的是,此段代码语法正确,但没有数据发生更改(0 行受影响),如图 7-14 所示。原因是视图 CUSTOMER_VIEW4 中使用了条件过滤 WHERE (CustomerName LIKE '%LENOVO'),从而导致要修改的数据并没有包含在视图中,因此也就无法通过视图修改这条数据。也就是说,通过视图能够修改的数据必须是包含在视图可以获取的数据范围内。

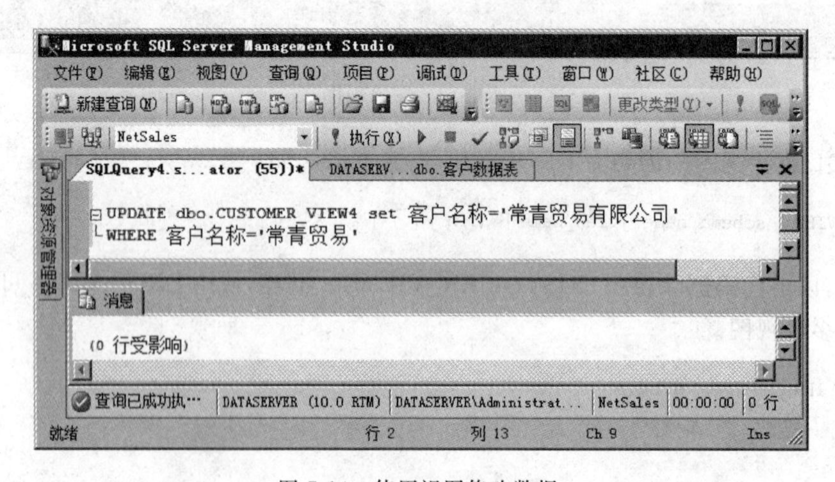

图 7-14 使用视图修改数据

同样,以下通过视图删除数据的代码语法正确,但不能删除数据。

```
DELETE dbo.CUSTOMER_VIEW4 WHERE 客户名称 = '常青贸易'
```

为了进一步说明问题,可以使用以下代码对视图 CUSTOMER_VIEW4 进行修改,然后再执行上述修改和删除语句,能够完成对数据的更改。

```
ALTER VIEW CUSTOMER_VIEW4
AS
SELECT  CustomerName as '客户名称', CustomerID as '客户编号', ShipAddress as '送货地址',
Postcode as '邮编' FROM dbo.客户数据表
```

前面已经介绍，当视图定义中使用了 CHECK OPTION 参数，会对数据的更改产生影响，以下实例过程可以说明这种影响的具体情况。

首先，使用以下代码修改视图 CUSTOMER_VIEW4 的定义：

```
ALTER VIEW CUSTOMER_VIEW4
AS
SELECT  CustomerName as '客户名称', CustomerID as '客户编号', ShipAddress as '送货地址',
Postcode as '邮编' FROM dbo.客户数据表
WHERE (CustomerName LIKE '%LENOVO') WITH CHECK OPTION
```

其次，执行以下代码，尝试向表中插入一条数据。

```
INSERT INTO dbo.CUSTOMER_VIEW4(客户名称,送货地址,邮编) values('常青贸易1','长兴路号',
'100000')
```

系统会提示"试图进行的插入或更新已失败，原因是目标视图或者目标视图所跨越的某一视图指定了 WITH CHECK OPTION，而该操作的一个或多个结果行又不符合 CHECK OPTION 约束。"因为视图 CUSTOMER_VIEW4 中设置了 CHECK OPTION，要求插入的数据符合 WHERE (CustomerName LIKE '%LENOVO')的过滤条件。

如果将上述代码修改如下，就可以成功执行。因为该语句插入的"客户名称"符合视图定义的过滤条件。

```
INSERT INTO dbo.CUSTOMER_VIEW4(客户名称,送货地址,邮编) values('常青贸易LENOVO','长兴路号',
'100000')
```

提示 事实上视图主要的作用是用于数据检索，而不是数据更新。对数据进行更新更为常用的工具是存储过程。

7.5 索引视图和分区视图

索引视图是一种物化的视图，是一种在视图上创建的索引。在视图上可以创建索引，也体现了视图具有类似表的特性。与标准视图不同的是，索引视图保存了聚集索引后的数据。因此在执行数据查询时，与标准视图简单地将视图定义替换为对基表 SELECT 查询语句不同，当查询发生在索引视图上时，查询优化器首先尝试从物化的索引视图中返回满足条件的数据。

分区视图可以基于大型数据表分拆成的多个较小的成员表，在使用视图进行数据查询时，查询优化器可以在这些较小的表中进行数据的筛选。

因此，索引视图和分区视图在一定程度上都有助于提高数据查询的速度。

7.5.1 索引视图

索引视图的创建方式与在表上创建索引的方式基本相同,但索引视图创建的第一个索引必须是唯一性聚集索引。在创建该唯一索引后,可以在该索引视图中创建其他类型的索引。例如,以下过程可以在原视图 CUSTOMER_VIEW 中创建一个聚集索引,使 CUSTOMER_VIEW 成为索引视图。

首先,通过以下代码修改视图 CUSTOMER_VIEW,主要的修改是添加了 SCHEMABINDING 选项。因为索引视图要求将视图绑定到架构,SCHEMABINDING 可以实现这种绑定要求。

```
ALTER VIEW CUSTOMER_VIEW
WITH SCHEMABINDING
AS
SELECT  CustomerName, CustomerID, ShipAddress, Postcode
FROM dbo.客户数据表
```

然后,使用以下代码在视图 CUSTOMER_VIEW 上创建一个 UNIQUE 的聚集索引:

```
CREATE UNIQUE CLUSTERED INDEX CUSTOMERID_INDEXED_VIEW
ON Customer_view(CustomerID)
```

完成后,可以在视图 CUSTOMER_VIEW 的"索引"节点下找到新建的聚集索引,表明该视图已经成为索引视图,如图 7-15 所示。

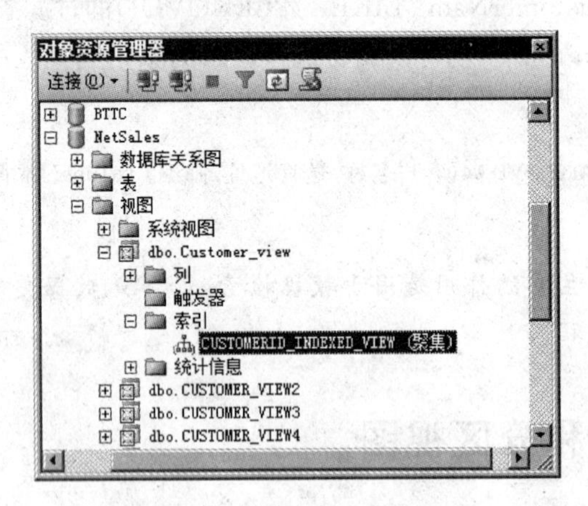

图 7-15 创建索引视图

索引视图也可以通过 SQL Server Management Studio 来创建,创建的方式与在数据表上创建索引的方式相同。可以右击视图下的"索引"节点,在右键菜单中选择"新建索引"命令。然后在如图 7-16 所示的"新建索引"对话框中设置索引参数。

索引视图虽然可以在一定程度上提高数据检索的速度,但也有很多的限制。主要体现在以下几方面:

- 索引视图会增加系统开支。当创建索引后,视图中的聚集索引会增加系统存储空间的开支;当基表中的数据发生更改变化时,系统会对索引视图执行更新,这也会增加

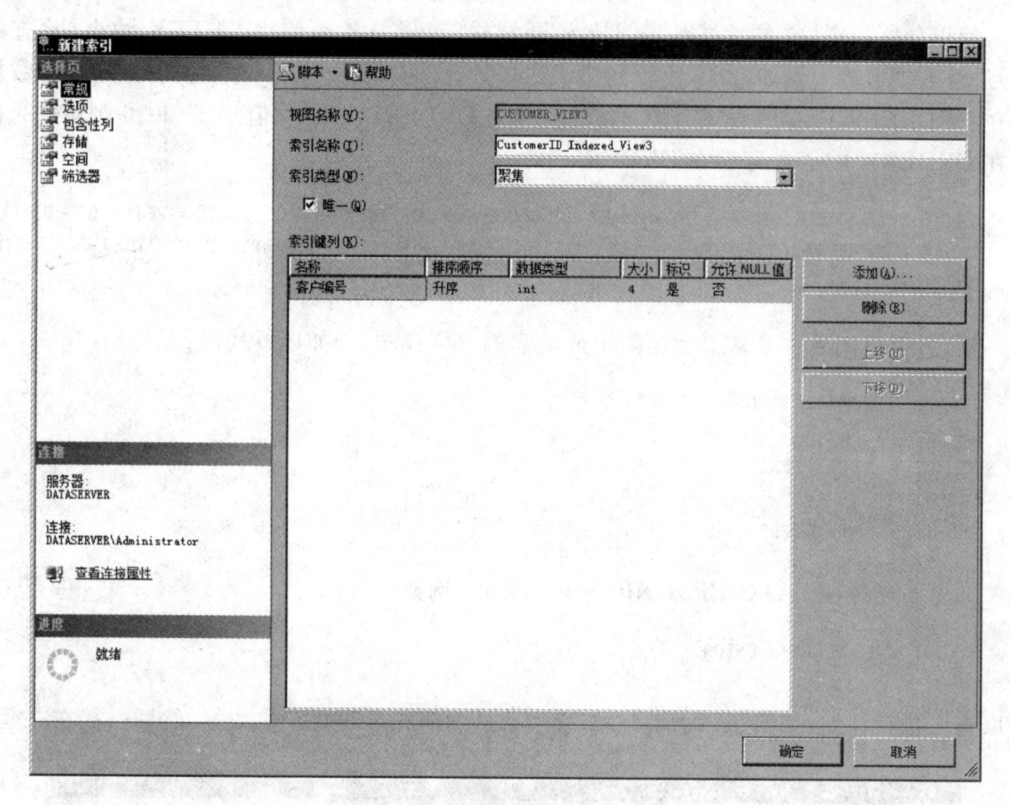

图 7-16　SSMS 创建索引视图

系统的开支。

- 索引视图的其他索引受制于第一个创建的唯一聚集索引。当该唯一聚集索引被删除后，其他索引都会被删除。
- 索引视图只能基于数据表创建。虽然视图可以基于数据表和视图，但创建索引的视图只能基于数据表，而不能包含其他视图。且这些数据表必须来自与视图相同的数据库中，在视图定义时，必须使用 SCHEMABINDING 选项。
- 索引视图中不能包含 text、ntext 或者 image 列，如果在视图定义中使用了 GROUP BY 进行数据分组，分组的列只能是第一个索引(唯一性聚集索引)上的列。
- 创建聚集索引时，要求以下选项必须设置为 ON：ANSI_NULLS、ANSI_PADDING、ANSI_ WARNINGS 、CONCAT_NULL_YIELDS_NULL、ARITHABORT 和 QUOTED_IDENTIFIER，另外 NUMERIC_ROUNDABORT 必须设置为 OFF。

提示　索引视图适用于数据更改较少，主要以查询为主的数据应用环境中。对于数据修改操作较为频繁的场合，索引视图并不一定会提高查询的性能。

7.5.2　分区视图

分区视图可以将多个较小的成员表中的数据通过 UNION ALL 组合起来，在进行数据查询时，可以根据查询条件，只查询其中部分数据表。因此，与查询大型数据表相比，分区视图因为只需查询部分较小的成员表，可以提高查询的速度。

使用分区视图,要求成员基表具有相同结构,对成员基表使用 CHECK 约束(检查约束)进行数据分拆。例如,以下代码创建了两个带有(CHECK 约束)的数据表。这两个数据表在 ORDERDATE 列上进行了数据拆分,其中 ORDERDATE 列值小于'2010-01-01'的存储在 ORDER1 中,否则存储在 ORDER2 中。

```
CREATE TABLE ORDER1(ORDERID INT PRIMARY KEY,ORDERDATE DATETIME CHECK(ORDERDATE <'2010 - 01 - 01'))
CREATE TABLE ORDER2(ORDERID INT PRIMARY KEY,ORDERDATE DATETIME CHECK(ORDERDATE >= '2010 - 01 - 01'))
GO
```

然后,可以创建一个基于上述两个成员表的分区视图,例如以下代码:

```
CREATE VIEW ORDER_UNION
AS
SELECT * FROM ORDER1
UNION ALL
SELECT * FROM ORDER2
```

如果要通过视图 ORDER_UNION 查询数据,例如以下代码:

```
SELECT * FROM ORDER_UNION
```

可以查询执行计划,如图 7-17 所示。该查询会从两个成员表中获取数据,然后联接在一起。

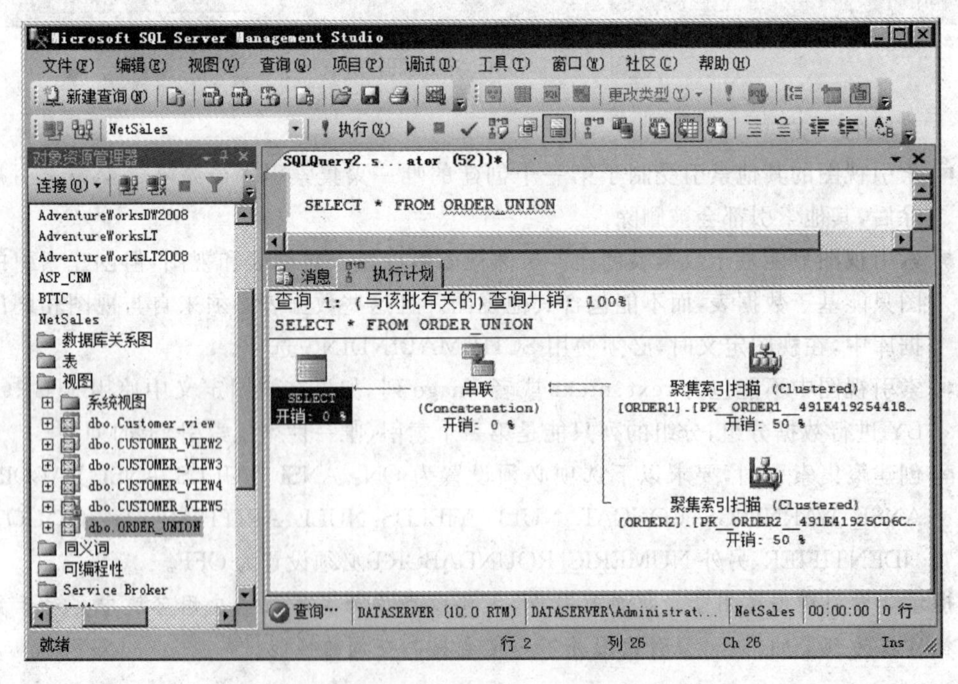

图 7-17 未指定查询条件的分区视图查询执行计划

如果通过视图查询数据,并且指定查询的条件,例如以下代码:

```
SELECT * FROM ORDER_UNION WHERE ORDERDATE = '2010 - 01 - 10'
```

查看查询执行计划,如图 7-18 所示。从图中可见,由于指定条件的订单只保存在 ORDER2

中,因此,查询优化器会从 ORDER2 中进行查询,而不会涉及 ORDER1,因此可以缩小查询数据的范围,提高查询效率。

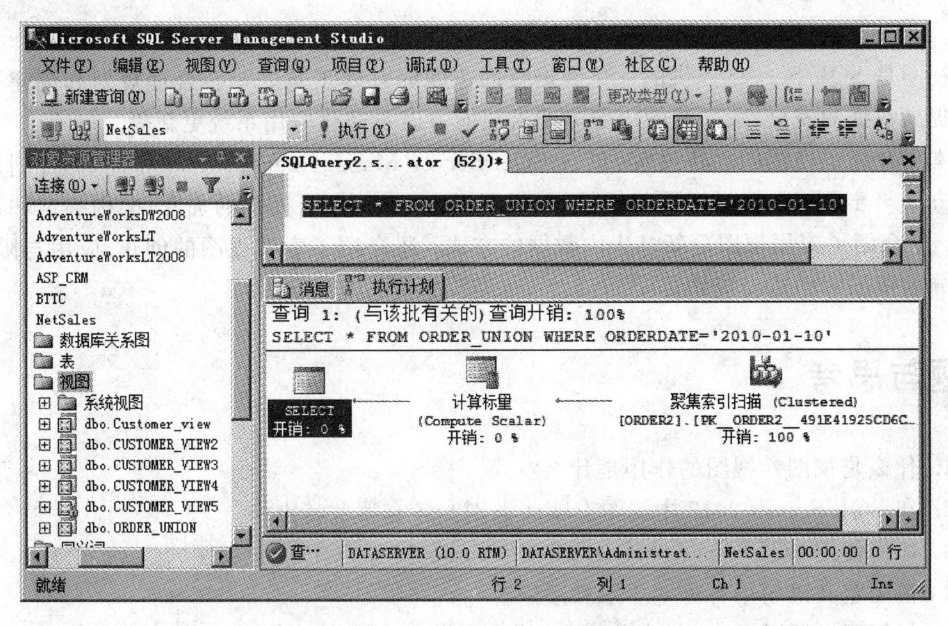

图 7-18 指定查询条件的分区视图查询执行计划

如果需要通过分区视图更新成员数据基表中的数据,要求 CHECK 约束必须建立在成员基表的主键上。例如,以下代码试图通过分区视图 ORDER_UNION 插入数据,会出现错误,如图 7-19 所示。原因是,此分区视图的成员基表 CHECK 约束并未建在主键上。

```
insert into dbo.ORDER_UNION values(1,'2010 - 01 - 10')
```

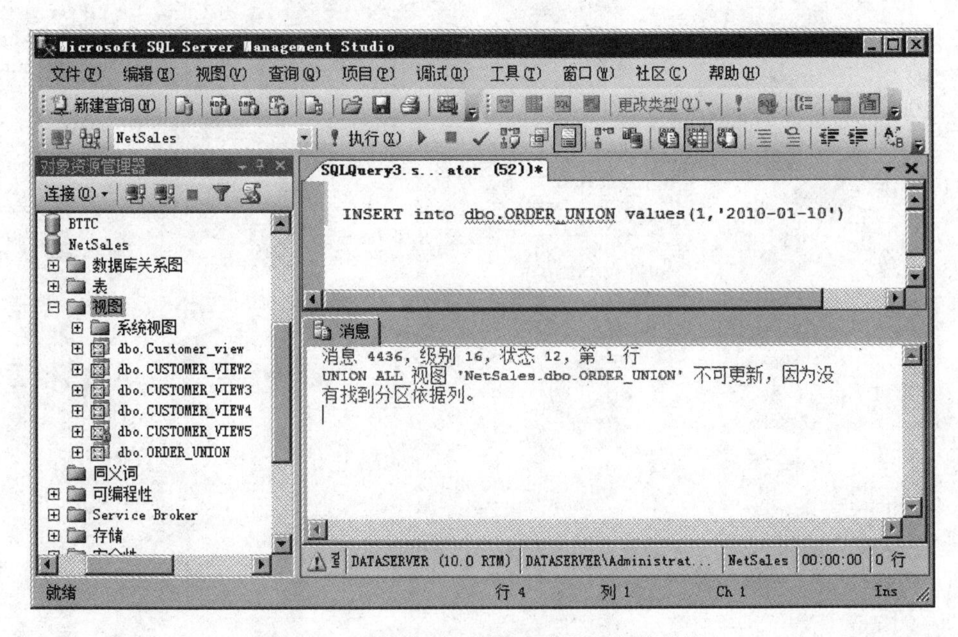

图 7-19 通过分区视图插入数据引起的错误

7.6 本章小结

视图是 SQL Server 提供的优化数据查询速度的有效工具之一。合理规划和创建视图可以提高数据的安全性、系统响应服务请求的能力以及简化应用系统更新等。

本章介绍了视图的创建过程，包含 SQL Server Management Studio 和 T-SQL 创建视图的方法与步骤；介绍了视图的维护，包括视图定义的查看、视图的加密、架构绑定和视图的修改；介绍了应用视图更新基表中数据的方式；还介绍了索引视图的创建、应用与限制，以及分区视图的创建与应用。

习题与思考

1. 什么是视图？视图的作用是什么？
2. 在 SQL Server 2012 中视图有哪些类别？各有哪些特点？
3. 如何使用 SQL Server Management Studio 和 T-SQL 创建视图？
4. 视图定义语句中有哪些要求和限制？
5. 如何通过视图插入、更改和删除数据？
6. 什么是分区视图？如何创建和使用分区视图？
7. 什么是索引视图？如何创建索引视图？
8. 如何加密视图的定义代码？

第8章 存储过程

视图虽然是提高数据安全性和查询效率的一种有效工具；但是视图本身有很多的限制，如不能在视图中使用变量，这样在一些需要通过变量生成条件表达式来过滤数据的场合，就无法通过视图完成要求的操作。而且通过视图更改数据也有很多的限制。在 SQL Server 中提供的存储过程可以弥补视图的上述不足。应用存储过程可以将一组执行的源代码保存于服务器端，简化客户端的代码，并可实现代码重用。因此，存储过程是 SQL Server 提供的又一项提高系统可用性的有效工具。

本章介绍存储过程的原理及应用。

本章要点：

- 存储过程的特点
- 用户存储过程的创建及应用
- 系统存储过程和扩展存储过程

8.1 存储过程简介

存储过程是 SQL Server 中用于保存和执行一组 T-SQL 代码的数据库对象。与视图不同的是，在存储过程中可以包含 T-SQL 的各种语句，如 SELECT、UPDATE、DELETE、INSERT 等，而不仅仅是 SELECT 语句。因此，存储过程比视图具有更强的灵活，可以实现复杂业务逻辑的应用，也能提高系统的执行性能。

存储过程可以给数据库管理和应用系统带来的优点主要体现在以下几方面：

(1) 可以实现复杂的业务应用。如某些企业在制定客户订单时，需要事先审核客户的信用额度，如果客户信用额度不足，就不能给该客户生成订单；有时也需要查询客户所订购产品的库存量，如果库存不足，也不应生成订单。这些业务逻辑需要在同一个过程中完成，涉及多条 T-SQL 语句，存储过程可以将上述语句封装成一个执行单元，作为一个批任务来完成。因此，存储过程可以满足实现复杂业务应用的需要。

(2) 可以提高系统响应的性能。在 SQL Server 中，数据查询操作都需要经过查询优化器分析和优化，在涉及多个索引的数据查询时，查询优化器会分析选择数据返回最快的索引，并以此编译生成查询执行计划，执行计划会置于系统缓存中。一般查询语句在每次执行时都需要重新编译；而存储过程是经过预编译的，即在第一次读入执行后，编译后的存储过程会保存在系统缓存中。下一次用户使用时，会直接从缓存中读取(除非用户有重新编译的要求)。因此,使用存储过程可以提高系统响应的性能。

(3) 可以减少网络通信的数据流量。与视图类似,在客户/服务器(C/S)应用场合,存储过程将大段的定义代码保存在服务器端,客户端只需要传输少量调用存储过程所需要的名称、参数等数据。因此,存储过程能有效降低网络通信的数据量,对提高应用系统性能有很大的益处。

(4) 可以提高应用系统的安全性,防止SQL注入式攻击。SQL注入式攻击是网络化数据库应用系统中最常见的攻击手段。如果在应用系统中单纯采用T-SQL代码,往往很难有效防止SQL注入式攻击。使用存储过程是有效防止SQL注入式攻击的方法之一。

(5) 可以简化应用系统的部署。在客户/服务器(C/S)应用环境中,如果客户端数量较多,在应用程序部署时,会在每台客户机上安装客户端程序。如果出现应用程序更新或修改时,需要更新每台客户机上的客户端程序,这是一项工作量非常大的工作。如果更新的只是T-SQL代码,那么如果应用系统采用的是存储过程,那么只需要在SQL Server服务器端修改存储过程,而不需要修改客户端程序。由此,可以大幅简化应用程序的部署和维护过程。

在SQL Server 2012中,存储过程可以分为3种类型:用户定义存储过程、系统存储过程和扩展存储过程。

- 用户自定义存储过程。是由用户根据数据管理和业务应用需要创建的存储过程。这是用户应用最广泛的存储过程,根据使用代码不同,又可以划分为T-SQL类型的存储过程和CLR类型的存储过程。T-SQL类存储过程使用T-SQL代码来实现操作行为;CLR是应用Microsoft .NET Framework公共语言运行时(CLR)定义的存储过程。
- 系统存储过程。是指由SQL Server提供的用于完成系统管理的存储过程。如前文中已介绍的sp_Configure等,这些系统存储过程一般以sp作为前缀命名,按功能和类型的不同可以划分为活动目录存储过程、目录存储过程、游标存储过程等17类。
- 扩展存储过程。是指使用某种程序设计语言(例如C#等)创建的外部程序,这些程序是可以在SQL Server实例中加载和运行的动态链接库(DLL)。扩展存储过程正逐步被CLR存储过程所替代,因为后者可以提供更高的可靠性和安全性。

8.2 创建存储过程

在SQL Server 2012中存储过程需要通过T-SQL创建。创建存储过程的T-SQL语句为CREATE PROCEDURE,基本语法如下:

```
CREATE { PROC | PROCEDURE } [schema_name.]procedure_name
    [ { @parameter} data_type [ = default ] [OUTPUT ]]
    [ ,...n ]
[ WITH <procedure_option> [ ,...n ] ]
AS
[BEIGN]
{ <sql_statement> }
[END]
```

各主要参数的含义如下：

- procedure_name，存储过程的名称。
- @parameter，存储过程所使用的参数，需要使用@符号作为前缀。
- data_type，参数的数据类型，SQL Server 系统提供的数据类型都可以作为存储过程参数的数据类型。
- Default，参数的默认值，即调用存储过程时未给参数赋值，系统取此项默认值。
- OUTPUT，表示存储过程执行完毕后的输出参数。
- procedure_option，存储过程的选项，可以取 ENCRYPTION、RECOMPILE 和 EXECUTE AS 子句，分别表示加密存储过程代码、重新编译存储过程和 SQL Server 模仿调用者的方式执行存储过程。
- sql_statement，存储过程执行的操作代码，可以是各种 T-SQL 语句。

8.2.1 创建无参数的存储过程

无参数的存储过程相对简单，以下通过对“产品数据表”创建一个查询存储过程为例，说明无参数存储过程的创建步骤。

(1) 在 SQL Server Management Studio 中，展开服务器、数据库 NetSales、数据表“产品数据表”节点，并展开“可编程性”节点。

(2) 右击“存储过程”，在右键菜单中选择“新建存储过程”命令。

(3) 在“存储过程设计”窗口中，修改模板代码如下，创建一个名称为 SELECT_Product 的存储过程，执行的操作是从“产品数据表”中获取所有数据，如图 8-1 所示。

```
CREATE PROCEDURE SELECT_Product
AS
BEGIN
SELECT * FROM dbo.产品数据表
END
```

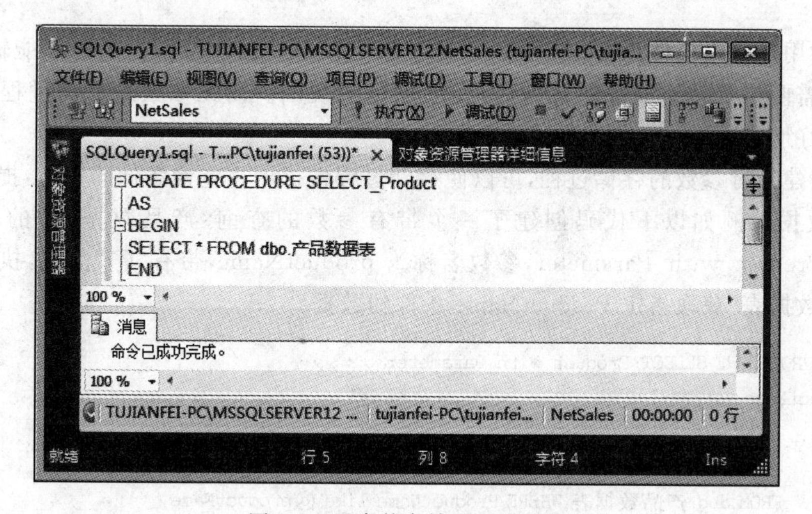

图 8-1 无参数存储过程的创建

新建的存储过程可以在“存储过程”节点下找到。如果要执行此存储过程,单击工具栏的可以“新建查询”,在“查询编辑器”窗口中输入以下代码,执行结果如图 8-2 所示。

```
EXEC SELECT_Product
```

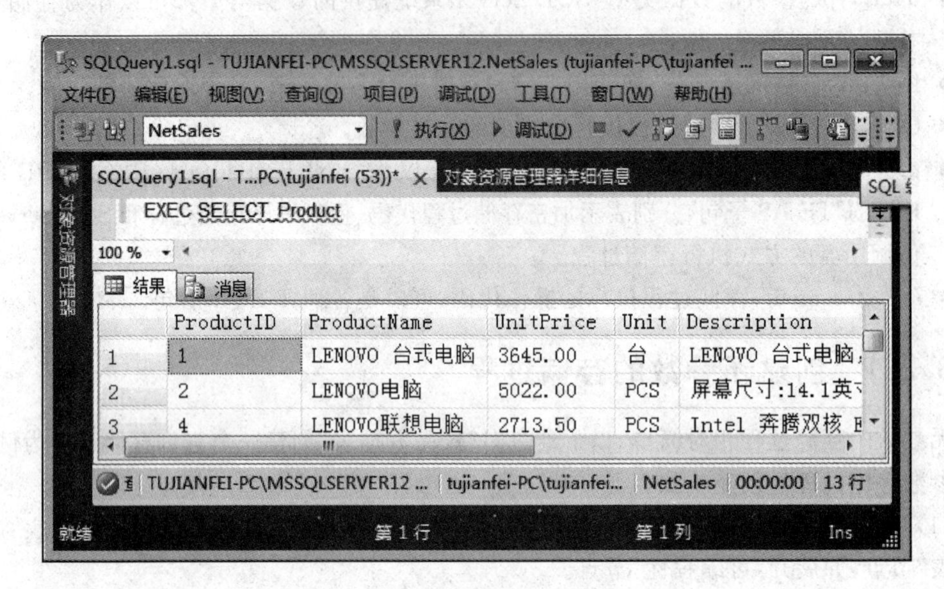

图 8-2 执行无参数的存储过程

8.2.2 创建带参数的存储过程

在第 7 章中,曾经创建了一个视图 CUSTOMER_VIEW2,代码如下:

```
CREATE VIEW CUSTOMER_VIEW2
AS
SELECT  CustomerName, CustomerID, ShipAddress, Postcode
FROM dbo.客户数据表 WHERE CUSTOMERID = 3
```

该视图可供用户检索条件为 CUSTOMERID=3 的客户数据。由于视图中不能输入参数,因此,如果需要获取其他条件的数据,需要创建新的视图。而无参数的存储过程与视图一样,不能很好地响应用户查询条件多样化的要求。

通过创建带有参数的存储过程,可以使存储过程根据用户查询条件的变化,提供符合用户要求的数据。例如以下代码创建了一个带有参数的查询“产品数据表”的存储过程 SELECT_Product_with_Parameter,参数名称为 productName,带有“@”前缀,执行的操作是从“产品数据表”获取指定 ProductName 条件的数据。

```
CREATE PROCEDURE SELECT_Product_with_Parameter
@productName varchar(40)
AS
BEGIN
SELECT * FROM dbo.产品数据表 WHERE ProductName like @productName
END
```

要使用该带参数的存储过程，可以在“新建查询”中执行以下代码来实现。该执行代码表示从“产品数据表”中查询 ProductName 列中含有 LENO 的产品信息。

```
EXEC dbo.SELECT_Product_with_Parameter '%LENO%'
```

执行结果如图 8-3 所示。

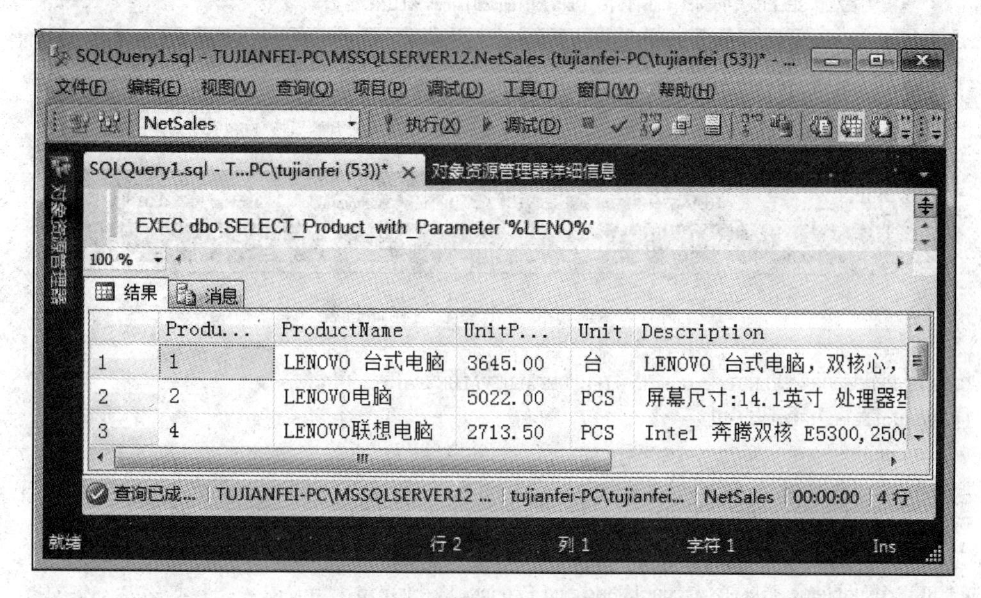

图 8-3　执行带参数的存储过程

要执行带参数的存储过程，必须附带参数值，如果只有一个参数，可以把参数值附在存储过程名称之后，如上例所示。在执行带有多个参数的存储过程时，参数值可以附在存储过程名称之后，但要求参数值的顺序与参数在存储过程中的顺序一致，且参数值之间需要用“,”分隔。最好的方式是将参数名称也编写在执行语句之中。

例如，以下代码创建了一个带有两个参数的存储过程：

```
CREATE PROCEDURE SELECT_Product_with_TWO_Para
@productName varchar(40),
@pid int
AS
BEGIN
SELECT * FROM dbo.产品数据表
WHERE ProductName like @productName and ProductID = @pid
END
```

要执行此存储过程，可以使用以下代码，执行结果如图 8-4 所示。

```
EXEC SELECT_Product_with_TWO_Para @productName = '%LENO%',@pid = 4
```

带参数的存储过程可以指定默认值。给参数指定默认值，可以避免用户执行存储过程时未给参数赋值所产生的错误，也可以简化用户输入参数值的过程。例如，以下代码创建了一个带有默认值参数的存储过程：

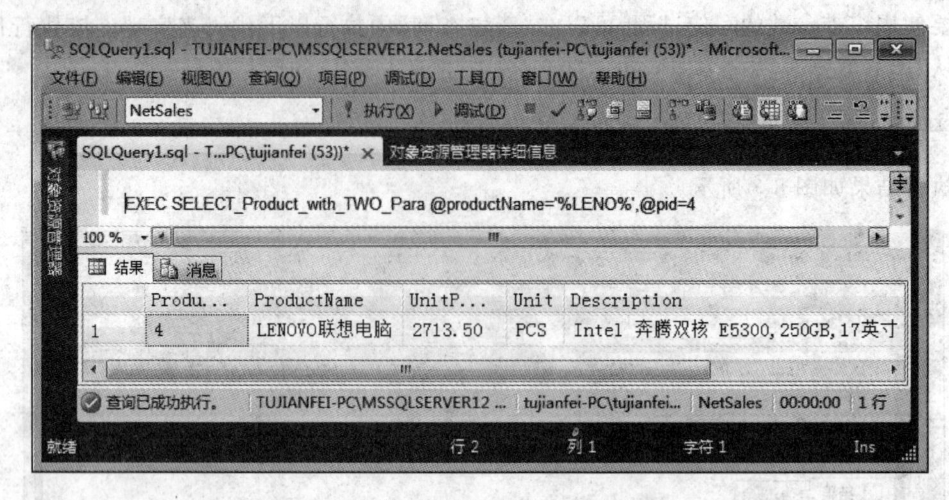

图 8-4 执行带多个参数的存储过程

```
CREATE PROCEDURE SELECT_Product_with_DEFALUTVALUE_Para
@productName varchar(40) = '%',
@pid int
AS
BEGIN
SELECT * FROM dbo.产品数据表
WHERE ProductName like @productName and ProductID = @pid
END
```

即设定参数 productName 的默认值为'%',也就是说 productName 列可以包含任意字符串。上述存储过程可以使用以下代码来执行,在不输入参数@productName 的值时,由系统取默认值作为该参数的值。

```
EXEC dbo.SELECT_Product_with_DEFALUTVALUE_Para @pid = 4
```

8.2.3 创建 INSERT、UPDATE 和 DELETE 的存储过程

与视图只能在执行语句体中使用 SELECT 语句不同,在存储过程中可以在执行语句体中使用各种 T-SQL 语句,如 INSERT、UPDATE 和 DELETE。因此,常见的 T-SQL 语句的操作都可以通过存储过程来实现。

以下实例创建了一个可实现数据插入、修改和删除的存储过程。

```
CREATE PROCEDURE INS_UPD_DEL_Product
@productName varchar(40) = '%',
@pid int,
@UnitPrice decimal(10,2),
@unit varchar(20),
@Description varchar(max) = ''
AS
BEGIN
```

```
INSERT INTO 产品数据表(ProductName, UnitPrice, Unit, Description) values(@productName,
@UnitPrice,@unit,@Description)
UPDATE 产品数据表 SET InStocks = 100 where ProductID = @pid
DELETE 产品数据表 where ProductID = 20
SELECT * FROM 产品数据表
END
```

上述存储过程包含4项操作：向“产品数据表”中插入一条数据，更改指定ProductID列值的记录的库存量InStocks，删除ProductID列值为20的数据记录，最后显示数据表中的所有产品数据。

可以通过以下代码执行此存储过程：

```
EXEC dbo.INS_UPD_DEL_Product 'DELL 电脑',4,'4600.20','台','DELL 台式电脑'
```

执行结果如图8-5所示。

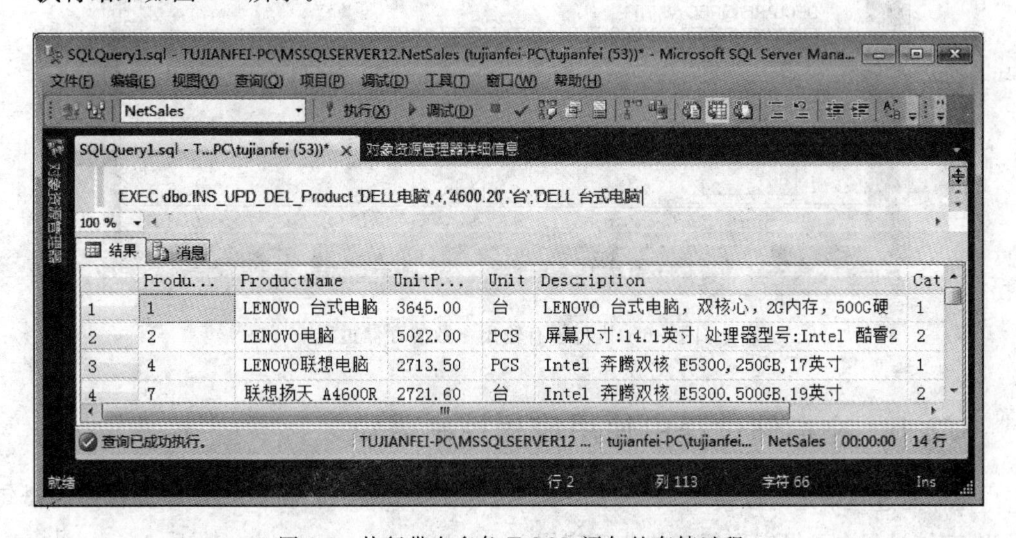

图8-5 执行带有多条T-SQL语句的存储过程

8.2.4 创建带有输出参数的存储过程

在存储过程中，参数可以是输入型参数，也可以是输出型参数。系统默认设置的参数是输入型参数，可以在参数后添加OUTPUT关键词，将参数设定为输出参数。

例如，以下代码创建了一个带输出参数的存储过程，其中参数@P1和@P2为输入参数，@P3为输出参数。

```
CREATE PROCEDURE COMPUTER_WITH_OUT_Para
@p1 int,
@p2 int,
@p3 int OUTPUT
AS
BEGIN
```

```
SET @P3 = @P1 * @p2
END
```

该存储过程可以使用以下代码执行,在该段代码中创建了一个变量@REC,用于保存存储过程的输出参数。执行结果如图 8-6 所示。

```
DECLARE @REC AS INT
EXEC COMPUTER_WITH_OUT_Para 2.3,4.5,@REC OUTPUT
SELECT @REC
```

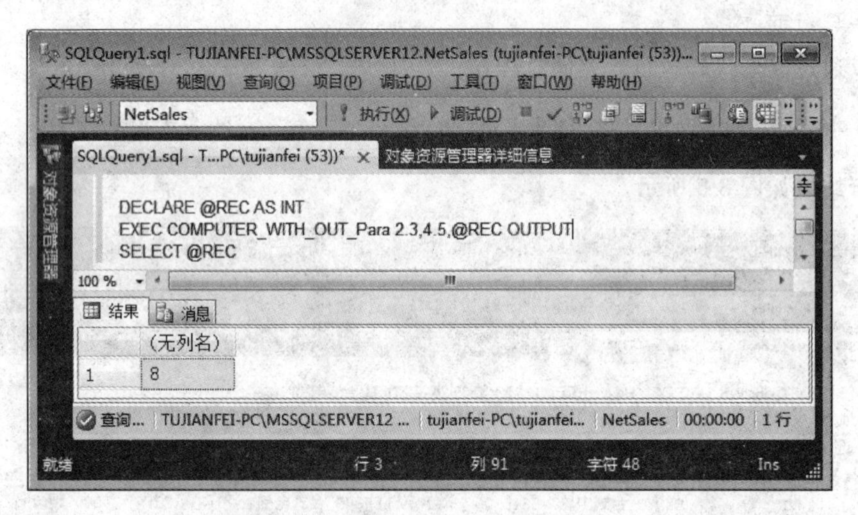

图 8-6 执行带有输出参数的存储过程

8.2.5 在存储过程中使用流程控制语句

在存储过程中还可以使用 IF …ELSE、WHILE…BREAK 和 CASE 等流程控制语句。因此,存储过程也可以实现复杂的业务应用。

例如,以下代码可以实现:在输入订单细节数据时,先判断“产品数据表”中产品库存量是否够用,如果不够,将不生成订单细节数据,并提示“库存不足,无法生成订单!”。

```
CREATE PROCEDURE ORDERDEATIL_CHECK
@orderid int,
@productid int,
@Sale_unitprice int,
@sales decimal(10,2),
@instocks int = 0
AS
BEGIN
  SELECT @instocks = INSTOCKS from dbo.产品数据表
      where ProductID = @productid
  IF @instocks >@sales
   BEGIN
```

```
    INSERT INTO dbo.订单细节表(orderid,productid,Sale_unitprice,sales)
     Values(@orderid,@productid,@Sale_unitprice,@sales)
    PRINT'订单保存完毕!'
  END
  ELSE
    PRINT'库存不足,无法生成订单!'
END
```

该存储过程可以通过以下代码来执行，由于当前“产品数据表”中 productid 列为 4 的产品库存量只有 90，所以执行结果是“库存不足，无法生成订单！”，如图 8-7 所示。

```
EXEC ORDERDEATIL_CHECK @orderid = 4,@productid = 4, @Sale_unitprice = 4500,@sales = 510
```

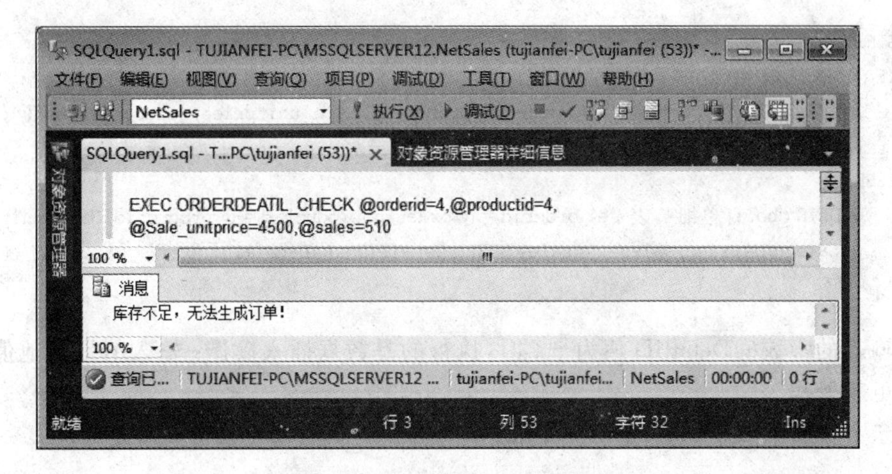

图 8-7　库存不足无法生成订单

如果改为执行以下代码，由于产品库存量足够，因此可以生成订单，执行结果如图 8-8 所示。

```
EXEC ORDERDEATIL_CHECK @orderid = 4,@productid = 4, @Sale_unitprice = 4500,@sales = 10
```

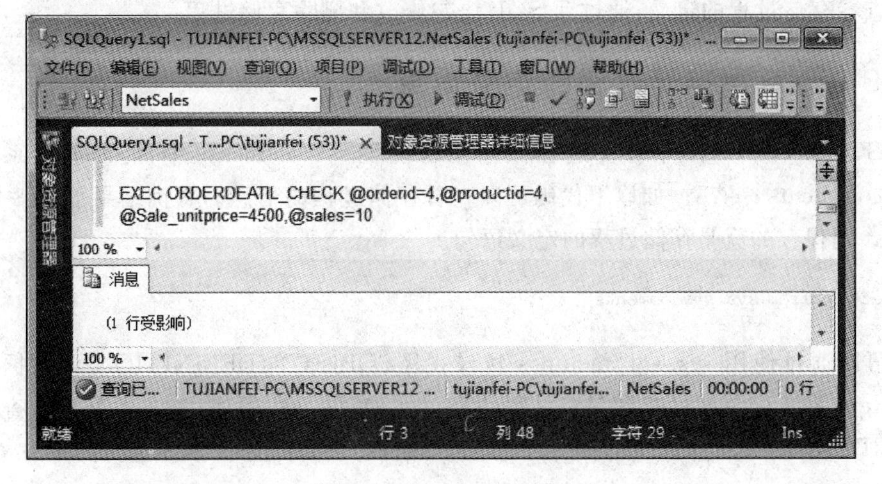

图 8-8　库存量够可以生成订单

在应用程序开发中,经常使用同一个存储过程来实现数据的修改和添加,此时可以将修改语句和插入语句都保存在同一个存储过程中,通过参数取值不同来切换执行的代码。

例如,以下代码通过 IF…ELSE 语句实现对存储过程执行代码的切换:

```
CREATE PROCEDURE ORDERDEATIL_INSER_OR_UPDATE
@orderid int,
@productid int,
@Sale_unitprice int,
@sales decimal(10,2),
@instocks int = 0,
@OPERATETYPE int = 0,
@DetailID int
AS
BEGIN
  IF @DetailID =- 1
      INSERT INTO dbo.订单细节表(orderid,productid,Sale_unitprice,sales) Values(@orderid,
      @productid,@Sale_unitprice,@sales)
  ELSE
      UPDATE dbo.订单细节表 set orderid = @orderid,productid = @productid,Sale_unitprice =
      @Sale_unitprice,sales = @sales WHERE DetailID = @DetailID
END
```

当输入的参数@DetailID 值为－1 时,执行的是数据插入操作;输入值为其他值时,执行数据更新操作。

提示 使用第三方工具,如 CodeSmith 等,可以提高存储过程生成的效率。

8.3 管理存储过程

在 SQL Server 2012 中,管理和维护存储过程也相对简捷,易于操作;可以通过系统目录视图查看存储过程的定义,通过 T-SQL 语句修改和删除存储过程。

8.3.1 查看存储过程的定义信息

在 SQL Server 2012 中存储过程保存在系统表 syscomments 中,可以通过系统视图 sys.syscomments 来查看,如以下代码可以查看存储过程的信息。查询结果如图 8-9 所示,图中 text 列保存的就是存储过程的定义语句。

```
select * from sys.syscomments
```

还可以通过使用 sys.sql_modules 目录视图、OBJECT_DEFINITION 元数据函数和 sp_helptext 系统存储过程查看存储过程信息。例如,以下代码使用 sp_helptext 查看存储过程 ORDERDEATIL_CHECK 的定义信息。执行结果如图 8-10 所示。

```
EXEC sp_helptext 'ORDERDEATIL_CHECK'
```

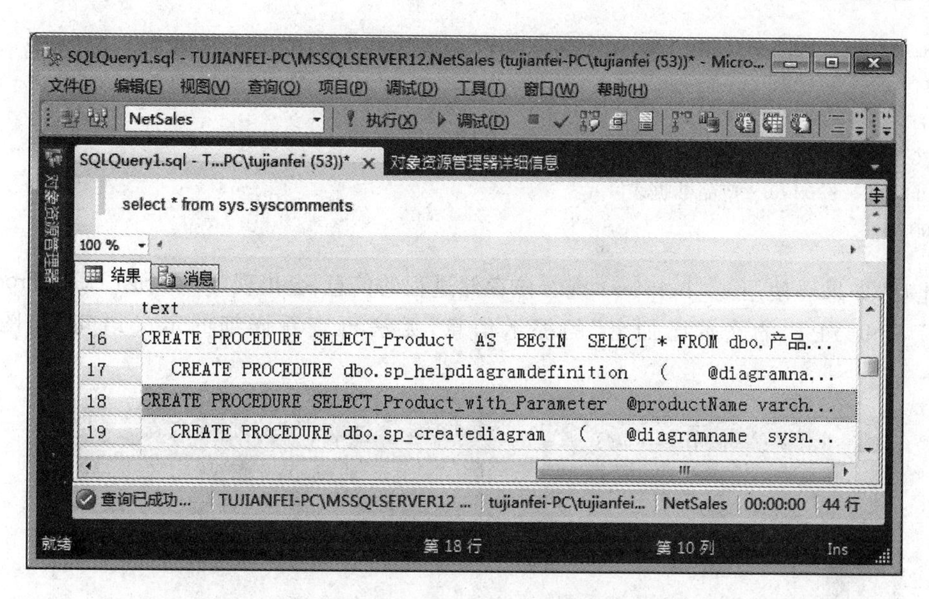

图 8-9 通过 sys. syscomments 查看存储过程定义

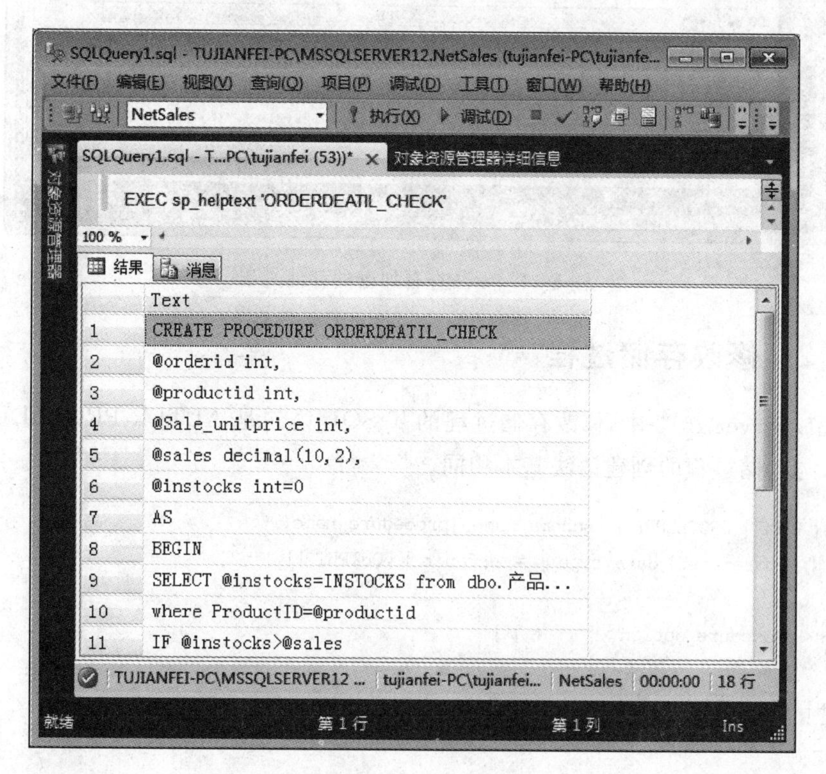

图 8-10 使用 sp_helptext 查看存储过程信息

如果不希望其他用户查看存储过程的定义信息，可以在存储过程的定义语句中添加 WITH ENCRYPTION 选项对存储过程定义进行加密。例如，以下代码创建了一个经过加密的存储过程。

```
CREATE PROCEDURE SELECT_Product_WITH_ENCYPT
WITH ENCRYPTION
AS
BEGIN
SELECT * FROM dbo.产品数据表
END
```

此时,如果再使用 sp_helptext 查看该存储过程的信息,会出现"对象'SELECT_Product_WITH_ENCYPT'的文本已加密"的提示信息,无法再查看详细的定义语句,如图 8-11 所示。

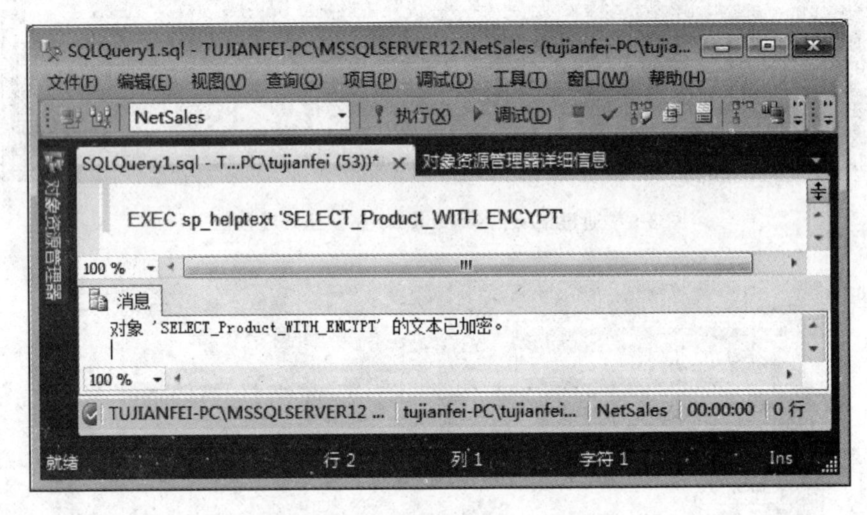

图 8-11 无法查看加密的存储过程

8.3.2 修改存储过程

在 SQL Server 2012 中,修改存储过程的 T-SQL 语句是 ALTER PROCEDURE,基本语法如下,与存储过程的创建语法基本相同。

```
ALTER { PROC | PROCEDURE } [schema_name.]procedure_name
    [ { @parameter} data_type [ = default ] [OUTPUT ]]
    [ ,...n ]
[ WITH <procedure_option> [ ,...n ] ]
AS
[BEIGN]
{ <sql_statement> }
[END]
```

例如,以下代码对存储过程 SELECT_Product_WITH_ENCYPT 进行了修改:

```
ALTER PROCEDURE SELECT_Product_WITH_ENCYPT
WITH ENCRYPTION
AS
```

```
BEGIN
SELECT * FROM dbo.产品数据表 WHERE ProductID = 20
END
```

在 SQL Server Management Studio 中修改存储过程的操作步骤如下：

(1) 在 SQL Server Management Studio 的“对象资源管理器”窗口中，展开服务器、数据库和可编程性节点。

(2) 右击要修改的存储过程，如本例中的 SELECT_Product_with_TWO_Para，在右键菜单中选择“修改”命令。

(3) 在如图 8-12 所示的存储过程修改对话框中，对现有存储过程的定义进行修改。修改完毕后，单击工具栏“执行”按钮，保存修改结果。

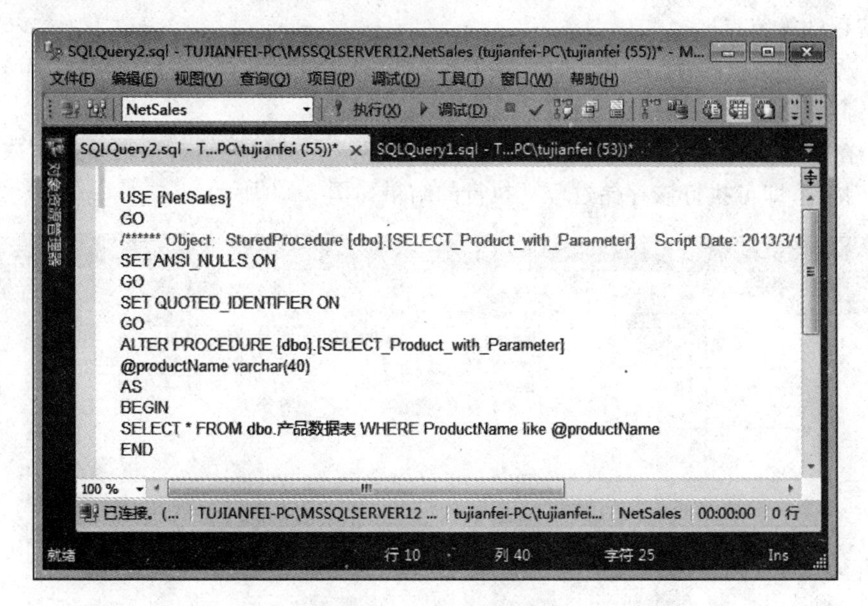

图 8-12 修改存储过程

提示 可以把存储过程修改看作是重新创建同名的存储过程，并覆盖原有存储过程的过程。但是存储过程的原有权限不会发生变化。

不管是通过 SQL Server Management Studio 还是 T-SQL 修改存储过程，执行的都是 ALTER PROCEDURE 语句。

8.3.3 删除存储过程

删除存储过程的 T-SQL 语句是 DROP PROCEDURE，如以下代码可以删除存储过程 SELECT_Product_WITH_ENCYPT。

```
DROP PROCEDURE SELECT_Product_WITH_ENCYPT
```

与删除其他对象一样，DROP PROCEDURE 语句也可以一次删除多个存储过程。可以在 DROP PROCEDURE 语句后罗列待删除存储过程的名称，并用逗号分隔。

存储过程的删除操作还可以在 SQL Server Management Studio 中来完成，操作步骤如下：

(1) 在 SQL Server Management Studio 的“对象资源管理器”窗口中，展开服务器、数据库和可编程性节点。

(2) 右击待删除的存储过程，在右键菜单中选择要“删除”命令，可以删除选中的存储过程。

8.3.4 存储过程的 SSMS 执行方式

存储过程除了可以使用 T-SQL 代码在“新建查询”对话框中执行之外，还可以在 SQL Server Management Studio 中执行。执行步骤如下：

(1) 在 SQL Server Management Studio 的“对象资源管理器”窗口中，展开服务器、数据库和可编程性等节点。

(2) 选中要执行的存储过程，如本例中的 SELECT_Product_with_TWO_Para，右击之后，在右键菜单中选择“执行存储过程”命令。

(3) 在如图 8-13 所示的“执行过程”对话框中输入存储过程执行所需要的参数，然后单击“确定”按钮，即可执行该存储过程。执行的结果如图 8-14 所示。

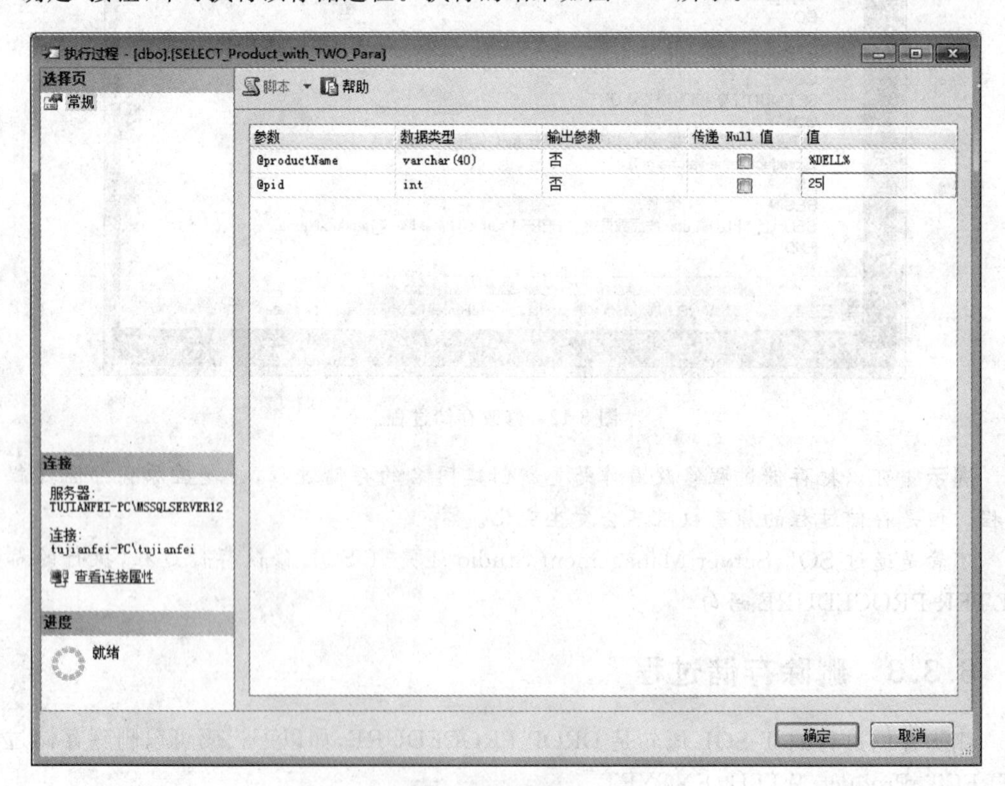

图 8-13 执行存储过程

提示 在输入字符型参数值(如 varchar、char)时，可以直接在“值”栏中输入参数值，不需要添加引号；如果需要输入模糊查询值，可以在“值”栏中输入带“%”的值，如本例的%DELL%。

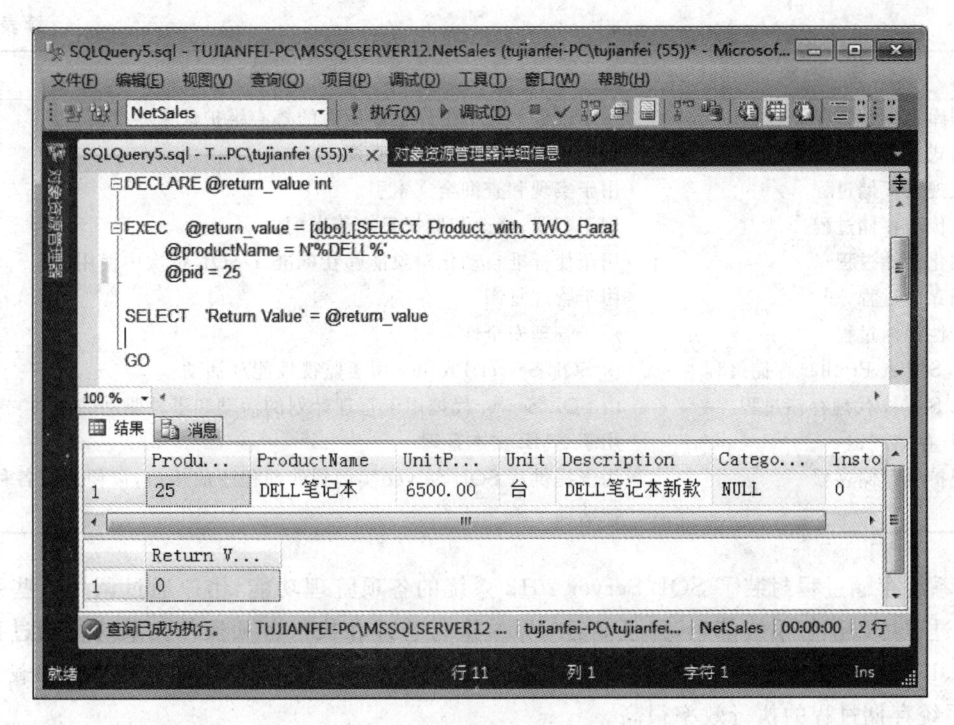

图 8-14　存储过程执行结果

8.4　系统存储过程和扩展存储过程

系统存储过程和扩展存储过程是 SQL Server 两类特殊的存储过程。系统存储过程可用于系统管理，扩展存储过程可以使用其他程序设计语言来进一扩展 SQL Server 的功能。

8.4.1　系统存储过程

系统存储过程是 SQL Server 提供的用于系统管理的存储过程。在 SQL Server 2012 中提供的系统存储过程非常丰富，总计达到了 1200 多个，这些系统存储过程按功能和类型的不同可以划分为 17 大类，如表 8-1 所示。

表 8-1　SQL Server 2012 存储过程类别

类　别	说　明
Active Directory 存储过程	用于在 Microsoft Windows Active Directory 中注册 SQL Server 实例和 SQL Server 数据库
目录存储过程	用于实现 ODBC 数据字典功能，并隔离 ODBC 应用程序，使之不受基础系统表更改的影响
变更数据捕获存储过程	用于启用、禁用或报告变更数据捕获对象
游标存储过程	用于实现游标变量功能
数据库引擎存储过程	用于 SQL Server 数据库引擎的常规维护
数据库邮件和 SQL Mail 存储过程	用于从 SQL Server 实例内执行电子邮件操作

续表

类　别	说　明
数据库维护计划存储过程	用于设置管理数据库性能所需的核心维护任务
分布式查询存储过程	用于实现和管理分布式查询
全文搜索存储过程	用于实现和查询全文索引
日志传送存储过程	用于配置、修改和监视日志传送配置
自动化存储过程	用于使标准自动化对象能够在标准 T-SQL 批次中使用
复制存储过程	用于管理复制
安全性存储过程	用于管理安全性
SQL Server Profiler 存储过程	由 SQL Server Profiler 用于监视性能和活动
SQL Server 代理存储过程	由 SQL Server 代理用于管理计划的活动和事件驱动的活动
XML 存储过程	用于 XML 文本管理
常规扩展存储过程	用于提供从 SQL Server 实例到外部程序的接口,以便进行各种维护活动

系统存储过程封装了 SQL Server 2012 系统的各项管理功能,用户通过调用这些系统存储过程可以了解系统信息,并且能够对系统进行管理和执行各项操作。系统存储过程会在 SQL Server 服务启动后被加载到系统缓存中,并不是在用户需要使用时才临时加载。因此,系统存储过程的执行效率很高。

常用的系统存储过程如表 8-2 所示。

表 8-2　常用的系统存储过程

名　称	说　明
sp_help	用于查找数据库中任何对象的信息
sp_helptext	用于查看对象的定义内容,如存储过程、视图等
sp_tables	用于查询视图和表的名称
sp_server_info	用于查看服务器信息
sp_databases	用于查看服务器上所有可用的数据库
sp_configure	用于配置服务器选项
sp_rename	用于更改对象的名称
sp_who	用于查看当前连接信息
sp_dboption	用于设置数据库的属性
sp_monitor	用于查看服务器当前的工作状态

例如,需要了解服务器当前的工作状态,可以在新建查询中执行以下代码,执行结果如图 8-15 所示。

```
EXEC sp_monitor
```

8.4.2　扩展存储过程

扩展存储过程是指使用其他程序设计语言(如 C 语言)编写的用于扩展 SQL Server 系统功能的存储过程。扩展存储过程使 SQL Server 可以完成原先无法完成的操作,如在

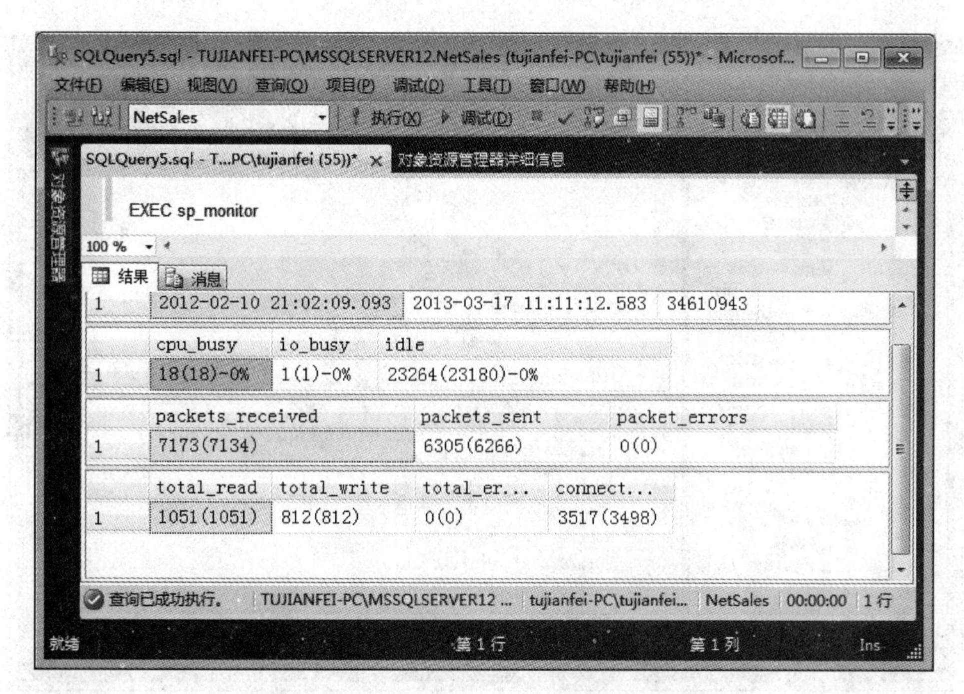

图 8-15 执行 sp_monitor 了解服务器运行情况

SQL Server 环境中执行命令行语句或程序等。

在 SQL Server 中扩展存储过程通常以 xp 作为前缀来命名，保存在 master 系统数据库中。由于扩展存储过程使用的并非是 SQL Server 的标准语言，因此，扩展存储过程可能会引发潜在的安全问题。在今后的版本中，微软公司将会逐步以性能更好的 CLR 存储过程来代替。

表 8-3 所示是常用的扩展存储过程。

表 8-3 常用的扩展存储过程

名称	说明
xp_cmdshell	用于在 SQL Server 环境中执行命令行语句或程序
xp_fileexist	用于检测文件是否存在
xp_fixeddrives	用于查看硬盘的盘号及可用空间

例如，以下代码使用 xp_cmdshell 来执行命令行语句。出于安全考虑，SQL Server 默认关闭 xp_cmdshell，要启用 xp_cmdshell，需要先对服务器选项做相应的设置，执行结果如图 8-16 所示。

```
EXEC sp_configure 'show advanced option',1
GO
RECONFIGURE
GO
EXEC sp_configure 'xp_cmdshell',1
GO
RECONFIGURE
EXEC XP_cmdshell 'dir *.*'
```

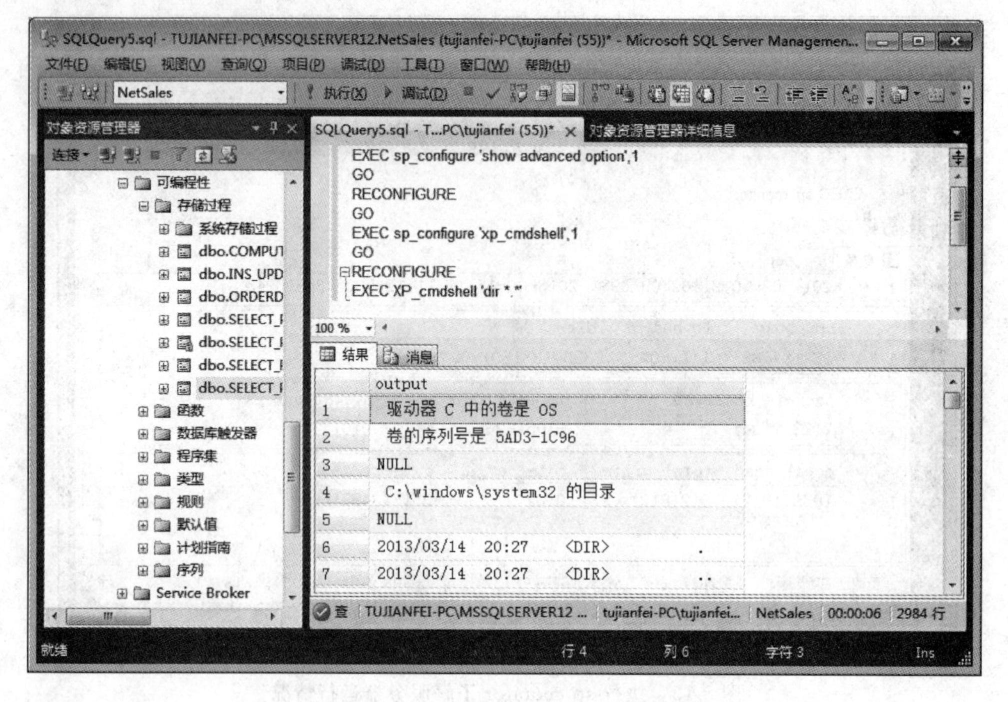

图 8-16 执行 xp_cmdshell 扩展存储过程

8.5 本章小结

存储过程是 SQL Server 提供的用于提升系统响应性能和安全性的一项有效工具，在数据库管理和应用系统开发中有非常广泛的应用。在 SQL Server 2012 中，存储过程包括系统存储过程、用户定义存储过程和扩展存储过程。SQL Server 将在后续版本中进一步扩展存储过程定义和应用的特性，存储过程在 SQL Server 中的重要性将会得到进一步提升。

本章介绍了存储过程的特性，用户定义存储过程的创建与应用，还介绍了系统存储过程和扩展存展过程。掌握存储过程是提高系统管理和应用开发能力的重要基础。

习题与思考

1. 什么是存储过程？存储过程有哪些作用？
2. SQL Server 中有哪些类型的存储过程？
3. 存储过程与视图的区别是什么？
4. 如何使用 CREATE PROCEDURE 创建存储过程？
5. 如何使用 ALTER PROCEDURE 修改存储过程？
6. 如何加密存储过程的定义代码？
7. 如何通过存储过程向数据表中新增、修改和删除数据？

第9章 触发器

在数据库中应用约束，如检查约束、外键约束等，可以提高数据的完整性。但是在某些场合需要对数据实施更加复杂的业务应用，如更新订单时，产品数据表中的库存量也必须同时更新等，这往往无法通过约束来实现。

在 SQL Server 中，触发器是系统提供的另一个可以确保数据完整性，并实现复杂业务应用的有效工具。本章介绍触发器的特性、创建及应用。

本章要点：

- 触发器的特性
- DML、DDL 触发器的创建及应用

9.1 触发器简介

触发器可以看作是一类特殊的存储过程。与存储过程相同，触发器保存在服务器端，可以执行多条 T-SQL 语句，可以实现复杂的业务应用。与存储过程不同的是，触发器不能被用户直接执行，也不能被调用，只能由其他 T-SQL 操作触发；在触发器中不能使用参数，或通过触发器来获取返回值。

触发器在功能上与约束也很相似，但是触发器可实现的功能更为强大，在一些需要处理复杂业务规则的场合，可以使用触发器。但是，触发器对系统资源的需求也更大，可能会影响系统整体性能。另外，触发器可以在当前数据库中使用，也可以跨服务器执行，触发器的作用域并不局限于当前的数据库；而约束只能对所在数据表产生作用。

在 SQL Server 2012 中，根据触发事件类型的不同，触发器可以分为 DML(数据操作语言)触发器和 DDL(数据定义语言)触发器。其中，DML 触发器又可以划分为 INSERT 触发器、UPDATE 触发器和 DELETE 触发器。当向数据表中插入新数据时触发 INSERT 触发器，UPDATE 触发器在数据表中的数据发生更改时被触发，当数据表中发生数据删除时触发 DELETE 触发器。DDL 触发器在对服务器和数据库执行操作时被触发，例如在数据库中创建新的数据表、修改数据表的结构等。相比较而言，DML 触发器可以看作是表级的触发器(也可以应用于视图上)，DDL 触发器可以看作是数据库和服务器级的触发器。

根据触发响应时间的不同，触发器还可以划分为后触发和替代触发两种类型。

- 后触发是指当引起触发器触发的语句执行完毕后再执行触发器。如后触发型 DELETE 触发器会在 DELETE 语句执行完毕后再执行触发器中的语句。后触发型触发器由 AFTER 或 FOR 关键字来定义,其中 FOR 关键字主要用于早期的版本中。

- 替代触发是指使用用户在触发器内自定义的语句来代替引起触发器的操作。如替代型 DELETE 触发器将由触发器内的语句代替 DELETE 操作,而 DELETE 语句不再执行。替代型触发器需要使用 INSTEAD OF 来定义。

在 SQL Server 2012 中触发器可以被递归调用,即在一个触发器中可以调用其他触发器。这一特性取决于数据库选项"递归触发器已启用"的设置,如果设置为 TRUE,则允许触发器递归调用。在有些情况下,触发器之间可能会出现嵌套触发的现象,如在数据表 1 中定义了 UPDATE 触发器 A,当触发器 A 触发时,会对数据表 2 进行修改;数据表 2 的修改会触发数据表 2 上的 UPDATE 触发器 B,而触发器 B 又会触发数据表 1 上的数据修改,从而触发 UPDATE 触发器 A。这种嵌套可能会引起死循环,从而导致系统出现问题。为避免触发器嵌套过深的情况,SQL Server 规定触发器嵌套层数最多为 32 层。

SQL Server 将触发器作为事务来处理。因此,在触发器响应时,如果经检验数据的操作不符合触发器定义的要求,可以通过事务回滚(ROLLBACK)来取消引起触发的操作,使表数据或数据库结构等修改恢复到操作执行前的状态。

如果数据表中除了触发器之外还存在其他约束,如 CHECK 约束等,则约束执行的优先级高于触发器。系统会先执行约束,然后再执行触发器。如在一个数据表中创建了一个 DELETE 触发器和外键约束,当系统执行 DELETE 删除数据操作时,会先检验外键约束,如果外键约束不允许删除数据,则删除失败,后续的 DELETE 触发器就不会执行。但是 INSTEAD OF 触发器的优先级又高于约束,即会先执行 INSTEAD OF 触发器,然后再执行约束。

由于触发器可以跟踪和响应用户对数据表的 INSERT、UPDATE、DELETE 以及对服务器和数据库的操作,因此,触发器可用于实现复杂业务应用和更严格的数据完整性的检验。

9.2 DML 触发器

DML 触发器包括 INSERT、UPDATE 和 DELETE 触发器。虽然只有 3 种类别的触发器,但在同一个表中,同一类型的触发器可以创建多个;也可以将上述 3 种触发器组合起来,创建组合式的触发器。

9.2.1 触发器的创建语法

触发器可以使用 T-SQL 语句来创建,创建的语句是 CREATE TRIGGER,基本语法如下:

```
CREATE TRIGGER  trigger_name
ON { table | view }
[ WITH ENCRYPTION ]
{ FOR | AFTER | INSTEAD OF }
{ [ INSERT ] [ , ] [ UPDATE ] [ , ] [ DELETE ] }
```

```
AS [{IF [UPDATE(column) [{AND|OR} UPDATE(column)]]
sql_statement }}
```

各主要参数的含义如下：

- trigger_name，触发器的名称。
- table | view，触发器针对的对象，table 表示触发器建在数据表上，view 表示触发器建在视图上，要求分别指定表或视图的具体名称。
- ENCRYPTION，是 DML 触发器的选项，表示加密触发器的定义代码，避免被意外查看。
- FOR | AFTER | INSTEAD OF，定义触发器的触发响应的时间类型，FOR | AFTER 关键字表示定义的触发器为后触发型的触发器，INSTEAD OF 表示定义的是替代型的触发器。
- [INSERT] [,] [UPDATE] [,] [DELETE]，用于设定 DML 触发器的类型。INSERT 表示 INSERT 类型触发器，UPDATE 表示 UPDATE 类型触发器，DELETE 表示 DELETE 类型触发器。
- IF [UPDATE(column) [{AND|OR} UPDATE(column)]]，用于判断某列或某几列的值是否发生修改。如果发生修改，UPDATE(column)会返回 True，否则会返回 False；如果需要判断多个列是否发生修改，可使用 AND、OR 连接组合成逻辑运算表达式。
- sql_statement，触发器执行的 T-SQL 代码。

9.2.2 INSERT 触发器

INSERT 触发器可以用来响应数据表插入新数据的操作，触发时可以对插入的数据进行检验、修改或者拒绝数据插入。例如，在“订单表”与“订单细节表”中，要求在“订单细节表”中输入的“订单编号”列数据必须已经保存在“订单表”中，否则可以拒绝订单细节数据的输入。这种表间数据关系可以使用外键约束来实现，也可以通过触发器来实现。

INSERT 触发器也可以用于实现两个服务器间数据的同步。例如，当一台服务器上某个数据表插入新数据时，建在这个表上的 INSERT 触发器可以同时将此插入操作执行到另一台服务器的对应数据表中。

在 SQL Server 中，INSERT 触发器触发时会生成一个临时的 INSERTED 数据表。此数据表可以预先保存插入的数据，当触发器执行完成后，数据会从 INSERTED 临时表中删除，如图 9-1 所示，INSERTED 数据表只能由触发器使用。

执行以下代码，从“产品数据表”中插入新数据，会触发 INSERT 触发器。

```
INSERT INTO 产品数据表 (ProductName, UnitPrice,Unit, Description) Values('DELL 笔记本',6500,
'台','DELL 笔记本 2010 新款')
```

以下代码创建了一个简单的 INSERT 触发器，用于检验输入的产品信息中“产品名称”列是否包含特定的 LENOVO 字符串。如果包含，则保存数据；否则执行事务回滚，不保存插入的数据。

ProductID	ProductName	UnitPrice	Unit	Description
21	DELL 笔记本	6500	台	DELL 笔记本 2010 新款

(a) INSERTED 表

ProductID	ProductName	UnitPrice	Unit	Description
…	…	…	…	…
21	DELL 笔记本	6500	台	DELL 笔记本 2010 新款

(b) 产品数据表

图 9-1 INSERT 触发器使用 INSERTED 表临时保存插入的数据

```
CREATE TRIGGER TG_PRODUCT_CHECKPRODUCTNAME
ON dbo.产品数据表
AFTER INSERT
AS
 IF (SELECT COUNT( * ) From Inserted Where ProductName like '%LENOVO%')<1
   BEGIN
      RAISERROR('不能插入产品名称不包含 LENOVO 的产品数据',16,1)
      ROLLBACK TRANSACTION
   END
```

创建完成后的触发器可以在"产品数据表"的"触发器"节点中找到。要使用此 INSERT 触发器执行,可以尝试向"产品数据表"输入一条新数据,如执行以下代码。受触发器的影响,此数据不能插入到"产品数据表"中,执行结果如图 9-2 所示。

```
INSERT INTO 产品数据表(ProductName,UnitPrice,Unit,Description)
Values('DELL 笔记本',6500,'台','DELL 笔记本新款')
```

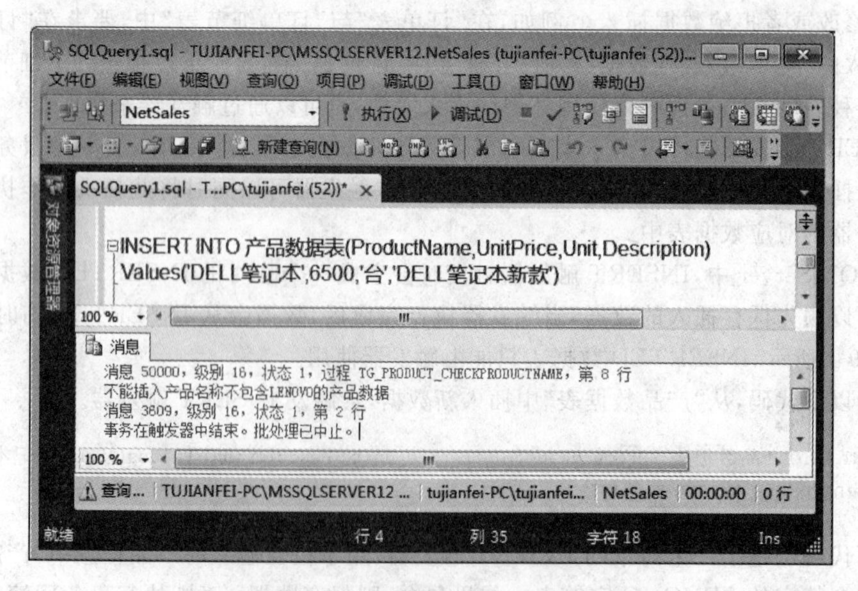

图 9-2 受触发器影响数据不能输入到数据表中

如果执行以下代码，能够通过触发器的检验，数据插入成功。

```
INSERT INTO 产品数据表(ProductName,UnitPrice,Unit,Description)
Values('LENOVO 笔记本',6500,'台','DELL 笔记本新款')
```

再如，在"订单细节表"中输入新订单时，需要从"产品数据表"中更新产品的库存量，此项业务规则也可以通过触发器来完成。例如，以下代码创建的触发器可以完成此项业务要求：

```
CREATE TRIGGER TG_IN_ORDERDETAIL_UPPROD
ON dbo.订单细节表
AFTER INSERT
AS
UPDATE P SET P.Instocks = P.Instocks - OD.sales FROM dbo.产品数据表 P
INNER JOIN INSERTED OD ON P.ProductID = OD.ProductID
```

需要说明的是，此触发器需要建在"订单细节表"中，因为当"订单细节表"输入新数据时会触发此 INSERT 触发器。

该触发器可以采用以下代码触发，执行结果如图 9-3 所示。从图中的"消息"栏中可以看到两条消息，表明系统在执行此段代码时，事实上执行了两项操作：一是本条语句的插入操作，二是触发的 TG_IN_ORDERDETAIL_UPPROD 触发器执行的更新"产品数据表"中产品库存量的操作。这是一个跨数据表的 INSERT 触发器。

```
INSERT INTO dbo.订单细节表(orderid,productid,Sale_unitprice,sales)
Values(4,2,6200,20)
```

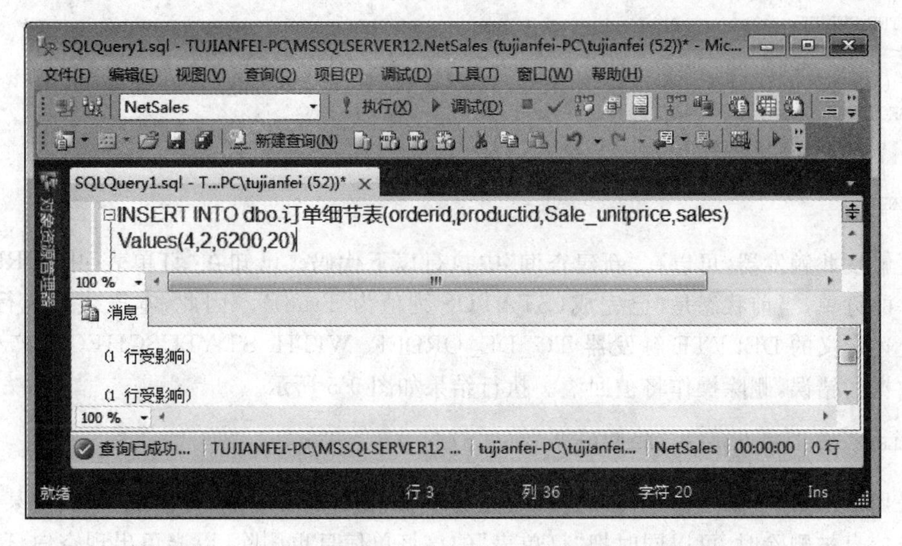

图 9-3　通过 INSERT 触发器更新其他数据表的数据

9.2.3　DELETE 触发器

DELETE 触发器用于响应数据表发生数据删除的操作。因此，与 INSERT 触发器相同,可以通过 DELETE 触发器检验、修改或者取消删除操作。

DELETE 触发器会生成 DELETED 临时数据表,该临时数据表将保存需要删除的数据。在触发器执行完毕后,DELETED 表中的数据会被删除。因此,只有在触发器执行时才能使用这个临时数据表。如图 9-4 所示。

ProductID	ProductName	UnitPrice	Unit	Description
…	…	…	…	…
21	DELL 笔记本	6500	台	DELL 笔记本 2010 新款①

① 待删除数据

(a) 产品数据表

ProductID	ProductName	UnitPrice	Unit	Description
21	DELL 笔记本	6500	台	DELL 笔记本 2010 新款②

② 临时保存的数据

(b) DELETED 表

图 9-4 DELETE 触发器使用 DELETED 表临时保存删除的数据

执行以下代码,从"产品数据表"中删除数据,会触发 DELETE 触发器。

```
DELETE 产品数据表 WHERE ProductID = 21
```

例如,要求不能删除"订单表"中已执行的订单(本例中,status 列的值为 True,表示订单已执行),则可以在"订单表"中创建如下的触发器:

```
CREATE TRIGGER [dbo].[TG_DE_ORDER_WITH_STATUSCHECK]
ON [dbo].[订单表]
AFTER DELETE
AS
IF (SELECT STATUS FROM DELETED) = 1    -- 表示订单已完成
 BEGIN
   RAISERROR('不能删除已完成的订单!',16,1)
   ROLLBACK
 END
```

要触发此触发器,可以在"新建查询"中执行以下代码。已知在"订单表"中,ORDERID 列为 7 的订单,当前状态是"已完成(STATUS 列值为 True)"。因此,本段代码执行时,会触发上述定义的 DELETE 触发器 TG_DE_ORDER_WITH_STATUSCHECK,产生不能删除数据的错误,删除操作将被回滚。执行结果如图 9-5 所示。

```
DELETE dbo.订单表 WHERE ORDERID = 7
```

采用 DELETE 触发器还可以实现表间的级联删除,如要求当"订单细节表"中某一订单的细节信息被删除时,可以同时把"订单表"的该订单信息也删除,以避免出现空白订单的情况。为实现上述要求,可以创建如下触发器:

```
CREATE TRIGGER [dbo].[TG_DE_ORDERDETAIL_WITH_DELORDER]
ON [dbo].[订单细节表]
AFTER DELETE
```

```
AS
  DECLARE @OID int
  SELECT @OID = orderid FROM DELETED
  BEGIN
    DELETE dbo.订单表 WHERE orderID = @OID
  END
```

要验证此触发器是否可行，可以通过执行以下代码进行验证，执行结果如图 9-6 所示。从图中可以看出，上述代码实际上完成了两项操作：一项是执行语句本身从“订单细节表”中删除 orderid 列为 8 的数据，另一项是触发器触发了从“订单表”中删除 orderid 列为 8 的数据。

```
DELETE dbo.订单细节表 WHERE orderid = 8
```

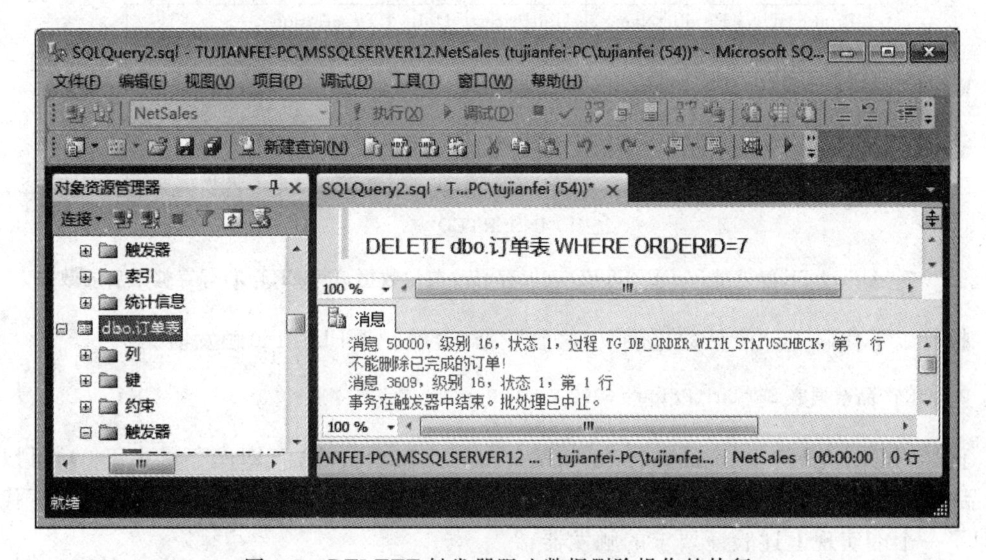

图 9-5　DELETE 触发器阻止数据删除操作的执行

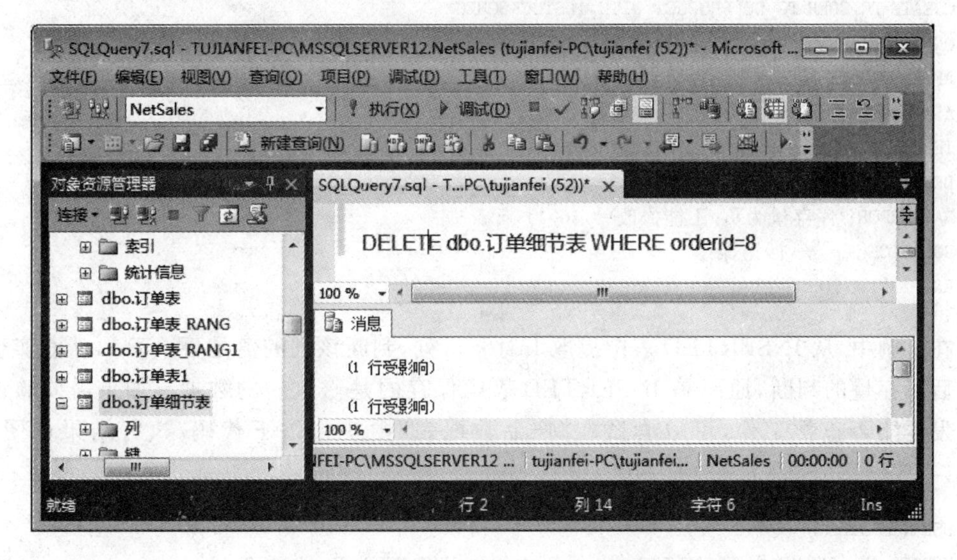

图 9-6　DELETE 触发器实现级联删除

9.2.4 UPDATE 触发器

UPDATE 触发器用于响应数据表中数据发生修改的操作。在 SQL Server 中通过 UPDATE 触发器可以在数据修改过程中对数据进行检验、调整,甚至可以阻止修改操作的发生;也可以在修改过程中执行其他操作。

与 INSERT 和 DELETE 触发器一样,在 UPDATE 触发器发生时,系统会生成临时数据表用于存储被修改的数据。所不同的是,UPDATE 触发器需要使用到 INSERTED 表和 DELETED 表两个临时表。UPDATE 触发器的工作过程是:先将要修改的数据保存到 DELETED 表中,在 INSERTED 表中保存的则是修改后的数据,当触发器代码执行完毕后,INSERTED 表中的数据会代替数据表的对应数据,如图 9-7 所示。

ProductID	ProductName	UnitPrice	Unit	Description
21	DELL 笔记本	6500	台	DELL 笔记本 2010 新款

(a) DELETED 表

ProductID	ProductName	UnitPrice	Unit	Description
21	DELL 笔记本	6300	台	DELL 笔记本 2010 新款

(b) INSERTED 表

图 9-7 UPDATE 触发器用 DELETED 表保存修改前的数据,INSERTED 保存修改后的数据

执行以下代码,从"产品数据表"中修改数据,会触发 UPDATE 触发器。

```
UPDATE 产品数据表 SET UnitPrice = 6300 WHERE ProductID = 21
```

例如,如果需要防止"产品数据表"中的产品库存出现负库存(即库存量小于 0),可以在"产品数据表"中创建一个 UPDATE 触发器,用于验证对库存修改的操作。例如,以下代码创建了一个能实现上述验证要求的触发器:

```
CREATE TRIGGER TG_DE_PRODUCT_WITH_INSTOCKSCHECK
ON dbo.产品数据表
AFTER UPDATE
AS
IF (SELECT Instocks FROM INSERTED)< 0
BEGIN
RAISERROR('库存量为负,不能修改!',16,1)
ROLLBACK     -- 回滚操作
END
```

在上例中,从 INSERTED 表中提取 Instocks 列,判断该列的值是否小于 0,从而实现对修改后库存量的判断,原因是 INSERTED 表中保存的是修改后的数据。如果需要验证上述触发器能否正常工作,可以尝试在"产品数据表"中执行以下代码,执行结果如图 9-8 所示。

```
USE NetSales
UPDATE dbo.产品数据表 SET Instocks = Instocks - 200 WHERE ProductID = 2
```

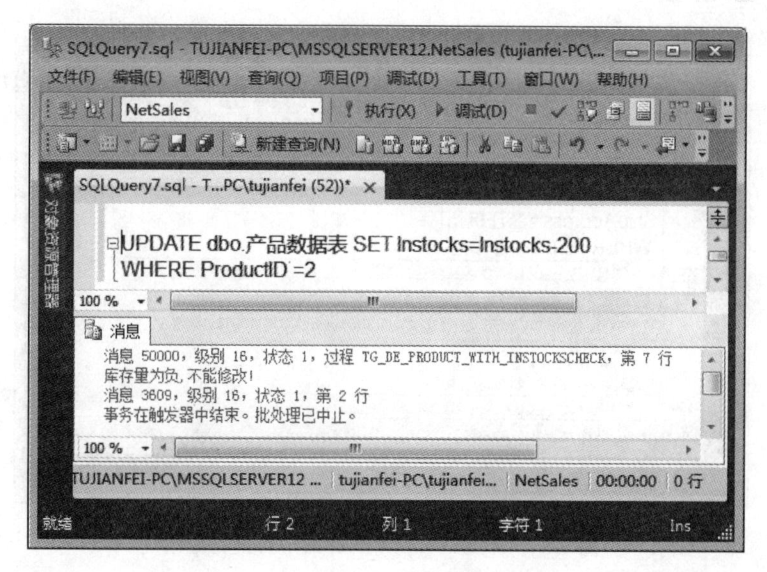

图 9-8　UPDATE 触发器的执行结果

有时，只需要判断某几个具体列是否发生了更新，而不用验证其他列的修改情况。此时，可以通过使用 UPDATE()来进行判断。例如，在“客户数据表”中需要重点关注 CustomerName 列和 ShipAddress 列的修改，要求在同时修改此两列的数据时给出提示，则可以采用如下代码创建触发器：

```
CREATE TRIGGER TG_UP_Customer_WITH_UPDATE
 ON dbo.客户数据表
   AFTER UPDATE
AS
IF UPDATE(CustomerName) AND UPDATE(ShipAddress)
 BEGIN
  RAISERROR('不能同时修改客户名称和送货地址!',16,1)
  ROLLBACK
 END
```

要验证上述触发器是否可行，可以执行以下代码触发触发器，执行结果如图 9-9 所示。

```
UPDATE 客户数据表 set CustomerName = 'ALI',ShipAddress = '浙江杭州' WHERE CustomerID = 7
```

提示　UPDATE(Column)可以在 UPDATE 触发器和 INSERT 触发器中使用，但是不能在 DELETE 触发器中使用。

9.2.5　组合触发器

针对数据操作的 INSERT、UPDATE、DELETE 触发器可以组合使用。如可以组合 INSERT 和 UPDATE 创建对添加数据和修改数据操作都进行触发的触发器，也可以组合 UPDATE 和 DELETE 创建对修改和删除都进行触发的触发器。

以下实例组合使用 INSERT 和 UPDATE 在“客户数据表”中创建了一个触发器。此触发器会在满足以下两种情况中的一种时触发并给出提示信息：①表中输入的新客户数据

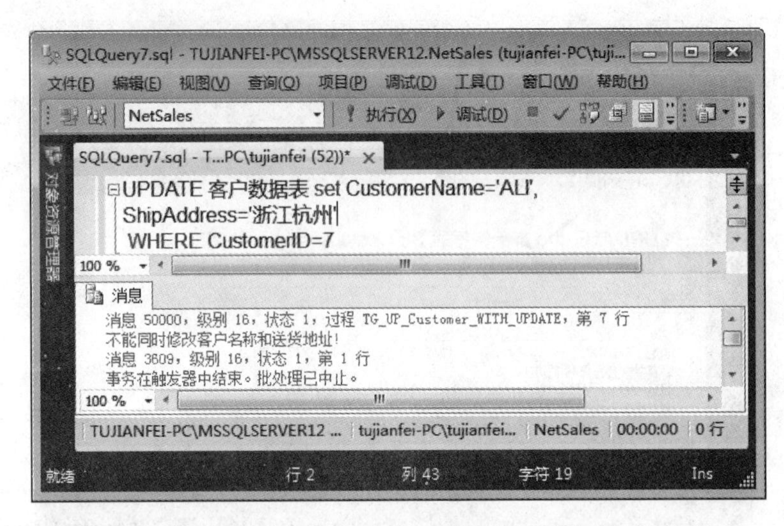

图 9-9　UPDATE()判断对列是否进行修改

中，如果 CustomerName 列的值包含 MICRO 字符串；②对现有数据进行修改时，如果 CustomerName 列的值包含 MICRO 字符串。

```
CREATE TRIGGER TG_UP_INS_Customer
ON dbo.客户数据表
   AFTER INSERT,UPDATE
AS
 IF (SELECT COUNT( * ) FROM INSERTED WHERE CustomerName like '%MICRO%') > 0
 BEGIN
   RAISERROR('不能输入或修改客户名称为 Micro 的客户数据!',16,1)
   ROLLBACK
END
```

要验证此触发器是否可行，可以执行以下代码。执行结果如图 9-10 所示。

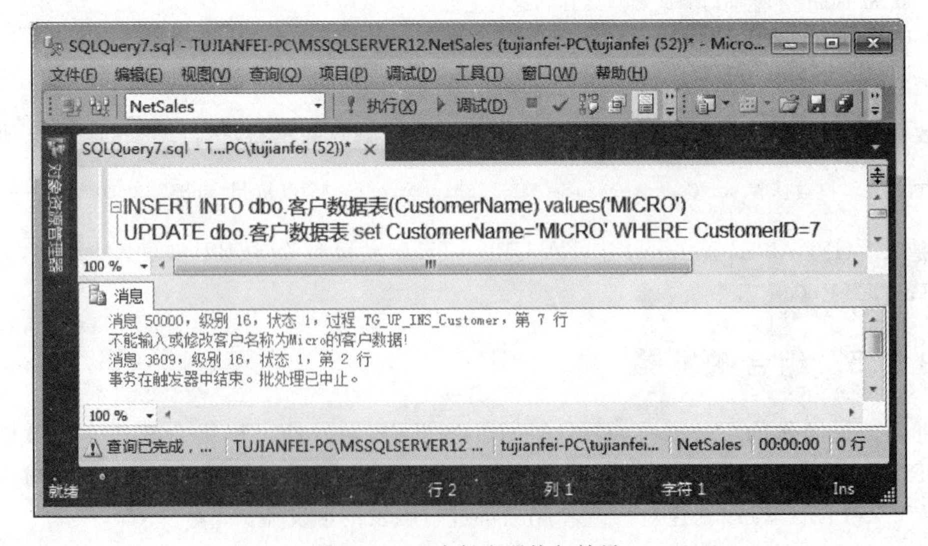

图 9-10　组合触发器执行结果

```
INSERT INTO dbo.客户数据表(CustomerName) values('MICRO')
UPDATE dbo.客户数据表 set CustomerName = 'MICRO' WHERE CustomerID = 7
```

9.3 INSTEAD OF 触发器

对 T-SQL 中的 INSERT、UPDATE 和 DELETE 等语句，系统会默认执行数据插入、修改和删除等操作。但是在有些场合，需要修改上述语句本身执行的操作，这时可以创建 INSTEAD OF 触发器，即通过 INSTEAD OF 触发器替代系统的 INSERT、UPDATE 和 DELETE 等默认操作。

INSTEAD OF 触发器与后触发式触发器相比，除了在执行时间上不同之外，还有以下两方面的不同：

- 后触发式触发器(如 INSERT 触发器)可以在一个数据表内创建多个，但 INSTEAD OF 触发器只能建一个。
- INSTEAD OF 触发器可以用在视图中，但后触发式触发器不能用于视图。

INSTEAD OF 触发器的创建方式与后触发式触发器创建方式非常类似，主要区别是需要将 AFTER 更改为 INSTEAD OF。例如，以下代码创建了一个 INSTEAD OF 触发器，当用户在“产品数据表”中执行 DELETE 操作时，将由触发器设定的代码代替 DELETE 操作。

```
CREATE TRIGGER TG_DEL_INSTEADOF_PRODUCT
 ON dbo.产品数据表
   INSTEAD OF DELETE
AS
  RAISERROR('不能执行数据删除操作!',16,1)
```

当用户在“产品数据库”中执行 DELETE 操作时，如以下代码，系统会给出“不能执行数据删除操作”的提示，如图 9-11 所示。

```
DELETE dbo.产品数据表 WHERE ProductID = 2
```

图 9-11 INSTEAD OF 触发器执行的结果

INSTEAD OF 触发器可以组合使用 INSERT、UPDATE 和 DELETE 各项操作,创建成为响应数据插入、修改、删除以及其中两种或三种操作组合而成的触发器。

9.4 DDL 触发器

DDL 触发器是用于响应 DDL 事件的触发器,这些事件可以分为数据库级事件和服务器级事件两大类。如对数据表结构的修改(ALTER TABLE)、删除数据表(DROP TABLE)、创建数据表(CREATE TABLE)、创建视图(CREATE TABLE)等事件是属于数据库级的事件,创建的触发器对应为数据库触发器。而针对服务器执行的修改数据库(ALTER DATABASE)、创建数据库(DROP DATABASE)、创建登录名(CREATE LOGIN)等事件属于服务器级的事件,创建的触发器对应于服务器级的触发器。

与 DML 触发器不同,DDL 触发器不生成 INSERTED 和 DELETED 表,DDL 触发器无法作为 INSTEAD OF 触发器使用。

DDL 触发器由于可以对数据库事件和服务器事件进行监视并执行针对性的响应操作,因此,可用于数据库、服务器安全性等管理,避免删除数据库或数据表的意外性操作,或者用于记录对数据库或服务器的修改等。

创建 DDL 触发器的 T-SQL 语句与创建 DML 触发器的语句相同,都是 CREATE TRIGGER,但语法规则不同,其语法如下:

```
CREATE TRIGGER trigger_name
ON { ALL SERVER | DATABASE }
[ WITH ENCRYPTION ]
{ FOR | AFTER } { event_type | event_group } [ ,...n ]
AS { sql_statement }
```

各主要参数的含义如下:

- trigger_name,触发器的名称。
- ALL SERVER | DATABASE,触发器针对的对象。ALL SERVER 表示针对的是服务器,创建的是服务器触发器; DATABASE 表示针对的是数据库,创建的触发器对应为数据库触发器。
- WITH ENCRYPTION,触发器选项,表示对触发器定义进行加密。
- event_type,用于设定触发器响应的事件,如数据库事件、服务器事件等。
- event_group,是指预定义的 T-SQL 语言事件分组的名称。如 DDL_TABLE_EVENTS 事件组就包含 CREATE TABLE、ALTER TABLE 和 DROP TABLE 事件。

例如以下代码创建了一个数据库触发器,用于监视对数据表的修改和删除操作。

```
CREATE TRIGGER DDL_TABLE_MODIFY
ON DATABASE
AFTER DROP_TABLE,ALTER_TABLE
AS
 RAISERROR('您不能修改或删除数据表。',16,1)
 ROLLBACK
```

如果需要验证此触发器是否起作用，可以尝试执行以下代码，执行结果如图 9-12 所示。

```
CREATE TABLE TEST1(pid int null)
GO
ALTER TABLE TEST1
ADD Pname varchar(20)
GO
DROP TABLE TEST1
GO
```

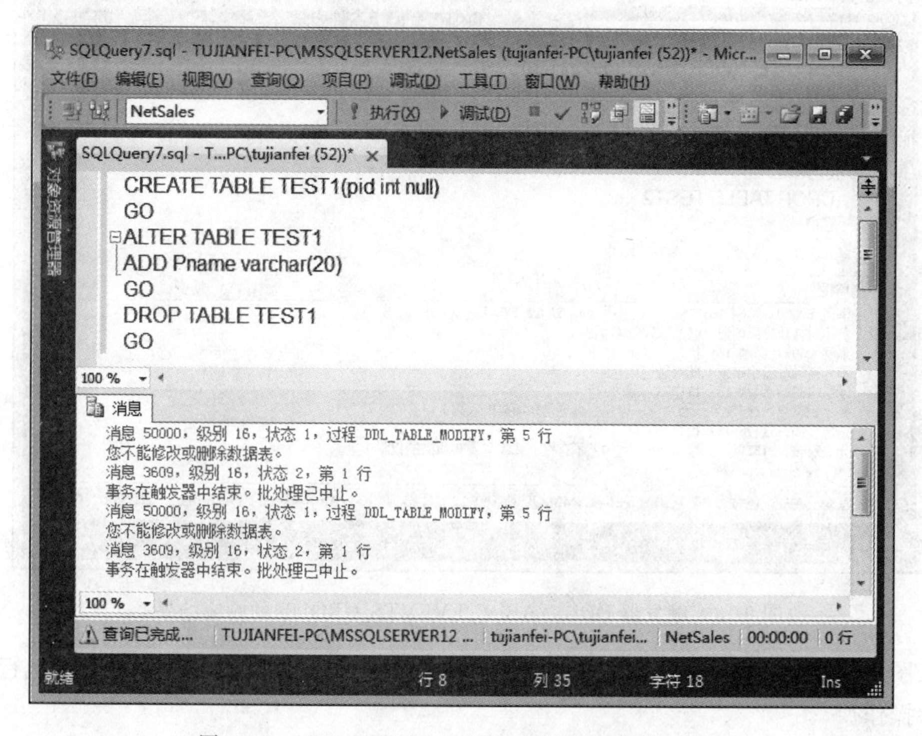

图 9-12 DDL_TABLE_MODIFY 触发器触发的结果

从图 9-12 可见，受触发器影响，对表的修改和删除操作都被阻止了，但创建表的操作可以执行。如果需要阻止用户在数据库中创建数据表，则可以将 CREATE_TABLE 事件添加在受触发的事件中；也可以通过以下事件组(event_group)定义触发器的方式来实现。

```
CREATE TRIGGER DDL_TABLE_EVEVTS_GROUP
ON DATABASE
AFTER DDL_TABLE_EVENTS
AS
 RAISERROR('您不能在数据库创建、修改或删除数据表.',16,1)
 ROLLBACK
```

可以通过执行以下代码来进行验证，执行结果如图 9-13 所示。

```
CREATE TABLE TEST2(pid int null)
GO
```

```
ALTER TABLE TEST2
ADD Pname varchar(20)
GO
DROP TABLE TEST2
GO
```

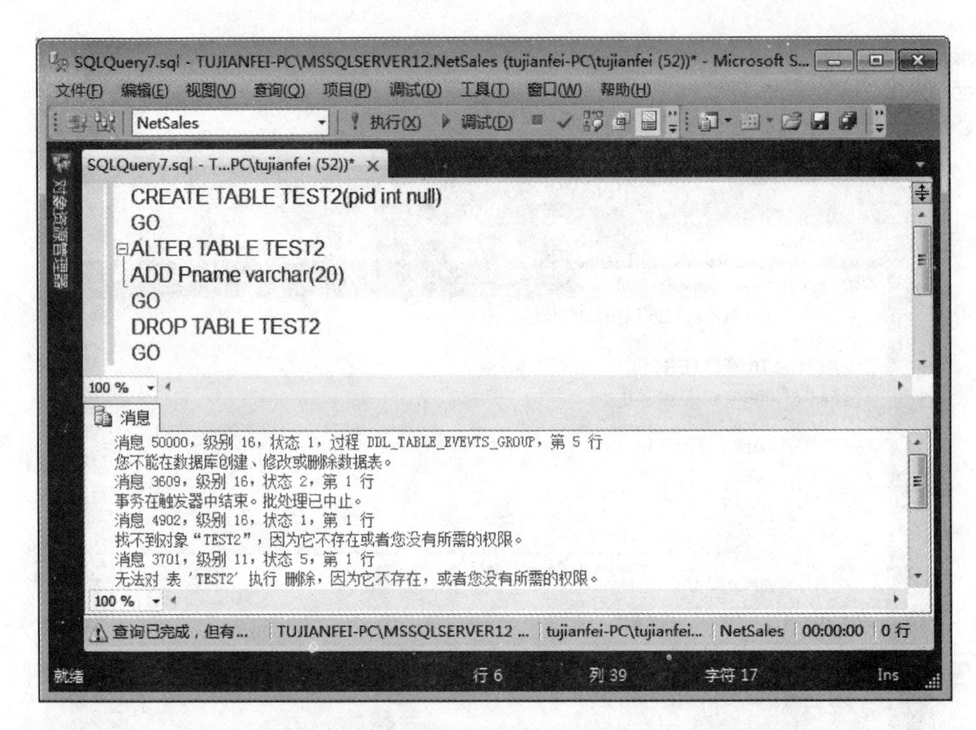

图 9-13 触发器 DDL_TABLE_EVEVTS_GROUP 的响应结果

从图中可见，由于受触发器的影响，数据表 TEST2 没有创建。因而，也无法执行修改和删除操作。

再如，以下代码针对创建数据库的 CREATE DATABASE 事件，创建了服务器触发器。

```
CREATE TRIGGER DDL_SERVER_DATABASE_CREATE
ON ALL SERVER
AFTER CREATE_DATABASE
AS
RAISERROR('您不能在数据库创建、修改或删除数据表.',16,1)
 ROLLBACK
```

可以执行以下代码，验证此触发器的触发情况。执行结果如图 9-14 所示。

```
CREATE DATABASE MEETING
ON
PRIMARY (NAME = MEETING_Data, filename = 'D:\MEETING_Data.mdf',
Size = 5MB, maxsize = 20MB, fileGrowth = 1MB)
Log on
```

```
(NAME = MEETING_Log,
filename = 'D:\MEETING_Log.ldf', size = 1MB,maxsize = 20MB,filegrowth = 10 % )
Go
```

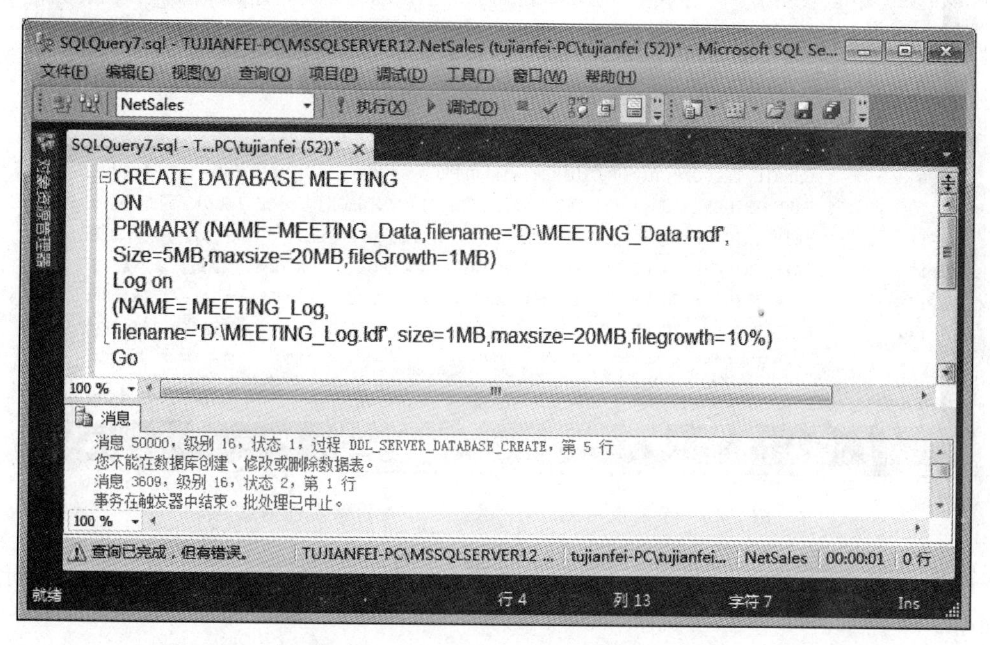

图 9-14 服务器触发器 DDL_SERVER_DATABASE_CREATE 的执行结果

创建完成后的数据库触发器可以在 NetSales 数据库→“可编程性”→“数据库触发器”节点下找到。服务器触发器可以在“服务器对象”→“触发器”节点下找到。

SQL Server 2012 中还提供了登录触发器，用于响应 LOGON 事件。登录触发器将在登录的身份验证阶段完成之后且用户会话实际建立之前触发。如果身份验证失败，将不触发登录触发器。因此，可以通过登录触发器设置需要在身份验证成功后执行的操作，如给用户发送额外信息，记录用户的登录行为等。

9.5 管理触发器

对触发器的管理工作包括查看触发器的定义信息、修改触发器、删除触发器、禁用和启用触发器等。由于触发器对系统资源的消耗较多，做好触发器的管理是一项非常重要的工作。

9.5.1 查看触发器的定义

触发器的定义信息可以通过系统视图 sys.syscomments、系统存储过程 sp_help 和 sp_helptext 等来查看。例如，以下代码通过系统视图 sys.syscomments 查看触发器的信息，图 9-15 中 text 列保存了触发器的定义信息。

```
select * from sys.syscomments
```

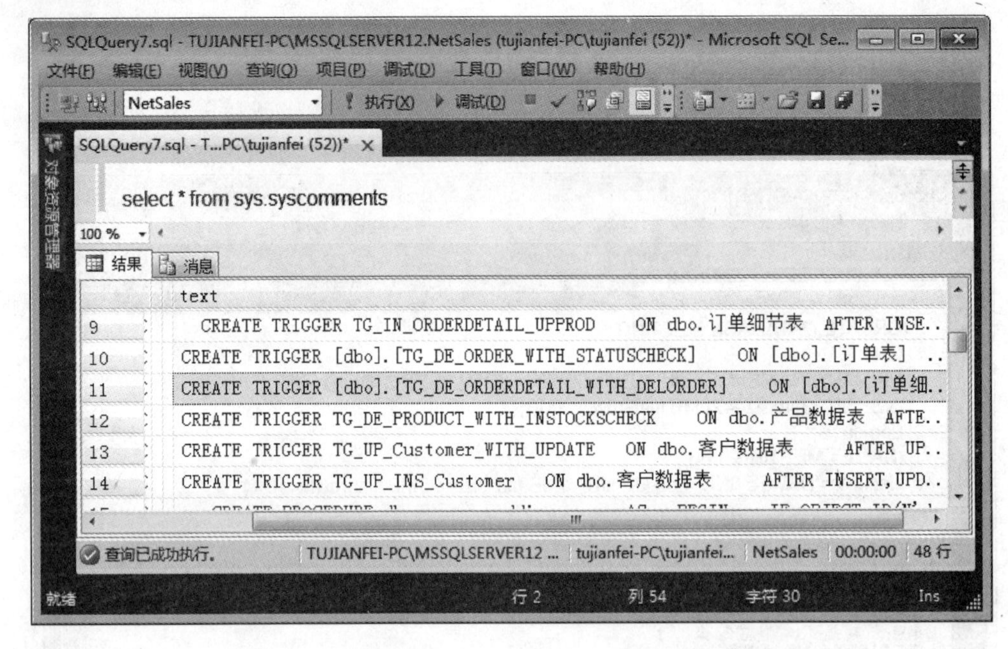

图 9-15 系统视图 sys.syscomments 查看触发器信息

再如,以下代码通过 sp_helptext 查看触发器 TG_UP_INS_Customer 的信息。执行结果如图 9-16 所示。

```
EXEC sp_helptext 'TG_UP_INS_Customer'
```

如果不希望触发器的定义信息被意外查看,可以在触发器的定义语句中添加 WITH ENCRYPTION 选项。

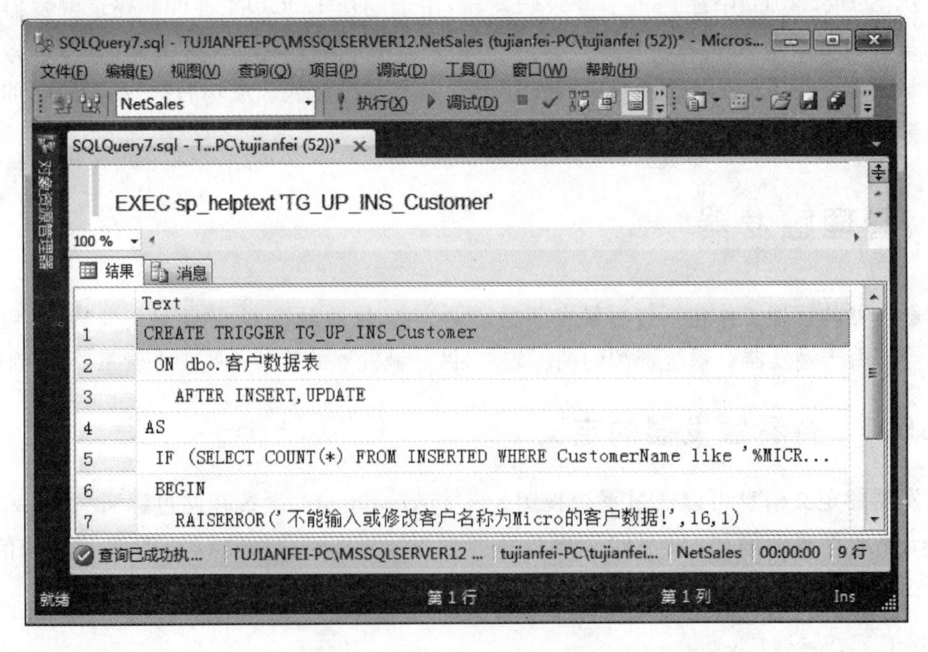

图 9-16 sp_helptext 查看触发器

9.5.2 修改触发器

修改触发器可以使用 ALTER TRIGGER 语句,语法规则如下,与触发器创建的语法基本一致。

```
ALTER TRIGGER  trigger_name
ON { table | view }
[ WITH ENCRYPTION ]
{ FOR | AFTER | INSTEAD OF }
{ [ INSERT ] [ , ] [ UPDATE ] [ , ] [ DELETE ] }
AS [{IF [UPDATE(column) [{AND|OR} UPDATE(column)]]
sql_statement }}
```

例如,以下代码修改触发器 TG_UP_INS_Customer 的定义,在定义中添加了 WITH ENCRYPTION 选项。

```
ALTER TRIGGER TG_UP_INS_Customer
ON dbo.客户数据表
   WITH ENCRYPTION
   AFTER INSERT,UPDATE
AS
 IF (SELECT COUNT( * ) FROM INSERTED WHERE CustomerName like '%MICRO%') > 0
 BEGIN
   RAISERROR('不能输入或修改客户名称为 Micro 的客户数据!',16,1)
   ROLLBACK
 END
```

在 SQL Server Management Studio 中要对触发器进行修改,可以通过以下步骤来实现:

(1) 在 SQL Server Management Studio 的"对象资源管理器"窗口中,展开服务器、数据库 NetSales、数据表(本例选择"客户数据表")等节点。

(2) 在"触发器"节点下选择要修改的触发器,如本例中的 TG_UP_INS_Customer,右击,在右键菜单中选择"修改"命令。

(3) 在如图 9-17 所示的"触发器设计器"对话框中修改触发器的定义语句,然后单击工具栏"执行"按钮,可以将更改的内容保存到触发器中。

如果修改的是数据库触发器,可以在"数据库"(如 NetSales)→"可编程性"→"数据库触发器"节点下选择需要的触发器进行修改。服务器触发器可以在"服务器对象"→"触发器"节点下选择需要的触发器进行修改。

9.5.3 禁用和启用触发器

触发器的触发会占用较多的系统资源,有可能会影响系统的执行性能。有时可以暂时将触发器禁用,而在需要的时候再将触发器重新启用。如在执行大批量数据导入时,如果此时数据表中存在 INSERT 触发器,可能会对数据的导入产生不利影响。因此,可以将 INSERT 触发器停用;等数据导入操作完成后,再重新启用。

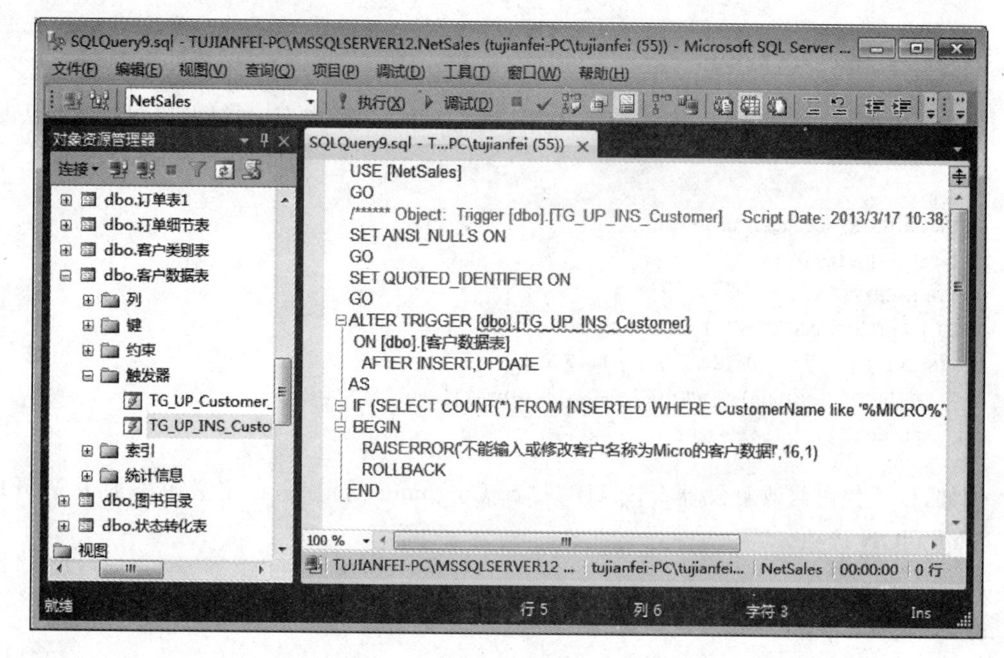

图 9-17 修改触发器

1. 禁用触发器

禁用触发器就是将触发器暂时停用。触发器禁用后,虽然触发器仍然保存在系统中,但不能被触发。禁用触发器的 T-SQL 语句为 DISABLE TRIGGER,其语法规则如下:

```
DISABLE TRIGGER { [ schema_name . ] trigger_name [ ,...n ] | ALL }
ON { object_name | DATABASE | ALL SERVER } [ ; ]
```

各主要参数的含义如下:

- schema_name,架构名称。
- trigger_name,禁用的触发器名称。
- ALL,表示禁用 ON 所指定的对象上的所有触发器。
- object_name,指定 DML 触发器所在的表或视图的名称。
- DATABASE,指定 DDL 触发器针对的是数据库。
- ALL SERVER,指定 DDL 触发器针对的是服务器。

例如以下代码禁用了“客户数据表”上的 TG_UP_INS_Customer 触发器:

```
DISABLE TRIGGER TG_UP_INS_Customer ON dbo.客户数据表
```

要禁用数据库 NetSales 上的触发器 DDL_TABLE_EVEVTS_GROUP,可以使用以下代码:

```
USE NetSales
DISABLE TRIGGER DDL_TABLE_EVEVTS_GROUP ON DATABASE
```

2. 启用触发器

要启用已禁用的服务器，可以使用 ENABLE TRIGGER。例如，以下代码可以启用触发器 TG_UP_INS_Customer：

```
USE NetSales
ENBALE TRIGGER DDL_TABLE_EVEVTS_GROUP ON dbo.客户数据表
```

禁用和启用触发器也以通过 SQL Server Management Studio 来完成，步骤如下：

(1) 在 SQL Server Management Studio 的“对象资源管理器”窗口中，展开服务器、数据库(本例为 NetSales)、数据表(本例为“客户数据表”)等节点。

(2) 在“触发器”节点中选择要禁用或启用的触发器(本例为 TG_UP_INS_Customer)，右击后，在右键菜单中选择“禁用”或者“启用”命令。禁用或启用完成后，会出现如图 9-18 所示的“禁用触发器”(或“启用触发器”)对话框。

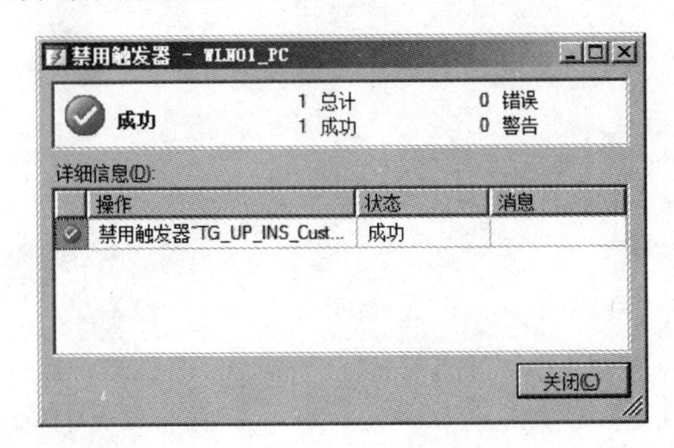

图 9-18 禁用/启用触发器

9.5.4 删除触发器

对于不需要的触发器，可以将其删除。删除触发器的 T-SQL 语句为 DROP TRIGGER。删除 DML 和 DDL 触发器的语法稍有区别，基本语法规则分别如下。

删除 DML 触发器：

```
DROP TRIGGER schema_name.trigger_name [ ,...n ] [ ; ]
```

删除 DDL 触发器：

```
DROP TRIGGER trigger_name [ ,...n ]
ON { DATABASE | ALL SERVER } [ ; ]
```

例如，以下代码删除了“客户数据表”中的触发器 TG_UP_INS_Customer。

```
DROP TRIGGER TG_UP_INS_Customer
```

再如，以下代码删除了 NetSales 数据库中的 DDL 触发器 DDL_TABLE_MODIFY。

```
USE NetSales
DROP TRIGGER DDL_TABLE_MODIFY ON DATABASE
```

在 SQL Server Management Studio 中删除触发器的操作较为直观,易于操作。如果要删除 DML 触发器,其步骤如下:

(1) 在 SQL Server Management Studio 的“对象资源管理器”窗口中,展开服务器、数据库(本例为 NetSales)、数据表(本例为“客户数据表”)等节点。

(2) 在“触发器”节点中选择要删除的触发器(本例为 TG_UP_Customer_WITH_UPDATE),右击后,在右键菜单中选择“删除”命令。

(3) 在如图 9-19 所示的“删除对象”对话框中,单击“确定”按钮,删除选定的触发器。

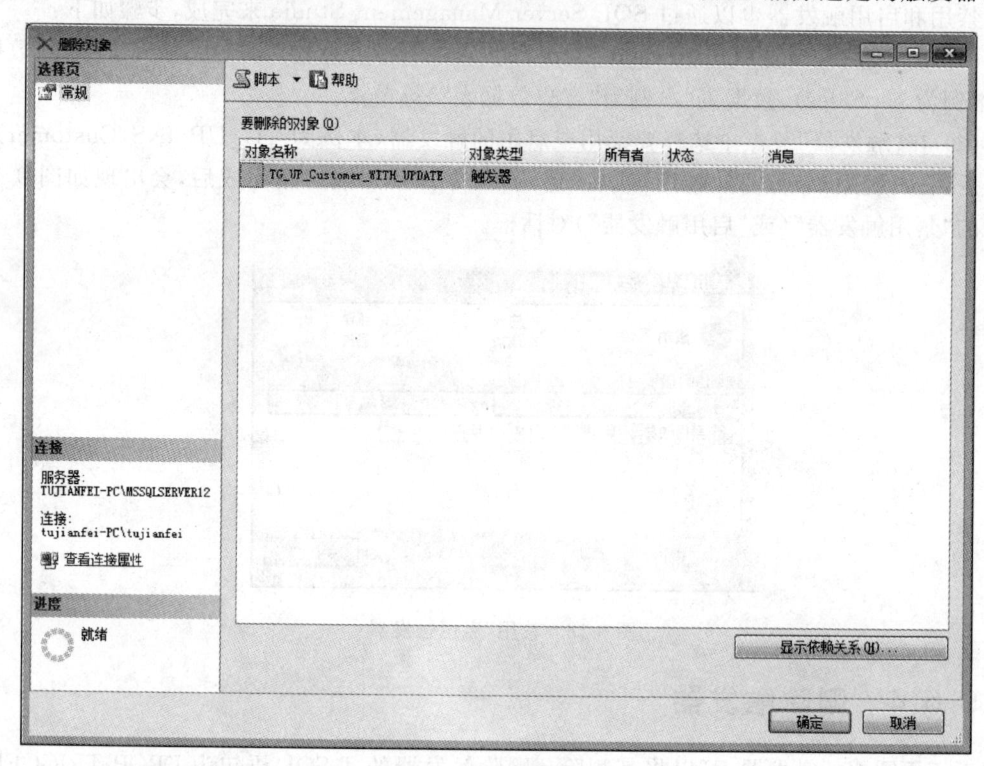

图 9-19 删除触发器

如果要删除 DDL 触发器,比如是数据库触发器,步骤如下:

(1) 在 SQL Server Management Studio 的“对象资源管理器”窗口中,展开服务器、数据库(本例为 NetSales)和“可编程性”等节点。

(2) 在“数据库触发器”节点中选择要删除的触发器(本例为 DDL_TABLE_MODIFY),右击后,在右键菜单中选择“删除”命令。

(3) 在类似图 9-19 所示的“删除对象”对话框中,单击“确定”按钮,删除选定的触发器。

如果要删除服务器触发器,步骤如下:

(1) 在 SQL Server Management Studio 的“对象资源管理器”窗口中,展开服务器和“服务器对象”等节点。

(2) 在“触发器”节点中,选择要删除的触发器(本例为 DDL_TABLE_MODIFY),右击后,在右键菜单中选择“删除”命令。

(3) 在类似图 9-19 所示的“删除对象”对话框中,单击“确定”按钮,删除选定的触发器。

9.6　本章小结

触发器是确保数据完整性，对数据表、数据库和服务器操作行为进行控制的有效工具之一。INSERT 触发器、UPDATE 触发器和 DELETE 触发器是 3 类常用 DML 触发器，通过定义这 3 种类型以及由这 3 种类型组合而成的触发器，可对数据表中数据操作的行为进行控制。应用 INSTEAD OF 触发器可对 INSERT、UPDATE 和 DELETE 等数据操作进行重新定义。

本章详细介绍了这些 DML 触发器，并对 DDL 触发器（包括数据库触发器和服务器触发器）进行了介绍；对触发器的创建、修改、禁用、启用等操作进行了详细介绍。

习题与思考

1. 什么是触发器？触发器的作用是什么？SQL Server 中触发器有哪些类型？
2. 后触发型和替代触发型触发器的区别是什么？
3. 如何创建 INSERT、UPDATE 和 DELETE 触发器？
4. INSERTED 和 DELETED 数据表的特点是什么？
5. 如何通过触发器来判断表中具体列的更改？
6. DML 触发器和 DDL 触发器的作用范围分别是什么？
7. 如何禁用和启用触发器？
8. 如何加密触发器的定义代码？

第10章 安全管理

安全性是数据库管理系统和以数据库为基础的应用系统必须关注的首要问题。确保系统内存储的数据不被非法窃取和破坏,是数据库应用系统成败的关键。在SQL Server 2012中提供了多项安全管理的工具和对象,如登录验证、数据库用户、权限等,充分应用上述对象和工具,可以确保系统具有较高的安全性。

本章介绍SQL Server 2012安全管理架构、安全管理操作与设置,包括服务器连接管理、数据库访问管理、数据库对象操作权限管理等。

本章要点:

- SQL Server 2012安全管理架构
- 服务器安全性管理
- 数据库安全性管理
- 数据库对象安全管理

10.1 SQL Server 2012安全管理的结构

SQL Server 2012是一款多用户的C/S结构的数据库管理系统软件。用户可以通过各自的客户端软件(如SSMS或其他客户端程序)连接SQL Server服务器,访问和操作权限许可的数据库及其中的数据库对象(如表、视图等)。

用户必须通过系统对用户连接账号和密码的身份验证(即登录名和密码验证),才可以连接服务器。如果要使用服务器中的资源,如数据库等,还必须具备相应的操作权限。因此,在SQL Server中对安全性的管理主要包括两个阶段:身份验证和权限验证。

- 身份验证。用于确定连接服务器的用户是否是合法用户。好比企业门检对进入厂区的人员进行身份验证一样,只有通过验证的人员才能进入厂区。在SQL Server中通过Windows身份验证和SQL Server身份验证两种模式来实现对用户身份的验证,身份验证处于SQL Server安全管理的外层,可以阻止非法用户连接服务器。
- 权限验证。用于确定连接服务器的用户在登录服务器后是否具有对数据库等安全对象进行操作的权限。如同员工在进入厂区之后,并不一定具有进入办公室或者对厂区内的设备进行操作的权限。在SQL Server 2012中,通过对数据库用户进行权限的设置来控制不同用户对数据库及其数据库对象进行操作的权限。如用户A可以访问数据库A,而不能访问数据库B;用户B可以对数据库B中的数据表进行新建、删除或者查询、编辑数据，而用户C只能对数据库B的数据表执行查询操作。这种对不同用户设置不同的数据库操作许可，即是权限的设置。

在SQL Server 2012中，为了便于用户权限管理，提供了两类角色：服务器角色和数据库角色。服务器角色预定义了几种对服务器操作权限的分组，如创建数据库、设置服务器选项等，通过将连接服务器的登录名归入对应的服务器角色，可以使该登录名具有服务器角色所具有的权限。数据库角色预定义了几类对数据库操作权限的分组，例如，db_owner是数据库的所有者，属于该角色的数据库用户具有对数据库执行所有操作的权限。同样将数据库用户归入数据库角色中，该用户也就具备了角色所拥有的权限。而数据库用户与服务器登录名之间则是通过映射来建立对应的关系，即当用户使用某登录名和密码连接服务器后，如果数据库中有对应的用户与此登录名之间存在映射关系，则该用户可以访问数据库。

在SQL Server中，为了方便处理用户与数据库对象之间的关系，自SQL Server 2005版开始，新增了新的对象——架构。数据库对象不再归属于用户而是属于架构，而架构的所有者为用户。由此，可以简化对数量较多的数据库对象的管理，即可以通过对数量较少的架构管理来实现对数量较多的数据库对象的管理。

图10-1反映了SQL Server 2012的上述安全管理的体系结构。

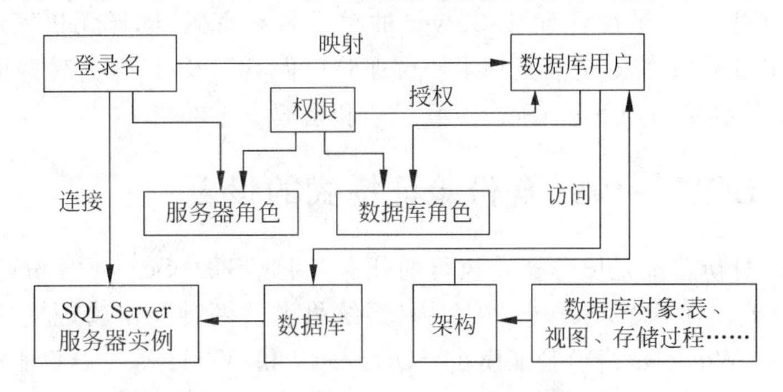

图10-1　SQL Server安全管理体系结构

10.2　服务器安全管理

在SQL Server中，对服务器的安全管理是SQL Server系统安全性管理的第一层次。SQL Server通过排除非法用户对SQL Server服务器的连接来防止外来的非法入侵。

10.2.1　SQL Server身份验证模式

如前所述，SQL Server用于连接服务器的身份验证模式主要有两种：Windows身份验证和SQL Server身份验证。

- Windows身份验证模式。此模式允许用户使用Windows操作系统的域用户管理和本地用户管理模块来对用户身份进行验证。这种身份验证模式通过Kerberos协议在Windows操作系统和SQL Server服务之间建立信任连接，这样当用户登录Windows系统后，不需要再次输入登录名和密码，就可以直接连接SQL Server服务。但是，需要注意的是，并不是所有Windows系统中的域用户账号和本地账号都可以连接 SQL Server,只有那些在 SQL Server 中有对应的登录名的 Windows 账号才能够通过信任连接,连接到 SQL Server 服务器。

- SQL Server 身份验证模式。SQL Server 身份验证模式与 Windows 验证模式不同,SQL Server 负责把用户连接服务器的登录名、密码与 syslogins 系统表中的登录项进行比较,如果能够在 syslogins 表中找到匹配的数据行,用户就可以通过验证,连接服务器。

上述两种模式中,Windows 验证模式适合用于 Windows 平台环境,使用户只需管理 Windows 登录账号和密码,而不必另外管理 SQL Server 的登录名和密码;并且也可以有效地使用 Windows 用户管理模块的功能,如通过 Windows 用户组的管理,可以将多个具有相同操作权限的用户归到同一用户组,通过对较少用户组的管理可以实现对数量较大用户的管理,简化管理工作。但是这种验证模式不适用于非 Windows 环境。

SQL Server 验证模式为非 Windows 环境的身份验证提供了解决方案,在应用程序开发中,客户端程序也经常采用 SQL Server 验证的方式来连接服务器。同时,SQL Server 身份验证模式在一定程度上也可以提高系统的安全性,尤其是在一台服务器上使用多项服务,且允许多个用户使用这台服务器时,应用 SQL Server 身份验证模式,那些能够登录 Windows 系统的用户,如果没有 SQL Server 的登录名和密码,同样无权使用 SQL Server,这无形中给 SQL Server 的安全性又加了一层保险。但 SQL Server 身份验证模式的主要不足是用户需要额外维护一组 SQL Server 登录名和密码。

10.2.2 SQL Server 身份验证模式的设置

SQL Server 身份验证是服务器端执行的任务,因此 SQL Server 身份验证模式需要在服务器端进行设置。在 SQL Server 2012 中,系统将上述两种身份验证模式组合成为两项模式供用户选择:Windows 身份验证模式、SQL Server 和 Windows 身份验证模式。其中第二项验证模式是混合型的验证模式,即服务器可以使用两种模式对用户连接进行身份验证。

在服务器端设置身份验证模式的操作过程如下:

(1) 使用 SQL Server 安装时设定的默认验证模式,通过 SQL Server Management Studio 连接服务器。在“对象资源管理器”窗口中,右击需设置的服务器。

(2) 在右键菜单中选择“属性”命令。

(3) 在“服务器属性”对话框中,选择左侧的“安全性”选项,如图 10-2 所示。在“服务器身份验证”项中设置身份验证模式。在“登录审核”项中,可以设置记录用户连接服务器行为的方式,除选项“无”不会对用户连接情况进行记录外,其他 3 项设置都会将用户连接服务器的情况记录在 SQL Server 的日志中。

(4) 本例为便于后续案例的介绍,请将身份验证模式设置为“SQL Server 和 Windows 身份验证模式”。

在服务器端设置完 SQL Server 使用的身份验证模式后,客户端工具连接 SQL Server 服务器时,就必须采用符合服务器端验证模式的连接选项,否则就无法通过连接验证。例如,当服务器端设置为“Windows 身份验证模式”,则客户端只能同样使用“Windows 身份验证模式”连接服务器,如图 10-3 所示,否则就无法连接服务器。如果服务器设置为“SQL Server 和 Windows 身份验证模式”,则允许客户端任选其中的一种模式进行连接。

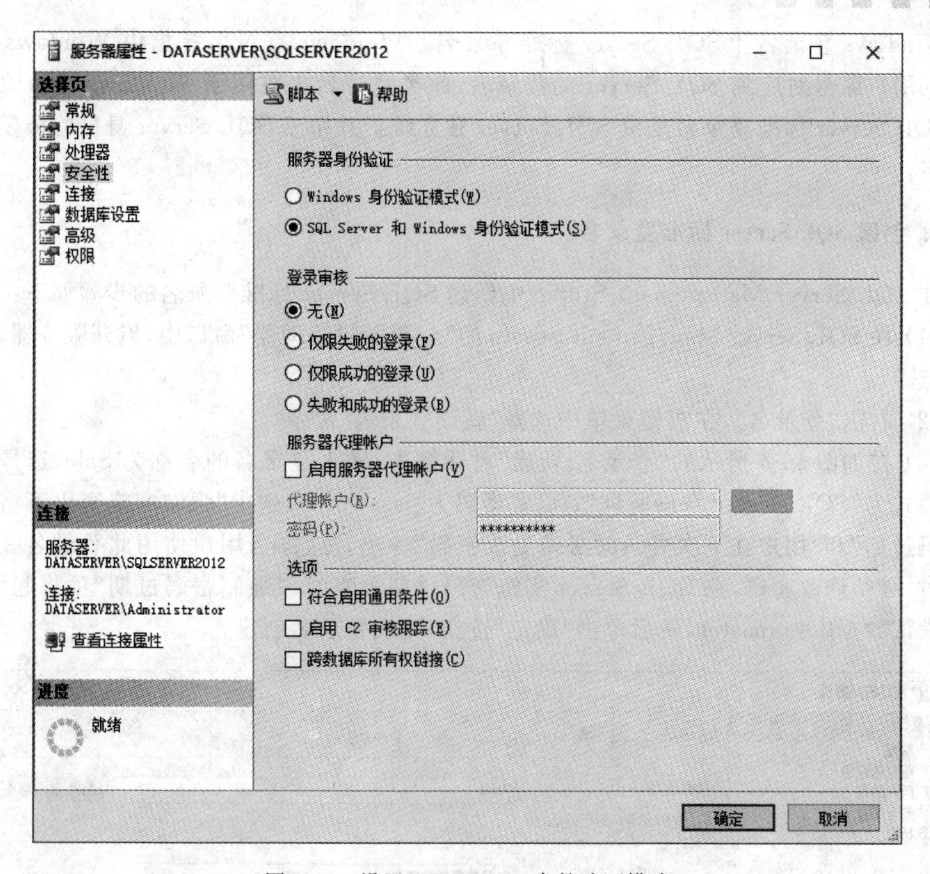

图 10-2 设置 SQL Server 身份验证模式

图 10-3 客户端 SSMS 需使用相应的身份验证模式进行连接

10.2.3 SQL Server 登录名管理

登录名是客户端连接服务器时向服务器提交的用于身份验证的凭据，也是 SQL Server 服务器安全性管理中的基本构件。根据身份验证模式的不同，在 SQL Server 中登录名有两种：Windows 登录名和 SQL Server 标准登录名。Windows 登录名是指由 Windows 操作系统的用户账号对应到 SQL Server 的登录名，此类登录名主要用于 Windows 身份验证模式；SQL Server 标准登录名是由 SQL Server 独立维护并用于 SQL Server 身份验证模式的登录名。

1. 创建 SQL Server 标准登录名

在 SQL Server Management Studio 中创建 SQL Server 标准登录名的步骤如下：

(1) 在 SQL Server Management Studio 的"对象资源管理器"窗口中，展开服务器、安全性节点。

(2) 右击"登录名"，在右键菜单中选择"新建登录名"命令。

(3) 在如图 10-4 所示的"登录名-新建"对话框中，输入登录名的名称为 Sale，选择身份验证模式为"SQL Server 身份验证"；设置密码为 password1，选中"强制实施密码策略""强制密码过期"和"用户在下次登录时必须更改密码"等项。这样当用户使用此登录名登录服务器时，必须修改密码，在 SQL Server 实施密码过期策略时，"强制密码过期"项将起作用。指定默认数据库为 master，最后单击"确定"按钮，完成登录名创建。

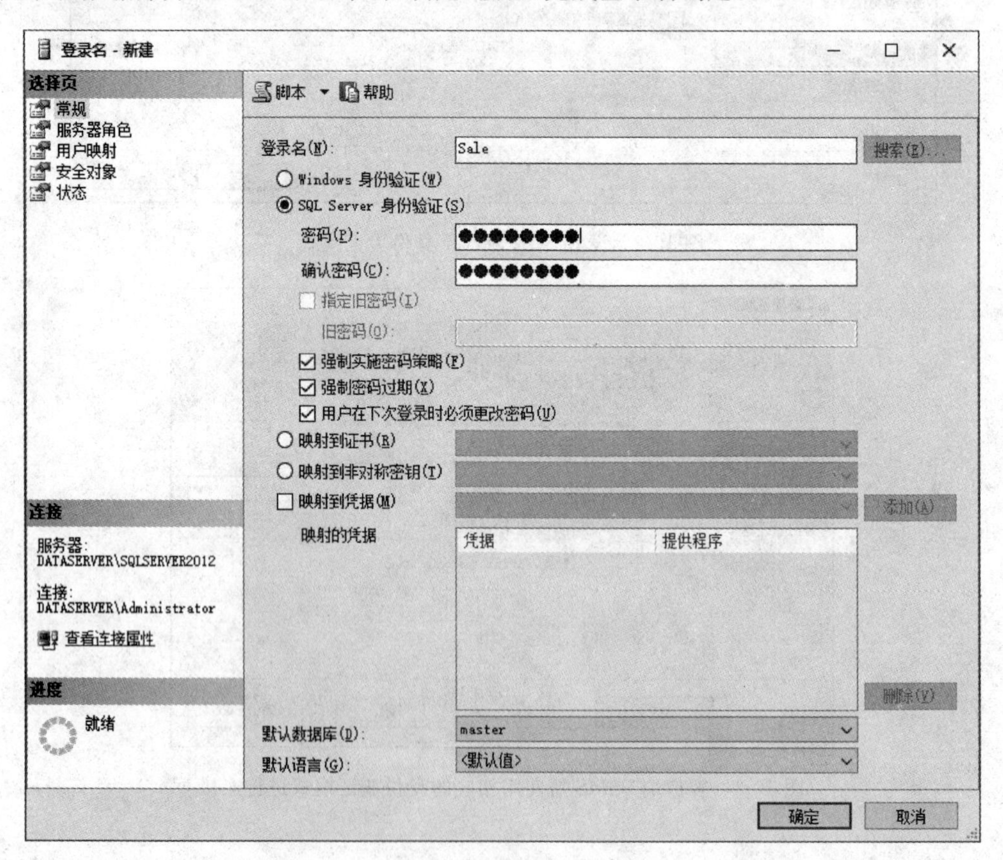

图 10-4 创建登录名

创建登录名的操作同样可以使用 T-SQL 语句来完成，所用的 T-SQL 语句为 CREATE LOGIN，其语法如下：

```
CREATE LOGIN loginName { WITH <option_list1> | FROM <sources> }
<option_list1> ::=
    PASSWORD = { 'password' | hashed_password HASHED } [ MUST_CHANGE ]
    [ , <option_list2> [ ,... ] ]
<option_list2> ::=
    SID = sid
    | DEFAULT_DATABASE = database
    | DEFAULT_LANGUAGE = language
    | CHECK_EXPIRATION = { ON | OFF}
    | CHECK_POLICY = { ON | OFF}
    | CREDENTIAL = credential_name
<sources> ::=
    WINDOWS [ WITH <windows_options> [ ,... ] ]
    | CERTIFICATE certname
    | ASYMMETRIC KEY asym_key_name
<windows_options> ::=
    DEFAULT_DATABASE = database
    | DEFAULT_LANGUAGE = language
```

主要参数的含义如下：

- loginName，新建的登录名的名称。
- PASSWORD，新登录名的密码，用于 SQL Server 标准登录名中，不能用于 Windows 登录名的创建。
- MUST_CHANGE，此项对应“用户在下次登录时必须更改密码”的选项，适用于 SQL Server 标准登录名。
- DEFAULT_DATABASE，指定登录名连接时默认打开的数据库。
- DEFAULT_LANGUAGE，登录名默认使用的语言。
- CHECK_EXPIRATION，对应“强制密码过期”选项，用于指定 SQL Server 标准登录名是否使用强制密码过期策略，可以选择 ON|OFF 两项，ON 表示实施强制密码过期策略，OFF 表示不实施。

例如，以下代码创建了一个新登录名 Sales1，密码为 password1，并且“强制实施密码策略”和“强制密码过期”；指定默认数据库为 NetSales 数据库。

```
CREATE LOGIN Sale1
WITH PASSWORD = 'password1',CHECK_EXPIRATION = ON,
CHECK_POLICY = ON,DEFAULT_DATABASE = NetSales
```

2. 创建 Windows 登录名

Windows 登录名可以与单个 Windows 账号对应，也可以与 Windows 用户组和内置安全主体对应。在 SQL Server 中创建 Windows 登录名，要求先在“Windows 域用户和组”或“Windows 本地用户和组”中创建对应的用户或者组。

以下实例说明了“Windows 本地用户和组”创建的过程。

(1) 在 Windows 操作系统中,打开“控制面板”,选择“管理工具”。

(2) 在“管理工具”中选择“计算机管理”,在如图 10-5 所示的“计算机管理”窗口中,展开左边的“本地用户和组”。右击“用户”,在右键菜单中选择“新建用户”命令。

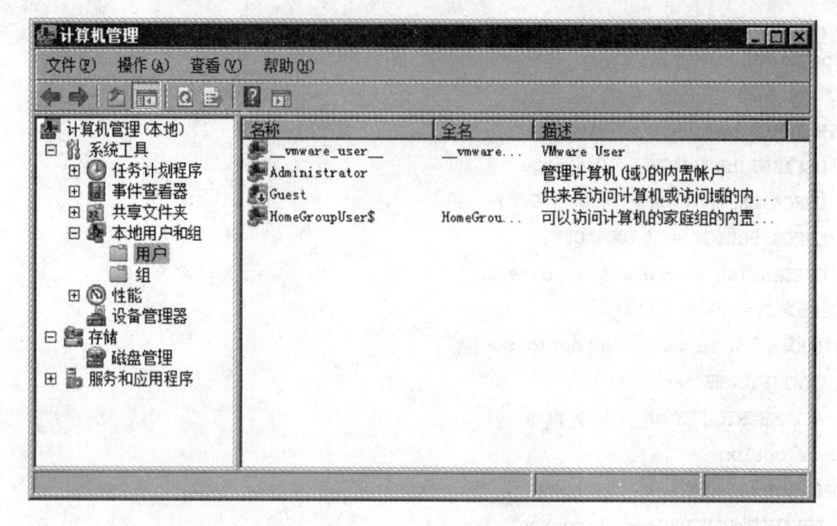

图 10-5 计算机管理

(3) 在如图 10-6 所示的“新用户”对话框中,输入用户名和密码分别为 Customer_service1 和 customer,并选中“用户下次登录时须更改密码”。最后单击“创建”按钮,新创建的用户会出现在用户列表中。

(4) 右击左侧的“组”,在右键菜单中选择“新建组”命令。

(5) 在如图 10-7 所示的“新建组”对话框中,输入组名 Customer_service_team,并单击“添加”按钮,将 Customer_service1 用户添加到该用户组。最后单击“创建”按钮,新创建的用户组会出现在“组”列表中。

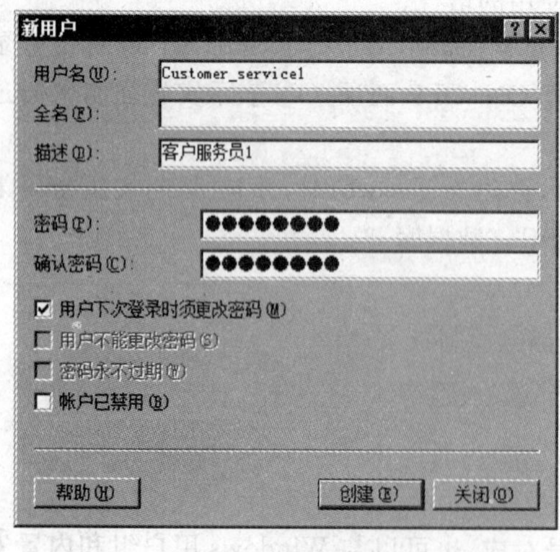

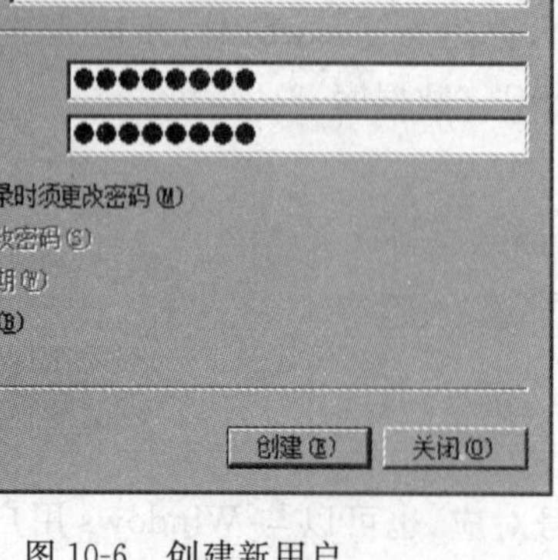

图 10-6 创建新用户

图 10-7 创建用户组

以下步骤针对上述 Windows 用户和组,创建对应的 Windows 登录名。

(1) 在 SQL Server Management Studio 的“对象资源管理器”窗口中,展开服务器、安全性节点。

(2) 右击“登录名”,在右键菜单中选择“新建登录名”命令。

(3) 在如图 10-4 所示的“登录名-新建”对话框中,单击“登录名”右侧的“搜索”按钮。

(4) 在如图 10-8 所示的“选择用户或组”对话框中,单击“对象类型”按钮。在如图 10-9 所示的“对象类型”对话框中,选中“组”和“用户”,单击“确定”按钮后返回。

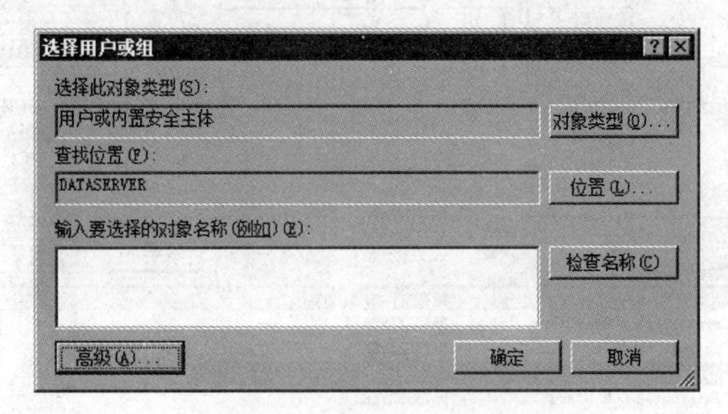

图 10-8 选择用户或组

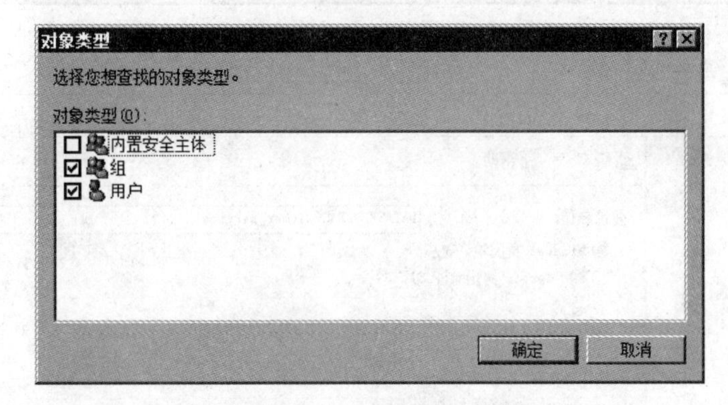

图 10-9 对象类型

(5) 在“选择用户或组”对话框中,单击“高级”按钮,然后单击“立即查找”按钮,本机操作系统中的“组”和“用户”会现在列表中,如图 10-10 所示。选中 Customer_service1,单击“确定”按钮两次后,返回到“登录名-新建”对话框中。

(6) 在如图 10-11 所示的“登录名-新建”对话框中,选择身份验证方式为“Windows 身份验证”,保留其他默认设置,单击“确定”按钮。新创建的 Windows 登录名会出现在“登录名”节点中。

同样,可以使用 T-SQL 语句 CREATE LOGIN 来创建 Windows 登录名。例如,以下代码创建了一个对应 Customer_service_team 用户组的 Windows 登录名:

```
CREATE LOGIN [DATASERVER\Customer_service_team] FROM WINDOWS WITH DEFAULT_DATABASE = [master]
```

3. 系统登录名

在 SQL Server 安装完毕后,会默认提供多个系统登录名。这些登录名可用于用户连接

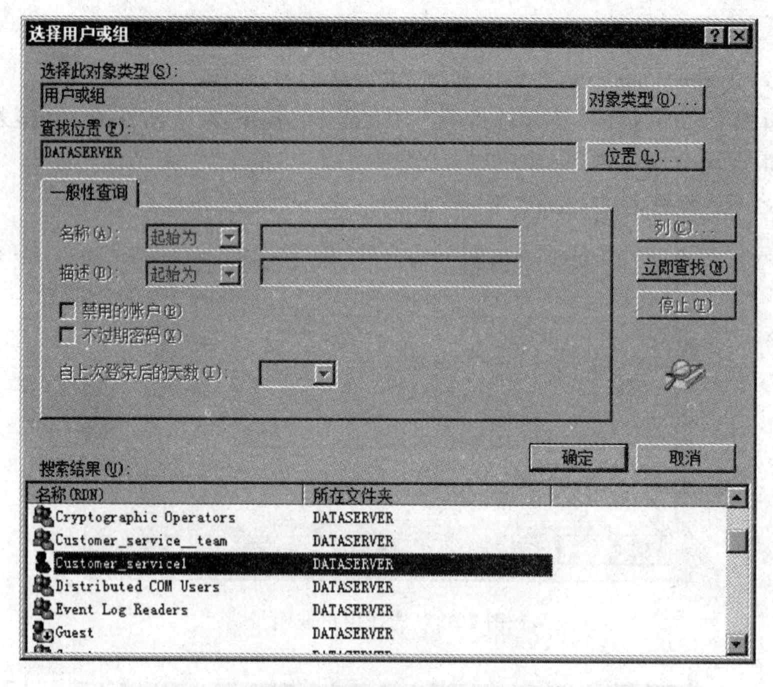

图 10-10 选择登录名对应的 Windows 用户账号

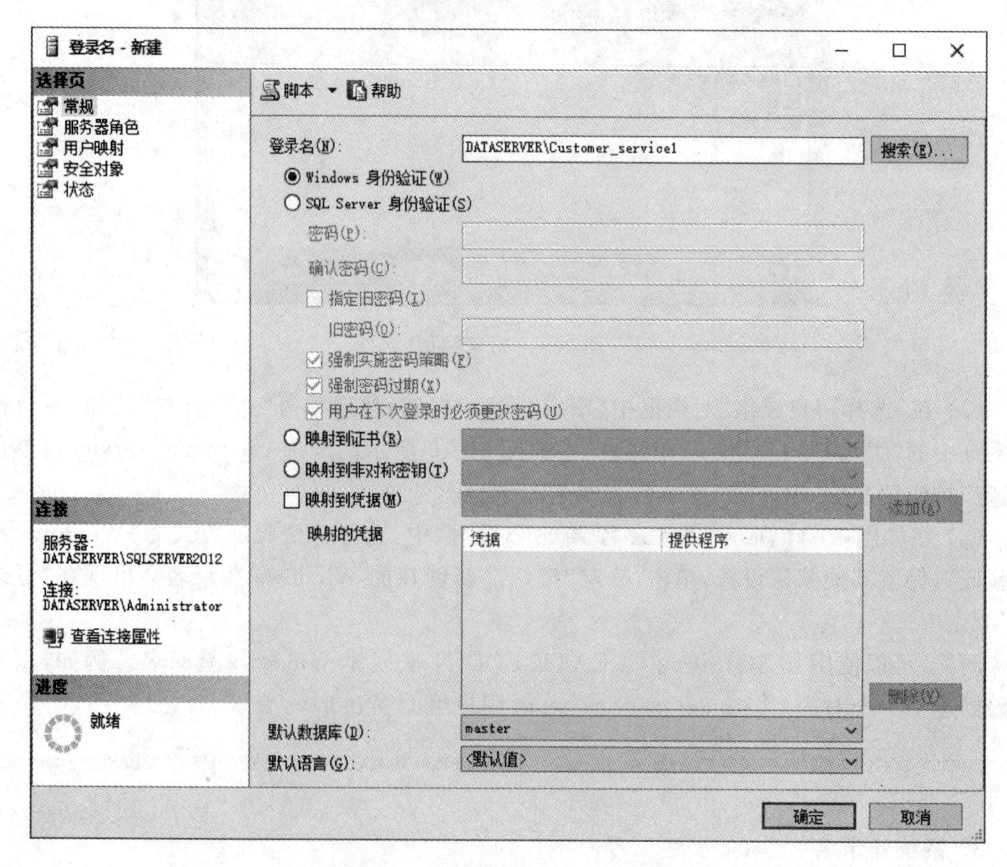

图 10-11 创建 Windows 登录名

SQL Server 系统，包括 sa、域或本机名称\Administrator、BUILTIN\Administrator、NT AUTHORITY\NETWORK SERVICE、NT AUTHORITY\SYSTEM 等。

- sa。是 SQL Server 内置的系统管理员登录名，该登录名拥有对 SQL Server 服务器执行各项操作的权限。但是由于 sa 登录名人所共知，因此使用此登录名会存在很大的安全风险；如果一旦此登录名的密码被穷举破解，则系统的安全性防线就被突破了。因此，可以将该登录名设为禁用，或者为之设置高复杂度的密码。
- 域或本机名称\Administrator，BUILTIN\Administrator。Windows 域或本机管理员的用户账号及用户组会在 SQL Server 安装过程中被加入到 SQL Server 登录名中，且都是系统管理员角色的成员，拥有系统管理员的权限。这也是在安装完成后可以在 SQL Server Management Studio 中通过 Windows 身份验证方式连接服务器的原因。
- NT AUTHORITY\NETWORK SERVICE、NT AUTHORITY\SYSTEM。这些登录名是在 SQL Server 安装过程中设置用于启动 SQL Server 代理服务、分析服务和报表服务的登录名，建议不要对这些登录名做修改，以免影响系统正常运行。

由于安装时对各项 SQL Server 服务启动账号设置不同，有可能在系统登录名中还存在 NT SERVICE\MSSQLSERVER 和 NT SERVICE\SQLSERVERAGENT 等登录名。这些都是在特定环境中用于执行相应服务的账号，建议不要对此做额外的修改，以免造成系统故障。

4. 登录名的修改和删除

登录名的修改和删除也都可以通过 SQL Server Management Studio 和 T-SQL 语句完成。在 SQL Server Management Studio 中修改登录名的操作过程如下：

(1) 在 SQL Server Management Studio 的“对象资源管理器”窗口中，展开服务器、安全性、登录名节点。

(2) 在“登录名”节点中，双击要修改的登录名，可以在“登录名属性”对话框中对选定的登录名进行修改。

修改登录名的 T-SQL 语句为 ALTER LOGIN。例如，以下代码修改登录名 Sale 的密码为 password2。

```
ALTER LOGIN Sale WITH PASSWORD = 'password2'
```

在 SQL Server Management Studio 中删除登录名的操作也比较简单，过程如下：

(1) 在 SQL Server Management Studio 的“对象资源管理器”窗口中，展开服务器、安全性、登录名节点。

(2) 在“登录名”节点中，右击要删除的登录名，在右键菜单中选择“删除”按钮，然后在“删除对象”对话框中单击“确定”按钮，即可完成登录名的删除。

删除登录名的 T-SQL 语句为 DROP LOGIN，语法规则如下：

```
DROP LOGIN login_name
```

例如,以下代码可以删除登录名 Sale_N:

```
DROP LOGIN Sale_N
```

但是,必须注意的是有些登录名是不能删除的,包括:

- 现为某个数据库的拥有者。
- 在 msdb 数据库中某项作业(job)的所有者。
- 目前正在连接的用户。
- sa 登录名也不能删除。

5. 登录名的禁用和启用

对于暂时不用,但不想删除的登录名,可以设置登录名的状态,将登录名禁用。在需要使用时,也可以通过启用,使登录名恢复使用。上述操作都可以在"登录名属性"对话框中完成。操作过程如下:

(1) 在 SQL Server Management Studio 的"对象资源管理器"窗口中,展开服务器、安全性节点。

(2) 选择"安全性"节点的某个登录名,如本例中 Sale1,双击该登录名,进入"登录名属性"对话框。

(3) 选择左侧的"状态"选项,如图 10-12 所示,可以设置"是否允许连接到数据库引擎"和"登录"状态。

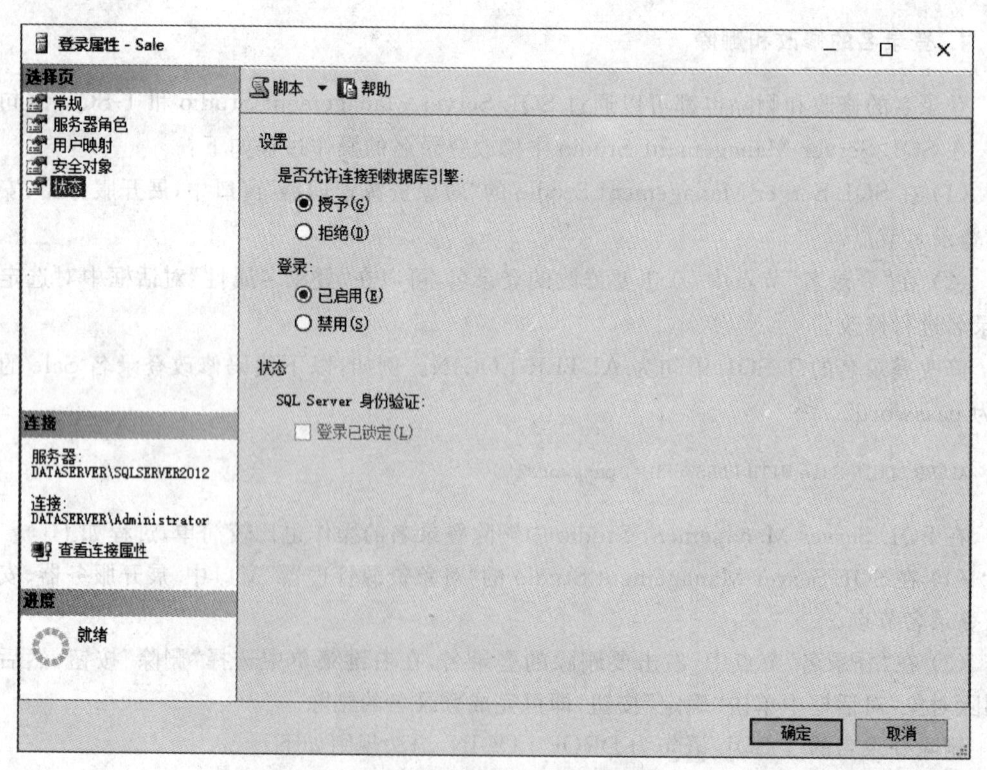

图 10-12 设置登录名状态

■ 是否允许连接到数据库引擎。“授予”表示允许该登录名连接数据库引擎服务。“拒绝”表示不允许连接。默认设置为“授予”。

■ 登录。默认设置为“已启用”。当设置为“禁用”时,该登录名无法使用,不能登录到SQL Server服务器。

10.2.4 服务器角色

登录名创建完成后,可以使用登录名连接服务器。但是连接服务器之后,能否对服务器进行操作,如对服务器的选项进行设置、创建数据库或其他登录名等,取决于登录名的权限。例如,以下可以尝试在SQL Server Management Studio使用登录名Sale连接服务器,如图10-13所示。

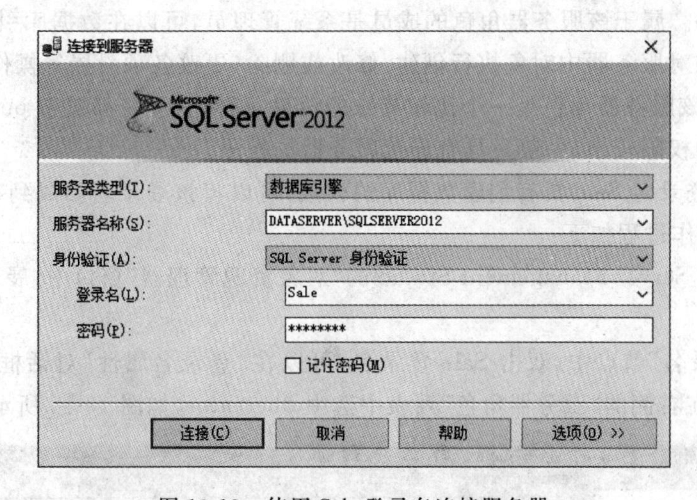

图10-13 使用Sale登录名连接服务器

连接后,尝试创建新数据库,会出现如图10-14所示的错误提示,表示该登录名不具有创建数据库的权限。

图10-14 登录名Sale没有创建数据库的权限

登录名是服务器端的主体,权限的设置可以通过“服务器角色”来实现。服务器角色是SQL Server系统为便于对登录名权限进行管理,将各项服务器权限进行归类分组后形成的多组预设的权限组。管理员可以通过将登录名归到特定的服务器角色中,实现对登录名权限的管理。

系统默认提供了9类固定服务器角色,这些固定服务器角色的含义如下:

■ bulkadmin。属于该服务器角色的成员可以执行大数据量的操作,如BULK INSERT。

- dbcreator。属于该服务器角色的成员可以创建、更改、删除和还原数据库。
- diskadmin。属于该服务器角色的成员可以管理磁盘文件。
- processadmin。属于该服务器角色的成员可以结束在数据库引擎实例中执行的进程。
- securityadmin。属于该服务器角色的成员可以管理登录名及其属性,可以执行 GRANT、DENY 和 REVOKE 来管理登录名在服务器和数据库级别中的权限,以及重新设置登录名的密码。
- serveradmin。属于该服务器角色的成员是服务器的管理员,可以配置服务器的选项或关闭服务器。
- setupadmin。属于该服务器角色的成员可以添加和删除链接服务器,并可以执行某些系统存储过程。
- sysadmin。属于该服务器角色的成员是系统管理员,可以在数据库引擎中执行任何操作。如对服务器中对象执行创建、修改或删除,更改各项设置等操作。
- public。该服务器角色是一个比较特殊的角色,任何登录名都属于 public 角色,但这个角色的权限较小,一般只具有连接服务器的权限。

因此,要使登录名 Sale 具有创建数据库的权限,可以将该登录名归属到 dbcreator 服务器角色即可。操作过程如下:

(1) 在 SQL Server Management Studio 的"对象资源管理器"窗口中,展开服务器、安全性、登录名节点。

(2) 在"登录名"节点中,双击 Sale 登录名,可以在"登录名属性"对话框中选择左侧的"服务器角色",在右侧的"服务器角色"列表中选中 dbcreator,如图 10-15 所示。

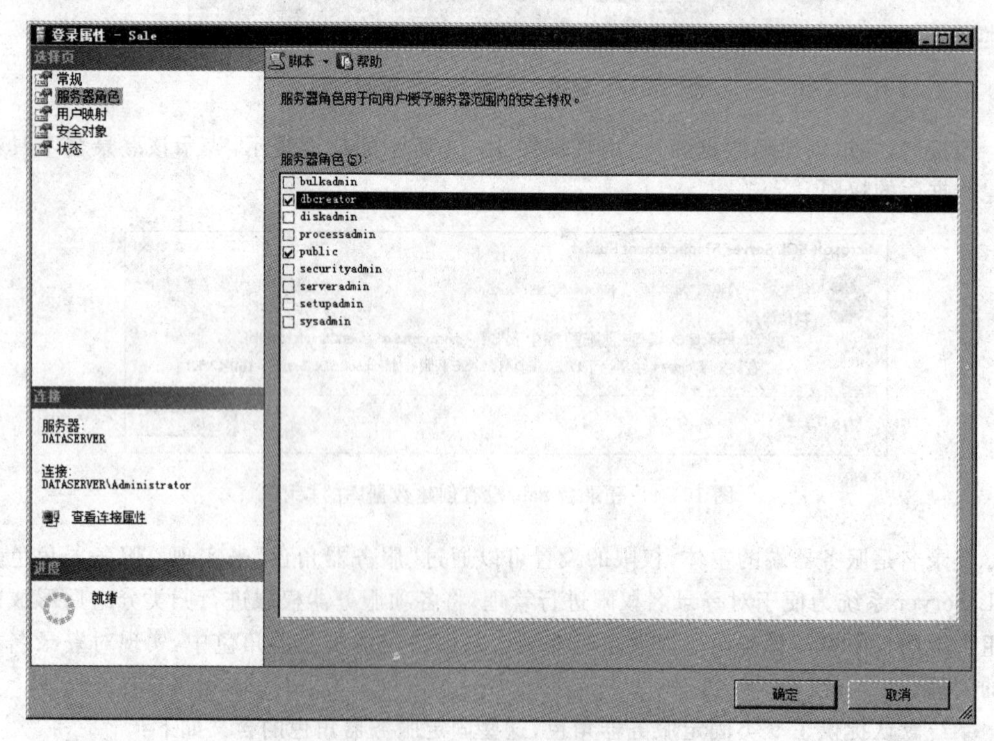

图 10-15 设置服务器角色

经过上述设置后，如果再次使用 Sale 登录名连接服务器，并尝试使用此登录名创建数据库，就能成功完成创建操作。因为该登录名属于 dbcreator 服务器角色，继承了该角色的权限。

将登录名归入服务器角色，除了可以通过修改“登录名属性”进行操作之外，还可以在“服务器角色”中实现。例如，以下操作过程可以将 Sale 登录名添加到 sysadmin 服务器角色中：

(1) 在 SQL Server Management Studio 的“对象资源管理器”窗口中，展开服务器、安全性、服务器角色等节点。

(2) 在“服务器角色”节点中，双击 sysadmin 服务器角色。

(3) 在如图 10-16 所示的“服务器角色属性”对话框中，单击“添加”按钮。

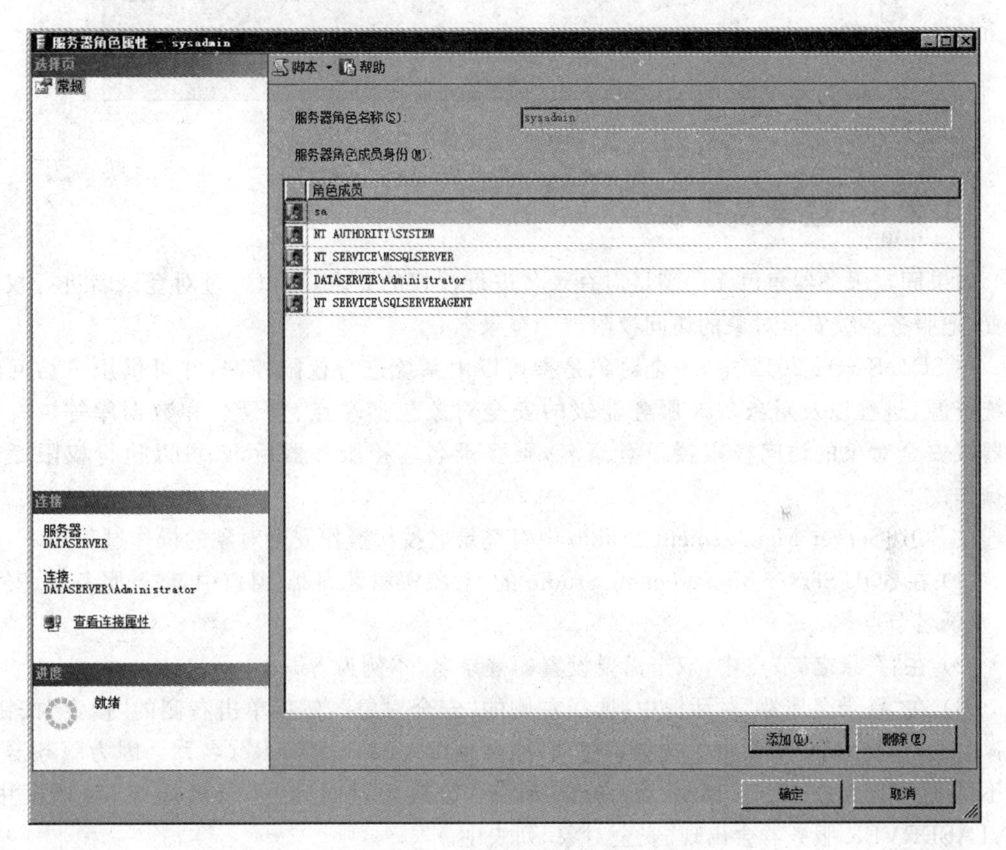

图 10-16 服务器角色属性

(4) 在“选择登录名”对话框中，输入 Sale 登录名，或者单击“浏览”按钮，从“查找对象”对话框中选择 Sale 登录名；如图 10-17 所示，单击“确定”按钮后，返回到“服务器角色属性”对话框。

(5) 完成上述操作后，Sale 登录名被归入到 sysadmin 服务器角色中，拥有该服务器角色的权限。

同样，要将 Windows 用户组登录名添加到服务器角色中也可以按上述步骤操作。

提示 固定服务器角色是 SQL Server 系统预设的服务器角色，用户不能更改和新增服务器角色。

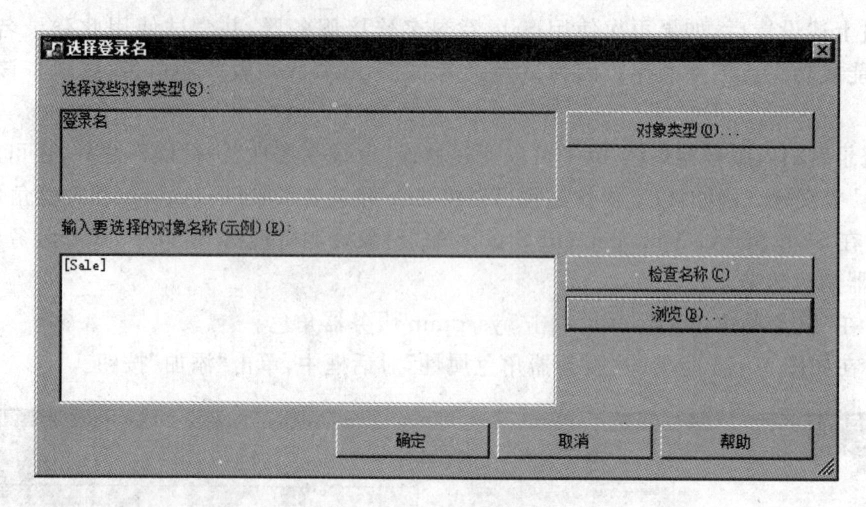

图 10-17 选择登录名

10.2.5 登录名授权

如果固定服务器角色无法满足对登录名进行授权的要求,可以通过对登录名进行权限设置,把服务器级安全对象的访问权限授予登录名。

在 SQL Server 2012 中,安全对象是指可以由系统进行权限控制,并可供用户访问的系统资源、进程以及对象等。服务器级的安全对象包括端点、登录名和数据库等。将服务器级安全对象的访问权限授予登录名,则登录名连接服务器后,就可以执行权限赋予的操作。

在 SQL Server Management Studio 中对登录名授权操作安全对象的操作过程如下:

(1) 在 SQL Server Management Studio 的"对象资源管理器"窗口中,展开服务器、安全性、登录名节点。

(2) 在"登录名"节点中,双击需要设置的登录名,本例为 Sale。

(3) 在"登录名属性"对话框中,选择左侧的"安全对象",然后单击右侧的"搜索"按钮。在弹出的"添加对象"对话框中选择第三项"服务器 DATASERVER"(名称会因为服务器名称不同而不同),如图 10-18 所示,单击"确定"按钮后返回到"登录名属性"对话框中。DATASERVER 服务器会出现"安全对象"列表中。

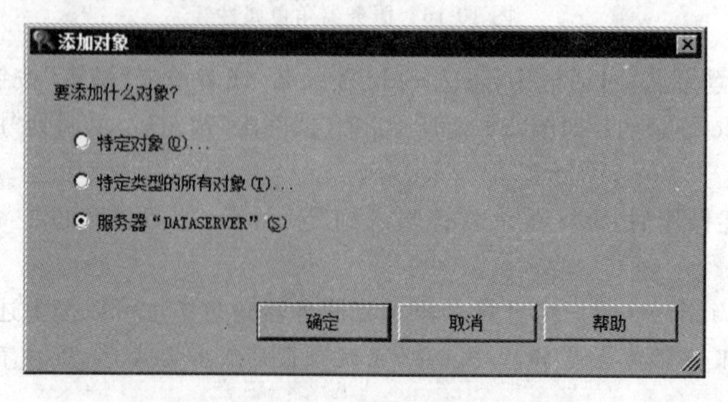

图 10-18 添加对象

(4) 在如图 10-19 所示的"登录属性"对话框中,选中安全对象列表中的 DATASERVER,则在下方的"DATASERVER 的权限"列表中会列出当前服务器可用的权限,如查看服务器状态、查看任意数据库等。权限的授予有 3 种方式:授予、具有授予和拒绝。

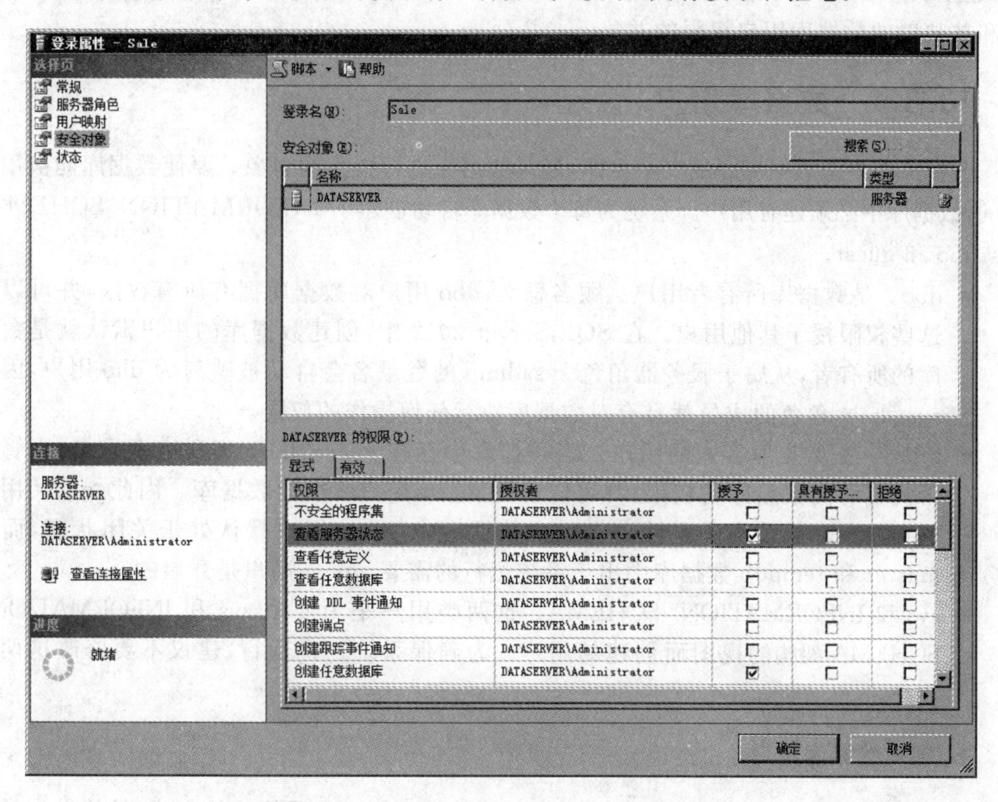

图 10-19 给登录名授予访问安全对象的权限

- 授予。表示给予登录名选中的权限。不选中,则表示取消登录名的该项权限。但是如果登录名从其他途径(如从固定服务器角色中继承)获得了此项权限,则登录名还是可以执行此项权限。这说明在 SQL Server 中,登录名(包括后面的用户)的权限是所有授权方式获得的权限的并集。
- 具有授予。表示当前登录名拥有将选中的权限授予其他登录名的权限。
- 拒绝。表示明确否决登录名使用选中的权限。这表明,虽然此登录名还可能会从其他途径,如服务器角色继承等方式获得此项权限,但明确拒绝后,此登录名将无法使用从其他途径获得的此项权限。

(5) 在本例中,可以选择将"查看服务器状态"和"创建任意数据库"的权限授予此登录名,则此登录名具备执行相应操作的权限。

10.3 数据库安全管理

登录名可以连接服务器,但是如果未对登录名做数据库操作授权,或者登录名所属的服务器角色没有对数据库进行操作的权限,则该登录名并不具有对数据库进行操作的权限。

在 SQL Server 2012 中,对于数据库的安全管理是通过数据库用户权限管理来实现的。登录名连接服务器后,如果需要访问数据库,必须将登录名与数据库中的用户之间建立映射,建立映射后,该登录名在此数据库的权限是:登录名本身具有的对数据库进行操作的权限和被映射的数据库用户权限的并集。

10.3.1 数据库用户

数据库用户是数据库级的安全主体,是对数据库进行操作的对象。要使数据库能被用户访问,数据库中必须建有用户。系统为每个数据库自动创建了 INFORMATION_SCHEMA、sys、dbo 和 guest。

- dbo。是数据库所有者用户。顾名思义,dbo 用户对数据库拥有所有权限,并可以将这些权限授予其他用户。在 SQL Server 2012 中,创建数据库的用户默认就是数据库的所有者,从属于服务器角色 sysadmin 的登录名会自动被映射为 dbo 用户,因此 sysadmin 角色的成员就具有对数据库执行任何操作的权限。
- guest。是数据库客人的用户。当数据库中存在 guest 用户,则所有登录名,不管是否具有访问数据库的权限,都可以访问 guest 用户所在的数据库。因此,guest 用户的存在会降低系统安全性。在用户数据库中 guest 用户默认处于关闭状态,而在 master 和 tempdb 数据库中出于系统运行的需要,guest 用户是开启的。
- sys 和 INFORMATION_SCHEMA。这两类用户是为使用 sys 和 INFORMATION_SCHEMA 架构的视图而创建的用户。为确保系统正常运行,建议不要修改这两类用户。

1. 创建数据库用户

通过 SQL Server Management Studio 创建数据库用户是最简单的方式,具体操作过程如下:

(1) 在 SQL Server Management Studio 的“对象资源管理器”窗口中,展开服务器、数据库、安全性、用户节点,可以查看当前数据库中的用户。

(2) 右击“用户”节点,在右键菜单中选择“新建用户”命令。

(3) 在如图 10-20 所示的“数据库用户-新建”对话框中,输入“用户名称”,如 Sale_user;在“登录名”项中,可以输入要建立映射的登录名,如本例中的 Sale1 登录名,也可以通过单击其后的按钮,在“选择登录名”对话框中进行选择。在“默认架构”中可以输入或者选择架构的名称,如果此项不输入,用户的默认架构就是 dbo。在中间的“此用户拥有的架构”列表中列出了当前数据库中所有的架构,可以根据需要进行选择。从中不难看出,用户与架构的关系是架构属于用户,并且多个架构可以对应到一个用户;但在另一方面,一个架构也可以属于多个用户,因此是多对多的关系。在“数据库角色成员身份”列表中可以选择此用户所属的数据库角色,本例选择为 db_datareader。可以选择多个数据库角色,当选择多个数据库角色时,此用户拥有的权限是多个数据库角色权限的并集。系统默认新用户为 Public 数据库角色的成员。

(4) 设置完上述各项参数后,单击“确定”按钮,新创建的用户会出现在“用户”节点中。这样,当登录名 Sale1 登录服务器后,就可以打开和访问数据库 NetSale,但是权限限于从 db_datareader 角色中继承的权限。

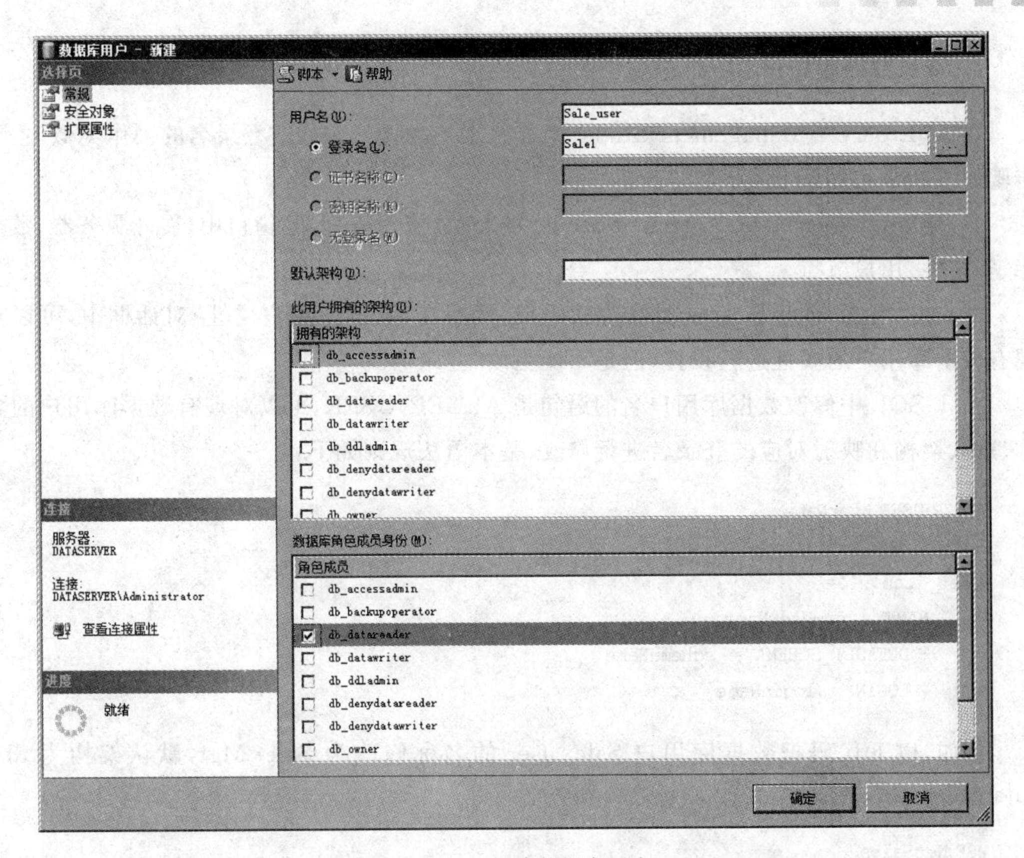

图 10-20 创建数据库用户

提示 用户名与登录名的名称可以不同，但相同的名称有助于提高管理的效率。

在 SQL Server 中，用户也可以通过 T-SQL 来创建，使用的语句是 CREATE USER，语法规则如下：

```
CREATE USER user_name
    [ { FOR | FROM } LOGIN login_name ]
    [ WITH DEFAULT_SCHEMA = schema_name ]
```

各主要参数的含义如下：

- user_name，数据库用户的名称。
- login_name，与数据库用户建立映射的登录名。
- WITH DEFAULT_SCHEMA = schema_name，指定默认的架构。

例如，以下代码在数据 NetSale 中创建了一个与 Windows 登录名同名的新用户 DATASERVER\Customer_service1（当省略关键字 FOR LOGIN 或 FROM LOGIN 时，用户名与登录名同名）。

```
USE NetSales
GO
CREATE USER [DATASERVER\Customer_service1]
WITH DEFAULT_SCHEMA = dbo
```

2. 修改数据库用户

在 SQL Server Management Studio 中修改用户的操作与修改登录名的操作类似,主要步骤如下:

(1) 在 SQL Server Management Studio 的“对象资源管理器”窗口中,展开服务器、数据库、安全性、用户节点。

(2) 在“用户”节点下,双击要修改的用户,然后在“数据库用户属性”对话框中,可以对现有数据库用户的属性进行设置,但是不能更改“登录名”。

在 T-SQL 中修改数据库用户名的语句是 ALTER USER,可以对现有数据库用户的名称、默认架构和映射对应的登录名进行修改,基本语法规则如下:

```
ALTER USER userName
     WITH <set_item> [ ,...n ]
<set_item> ::=
     NAME = newUserName
     | DEFAULT_SCHEMA = schemaName
     | LOGIN = loginName
```

例如,以下代码把数据库用户 Sale_user 的名称修改为 Sale_Mgt,默认架构为 db_datareader。

```
USE NetSales
GO
ALTER USER Sale_user
WITH NAME = Sale_Mgt, DEFAULT_SCHEMA = db_datareader
```

虽然使用 ALTER USER 可以修改数据库用户映射的登录名,但限制较多,如不能重新映射为以下用户:不具有登录名的用户、映射到证书的用户或映射到非对称密钥的用户。只能重新映射 SQL Server 用户和 Windows 用户(或组)。不能使用 WITH LOGIN 子句更改用户类型,如不能将 Windows 账户更改为 SQL Server 登录名。

3. 删除数据库用户

删除数据库用户的 T-SQL 语句为 DROP USER,语法规则如下:

```
DROP USER user_name
```

例如以下代码可以删除 Sale_Mgt:

```
DROP USER Sale_Mgt
```

注意 不能删除拥有安全对象的数据库用户,必须先删除或转移安全对象的所有权,才能删除拥有这些安全对象的数据库用户。也不能删除 guest 和 dbo 用户。

10.3.2 数据库角色

新创建的数据库用户虽然可以访问数据库，但是能够执行哪些操作，必须通过对数据库用户进行权限设置来实现。对数据库用户设置权限最简单的方式是使用数据库角色。数据库角色是 SQL Server 系统提供的对数据库用户使用数据库的权限进行分组归类之后预设而成的权限组。通过将数据库用户归属到数据库角色中，就可以使用户具备角色所拥有的权限。

在 SQL Server 2012 中提供了 10 种固定的数据库角色，这些数据库角色代表的含义如下：

- db_accessadmin：可建立和管理数据库用户。
- db_backupoperator：可执行数据库备份操作。
- db_dbreader：可以从数据库中读取表中的数据。
- db_datawriter：可以对数据库的表执行写的操作，如添加、修改和删除数据。
- db_ddladmin：可以在数据库中执行 DDL 语句，即可以创建、修改、删除数据库对象，如数据表、视图、存储过程等。
- db_denydatareader：拒绝读取数据库中的数据，无论用户是否通过其他途径获取了数据读取的操作权限。
- db_denydatawrite：拒绝对数据库中数据执行写的操作，无论用户是否通过其他途径获取了数据写入的操作权限。
- db_owner：数据库的所有者可以在数据库中执行所有操作，dbo 用户是其中的成员。
- db_securityadmin：可以管理数据库角色及角色中的成员，也可管理语句权限和对象权限。
- public：默认只有读取数据的权限。每个新建的数据库用户都会成为其中的成员。与其他数据库角色不同，public 角色的权限虽然较少，但是可以通过修改 public 的权限来赋予更多权限。当然，由于 public 权限的特殊性，还是不应该给 public 赋予过多的权限。

1. 将用户添加到数据库角色

如果需要将数据库用户添加到数据库角色中，可以执行以下操作：

(1) 在 SQL Server Management Studio 的“对象资源管理器”窗口中，展开服务器、数据库、安全性、角色节点。

(2) 在“角色”节点下，双击要添加用户的角色(本例为 db_denydatareader)，在“数据库角色属性”对话框中，单击“添加”按钮。

(3) 在如图 10-21 所示的“选择数据库用户或角色”对话框中，输入需要添加的用户名(本例为 Sale_Mgt)，或者单击“浏览”按钮，从“用户和数据库角色”列表中选择需要的用户名或角色。单击“确定”按钮后，返回到“数据库角色属性”对话框中，如图 10-22 所示。

(4) 经过上述设置后，用户 Sale_Mgt 会添加到角色的成员列表中。单击“确定”按钮，完成对数据库角色添加用户的操作。一个数据库角色可以添加多个数据库用户。

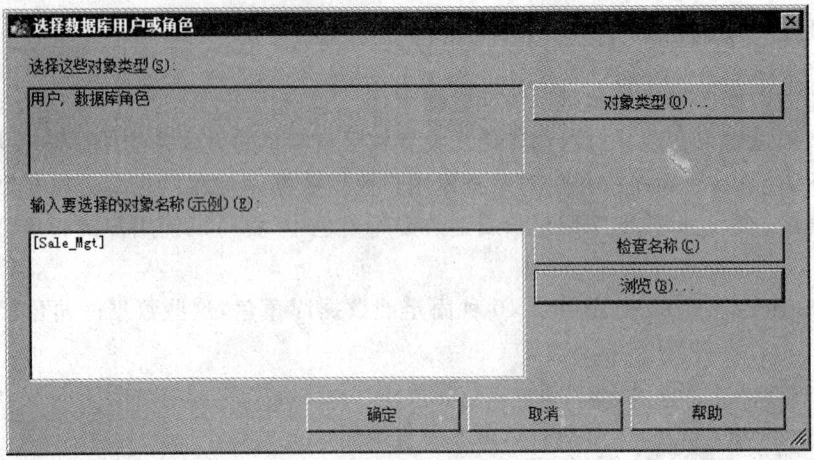

图 10-21 选择数据库用户或角色

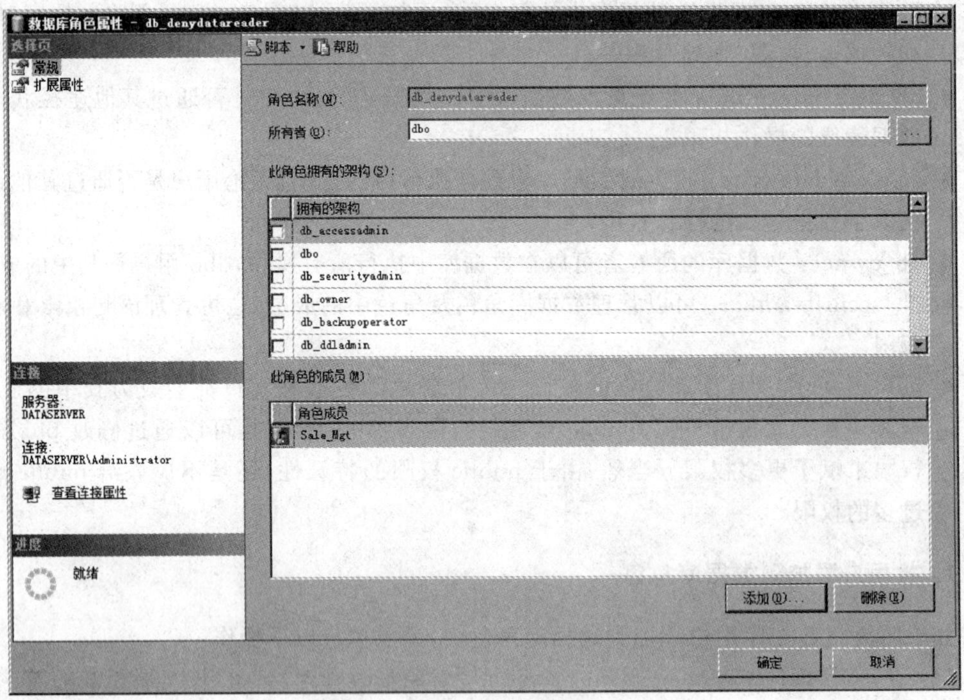

图 10-22 添加用户到数据库角色中

经过此项操作,用户 Sale_Mgt 虽然曾经获得过的 db_dbreader 的权限,但是 db_denydatareader 数据库角色拒绝了此项权限。因此,如果使用用户 Sale_Mgt 访问数据库,就无法查看数据库 NetSales 中的数据。

2. 自定义数据库角色

如果固定的数据库角色不能满足对用户权限管理的需要,可以通过新建自定义数据库角色来创建更多的数据库角色。创建自定义数据库角色时,需要先给角色设置权限,然后将用户添加到该角色中。这与固定数据库角色直接添加用户是不同的。

创建自定义数据库角色的操作过程如下：

(1) 在 SQL Server Management Studio 的“对象资源管理器”窗口中，展开服务器、数据库、安全性、角色节点。

(2) 在“角色”节点中，右击“数据库角色”，在右键菜单中选择“新建数据库角色”命令。

(3) 在如图 10-23 所示的“数据库角色-新建”对话框中，输入角色名称为 dbReader_dbWrite，所有者为 dbo，将 Sale_Mgt 用户添加到此角色的成员列表中。

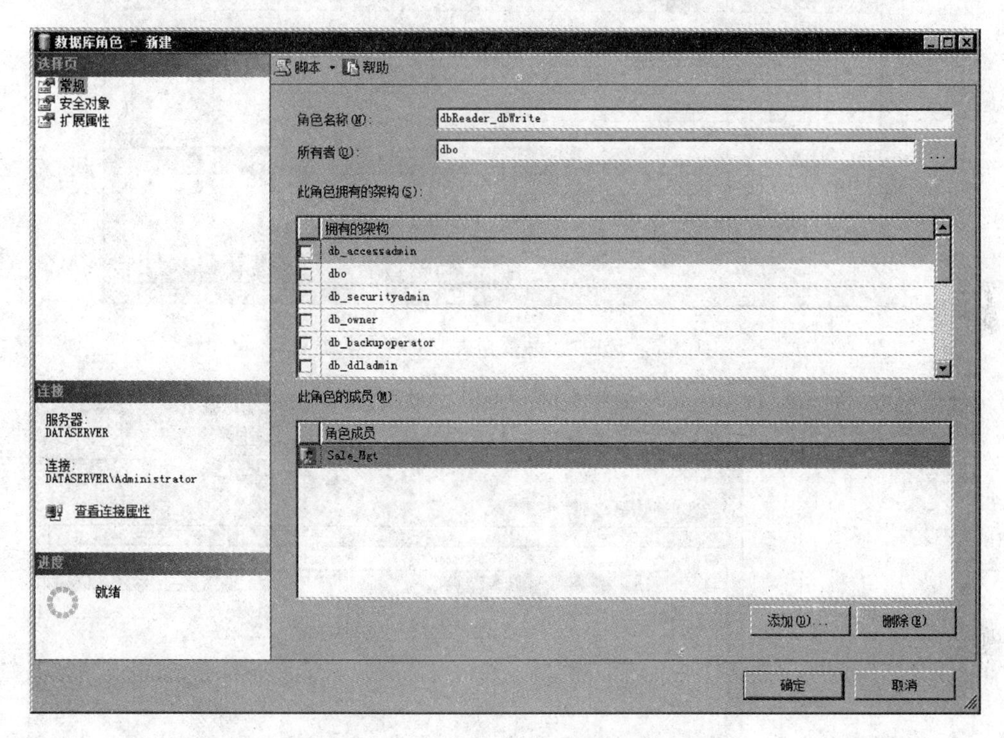

图 10-23 新建自定义数据库角色

(4) 单击左侧的“安全对象”选项，然后单击“搜索”按钮，在如图 10-24 所示的“添加对象”对话框中选择“特定对象”项，单击“确定”按钮。

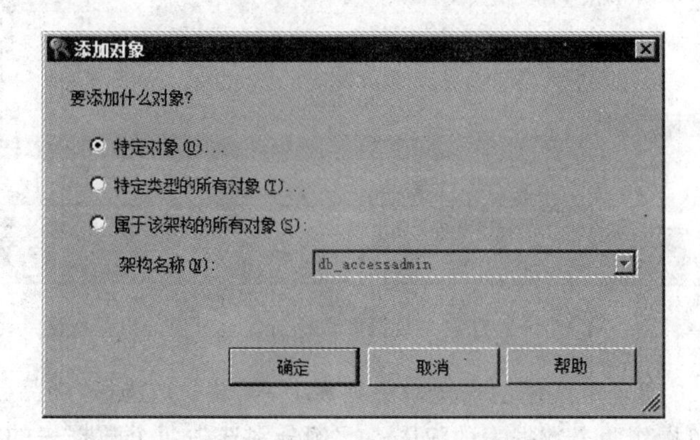

图 10-24 在“添加对象”对话框中选择特定对象

(5) 在“选择对象”对话框中，选择对象类型为“表”，然后单击“浏览”按钮，在如图 10-25 所示的“查找对象”对话框中，选中“产品数据表”和“客户数据表”，两次单击“确定”按钮返回到“数据库角色-新建”对话框，如图 10-26 所示。

查找对象

找到 13 个匹配所选类型的对象。

匹配的对象(M):

		名称	类型
☐		[dbo].[user]	表
☐		[dbo].[产品]	表
☑		[dbo].[产品数据表]	表
☐		[dbo].[图书目录]	表
☑		[dbo].[客户数据表]	表
☐		[dbo].[客户类别表]	表
☐		[dbo].[订单细节表]	表

确定 取消 帮助

图 10-25 选中“产品数据表”和“客户数据表”

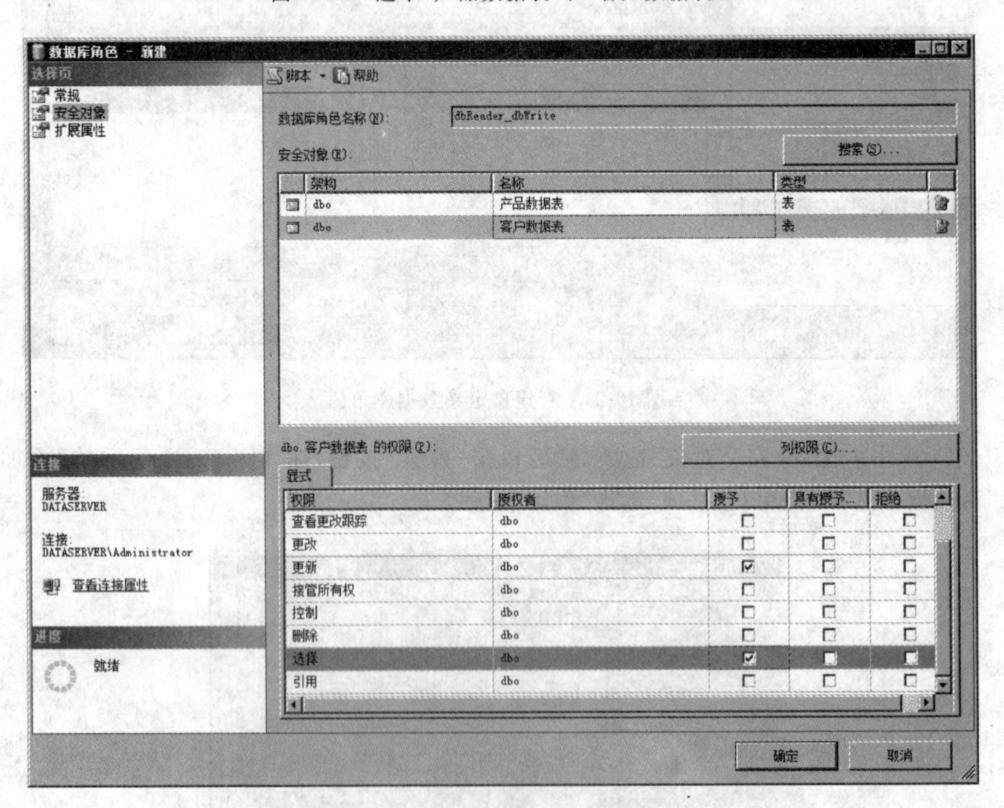

图 10-26 设置自定义数据库角色对安全对象的操作权限

(6) 在图 10-26 所示对话框的安全对象列表中，可以分别选择“产品数据表”和“客户数据表”，设置此角色操作两个数据表的权限。此例分别选中两个数据表的“更新”和“选择”，对新建的角色授予权限。

经过上述设置后，属于此自定义数据库角色 dbReader_dbWrite 的用户具有“修改”和“读取”数据表“产品数据表”和“客户数据表”的权限，但不对能其他数据表执行上述操作。

自定义数据库角色可以像固定数据库角色一样使用，如将其他用户添加到自定义数据库角色中，使这些用户具有相应的权限。数据库角色也是一种安全对象，因此可以作为授权的基础。当数据库角色成为“安全对象”，给自定义数据库角色设置权限时，角色之间形成了嵌套关系。

10.3.3　应用程序角色

在某些应用环境中，出于安全考虑，要求某些用户只能通过应用程序来访问数据库，而不能直接对数据库进行操作。这时，可以创建应用程序角色，当用户的应用程序需要操作数据库时，先在应用程序中启用应用程序角色，然后用户在应用程序权限的控制下执行相应的操作。因此，使用应用程序角色在一定程度上有助于提高系统的安全性。

以下介绍应用程序角色创建的过程。

(1) 在 SQL Server Management Studio 的“对象资源管理器”窗口中，展开服务器、数据库(NetSales)、安全性、角色节点。

(2) 在“角色”节点中，右击“应用程序角色”，在右键菜单中选择“新建应用程序角色”命令。

(3) 在如图 10-27 所示的“应用程序角色-新建”对话框中，输入“角色名称”为 SaleAppRole，默认架构为 dbo，密码为 123456。

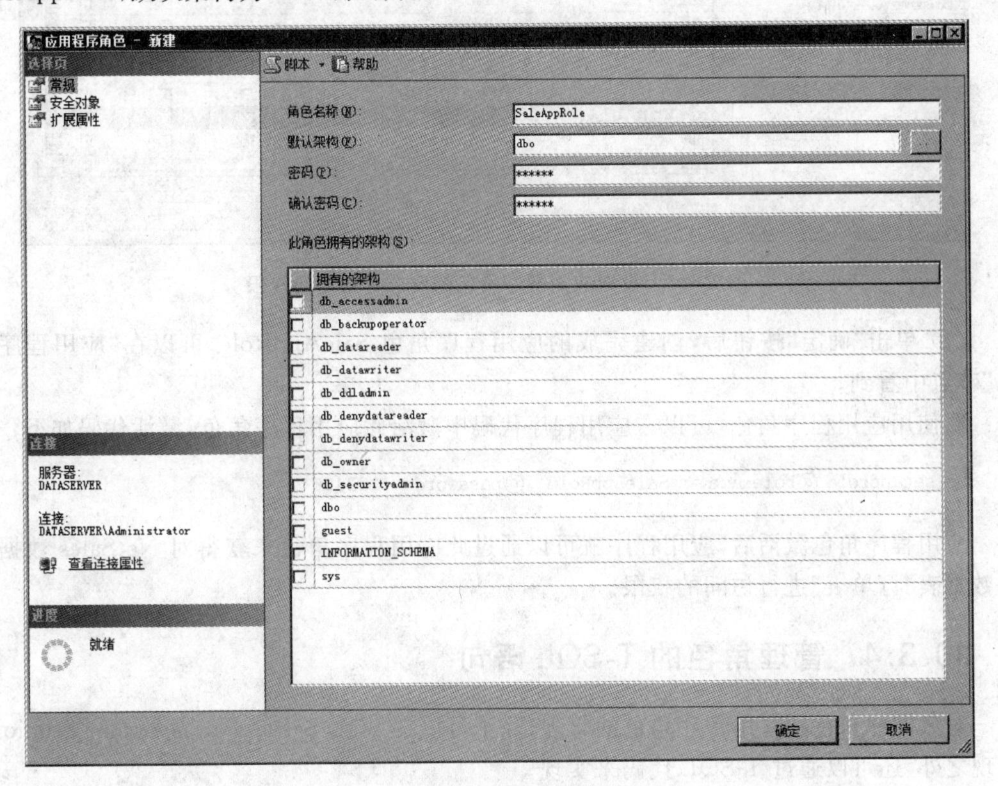

图 10-27　新建应用程序角色

(4) 单击左侧的“安全对象”,切换到安全对象设置页。单击“搜索”按钮,在“添加对象”对话框中选择“特定对象”,再次单击“确定”按钮。

(5) 在“选择对象”对话框中,单击“对象类型”按钮,在“选择对象类型”对话框中,选择对象类型为“表”,单击“确定”按钮返回。

(6) 在“选择对象”对话框中,单击“浏览”按钮,在“查找对象”对话框中选择“dbo.订单表”。连续单击“确定”按钮两次后,返回到“应用程序角色-新建”对话框,选中“选择”权限,如图 10-28 所示。

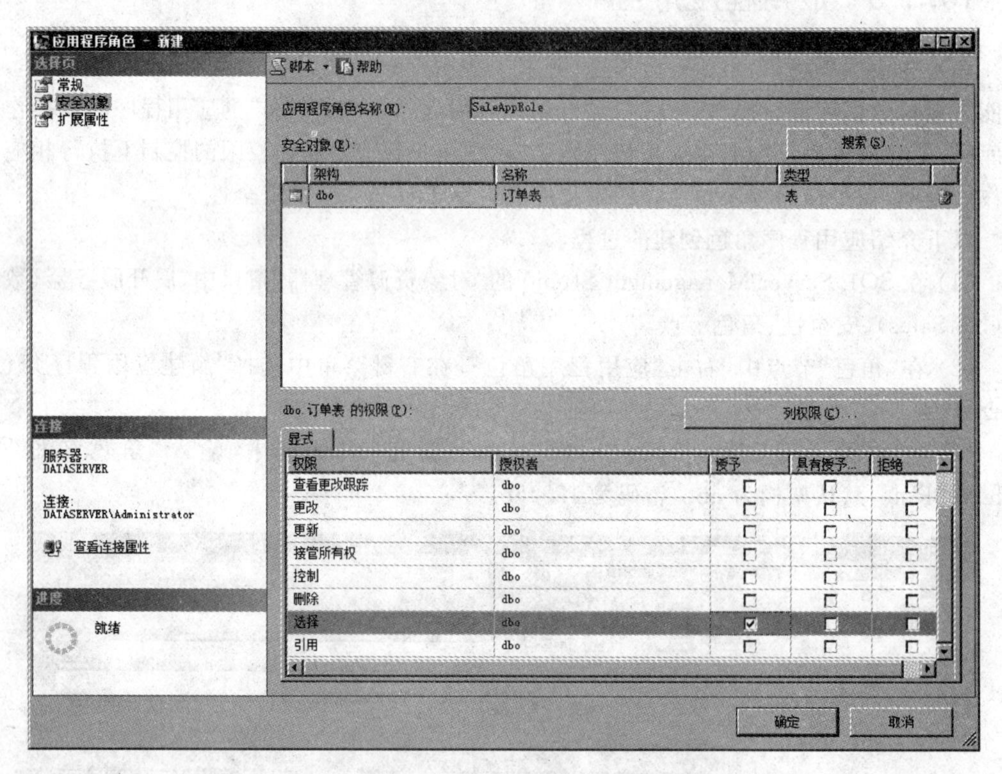

图 10-28 设置应用程序角色的安全对象访问权限

(7) 单击“确定”按钮后,创建完成的应用程序角色 SaleAppRole,可以在“应用程序角色”节点中看到。

要使用应用程序角色,可以在应用程序代码中激活此应用程序角色,激活代码如下:

```
Sp_setapprole @rolename = 'SaleAppRole',@password = '123456'
```

应用程序角色激活后,应用程序就可以通过此应用程序角色来获得对 NetSales 数据库中数据表“订单表”进行访问的权限。

10.3.4 管理角色的 T-SQL 语句

对数据库角色和应用程序角色的管理,除了可以在 SQL Server Management Studio 中实现之外,还可以通过 T-SQL 代码来实现。

1. 创建数据库角色的 T-SQL 代码

创建数据库角色可以使用 CREATE ROLE 语句，语法规则如下：

```
CREATE ROLE role_name [ AUTHORIZATION owner_name ]
```

其中 role_name 为数据库角色名称，owner_name 所有者用户的名称或角色，如果未指定，取默认值为 dbo。例如，以下代码创建了一个名称为 Order_dealer 的数据库角色，所有者为 dbo。

```
USE NetSales
GO
CREATE ROLE Order_dealer AUTHORIZATION dbo
GO
```

2. 创建应用程序角色的 T-SQL 代码

创建应用程序角色可以使用 CREATE APPLICATION ROLE 语句，语法规则如下：

```
CREATE APPLICATION ROLE application_role_name
WITH PASSWORD = 'password' [ , DEFAULT_SCHEMA = schema_name ]
```

例如，以下代码创建了一个名称为 Order_App_Role 的应用程序角色，默认架构为 dbo，密码为 123456。

```
USE NetSales
GO
CREATE APPLICATION ROLE Order_App_Role
WITH PASSWORD = '123456', DEFAULT_SCHEMA = dbo
GO
```

3. 修改和删除角色的 T-SQL 代码

相应的修改数据库角色和应用程序角色的 T-SQL 代码分别为 ALTER ROLE 和 ALTER APPLICATION ROLE。例如，以下代码分别修改了数据库角色 Order_dealer 和应用程序角色 Order_App_Role，其中将前者名称修改为 Order_dealers，后者修改了应用程序角色的密码为 abcdef。

```
USE NetSales
GO
ALTER ROLE Order_dealer WITH NAME = Order_dealers
GO
ALTER APPLICATION ROLE Order_App_Role
WITH PASSWORD = 'abcdef', DEFAULT_SCHEMA = dbo
GO
```

删除数据库角色和应用程序角色的 T-SQL 代码分别为 DROP ROLE 和 DROP

APPLICATION ROLE。如以下语句可以删除上述创建的数据库角色 Order_dealers 和应用程序角色 Order_App_Role。

```
USE NetSales
GO
DROP ROLE Order_dealers
GO
DROP APPLICATION ROLE Order_App_Role
GO
```

4. 添加角色成员的 T-SQL 代码

如果需要将用户或角色添加到角色成员中,可以使用系统存储过程 sp_addrolemember,相应的 T-SQL 代码语法如下:

```
sp_addrolemember [ @rolename = ] 'role',
    [ @membername = ] 'security_account'
```

主要参数的含义如下:

- @rolename:将添入角色或用户名的角色名称。
- @membername:用作成员的用户或角色名称。

例如,以下代码创建了数据库用户 ORDER1,并归属到 db_ddladmin 角色中。

```
USE NetSales
GO
CREATE USER ORDER1 FOR LOGIN Sale
GO
Exec sp_addrolemember 'db_ddladmin', 'ORDER1'
GO
```

10.3.5 角色的综合应用

综合应用服务器角色和数据库角色可以给登录名授权并建立对应的数据库映射。

具体操作过程如下:

(1) 在 SQL Server Management Studio 的"对象资源管理器"窗口中,展开服务器、安全性节点。

(2) 在"安全性"节点中,右击"登录名",在右键菜单中选择"新建登录名"命令。在"登录名-新建"对话框中,输入登录名为 Product_Mgt,输入密码为 password1,验证方式为"SQL Server 身份验证"。

(3) 单击左侧的"服务器角色",当前选中新建的登录名属于 public 服务器角色,选中 sysadmin 服务器角色。即新建的登录名属于 SQL Server 系统管理员。

(4) 单击左侧的"映射用户",可以将登录名映射到数据库的用户中。如选中 NetSales 数据库,并设置"数据库角色成员身份"为 db_owner,如图 10-29 所示。

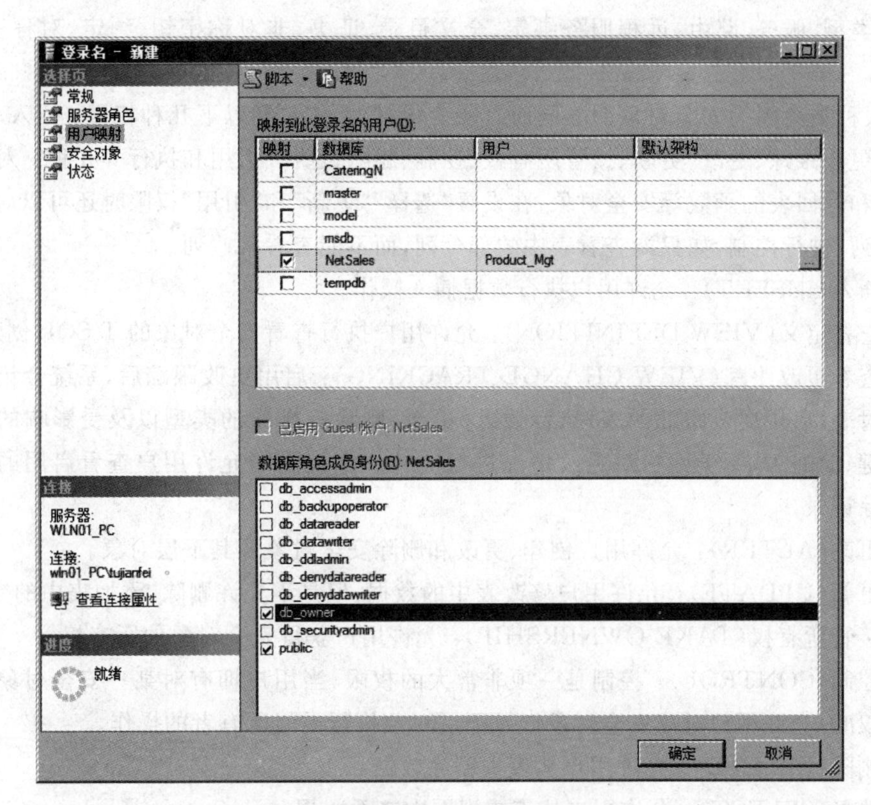

图 10-29 将登录名映射到数据库用户

(5) 在该对话框中，继续选中 CateringN 数据库，选择“数据库角色成员身份”为 db_denydatareader。经上述设置后，在两数据库中会同时创建与登录名同名的用户，并且与登录名建立映射关系。

(6) 单击“确定”按钮后，完成新登录名的创建。

(7) 断开 SQL Server Management Studio 连接数据库引擎。重新以 Product_Mgt 登录名连接 SQL Server 数据库引擎服务器。

(8) 在 SQL Server Management Studio 中，尝试查看 NetSales 和 CateringN 数据库。可以发现此登录名可以对 NetSales 数据库执行所有操作，而无法在 CateringN 数据库中查看数据。

其原因是：虽然 Product_Mgt 登录名是服务器角色 sysadmin 的成员，拥有对服务器执行各项操作的权限，包括对服务器中数据库的所有权限。但是，由于在 CateringN 数据库中，该登录名映射的用户 Product_Mgt 属于 db_denydatareader 数据库角色，被拒绝了读取数据的权限，因此无法查看其中的数据。而在 NetSales 中映射的数据库角色为 db_owner 是数据库的所有者，可以执行对数据库的所有操作。

10.3.6 数据库用户授权

对数据库用户权限的设置可以通过数据库角色来实现，也可以通过对数据库用户设置数据库级安全对象的操作权限来实现。数据库级的安全对象包括用户、应用程序角色、程序集、消息类型、服务、路由、远程服务绑定、全文目录、证书、非对称密钥、约定、对称密钥、架构等。

权限种类会因为安全对象的不同而有所变化,但大体包括以下几种权限：插入、查看定义、查看更改跟踪、更改、更新、接管所有权、控制、删除、选择、引用和执行等几种。对于数据表、视图和返回表的函数等安全对象,在设置“选择”“更新”和“引用”权限时还可以对具体可操作的“列”进行控制,如只能查看表中的部分列,而不能查看某些列。

- 插入(INSERT)：允许用户执行数据插入操作。
- 查看定义(VIEW DEFINITION)：允许用户执行查看安全对象的 T-SQL 创建语句。
- 查看更改跟踪(VIEW CHANGE TRACKING)：启用更改跟踪后,系统会记录用户对表(启用更改跟踪的表)执行插入、更新、删除等操作的类型以及受影响的数据主键、时间等,便于用户对更改情况进行监控。本权限即允许用户查看启用的更改跟踪记录。
- 更改(ALTER)：允许用户创建、更改和删除安全对象及其下层对象。
- 更新(UPDATE)：允许用户修改表中的数据,但是不允许删除、添加表中的数据。
- 接管所有权(TAKE OWNERSHIP)：允许用户获得安全对象的所有权。
- 控制(CONTROL)：控制是一项非常大的权限,当用户拥有对某一安全对象的控制权时,允许用户对该安全对象以及下层对象执行类似所有者的操作。
- 删除(DELETE)：允许用户从表中删除数据。
- 选择(SELECT)：允许用户从表或视图中查看数据。
- 引用(REFERENCE)：当两个表之间建立外键联接关系时,此权限允许用户从主表中查看数据,使用户没有在外键表“选择”数据的权限。
- 执行(EXECUTE)：允许用户执行存储过程。

例如,要设置 NetSales 数据库中用户 Product_Mgt 对“产品数据表”具有插入数据的权限,但在更新数据时不能更新 UnitPrice 列,则设置的过程如下：

(1) 在 SQL Server Management Studio 的“对象资源管理器”窗口中,展开服务器、数据库(NetSales)、安全性、用户等节点。

(2) 在“用户”节点中,双击 Product_Mgt,在“数据库用户-Product_Mgt”对话框中,单击左侧的“安全对象”。单击“搜索”按钮,在“添加对象”对话框中选择“特定对象”,确定后,在“选择对象”对话框中单击“对象类型”按钮,选择对象类型为“表”,然后再单击“浏览”按钮,选中“产品数据表”,确定后返回。

(3) 在如图 10-30 所示的对话框中,选中“插入”的权限为“授予”,选中“更新”的权限为授予后,再单击“列权限”按钮。

(4) 在如图 10-31 所示的“列权限”对话框中,授予各列权限如图所示,并拒绝 UnitPrice 列的更新权限,单击“确定”按钮后返回。

(5) 在“数据库用户-Product_Mgt”对话框中,再次单击“确定”按钮,完成对用户 Product_Mgt 权限的设置。

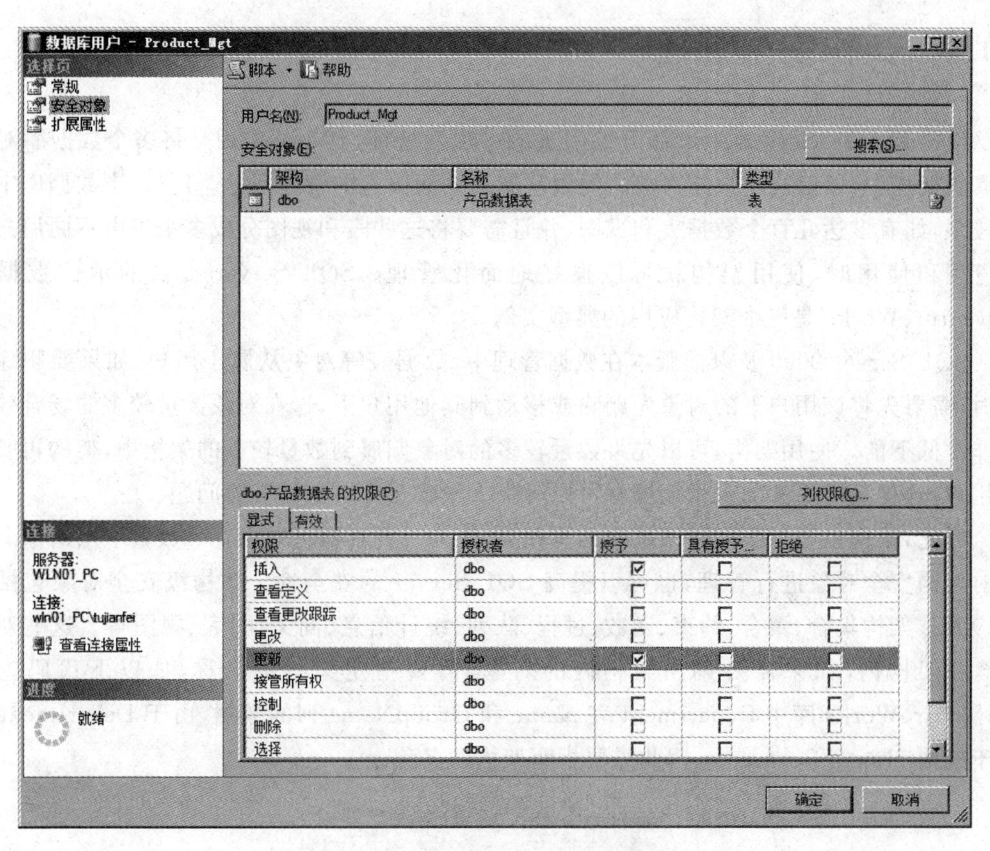

图 10-30 设置数据库用户权限

列权限

主体(P): Product_Mgt

授权者(G): dbo

表名(N): dbo.产品数据表

权限名称(M): 更新

列权限(C):

列名	授予	具有授予权限	拒绝
Description	☑	☐	☐
Instocks	☑	☐	☐
ProductID	☑	☐	☐
ProductName	☑	☐	☐
Unit	☑	☐	☐
UnitPrice	☐	☐	☑

确定 取消 帮助

图 10-31 设置列权限

10.4 架构安全管理

架构是 SQL Server 2005 版开始引进的一项新特征,其主要作用是将多个数据库对象归属到架构中,以解决用户与对象之间因从属关系而引起的管理问题。例如,当数据库中对象较多,如有多达几百个数据表和视图,并且需要将这些表和视图分成多个组由不同用户分别管理和使用时,使用架构就可以很好地简化管理。SQL Server 提供的示例数据库 AdventureWorks 是一个架构应用的典型实例。

SQL Server 2000 及以前版本在数据管理中,数据表等对象从属于用户,如果要删除用户时,需要先将该用户下的对象先删除或移动到其他用户下,这在对象数量较多的场合效率是非常低下的。使用架构,可以先将数量较多的对象归属到数量较少的架构中,架构再归属到用户,这样只需要移动少量架构就可以解决大量数据库对象的归属问题。

因此,架构也类似于文件系统中的文件夹,作为一种容器可以保存和放置下层对象。通过对架构安全对象进行管理,也可以提高 SQL Server 的安全性。架构级安全对象包括类型、XML 架构集合、聚合、约束、函数、过程、队列、统计信息、同义词、表、视图等。这些对象包含在架构内,如果需要调用架构内的对象,需要指定架构的名称,如以下代码查询 AdventureWorks 库中 Department 表 Name 和 GroupName 列的数据,由于 Department 表属于架构 HumanResources,因此需要指明架构的名称。

```
SELECT Name, GroupName FROM HumanResources.Department
```

dbo 是系统默认架构。因此如果架构是 dbo,则无须指明架构名称。例如以下代码查询"产品数据表"的信息,因为"产品数据表"的架构为 dbo,可以省略。

```
SELECT  * FROM  产品数据表
```

10.4.1 创建架构

架构如同其他对象一样,可以通过 SQL Server Management Studio 和 T-SQL 语句来创建。在 SQL Server Management Studio 中创建架构的过程如下:

(1) 在 SQL Server Management Studio 的"对象资源管理器"窗口中,展开服务器、数据库(NetSales)、安全性、架构等节点。

(2) 右击"架构",在右键菜单中选择"新建架构"命令,在如图 10-32 所示"架构新建"对话框中输入架构名称 Orders,架构所有者 Product_Mgt。

(3) 单击"确定"按钮后,完成架构的创建。新架构会出现在"架构"节点中。

创建架构的 T-SQL 语句为 CREATE SCHEMA,语法规则如下:

```
CREATE SCHEMA schema_name_clause [ <schema_element> [ ...n ] ]

<schema_name_clause> ::=
```

```
    {
        schema_name
      |AUTHORIZATION owner_name
      |schema_name AUTHORIZATION owner_name
    }

<schema_element>::=
    {
        table_definition | view_definition | grant_statement
        revoke_statement | deny_statement
    }
```

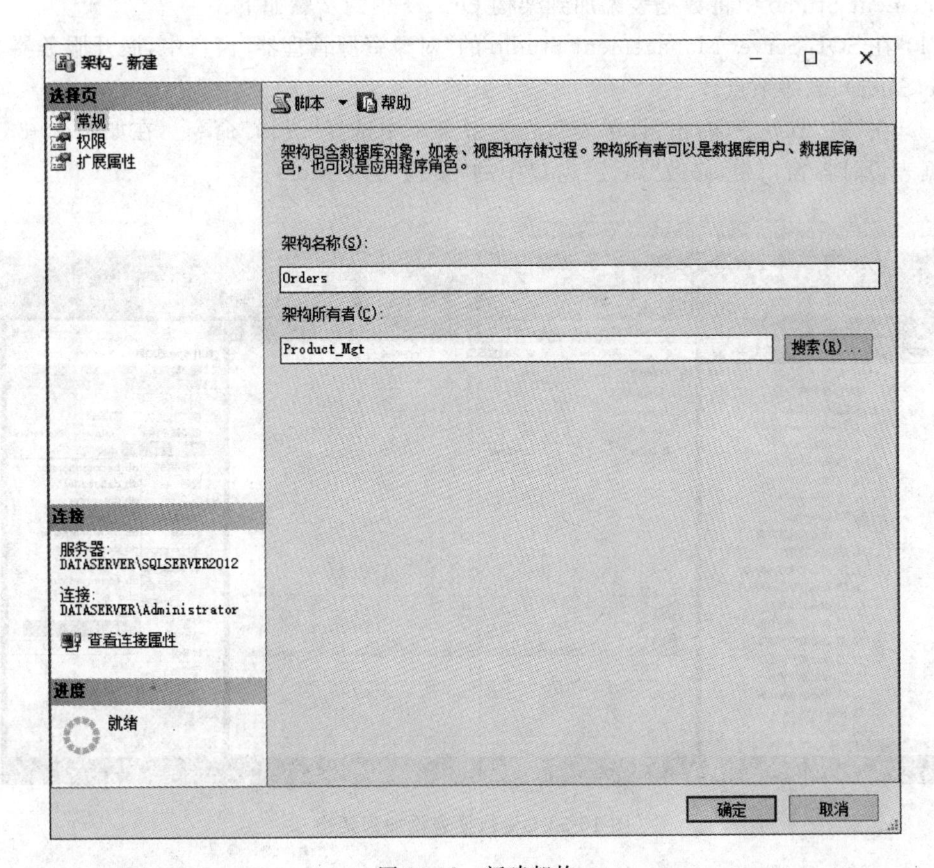

图 10-32　新建架构

主要参数含义如下：

- schema_name，架构名称。
- AUTHORIZATION owner_name，架构的所有者，可以是数据库用户、数据库角色和应用程序角色。
- table_definition，数据表的定义语句，在创建架构的语句中可以包含数据表的创建，新建的数据表从属于该架构。
- view_definition，视图的定义语句，在创建架构的语句中可以包含视图的创建，新建的视图从属于该架构。

■ grant_statement |revoke_statement | deny_statement,权限设置情况。

例如,以下代码创建了一个名称为 Sales_SCHEMA,所有者为数据库角色 db_owner 的新架构:

```
CREATE SCHEMA Sales_SCHEMA AUTHORIZATION db_owner
```

10.4.2 在架构中添加对象

架构是容器,可以将架构级安全对象如数据表、视图等添加到架构中。在 SQL Server Management Studio 中将数据表添加到架构 Orders 中的步骤如下:

(1) 在 SQL Server Management Studio 的“对象资源管理器”窗口中,展开服务器、数据库(NetSales)、表等节点。

(2) 在“表”节点下,右击“订单表”,在右键菜单中选择“设计”命令。在如图 10-33 所示的数据表设计器窗口中,修改“属性”窗口中的“架构”为 Orders。

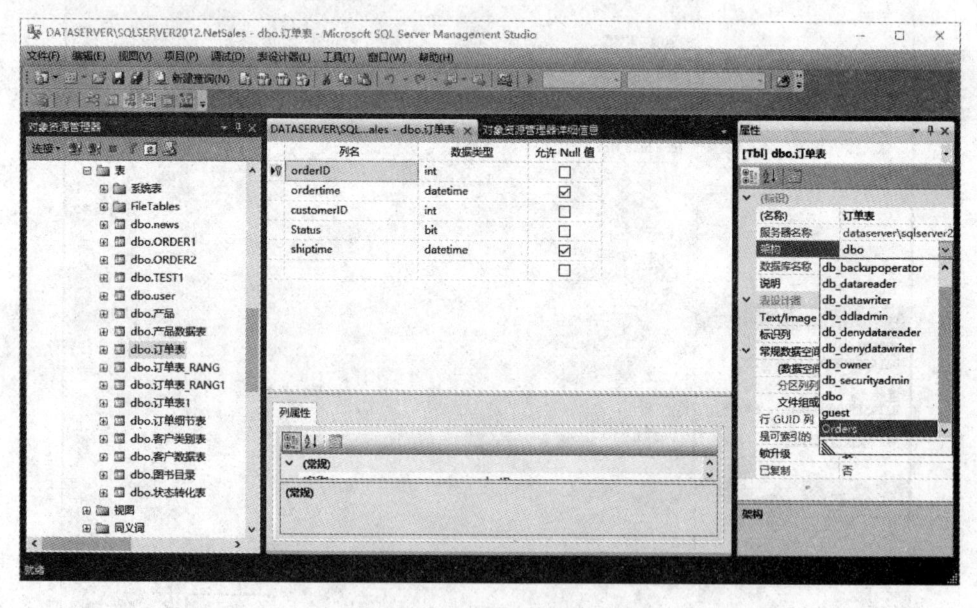

图 10-33 将数据表添加到架构

(3) 保存对表的上述修改。在“对象资源管理器”的“表”节点下,“订单表”前缀已被更新为 Orders,表明该表已添加到架构 Orders 中。

同样,要将新建表归入到架构中,也可以在表的“属性”窗口中,修改“架构”属性的值。

10.4.3 在架构中移动对象

架构中的对象在需要的情况下可以移动到其他架构中。移动对象到其他架构的 T-SQL 语句为 ALTER SCHEMA,语法规则如下:

```
ALTER SCHEMA schema_name TRANSFER securable_name
```

securable_name 是待移动的对象，需要使用“架构名.对象名”的形式来标注出待移动的架构；schema_name 是目标架构。

例如，以下代码表示将“订单细节表”从 dbo 架构中移动到 Orders 架构。

```
ALTER SCHEMA Orders TRANSFER dbo.订单细节表
```

10.4.4　设置架构权限

通过对用户、数据库角色、应用程序角色设置操作架构的权限，可以实现这些安全主体对架构内对象操作权限的设置。在 SQL Server Management Studio 中设置架构权限的操作步骤如下：

(1) 在 SQL Server Management Studio 的“对象资源管理器”窗口中，展开服务器、数据库(NetSales)、安全性和架构等节点。

(2) 在“架构”节点下，双击要设置权限的架构 Orders。

(3) 在“架构属性”对话框，单击左侧的“权限”。在“权限”选项页中，单击“搜索”按钮。

(4) 在“选择用户或角色”对话框中输入 Product_Mgt 用户，单击“确定”按钮后返回到“架构属性”对话框。

(5) 在“显式”权限列表中，授予“插入”、“更新”操作权限，拒绝“删除”权限，如图 10-34 所示。

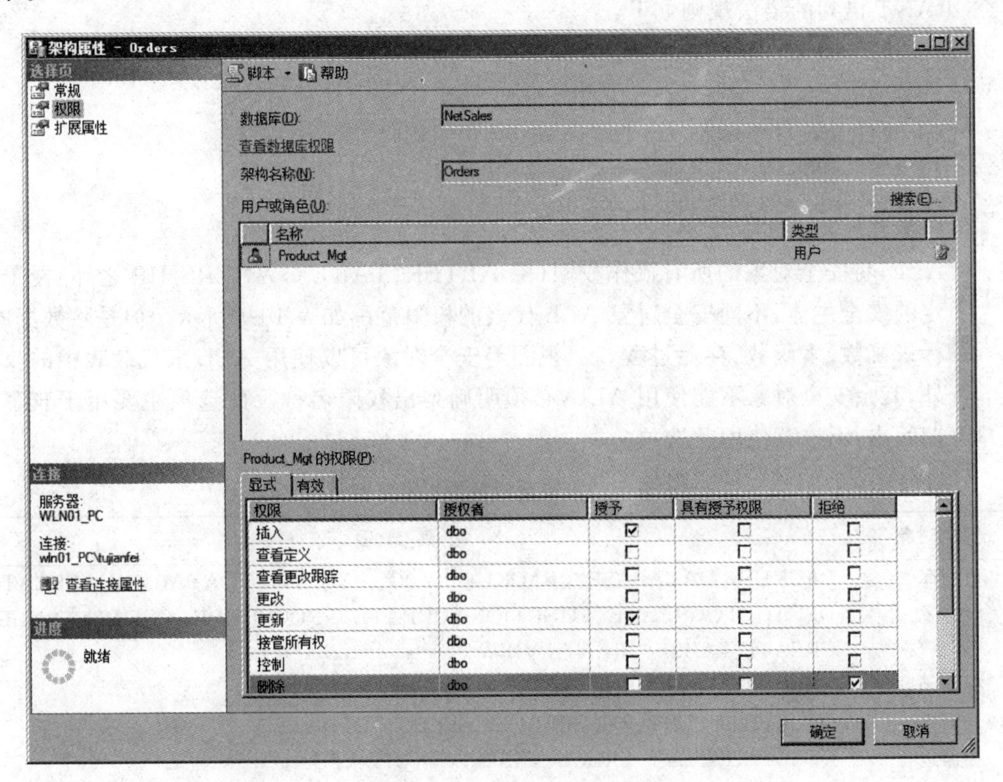

图 10-34　设置架构权限

经上述设置后，如果用户 Product_Mgt 访问架构 Orders 内的数据表“订单表”和“订单细节表”，只具有“插入”和“更新”数据的权限，而没有“删除”数据的权限。除了对用户进行授权操作架构内对象外，还可以对多个用户、多个数据库角色或应用程序角色授予操作架构的权限。

架构不需要时，可以删除。删除架构的语句是 DROP SCHEMA，如以下语句可以删除架构 Orders，但是要求被删除的架构下没有其他安全对象。

```
DROP SCHEMA Orders
```

10.5 权限管理的 T-SQL 语句

对登录名、服务器角色、数据库用户、数据库角色、应用程序角色等安全主体的权限设置，可以在 SQL Server Management Studio 中实现，也可以通过 SQL Server 提供的 T-SQL 权限管理语句来实现，这些语句包括 GRANT、DENY 和 REVOKE，本节介绍这 3 种语句的使用方法。

10.5.1 GRANT 授权

GRANT 语句是授权语句，使用 GRANT 语句可以给安全主体授予访问安全对象的权限。GRANT 语句的语法规则如下：

```
GRANT { ALL [ PRIVILEGES ] }
    | permission [ ( column [ ,...n ] ) ] [ ,...n ]
    [ ON [ class :: ] securable ] TO principal [ ,...n ]
    [ WITH GRANT OPTION ] [ AS principal ]
```

各主参数的含义如下：

- ALL，将安全对象的所有操作权限(除 ALTER、TAKE OWNERSHIP 之外)授予指定的安全主体，不同安全对象 ALL 代表的权限范围如表 10-1 所示。但是除数据库、标量函数、表函数、存储过程、表、视图等安全对象可以使用 ALL 来代表表中的权限外，其余安全对象不能使用 ALL，必须明确列出权限名称。此选项主要用于兼容早期版本，不推荐使用此选项。

表 10-1 安全对象的权限范围

安全对象	权 限 范 围
数据库	BACKUP DATABASE、BACKUP LOG、CREATE DATABASE、CREATE DEFAULT、CREATE FUNCTION、CREATE PROCEDURE、CREATE RULE、CREATE TABLE、CREATE VIEW
标量函数	EXECUTE、REFERENCES
表函数	DELETE、INSERT、REFERENCES、SELECT、UPDATE
存储过程	DELETE、INSERT、EXECUTE、SELECT、UPDATE
表、视图	DELETE、INSERT、REFERENCES、SELECT、UPDATE

■ PRIVILEGES,用于提供与 ANSI-92 的兼容。
■ permission,权限名称,如 SELECT、UPDATE 等。
■ column [,...n],在表、视图、表值函数中,用于对列权限的设置。
■ class::,指定将授予其权限的安全对象的类。
■ securable,被授权的安全主体。
■ TO principal,主体的名称。
■ WITH GRANT OPTION,表示将“具有授予权限”的权限授予主体。
■ AS principal,指定用另一个“具有授予权限”的用户或角色作为此次授权的授予者。

例如,以下代码表示将“产品数据表”的插入、更新和删除权限授予数据库用户 Product_Mgt:

```
GRANT INSERT,UPDATE,DELETE ON 产品数据表 TO Product_Mgt
```

用 GRANT 授权语句也可以指定列的权限。例如,以下代码表示将“产品数据表”中列 ProductName 的 UPDATE 权限授予角色 PUBLIC:

```
GRANT UPDATE(ProductName) ON 产品数据表 TO PUBLIC
```

再如,以下代码在数据库 master 创建了用户 m_database(关联的登录名为 sale),并将创建、备份数据库的权限授予给该用户。由于创建、备份数据库将对 master 数据库进行操作,因此需要在 master 数据库中创建该用户。

```
USE master
GO
CREATE USER m_database for login sale
GO
GRANT CREATE DATABASE, BACKUP DATABASE TO m_database
GO
```

10.5.2 DENY 拒绝权限

DENY 语句可以显式地拒绝安全主体使用某项权限。无论安全主体是否从其他途径获得了该项权限,经 DENY 取消后,安全主体就无法使用该项权限。DENY 语句的语法规则如下:

```
DENY { ALL [ PRIVILEGES ] }
     | permission [ ( column [ ,...n ] ) ] [ ,...n ]
     [ ON [ class :: ] securable ] TO principal [ ,...n ]
     [ CASCADE] [ AS principal ]
```

上述参数与 GRANT 语句的同名参数含义相同。CASCADE 参数表示,除了将指定用户或角色的权限设定为拒绝外,由该指定用户授权给其他用户或角色的同一对象的相同权限一并拒绝。

例如,以下语句将拒绝 Product_Mgt 访问表“产品数据表”中的 UnitPrice 列:

```
DENY SELECT(UnitPrice) ON 产品数据表 TO Product_Mgt
```

10.5.3 REVOKE 撤销权限

REVOKE 语句用于撤销 GRANT 给用户或角色授予的权限,但是用户或角色通过其他途径,如继承角色获得的权限不会被取消。REVOKE 语句还可以用于撤销 DENY 语句对用户或角色权限的拒绝,但是如果 DENY 语句中使用了 CASCADE 参数,则在 REVOKE 语句中需要搭配 GRANT OPTION FOR 语句同时使用。

REVOKE 语句的语法规则如下:

```
REVOKE [ GRANT OPTION FOR ]
     { [ ALL [ PRIVILEGES ] ]|permission [ ( column [ ,...n ] ) ] [ ,...n ]
     }
     [ ON [ class :: ] securable ]
     { TO | FROM } principal [ ,...n ]
     [ CASCADE] [ AS principal ]
```

各参数含义与 GRANT 相同。

例如,以下代码撤销了对 Product_Mgt 访问表"产品数据表"中的 UnitPrice 列权限的 DENY 操作:

```
REVOKE SELECT(UnitPrice) ON 产品数据表 TO Product_Mgt
```

10.6 本章小结

安全性是数据库管理系统最关注的特性之一,只有具备较高的安全性才能确保系统中的数据库不被非法破坏或窃取。SQL Server 2012 中提供了多项用于确保系统安全的对象和工具,如连接服务器的登录身份验证、对数据库安全性进行权限设置的数据库用户以及为便于多数据库对象管理的架构等;应用安全对象和工具可确保 SQL Server 数据库具有较高的安全性。

本章从服务器安全管理、数据库安全管理以及架构安全管理等角度,对 SQL Server 2012 安全管理的特点、操作步骤与应用做了详细的介绍。

习题与思考

1. SQL Server 2012 安全性的管理分为哪些层次?
2. SQL Server 2012 身份验证的模式有哪几种? 各有什么特点?
3. SQL Server 服务器的登录名分为几种? 如何创建?
4. 如何合理使用 sa 登录名? 如何禁用和启用登录名?
5. 什么是服务器角色? SQL Server 2012 中固定服务器角色有哪些?

6. SQL Server 2012 中权限授予的方式有哪些？分别代表何种含义？

7. 数据库用户在 SQL Server 安全性管理中起何种作用？如何在登录名与数据库用户之间建立映射？

8. 什么是数据库角色？固定数据库角色有哪些？如何创建自定义数据库角色和应用程序角色？

9. 什么是架构？如何创建架构？如何在架构之间移动安全对象？

第11章 备份与还原

在实际应用环境中，会因为多种原因造成系统出错或数据库损坏等故障情况，这些故障都会给使用者造成很大的损失。作为良好系统维护的一部分，应该确保在数据出现意外故障时能够恢复到故障前的状态，使系统能够继续运行。

SQL Server 为解决数据故障问题提供了数据库备份和还原功能，使管理员可以在系统正常运行时及时进行备份；而在系统出现故障时又能够从备份中把数据恢复到备份时的状态。因此，通过数据库的备份和还原，可以最大限度地降低系统故障造成的不良影响。

本章介绍 SQL Server 2012 数据库备份和恢复的原理，以及具体的操作过程。

本章要点：

- SQL Server 2012 备份的类型及特点
- SQL Server 2012 备份的操作
- SQL Server 2012 还原的操作

11.1 备份还原的概述

在数据库应用系统的实际运行过程中，会存在各种可能造成数据库损坏的故障，如人为的误操作、刻意的破坏以及计算机软、硬件故障，甚至还有各种不可阻挡的自然灾害，如地震、洪涝等，都可能会导致数据库中数据丢失、不可用等故障。由于破坏数据库的意外事件具有高不可确定性，破坏程度也往往很难评估，如小型的人为误操作可能只是损坏部分数据，而大型的自然灾害往往还可能会破坏物理设备和建筑设施。为了使备份具于较高的安全性，应该将备份与现行数据库系统分置管理，如将备份保存于另一地区，并且每次备份后应生成多份副本，分别保存。

SQL Server 2012 提供的强大和易用的备份与还原功能，为用户灵活高效地实现数据的备份和还原提供了解决的办法。

11.1.1 备份类型

备份是为了将当前系统正常的运行状态复制下来，以备将来需要的时候能够还原到备份时的状态，使系统可以继续正常运行。因此，对于备份操作来说，不应该破坏系统当前的正常运行状态，尽可能减少因备份操作对用户正常使用产生的负面影响。

SQL Server 2012 提供的备份功能可以实现数据库的在线备份，即无需为了备份而将数据库脱机，使当前访问数据库的用户可以继续访问。但是由于备份同样也是一项消耗资源较多的操作，不可避免地会在备份过程中影响系统响应用户访问请求的性能。尤其是在数据库较大、访问用户较多的应用环境中，对系统性能的影响更为明显。

为解决备份影响系统性能的问题，SQL Server 2012 提供了多种备份方式，包括数据库完整备份、差异式备份、事务日志备份、文件及文件组备份。管理员可以灵活采用上述备份方式，制定合理的备份策略，高效地完成备份操作。

- 完整备份。是指对整个数据库进行备份，备份可以获得数据库中完整的表、视图等所有对象，也包括完整的事务日志。这种备份方式好处是：在还原数据库时，可以一次还原到备份时的状态。但是，这种备份方式由于需要备份的数据量最大，因此，备份需要的时间较长，存储备份文件的空间较大，消耗的资源较多。在数据量特别大的场合，使用完整备份会对系统性能产生较大的影响。完整备份也是其他备份方式的基础，即如果需要执行其他备份方式，必须先执行完整备份。
- 差异式备份。是对自上一次备份之后新增加、变化的数据进行备份。由于备份的数据量比完整备份要小很多，因此备份的效率相对较高。但前提条件是：备份的目标数据库已经完成完整备份；并且在还原数据库时，必须先还原完整备份，然后还原差异式备份，如果存在多个差异式备份，必须逐个依次还原。
- 事务日志备份。是对事务日志文件中的内容进行备份。由于在完整备份和事务日志备份后，事务日志的内容会被截断，因此，自上一次完整备份或事务日志备份后，事务日志文件中的内容会比较少。事务日志备份所需的空间、时间和消耗的资源也比完整备份要少。但是，在备份时要求已经完成一次完整备份，才能做事务日志备份。在还原时，也必须先还原完整备份，然后依次逐个还原事务日志备份。
- 文件及文件组备份。这种备份方式备份的对象是文件或者文件组。在一些大型数据库应用中，由于数据库非常大，数据变化的量也比较大，执行前述三种备份方式都需要占用较大的资源。而文件及文件组备份，由于可以选择部分文件或文件组进行备份，备份的量会相对减少较多；在还原时，也只需要将损坏的部分文件或文件组还原，因此还原的量也会较少。

毫无疑问，尽量多做备份，缩短两次备份之间的时间，是备份尽可能多的数据，减少故障损失的最好办法。但是，由于备份操作会对系统性能造成负面的影响，过于频繁的备份在实际的生产环境中并不是好的办法。管理员可以根据上述各种备份方式的特点，灵活组合，并结合数据库业务系统实际运行的特点，来制定合理的备份策略。例如，可以采用完整备份结合差异式备份（或事务日志备份），在每周末做一次完整备份，而其他时间每天做一次差异式备份（或事务日志备份）。对于备份要求高的，也可以每天凌晨做一次差异式备份，而当天内的其他时间，每隔一定时间（如一小时或两小时等）做一次事务日志备份。

11.1.2　恢复模式

在 SQL Server 中，数据库能够执行的备份方式与数据库“恢复模式”选项的设置有关。数据库“恢复模式”选项的设置值有三种：简单（simple）、完整（full）和大容量日志（bulk_logged），这三种还原模式的特点如下：

- 简单。在该模式下，只能对数据库执行完整备份和差异式备份。其原因是，SQL

Server 会通过在数据库上发布校验点,将已提交的事务从事务日志中复制到数据库中,并清除之前的日志内容。设置简单模式,就相当于在数据库中设置这个选项。由于检验点前的事务日志内容已被清除,因此,无法执行事务日志备份。

- 完整。在该模式下,可以对数据库执行完整备份、差异式备份和事务日志备份,是可供选择的备份选项最完整的一种模式。因为在此模式下,对数据库所做的各种操作都会被记录在事务日志中,包括大容量的数据录入(如 SELECT INTO、BULK INSERT 等)都会记录在事务日志中。但是,这种模式产生的事务日志也最多,事务日志文件也最大。
- 大容量日志。在该模式下,与完整模式类似,可以执行完整备份、差异式备份和事务日志备份。但是这种模式对于 SELECT INTO、BULK INSERT、WRITETEXT 和 UPDATETEXT 等大量数据复制的操作,在事务日志中会以节省空间的方式来记录,而不像完整模式时记录得那么完整。因此,对于这些操作的还原会受影响,无法还原到特定的时间点。

"恢复模式"选项可以在数据库选项中设置,如图 11-1 所示。

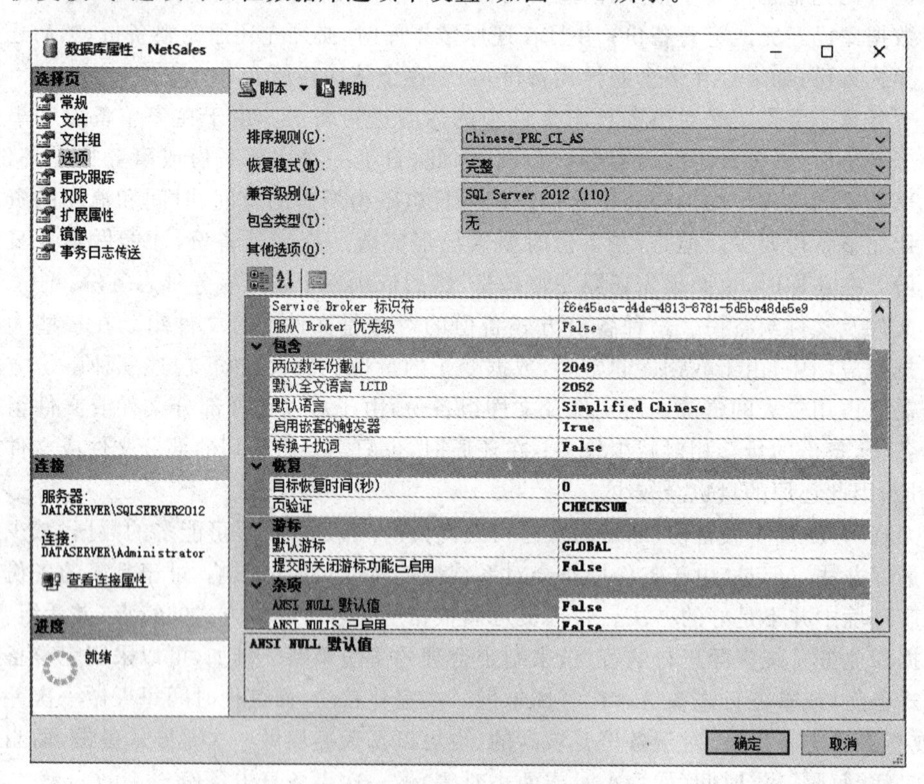

图 11-1 设置数据库的恢复模式

11.2 备份数据库

备份数据库的操作会涉及备份方式的选择、备份介质的设定等内容。以下介绍在 SQL Server 2012 中管理备份设备、实现各种备份方式操作的过程。

11.2.1 备份设备

备份设备是指 SQL Server 数据库备份存放的介质。在 SQL Server 2012 中备份设备可以是硬盘,也可以是磁带机,但是在今后的版本中,SQL Server 将不再支持磁带设备。当使用硬盘作为备份设备时,备份设备实质上就是指备份存放在物理硬盘上的文件路径。

备份设备可以分为两种:临时备份设备和永久备份设备。临时备份设备是指在备份过程中产生的备份文件,一般不做长久使用。永久备份设备是为了重复使用,特意在 SQL Server 中创建的备份文件。通过 SQL Server 可以在永久备份设备中添加新的备份和对其中已有的备份进行管理。

备份设备的创建可以在 SQL Server Management Studio 中完成,具体操作过程如下:

(1) 在 SQL Server Management Studio 的“对象资源管理器”窗口中,展开服务器、服务器对象节点。

(2) 在“服务器对象”节点中,右击“备份设备”,在右键菜单中选择“新建备份设备”命令。

(3) 在如图 11-2 所示的“新建备份设备”对话框中,可以输入备份设备的名称(此处为 NetSales_Bak_Device),在“文件”项中,可以指定备份文件存放的路径,默认会存放在 SQL Server 安装目录的 BAK 文件夹下,单击“浏览”按钮可以进行修改。

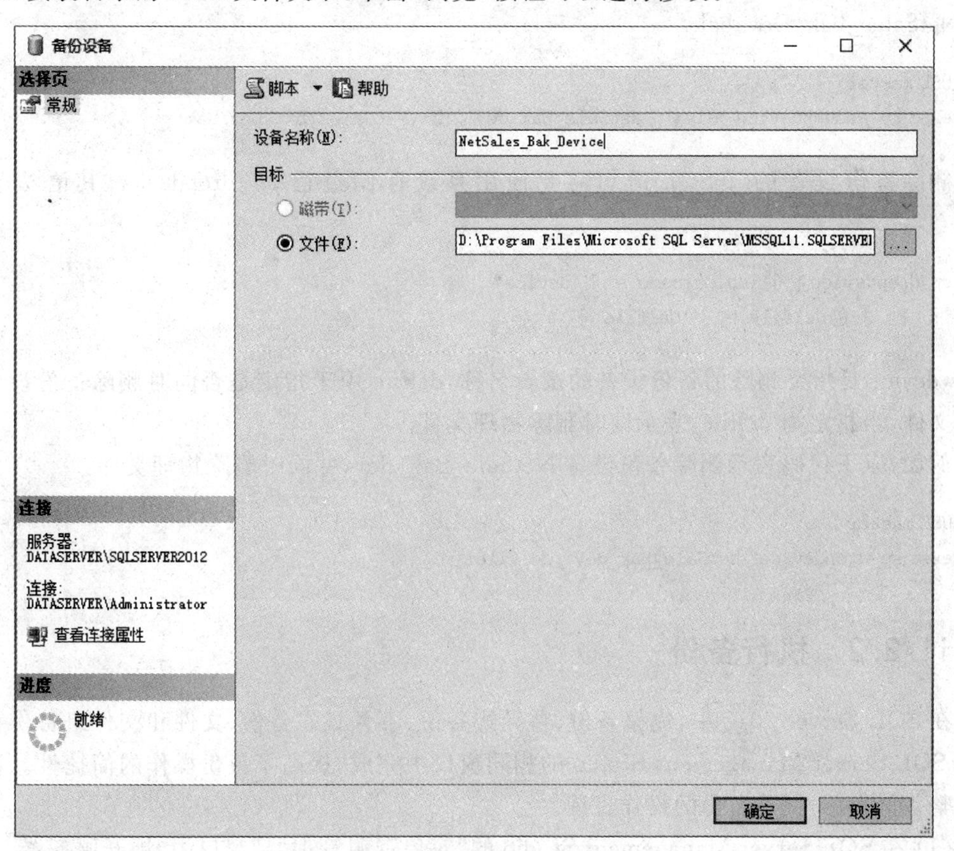

图 11-2 创建备份设备

通过这种方式创建的备份设备是永久备份设备,会出现在“对象资源管理器”窗口的“服务器对象”的“备份设备”节点中。

创建备份设备的 T-SQL 语句,需要使用系统存储过程 sp_addumpdevice,语句的语法规则如下:

```
sp_addumpdevice [ @devtype = ] 'device_type'
        , [ @logicalname = ] 'logical_name'
          , [ @physicalname = ] 'physical_name'
      [ , { [ @cntrltype = ] controller_type |
            [ @devstatus = ] 'device_status' } ]
```

主要参数的含义如下:

- device_type,设备的类型,可以选择 disk 和 tape,disk 表示以硬盘文件作为备份设备,tape 表示使用磁带机作为备份设备。建议使用 disk,使用磁带机作为备份设备需要安装相应的磁带机设备。
- logical_name,备份设备的逻辑名称,即 SQL Server 在管理备份设备时使用的名称。
- physical_name,备份设备的物理名称,是指操作系统管理的备份文件名称。
- controller_type 和 device_status,都已过时,主要是为了兼容以前的版本。

例如,以下代码创建了名称为 NetSale_Bak_dev 的备份设备,备份设备的物理文件为 D:\NetSales_bak_Dev. bak。

```
USE master
exec sp_addumpdevice 'disk','NetSale_Bak_dev','D:\NetSales_bak_Dev.bak'
```

删除备份设备的 T-SQL 语句需要使用系统存储过程 sp_dropdevice,其语法规则如下:

```
sp_dropdevice [ @logicalname = ] 'device'
    [ , [ @delfile = ] 'delfile' ]
```

其中,device 是指要删除的备份设备的逻辑名称,delfile 用于指定是否同时删除备份设备的物理文件,当指定为 delfile,表示同时删除物理文件。

例如,以下代码表示删除备份设备 NetSale_Bak_dev,并同时删除物理文件:

```
USE master
exec sp_dropdevice 'NetSale_Bak_dev',delfile
```

11.2.2 执行备份

在 SQL Server 2012 中,完整备份、差异式备份、事务日志备份、文件和文件组备份都可以在 SQL Server Management Studio 的相同窗口中完成,提高了备份操作的简捷性。以下以完整备份为例,说明备份的操作过程。

(1) 在 SQL Server Management Studio 的“对象资源管理器”窗口中,展开服务器、数据库节点。

(2) 在“数据库”节点中，右击要备份的数据库(本例为 NetSales)，在右键菜单中选择“任务”→“备份”命令。

(3) 在如图 11-3 所示的“备份数据库”对话框中，选择“数据库”为 NetSales，备份类型为“完整”，备份组件为“数据库”。

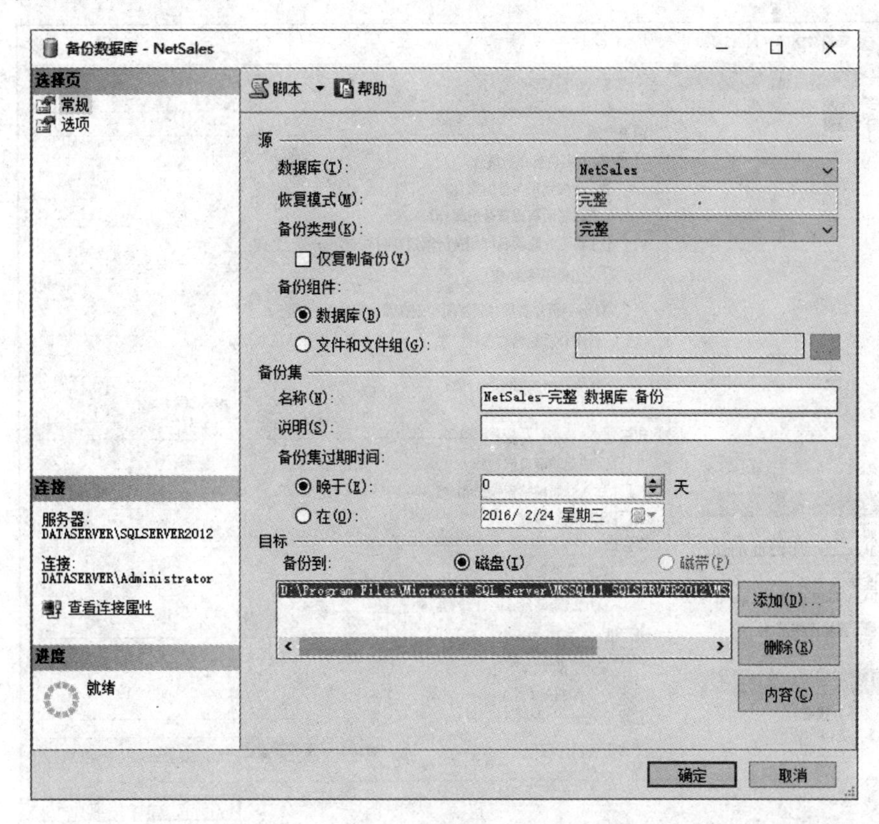

图 11-3 完整备份数据库

(4) 在“目标”栏中，单击“内容”按钮，可以查看选中的备份设备中的已备份内容；单击“删除”按钮，可以删除现有的备份文件；单击“添加”按钮，可以在如图 11-4 所示的“选择备份目标”对话框中选择备份设备。

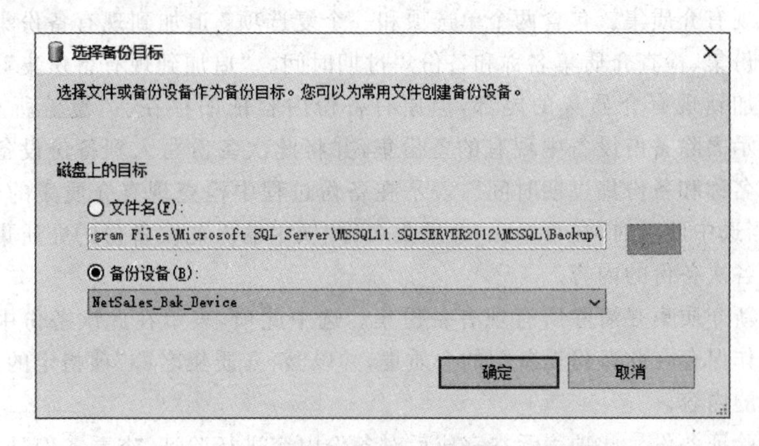

图 11-4 选择备份设备

提示 如果在“选择备份目标”对话框中选择“文件名”项，则创建的备份文件即为临时备份设备。

(5) 单击“备份数据库”窗口左侧的“选项”，在“选项”页中，可以设置备份的选项，如图 11-5 所示。

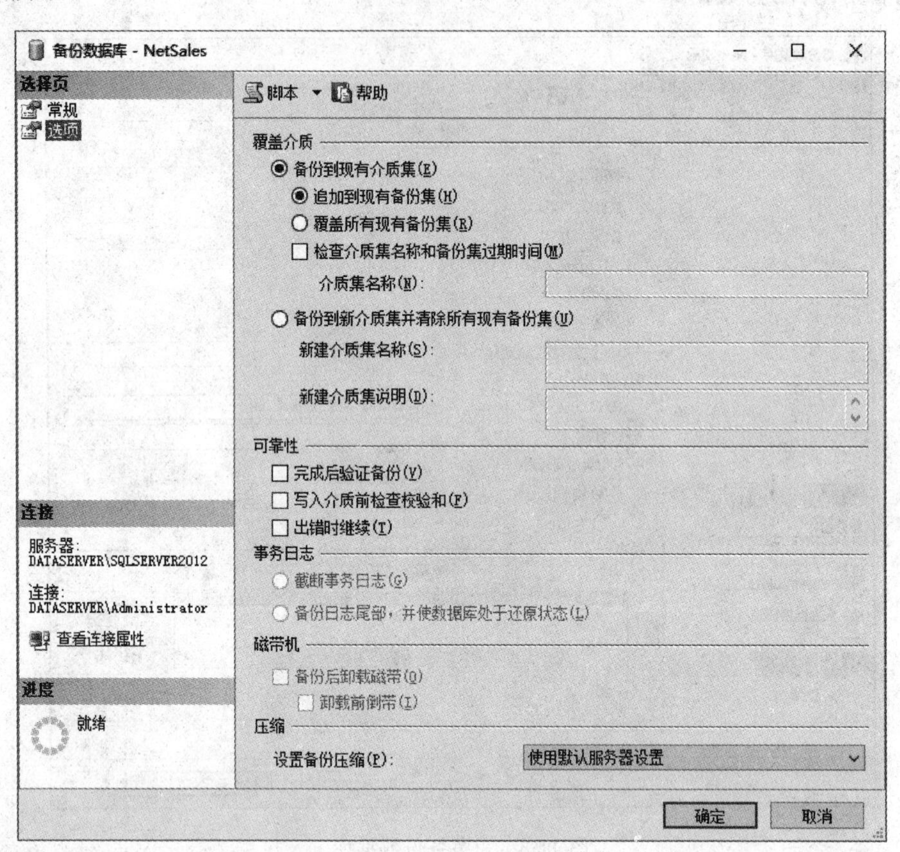

图 11-5 备份选项

备份选项分为 5 个组成部分：覆盖介质、可靠性、事务日志、磁带机和压缩。各选项的具体含义如下：

- 备份到现有介质集。包含两个单选项和一个复选项：追加到现有备份集、覆盖所有现有备份集、检查介质集名称和备份集过期时间。“追加到现有备份集”表示将本次备份添加到现有介质集的尾部，但原有备份内容依旧存在。“覆盖所有现有备份集”，表示去除备份设备中现有的备份集，并将此次备份写入到备份设备中。“检查介质集名称和备份集过期时间”，表示在备份过程中检查现有介质集的名称和过期时间，当选中此项时，还可以在“介质集名称”项中输入此次备份的介质集名称，可用于区分各次备份的内容。
- 备份到新介质集并清除所有现有备份集。选中此项，表示在此次备份中，删除以前备份操作保存在此备份设备中的介质集，并以“新介质集名称”项指定的名称写入本次备份的内容。
- 完成后验证备份。此项表示在完成后对备份内容进行验证，查看备份是否完整并可用，可用于确保备份的可用性，避免保存不可用的备份。

- 写入介质前检查校验和。校验和(checksum)用于验证数据是否正确可用，选择此项将在备份写入前检查校验和，这会增加系统的开支，减慢备份的速度。
- 出错时继续。用于指定出现错误时的处理方式，在批处理完成多项任务或无人值守时，选中此项可以使系统继续执行后续操作。
- 截断事务日志和备份日志尾部，并使数据库处于还原状态。此两选项只在执行事务日志备份时可用。“截断事务日志”，表示截断到备份时间点为止的事务日志，此时间点之前保存在事务日志文件中的记录都将被清除，可以释放日志空间。“备份日志尾部，并使数据库处于还原状态”，用于在还原数据时备份尚未备份的事务日志，此时数据库处于还原状态，用户不能访问数据库。
- 磁带机。用于在使用磁带机作为备份设备时，控制磁带机的行为。
- 设置备份压缩。用于指定对备份执行压缩的选项，“使用默认服务器设置”表示使用服务器选项中对压缩的设置；“压缩备份”表示对备份进行压缩；“不压缩备份”表示备份不压缩。

(6) 单击“确定”按钮，执行完整备份。

备份完成后，可以在备份设备中查看备份的情况。具体操作如下：

在“服务器对象”的“备份设备”节点中，双击要查看的备份设备，在“备份设备属性”窗口中，单击左边的“介质内容”可以查看备份的情况，如图 11-6 所示。

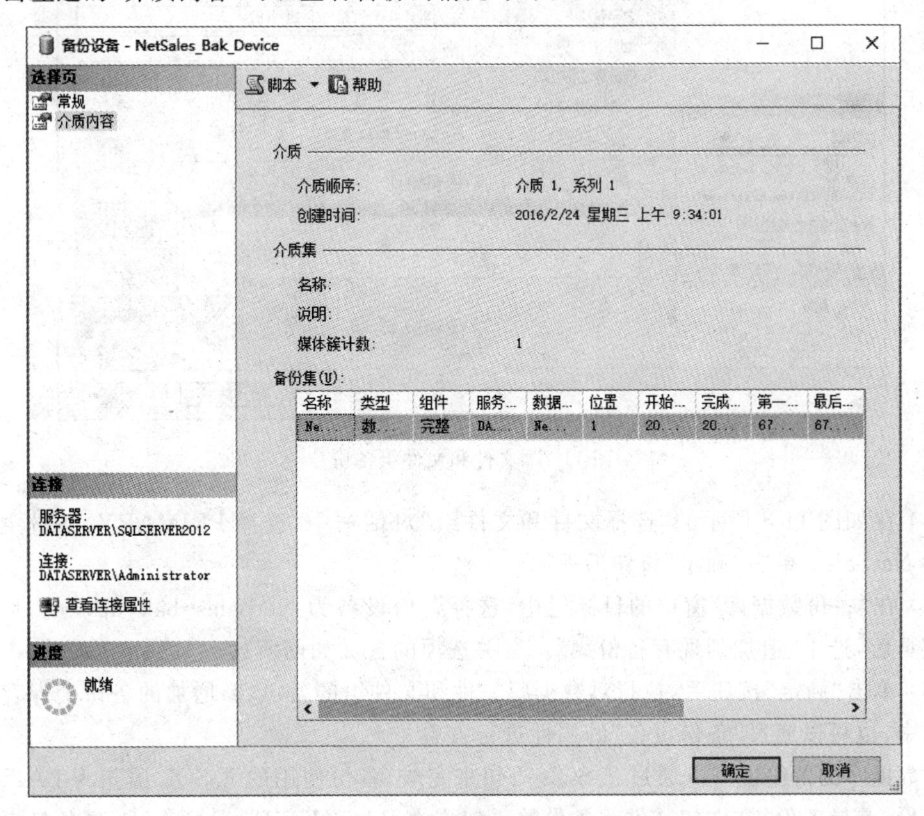

图 11-6　查看备份内容

提示 如果需要执行差异式备份,可以在“备份类型”中选择“差异”;需要执行事务日志备份,可以在“备份类型”中选择“事务日志”。

文件和文件组备份的操作方式有所不同,可以采用以下操作步骤来完成。

(1) 在 SQL Server Management Studio 的“对象资源管理器”窗口中,展开服务器、数据库节点。

(2) 在“数据库”节点中,右击要执行备份的数据库(本例为 NetSales),在右键菜单中选择“任务”→“备份”命令。

(3) 在如图 11-7 所示的“备份数据库”对话框中,选择“数据库”为 NetSales,备份组件为“文件和文件组”。

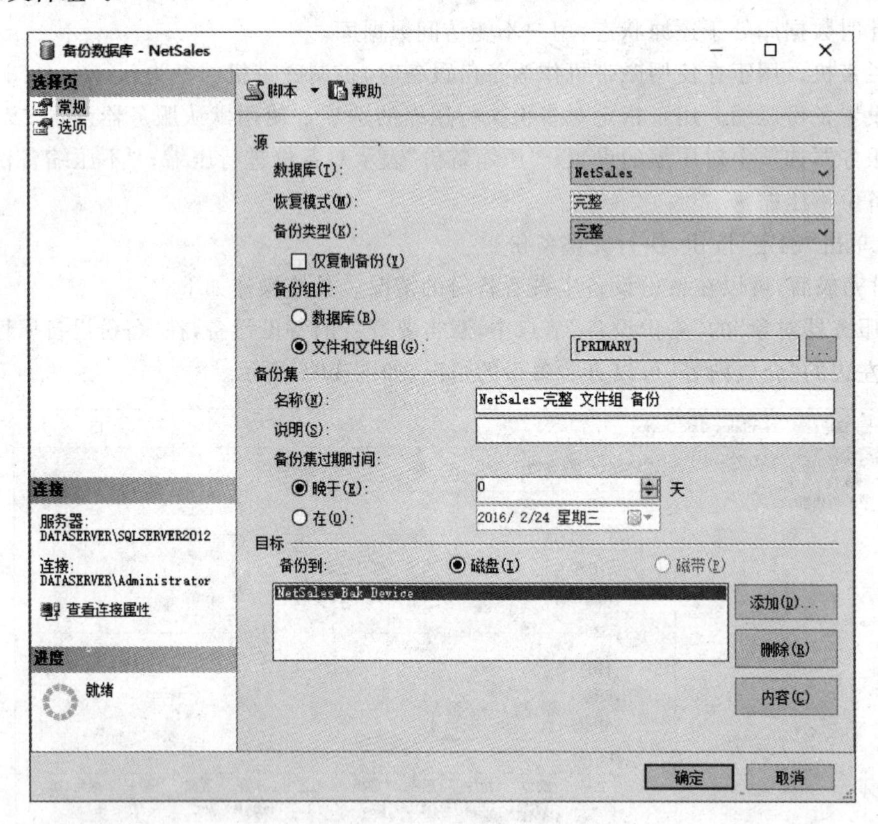

图 11-7 文件和文件组备份

(4) 在如图 11-8 所示的“选择文件和文件组”对话框中,选择 PRIMARY,备份主数据库文件 NetSales,单击“确定”按钮后返回。

(5) 在“备份数据库”窗口的目标栏中,选择备份设备为 NetSales_bak_device。切换到“选项”页后,选中“追加到现有备份集”。有关选项的含义如前所述。

(6) 单击“确定”按钮后,执行对数据库文件和文件组的备份,新增加的备份会保存在备份设备中,也可以通过“备份设备”的属性进行查看。

对数据库的备份也可以通过 T-SQL 语句来完成,备份使用的 T-SQL 语句为 BACKUP。完整备份、差异备份、文件和文件组备份的语句均为 BACKUP DATABASE,事务日志备份的语句为 BACKUP LOG。备份语句的选项非常多,基本语法规则如下:

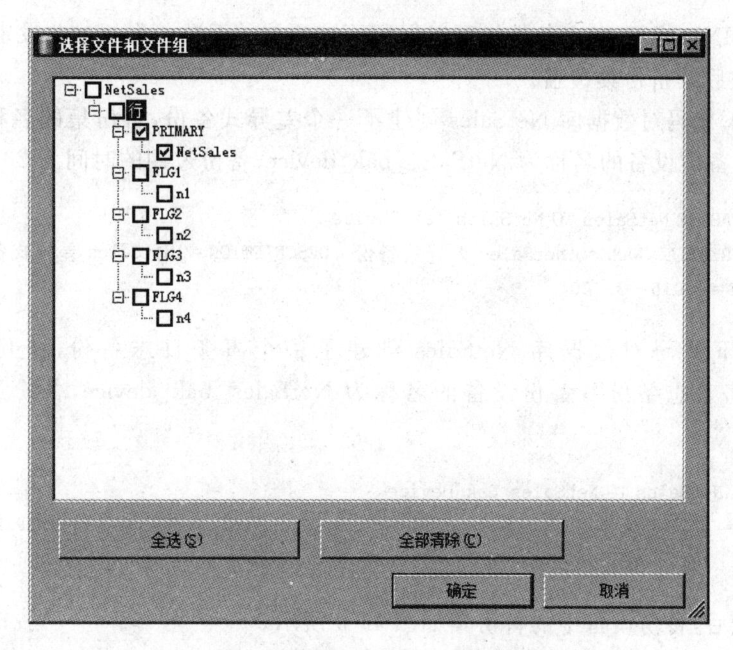

图 11-8 选择要备份的文件和文件组

```
BACKUP DATABASE|LOG { database_name | @database_name_var }
  TO <backup_device> [ ,...n ]
  [ WITH { DIFFERENTIAL | <general_WITH_options> [ ,...n ] } ]
<general_WITH_options> [ ,...n ]::=
COPY_ONLY
| { COMPRESSION | NO_COMPRESSION }
| DESCRIPTION = { 'text' | @text_variable }
| NAME = { backup_set_name | @backup_set_name_var }
| PASSWORD = { password | @password_variable }
| { EXPIREDATE = { 'date' | @date_var }
| RETAINDAYS = { days | @days_var } }
```

主要参数的含义如下：

- database_name，备份的数据库名称。
- backup_device，备份的设备。
- DIFFERENTIAL，含有此参数，表示执行的差异式备份。
- COPY_ONLY，指定备份为“仅复制备份”，该备份不影响正常的备份顺序。仅复制备份是独立于定期计划的常规备份而创建的。仅复制备份不会影响数据库的总体备份和还原过程。
- COMPRESSION | NO_COMPRESSION，用于指定是否对备份启用压缩。
- DESCRIPTION，备份集的描述信息，最长可使用 255 个字符。
- NAME，备份集的名称，最长可使用 128 个字符。如果不指定名称，则名称为空。
- PASSWORD，备份集的密码，但在后续的 SQL Server 版本中将会去除这一特性，建议不使用。
- EXPIREDATE，指定备份集过期的时间。

- RETAINDAYS,指定备份集可以保留不被覆盖的天数。当超过此设定值后,备份集允许被后续备份集覆盖。

例如,以下代码对数据库 NetSales 创建了一个差异式备份,备份集的名称为"NetSales 差异式备份",备份设备的名称为 NetSales_bak_device,备份过期的时间为 2015-3-20。

```
BACKUP DATABASE NetSales TO NetSales_Bak_Device
WITH DIFFERENTIAL,NAME = 'NetSales 差异式备份',DESCRIPTION = 'NetSales 差异式备份',
EXPIREDATE = '2015 - 3 - 20'
```

再如,以下代码对数据库 NetSales 创建了一个事务日志备份,备份集的名称为"NetSales 事务日志备份",备份设备的名称为 NetSales_bak_device,备份过期的时间为 2015-3-20。

```
BACKUP LOG NetSales TO NetSales_Bak_Device
WITH NAME = 'NetSales 事务日志备份',DESCRIPTION = 'NetSales 事务日志备份',EXPIREDATE = '2015 -
3 - 20'
```

备份完成后,备份设备中的备份集如图 11-9 所示。

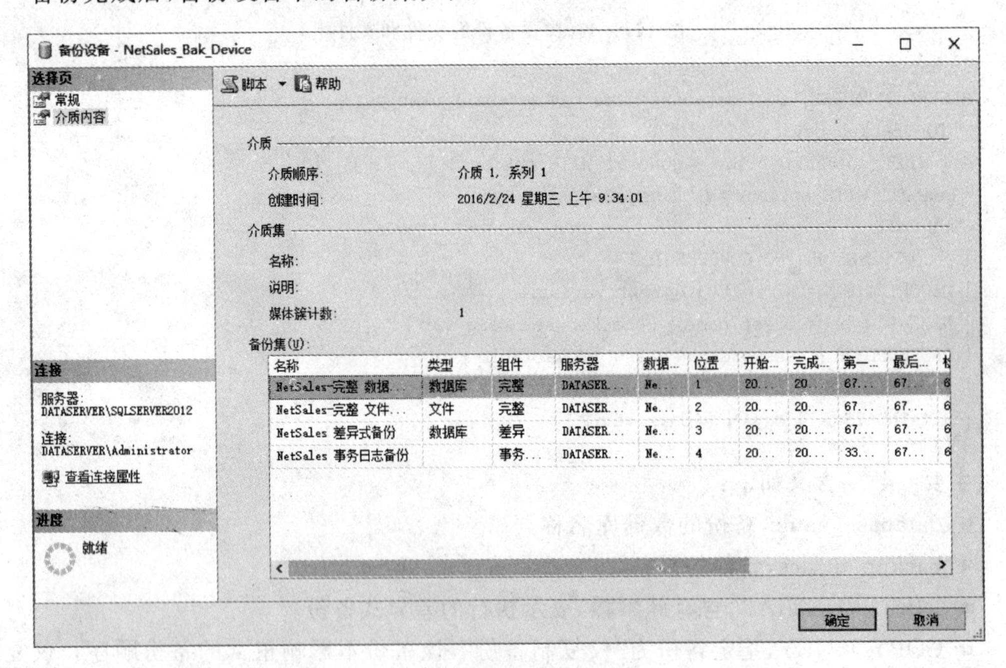

图 11-9 备份设备中的内容

11.2.3 将数据备份到多个设备

在前述章节介绍的备份操作中,都是将数据备份到单个备份设备中。在有些场合为了提高备份的速度,可以在备份过程中使用多个备份设备,即将数据备份到多个设备。采用多个设备能够提高备份速度的原因是,SQL Server 系统在执行备份时是以并行使用多个设备的方式向设备中写入备份内容。

但是，使用多个设备备份数据也会存在一个问题：当多个备份设备组合在一起使用后，就不能再将它们分开使用，否则备份在其中的数据就会丢失，无法用于还原。

使用多个设备备份数据的操作过程如下：

(1) 使用前述创建备份设备的方法，重新创建两个备份设备：NetSale_bak1 和 NetSale_bak2。

(2) 在 SQL Server Management Studio 的"对象资源管理器"窗口中，展开服务器、数据库节点。

(3) 在"数据库"节点中，右击要备份的数据库（本例为 NetSales），在右键菜单中选择"任务"→"备份"命令。

(4) 在如图 11-10 所示的"备份数据库"对话框中，选择"数据库"为 NetSales，备份类型为"完整"，备份组件为"数据库"。在目标栏中，删除当前的备份设备（如果有的话），并单击"添加"按钮将新建的两个备份设备 NetSale_bak1 和 NetSale_bak2 添加到目标列表中。

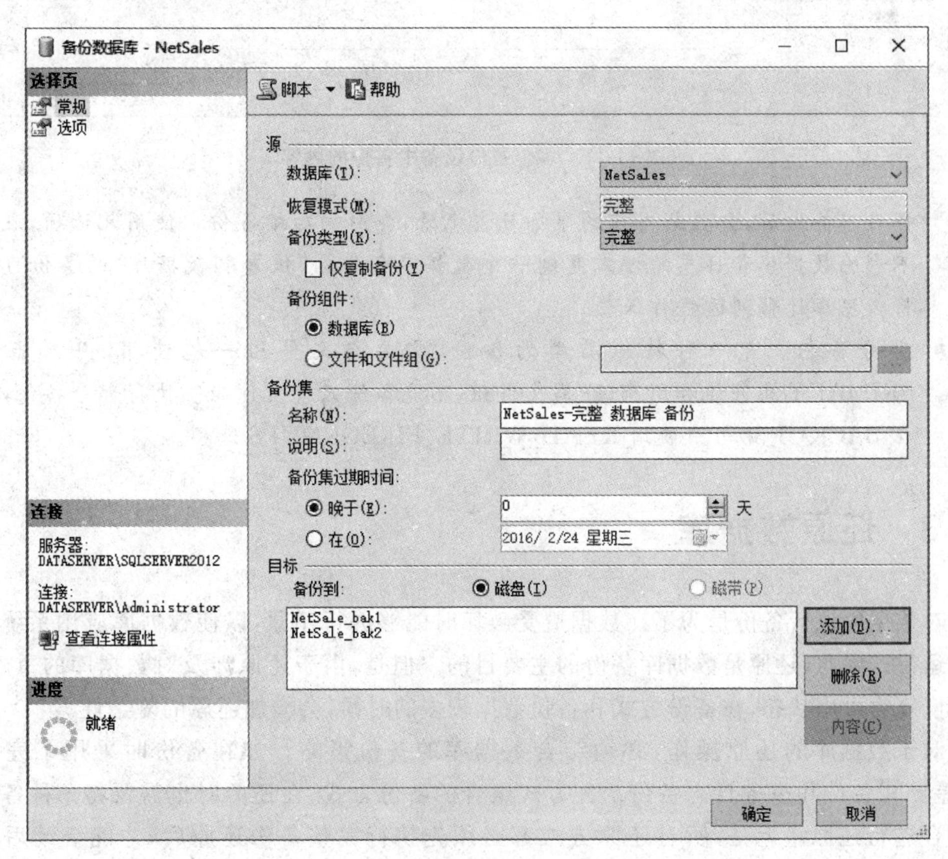

图 11-10 备份数据到多个设备

(5) 其他选项保留为默认值，单击"确定"按钮后执行备份。完成后的备份可以在备份设备中查看到，如在"服务器对象"节点中双击备份设备 NetSale_bak2，可以看到"媒体集"中的"媒体簇计数"为 2，表示是使用两个备份设备执行的备份，如图 11-11 所示。

提示 在备份过程中，还可以使用"仅复制数据库"和"部分备份"高级选项。

■ 仅复制数据库。由于一般的数据备份都会对后续的备份和还原产生影响，如执行事

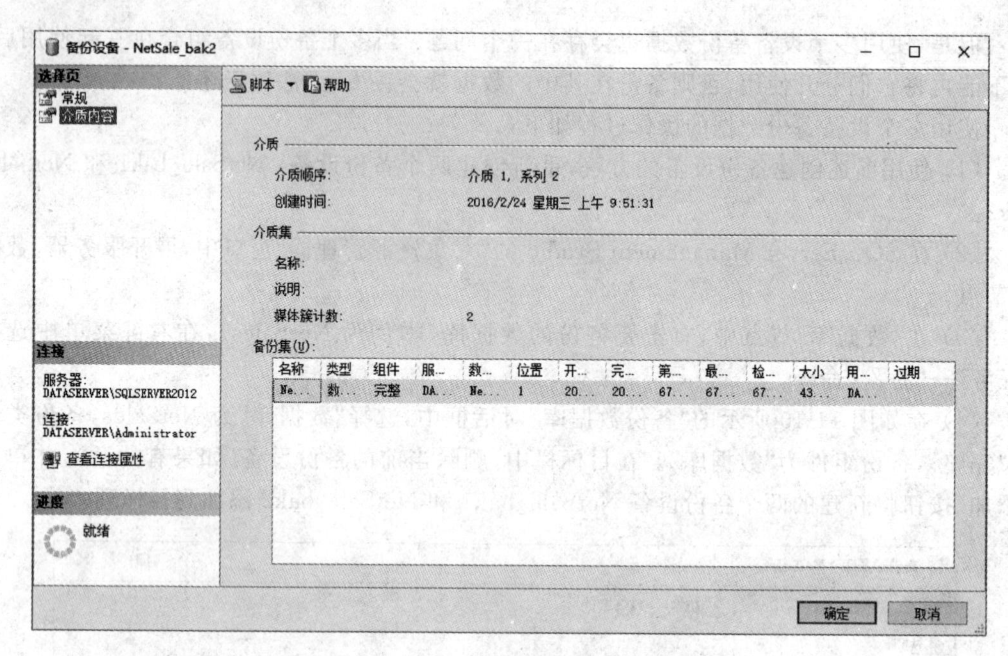

图 11-11　多个备份设备中备份的内容

务日志备份后,会截断当前的事务日志记录,会影响后续备份。使用此选项,表示以不影响数据库和日志的方式复制一个数据库备份。“仅复制数据库”的备份可用于将数据库迁移到远程作保管。

- 部分备份。是一种特殊类型的备份,需要与文件组一起使用,且只能备份 PRIMARY 文件组和所有读/写文件组,不能备份只读文件组。执行部分备份,可以在 BACKUP 语句中使用 READ_WRITE_FILEGROUPS 选项。

11.3　还原数据库

对数据库执行备份是为了在数据遭受破坏时能够进行还原,以使数据库应用系统可以继续运行。因此,还原是数据库备份的主要目的。但是,由于还原涉及对数据库的重建,并将之恢复为可用状态,在备份方式和备份数据较多的时候,会增加还原的复杂性。

对于数据库的还原操作,必须结合数据库的备份策略。如在备份时采用了完整备份、差异式备份和事务日志备份 3 种方式组合的备份方式,在还原时也需要将 3 种备份源相结合进行还原。但是,所有还原方式都必须先执行完整备份还原后,才能继续后续的还原操作。

11.3.1　还原数据库的操作

数据库还原可以在 SQL Server Management Studio 中完成。以下以还原数据库 NetSales 为例,说明在 SQL Server Management Studio 执行数据库还原的操作过程。

(1) 为使还原操作更为形象,本例先删除 NetSales 数据库的文件,来模拟数据库被破坏的场景。首先打开"SQL Server 配置管理器"窗口，然后在此窗口中停止 SQL Server 服务。在 Windows 操作系统中进入 NetSales 数据库文件所在的文件夹，删除数据库文件及事务日志文件。

需要注意的是：在 SQL Server 服务处于运行状态时，数据库文件被 SQL Server 独占打开，其他用户不能对文件进行操作。因此，要删除数据库文件必须先关闭 SQL Server 服务。

删除文件后，在"SQL Server 配置管理器"窗口中重新启动 SQL Server 服务。最后，在 SQL Server Management Studio 的"对象资源管理器"中，可以看到 NetSales 数据库处于恢复挂起，无法使用状态，已被破坏，如图 11-12 所示。

图 11-12　NetSales 数据库处于恢复挂起状态

(2) 以下执行还原操作。在 SQL Server Management Studio 的"对象资源管理器"窗口中，展开服务器、数据库节点，右击"数据库"节点，在右键菜单中选择"还原数据库"命令。

(3) 在如图 11-13 所示的"还原数据库"对话框中，选择"目标数据库"为 NetSales，在"源"栏中，可以选择"数据库"项，此时会列出该数据库当前的备份清单。

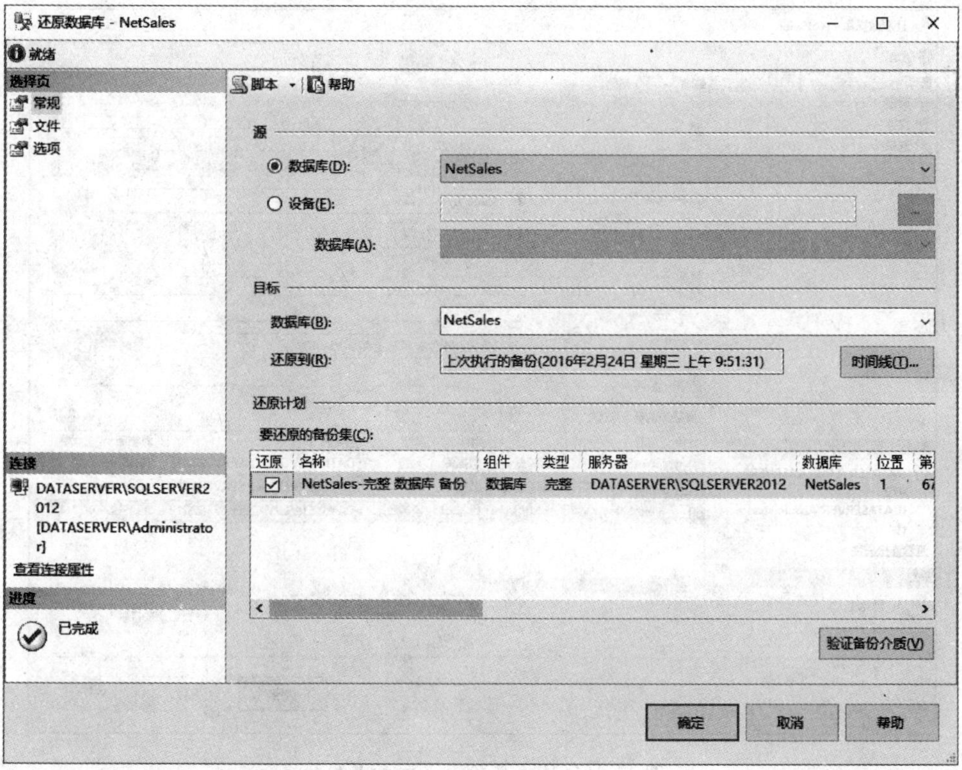

图 11-13　还原数据库

(4) 也可以在"源"栏中选择"设备",此时,可以单击其后的命令按钮,在弹出的"指定备份"对话框中,设置用于还原的备份设备,如图 11-14 所示。

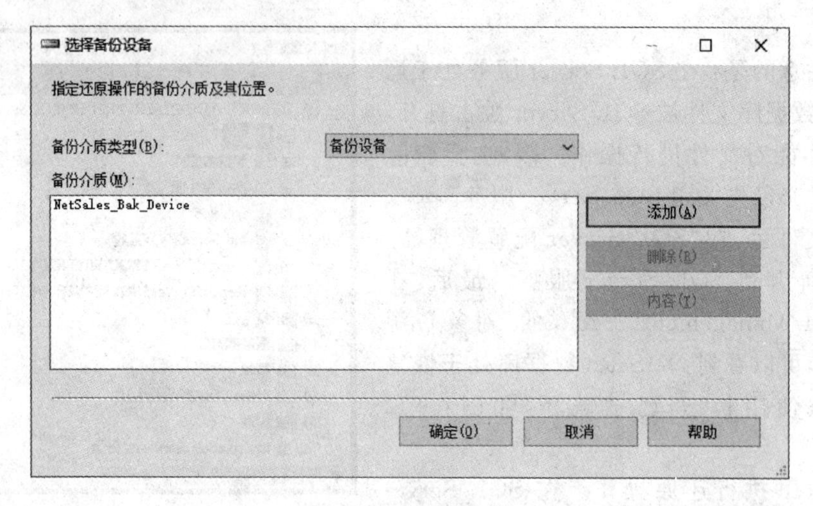

图 11-14　指定备份

(5) 本例在"源"栏中选择"源设备",并指定设备为 NetSales_bak_Device,并在"要还原的备份集"中选择"NetSales-完整 数据库 备份",如图 11-15 所示。当在"要还原的备份集"中同时选中多个备份集时,SQL Server 会依次还原选中的备份集,数据库会还原到最后一个备份集备份时的状态。

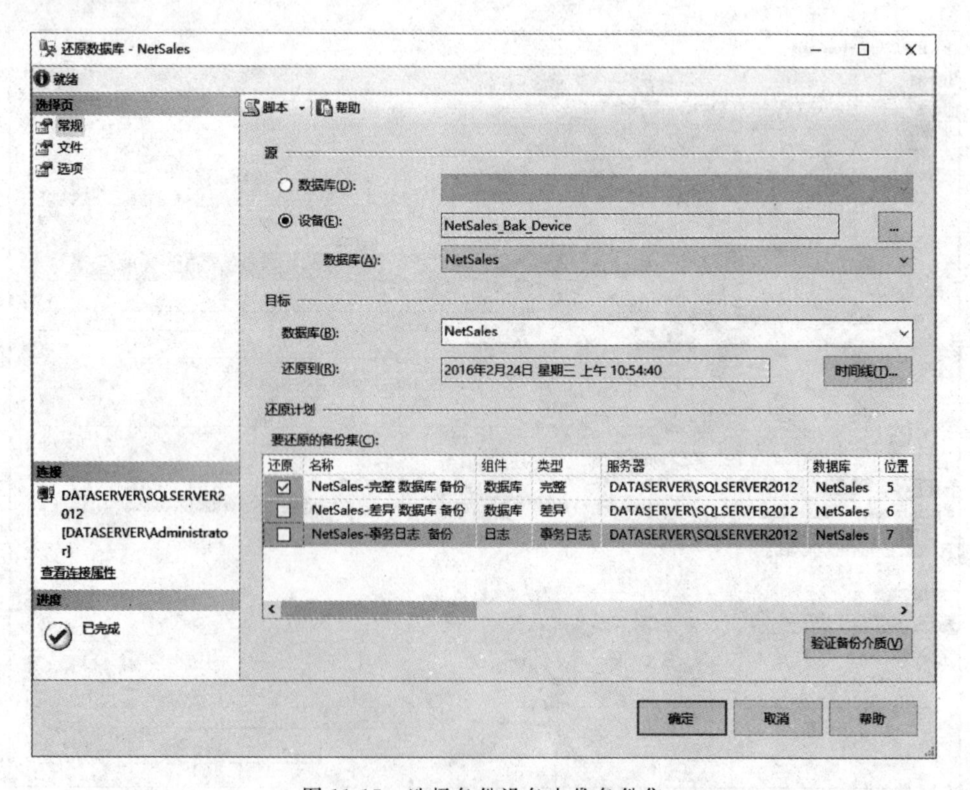

图 11-15　选择备份设备中的备份集

（6）单击对话框左侧的“选项”，切换到选项页，可以对数据库还原选项做设置，如图 11-16 所示。各选项的含义如下：

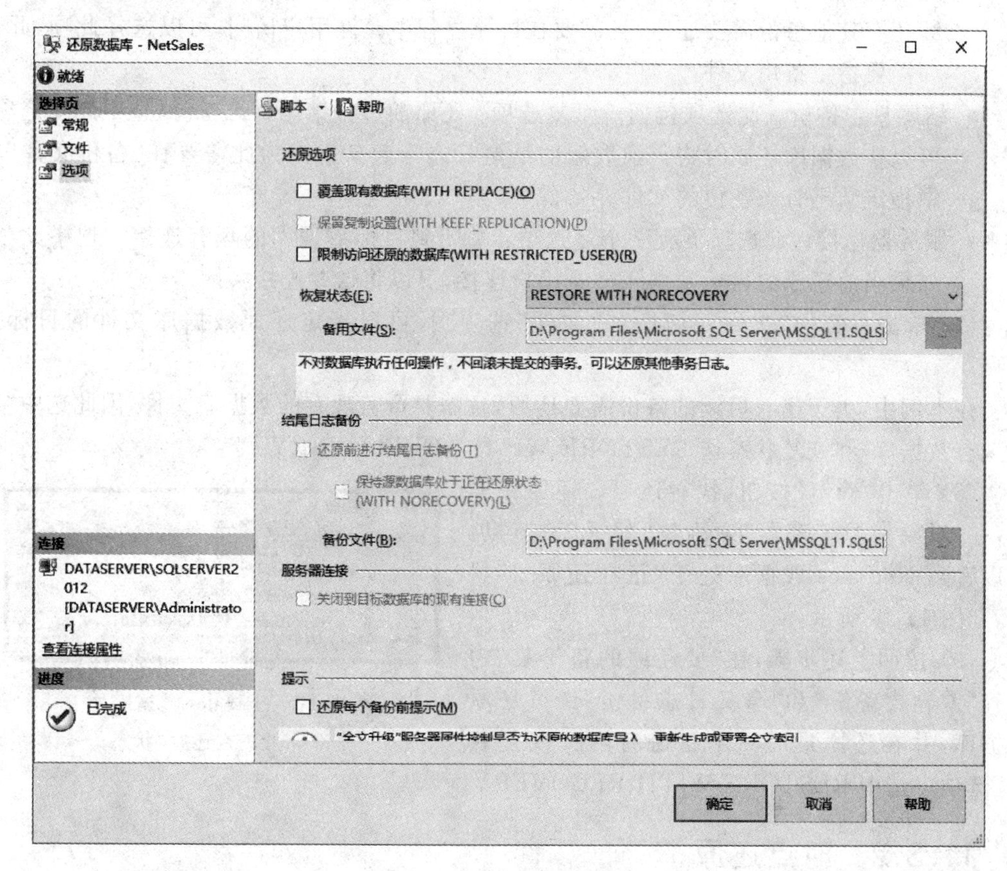

图 11-16　还原选项设置

- 覆盖现有数据库。如果在还原时，现有数据库文件已经被破坏，SQL Server 服务启动时会建立一个替代性的文件，但是数据库处于不可用状态。此时执行还原，会发生无法覆盖 SQL Server 自动生成文件的错误。选中“覆盖现有数据库”选项，可以强制覆盖现有数据库文件。如果还原的目标数据库已存在，也需要使用此选项。
- 保留复制设置。还原发布数据库到非建立该数据库的服务器时，设置此选项可以保留复制设置，有关“复制”的内容不在本书范围中，请参见 SQL Server 联机丛书。
- 还原每个备份前提示。用于确定在还原每个备份时给出提示信息。
- 限制访问还原的数据库。限制只有 db_owner、dbcreater 或 sysadmin 的成员才能访问此数据库。
- 恢复状态。包括 RESTORE WITH RECOVERY、RESTORE WITH NORECOVERY 和 RESTORE WITH STANDBY 三个选项。RESTORE WITH RECOVERY 是指让还原的数据库恢复到可用状态，一般用于还原最后的备份。如果后续还有其他备份集需要还原，不应该选择此项。RESTORE WITH NORECOVERY 表示当前数据库还处于还原状态，其他用户不能访问数据库，但还可以继续还原其他备份。

如果尚未完成所有备份的还原,应该选择此选项。RESTORE WITH STANDBY选项使被还原的数据库处于只读状态,可供用户执行对数据库的只读访问。如果后续还有其他备份需要还原,且需要在还原过程中允许用户访问,可以选择此项,此选项需要指定备用文件。

- 结尾日志备份。此选项包括一个复选项:还原前进行结尾日志备份,选中此复选项,可以在数据库还原时将当前数据的结尾日志一起备份。为此需要在"备份文件"项中指定结尾日志备份的文件。
- 服务器连接。此选项下有一个复选项:关闭到目标数据库的现有连接。选中此项,如果当前还原的目标数据库已有用户连接,可以将这些连接关闭。

(7) 单击左侧的"文件",切换到"文件"选项页,可以指定还原数据库文件的目标文件夹。

在本例中,由于还有后续的备份需要还原,且需要覆盖现有的数据库文件,因此选中"覆盖现有数据库"和恢复状态选 RESTORE WITH NORECOVERY。

(8) 单击"确定"按钮,执行还原。还原完毕后,在"对象资源管理器"中刷新"数据库"节点,可以看到 NetSales 数据库处于"正在还原..."状态,如图 11-17 所示。

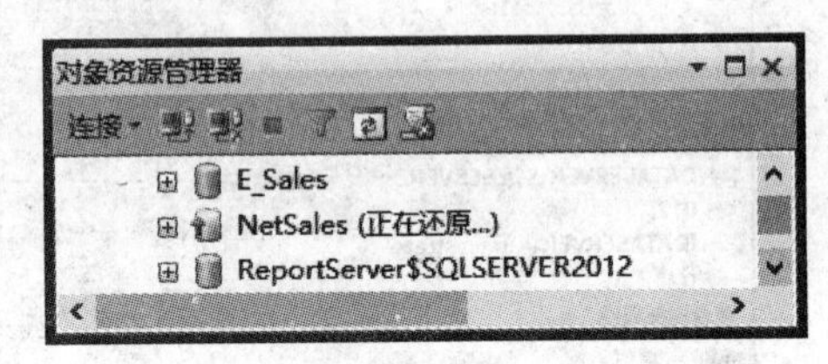

图 11-17　NetSales 数据库处于"正在还原"状态

(9) 按照上述步骤,在"要还原的备份集"中选择"差异式备份"和"事务日志备份"继续还原数据库,并在还原最后一个备份时,在"恢复状态"选项中选中 RESTORE WITH RECOVERY。

11.3.2 时点还原

在 SQL Server 中,事务日志文件记录了每一个操作的具体内容和时间。因此,通过备份事务日志,可以将数据库还原到指定的时间点。这一数据还原特性在某些场合是非常有用的。例如,当用户误操作,错删数据时,可以通过还原到指定时间点来恢复误删的数据;如果需要了解数据库之前某一时刻的数据状态,也可以将数据还原到该时刻。

以下操作模拟还原到时间点的数据场景。

(1) 当前 NetSales 数据库的"客户类别表"中没有数据。执行如下代码,往该数据表输入一条数据。

```
INSERT INTO dbo.客户类别表(CategoryName) VALUES('企业客户')
```

(2) 等候一段时间,比如 3 分钟后,再往数据表中输入另一条记录。

```
INSERT INTO dbo.客户类别表(CategoryName) VALUES('个人客户')
```

(3) 最后完成的数据表如图 11-18 所示。

(4) 为数据还原到指定时间,需要对现有数据库执行事务日志备份。事务日志备份的操作详见前述介绍。

(5) 从事务日志备份中还原数据到指定时间点。在 SQL Server Management Studio 的

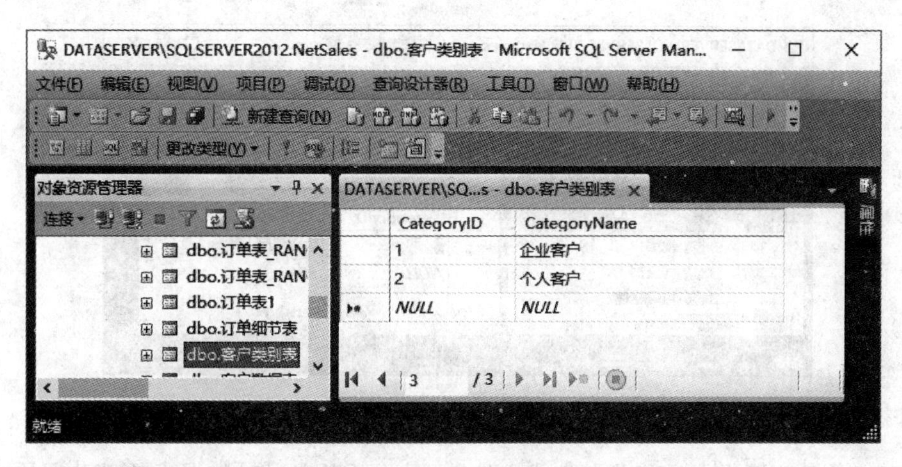

图 11-18 客户数据表内容

“对象资源管理器”窗口中，展开服务器、数据库节点，右击“数据库”节点，在右键菜单中选择“任务”→“还原”→“数据库”命令。

(6) 在“还原数据库”对话框中，选择“目标数据库”为 NetSales，在“源”栏中，选择“设备”，并选择所有可用备份集。单击“还原到”后的“时间线”按钮，在如图 11-19 所示的“备份时间线”对话框中，选中“特定日期和时间”项，设置两条数据输入的中间时间点。

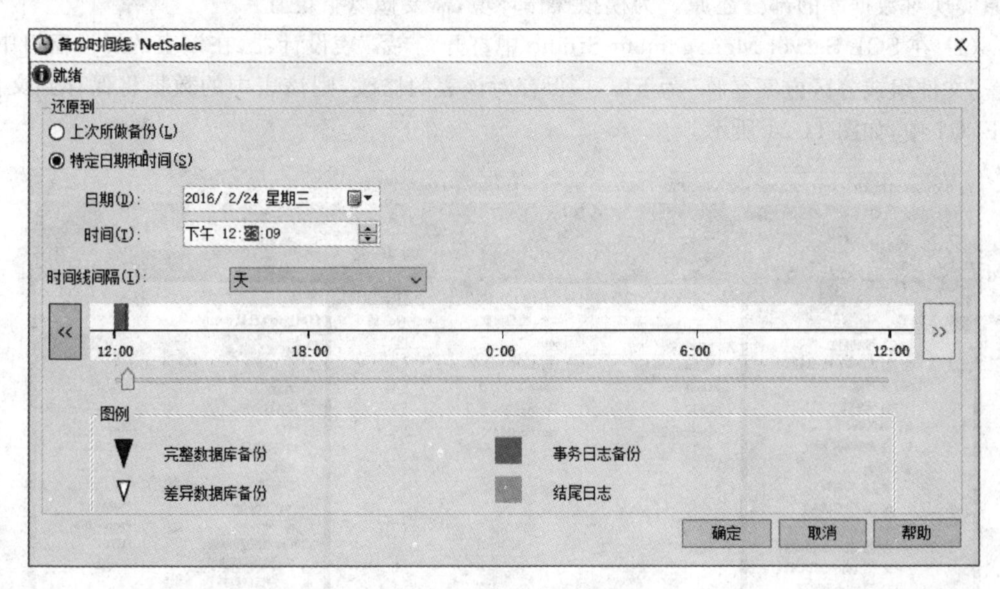

图 11-19 时点还原

(7) 单击“确定”按钮后，执行还原。还原后的“客户类别表”的数据内容如图 11-20 所示，说明已执行还原到了指定时间点。

11.3.3 文件和文件组还原

如果在备份中执行了文件和文件组备份，则可以在还原时使用文件和文件组还原。文件和文件组还原可用于还原那些数据量较大、文件和文件组较多的数据库中。由于文件和

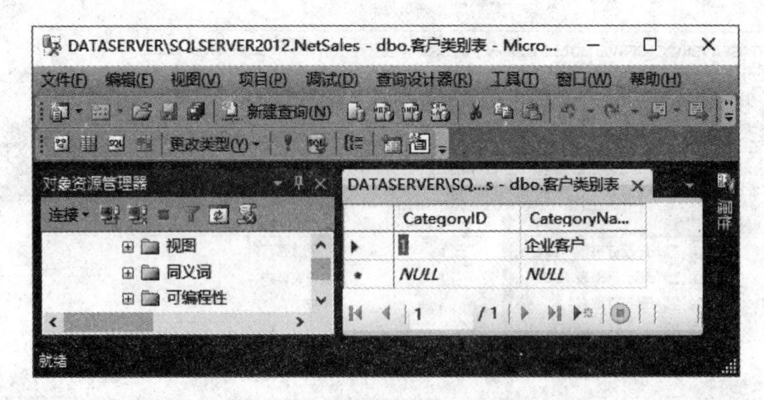

图 11-20 还原到指定时点的表数据

文件组还原的是数据库中的部分文件或文件组,因此可以实现对数据库的部分还原。例如在数据库 NetSales 中,数据表"客户数据表"保存于数据文件(File1)中,如果只需要对该表执行还原,可以在已执行的数据文件(File1)备份的基础上,执行数据文件(File1)的还原,就能够还原"客户数据表",而数据库中其他与数据文件(File1)无关的数据表不会受到影响。

以下通过对"产品"表所在文件的备份与还原操作,介绍如何通过文件和文件组备份及还原实现对数据库的部分还原。为模拟操作环境,需要做以下设置:

(1) 在 SQL Server Management Studio 中打开"产品"表设计器,在该表的属性窗口中,设置"文件组或分区方案名称"为 FLG1,保存对该表的修改,则该表中的数据将保存到文件组 FLG1 中,如图 11-21 所示。

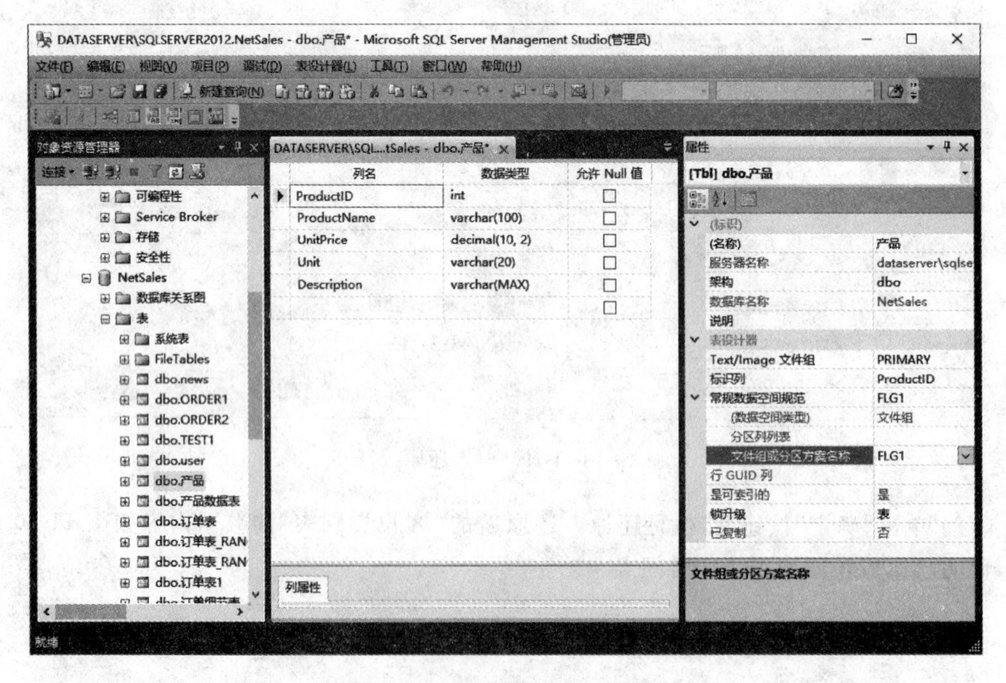

图 11-21 设置表"产品"的属性

(2) 执行以下语句,往“产品”表中输入两条数据。

```
USE NetSales
GO
INSERT INTO dbo.产品(ProductName,UnitPrice,Unit,Description)
VALUES ('HP 打印机',1200.00,'台','HP 打印机'),
       ('THINKPAD 笔记本',7200.00,'台','THINKPAD 笔记本')
GO
```

(3) 根据前述介绍的操作步骤,对 NetSales 数据库执行文件和文件组备份,备份的文件组为 PRIMARY 和 FLG1,在备份目标中选择备份到文件 FLG1.BAK。此处创建的备份文件即为前述所介绍的临时备份设备,如图 11-22 所示。

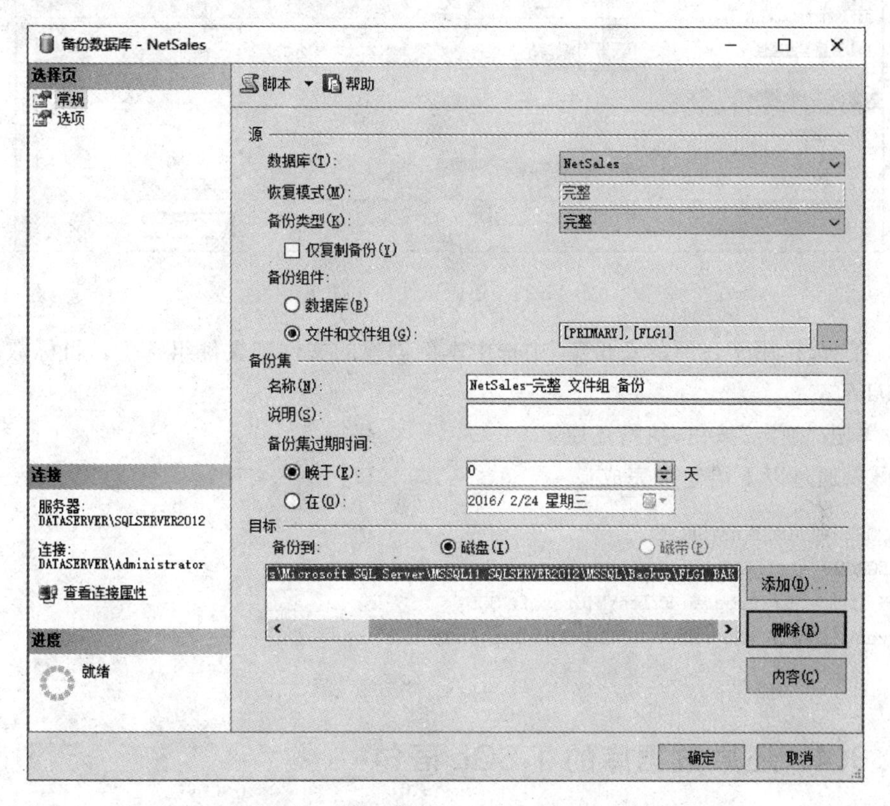

图 11-22 备份文件组 FLG1 到临时备份设备

(4) 单击“确定”按钮执行备份。

(5) 在 SQL Server Management Studio 中,删除“产品”表中输入的上述两条数据。

(6) 以下对 NetSales 数据库执行文件和文件组还原,以还原出“产品”表中删除的两条数据。在 SQL Server Management Studio 的“对象资源管理器”窗口中,右击 NetSales 数据库,在右键菜单中选择“任务”→“还原”→“文件和文件组”命令。

(7) 在如图 11-23 所示的“还原文件和文件组”对话框中,设置“还原的源”为“源设备”,并单击其后的按钮,在“指定备份”对话框中选择备份文件 FLG1.BAK(需要注意备份时备份文件所在的路径)。

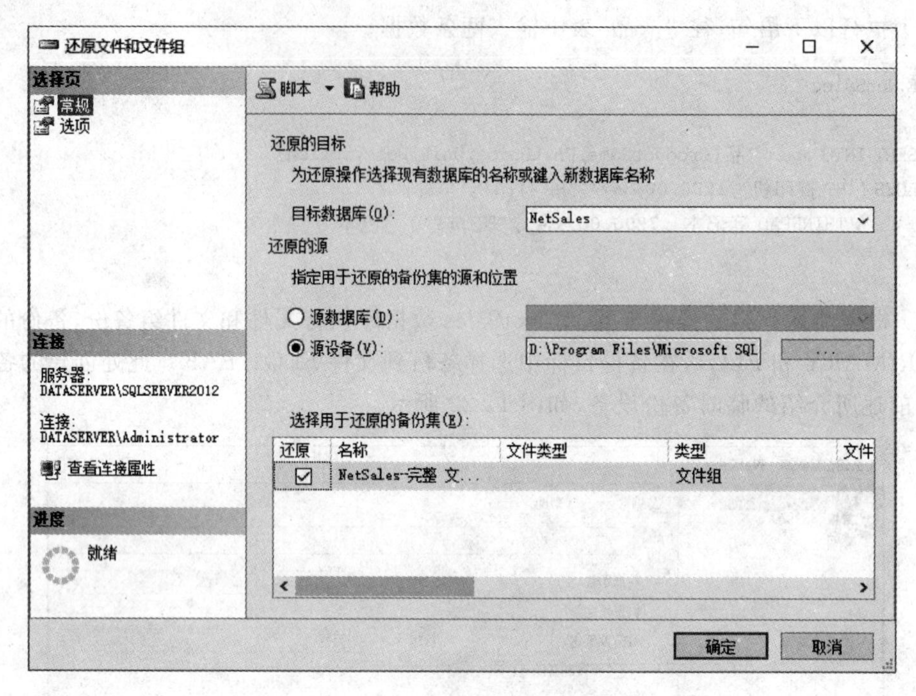

图 11-23 还原文件和文件组

(8) 在“选择用于还原的备份集”中选中本例创建的文件和文件组备份。目标数据库选择 NetSales。

(9) 单击“确定”按钮,执行还原。

也可以通过以下语句来完成:

```
RESTORE DATABASE NETSALES
FILEGROUP = 'FLG1'
FROM disk = 'G:\Program Files\Microsoft SQL
Server\MSSQL10.MSSQLSERVER\MSSQL\Backup\FLG1.bak'
GO
```

11.3.4 还原数据库的 T-SQL 语句

在 SQL Server 2012 中还原数据库的 T-SQL 语句为 RESTORE。同样 RESTORE 的参数很多,通过设置不同参数,可以控制还原的行为,并且可以还原完整数据库备份、差异式备份、事务日志备份、文件和文件组备份等。

RESTORE 语句的基本语法规则如下:

```
RESTORE DATABASE|LOG { database_name | @database_name_var }
  [ FROM <backup_device> [ ,...n ] ]
  [ WITH
   {
       [ RECOVERY | NORECOVERY | STANDBY =
       {standby_file_name | @standby_file_name_var }
```

```
        ]
        | ,  <general_WITH_options>[ ,...n ]
        | , <replication_WITH_option>
        | , <change_data_capture_WITH_option>
        | , <service_broker_WITH options>
        | , <point_in_time_WITH_options—RESTORE_DATABASE>
        } [ ,...n ]
]
<general_WITH_options>[ ,...n ]::=
   MOVE 'logical_file_name_in_backup' TO 'operating_system_file_name'
        [ ,...n ]
| REPLACE
| RESTART
| RESTRICTED_USER
| FILE = { backup_set_file_number | @backup_set_file_number }
| PASSWORD = { password | @password_variable }
```

各主参数的含义如下：

- database_name，还原的目标数据库名称。
- backup_device，还原源所在备份设备。
- RECOVERY | NORECOVERY | STANDBY，用于指定还原的选项。RECOVERY 相当于“回滚未提交的事务，使数据库处于可以使用的状态。无法还原其他事务日志。”；NORECOVERY 相当于“不对数据库执行任何操作，不回滚未提交的事务。可以还原其他事务日志。”；STANDBY 相当于“使数据库处于只读模式。撤销未提交的事务，但将撤销操作保存在备用文件中，以便能够还原恢复结果。”其中 RECOVERY 为默认设置。
- REPLACE，指定还原时强制覆盖现有数据库文件。
- RESTART，指定在还原中断时，从中断点重新启动还原。
- RESTRICTED_USER，限制只有 db_owner、dbcreater 或 sysadmin 的成员才能访问此数据库。
- FILE，用于指定还原的是备份集中的第几个备份数据。
- PASSWORD，在备份设置密码时，还原时需要使用对应的密码。

例如，以下代码表示从备份设备 NetSales_bak_Device 中的第 2 个备份集中还原数据库 NetSales：

```
RESTORE DATABASE NETSALES
FROM NetSales_bak_Device
WITH FILE = 2, NORECOVERY
GO
```

同样，恢复事务日志也可使用 RESTORE，例如：

```
RESTORE LOG NETSALES
FROM NetSales_bak_Device
WITH FILE = 3, NORECOVERY
GO
```

11.3.5 从数据库快照中还原数据库

在第 3 章数据库中介绍了数据库快照。数据库快照是一种比较特殊的数据库，是对源数据库在某一时刻的静态复制的副本。数据库快照有很多用途，其中之一是：从快照中可以还原数据库。

但是由于数据库快照内保存的是源数据库修改前的数据。因此，要从数据库快照中还原数据库，要求源数据库必须存在；否则，由于快照中缺乏完整数据，是无法还原的。事实上，当源数据库被破坏时，快照数据库也同样无法使用。

从数据库快照中还原数据库，可以使用以下代码：

```
RESTORE DATABASE NETSALES
FROM DATABASE_SNAPSHOT = 'NetSales_shot'
GO
```

其中 DATABASE_SNAPSHOT 指定了用于还原的数据库快照，NetSales_shot 为快照的名称。

使用数据库快照执行数据库还原还存在以下限制：

(1) 使用数据库快照执行数据库还原时，只能保留用于还原的一个快照，其他快照不能存在。

(2) 使用快照还原后，被还原的数据库中的全文检索目录将被删除。

(3) 在还原过程中，快照和源数据库都处于正在还原状态，不可使用。

11.4 本章小结

数据库备份和还原是确保数据安全可靠的一种重要方法。在 SQL Server 2012 中提供了完整备份、差异式备份、事务日志备份、文件和文件组备份等多种备份方式，同时也提供了多种数据库还原的方式；灵活运用上述各种备份和还原，可以防范和应对各种对数据库造成损害的风险。

本章介绍了 SQL Server 2012 各种备份方式的特点和操作过程，并对应介绍了还原的方式与操作过程。

习题与思考

1. 什么是数据库备份与还原？作用是什么？
2. SQL Server 2012 中数据库备份的类型有哪些？各有何特点？
3. SQL Server 2012 中数据库“恢复模式”选项有哪几种？特点是什么？
4. 如何创建备份设备和执行备份？
5. 如何还原数据库？时点还原的要求是什么？
6. 如何从数据库快照中还原数据库？

第12章 自动化管理

维护数据库正常运行需要管理员时刻对 SQL Server 的运行情况进行监控和管理。但是，有很多管理工作，如数据库的备份往往会消耗大量资源，不允许在正常的工作时间内频繁执行，而往往要求在用户访问量较少的时候，如凌晨等时间执行。因此，这些管理工作会给管理员带来很大的压力；而且管理员也不可能时刻都待在服务器旁边。

SQL Server 为解决管理工作的繁重压力，提供了自动化管理的特性，允许 SQL Server 根据管理员事先设定的作业要求，自动在规定的时间执行相应的管理任务。如果出现问题还可以通过数据库邮件、寻呼、Net Send 等方式发送警报给管理员，以便管理员及时采取相应的措施予以解决。

本章介绍 SQL Server 2012 自动化管理的设置与操作，包括数据库邮件、操作员、作业、警报、SQL Server Agent 服务等。

本章要点：

- 数据库邮件
- SQL Server Agent 服务
- 操作员、作业和警报

12.1 数据库邮件

数据库邮件是 SQL Server 提供的，由 SQL Server 系统向外发送电子邮件的应用程序。管理员可以通过设置数据库邮件来获取 SQL Server 系统运行的情况，及时响应发生的故障。数据库邮件还可以向用户发送带有查询结果的邮件，使用户可以获取符合事先设定的查询要求的数据。

数据库邮件借助已有 SMTP 邮件账户来发送邮件，不需要使用邮件的客户端工具(如 Outlook 等)，这在一定程度上简化了邮件管理的复杂性；并且 Windows 应用程序日志也会记录所有数据库邮件的执行情况，因此数据库邮件也具有较高的安全性。

12.1.1 配置数据库邮件

要使用数据库邮件，必须先对数据库邮件进行配置。在 SQL Server Management Studio 中配置数据邮件的操作过程如下：

(1) 在 SQL Server Management Studio 的“对象资源管理器”中，展开服务器、管理

节点。

(2) 在“管理”节点中,右击“数据库邮件”,在右键菜单中选择“配置数据库邮件”命令。

(3) 在“欢迎使用数据库邮件配置向导”对话框中,单击“下一步”按钮。

(4) 在如图 12-1 所示的“选择配置任务”对话框中,选择“通过执行以下任务来安装数据库邮件”,然后单击“下一步”按钮。

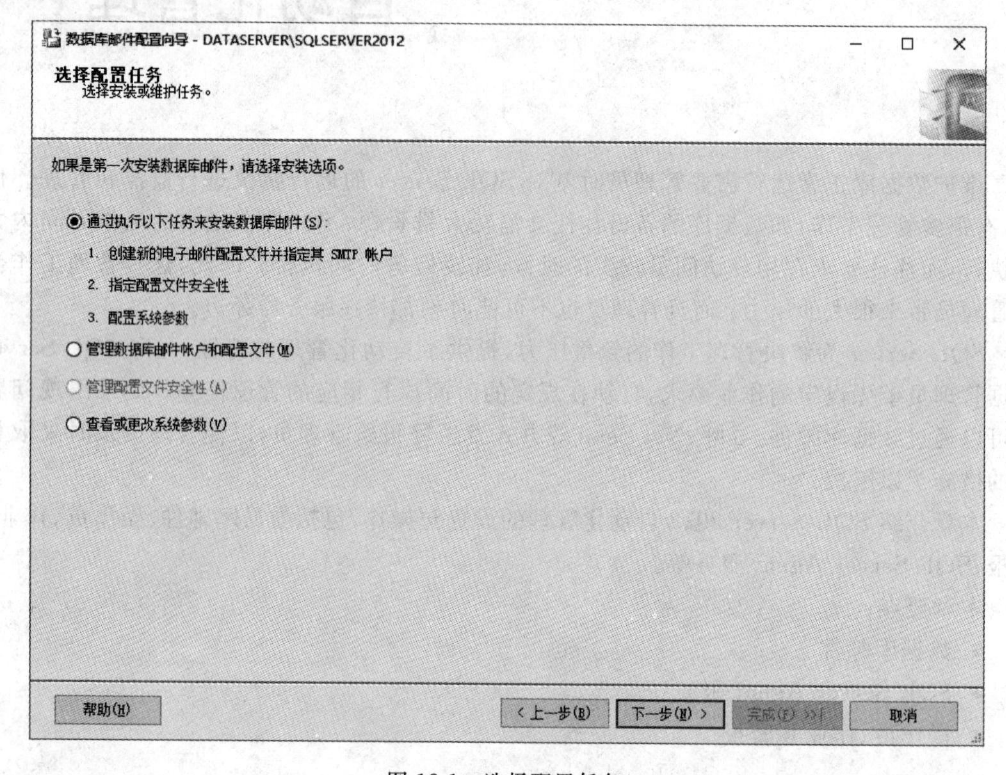

图 12-1 选择配置任务

(5) 系统默认并未启用数据库邮件,因此要求确认是否启用此项功能,在如图 12-2 所示的对话框中,单击“是”按钮。

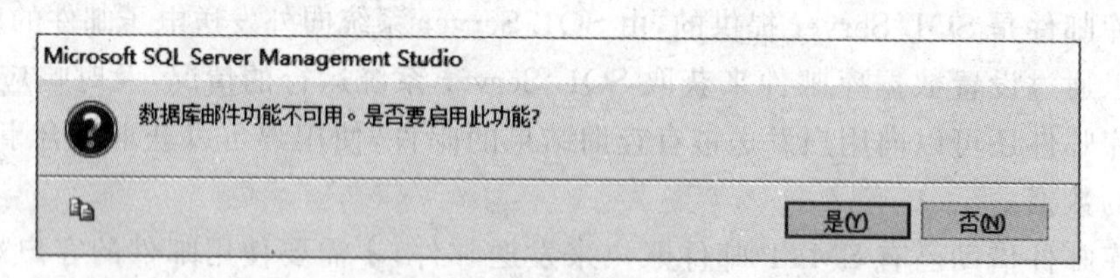

图 12-2 确认启用数据库邮件功能

(6) 在“新建配置文件”对话框中,输入“配置文件名”为 NetSales_mgAgent_mail,单击“添加”按钮,添加一个 SMTP 账户作为数据库邮件发送的账户。

(7) 在如图 12-3 所示的“新建数据库邮件账户”对话框中输入账户名称,在邮件发送服务器栏中,设置发送邮件的邮箱地址、服务器的名称与端口。对于需要身份验证的 SMTP 邮件账户,可以在“SMTP 身份验证”栏中选择“基本身份验证”项,并输入用户名和密码。设置完毕后,单击“确定”按钮,返回到“新建配置文件”对话框中,如图 12-4 所示。

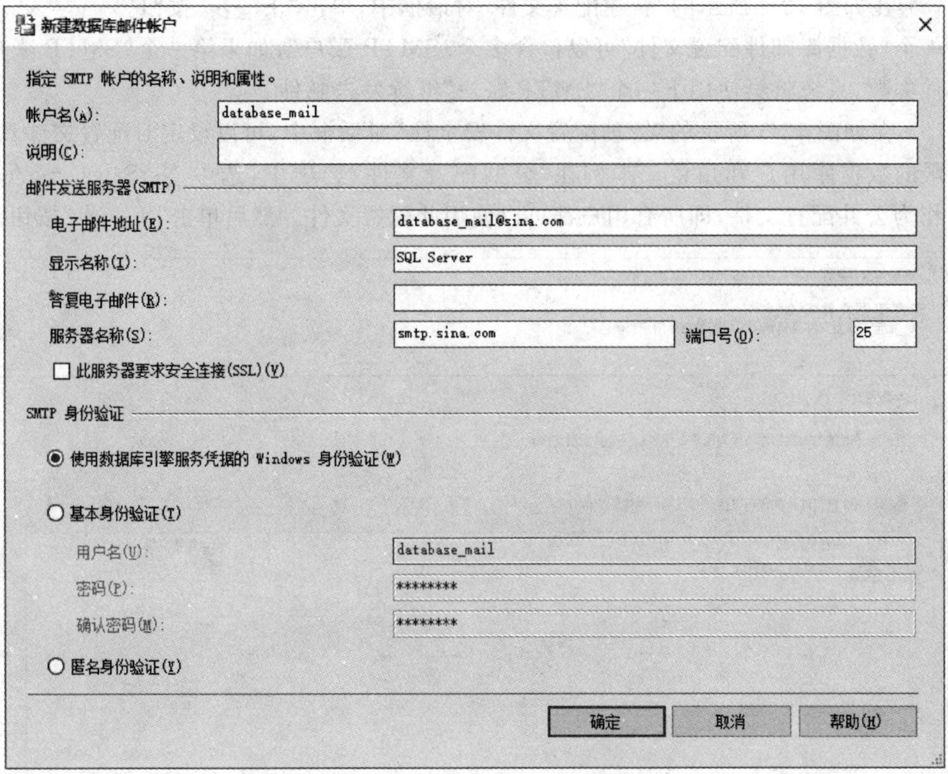

新建数据库邮件帐户

指定 SMTP 帐户的名称、说明和属性。

帐户名(A): database_mail

说明(C):

邮件发送服务器(SMTP)

电子邮件地址(E): database_mail@sina.com

显示名称(I): SQL Server

答复电子邮件(R):

服务器名称(S): smtp.sina.com 端口号(O): 25

此服务器要求安全连接(SSL)(V)

SMTP 身份验证

使用数据库引擎服务凭据的 Windows 身份验证(W)

基本身份验证(T)

用户名(U): database_mail

密码(P): ********

确认密码(M): ********

匿名身份验证(Y)

确定 取消 帮助(H)

图 12-3 新建数据库邮件账户

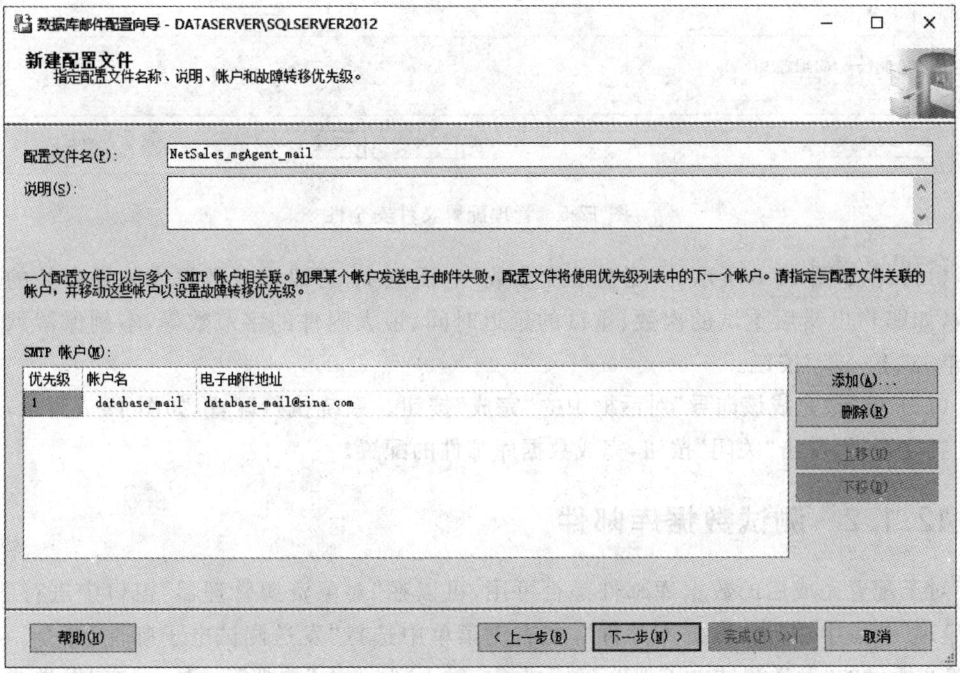

数据库邮件配置向导 - DATASERVER\SQLSERVER2012

新建配置文件

指定配置文件名称、说明、帐户和故障转移优先级。

配置文件名(P): NetSales_mgAgent_mail

说明(S):

一个配置文件可以与多个 SMTP 帐户相关联。如果某个帐户发送电子邮件失败，配置文件将使用优先级列表中的下一个帐户。请指定与配置文件关联的帐户，并移动这些帐户以设置故障转移优先级。

SMTP 帐户(M):

优先级	帐户名	电子邮件地址
1	database_mail	database_mail@sina.com

添加(A)... 删除(R) 上移(U) 下移(D)

帮助(H) < 上一步(B) 下一步(N) > 完成(F) >>| 取消

图 12-4 新建配置文件

(8) 在如图 12-4 所示的“新建配置文件”对话框中,单击“下一步”按钮。

一个“数据库邮件配置文件”可以包含多个“SMTP 账户”,如果第一个“SMTP 账户”发送邮件失败,系统将尝使用下一个“SMTP 账户”继续发送邮件。

(9) 在如图 12-5 所示的“管理配置文件安全性”对话框中,可以设定对配置文件具有访问权限的数据库用户和角色。本例在“公共配置文件”选项中,选中 NetSales_mgAgent_mail 作为公共配置文件,即所有用户都可以使用此配置文件。然后单击“下一步”按钮。

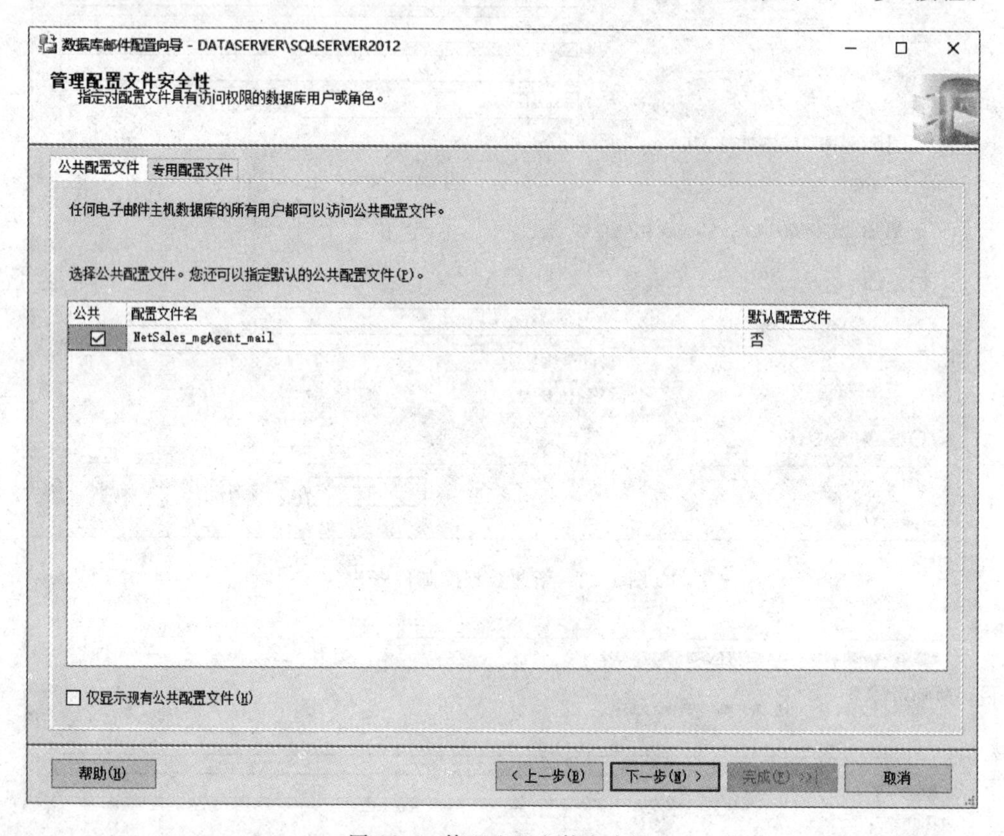

图 12-5 管理配置文件安全性

(10) 在如图 12-6 所示的“配置系统参数”对话框中,可以设置数据库邮件有关的系统参数,如账户出错后重试的次数、重试的延迟时间、最大附件的字节数等,本例保留默认设置,单击“下一步”按钮。

(11) 单击“完成该向导”对话框中的“完成”按钮。系统执行配置,如图 12-7 所示,待系统配置完毕后,单击“关闭”按钮,完成数据库邮件的配置。

12.1.2 测试数据库邮件

对于配置完成后的数据库邮件是否可用,可以在“对象资源管理器”窗口中进行测试。在“管理”节点中,右击“数据库邮件”,在右键菜单中选择“发送测试电子邮件”命令。在如图 12-8 所示的“发送测试电子邮件”对话框中,输入“收件人”的邮箱地址,单击“发送测试电子邮件”按钮,可以进行测试。

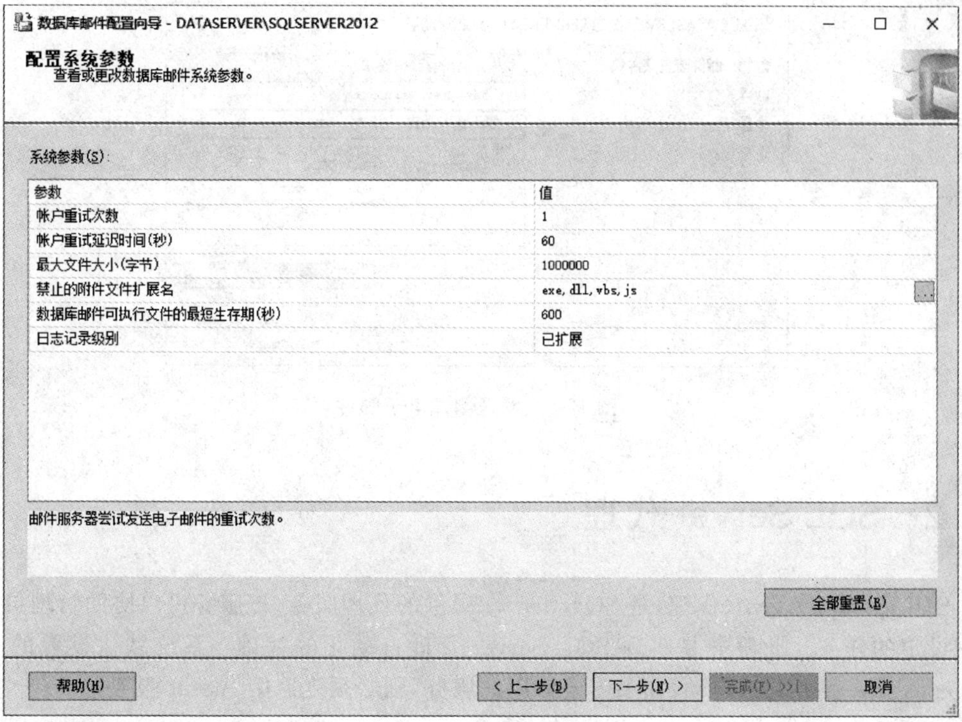

数据库邮件配置向导 - DATASERVER\SQLSERVER2012

配置系统参数

查看或更改数据库邮件系统参数。

系统参数(S):

参数	值
帐户重试次数	1
帐户重试延迟时间(秒)	60
最大文件大小(字节)	1000000
禁止的附件文件扩展名	exe, dll, vbs, js
数据库邮件可执行文件的最短生存期(秒)	600
日志记录级别	已扩展

邮件服务器尝试发送电子邮件的重试次数。

全部重置(R)

帮助(H)　< 上一步(B)　下一步(N) >　完成(F) >>|　取消

图 12-6　配置系统参数

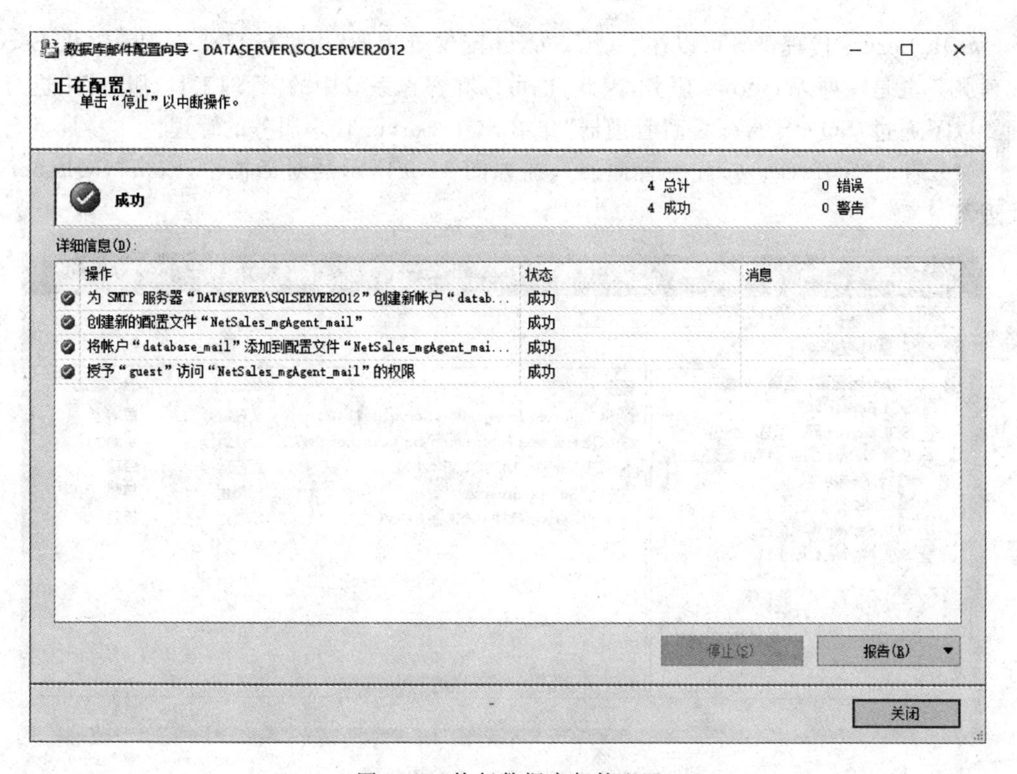

图 12-7　执行数据库邮件配置

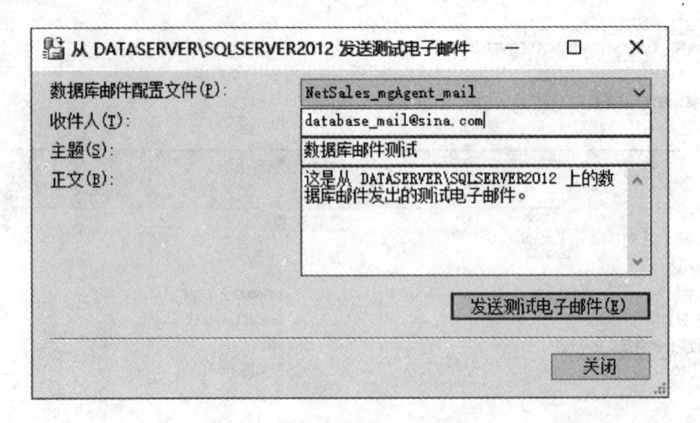

图 12-8　发送测试电子邮件

12.2　SQL Server 代理

SQL Server Agent(代理)是 SQL Server 提供的代理服务,该服务可以协助管理员完成预先设定的任务。此服务是实现 SQL Server 管理自动化的基础。系统默认设置的 SQL Server Agent 服务并未启动,如果需要使用此服务,则必须先启用 Agent 服务。

12.2.1　启动 SQL Server 代理服务

SQL Server 代理服务可以在"SQL Server 配置管理器"中进行管理;同时 SQL Server 代理服务也是一项 Windows 服务,因此,也可以在操作系统中的"管理工具/服务"中进行管理。以下通过"SQL Server 配置管理器"介绍 SQL Server 代理服务的管理。

(1) 启动"SQL Server 配置管理器",在如图 12-9 所示的对话框中,双击"SQL Server 代理"。

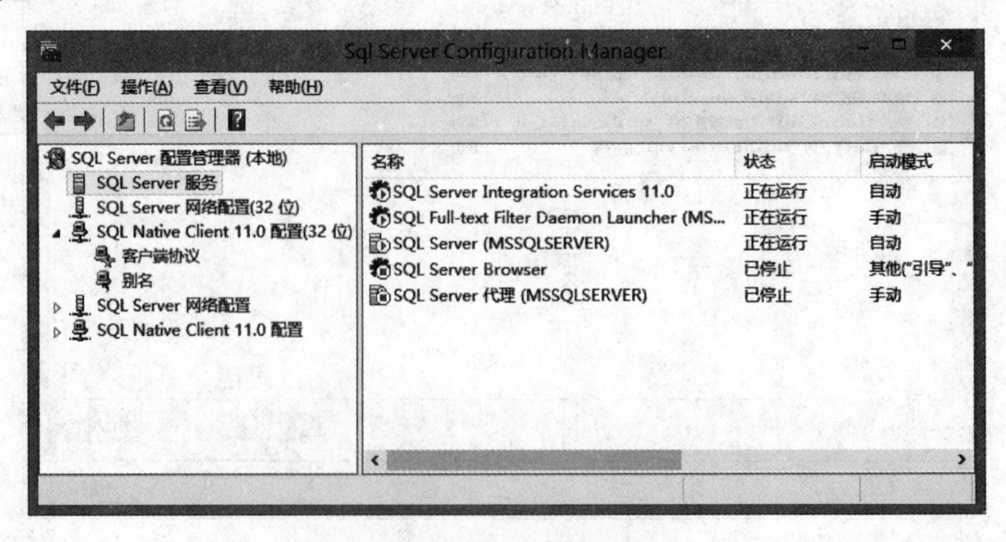

图 12-9　SQL Server 配置管理器

(2) 在“SQL Server 代理属性”对话框的“登录”选项页中，可以设置登录服务的用户身份。在“内置账户”中可以选择本地系统(Local System)、本地服务(Local Service)、网络服务(Network Service)等。

- 本地系统(Local System)，对应的内置账户为 NTAUTHORITY\SYSTEM，此账户是本机 Windows Administrator 组成员，也是 SQL Server 服务器角色 sysadmin 的成员，因此在本机具有最高权限，可以执行所有操作。
- 本地服务(Local Service)，对应的账户是 NTAUTHORITY\LocalService，被授予作为普通服务账户访问本地系统的权限。
- 网络服务(Network Service)，对应的账户是 NTAUTHORITY\NetworkService，被授予访问本地系统和允许 SQL Server 代理访问网络的权限。

也可选择“本账户”项，设置一个本机的 Windows 账户来登录和管理 SQL Server 代理。当服务账户更改后，必须重新启动 SQL Server 代理服务，才能使更改生效。单击“启动”按钮，启动 SQL Server 代理服务。为了使 SQL Server 代理服务能够自动执行设定的作业任务，需要设置 SQL Server 代理服务随 Windows 系统的启动自动启动，可以切换到“服务”选项页，设置“启动模式”为“自动”，如图 12-10 所示。单击“确定”命令，保存对 SQL Server 代理服务的设置。

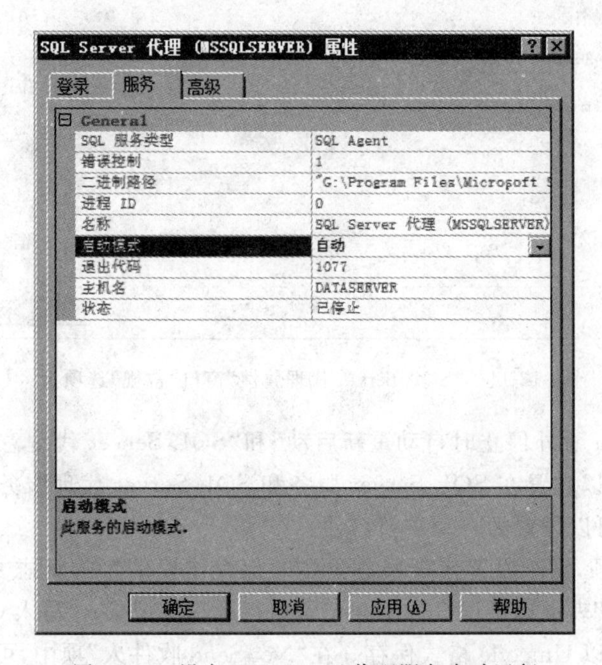

图 12-10 设定 SQL Server 代理服务自动运行

12.2.2 设置 SQL Server 代理服务

SQL Server 代理服务启动后，要使代理服务能够正常运行，还需要对 SQL Server 代理服务的参数进行设置，这些参数包括出错处理、CPU 空闲条件设置、警报和作业系统的设置等。对代理服务参数的设置，可以在 SQL Server Management Studio 中完成。设置代理服务参数的步骤如下：

(1) 在 SQL Server Management Studio 的“对象资源管理器”窗口中,展开服务器。

(2) 右击“SQL Server 代理”,在右键菜单中选择“属性”命令。

(3) 在如图 12-11 所示的“SQL Server 代理属性”对话框的“常规”选项中,可以查看 SQL Server 代理服务的运行情况,并可以设置服务出错时的应对方式。

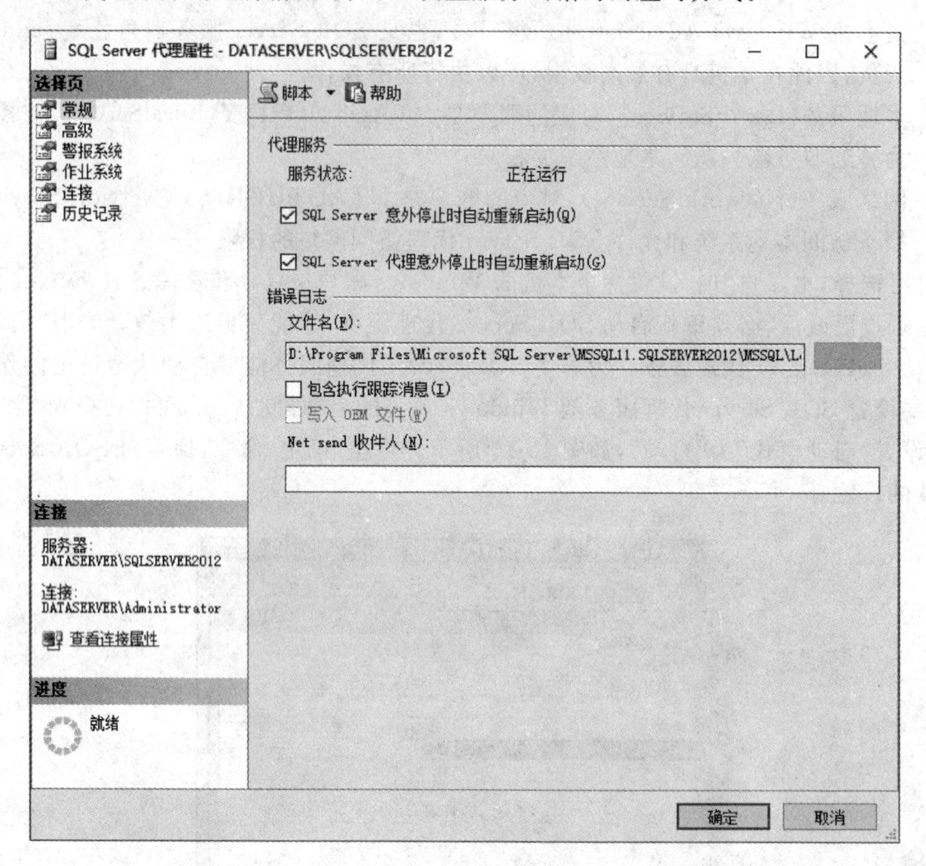

图 12-11 “SQL Server 代理属性”窗口“常规”选项页

- “SQL Server 意外停止时自动重新启动”和“SQL Server 代理意外停止时自动重新启动”项,可以设置在 SQL Server 服务和 SQL Server 代理服务出现意外停止时的处理方式,可以设置为自动重新启动。
- “错误日志”项,用于设置代理服务出错时保存错误信息的日志文件。选中“包含执行跟踪消息”表示让错误日志一并记录执行跟踪的记录;“写入 OEM 文件”项,表示让错误日志以 Unicode 格式保存。在“Net Send 收件人”项中,可以输入接收错误消息的收件人的 Net Send 地址。

(4) 单击左侧的“高级”,切换到 SQL Server 代理服务的“高级”选项页。在其中可以设置 SQL Server 事件转发、定义 CPU 空闲的条件,如图 12-12 所示。

- SQL Server 事件转发。表示可以将 SQL Server 事件转发到其他服务器,可以设定转发事件的条件,例如将未处理的事件转发、所有事件转发或者事件严重性不低于设定条件的事件转发等。
- 定义 CPU 空闲条件。在 SQL Server 代理执行的作业任务中,可以让某些作业任务

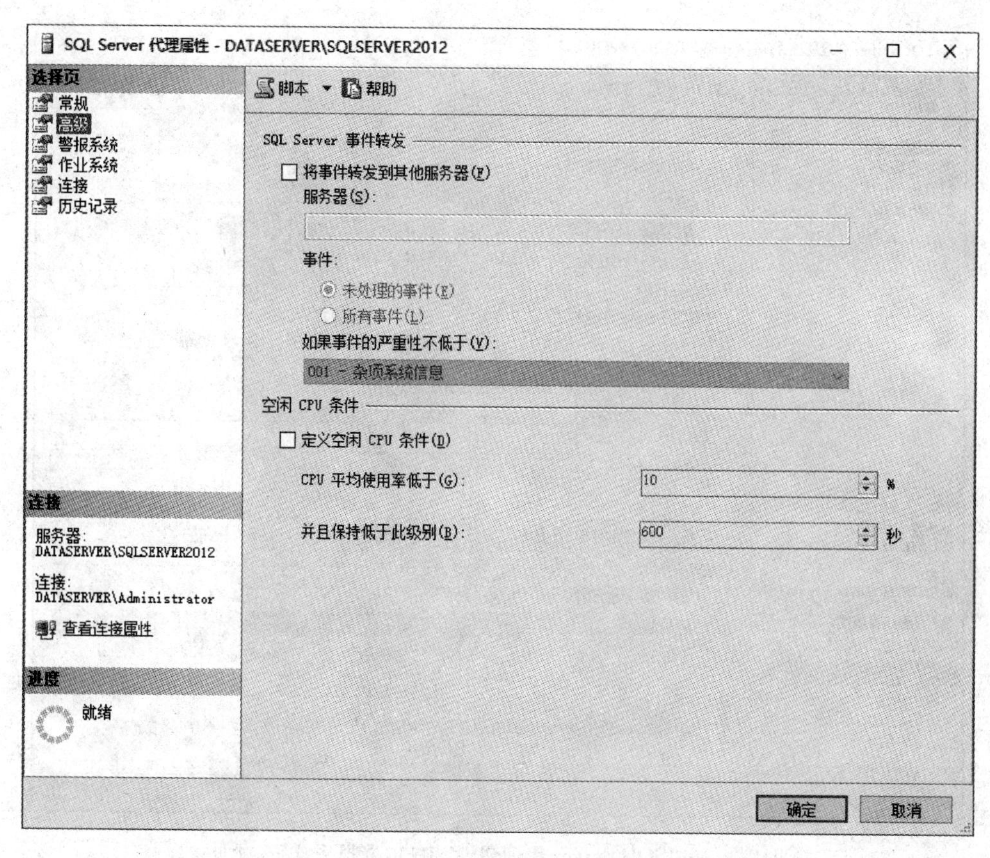

图 12-12 “SQL Server 代理属性”窗口“高级”选项页

在 CPU 空闲时才交由 SQL Server 代理执行。此项可以设置 SQL Server 代理确定 CPU 空闲的条件，如 CPU 平均使用率低于某一数值超过一定时间间隔时，可以认定 CPU 处于空闲状态。

(5) 单击左侧的“警报系统”，切换到 SQL Server 代理服务的“警报系统”选项。在该选项中，可以设置 SQL Server 代理发送消息的方式及参数，包括设置启用邮件配置文件、寻访电子邮件、故障时需通知的操作员等。在此选项中，设置前述已创建的数据库邮件配置文件作为“邮件会话”的邮件配置文件，如图 12-13 所示。

(6) 单击左侧的“作业系统”，切换到 SQL Server 代理服务的“作业系统”选项，如图 12-14 所示。在该选项中，可以设置 SQL Server 代理执行作业的参数。“关闭超时间隔”项，用于指定 SQL Server 代理在关闭作业之前等待作业完成的时间，如果在指定间隔之后作业仍未停止，则 SQL Server 代理将强制停止该作业。“作业步骤代理账户”项用于设置 SQL Server 2008 之前版本的代理账户。

(7) 单击左侧的“连接”，切换到 SQL Server 代理服务的“连接”选项页。在其中，可以查看和设置 SQL Server 代理与 SQL Server 服务之间的连接设置。如果无法使用 SQL Server 代理的默认连接选项连接 SQL Server 服务，可以在此处输入需要连接的 SQL Server 服务实例的别名，并根据需要设置连接 SQL Server 服务的身份验证方式。

(8) 单击左侧的“历史记录”，切换到 SQL Server 代理服务的“历史记录”选项页。在其

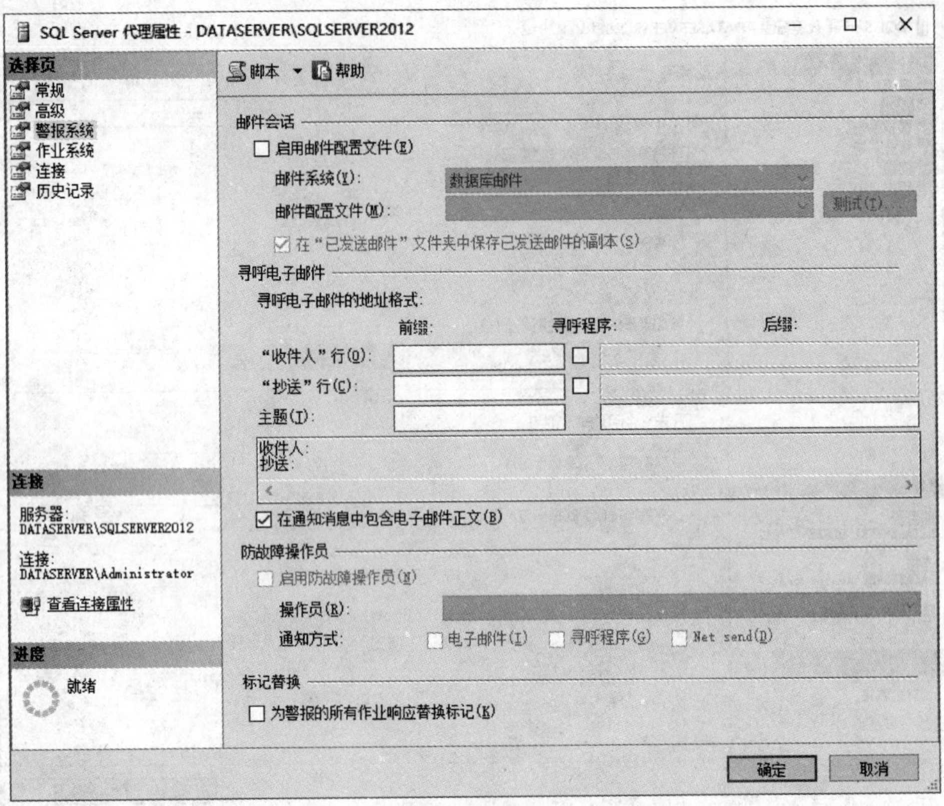

SQL Server 代理属性 - DATASERVER\SQLSERVER2012

选择页
常规
高级
警报系统
作业系统
连接
历史记录

脚本 帮助

邮件会话
启用邮件配置文件(E)
邮件系统(Y): 数据库邮件
邮件配置文件(M): 测试(T)...
在“已发送邮件”文件夹中保存已发送邮件的副本(S)

寻呼电子邮件
寻呼电子邮件的地址格式:
前缀: 寻呼程序: 后缀:
“收件人”行(O):
“抄送”行(C):
主题(T):
收件人:
抄送:
在通知消息中包含电子邮件正文(B)

防故障操作员
启用防故障操作员(N)
操作员(R):
通知方式: 电子邮件(I) 寻呼程序(G) Net send(D)

标记替换
为警报的所有作业响应替换标记(K)

连接
服务器:
DATASERVER\SQLSERVER2012
连接:
DATASERVER\Administrator
查看连接属性

进度
就绪

确定 取消

图 12-13 “SQL Server 代理属性”窗口“警报系统”选项页

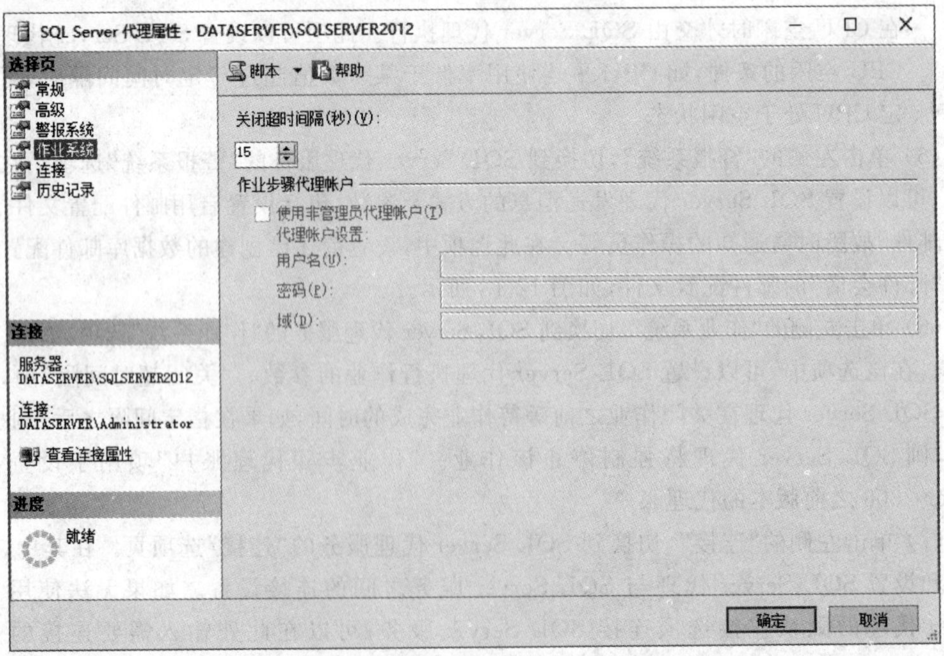

SQL Server 代理属性 - DATASERVER\SQLSERVER2012

选择页
常规
高级
警报系统
作业系统
连接
历史记录

脚本 帮助

关闭超时间隔(秒)(V):
15
作业步骤代理帐户
使用非管理员代理帐户(T)
代理帐户设置
用户名(U):
密码(P):
域(D):

连接
服务器:
DATASERVER\SQLSERVER2012
连接:
DATASERVER\Administrator
查看连接属性

进度
就绪

确定 取消

图 12-14 “SQL Server 代理属性”窗口“作业系统”选项页

中，可以设置 SQL Server 代理保存历史记录的大小。由于 SQL Server 代理的执行记录都会保存在 msdb 系统数据库中，通过设置记录保存条件，可以过滤部分不需要保存的记录，避免出现历史记录无限增长，导致 msdb 数据库过大的情况。

12.3 操作员

操作员是指接收 SQL Server 代理服务发送消息的用户。在 SQL Server 2012 中可以设置操作员通过电子邮件、Net Send 和寻呼电子邮件等方式来接收 SQL Server 代理的消息。Net Send 是指 SQL Server 代理发送的目标计算机的地址。当 SQL Server 以 Net Send 形式发送消息时，目标计算机上会以顶层对话框的形式出现该消息内容。寻呼电子邮件需要专用寻呼软件的支持。

12.3.1 创建操作员

操作员的创建过程如下：

(1) 在 SQL Server Management Studio 的“对象资源管理器”窗口中，展开服务器、SQL Server 代理。

(2) 右击“SQL Server 代理”节点下的“操作员”，在右键菜单中选择“新建操作员”命令。

(3) 在如图 12-15 所示的“新建操作员”对话框中，输入操作员的名称、获取通知的方式，如果设置的是寻呼电子邮件，还可以设置寻呼值班计划，选中“已启用”项，可以启用该操作员。

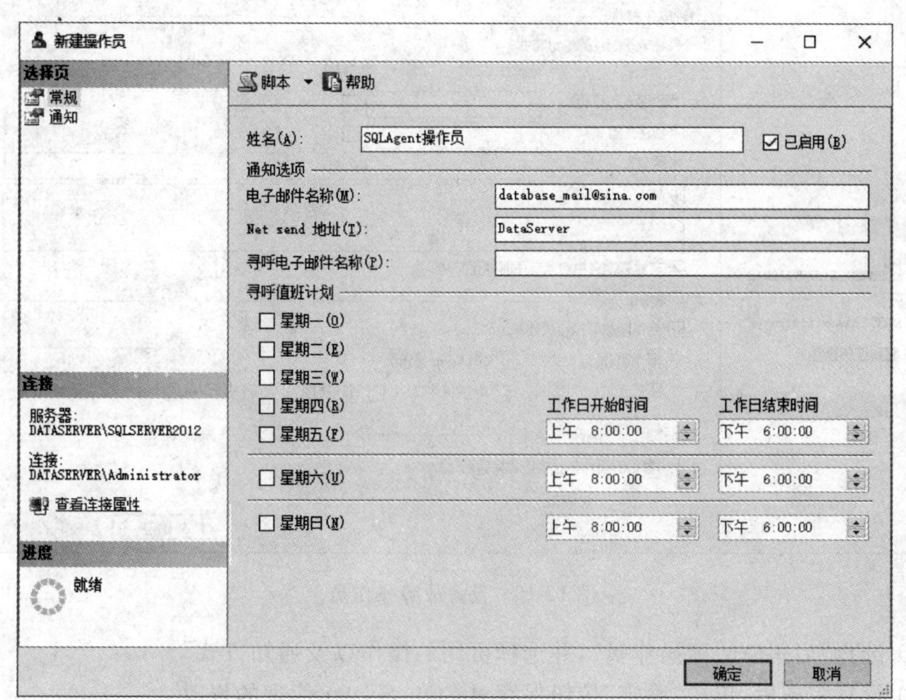

图 12-15 新建操作员

(4) 单击左侧的“通知”,可以在操作员的“通知”选项页中查看该操作员获取的警报信息。

(5) 单击“确定”按钮后,完成操作员的创建。新创建的操作员会出现在“操作员”节点下,管理员可以根据需要修改操作员的设置,删除操作员或者将操作员禁用(在操作员属性窗口中,不选择“已启用”项,就可以禁用操作员)。

12.3.2 设置故障操作员

在 SQL Server 代理的配置中,在“警报系统”中可以设置“防故障操作员”,即在 SQL Server 代理在出现错误时,可以将错误消息发送给“防故障操作员”,以便“防故障操作员”及时采取措施。设置过程如下:

(1) 在 SQL Server Management Studio 的“对象资源管理器”窗口中,展开服务器、SQL Server 代理。

(2) 右击“SQL Server 代理”,在右键菜单中选择“属性”命令。在“SQL Server 代理属性”对话框中,选择“警报系统”选项,如图 12-16 所示。

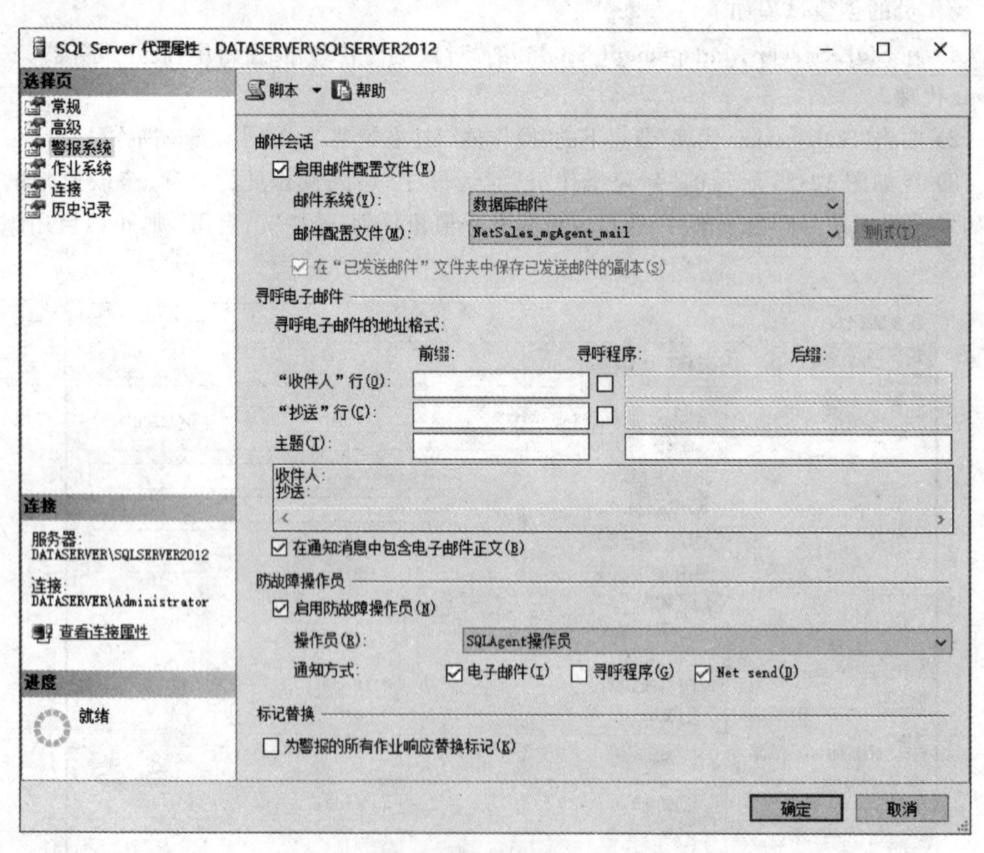

图 12-16 设置故障操作员

(3) 选择“启用防故障操作员”,并选择可用的操作以及通知方式。

(4) 设置完毕后,单击“确定”按钮保存对 SQL Server 代理的修改。

12.4 作业

作业(job)是指由用户创建的,可以由 SQL Server 代理代为执行的一系列任务。在 SQL Server 2012 中,作业可以是一项单一的任务,也可以是由一组任务构成的任务系列。这些任务系列可以是相互关联的连续任务,也可以是相互独立的任务。当一项任务完成后,SQL Server 代理允许用户设定下一步操作的要求,如可以让 SQL Server 继续执行下一个任务,也可以转入其他操作,如停止执行等。当任务执行不成功时,也可以设定后续操作的要求,如退出作业等。

SQL Server 代理为控制作业的执行方式提供了很多灵活的控制选项。例如,可以对作业制定执行的计划,使 SQL Server 代理能够按照用户计划的调度完成作业;对作业的执行次数可以设定为执行单次或者重复多次。

12.4.1 创建作业

SQL Server 代理作业由作业任务的一系列步骤和执行计划组成。在 SQL Server Management Studio 中创建作业的步骤如下:

(1) 在 SQL Server Management Studio 的"对象资源管理器"窗口中,展开服务器、SQL Server 代理。

(2) 新建作业。右击"SQL Server 代理"节点中的"作业",在右键菜单中选择"新建作业"命令。在"新建作业"对话框的"常规"选项页中输入作业的名称、所属类别,如图 12-17

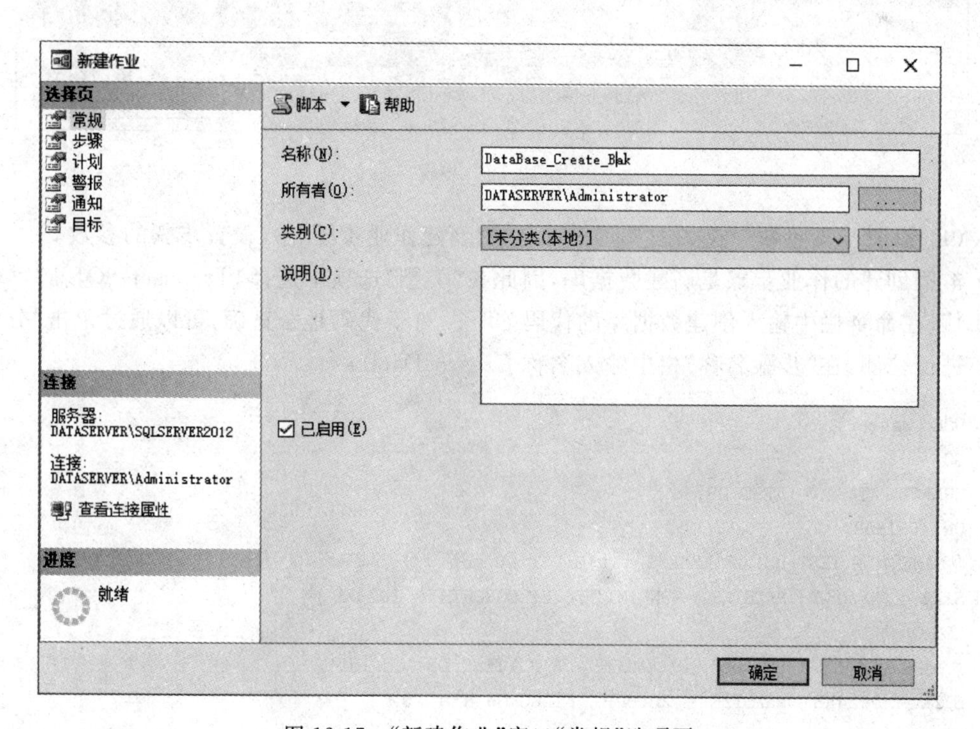

图 12-17 "新建作业"窗口"常规"选项页

所示。在 SQL Server 2012 的作业中提供了多种作业类别,包括 Data Collector、数据库引擎优化顾问、数据库维护等,用户可以根据需要进行选择并可以创建自定义的类别。作业类别的主要作用是对作业进行分类。

(3) 制订作业步骤。单击左侧的"步骤",切换到"步骤"选项页,可以制订作业的执行步骤。单一任务的作业,步骤可以只含一项;如果需要执行多项任务并且需要分步骤执行的作业,可以分别输入各项任务的执行步骤。

在如图 12-18 所示的对话框中,单击底部的"新建"按钮,可以新增一个作业步骤。

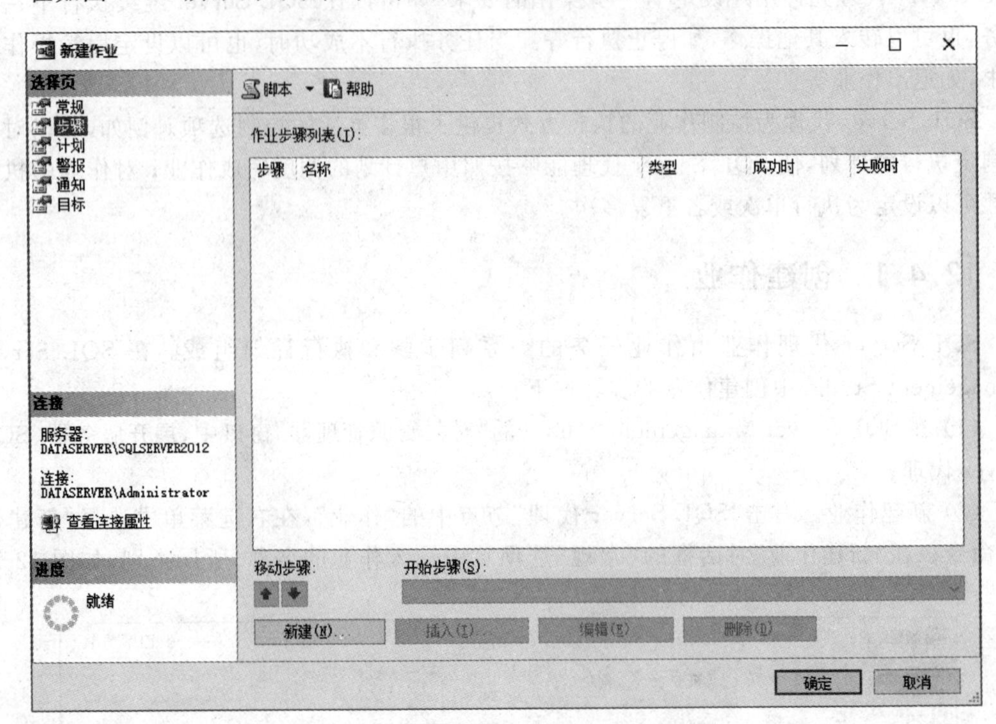

图 12-18 步骤

(4) 设置步骤参数。在如图 12-19 所示的"新建作业步骤"中,设置步骤的参数。

本例创建的作业步骤是新建数据库,因此在"类型"选项中选择"Transact-SQL 脚本(T-SQL)",在命令栏中输入创建数据库的代码如下。对于代码是否正确,可以通过单击"分析"按钮进行检测,在"步骤名称"栏中输入名称 Create_Database。

```
USE [master]
GO
CREATE DATABASE [TEST_DB]
ON  PRIMARY
( NAME = N'TEST_DB', FILENAME = N'D:\ST_DB.mdf' ,
SIZE = 5120KB , MAXSIZE = UNLIMITED, FILEGROWTH = 1024KB )
LOG ON
( NAME = N'TEST_DB_log', FILENAME = N'D:\TEST_DB_log.ldf',
SIZE = 1024KB , MAXSIZE = 2048GB , FILEGROWTH = 10 % )
GO
```

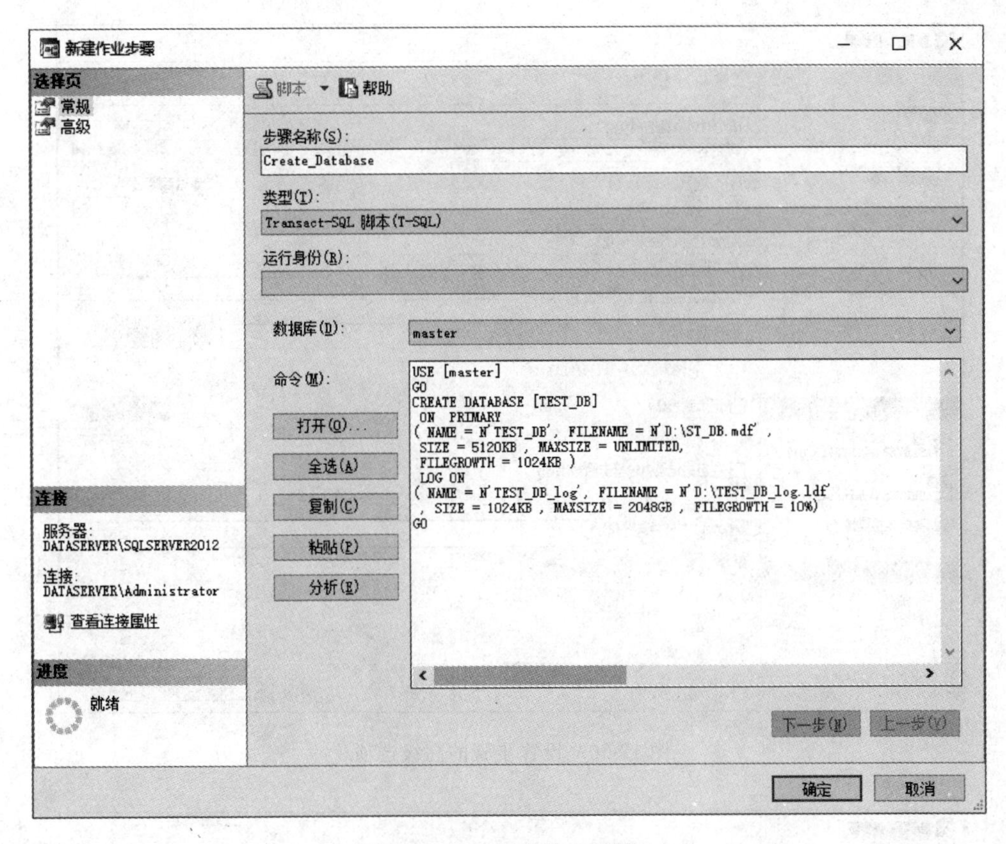

图 12-19　新建作业步骤

(5) 单击左侧的“高级”,切换到作业步骤的“高级”选项页。在其中,可以设定本步骤执行完成后的后续操作,包括“成功时要执行的操作”和“失败时要执行的操作”,以及设定不成功时需要重试的次数与每次重试间隔的时间;还可以设定对执行情况进行记录的要求,如图 12-20 所示。本例对上述选项保持默认设置,单击“确定”按钮后,返回作业步骤对话框,新添加的步骤会出现在“作业步骤列表”中。

(6) 在一个步骤中可以只执行一项操作,也可以执行多项操作。以下再在上述作业中创建一个执行备份设备新建和数据库备份的作业步骤。在“步骤”对话框中,单击“新建”按钮,在“新建步骤”对话框中,设置步骤名称为 BACKUP_DATABASE,“类型”选择“Transact-SQL 脚本(T-SQL)”,在命令栏中输入以下代码,如图 12-21 所示。

```
EXEC sp_addumpdevice 'disk','TEST_Bak_Device','C:\TEST_Bak_ Devic e.bak'
BACKUP DATABASE TEST_DB TO  TEST_Bak_Device
```

(7) 作业步骤添加完成后,步骤对话框如图 12-22 所示。单击“移动步骤”的上下箭头按钮,可以调整多个步骤执行的顺序,也可以在“开始步骤”选项框中选择作业的起始步骤。下方的“插入”“编辑”和“删除”按钮分别可以在当前步骤中插入一个新步骤,修改当前选中的步骤,删除当前选中的步骤。

(8) SQL Server 代理允许用户对作业制定计划调度。单击左侧“计划”选项,在“计划”选项页中,单击“新建”按钮,新建一个执行计划。

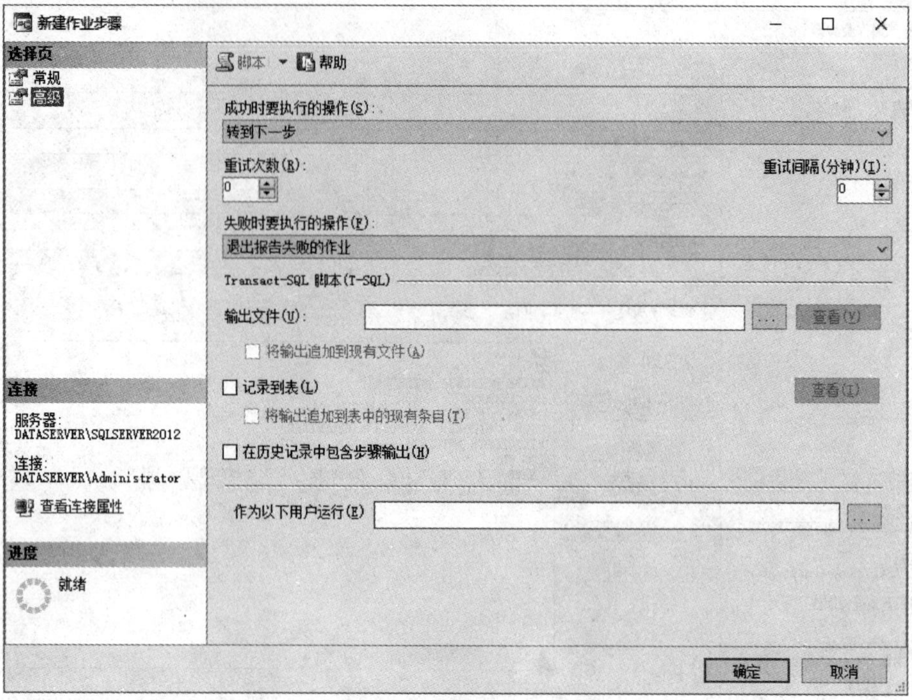

图 12-20 设置步骤的高级选项

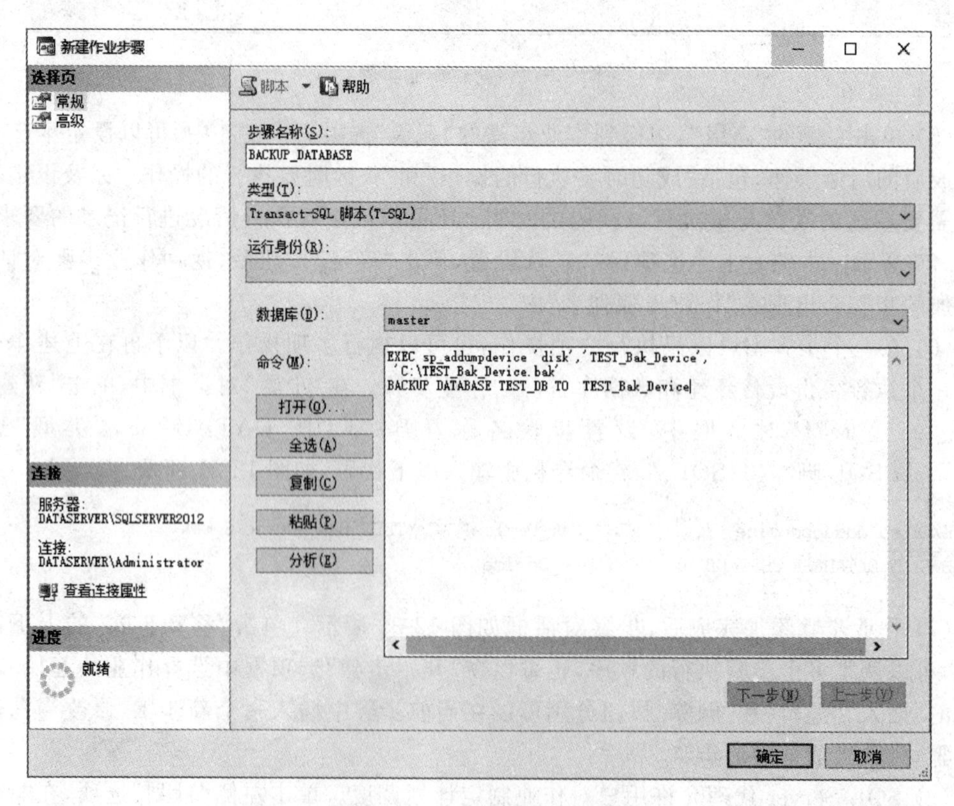

图 12-21 备份数据库的步骤

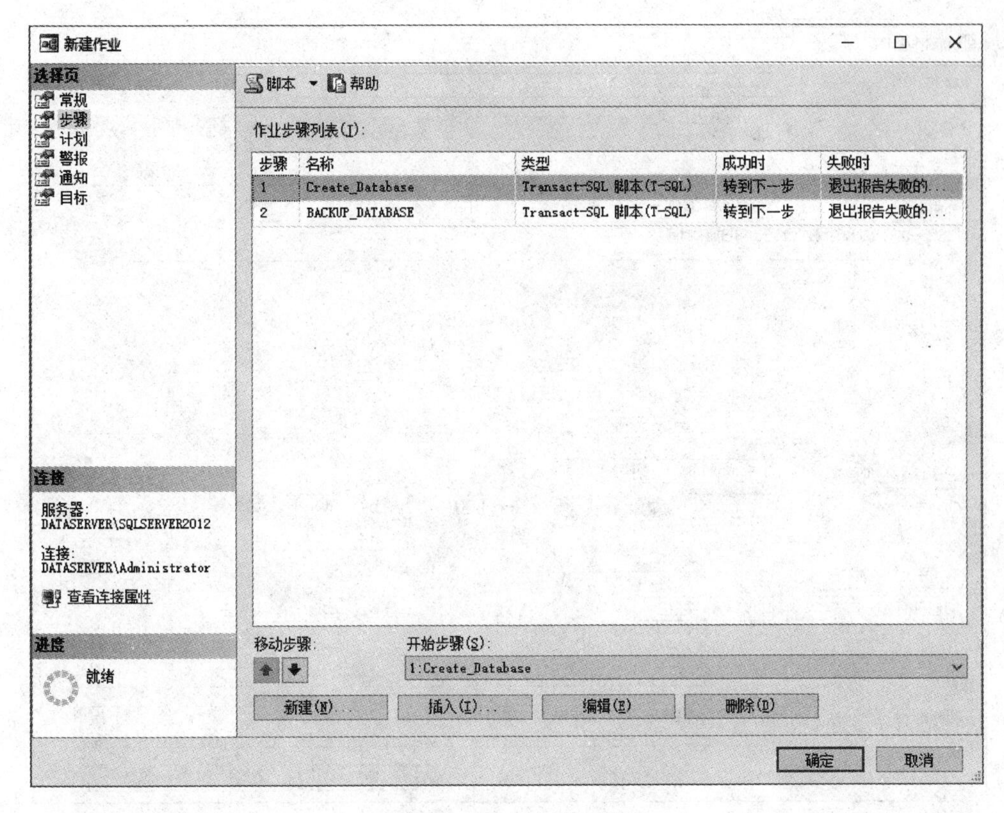

图 12-22 完成后的步骤页

在 SQL Server 2012 中作业计划可以制定多项。如果有多个执行计划调度同一项作业，SQL Server 会依据作业时间依次执行作业；可以通过编辑作业计划，在“作业计划属性”对话框中设定作业计划是否启用(即选中或去选“已启用”选项)。

由于本次作业中含有新建数据库的作业，此项作业只需要执行一次。因此，在如图 12-23 所示的“新建作业计划”对话框中，选择“计划类型”为“执行一次(One time)”。在计划类型中可以选择 SQL Server 代理启动时自动启动、CPU 空闲时启动、执行一次(One time)和重复执行等项。“SQL Server 代理启动时自动启动”，表示该作业在每次 SQL Server 代理启动时自动执行。“CPU 空闲时启动”，该作业在满足前述 SQL Server 代理设置的 CPU 空闲条件时执行。“执行一次”，在满足计划调度条件时执行，但只执行一次。“重复执行”，可以通过设定频率和持续时间来重复多次执行作业。

(9) 设置通知。作业执行情况可以通过多种形式发送消息给操作员，以便操作员及时采取措施。单击左侧的“通知”，切换到“通知”选项页，选择“电子邮件”，操作员为“SQLAgent 操作员”，发送通知的条件是“当作业失败时”；同时选中 Net send 并做相应设置，如图 12-24 所示。

(10) 设置作业目标。SQL Server 作业可以分为本地作业和多服务器作业。本地作业由本地服务器执行，多服务器作业可以由多服务器执行。单击左侧“目标”，可以切换到“目标”选项，由于本次创建的是本地服务器作业，因此，此时多服务器目标不能选。

(11) 完成上述设置后，单击“确定”按钮，完成作业的创建。新创建的作业会出现在“对

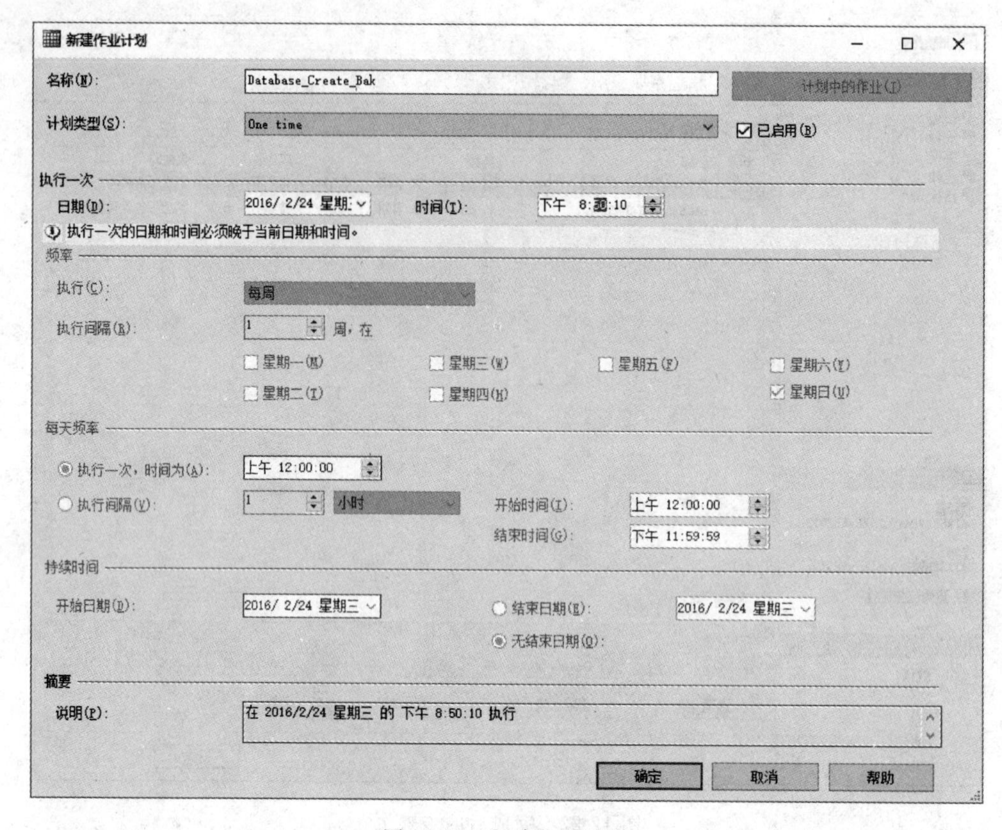

图 12-23　新建作业计划

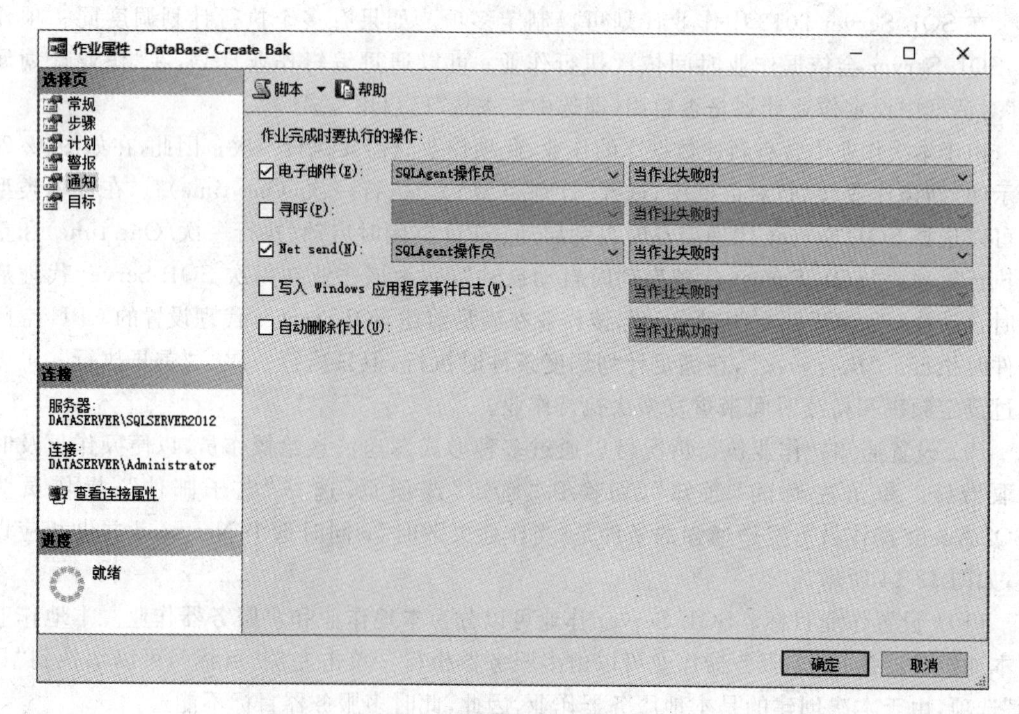

图 12-24　设置作业通知

象资源管理器”的“SQL Server 代理”节点下“作业”节点中(警报将在 12.5 节介绍)。

12.4.2 执行作业

作业可以由 SQL Server 代理根据作业计划的设定来调度执行，也可以由用户根据需要手工执行。手工执行计划的操作过程如下：

(1) 在 SQL Server Management Studio 的“对象资源管理器”窗口中，展开服务器、SQL Server 代理和作业。

(2) 右击“作业”节点中要手工执行的作业，在右键菜单中选择“作业开始步骤”命令。在“开始作业”对话框中单击“启动”按钮，手动执行作业，如图 12-25 所示。

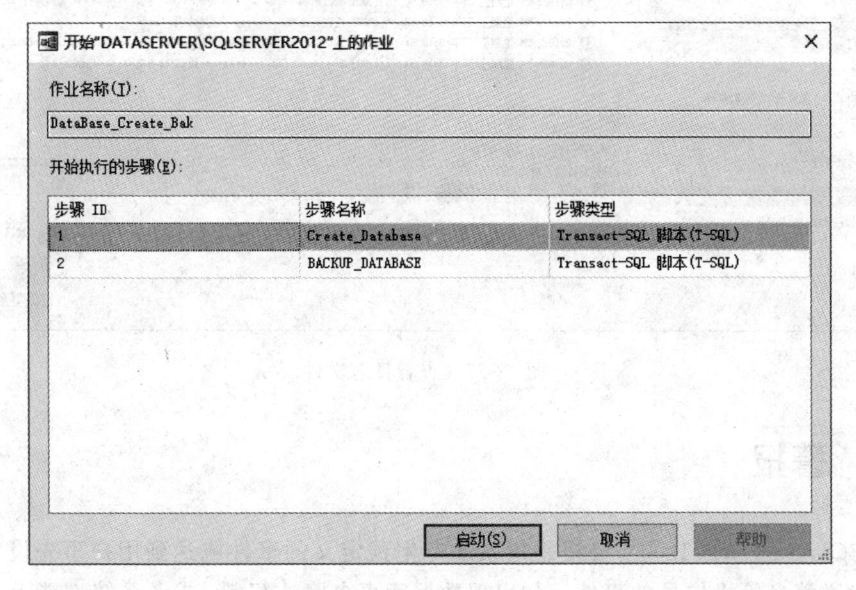

图 12-25 开始执行作业

(3) 执行完毕后，结果如图 12-26 所示。

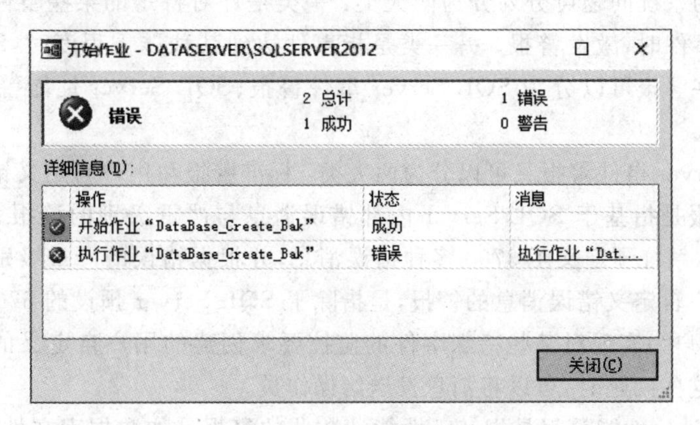

图 12-26 作业执行结果

(4) 查看日志。如果需要查看作业执行的情况，如执行出错的信息，可以到“错误日志”项中查看。展开“SQL Server 代理”节点下的“错误日志”，选择“当前”日志，双击打开。在如图 12-27 所示的“日志文件查看器”对话框中可以查看执行的信息。

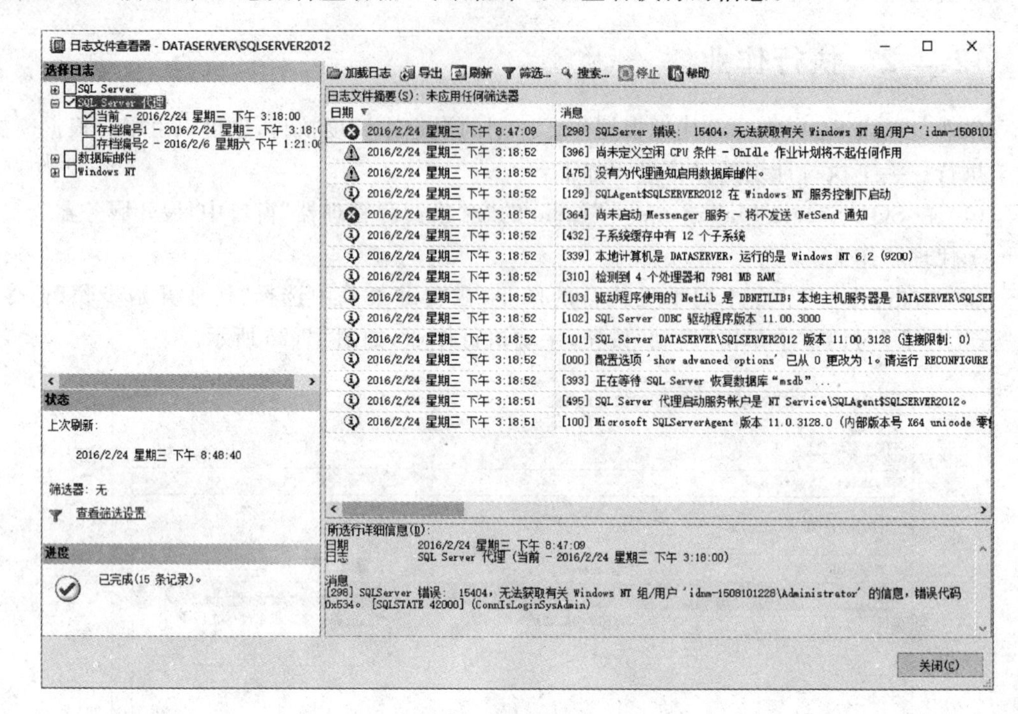

图 12-27　查看日志文件

12.5　警报

在 SQL Server 2012 中，警报是指系统产生预定义的事件或达到用户事先设置的条件时需要发送消息给操作员的事件。如出现数据库事务日志已满，或者系统性能下降到一定程度，需要操作员及时解决时，系统会根据事先设置的条件给操作员发送消息。

激发警报的系统问题可分划分为两大类：一类是针对特定的某些事件，即当服务器发生某些指定的事件时，激发警报；另一类是指事件达到某种严重程度时，SQL Server 代理激发警报。这些警报可以分为 SQL Server 事件警报、SQL Server 性能警报及 WMI 警报 3 类。

- SQL Server 事件警报又可以分为两大类：标准警报和用户自定义错误消息的警报。标准警报是指基于 SQL Server 内部错误消息与严重级别的警报。在 SQL Server 2012 中，系统预定义了 3700 多种错误消息，并根据错误的严重级别划分为 25 个级别。用户自定义错误消息的警报，是指除了 SQL Server 预设的 3700 多个系统错误之外，用户为实现对某些特殊事件的监控要求创建的用户自定义的事件警报，在系统遭遇这些问题时，可以将消息发送给操作员。
- SQL Server 性能警报是指基于性能计数器的警报。如数据库文件增长达到最大设定值，且不允许文件自动增长时，会产生系统使用的性能问题。因此，可以在发生这些影响系统性能的事件时发送消息给操作员。
- WMI 警报。Windows Management Instrument(WMI，Windows 管理规范)是指微

软公司对基于企业管理的 Web Based Enterprise Management 标准实现的，用于将系统、应用程序和网络等的管理构件显示为一组常用对象，以使系统更易于管理的管理架构。WMI 警报基于 WMI，可以响应以前未曾出现过的事件。

12.5.1 创建 SQL Server 事件警报

SQL Server Management Studio 中事件警报创建过程如下。

(1) 在 SQL Server Management Studio 的“对象资源管理器”窗口中，展开服务器、SQL Server 代理和警报。

(2) 右击“警报”节点，在右键菜单中选择“新建警报”命令。在如图 12-28 所示的“新建警报”对话框的“常规”选项页中，输入警报的名称，选择警报“类型”为“SQL Server 事件警报”，选择根据“错误号”触发警报，输入错误号为 9002。

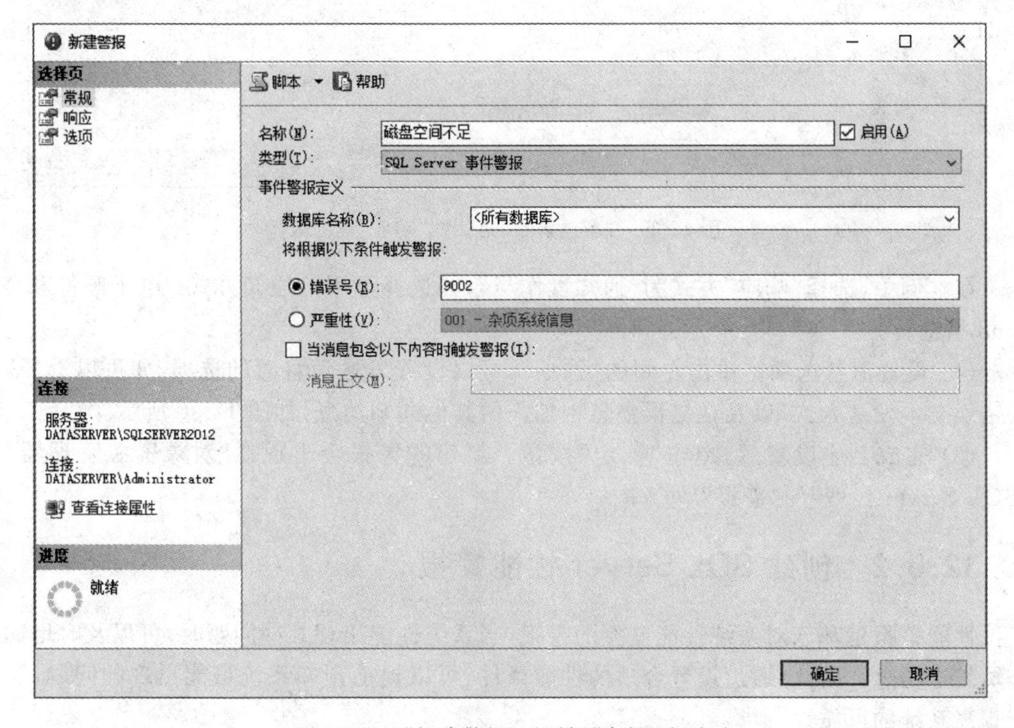

图 12-28 “新建警报”对话框“常规”选项页

(3) 设置响应方式。单击左侧的“响应”，切换到“响应”选项页，可以设置当符合上述错误号的事件发生时应该采取的措施，如图 12-29 所示。可以选择的响应方式有两种：执行作业和通知操作员。

- 执行作业，当指定的错误发生时，可以通过选择预设的作业，让 SQL Server 代理执行选定作业来解决问题。例如，当 SQL Server 中数据库空间增长过大，引起空间不足时，可以预先设定数据库压缩作业，让 SQL Server 代理通过执行数据压缩作业释放可用空间。
- 通知操作员，通过向选定的操作员发送电子邮件、寻呼电子邮件或者 Net Send 消息等方式通知操作员，以便操作员采取相应措施。

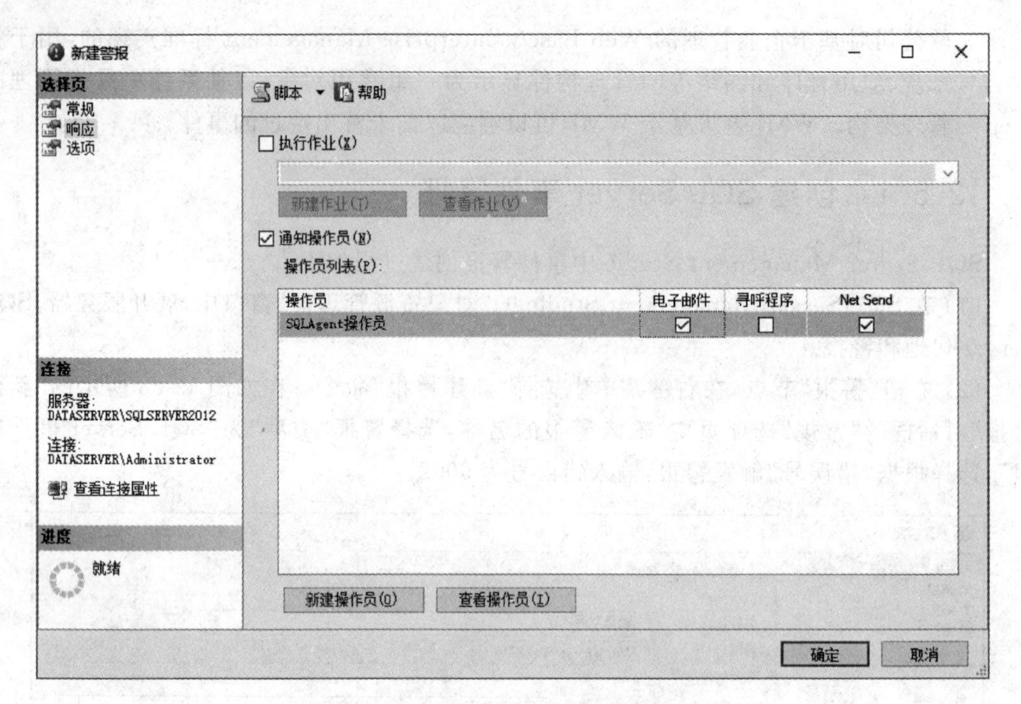

图 12-29 "新建警报"对话框"响应"选项页

在本例中,选择"响应"方式为"通知操作员",并选择可用的通知方式:电子邮件和 Net Send 消息。

(4) 设置消息选项。单击左侧的"选项",可以设置发送消息时的选项,如可以选择"警报错误文本发送方式"以及在错误消息中加入的其他通知消息,如图 12-30 所示。

(5) 完成上述设置后,单击"确定"按钮。新建的警报会出现在"对象资源管理器"的"SQL Server 代理"的"警报"节点中。

12.5.2 创建 SQL Server 性能警报

性能警报是基于对系统性能监控的警报,当系统性能出现某些问题时,可以及时地向操作员发送消息。因此,通过设置合适的性能条件,可以提前预知系统可能出现的问题,有助于提高系统的可靠性。

在 SQL Server 2012 中创建性能警报的操作过程与创建 SQL Server 事件警报类似,主要步骤如下:

(1) 在 SQL Server Management Studio 的"对象资源管理器"窗口中,展开服务器、SQL Server 代理和警报节点。

(2) 右击"警报"节点,在右键菜单中选择"新建警报"命令。在如图 12-31 所示的"新建警报"对话框的"常规"选项页中,输入警报的名称为"事务日志文件将满",选择警报"类型"为"SQL Server 性能条件警报",在下方的"性能条件警报定义"栏中,分别设定"对象"为 Databases,"计数器"为 Percent Log Used(即日志文件的使用百分比),"实例"(即数据库)选择 NetSales 数据库,计数器满足的条件是"高于 70%"。

(3) 在 SQL Server 性能警报的"响应"和"选项"中的设置与 SQL Server 事件警报的设

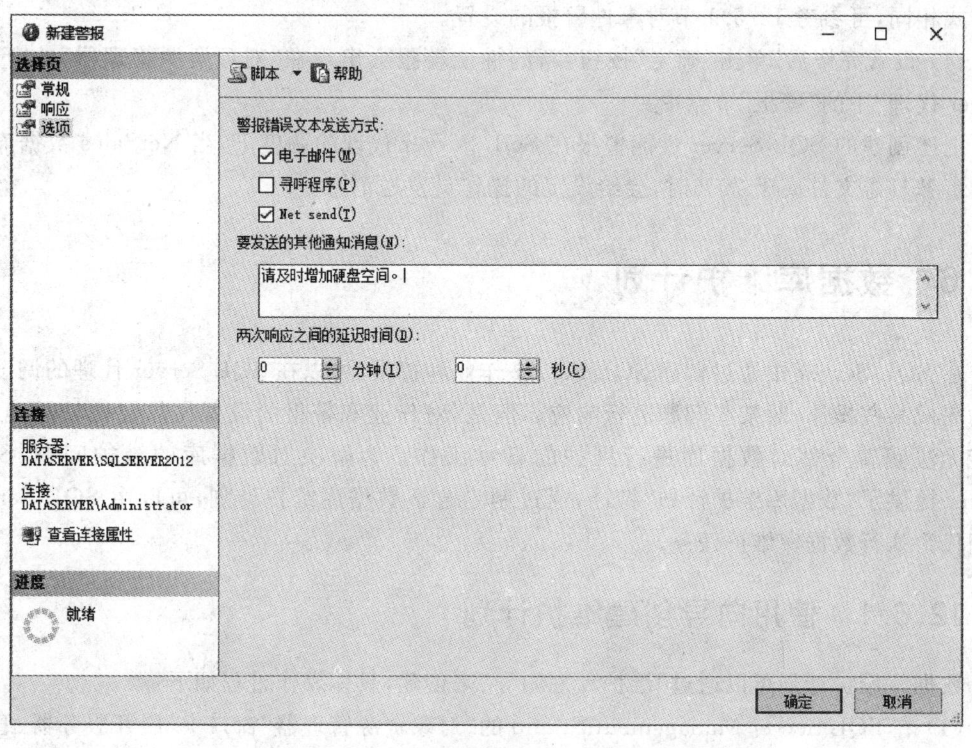

图 12-30 "新建警报"对话框"选项"选项页

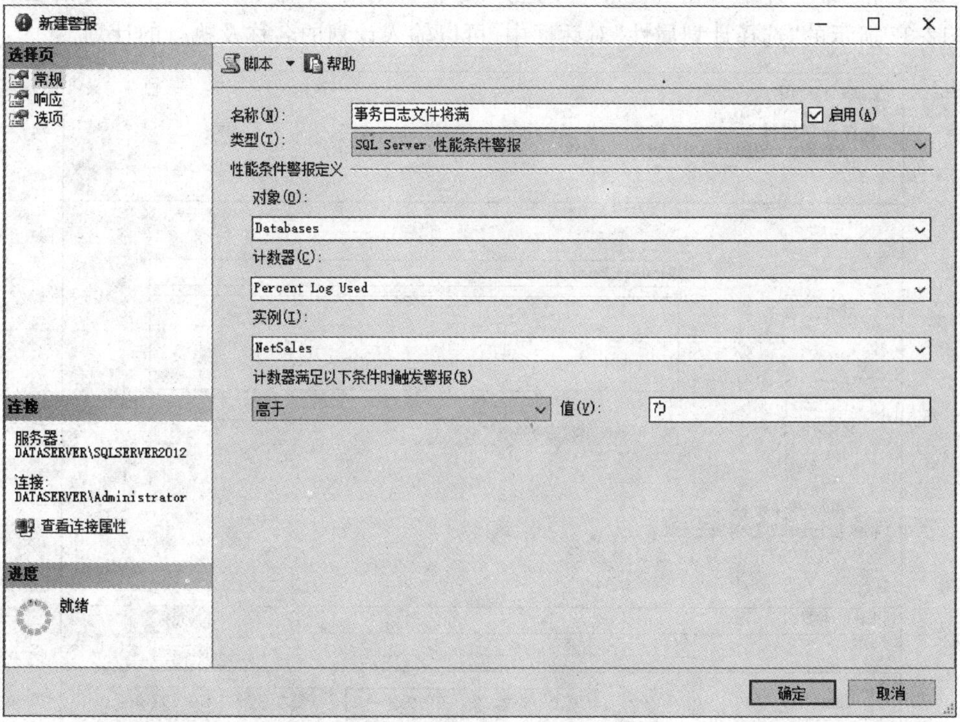

图 12-31 新建性能警报

置方式相同,可参考 12.5.1 节对事件警报的设置。

(4) 设置完毕后,单击“确定”按钮,新的性能警报会出现在“对象资源管理器”的“SQL Server 代理”中的“警报”节点中。

上述创建的 SQL Server 性能警报在 SQL Server 代理的调度下,当 NetSales 数据库使用的事务日志文件高于 70%时,会给设定的操作员发送消息。

12.6 数据库维护计划

在 SQL Server 中通过创建 SQL Server 作业和警报,可以在 SQL Server 代理的调度下自动完成某些操作,对某些问题进行响应。但是,对作业和警报的设置往往会比较烦琐,也可能无法涵盖全部对数据库进行维护的日常工作。为解决对数据库的维护问题,SQL Server 提供了“数据库维护计划”特性,通过制定合适数据库维护计划,可以由 SQL Server 代理代为执行数据库维护任务。

12.6.1 使用向导创建维护计划

数据库维护计划可以通过“维护计划向导”来创建,具体操作过程如下:

(1) 在 SQL Server Management Studio 的“对象资源管理器”窗口中,展开服务器、管理和维护计划。

(2) 右击“维护计划”,在右键菜单中选择“维护计划向导”命令。略过欢迎对话框后,在如图 12-32 所示的“选择计划属性”对话框中,可以输入计划的名称及执行的计划。

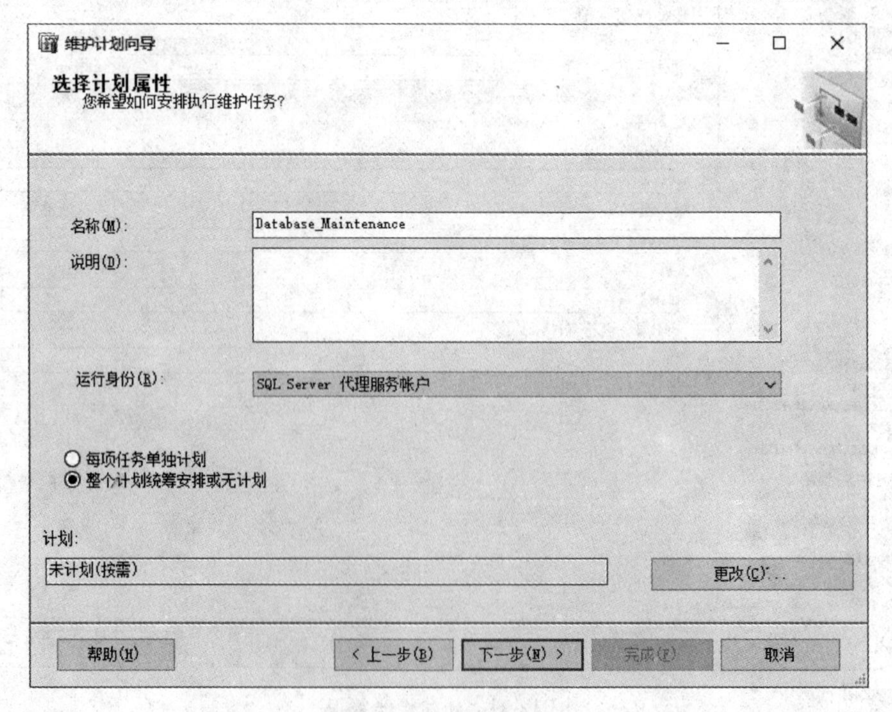

图 12-32 选择计划属性

(3) 在如图 12-33 所示的“选择维护任务”对话框中，选择所需的任务。如本例选择“检查数据库完整性”和“收缩数据库”等项，单击“下一步”按钮。

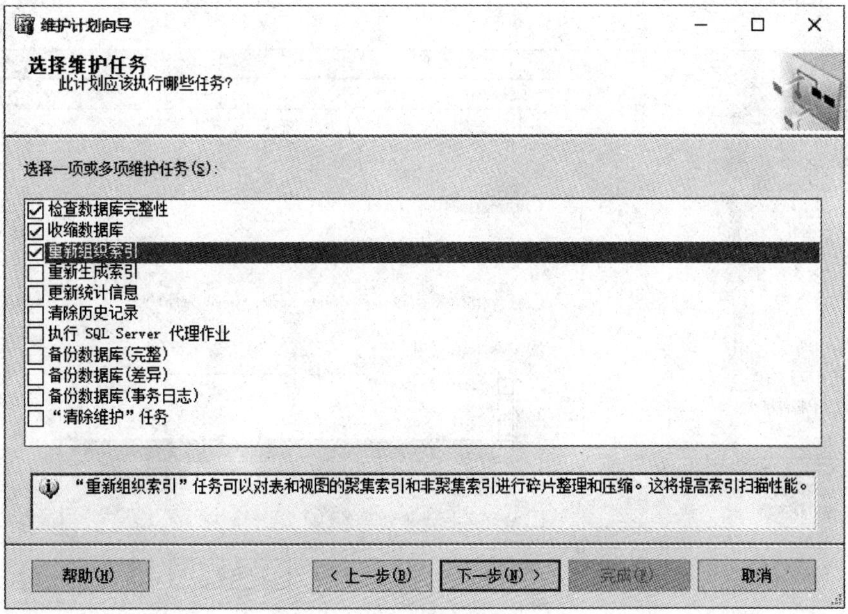

维护计划向导

选择维护任务

此计划应该执行哪些任务?

选择一项或多项维护任务(S):

☑ 检查数据库完整性
☑ 收缩数据库
☑ 重新组织索引
☐ 重新生成索引
☐ 更新统计信息
☐ 清除历史记录
☐ 执行 SQL Server 代理作业
☐ 备份数据库(完整)
☐ 备份数据库(差异)
☐ 备份数据库(事务日志)
☐ “清除维护”任务

“重新组织索引”任务可以对表和视图的聚集索引和非聚集索引进行碎片整理和压缩。这将提高索引扫描性能。

帮助(H)　< 上一步(B)　下一步(N) >　完成(F)　取消

图 12-33　选择维护任务

(4) 在如图 12-34 所示的“选择维护任务顺序”对话框中，可以通过单击“上移”和“下移”按钮调整各项维护任务执行的顺序。

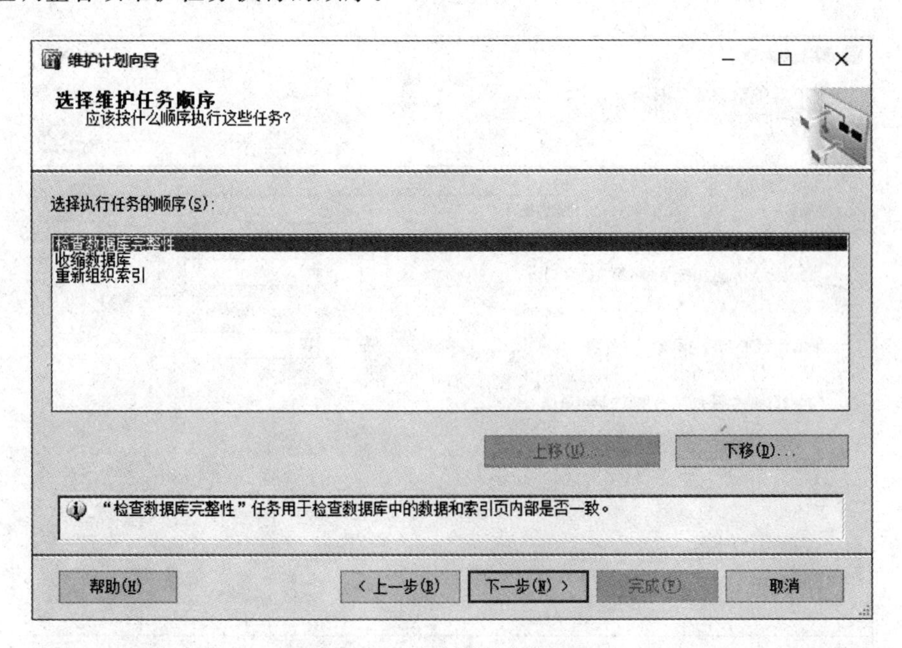

图 12-34　选择维护任务顺序

(5) 在如图 12-35 所示的“定义数据库检查完整性任务”对话框中，选择要检查的数据库为 NetSales，单击“下一步”按钮。

维护计划向导
定义"数据库检查完整性"任务
配置维护任务。
数据库(D):
<选择一项或多项>
包括索引(S)
所有数据库(D)
系统数据库(S)
所有用户数据库(master、model、msdb、tempdb 除外)(U)
以下数据库(T):
master
model
msdb
NetSales
忽略未处于联机状态的数据库(I)
确定
取消
计划:
未计划(按需)
帮助(H)

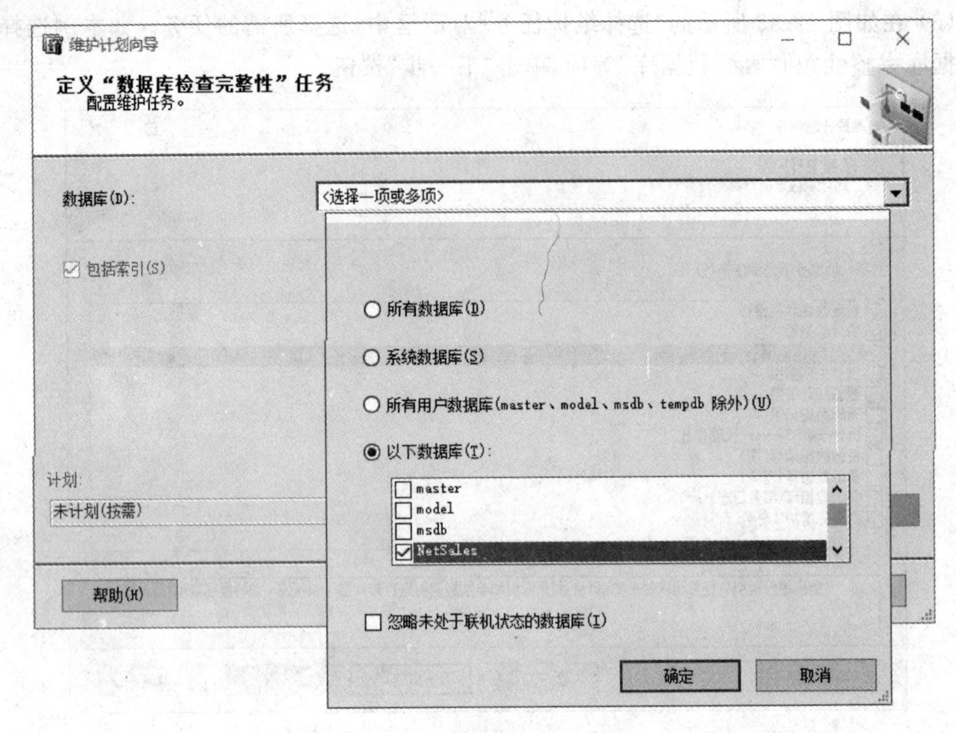

图 12-35　定义数据库完整性检查任务

(6) 在"定义'收缩数据库'任务"对话框中，和图 12-33 所示的对话框一样，选择 NetSales 数据库，并设定收缩的条件，如图 12-36 所示。

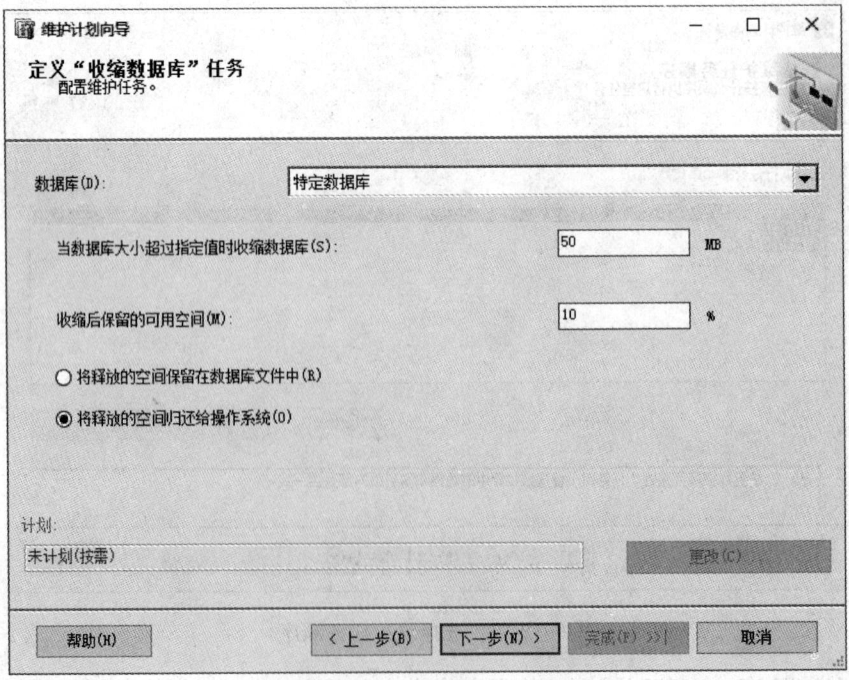

维护计划向导
定义"收缩数据库"任务
配置维护任务。
数据库(D):
特定数据库
当数据库大小超过指定值时收缩数据库(S):
50
MB
收缩后保留的可用空间(M):
10
%
将释放的空间保留在数据库文件中(R)
将释放的空间归还给操作系统(O)
计划:
未计划(按需)
更改(C)...
帮助(H)
< 上一步(B)
下一步(N) >
完成(F) >>|
取消

图 12-36　定义收缩数据库任务

(7) 在如图 12-37 所示的“定义‘重新组织索引’任务”对话框中，设定数据库为 NetSales，对象为“表和视图”。

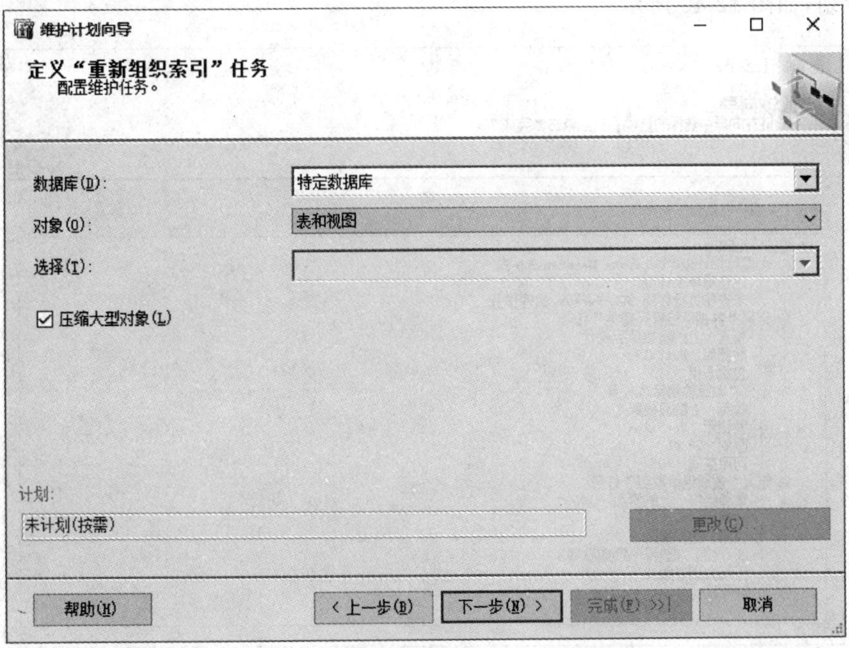

图 12-37　定义重新组织索引任务

(8) 在如图 12-38 所示的“选择报告选项”对话框中，设置维护计划操作报告的存储和发送方式。

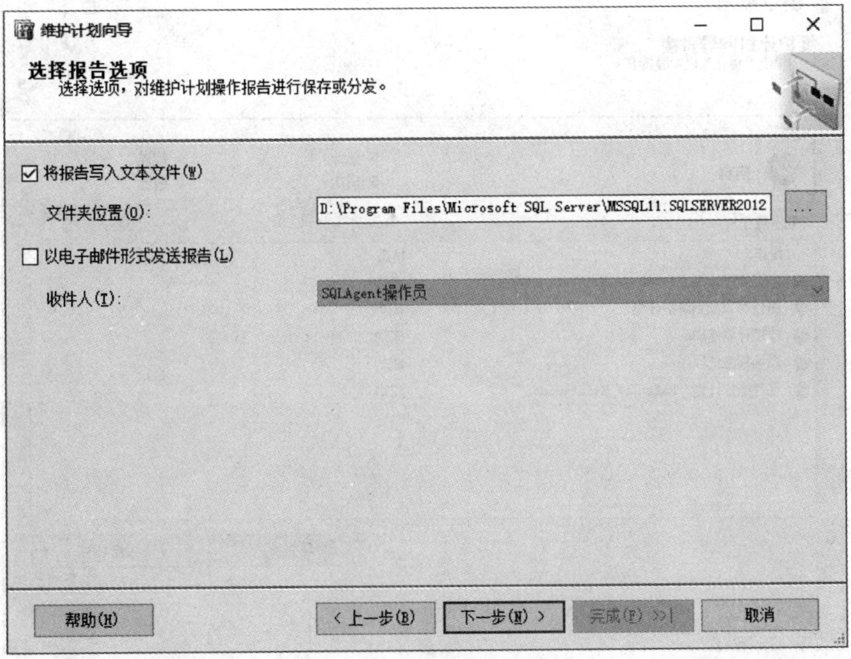

图 12-38　选择报告选项

(9) 在如图 12-39 所示的“完成向导”对话框中，查看向导所设置的维护计划内容是否符合要求。如果有问题可以单击“上一步”按钮，通过向导进行修改，单击“完成”按钮可以生成维护计划，如图 12-40 所示。

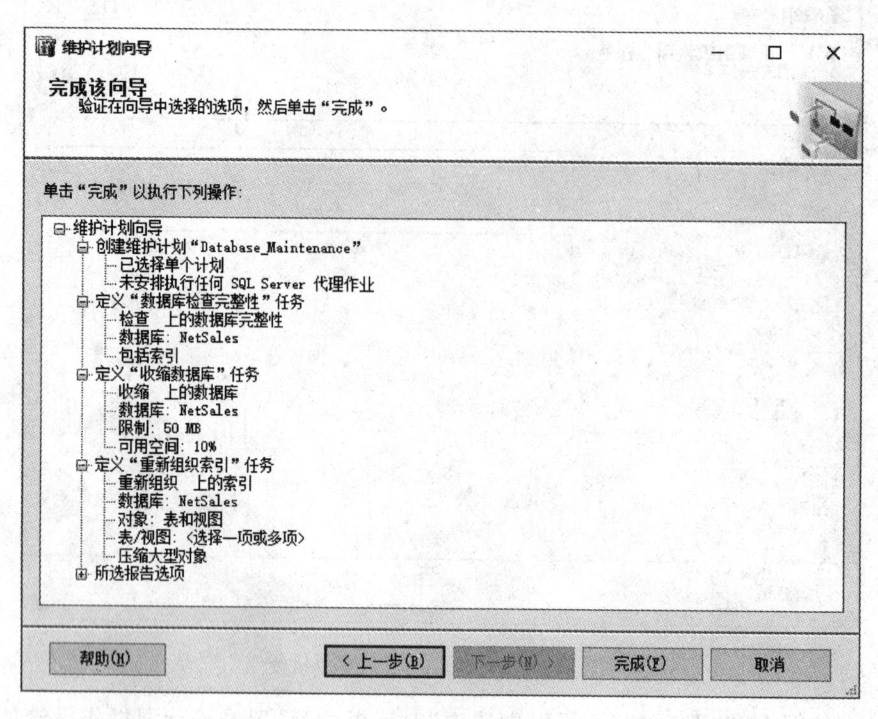

图 12-39 完成向导

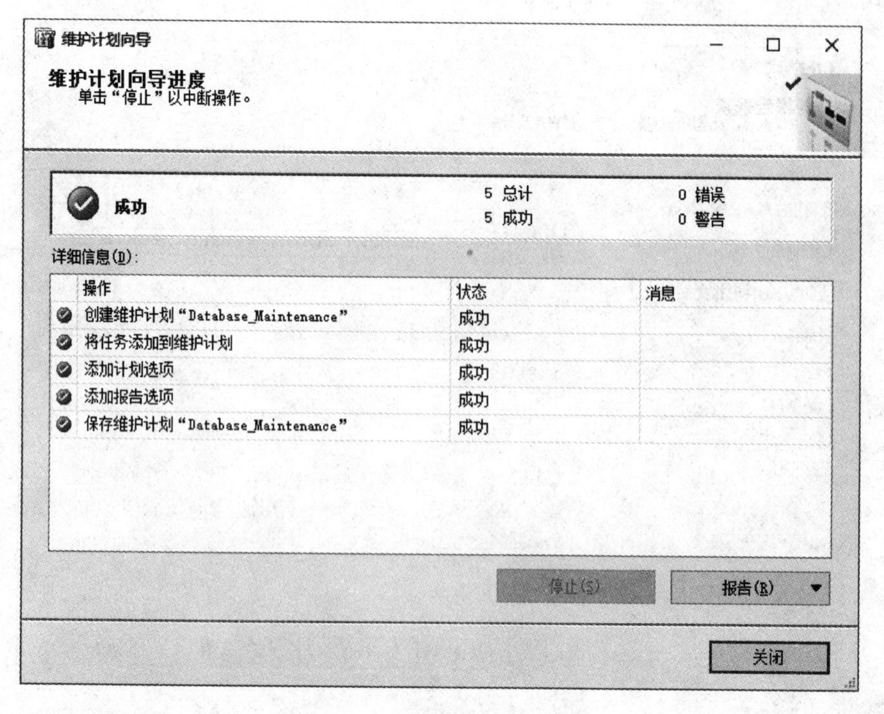

图 12-40 维护计划生成成功

通过向导生成的维护计划可以在“对象资源管理器”的“管理”节点的“维护计划”中查看。如果需要查看和修改维护计划的详情，可以双击维护计划，在“维护计划设计器”中打开，如图 12-41 所示。

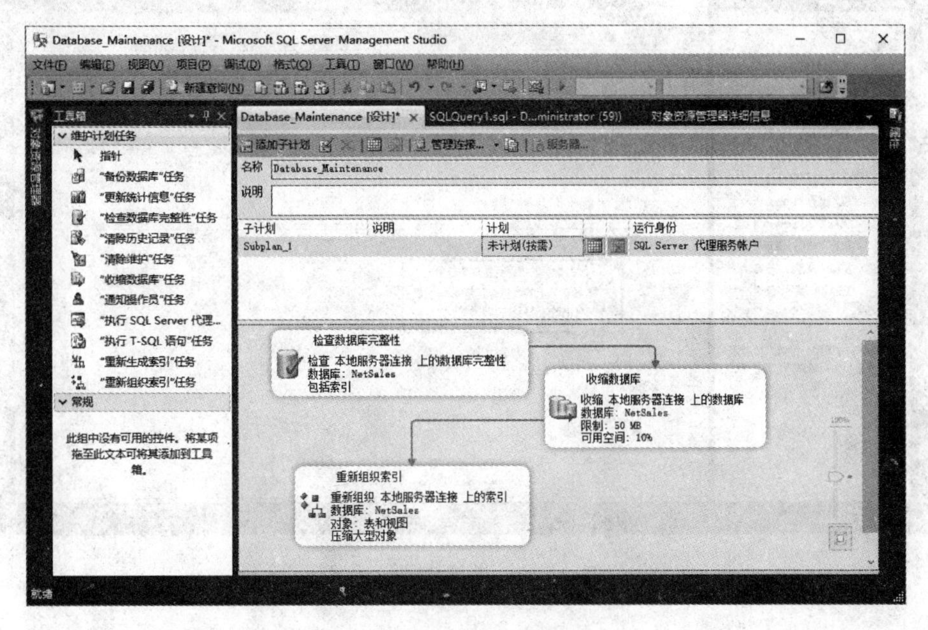

图 12-41 维护计划设计器

12.6.2 使用设计器创建维护计划

数据库维护计划也可以通过“维护计划设计器”来创建，具体操作过程如下：

(1) 在 SQL Server Management Studio 的“对象资源管理器”窗口中，展开服务器、管理和维护计划。

(2) 右击“维护计划”，在右键菜单中选择“新建维护计划”命令。在如图 12-42 所示命名维护计划名称的对话框中输入计划的名称。

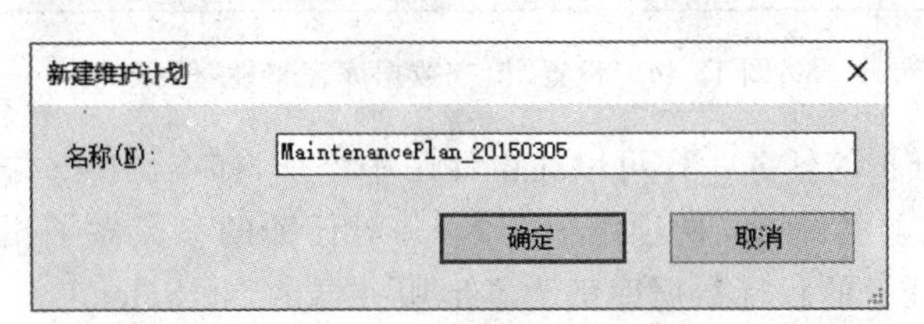

图 12-42 命名维护计划

(3) 在如图 12-43 所示的“维护计划设计器”对话框中，可以从左侧的“维护计划中的任务”工具箱中拖动需要的任务图标到右侧的设计区。如本例从工具箱中把“检查数据库完整性任务”拖到了设计区。

(4) 双击设计区中的维护任务图标“‘检查数据库完整性’任务”，在弹出的“‘检查数据库完整性’任务”对话框中，可以设置要检查的目标数据库及所在的服务器，如图 12-44 所示。

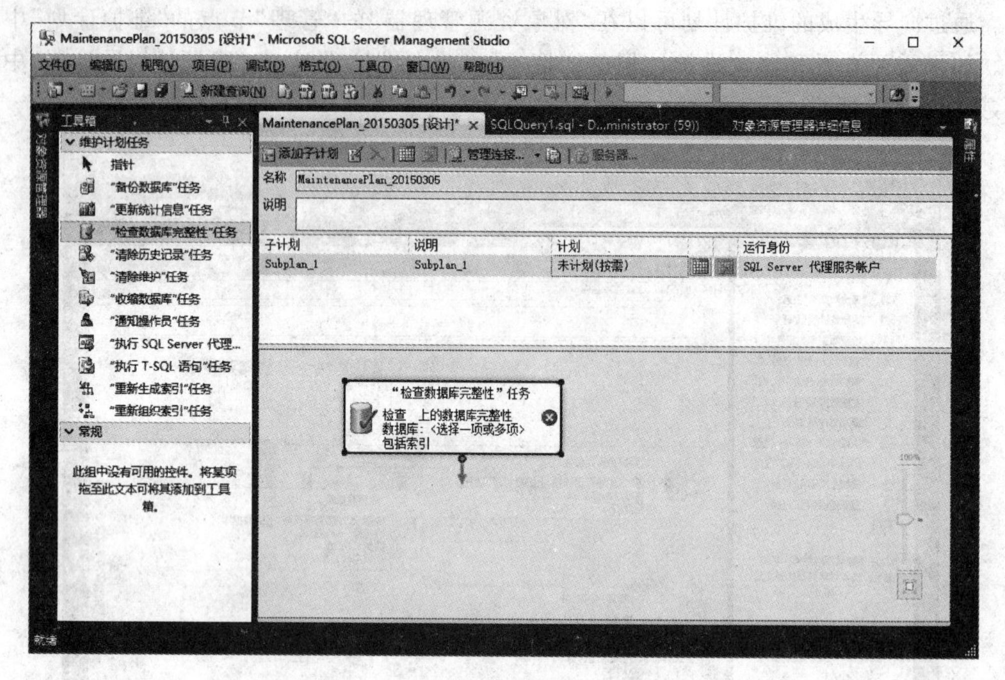

图 12-43 维护计划设计器

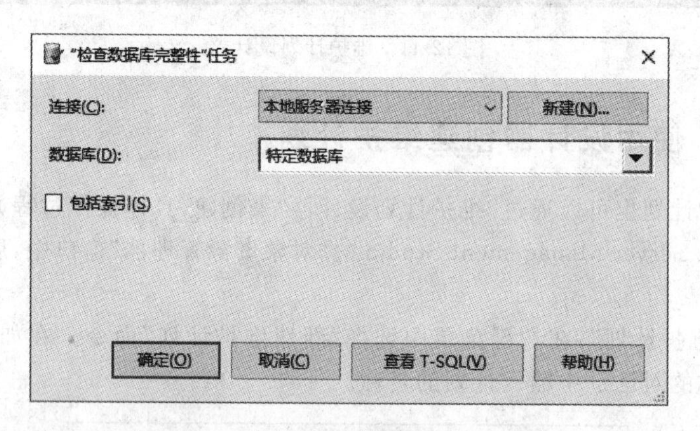

图 12-44 设置"检查数据库完整性"任务

(5) 后续需要维护的任务一样可以往设计区中添加,如本例中又添加了"'收缩数据库'任务"和"'重新生成索引'任务"两项维护任务,并对任务的参数做了相应设置,选择的收缩数据库和重建索引任务的目标数据库都为本地服务器的 NetSales。

(6) 设置维护任务执行的顺序。当维护计划中有多项维护任务需要完成时,可以设置任务间的先后顺序。如"检查数据库完整性"任务完成后,再执行"收缩数据库任务",可以按住"检查数据库完整性"任务图标上的箭头,拖动到"收缩数据库任务"任务图标上,然后松开左键,则可以在两项任务之间建立顺序关系。同样,可以在"收缩数据库任务"和"重新生成索引任务"任务间建立顺序关系,完成后的"维护计划设计器"如图 12-45 所示。

(7) 设置任务间的关系。如果需要对任务执行的控制流关系进行设置,可以双击任务间的连线,在如图 12-46 所示的"优先约束编辑器"对话框中进行设置。如设定"约束选项"为"约束",值为"成功"时,表示当前一个任务成功后执行下一个任务。

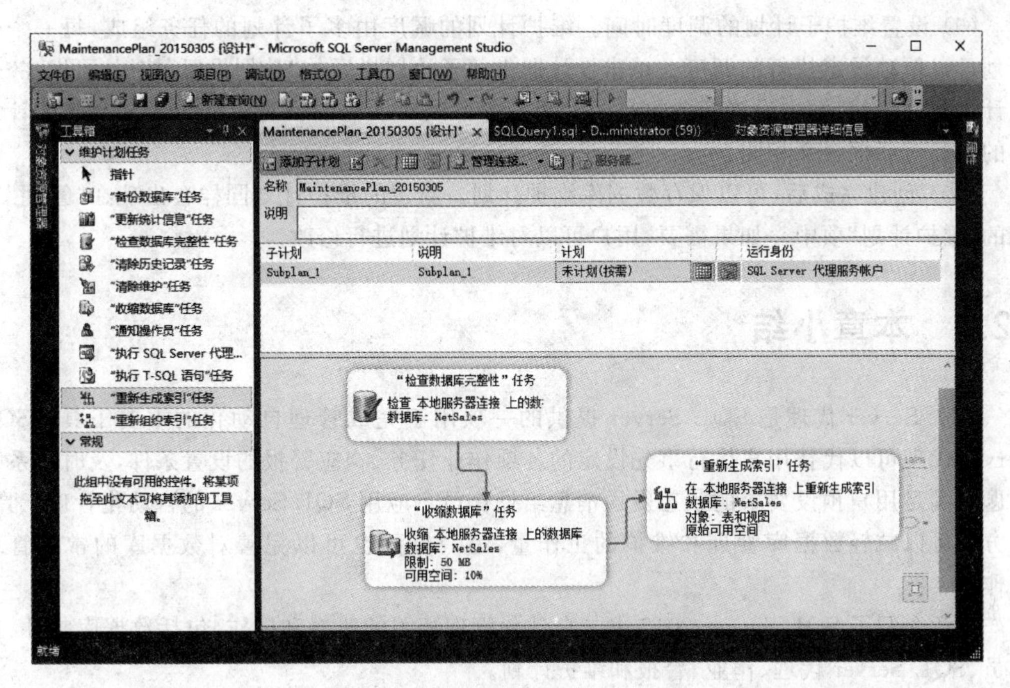

图 12-45　添加维护任务并设定顺序

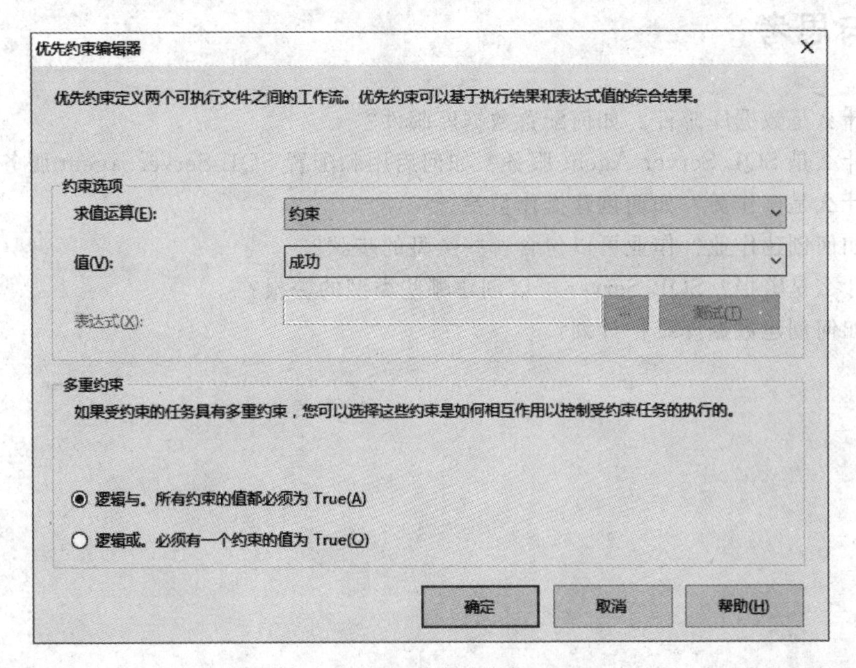

图 12-46　设定任务间的控制流关系

(8) 添加子计划。在 SQL Server 2012 中一项维护任务计划可以由多项维护子计划组成,每项维护子计划又可以包含多个任务。以上实例在维护计划中创建了一个维护子计划,如果还有其他维护子计划,可以单击工具栏中的“添加子计划”按钮,新增一个子计划,并对子计划设置任务。

(9) 设置维护子计划的调度时间。维护计划的调度由多子计划的任务组成,每一个子计划可以单独设定执行的调度。单击设计器中部子计划栏后的“计划设置”按钮,可以在“作业计划属性”对话框中设置任务执行的时间安排。该对话框的设置方式与含义与作业计划中的同类对话框含义相同。

(10) 创建完成后,可以保存数据库维护计划。新建的维护计划同样会出现在“管理”节点的“维护计划”项中。如果需要,用户可以对维护计划进行修改。

12.7 本章小结

SQL Server代理是SQL Server提供的一项用于完成管理自动化的重要工具。SQL Server代理可以代替用户执行事先设定的各项作业任务、响应警报的设置条件,及时把系统问题和满足用户预设要求的状态发送消息给操作员。应用SQL Server的自动化管理工具,一方面可以减轻数据库管理和维护的工作量,另一方面也可以完善对数据库的常规管理工作。

本章介绍了SQL Server 2012中与自动化管理相关的概念和操作,包括数据库邮件、操作员、SQL Server代理、作业、警报和维护计划。

习题与思考

1. 什么是数据库邮件? 如何配置数据库邮件?
2. 什么是SQL Server Agent服务? 如何启用和配置SQL Server Agent服务?
3. 什么是操作员? 如何创建操作员?
4. 如何创建作业? 作业可以包含哪些类型的步骤?
5. 什么是警报? SQL Server可以创建哪些类型的警报?
6. 如何创建数据库维护计划?

数据集成服务

在数据管理应用系统的市场中，存在多种不同厂商出的软件产品，如 Orcale、SQL Server、Access、Excel 等。由于不同厂商的数据库管理系统产品在数据结构、软件标准等方面都存在一定的不一致性，而用户（尤其是规模较大的企业）在发展过程中往往有可能使用了多种不同的数据库管理系统。这就会造成不同产品的数据文件之间的异构兼容问题。

为解决异构平台数据兼容和整合问题，SQL Server 2012 提供了数据集成服务（SQL Server Integration Service，SSIS）。用户可以使用 SQL Server 2012 数据集成服务中的数据导入导出向导、SQL Server Data Tools（SSDT）、SSIS 项目设计器等工具，将多种不同来源和结构的数据导入、转换和导出到其他相同或不同的数据文件及数据库中。通过 SQL Server Integration Service，完成数据 ETL（Extraction-Transformation-Load，抽取、转换和装载），也是实现数据分析、数据仓库等高层次数据应用的重要前提。

本章介绍 SQL Server 数据集成服务，包括数据导入导出向导、SQL Server Data Tools 设计 SSIS 项目等内容。

本章要点：

- SQL Server 2012 数据集成服务
- SQL Server 数据导入导出向导
- SSIS 项目设计

13.1 SQL Server Integration Service 概述

Integration Service 是 SQL Server 2005 版起新增的一项用于异构数据集成和转换的新特性。Integration Service 的前身是 SQL Server DTS，但是与 DTS 不同，Integration Service 已不仅仅是一项 SQL Server 的应用工具，而已经成为 Windows 平台的应用服务。Integration Service 可以独立于 SQL Server 服务安装和运行，成为单独的数据集成的服务平台。

Integration Service 支持多种不同平台数据文件之间的导入、导出和转化，如可以将 Oracle 的数据库转化成为 SQL Server 的数据库，甚至支持将具有一定格式的平面文本文件导入关系型数据库中。Integration Service 支持集成的数据格式包括 OLE DB、ODBC 数据源以及文本文件等。Integration Service 所具有的这种支持多平台数据集成转化的功能，可以实现数据抽取、清洗和装载等应用，使 Integration Service 成为数据仓库和数据分析平台构建重要的工具。

SQL Server 2012 Integration Service 的基本组成结构,包括包、控制流、任务、容器、数据流等,如图 13-1 所示。包是 Integration Service 的执行单元,在 SQL Server 中创建的数据集成方案会以包的形式保存,在包中可以包含需要转换的数据源、数据目标,以及数据集成过程中数据转化的方式。包中还可以包含其他需要由 Integration Service 执行的应用任务,如发送邮件、使用 FTP 传送等。控制流由一个或多个任务及容器组成,在包执行时控制流中的任务会顺序或并行执行。容器用于将任务组织成组,以便包中的任务能够实现重复或循环执行等复杂的流程,容器中还可以包含其他容器,使流程控制更加结构化。数据流在 DTS 中是主要的应用构件,在 Integration Service 中数据流已成为任务的一种,控制流可以通过执行数据流任务实现 DTS 中数据集成和转化功能。

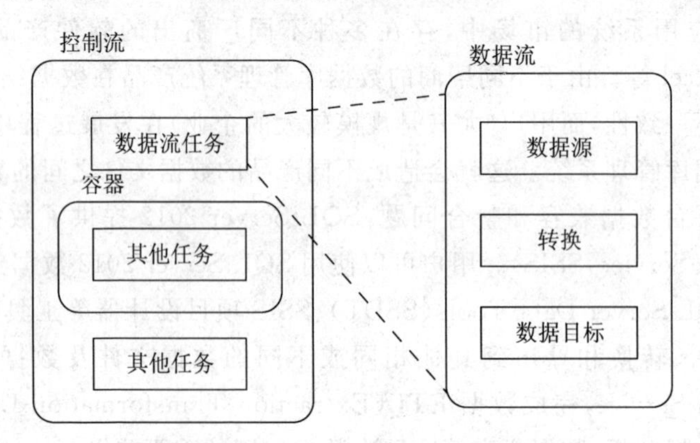

图 13-1 Integration Service 结构简图

SQL Server 2012 Integration Service 中用于数据集成的工具主要有两种:数据导入导出向导和 SSIS 设计器。数据导入导出向导可以将一种数据从一个数据源导入或导出到另一个数据目标,实现数据的集成,导入导出向导过程可以存储为包,以便后续使用,存储后的包也可以在 SSIS 设计器中进行编辑。SSIS 设计器集成在 SQL Server Data Tools(SSDT)中,可以以图形化方式创建和编辑集成服务包。

13.2 数据导入与导出向导

数据导入与导出向导是 SQL Server 提供的轻量级的数据集成工具,支持的数据源包括.NET Framework、OLE DB 和 ODBC Provider,具体有 SQL Server、Oracle、Microsoft Access、Excel、Microsoft 分析服务、Microsoft 数据挖掘服务、XML 和文本文件等。

本节以从 SQL Server 数据库中导出数据到 Access 数据库为例,说明数据导入导出向导的使用过程。虽然 SQL Server 2012 支持的数据格式很多,但除了个别数据格式导出时需做相应的参数设置外,导入导出向导的基本步骤大致相同,包括设置数据源、数据目标、设置转换(映射)关系等。在 SQL Server 2012 中使用数据导入导出向导可以从 Microsoft SQL Server 2012 程序组中执行"导入和导出数据(32 位)"和"导入和导出数据(64 位)"工具,也可以在 SQL Server Management Studio 中执行导入导出功能来实现。

在 SQL Server Management Studio 中数据导出的操作过程如下:

(1) 在 SQL Server Management Studio 的"对象资源管理器"窗口中,展开服务器、数据库节点。

(2) 右击需要导出数据的数据库(本例为 NetSales),在右键菜单中选择“任务”→“导出数据”命令,在“欢迎使用 SQL Server 导入和导出向导”对话框中单击“下一步”按钮。

(3) 设置数据源。SQL Server 支持多种格式的数据库或文件作为数据源,本例从 SQL Server 数据库中导出数据。因此数据源选择为 SQL Server Native Client 11.0,服务器名称为本机(Local),身份验证方式为“Windows 身份验证”,数据库为 NetSales,如图 13-2 所示。

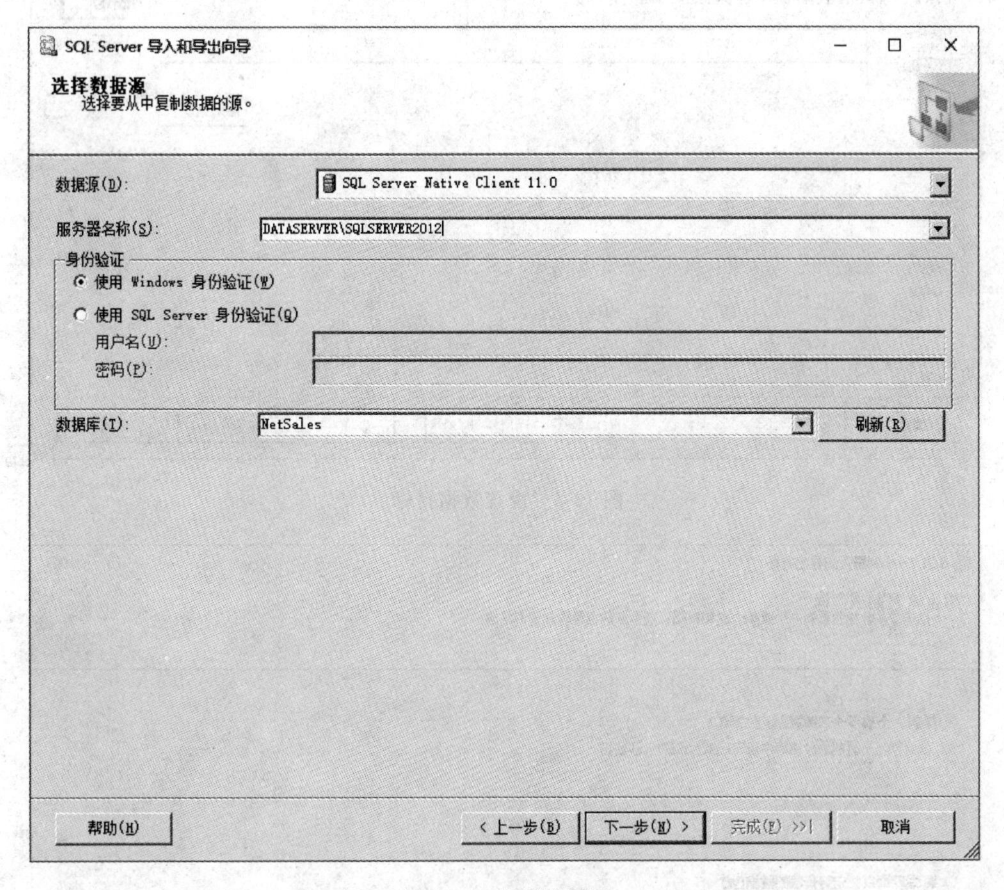

图 13-2 设置数据源

(4) 设置数据目标。SQL Server 数据导出支持多种数据格式或文件作为数据目标。在本例中,将把数据导出到 Access 数据库中。因此,在如图 13-3 所示的“选择目标”对话框中,选择“目标”为 Microsoft Access,并且选择某一 Access 文件作为导入的数据目标。

(5) 指定需要导出的数据。SQL Server 导出向导允许导出部分表或者表中的部分数据,在如图 13-4 所示的“指定表复制或查询”对话框中,可以选择“复制一个或多个表或视图的数据”,以便将选中的表或视图的数据导出到指定的数据目标中;也可以选择“编写查询以指定要传输的数据”,将满足查询语句条件的数据导出到数据目标中。本例选择“复制一个或多个表或视图的数据”。

如果选择“编写查询以指定要传输的数据”,可以在“提供源查询”对话框中输入数据查询的 T-SQL 语句。

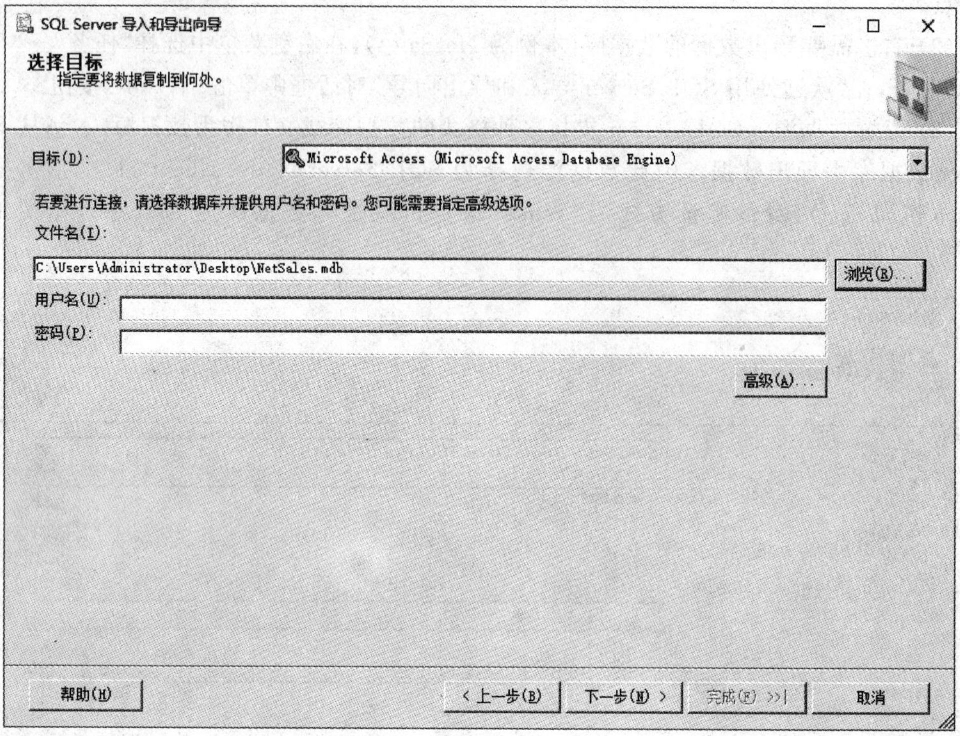

图 13-3 设置数据目标

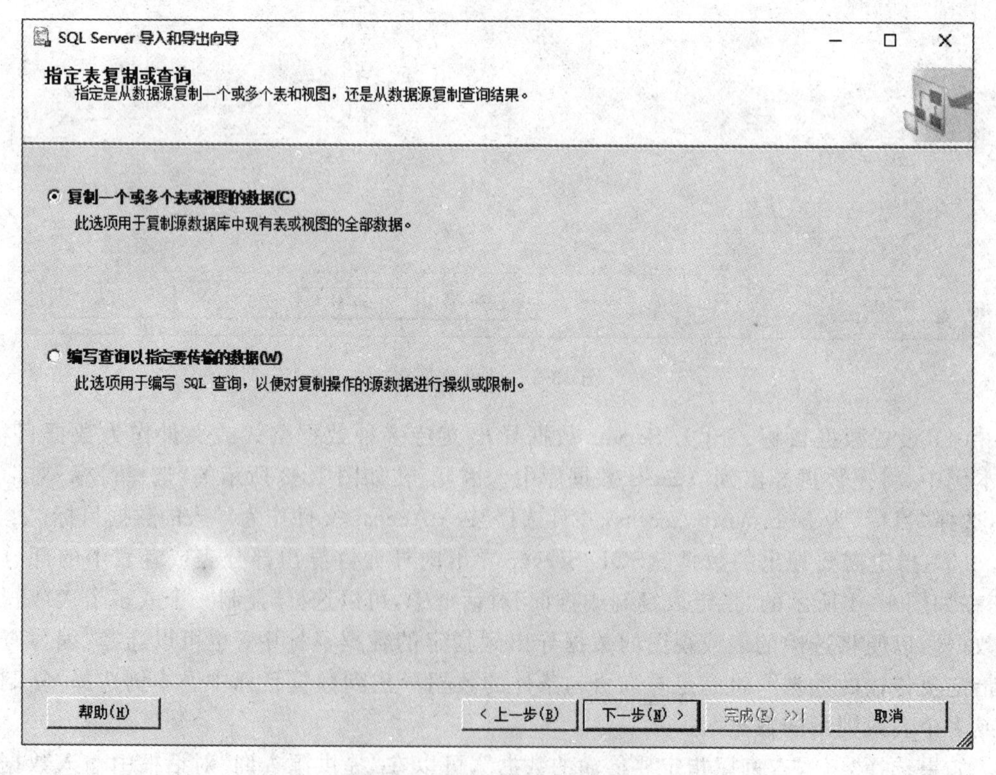

图 13-4 指定表复制或查询

(6) 选择源表和源视图。在如图 13-5 所示的“选择源表和源视图”对话框中，可以选择需要导出的数据表或视图，当在“源”栏中选中导出表或视图时，在“目标”栏中会生成对应导入的表或视图名称，“目标”栏中的名称可以修改。

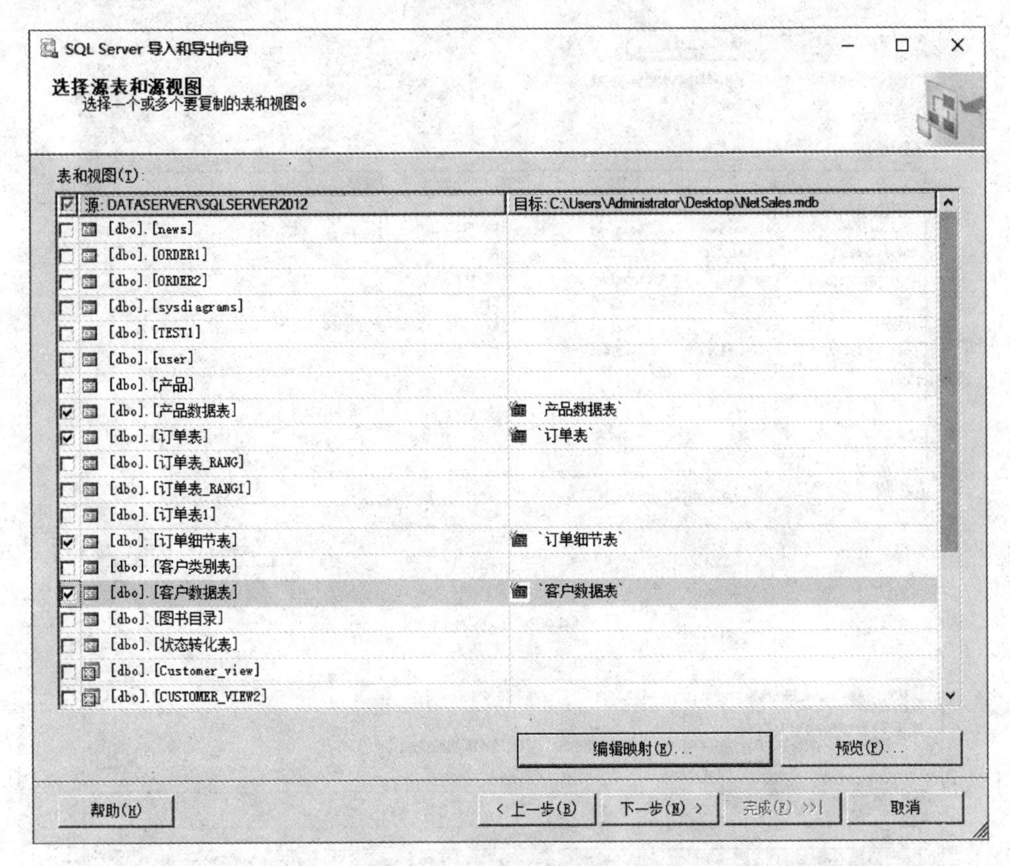

图 13-5 选择源表和源视图

单击“编辑映射”按钮，可以在“列映射”对话框中修改源表列和目标表列的对应映射关系，如图 13-6 所示。如果目标数据库中不存在与源数据库要导出的表同名的表，则系统会选中“创建目标表”，即以新表来保存导入的数据。如果目标数据库中已存在同名表，当选中“删除目标表中的行”时，会以覆盖的方式来存储导入的数据。选中“向目标表中追加行”，则以追加的方式存储导入的数据。选中“删除并重新创建目标表”，会将现有同名表删除，然后创建新表存储导入的数据。在“映射”列表中，可以修改目标表列的列名、数据类型和长度等属性。

(7) 数据类型映射。如果源数据库与目标数据库之间的数据类型定义不一致，SQL Server 允许不同结构数据库之间的数据类型进行转换，图 13-7 给出了 SQL Server 数据库与 Access 数据库之间执行转换时导出向导的处理方式。

(8) 保存并运行包。由导出向导生成的数据集成服务包，可以立即执行，也可以保存为 SSIS 包，以便后续重复使用，SSIS 包可以保存在 SQL Server 中或者文件系统中，如图 13-8 所示。

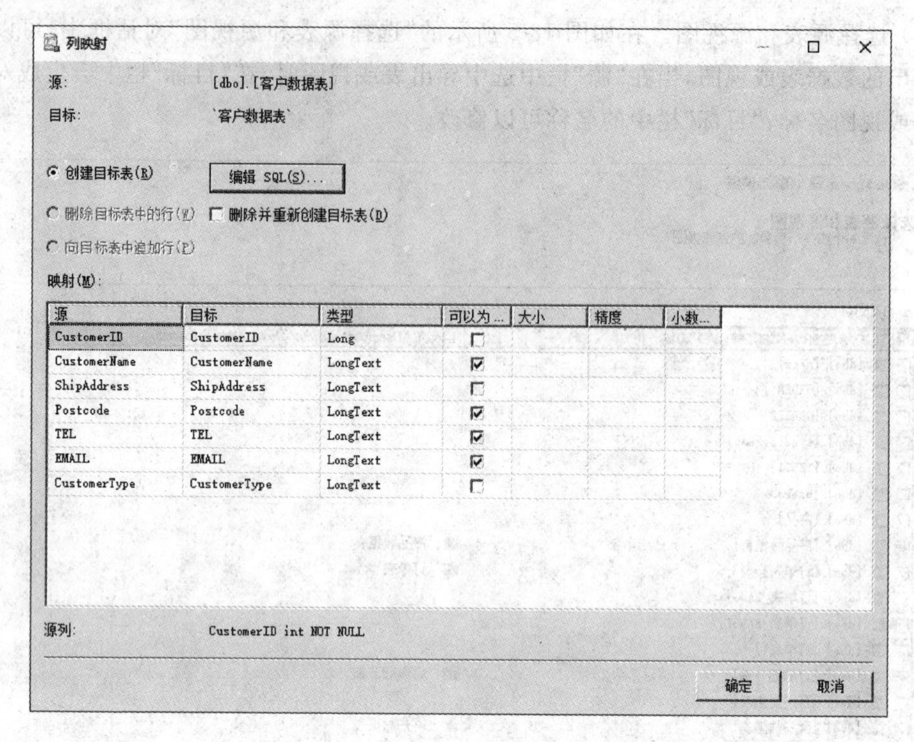

图 13-6 列映射

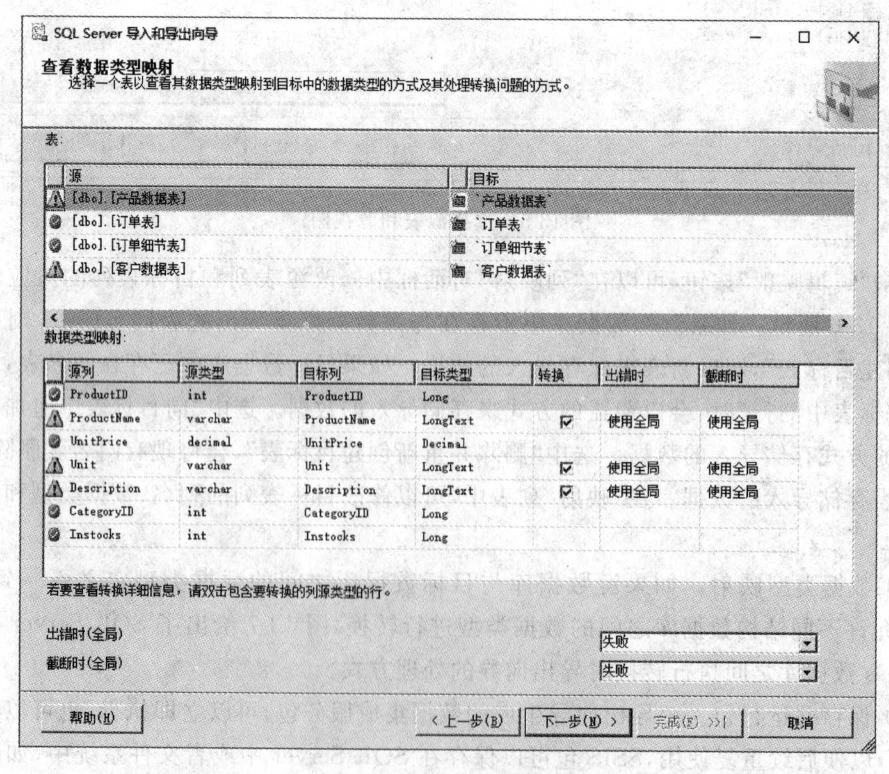

图 13-7 查看数据类型映射

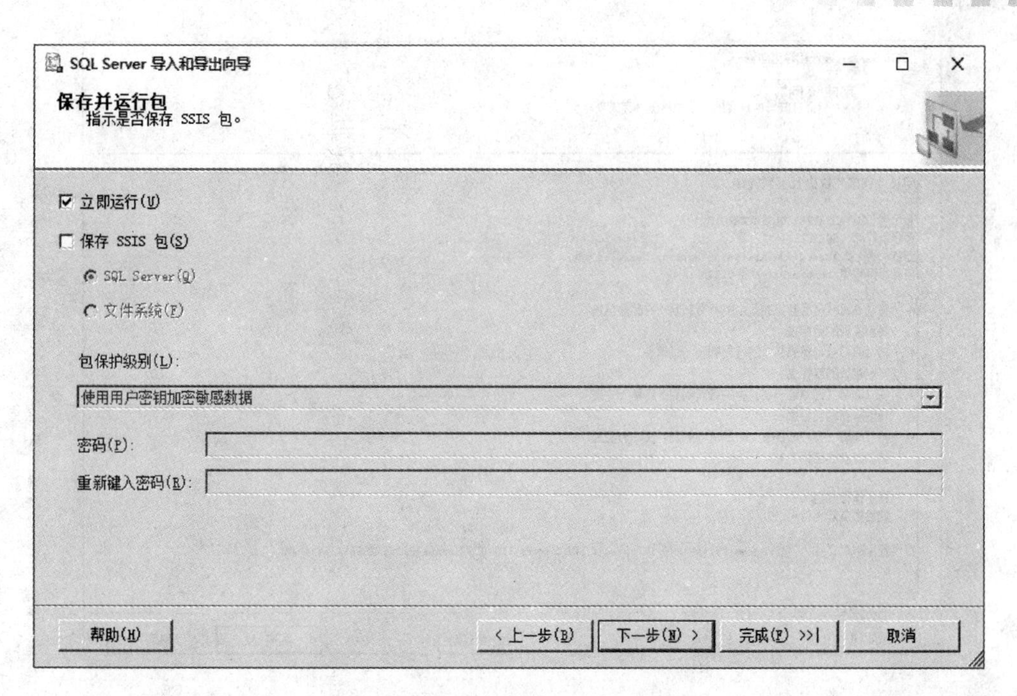

图 13-8 保存并运行包

(9) 指定包的名称。在如图 13-9 所示的“保存 SSIS 包”对话框中,可以指定保存包的名称,以及保存包的 SQL Server 服务器与身份验证方式。

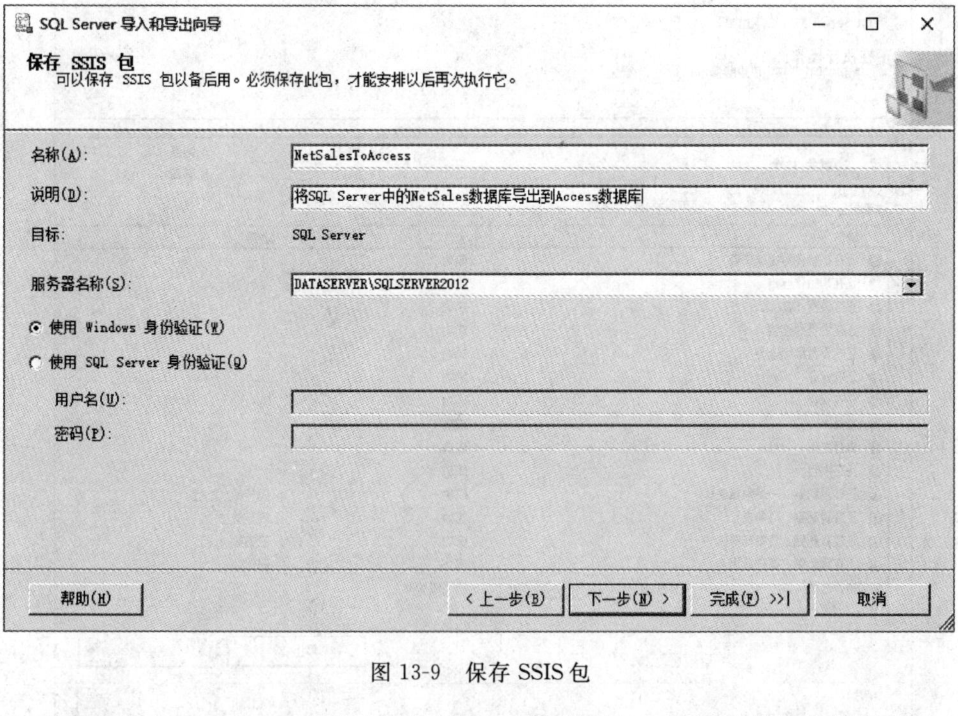

图 13-9 保存 SSIS 包

(10) 完成导出向导。“完成该向导”对话框会给出对导出向导所做的各项设置,如果有误,可以单击“上一步”按钮进行修改,如图 13-10 所示。

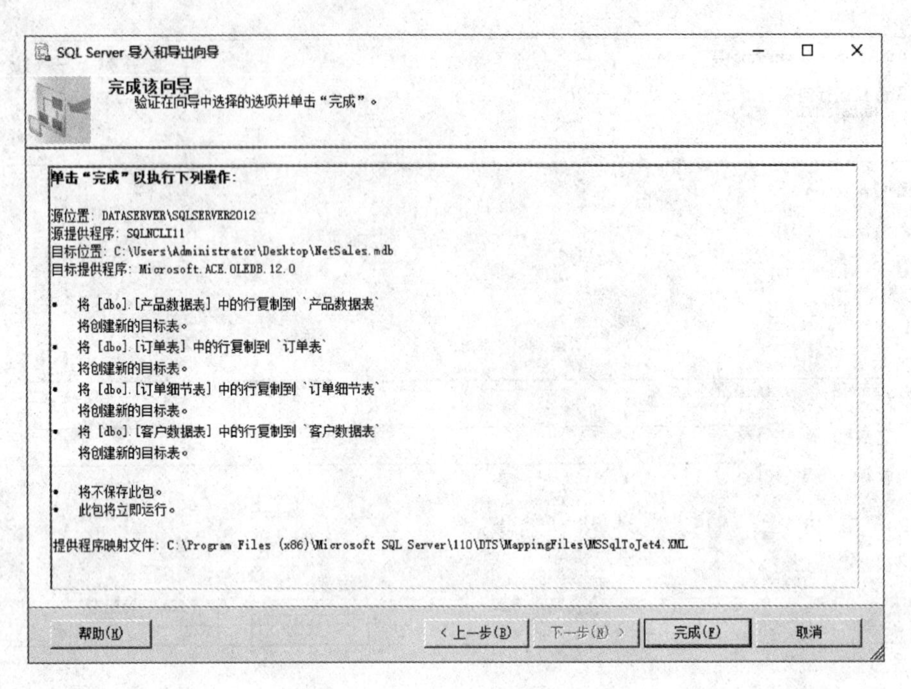

图 13-10　完成向导

(11) 执行导出包。如果在如图 13-8 所示的“保存并运行包”对话框中选中“立即运行”选项,则导出向导会执行此包。图 13-11 给出了包的执行过程和结果。

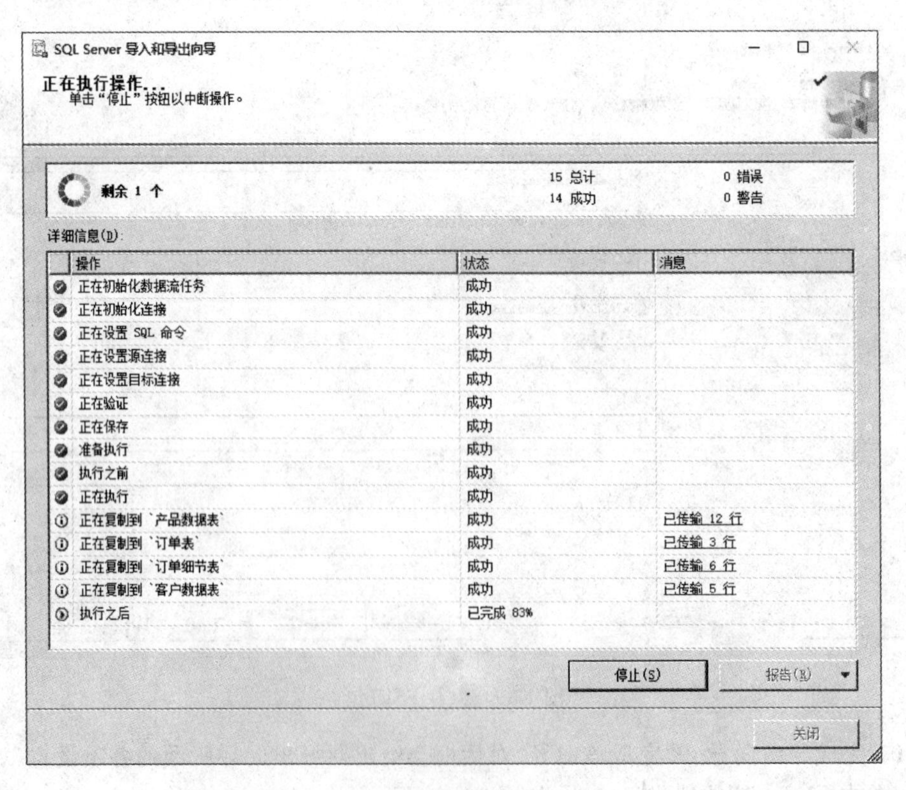

图 13-11　执行导出包

此向导生成的包 NetSalesToAccess 保存在本机服务器中，可以通过 SQL Server Management Studio 连接 SQL Server Integration Service 来调用和管理，如图 13-12 所示。

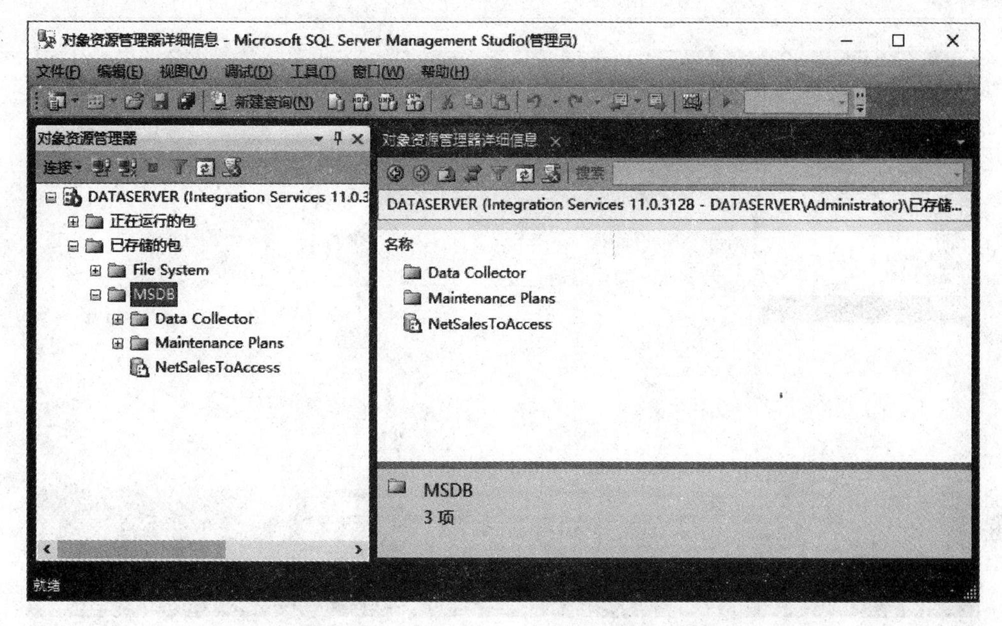

图 13-12 Integration Service 中的集成服务包

13.3 SSIS 包设计

SSIS 包，即 SQL Server Integration Service 包，是 SQL Server 数据集成的项目包。在 SQL Server 2012 中，SSIS 包除了可以由 SQL Server 数据导入导出向导来生成之外，还可以由 SQL Server Data Tools 进行设计。

13.3.1 SQL Server Data Tools

SQL Server Data Tools 是一个 Microsoft Visual Studio 的外壳程序，是 SQL Server 2012 版新增的一个数据智能开发的新工具，用于代替之前版本中的 Business Intelligence Development Studio(BIDS)。应用 SSDT 可以开发 SQL Server Integration Service、SQL Server Analysis Service 和 SQL Server Reporting Service 等多种数据库应用项目。

要启动 SQL Server Data Tools 可以通过下述操作：选择"开始"→"程序"→Microsoft SQL Server 2012→SQL Server Data Tools。

以下以创建 SQL Server Integration Service 项目为例说明 SQL Server Data Tools 的特点。SQL Server Data Tools 启动后，单击菜单"文件"→"新建"→"项目"命令，在如图 13-13 所示的"新建项目"对话框中，选择左侧的"商业智能"项，在中间的模板列表中选择"Integration Services 项目"，输入项目名称和存放的位置，单击"确定"按钮。

如图 13-14 所示是 SQL Server Data Tools 项目设计的主界面，这是一个典型的 Microsoft Visual Studio 项目开发的界面，从左到右分成三大块：左侧的工具箱、中间的设计工作区和右侧的解决方案资源管理器。根据项目开发和管理的需要,SQL Server Data Tools 还可以打开“属性”“服务器资源管理器”“对象浏览器”等各种窗口。

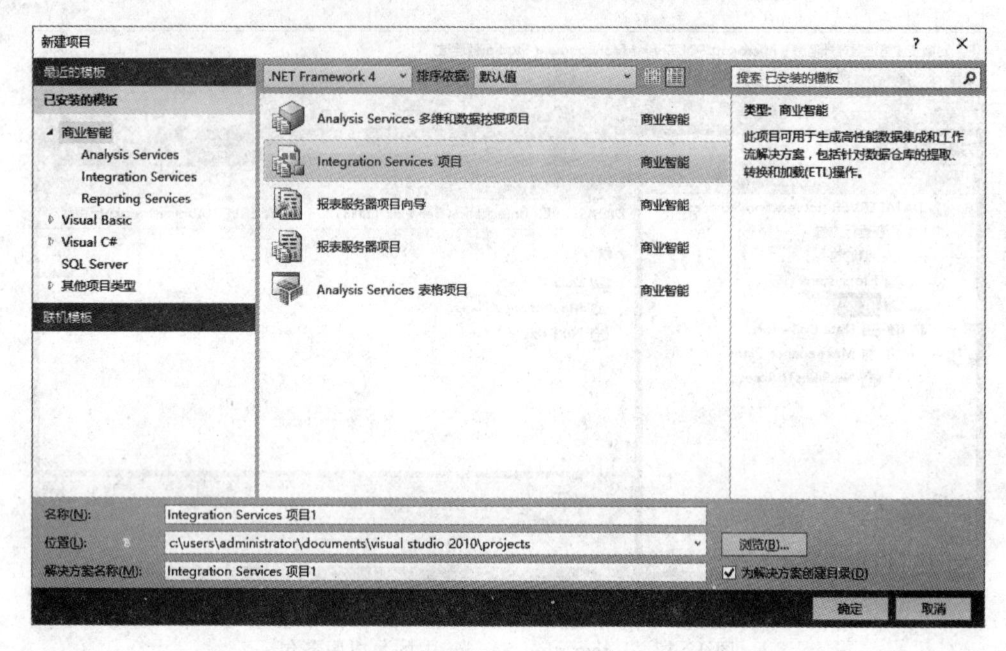

图 13-13　新建 Integration Services 项目

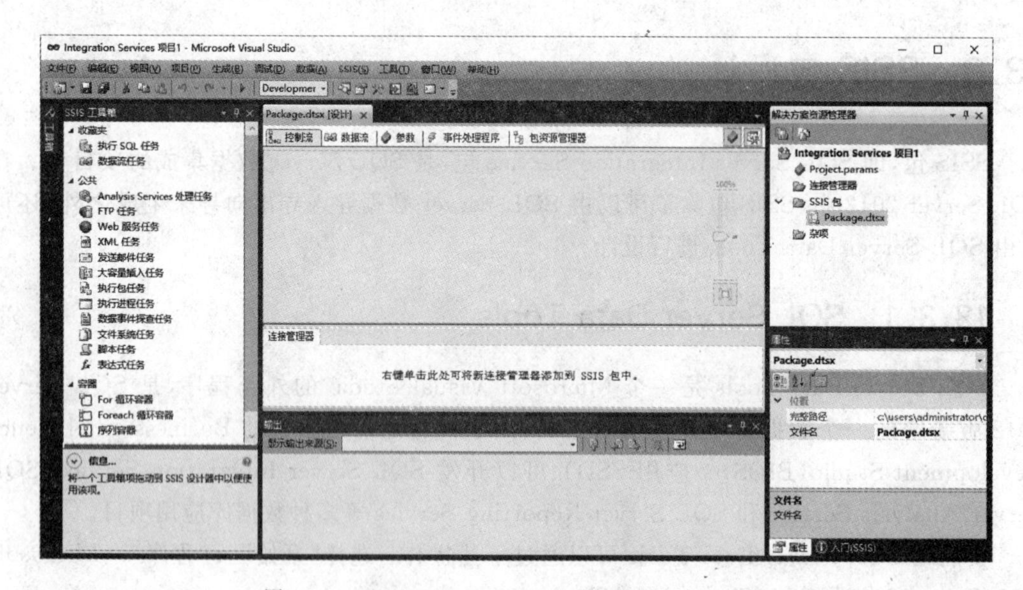

图 13-14　SQL Server Data Tools 项目设计主界面

- 工具箱。左侧的工具箱包含了项目设计开发所需的各种工具。如在 SSIS 开发项目中,工具箱包含了执行 SQL 任务、数据流任务等各项工具。这些工具类似于 Microsoft Visual Studio 中项目开发设计中的工具一样,可以方便地拖放到设计工作区中使用。
- 设计工作区。设计工作区是用于设计生成项目组件的工作区,是一个图形化的设计区，可以方便地增减各种工具，设置工具的属性和任务执行的过程。如在SSIS项目设计中，设计工作区包含控制流、数据流、参数、事件处理程序、包资源管理器5部分。

- 解决方案管理器。可以管理设计生成的项目的各个组成部分。如在SSIS项目开发设计中，解决方案资源管理器中包含Project.params、连接管理器、SSIS包和杂项等。

13.3.2　SSIS数据集成项目设计

本节以从SQL Server数据库中导出数据到文本文件为例来说明SQL Server Data Tools设计SSIS数据集成项目的过程。

(1) 启动SQL Server Data Tools。从前述可知，在SQL Server 2012中，SSIS数据集成项目的设计工具是SQL Server Data Tools。选择Windows操作系统的"开始"→"程序"→Microsoft SQL Server 2012→SQL Server Data Tools，启动SQL Server Data Tools。

(2) 新建SSIS项目。在SQL Server Data Tools窗口中，选择菜单"文件"→"新建"→"项目"。在如图13-13所示的"新建项目"对话框中，选择左侧的"商业智能"，并在右侧的模板中选择"Integration Services项目"；在下方的项目"名称"、"位置"和"解决方案名称"栏中分别输入或者选择项目名称、存储的位置和解决方案名称。单击"确定"按钮后，进入如图13-14所示的SSIS项目设计主界面。可以在右侧的"解决方案资源管理器"中修改"SSIS包"下的包名为SQLtoTxt.dtsx。一个SSIS项目可以包含多个SSIS包。

(3) 添加控制流任务。SSIS项目的任务由控制流进行控制，因此，要设计数据导入导出任务，需要先添加控制流任务。单击工作区的"控制流"选项页，从左侧的"收藏夹"工具箱中拖动"数据流任务"组件到"控制流"工作区的空白区域，如图13-15所示，进一步修改"数据流任务"组件显示的标题为"导出数据到文本文件"。由于本例只需完成从SQL Server数据库中导出数据到文本文件中一项任务，因此，在控制流工作区中只有一项"数据流任务"。当有多项任务时，可以拖动每项任务图标下的蓝色箭头到下一项任务图标，从而使这些任务

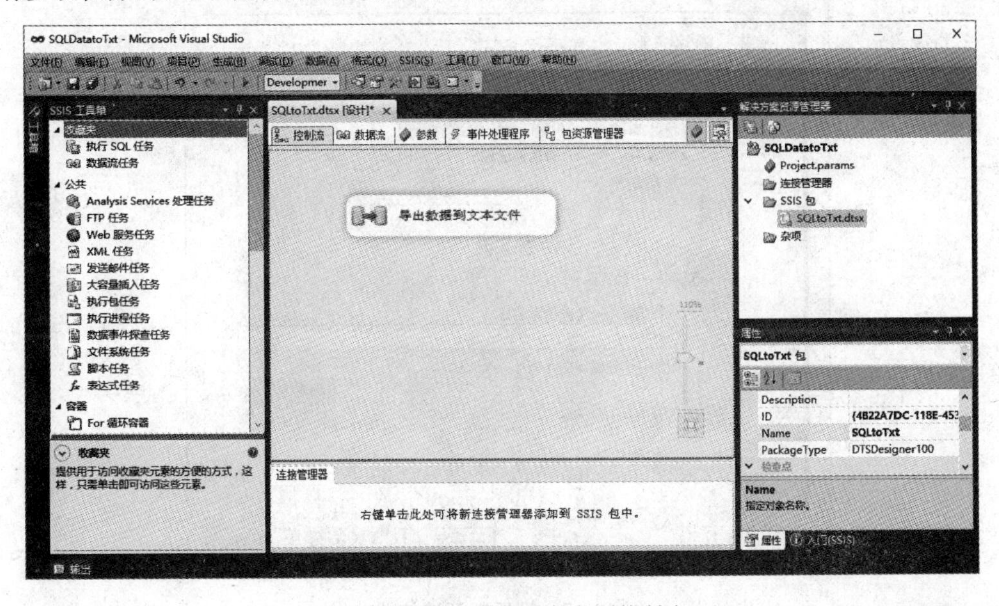

图13-15　添加数据流任务到控制流

之间建立顺序执行关系。

(4) 设置源数据组件。源数据是导出的数据源,本例是 SQL Server 中的数据库 NetSales。双击"控制流"选项框中的"导出数据到文本文件"组件,或者单击设计工作区的"数据流"选项页,切换到"数据流"工作区。从左侧工具箱的"收藏夹"工具箱组件集中拖动"源助手"到"数据流"工作区,在打开的如图 13-16 所示的"源助手-添加新源"对话框中,选择源类型为 SQL Server,然后双击右侧"选择连接管理器"中的"新建..."项。

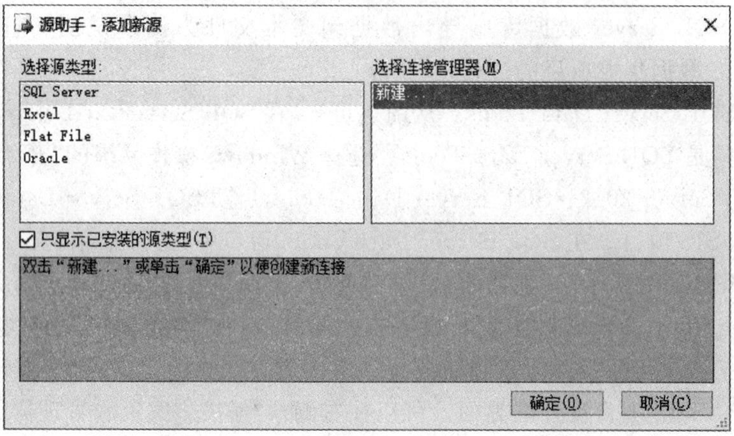

图 13-16 添加新源

(5) 设置新源。在如图 13-17 所示的"连接管理器"对话框中,设置"提供程序"为"本机 OLE DB\ SQL Server Native Client 11. 0","服务器名"为本机的服务器名称;采用 Windows 身份验证,选择连接的数据库为 NetSales。设置完毕后,单击"确定"按钮,返回到

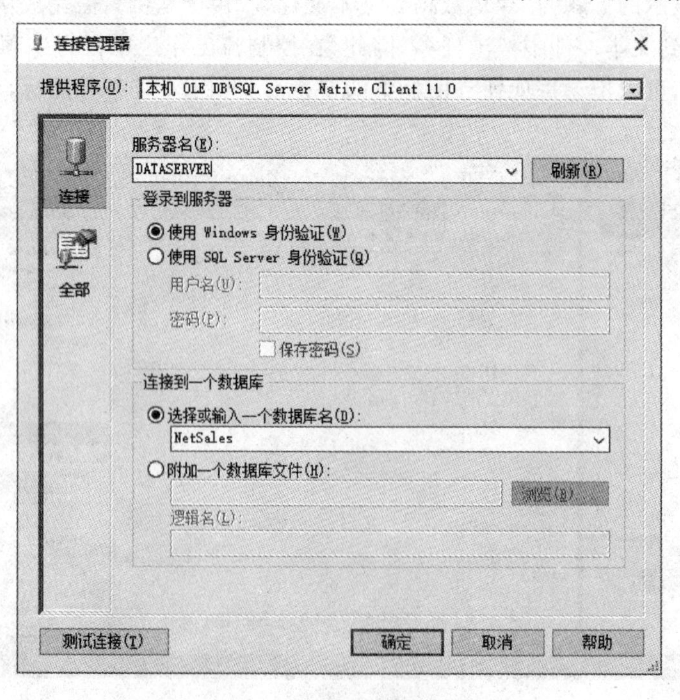

图 13-17 设置新源连接器

“数据流”工作区。设置完毕后，在工作区中会出现一个“OLE DB 源”的组件，这就是要导出的源数据组件。

提示 新增加的源连接器会出现在包底部的“连接管理器”中，名称为 DataServer.NetSales。此连接是包的连接，只能供本 SSIS 包(SQLtoTxt.dtsx)使用。SSIS 2012 允许一个连接供多个包共享，这种连接称为项目连接，需要在“解决方案资源管理器”下的“连接管理器”中创建和管理。包连接也可以转化为项目连接，方法是：右击包“连接管理器”中的连接，然后在右键菜单中选择“转化为项目连接”命令，此连接会出现在“解决方案资源管理器”下的“连接管理器”中，成为项目中所有包共用的连接。

(6) 选择需导出的源数据表。在“数据流”工作区，新增的“OLE DB 源”组件右侧带有红叉表示此数据源尚未设置完毕。本例还需要为此数据流组件设置导出的源数据表，双击“OLE DB 源”组件，在如图 13-18 所示的“OLE DB 源编辑器”中，设置“数据访问模式”为“表或视图”，选择“表或视图的名称”为 news。

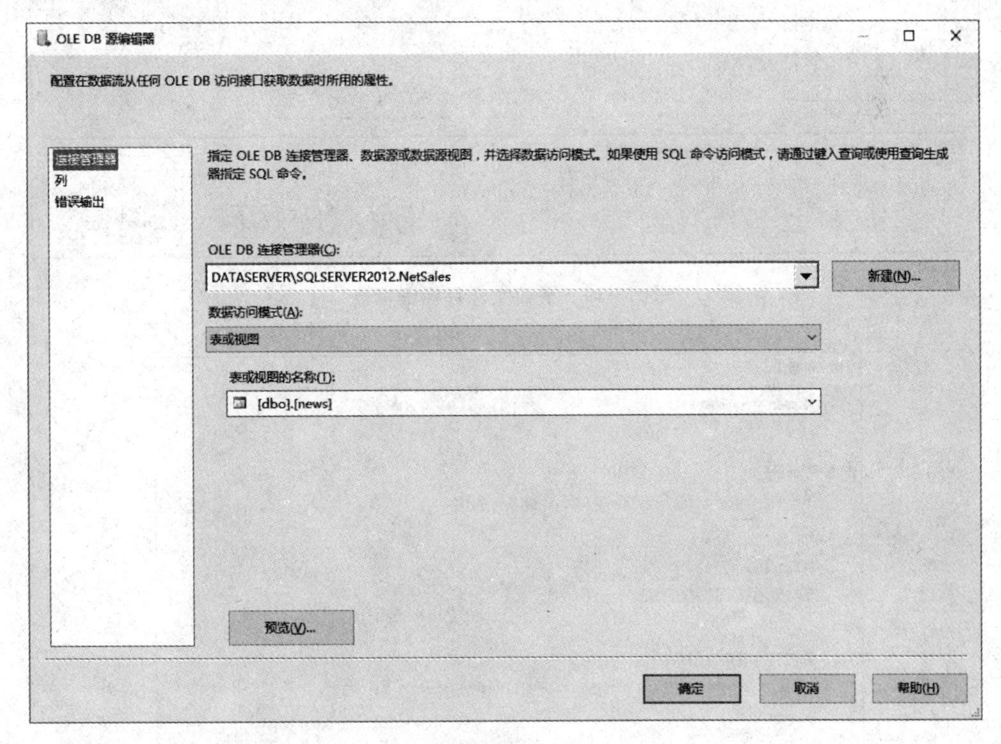

图 13-18 OLE DB 源编辑器

(7) 新建目标。目标是 SSIS 项目的数据导入方，本例中是指文本文件。设计工作区保持在“数据流”工作区，在左侧工具箱中，选择“其他目标”下的“平面文件目标”，拖动到当前“数据流”工作区，可以置于“OLE DB 源”的下方。双击此“平面文件目标”组件，在如图 13-19 所示的“平面文件目标编辑器”中设置平面文件目标连接的参数。

(8) 设置目标连接参数。在“平面文件目标编辑器”对话框中，单击“平面文件连接管理器”右侧的“新建”按钮，在如图 13-20 所示的“平面文件格式”对话框中选择“带分隔符”，然后单击“确定”按钮。然后在如图 13-21 所示的“平面文件目标连接管理器编辑器”对话框中选择左侧“常规”项，选择文本文件的名称，保留其他设置为默认值。

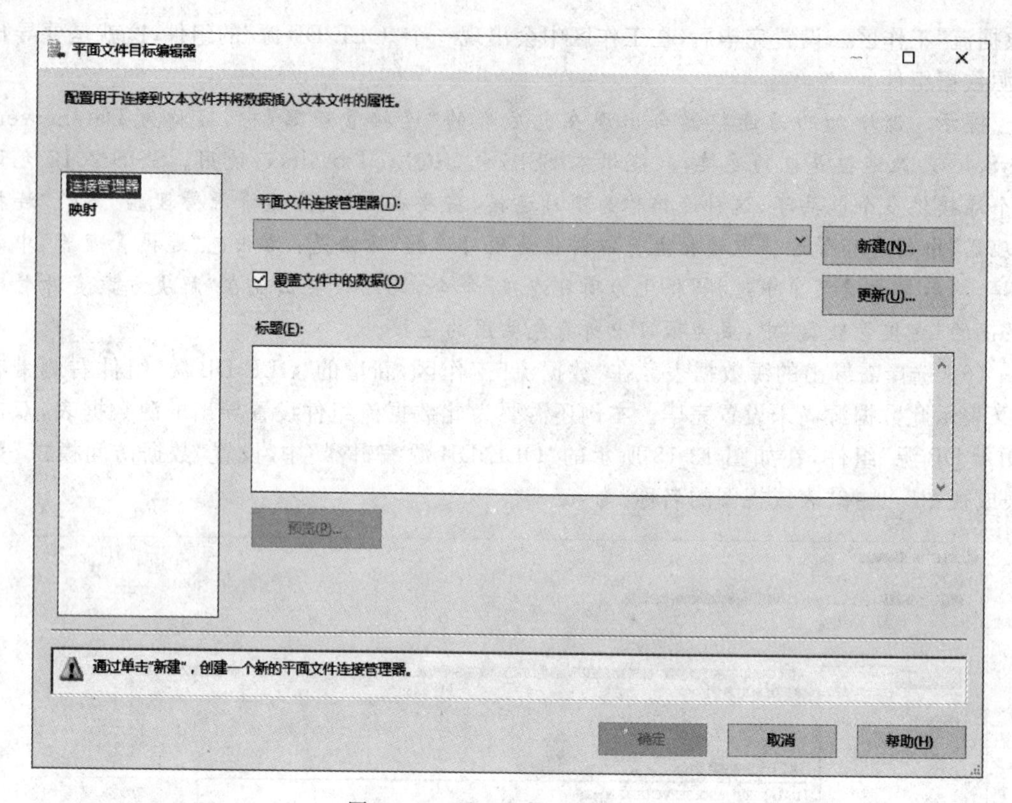

图 13-19　平面文件目标编辑器

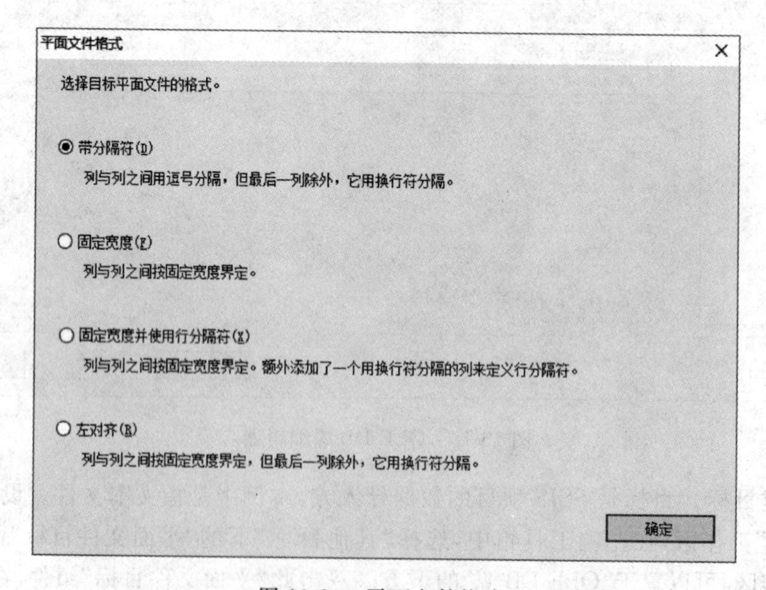

图 13-20　平面文件格式

(9) 添加文本文件列。在"平面文件目标连接管理器编辑器"对话框中，选择左侧的"高级"选项，在"高级"选项页中，单击"新建"按钮，为文本文件新增 8 列，每列的 Name 属性分别设置为 ID、标题、文章来源、点击数、更新时间、发布人、状态，如图 13-22 所示。完成后，单击两次"确定"按钮，返回到"数据流"工作区。

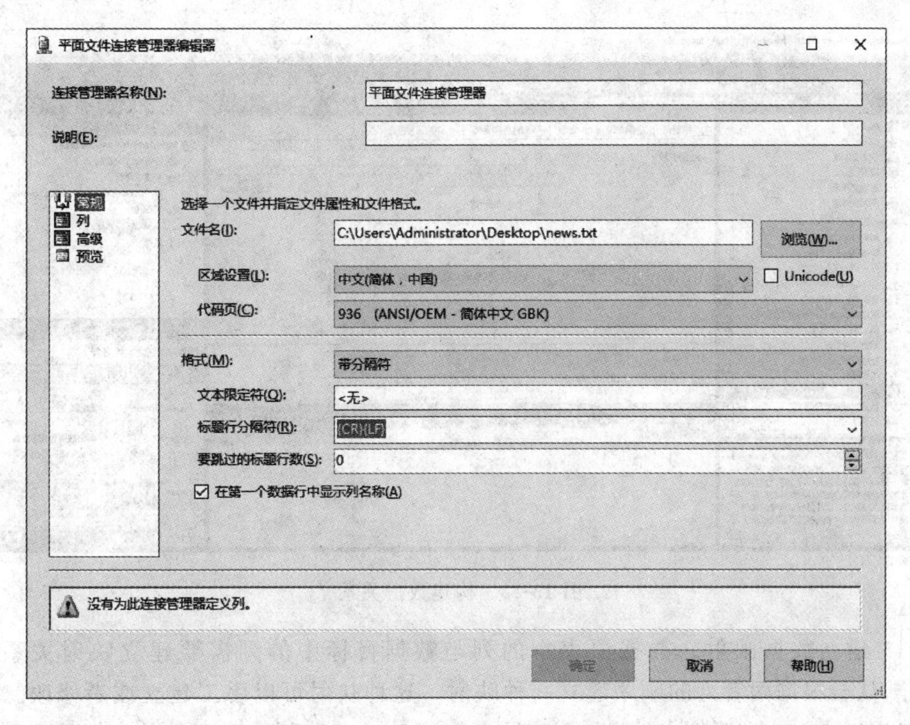

图 13-21　平面文件目标连接管理器编辑器

图 13-22　设置文本文件列

(10) 建立导入关系。在“数据流”工作区，选中“OLE DB 组件”，拖动组件下的蓝色箭头到“平面文件目标”组件上，为两者之间建立数据导入关系，如图 13-23 所示。

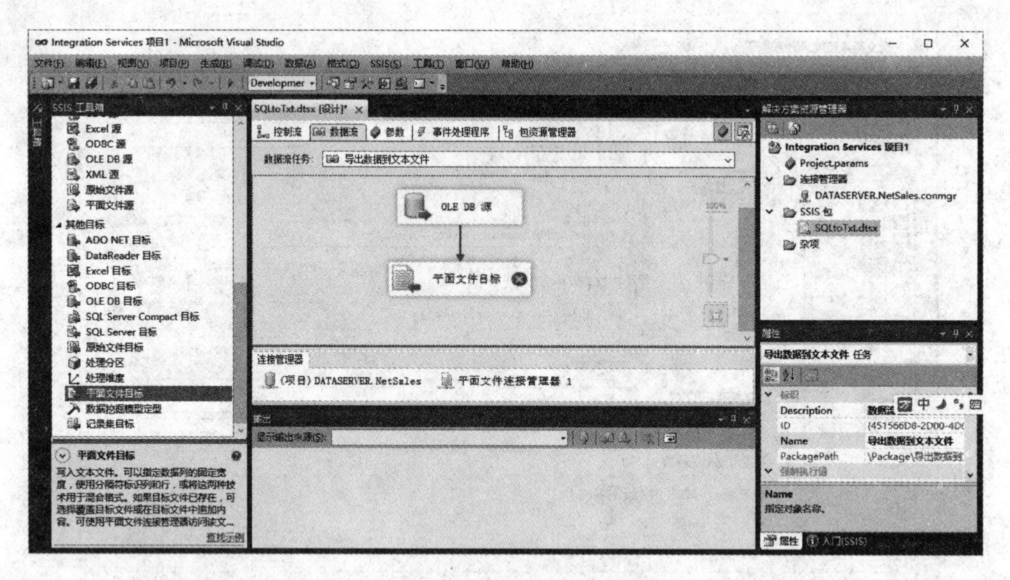

图 13-23　构建数据关系

(11) 建立数据映射。数据源表中的列与数据目标中的列需要建立映射关系,SQL Server 默认会根据两者列的顺序建立一种映射。这种映射可以手工建立或者修改。在“数据流”工作区中,双击“平面文件目标”组件,在如图 13-24 所示的“平面文件目标编辑器”对话框中,选择左侧的“映射”选项,可以通过修改“输入列”与“目标列”的对应关系,建立列的映射。

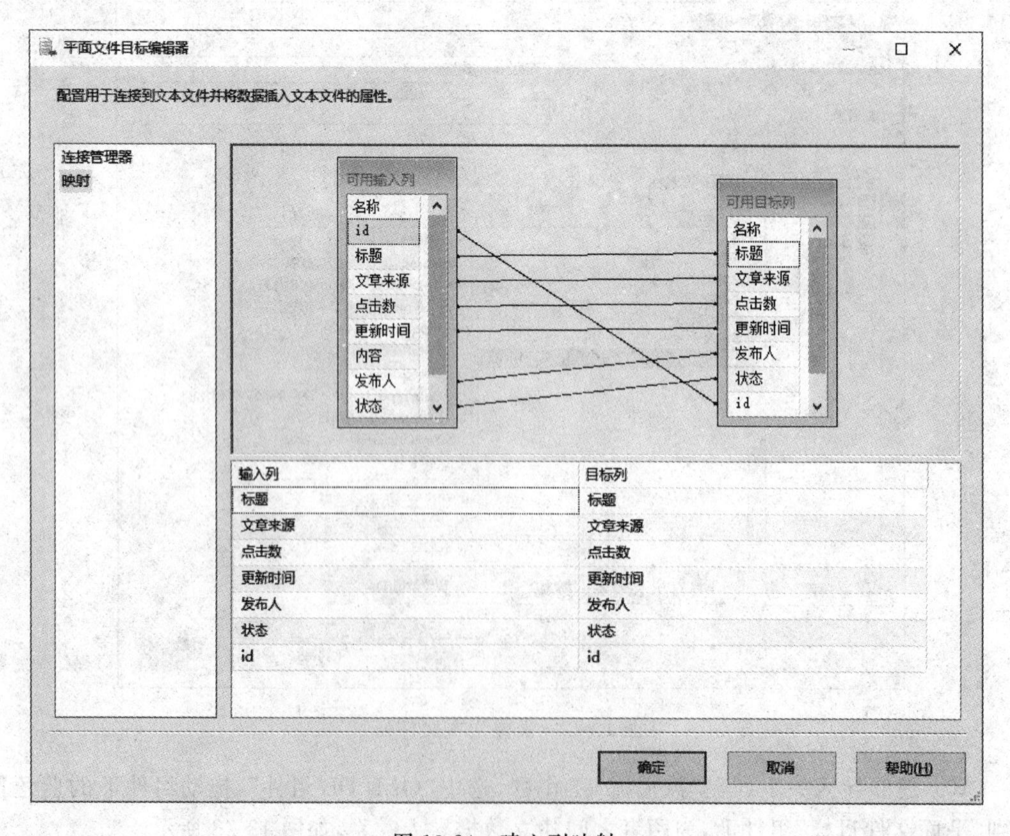

图 13-24　建立列映射

(12) 保存和运行 SSIS 项目。经上述过程,SSIS 项目已构建完成,在“解决方案资源管理器”中,右击“SSIS 包”下的 SQLtoTxt.dtsx 包,并在右键菜单中选择“执行包”命令,可以运行当前的 SSIS 项目。执行完成后,如图 13-25 所示,绿色箭头表示执行成功,已有 75 行数据从 SQL Server 数据库导出到了文本文件。

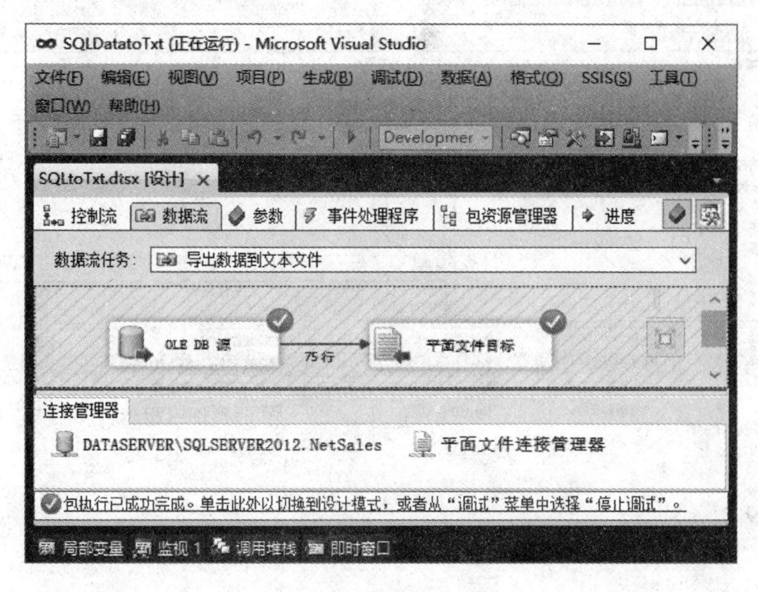

图 13-25 运行 SSIS 项目

13.3.3 数据转化

13.3.2 节介绍的 SSIS 项目相对简单,只能完成从数据库导出到文本文件的操作。有时,在数据导入导出的过程中,需要对导出的数据进行转化处理。以 13.3.2 节的数据导出为例,有时需要将“更新时间列”分解为“年”“月”“日”3 列,将“状态”列值从原 True 和 False 转化为“已审核”和“未审核”。另外,13.3.2 节的例子中由于“内容”列的数据类型较为特殊,直接导出到文本文件中,也存在数据类型的匹配问题。这些都需要使用数据转化功能。

SQL Server Data Tools 在 SSIS 包设计时允许在数据流任务中添加数据转化任务,使导出数据满足用户的需要。以下实例说明包含数据转化的 SSIS 项目的创建过程。

(1) 在 SQL Server Data Tools 中,打开 13.3.2 节创建的 SSIS 项目。

(2) 添加派生列。将“更新日期”列的数据分解成“年”“月”“日”3 列,需要使用“派生列”转化。在设计工作区中,单击“数据流”选项,切换到数据流设计工作区。从左侧工具箱的“公共”组件集中拖动“派生列”到“数据流”设计工作区。

(3) 设置任务流程。在“数据流”设计工作区中,右击原有“OLE DB 源”和“平面文件目标”两图标间的连线,在右键菜单中选择“删除”命令,删除原有的数据流任务流程。拖动“OLE DB 源”的绿箭头到“派生列”组件上,在两者之间建立流程关系。

(4) 设置“派生列”。在设计工作区中双击“派生列”组件,在如图 13-26 所示的“派生列转换编辑器”对话框中,展开左侧的“列”列表,拖动“更新时间”列到下方的编辑区域,设置“派生列名称”分别为“年”“月”“日”,表达式分别为 YEAR([更新时间])、MONTH([更新时间])和 DAY([更新时间]),表示分别从“更新时间”列的值中取年、月、日的值,派生列的数据类型都为“四字节带符号的整数”。单击“确定”按钮返回 SSIS 设计工作区。

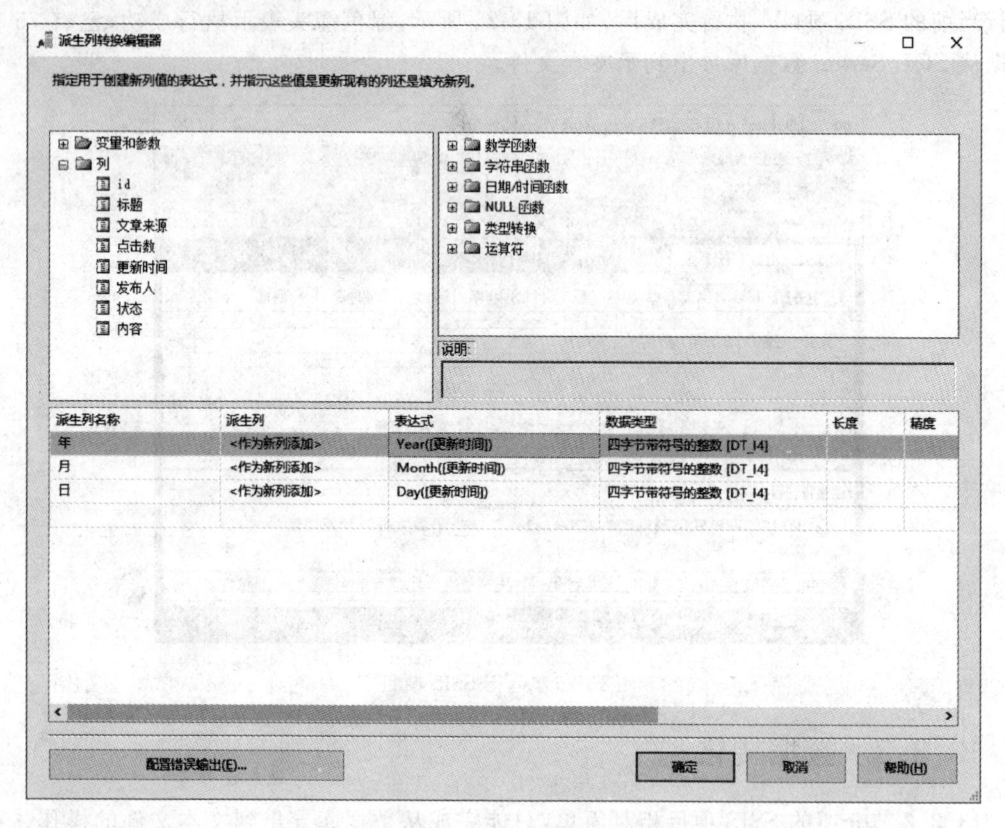

图 13-26 派生列转换编辑器

(5) 设置“状态”列转换。假设“状态”列的 True 和 False 值分别对应“已审核”和“未审核”值,且已保存在 NetSales 数据库的“状态转化表”中,则可以通过“查找”转换实现数据值的转换。

从左侧工具箱的“公共”组件集中拖动“查找”组件到“数据流”设计工作区,拖动“派生列”组件的绿箭头到“查找”组件上,在“派生列”组件和“查找”组件之间建立流程关系。

(6) 设置“查找”组件属性。在“数据流”设计工作区中双击“查找”组件,在如图 13-27 所示的“查找转换编辑器”对话框中,单击左边的“连接”选项,设置“OLE DB 连接”为本机 SQL Server 服务器的 NetSales 数据库,使用的表或视图为“状态转化表”。

单击左侧的“列”选项,切换到“列”选项页,如图 13-28 所示。在上部“可用输入列”列表中,拖动“状态”列到“可用查找列”列表的“状态值”上,选中“可用查找列”列表中的“状态名称”。此项设置表示,“状态转化表”是 News 表的查找引用表,查找的关系是从“状态转化表”的“状态值”列中找到与 News 表中“状态”列值相同的行,然后用“状态名称”列的值作为输出的值。

在 SQL Server 2012 中作为查找引用的数据集可以是缓存文件、现有表或视图、新表或 SQL 查询的结果。

设置完毕后,单击“确定”按钮返回到 SSIS 设计工作区。

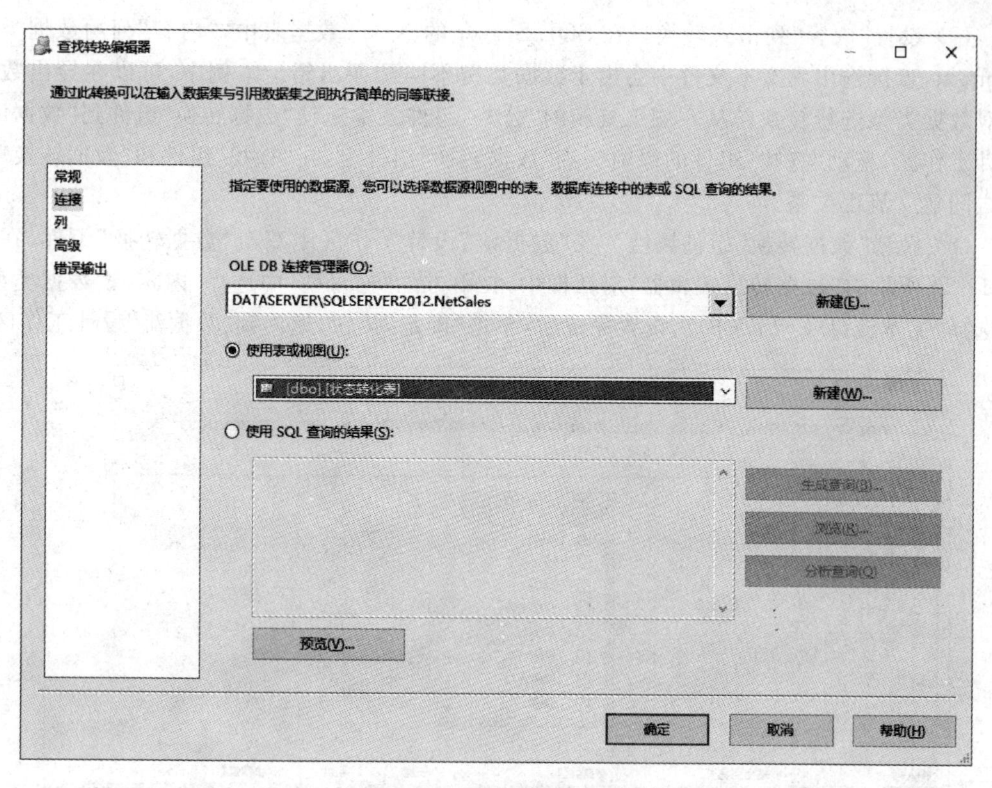

图 13-27 查找转换编辑器

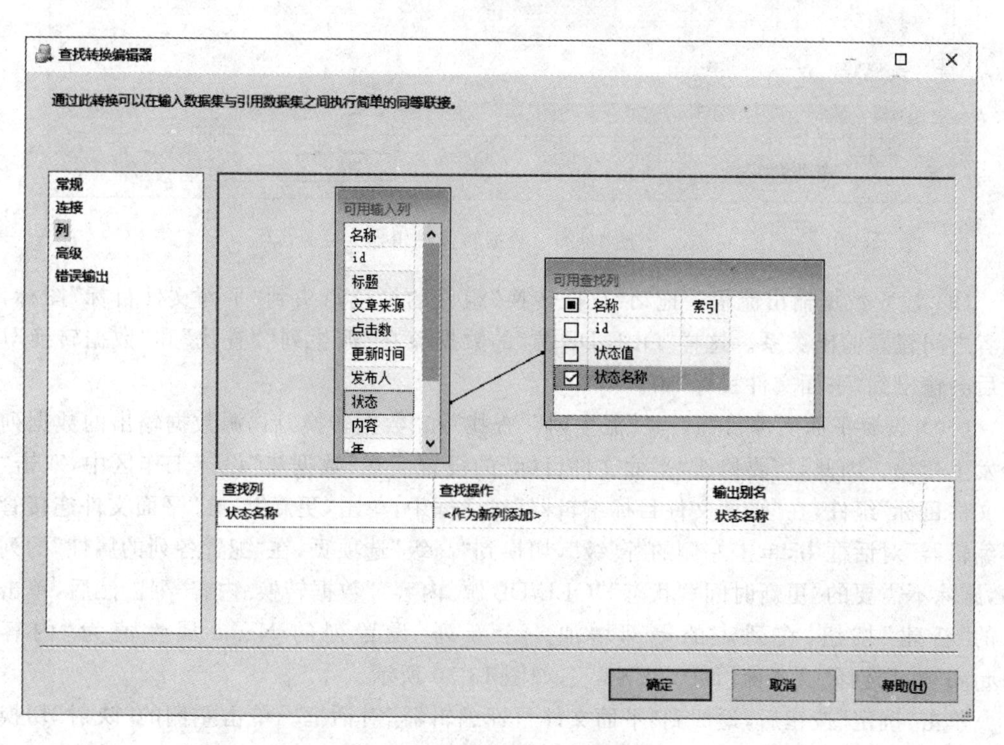

图 13-28 查找转换列对应关系

(7) 设置“内容”列格式转换。在 SQL Server 的 News 数据表中,“内容”列的数据类型是 ntext,直接输出到文本文件中会由于数据类型不匹配而出错。本例中,可以在导出数据前对数据类型进行转换。从左侧工具箱的“公共”组件集中拖动“数据转换”组件到“数据流”设计工作区,拖动“查找”组件的绿箭头到“数据转换”组件上,在“查找”组件和“数据转换”组件之间建立流程关系。

(8) 设置“数据转换”组件属性。在“数据流”设计工作区中双击“数据转换”组件,在如图 13-29 所示的“数据转换编辑器”对话框中,在下方的“输入列”中选择“内容”,“数据类型”项选择“文本流(DT_TEXT)”,设置完成后,单击“确定”按钮,返回到“数据流”设计工作区。

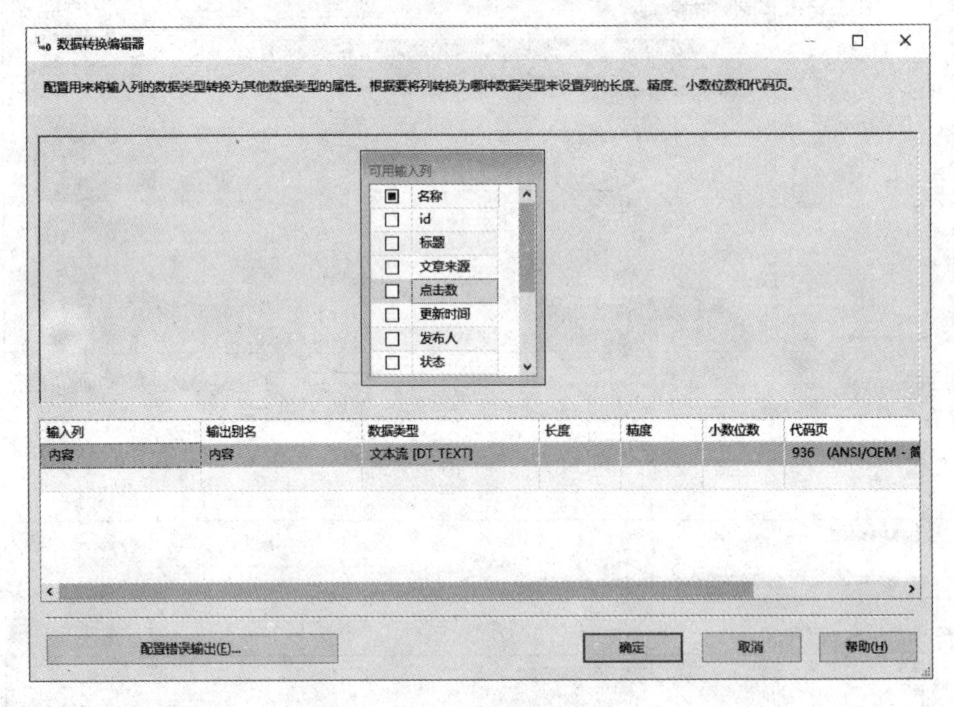

图 13-29 数据转换编辑器

(9) 建立数据输出流程。拖动“数据转换”组件的绿色箭头到“平面文件目标”图标,在两者之间建立输出关系。这样“OLE DB 源”的数据流在“派生列”“查找”和“数据转换”后,最后会输出到“平面文件目标”中。

(10) 设置平面文件目标。经“派生列”“查找”和“数据转换”后,源数据输出的数据列已经发生变化。因此,需要修改“平面文件目标”的设置。在“数据流”设计工作区中,双击“平面文件目标”组件,在“平面文件目标编辑器”对话框中,单击“更新”。在“平面文件连接管理器编辑器”对话框中,单击左侧的“高级”,切换到“高级”选项页,在“配置各列的属性”的列表中,删除不需要的“更新时间”“状态”“OLE DB 源.内容”“数据转换.内容”列。然后,单击下方的“新建”按钮,在列表的尾部增加一个新列,设置列的 Name 属性值为“内容”,“DataType”选择“文本流[DT_TEXT]”,如图 13-30 所示。

单击“确定”按钮后,返回到“平面文件目标编辑器”对话框。单击左侧的“映射”切换到“映射”选项页,拖动“可用输入列”中的“年”“月”“日”“状态名称”等列到“可用输出列”的对应列上,如图 13-31 所示。

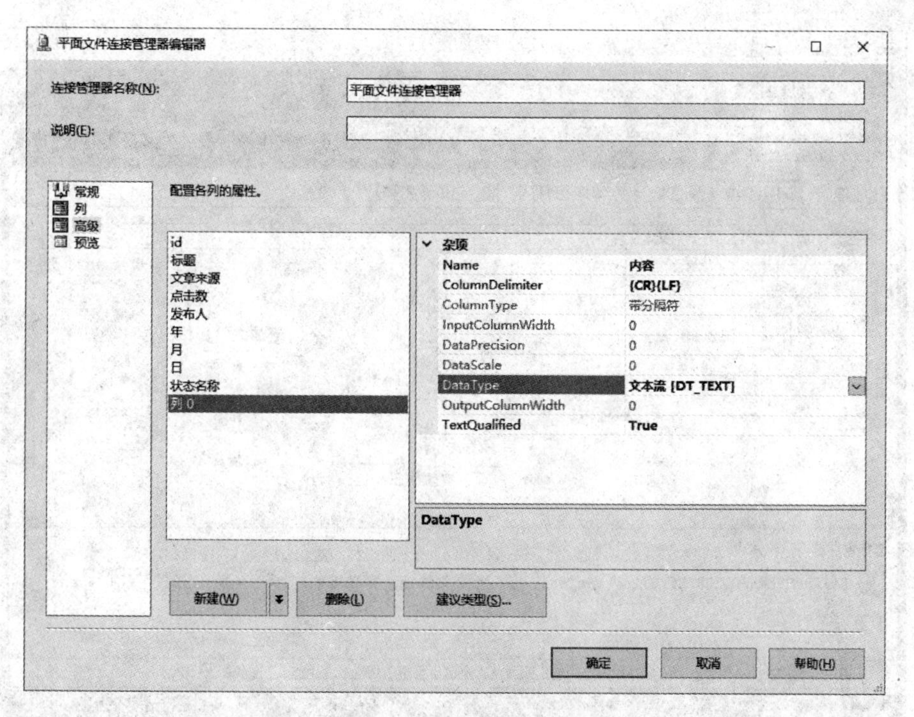

图 13-30　配置各列的属性

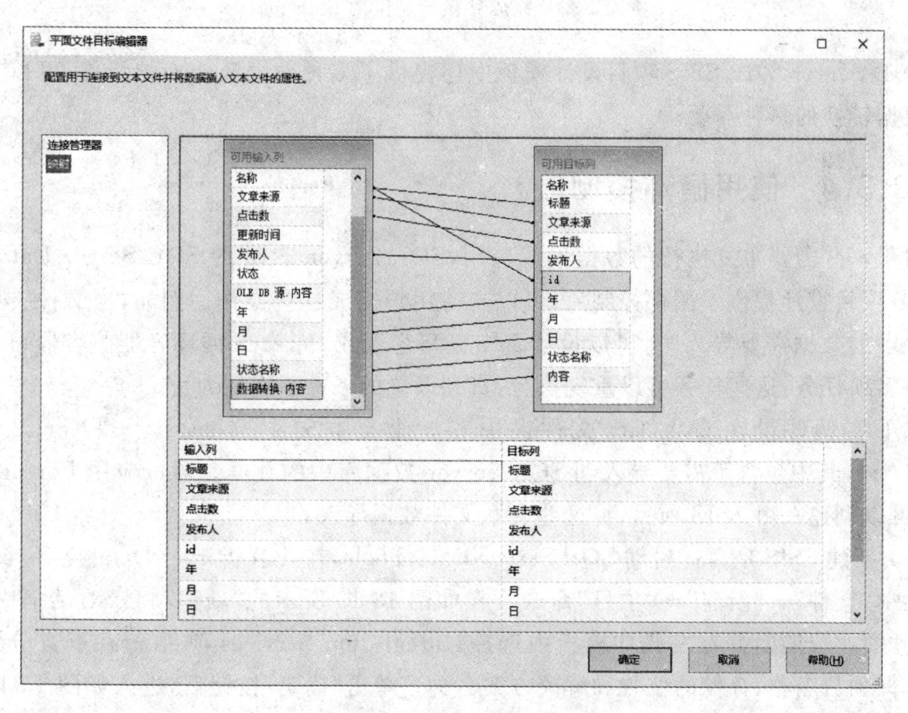

图 13-31　设置列对应关系

（11）保存和执行 SSIS 项目。单击工具栏中的保存按钮，保存本例创建的 SSIS 项目。单击工具栏中的启动调试按钮，可以调试 SSIS 项目，执行结果如图 13-32 所示。

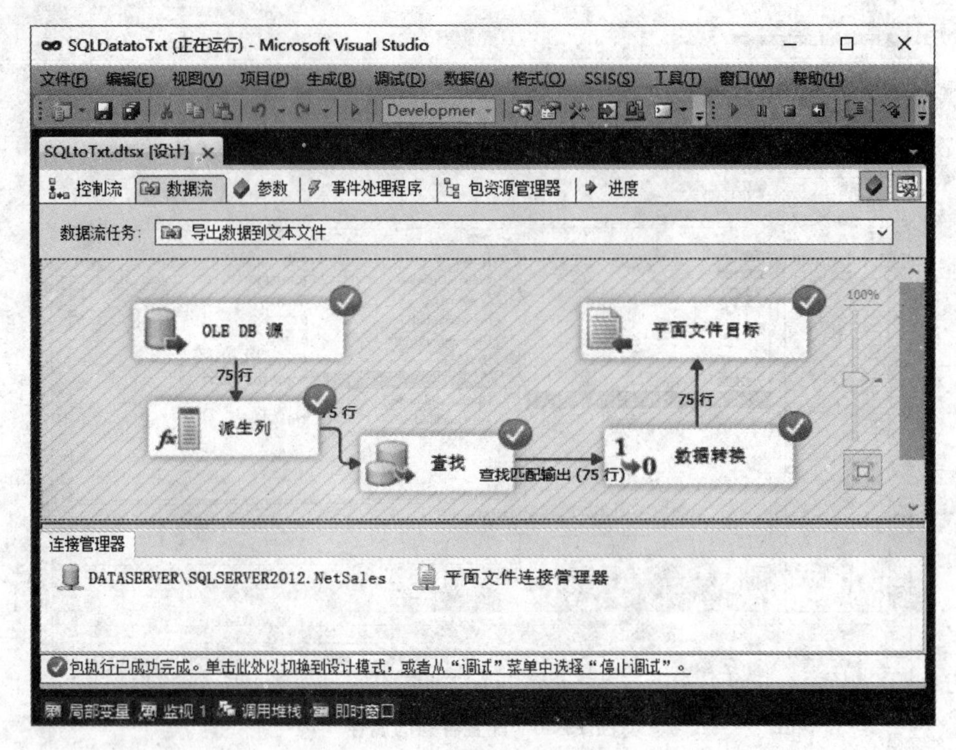

图 13-32　完成并执行调试的 SSIS 包

SQL Server 2012 SSIS 项目设计模板中还提供了多种数据流转换的组件，可以支持用户对数据转换的多种需要。

13.3.4　使用循环控制流

对于一些需要重复执行的数据集成应用，SQL Server 2012 的 SQL Server Data Tools 为 SSIS 项目设计提供了循环控制流，可以支持用户完成这些操作。例如，当文件夹中有多个文件中的数据需要导入时，可以设计 For 循环容器或 Foreach 循环容器。容器可以包含一项或多项任务，这些任务可以重复执行，直到设置的条件不满足为止。

以下实例假设在 C:\Data 文件夹中有 3 个文本文件：News1. txt、News2. txt 和 News3. txt，其中包含了需要导入到 SQL Server 数据库中的数据。通过应用 Foreach 循环容器，可以创建一个 SSIS 项目，将这些文本文件数据导入。

(1) 新建 SSIS 项目。启动 SQL Server Data Tools，在 SQL Server Data Tools 窗口中，选择菜单“文件”→“新建”→“项目”命令。在如图 13-13 所示的“新建项目”对话框中，选择左侧的“商业智能”，并在右侧的模板中选择“Integration Services 项目”；在下方分别输入或者选择项目名称、存储的位置和解决方案名称。单击“确定”按钮后，进入如图 13-14 所示的 SSIS 设计器。

(2) 添加 Foreach 循环容器。在 SSIS 设计器中单击“控制流”，从左侧工具箱中拖动“容器”组件集中的“Foreach 循环容器”到“控制流”设计工作区。

(3) 在 Foreach 循环容器中添加数据流任务。从左侧工具箱中拖动“收藏夹”组件集中的“数据流任务”到“控制流”设计工作区的“Foreach 循环容器”中。完成后的“控制流”设计工作区如图 13-33 所示。

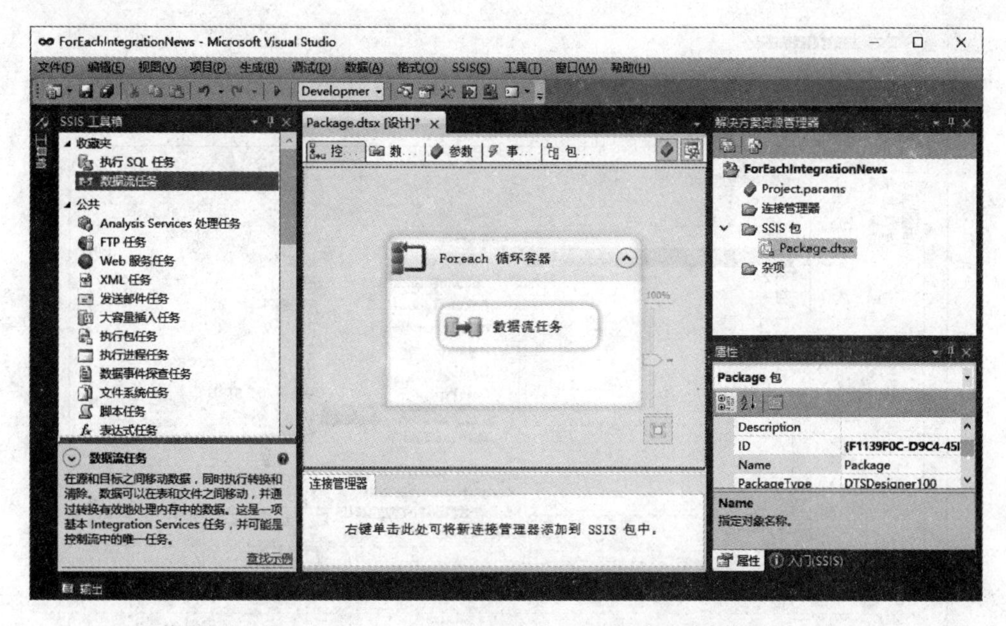

图 13-33　在 Foreach 循环容器中添加数据流任务

(4) 设置数据流任务。在设计工作区中单击“数据流”，切换到“数据流”设计工作区，拖动工具栏中的“其他源”组件集的“平面文件源”组件到设计区。然后再拖动“其他目标”组件集中的“OLE DB 目标”组件到工作区。

(5) 设置平面文件源。在“数据流”设计工作区中，双击“平面文件源”，在“平面文件源编辑器”对话框中，连接平面文件源到 C:\Data\News1. txt，并在如图 13-34 所示的“平面文件连接管理器编辑器”对话框中的“高级”选项页中修改列名称、数据类型和长度，如表 13-1 所示。

表 13-1　列设置

列名	Name	DataType	OutputColumnWidth
列 0	ID	双字节不带符号的整数	
列 1	标题	字符串[DT_STR]	50
列 2	点击数	双字节不带符号的整数	
列 3	发布人	字符串[DT_STR]	20
列 4	年	双字节不带符号的整数	
列 5	月	双字节不带符号的整数	
列 6	日	双字节不带符号的整数	
列 7	状态	字符串[DT_STR]	20

(6) 建立数据导出流程。拖动“平面文件源”组件的绿色箭头到“OLE DB 目标”组件上，建立从“平面文件源”组件到“OLE DB 目标”组件的数据导出流程。

(7) 设置 OLE DB 目标。在“数据流”设计工作区中，双击“OLE DB 目标”组件，在“OLE DB 目标编辑器”对话框中，设置“OLE DB 目标”的连接为本机 SQL Server 服务器的

“NetSales”数据库,数据访问模式为“表或视图”,表或视图的名称为News。单击左侧的“映射”选项,设置列与列之间的映射关系,如图13-35所示。

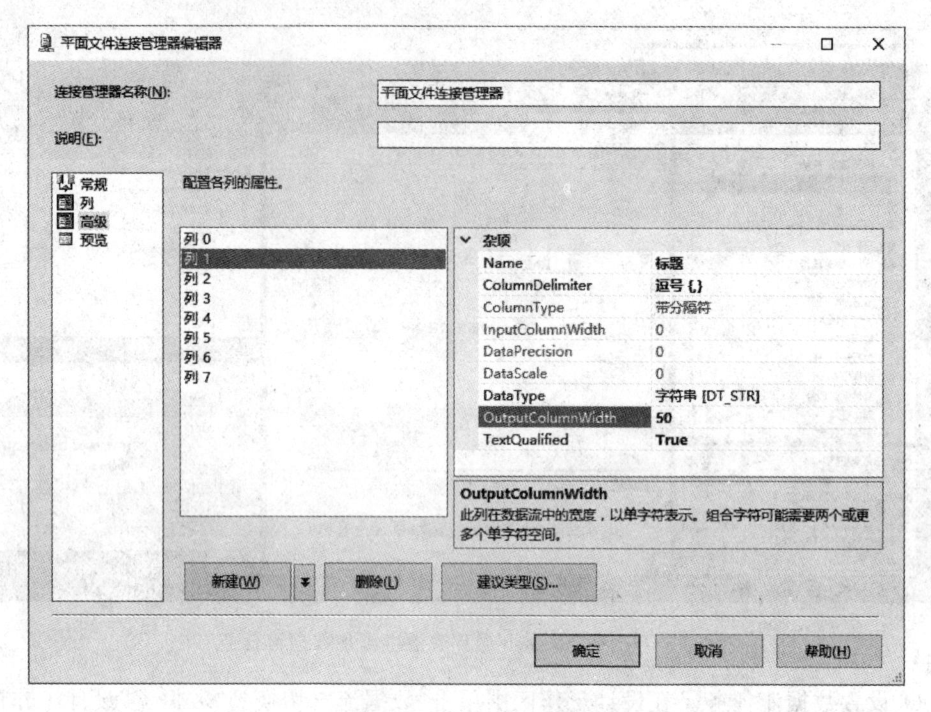

图 13-34 设置列参数

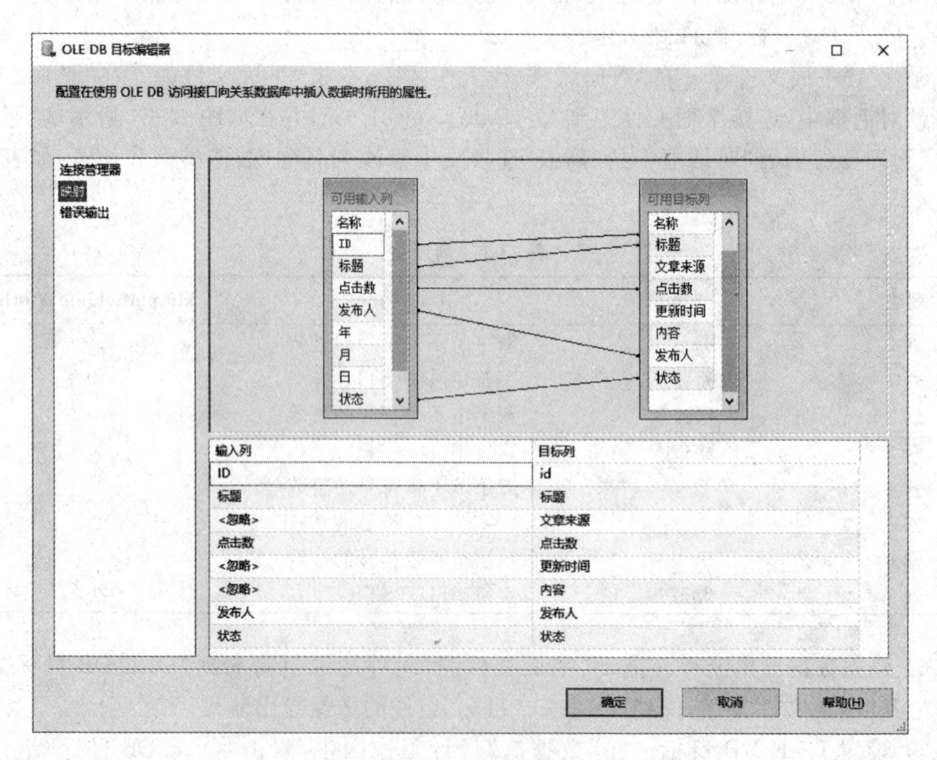

图 13-35 列映射

(8) 设置循环条件。要使 Foreach 循环容器工作,还需设置循环的条件。单击工作区"控制流",切换到"控制流"设计工作区。双击"Foreach 循环容器"组件,在"Foreach 循环编辑器"对话框中,单击左侧"集合"选项,设置"Foreach 循环容器"的参数,如图 13-36 所示。

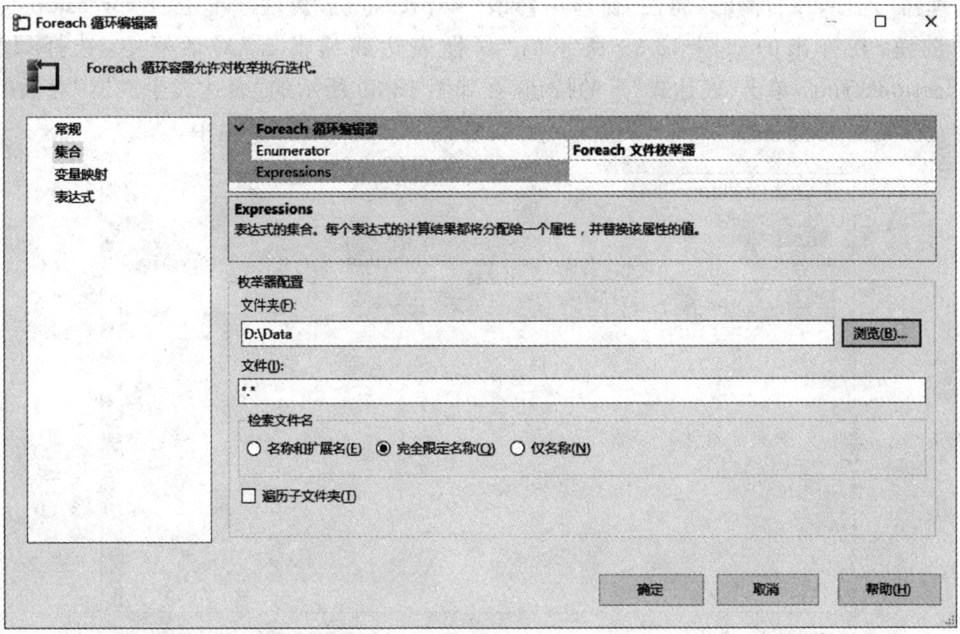

图 13-36 Foreach 循环编辑器

单击"变量映射"选项,在右侧的变量列表中,单击"变量"列表中的"新建变量",在如图 13-37 所示的"添加变量"对话框中,设置变量名称为 FileName,值类型为 String,单击"确定"按钮,返回到"Foreach 循环编辑器"对话框的"变量映射"选项页中。单击"确定"按钮,完成循环条件的设置。此项设置表示"Foreach 循环容器"将遍历 C:\Data 文件夹中的所有文件,将文件中的数据导入数据库中。

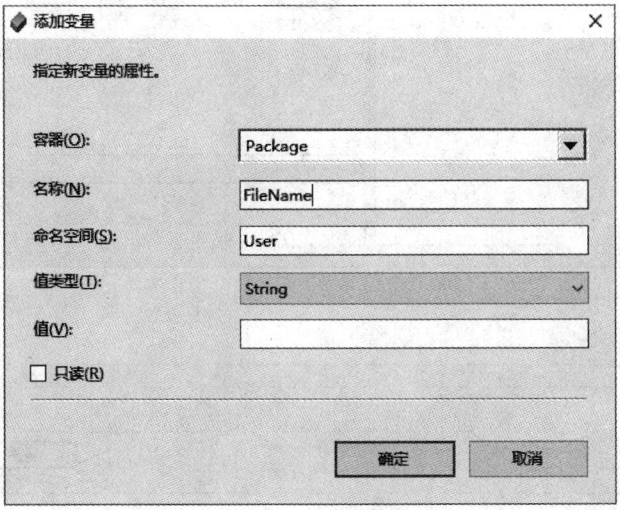

图 13-37 添加变量

(9) 修改“平面文件源”组件连接参数。刚才设置的“平面文件源”组件是针对某一特定的文件,要使“Foreach 循环容器”能够读取其他文件,需修改“平面文件源”组件的设置。在 SSIS 设计器底部的“连接管理器”区中包含本项目新建的两个数据连接,选中“平面文件连接管理器”连接,在右侧的“属性”窗口中修改“Expressions”属性。单击“Expressions”属性后的按钮,在弹出的如图 13-38 所示的“属性表达式编辑器”对话框中,选择属性为 ConnectionString,单击“表达式”下的按钮,在如图 13-39 所示的“表达式生成器”对话框中,拖动左侧变量列表中的“User::FileName”变量到下方的“表达式”栏中。

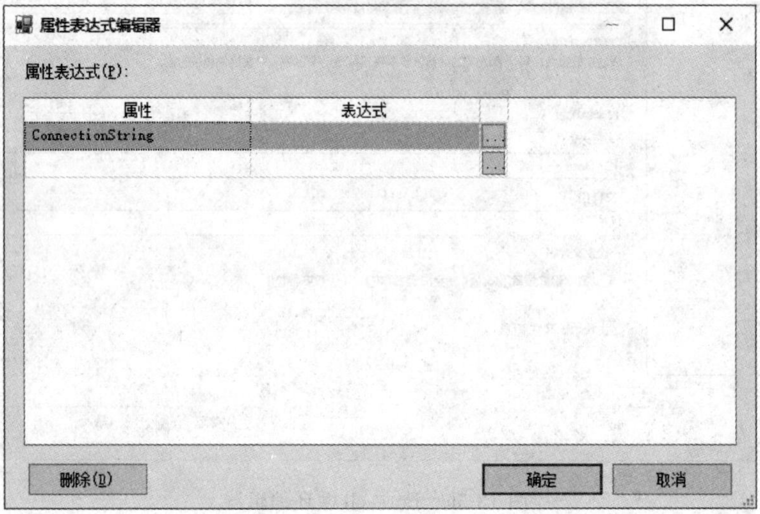

图 13-38 属性表达式编辑器

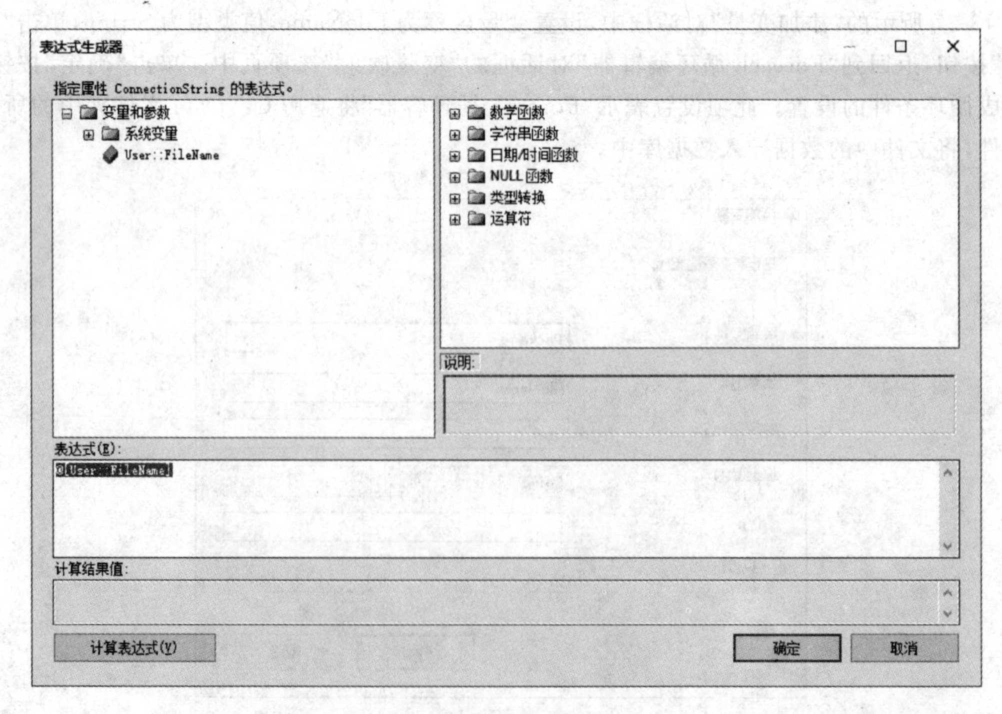

图 13-39 设置表达式值

单击“确定”按钮,返回到 SSIS 设计工作区。基于“Foreach 循环容器”的 SSIS 项目已创建完毕。

(10)保存和执行项目。与前述实例相同,单击工具栏中的保存按钮,保存项目;单击工具栏中的启动调试按钮,可以调试 SSIS 项目。

本节通过实例介绍了 SQL Server Data Tools 设计 SSIS 数据集成项目的过程。事实上,SQL Server Data Tools 提供的功能非常强大,可供调用的 SSIS 集成项目设计特性远不止以上介绍的内容。用户在实际的使用中,可以根据业务需要创建更为复杂的 SSIS 数据集成应用。

13.4 本章小结

Integration Service 是 SQL Server 提供的一项功能强大的数据集成服务,该服务与 Windows 操作系统紧密集成,可以作为一项单独的 Windows 应用服务运行。Integration Service 也是实现数据仓库、数据挖掘平台构建的重要工具。

本章介绍了 SQL Server 2012 提供的数据导入导出向导和 SQL Server Data Tools 的应用。应用导入导出向导可以快捷地实现多种格式数据的集成和转化,如将 Oracle 数据库转化为 SQL Server 等,为异构平台数据间的集成提供有效的工具。SQL Server Data Tools 集成于 Visual Studio 集成开发环境中,开发设计的 SSIS 集成项目可以实现数据导入、导出、转化、循环处理、发送电子邮件等多项数据集成任务,是 SQL Server 2012 Integration Service 提供的用于数据集成的重量级设计工具。

习题与思考

1. 什么是数据集成服务? SQL Server 2012 Integration Service 有何应用?
2. SQL Server 2012 Integration Service 的基本组成结构包括哪些对象?
3. 如何应用数据导入导出向导在 SQL Server 数据库、Access、文件文本之间转换数据?
4. 如何使用 SSIS 创建包?
5. 如何在 SSIS 包中实现数据查找转换、循环流程控制等应用?
6. 如何执行 SSIS 包?

第14章 报表服务

前面已经介绍了 SQL Server 2012 强大的数据管理功能。但是在实际的数据库应用系统中，除了需要对数据进行高效、可靠的管理之外，还需要以用户需要的形式向用户呈现数据，这就是数据报表。

在生产环境中，数据报表的形式是多种多样；对数据报表的要求也会随着不同用户的不同需求而发生变化。SQL Server Management Studio 等工具虽然拥有强大的数据管理功能，却无法实现对数据报表的设计与管理。

SQL Server 提供的另一服务——SQL Server Reporting Services 可实现多角度、多形式的数据呈现，是一项功能非常强大的数据报表服务系统。

本章介绍 SQL Server 2012 Reporting Services 的架构与应用。

本章要点：

- SQL Server 2012 Reporting Services 架构
- 报表设计
- 报表部署

14.1 SQL Server Reporting Services 的架构

SQL Server Reporting Services 是 SQL Server 自 2005 版起新提供的一项数据报表服务，在此之前用户如果需要从 SQL Server 中生成数据报表，只能通过其他工具。SQL Server Reporting Services 作为 SQL Server 提供的一项系统服务，不是一个简单的服务组件，而是一项系统性服务平台。通过 SQL Server Reporting Services 可以创建、管理、维护和传送报表，并且可以通过系统提供的 API 开发和扩展报表程序，集成于其他应用系统中。

SQL Server Reporting Services 虽然是为 SQL Server 设计和优化的报表服务平台，但也可以从其他数据库系统中获取数据生成报表。SQL Server Reporting Services 生成的报表格式可以是 PDF、HTML、TIFF、Excel、CSV 等多种格式。因此，SQL Server Reporting Services 在数据报表领域有非常广泛的应用。

SQL Server Reporting Services 的体系结构由报表服务器数据库、报表服务器组件、报表管理器、报表生成器、报表设计器、模型设计器、Web 浏览器、Reporting Services 配置和数据源等部分组成，如图 14-1 所示。

- 数据源。SQL Server Reporting Services 可以从多种数据源来获取数据生成报表，包括 SQL Server、Oracle 等关系型数据库，还可以使用通过 ODBC 或 OLEDB 提供

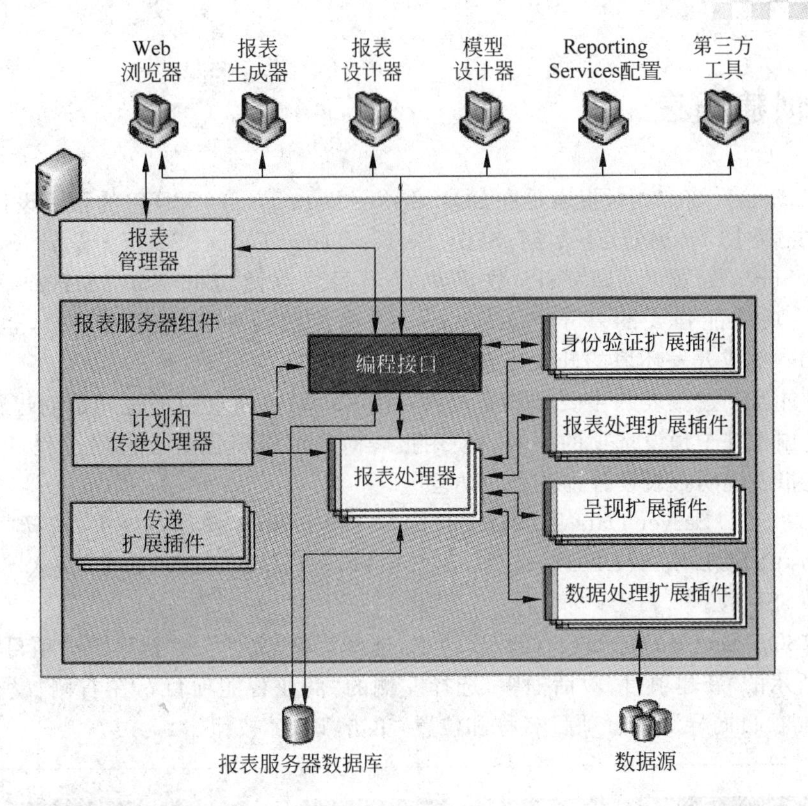

图 14-1　SQL Server Reporting Services 的体系结构

的数据。数据源指定了数据的来源途径。

- 报表服务器数据库。在 SQL Server Reporting Services 的运行过程中，需要保存大量的系统性数据，如数据源、报表模型、文件夹和资源等。SQL Server Reporting Services 在 SQL Server 数据库引擎中生成 ReportServer 和 ReportServerTempdb 两个数据库用于保存上述数据。
- 报表服务器组件。是 SQL Server Reporting Services 处理数据与生成报表的核心组件。当用户访问报表服务器时，报表服务器组件会验证用户的访问权限，并能从报表服务器数据库中获取报表的定义，处理数据，再以用户需要的形式呈现报表。
- 报表管理器。为用户以 Web 方式访问和管理报表提供了接口，使用户可以通过浏览器来获取和管理报表。
- 报表设计器。允许用户定制在报表中呈现的数据以及数据呈现的格式。
- 报表生成器。允许用户使用报表模型来生成报表。
- 模型设计器。用于设计报表的模型，以便为用户通过报表生成器生成报表提供可用的模型。
- Reporting Services 配置。用于配置 Reporting Services 的本地实现和远程实例，包括创建和配置虚拟目录、配置服务账户、创建和配置报表服务器数据库、管理加密密钥和初始化报表服务器、配置电子邮件传输等。

14.2 创建报表

在 SQL Server 2012 中,报表是在 SQL Server Data Tools(SSDT)的报表设计器中进行设计的。在第 13 章中已经介绍 SQL Server Data Tools(SSDT)设计 SQL Server Integration Services 项目,即 SSIS 数据集成项目。由此可知 SQL Server Data Tools(SSDT)是一项功能强大的基于 SQL Server 数据库的商业智能开发平台,也是集成了 Visual Studio 集成开发环境的开发平台。

报表设计器创建报表的主要方式有两种:在 SSDT 中从空白报表开始创建新报表;通过报表向导创建基于预设选项的报表。使用报表向导可以简化报表创建过程,以下通过报表向导创建报表说明报表设计器的使用方法。

(1) 启动 SQL Server Data Tools(SSDT)。在 Windows 操作系统中,选择"开始"→程序"→Microsoft SQL Server 2012→SQL Server Data Tools(SSDT)命令,进入 SQL Server Data Tools(SSDT)。

(2) 在 SQL Server Data Tools(SSDT)中,选择菜单"文件"→"新建"→"项目"命令。在如图 14-2 所示的"新建项目"对话框中,选择左侧的"商业智能项目",在右侧"模板"中选择"报表服务器项目向导",设置项目名称和位置,单击"确定"按钮。

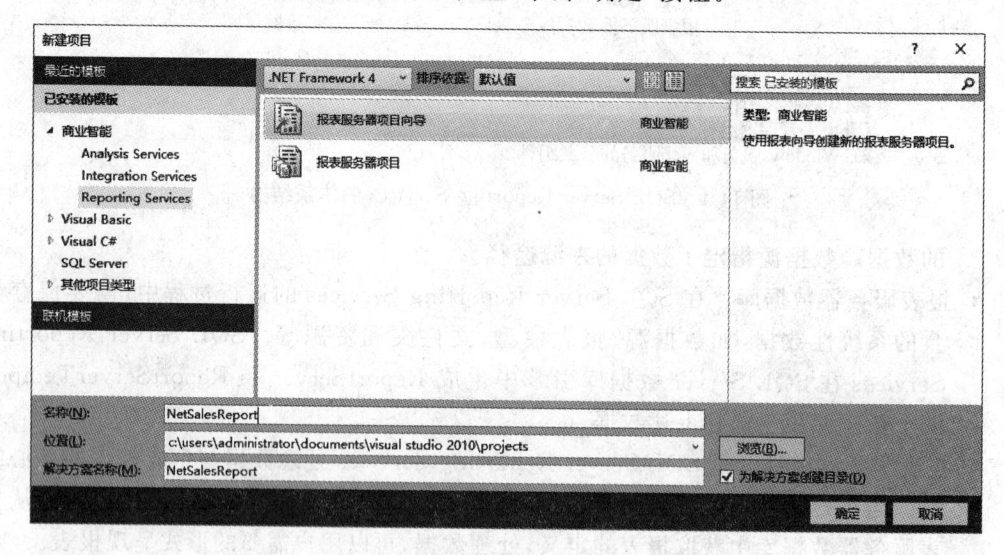

图 14-2 新建项目

(3) 欢迎对话框。在"欢迎使用报表向导"对话框中,单击"下一步"按钮。

(4) 选择数据源。在"选择数据源"对话框中,选中"新建数据源",保留默认数据源名称,在"类型"中选择 Microsoft SQL Server,单击"编辑"按钮。

(5) 在如图 14-3 所示的"连接属性"对话框中,选择"服务器名"为本机的计算机名,如果数据源是远程 SQL Server 服务器,也可以输入远程服务器的名称,设定"登录服务器的身份验证方式"为"使用 Windows 身份验证",选择连接的数据库为 NetSales。单击"测试连接"按钮,可以验证数据库服务器是否能够连接。设置完毕后,单击"确定"按钮,返回"选择数据源"对话框。

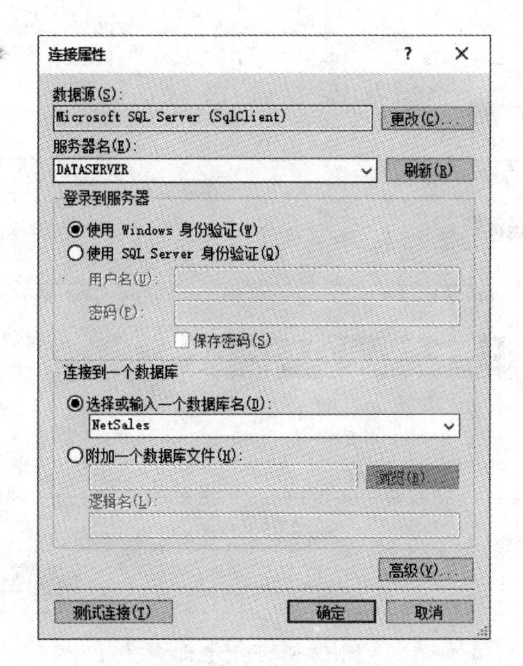

图 14-3　连接属性

(6) 设置完数据源的"选择数据源"对话框如图 14-4 所示,单击"下一步"按钮。

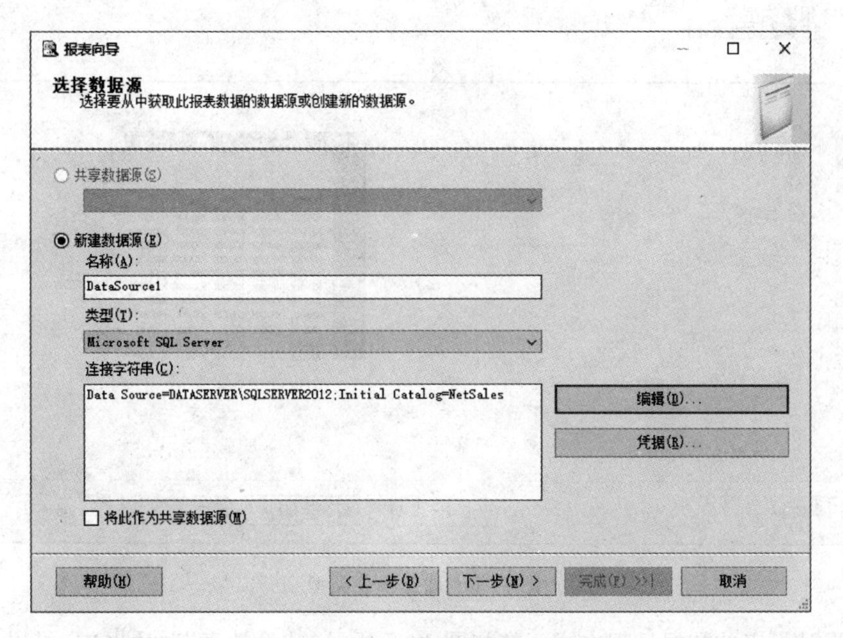

图 14-4　选择数据源

(7) 设置获取数据的条件。报表设计器允许用户指定获取数据的条件,在如图 14-5 所示的"设计查询"对话框中,可以直接输入 SELECT 语句或者通过"查询生成器"来生成查询条件。本例获取数据的条件如图 14-5 所示。

(8) 选择报表类型。在如图 14-6 所示的对话框中可以设定报表的类型为表格或矩阵。本例选择"表格"。

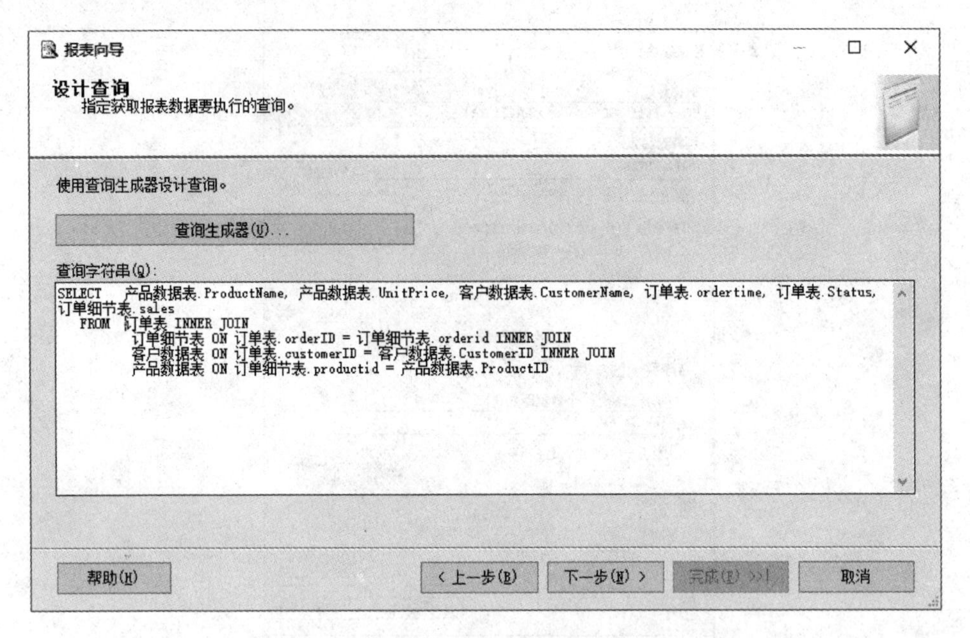

图 14-5 设计查询

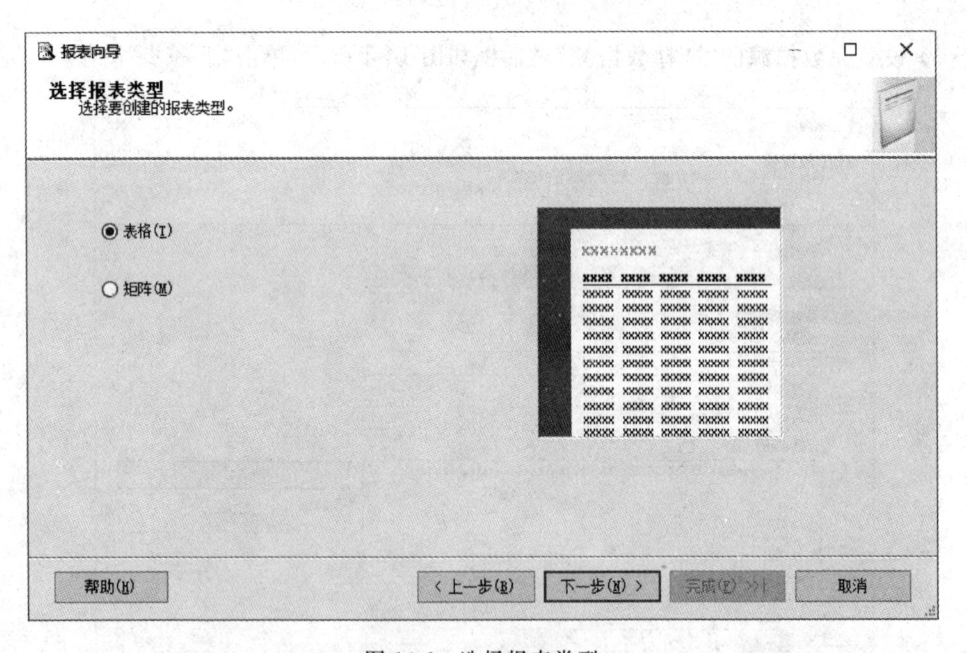

图 14-6 选择报表类型

(9) 设计报表的数据呈现方式。在如图 14-7 所示的“设计表”对话框中，可以设计报表中数据的呈现方式。在“可用字段”中显示报表数据可用的列，单击“页”按钮，可以使用选中的列来分页报表，用于分页的列会显示在报表的顶部；单击“组”按钮，可以用选中的列来对数据进行分组，分组列会显示在详细数据之上；单击“详细信息”按钮，选中的列会作为详细数据呈现；单击“删除”按钮，会从右侧的“显示的字段”列表中将选中列移动到“可用字段”列表。本例设置报表的数据呈现方式如图 14-7 中所示。

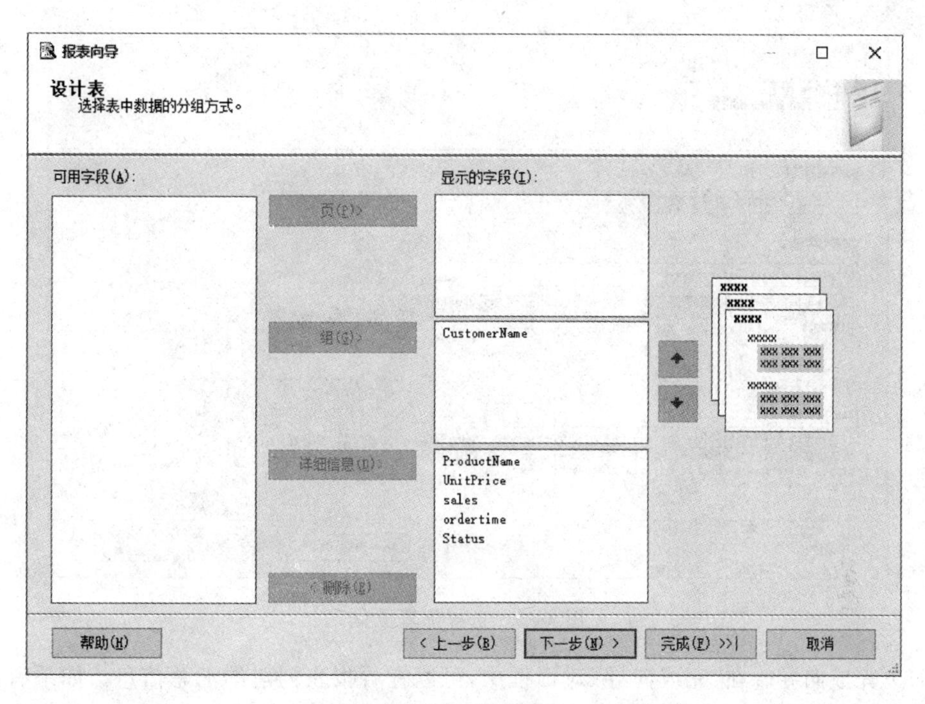

图 14-7　设计表

(10) 选择表布局。在如图 14-8 所示的"选择表布局"对话框中,选中"渐变"和"启用明细",这样报表允许用户通过分组列进行展开和收拢。

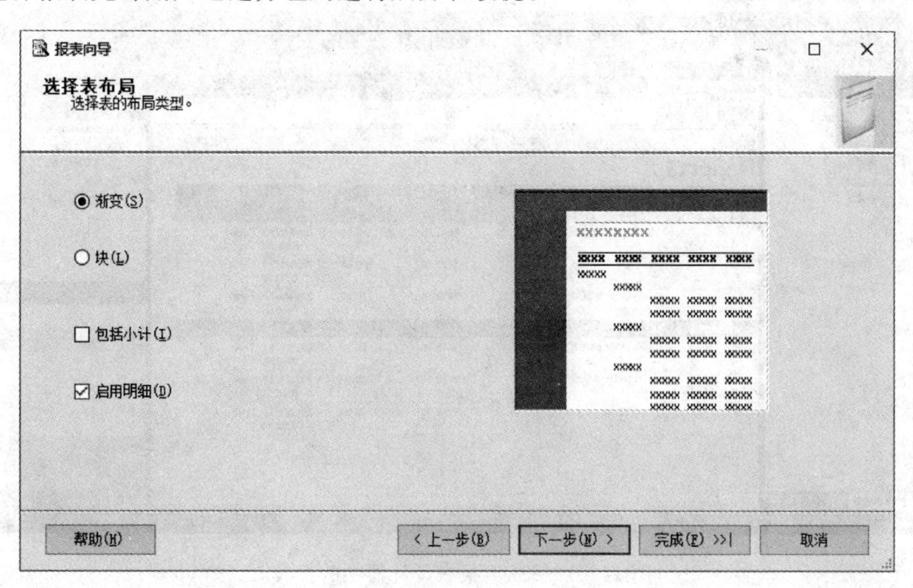

图 14-8　选择表布局

(11) 选择样式。在"选择表样式"对话框中,可以选择报表的呈现样式,可供选择的样式包括石板、森林、正式、加粗、海洋和通用。本例选择"石板"。

(12) 选择部署位置。在如图 14-9 所示的"选择部署位置"对话框中设置报表服务器的版本、服务器位置和部署文件夹的名称。

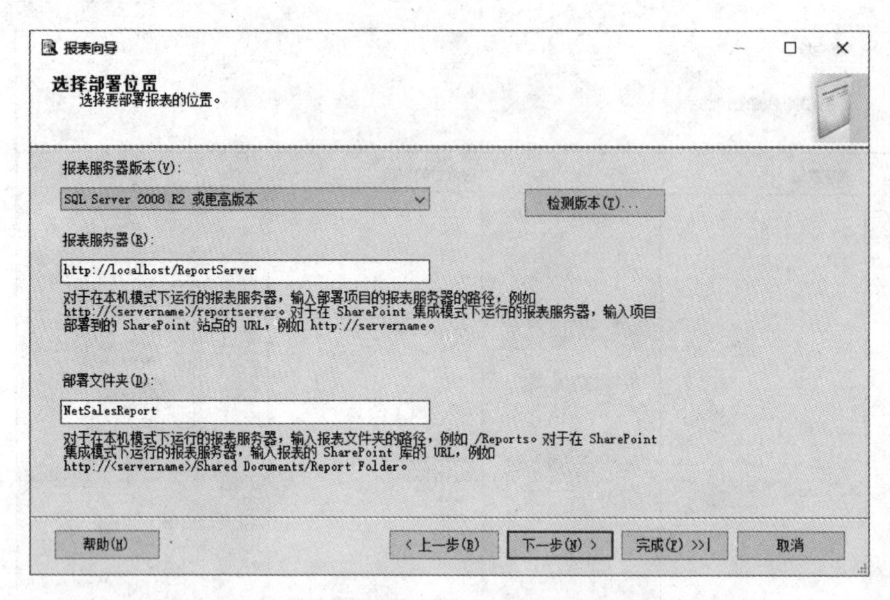

图 14-9 选择部署位置

(13) 完成向导。在“完成向导”对话框中,可以查看报表创建的汇总信息。如果有误,可以通过单击“上一步”按钮进行修改;如果没有问题,可以单击“完成”按钮,完成报表的创建。新创建的报表会出现在 SQL Server Data Tools(SSDT)报表设计器窗口中,如图 14-10 所示。

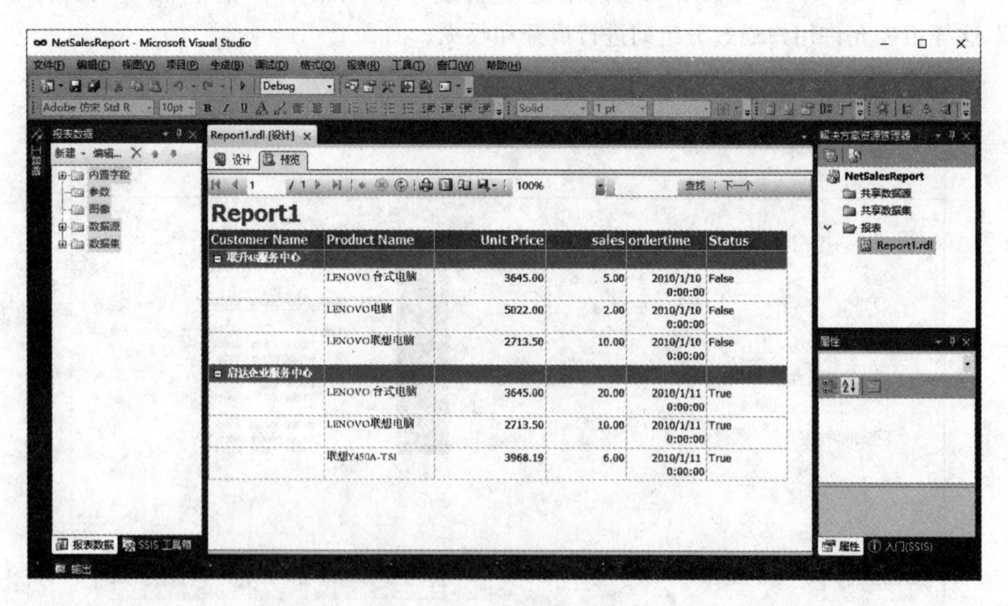

图 14-10 SSDT 报表设计器中的报表

(14) 修改报表。通过向导创建的报表与 SQL Server Data Tools(SSDT)中由空白开始创建的报表一样,可以在 SQL Server Data Tools(SSDT)报表设计器中进行修改。在如图 14-10 所示的 SQL Server Data Tools(SSDT)报表设计器窗口中,单击“Report1. rdl 设计”工具栏中的“设计”,切换到设计状态。选择报表顶部的标题文本框 Report1,修改为“客户订单报表”。如果出现中文乱码,可右击该文本框,在右键菜单中选择“主体属性”→“文本框属性”命令。

(15) 在“文本框属性”对话框中,单击左侧“字体”,设置“字体”为中文字体,如“宋体”,如图 14-11 所示。SSDT 报表设计器中,其他数据项与数据标题都是文本框对象,都可以通过同样的方式进行属性设置。单击“确定”按钮后,返回 SSDT 报表设计器。

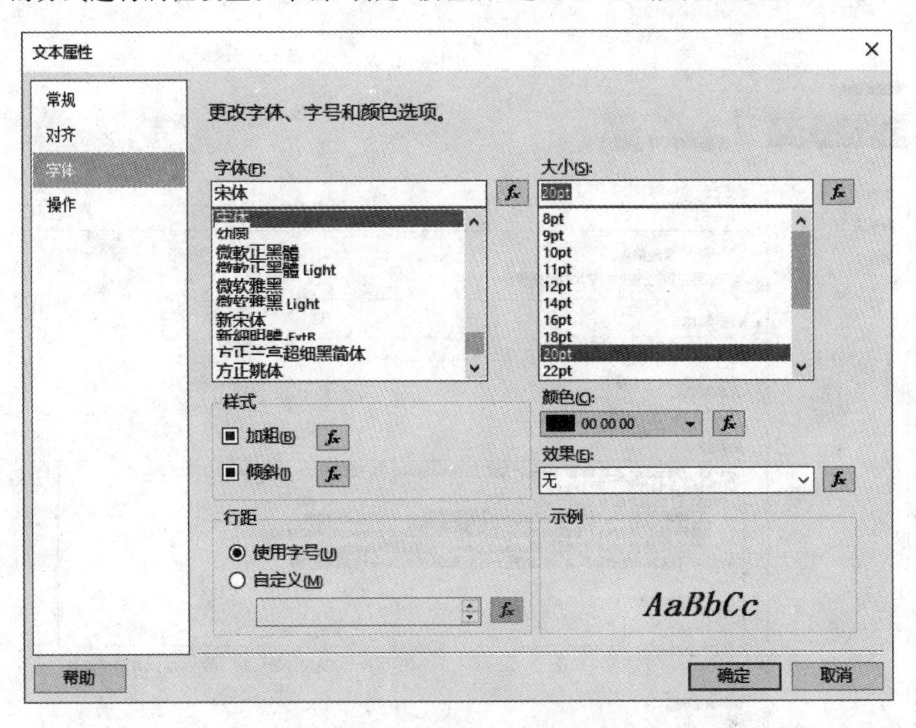

图 14-11 设置文本框属性

(16) 修改完报表标题后的设计器如图 14-12 所示。其他对报表的修改都可以在报表设计器中完成。

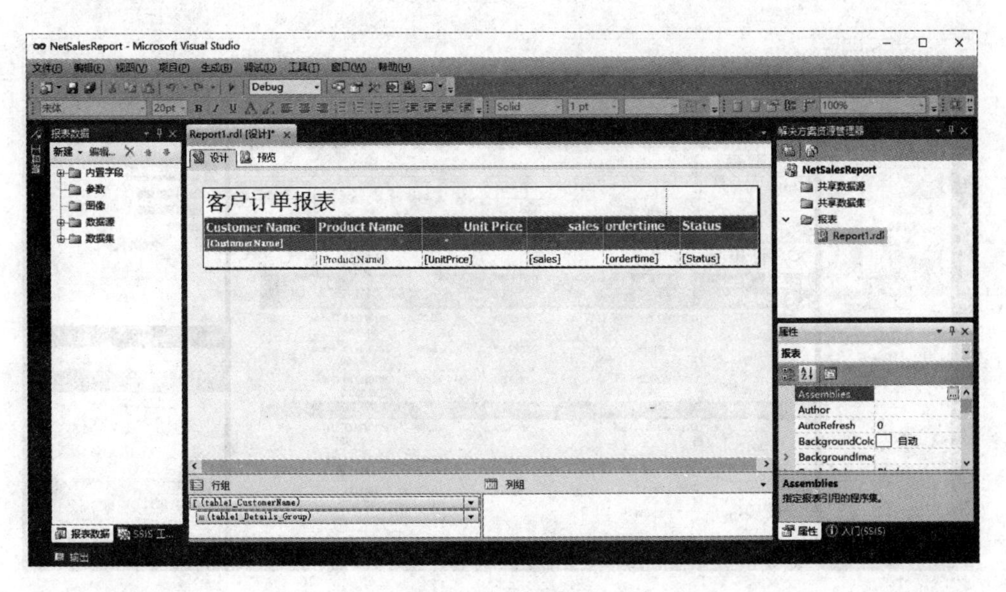

图 14-12 修改报表

如果需要创建带参数的交互式报表,即可以允许用户输入数据查询的参数,获取满足条件的报表时,可以在报表向导的“设计查询”页中输入带参数的查询条件语句,参数需要使用“@”符号。例如,在查询语句中添加了“WHERE 订单表. ordertime＞@开始时间 and 订单表. ordertime＜@结束时间”,如图 14-13 所示,则在浏览报表时需要输入参数值,如图 14-14 所示。

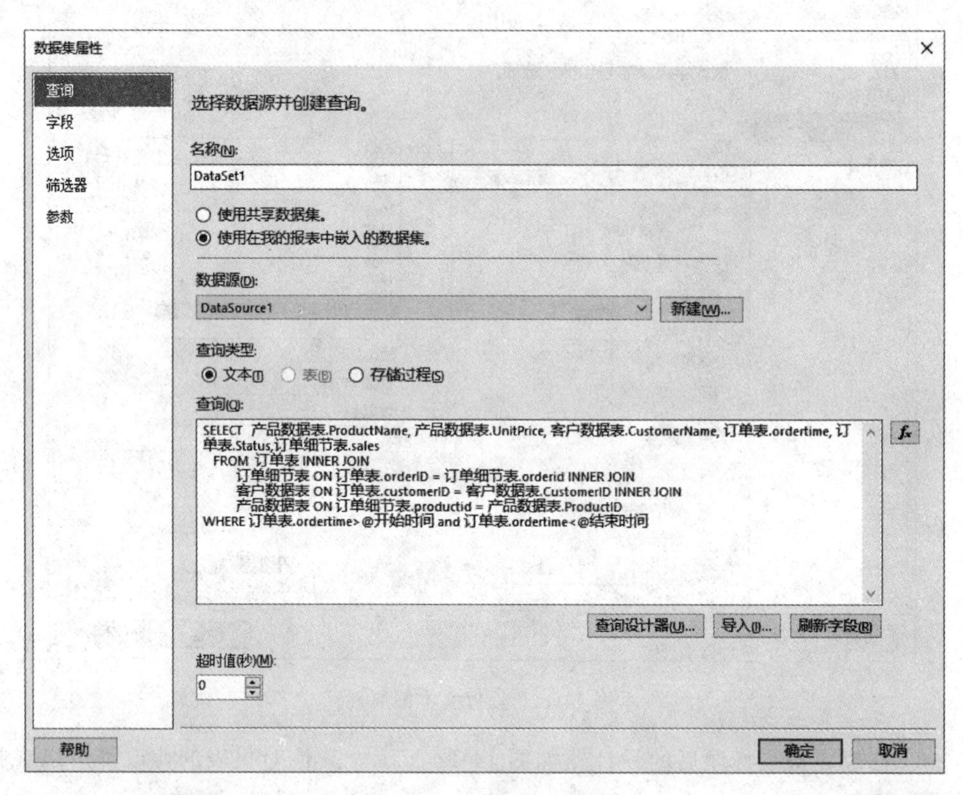

图 14-13 设置报表参数

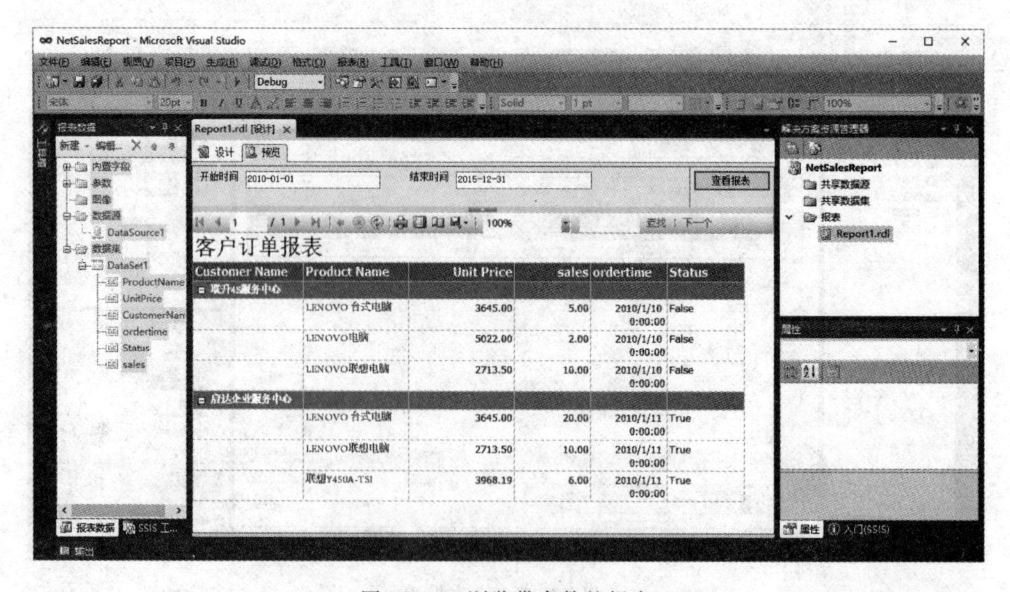

图 14-14 浏览带参数的报表

14.3 部署报表

报表创建完毕后,需要将报表部署到报表服务器以供用户访问。报表部署后,用户可以使用浏览器来访问、维护和管理报表。部署报表涉及 Reporting Services 配置及报表部署,Reporting Services 配置是对报表服务器、报表管理器等运行参数进行设置。

14.3.1 Reporting Services 配置

Reporting Services 配置需要使用 Reporting Services 配置工具,该工具是 SQL Server 提供的对 Reporting Services 服务器实体、服务器运行状态、服务账户、Web 服务 URL、报表服务器数据库等进行设置的工具。

配置 Reporting Services 的操作过程如下:

(1) 启动 Reporting Services 配置管理器。在 Windows 操作系统中,选择"开始"→"程序"→Microsoft SQL Server 2012→"配置工具"→"Reporting Services 配置管理器"命令,进入 Reporting Services 配置管理器。

(2) 在如图 14-15 所示的"Reporting Services 配置连接"对话框中,确定报表服务器实例的名称和实例,单击"连接"按钮,连接到报表服务器。

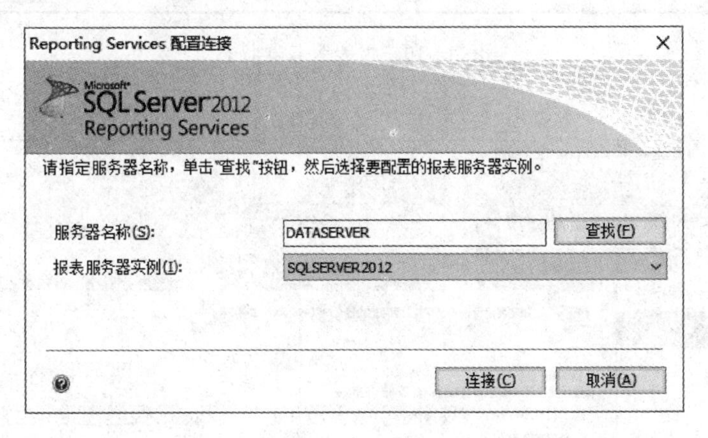

图 14-15　Reporting Services 配置连接

(3) 启动 Reporting Services。在如图 14-16 所示的"报表服务器状态"对话框中,确保服务器处于启动状态;单击"启动"按钮,可以启动 Reporting Services。

(4) 设置服务账户。单击左侧的"服务账户",切换到"服务账户"选项页,如图 14-17 所示。当前的报表服务器使用了内置的 Network Service 账户,这是一个网络账户,如果 SQL Server 服务与 IIS(Internet Information Service,Microsoft 的 Web 服务)运行在不同服务器时,可以使用此网络账户;如果报表服务需要访问位于网络上的资源时,可以使用此账户。默认设置的报表服务器服务账户与 SQL Server 安装时对 Reporting services 登录账户的设置有关。

(5) 设置 Web 服务 URL。单击左侧的"Web 服务 URL",在如图 14-18 所示的"Web 服务 URL"选项页中,可以设置报表服务虚拟目录。虚拟目录为用户以 Web 方式访问报表

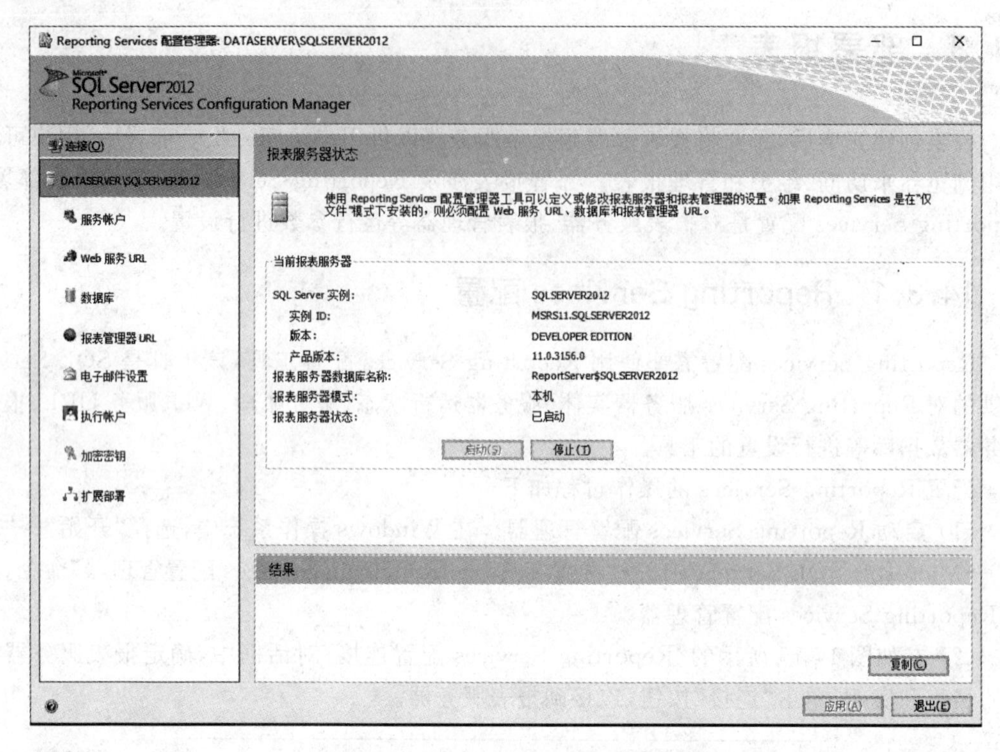

图 14-16　报表服务器状态

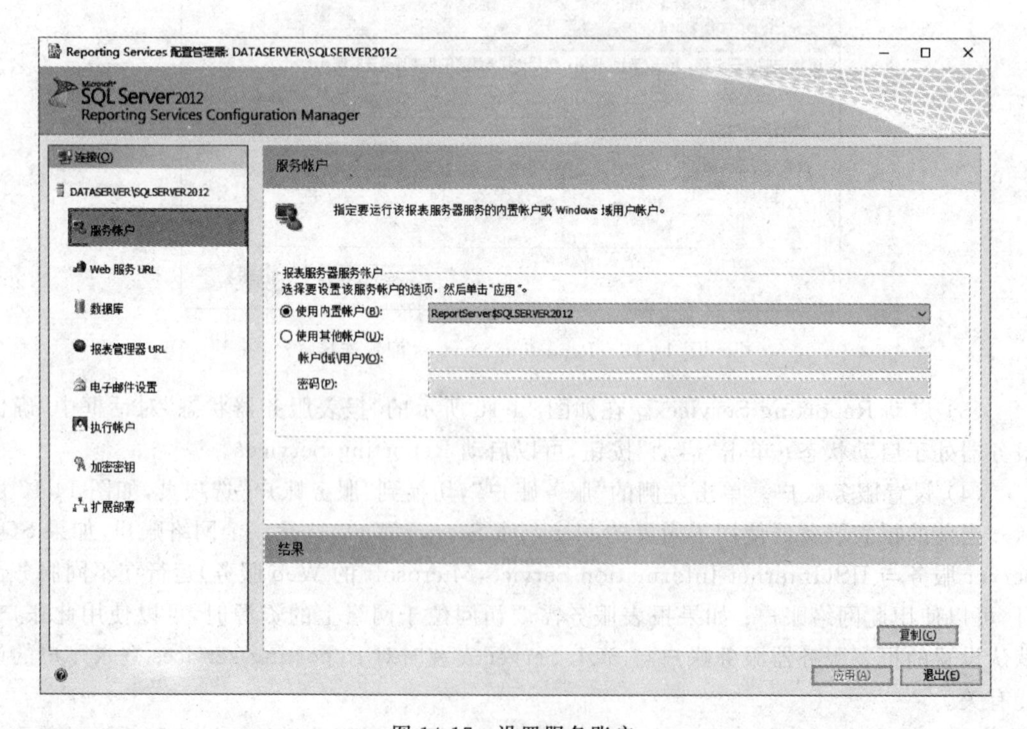

图 14-17　设置服务账户

服务器提供了地址。当设置完虚拟目录后，底下的"报表服务器 Web 服务 URL"给出了用户可使用的报表服务器的访问地址，用户可以在 Web 浏览器中通过链接该地址访问报表服务器。通过单击"高级"按钮，可以为一个报表服务实例定义多个 URL 地址。

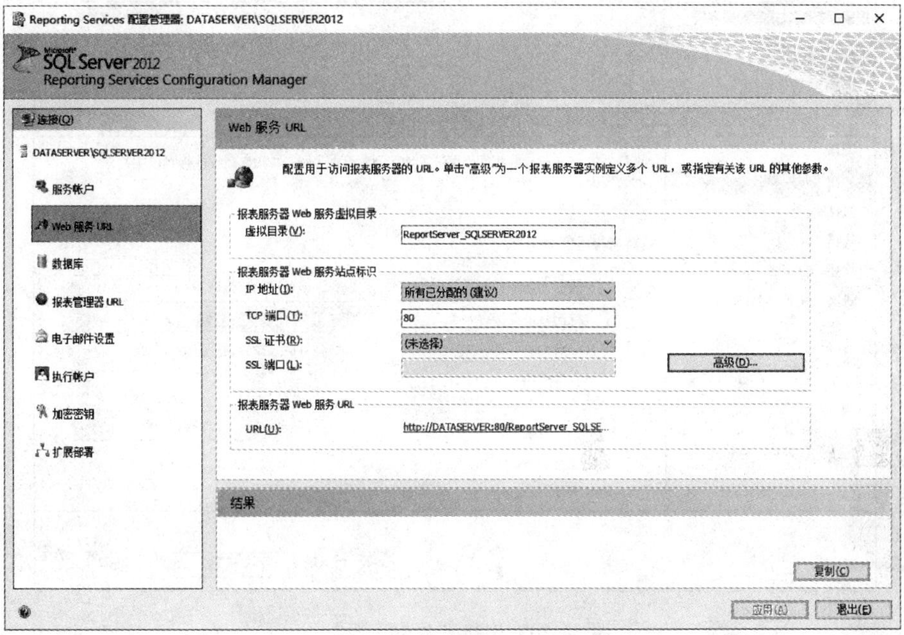

Reporting Services 配置管理器: DATASERVER\SQLSERVER2012
SQL Server 2012
Reporting Services Configuration Manager
连接(O)
DATASERVER\SQLSERVER2012
服务帐户
Web 服务 URL
数据库
报表管理器 URL
电子邮件设置
执行帐户
加密密钥
扩展部署
Web 服务 URL
配置用于访问报表服务器的 URL。单击"高级"为一个报表服务器实例定义多个 URL，或指定有关该 URL 的其他参数。
报表服务器 Web 服务虚拟目录
虚拟目录(V): ReportServer_SQLSERVER2012
报表服务器 Web 服务站点标识
IP 地址(I): 所有已分配的(建议)
TCP 端口(T): 80
SSL 证书(R): (未选择)
SSL 端口(L):
高级(D)...
报表服务器 Web 服务 URL
URL(U): http://DATASERVER:80/ReportServer_SQLSE...
结果
复制(C)
应用(A) 退出(E)

图 14-18 Web 服务 URL

(6) 设置报表服务器数据库。报表服务器数据库保存了报表服务器重要的系统设置参数，单击左侧的"数据库"，切换到"报表服务器数据库"选项页，可对报表服务器数据库进行设置。单击"更改数据库"可以创建一个新的数据库或使用现有报表服务器数据库作为本实例的报表服务器数据库，如图 14-19 所示。在本例中选择"选择现有报表服务器数据库"项，如果需要创建新的报表服务器数据库也可以选择第一项。

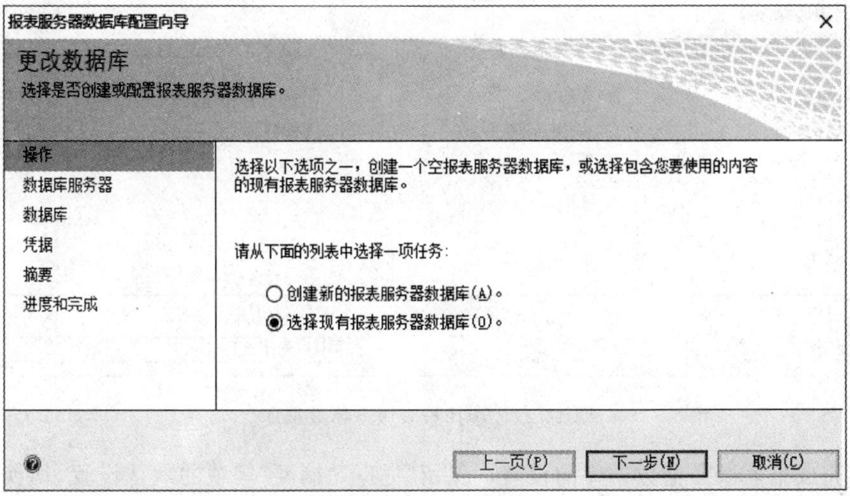

报表服务器数据库配置向导
更改数据库
选择是否创建或配置报表服务器数据库。
操作
数据库服务器
数据库
凭据
摘要
进度和完成
选择以下选项之一，创建一个空报表服务器数据库，或选择包含您要使用的内容的现有报表服务器数据库。
请从下面的列表中选择一项任务:
○ 创建新的报表服务器数据库(A)。
◉ 选择现有报表服务器数据库(O)。
上一页(P) 下一步(N) 取消(C)

图 14-19 更改数据库

(7) 连接到数据库服务器。Reporting Services 由 SQL Server 管理报表服务器数据库，因此要设置报表服务器数据库，需要连接到 SQL Server 服务器。选择本机 SQL Server 服务器作为报表服务器数据库的服务器，如图 14-20 所示。

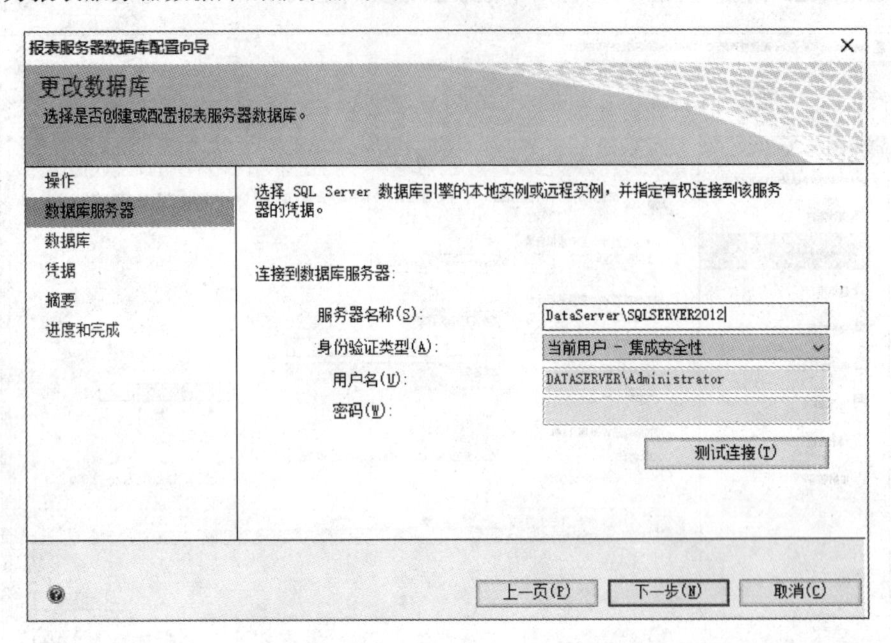

图 14-20 连接到数据库服务器

(8) 选择"报表服务器数据库"实例。在如图 14-21 所示的"选择报表服务器数据库"对话框中，选择 ReportServer 数据库为报表服务器数据库。

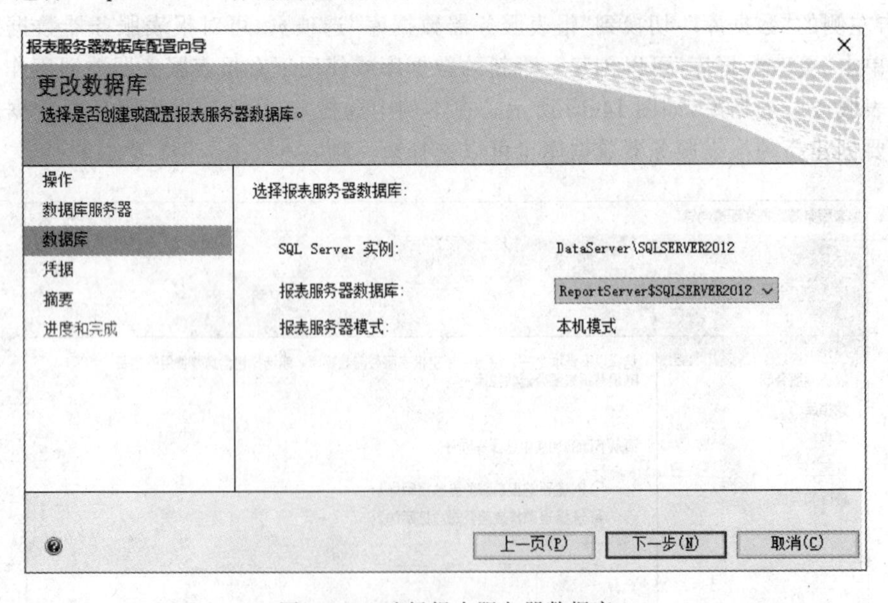

图 14-21 选择报表服务器数据库

(9) 完成报表服务器数据库的设置。保留"凭据""摘要"等项的默认设置，切换到"进度和完成"选项页，如图 14-22 所示。等系统完成报表服务器数据库的设置后，单击"完成"按钮，返回到“Reporting Services 配置”主窗口，如图 14-23 所示。

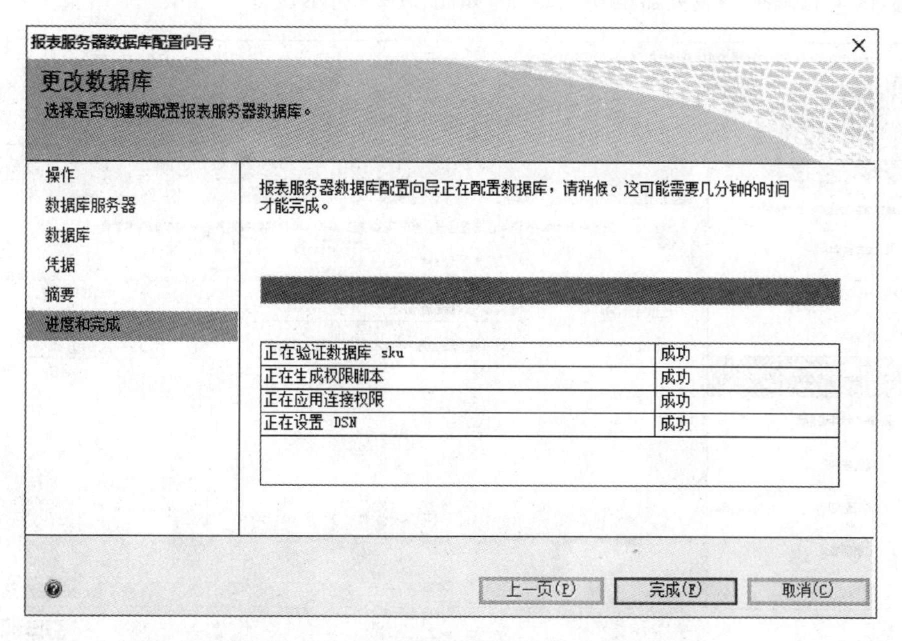

图 14-22　完成报表服务器数据库的设置

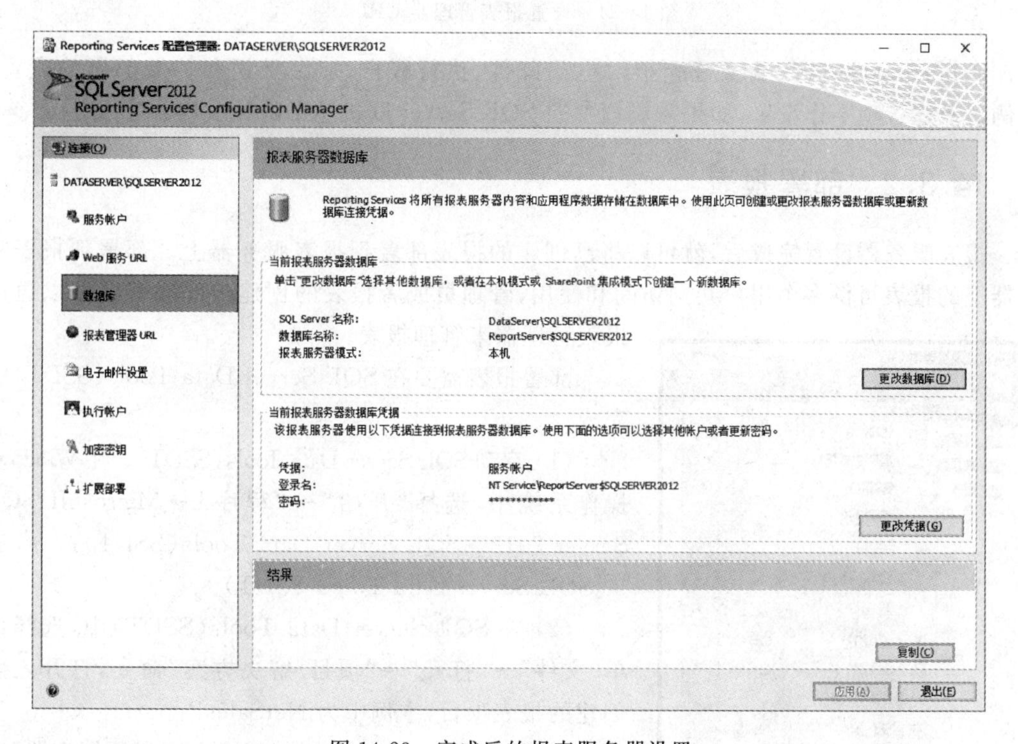

图 14-23　完成后的报表服务器设置

(10) 设置报表管理器 URL。报表管理器 URL 是用户管理报表服务器的 Web 访问地址，与前述用户访问报表服务器的 URL 是有区别的。单击左侧的“报表管理器 URL”，切换到“报表管理器 URL”选项页，可以设置报表管理器的虚拟目录，设置完成后，下方的 URL

地址栏提供了管理报表服务器的访问地址，如图 14-24 所示。

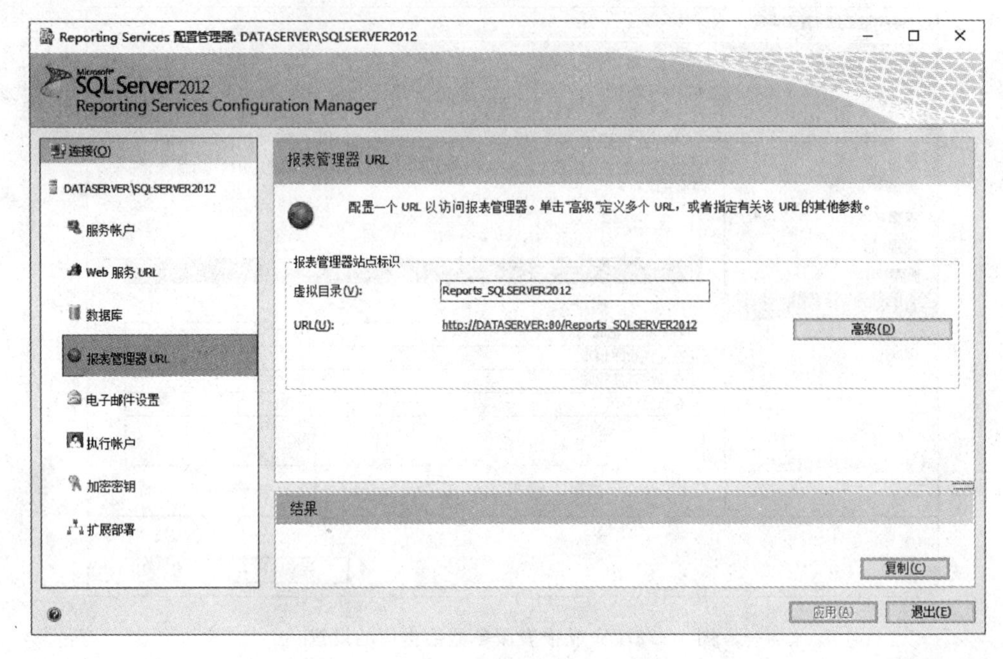

图 14-24 设置报表管理器 URL

Reporting Services 配置还包括对电子邮件、执行账户、加密密钥和扩展部署的设置。本例对上述各项不作设置，如果需要请参照 SQL Server 联机丛书的相关内容完成。

14.3.2 部署报表

报表服务器设置完成后，就可以将已创建的报表部署到报表服务器上。部署到报表服务器上的报表可供多个用户共同访问和使用，管理员或者报表的创建与部署者还可以通过报表管理器来管理报表。

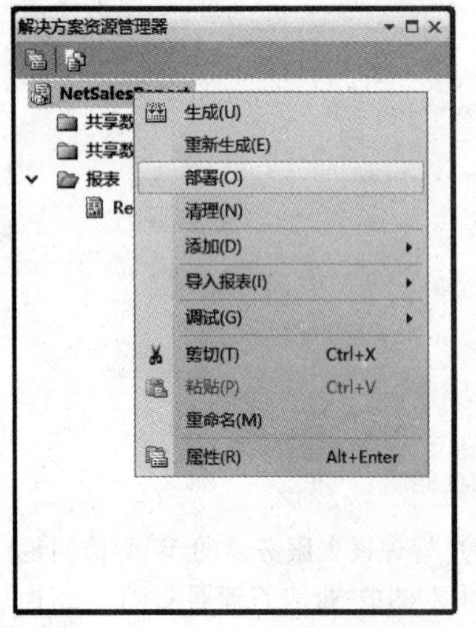

图 14-25 部署报表

部署报表需要在 SQL Server Data Tools(SSDT)中完成。

(1) 启动 SQL Server Data Tools (SSDT)。在 Windows 操作系统中，选择"开始"→"程序"→Microsoft SQL Server 2012→SQL Server Data Tools(SSDT)命令，进入 SQL Server Data Tools(SSDT)。

(2) 在 SQL Server Data Tools(SSDT)中，选择菜单"文件"→"打开"→"项目/解决方案"命令，打开之前创建的报表项目，本例中为 NetSalesReport。

(3) 在如图 14-25 所示的"解决方案资源管理器"窗口中，右击项目名称，在右键菜单中选择"部署"命令。SQL Server Data Tools (SSDT) 会启动报表项目的部署。

(4) 部署成功后，可以通过在“Reporting Services 配置”中设置的访问地址来访问报表。

14.4　访问和管理报表

报表部署到报表服务器后，就可以通过“Reporting Services 配置”提供的“Web 服务 URL”和“报表管理器 URL”访问和管理报表。

14.4.1　访问报表

由 14.3.1 节“Reporting Services 配置”提供的“Web 服务 URL”可知，访问报表服务器的地址为 http://本机名称:80/ReportServer（本例为 http://dataserver/ReportServer_SQLSERVER2012），此地址可以在 Web 浏览器中直接进行访问。

图 14-26 为 IE 浏览器访问“http://dataserver/ReportServer_SQLSERVER2012”地址获取的报表内容。IE 通过加载 Report Viewer 来显示报表内容。

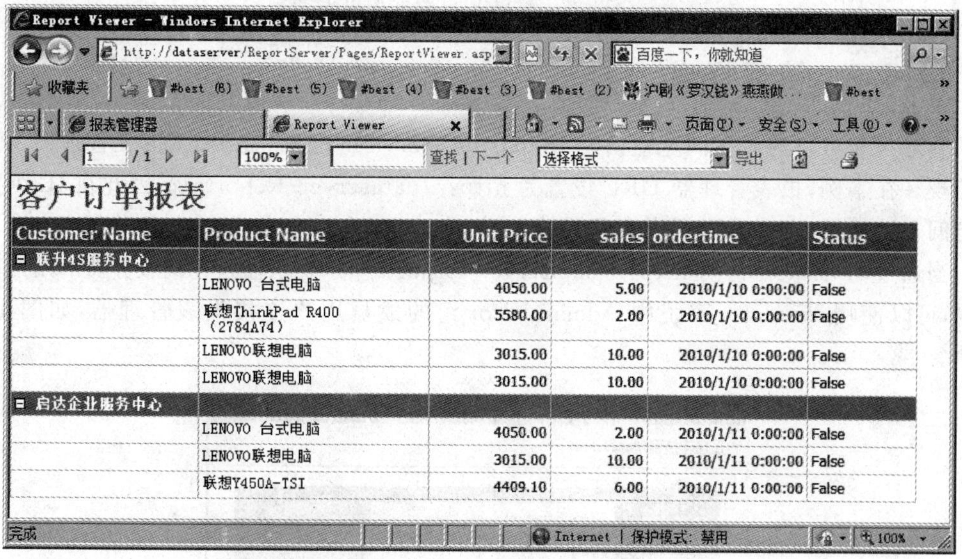

客户订单报表

Customer Name	Product Name	Unit Price	sales	ordertime	Status
⊟ 联升4S服务中心					
	LENOVO 台式电脑	4050.00	5.00	2010/1/10 0:00:00	False
	联想ThinkPad R400 (2784A74)	5580.00	2.00	2010/1/10 0:00:00	False
	LENOVO联想电脑	3015.00	10.00	2010/1/10 0:00:00	False
	LENOVO联想电脑	3015.00	10.00	2010/1/10 0:00:00	False
⊟ 启达企业服务中心					
	LENOVO 台式电脑	4050.00	2.00	2010/1/11 0:00:00	False
	LENOVO联想电脑	3015.00	10.00	2010/1/11 0:00:00	False
	联想Y450A-TSI	4409.10	6.00	2010/1/11 0:00:00	False

图 14-26　报表查看器

在 Report Viewer 中，可以将当前的报表打印输出为纸质的报表，可以在工具栏中的“选择格式”列表中选择需要输出的格式，然后单击“输出”，输出为其他格式的电子报表，以便进一步使用。这些格式包括具有报表数据的 XML 文件、CSV（逗号分隔）、Acrobat（PDF）文件、MHTML（Web）存档、Excel、TIFF 文件、Word 等。

例如，图 14-27 所示是上述报表导出的 PDF 格式的文件。

注意　如果是交互式、带参数的报表还可以在 Report Viewer 中输入参数，以使报表数据能够根据参数条件重新生成。

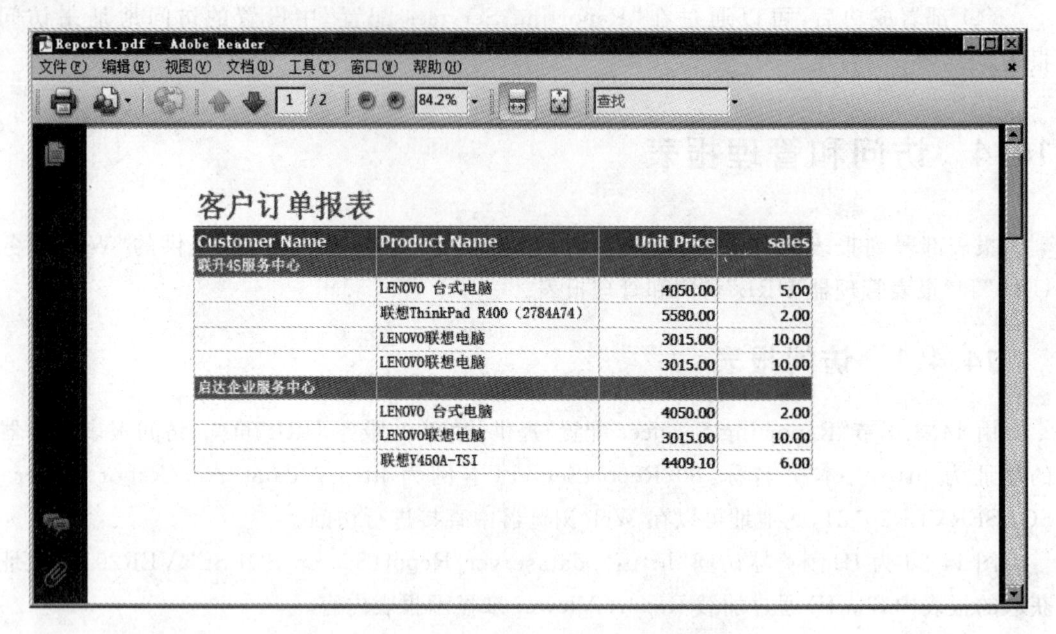

客户订单报表

Customer Name	Product Name	Unit Price	sales
联升4S服务中心			
	LENOVO 台式电脑	4050.00	5.00
	联想ThinkPad R400（2784A74）	5580.00	2.00
	LENOVO联想电脑	3015.00	10.00
	LENOVO联想电脑	3015.00	10.00
启达企业服务中心			
	LENOVO 台式电脑	4050.00	2.00
	LENOVO联想电脑	3015.00	10.00
	联想Y450A-TSI	4409.10	6.00

图 14-27　输出 PDF 格式的报表

14.4.2　管理报表

管理报表可以通过在浏览器访问“Reporting Services 配置”提供的“报表管理器 URL”来实现。在本例，报表管理器 URL 设置为 http://dataserver/Reports/。因此在 IE 浏览器中访问上述地址，可以获取报表管理器的入口。

当通过 IE 浏览器访问 http://dataserver/Reports/时，要求输入连接服务器的用户名和密码，可以使用 Windows 系统中 Administrator 组的成员用户连接报表管理器，如图 14-28 所示。

图 14-28　连接报表管理器

进入后的报表管理器如图 14-29 所示。

在报表管理器的“内容”选取项中，可以查看报表项目的内容。图 14-30 是单击“内容”选项中“报表项目 1”文件夹下的“报表项目 1”后获取的报表内容。

在如图 14-29 所示的报表内容查看窗口中，单击“属性”，切换到“报表项目 1”的“属性”选项页，如图 14-31 所示，可以修改报表的名称、数据源等。

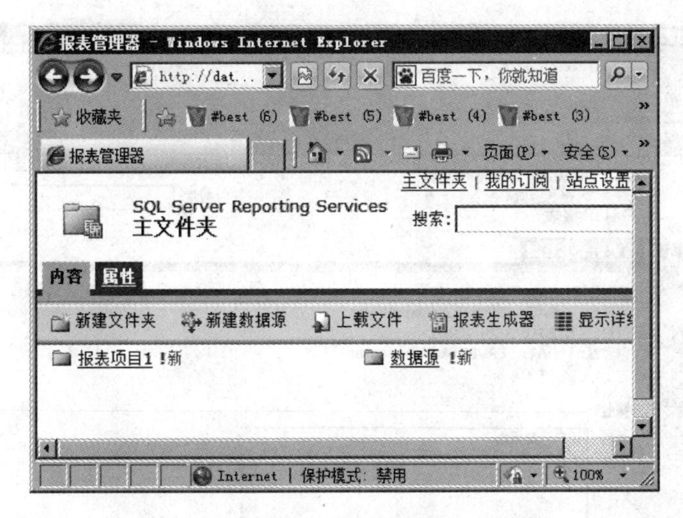

图 14-29 报表管理器

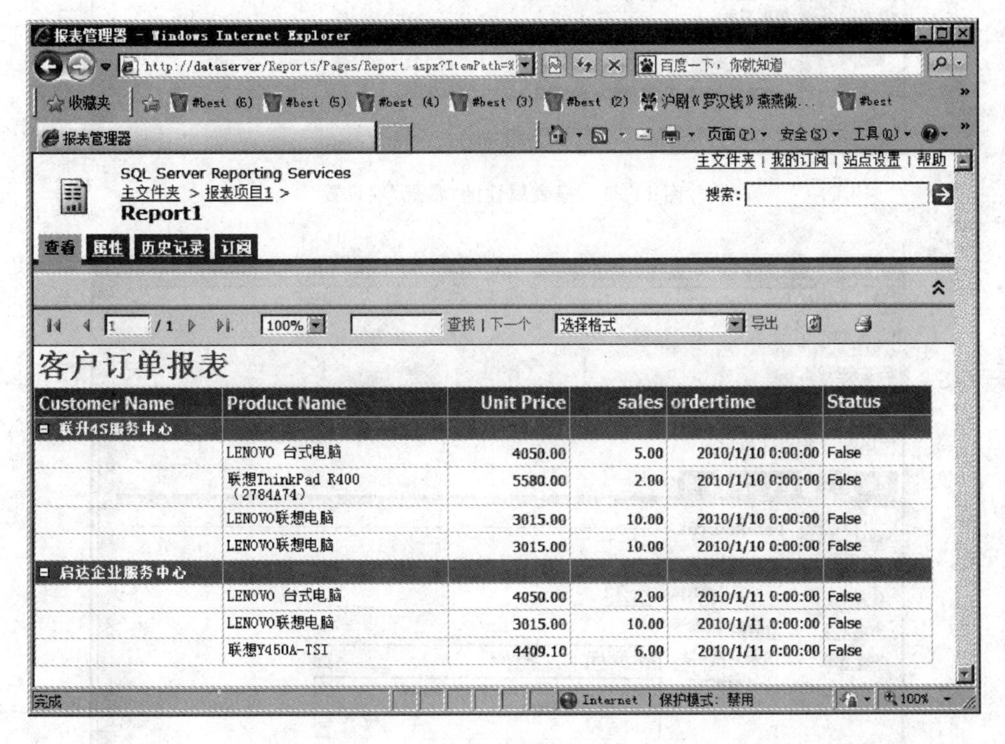

图 14-30 查看报表内容

- 常规设置。在报表项目属性的“常规”项中，可以设置报表的名称、创建链接报表等，如可以将本例报表名称修改为“客户订单报表”，单击“应用”按钮可以保存修改内容，如图 14-31 所示。
- 数据源设置。在“数据源”项中，可以修改报表项目的数据来源，以及报表连接数据库的身份验证方式，如图 14-32 所示。
- 执行设置。“执行”项可以设置报表运行的方式，如对报表缓存的设置、报表超时的

报表管理器 - Windows Internet Explorer
http://dataserver/Reports/Pages/
SQL Server Reporting Services
主文件夹 > 报表项目1 >
客户订单报表
主文件夹 | 我的订阅 | 站点设置 | 帮助
搜索:
查看 属性 历史记录 订阅
常规
数据源
执行
历史记录
安全性
修改日期: 2010/3/20 22:41
修改者: DATASERVER\Administrator
创建日期: 2010/3/20 22:01
创建者: DATASERVER\Administrator
大小: 34 KB
属性
名称: 客户订单报表
说明:
在列表视图中隐藏
报表定义
编辑 更新
应用
创建链接报表
删除
移动
当您要对该报表使用其他安全设置或参数时，创建链接报表。
完成
Internet | 保护模式: 禁用
100%

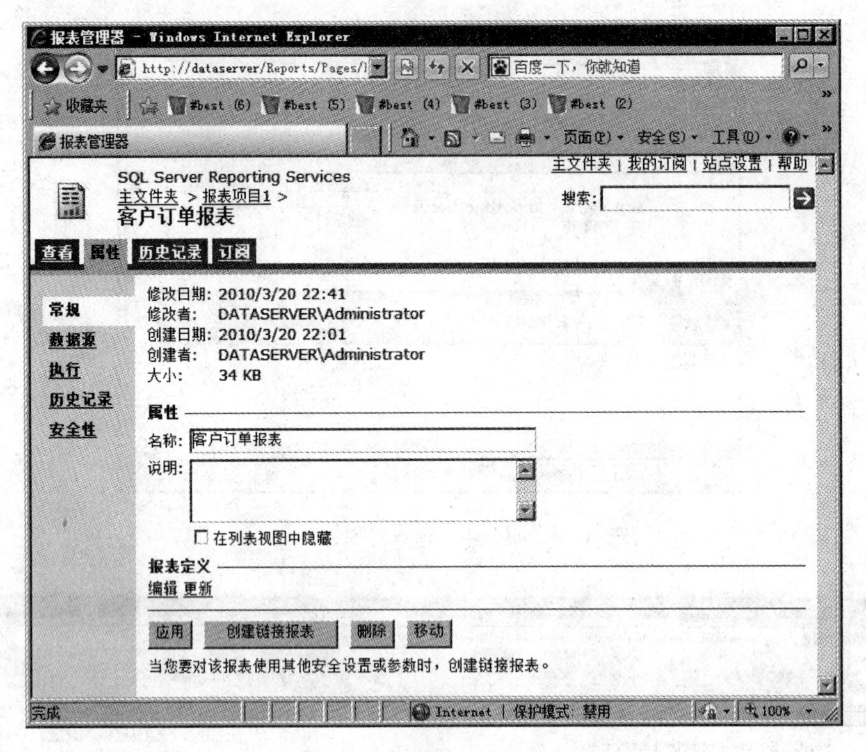

图 14-31 报表属性的“常规”项设置

报表管理器 - Windows Internet Explorer
http://dataserver/Reports/Pages/
SQL Server Reporting Services
主文件夹 > 报表项目1 >
客户订单报表
主文件夹 | 我的订阅 | 站点设置 | 帮助
搜索:
查看 属性 历史记录 订阅
常规
数据源
执行
历史记录
安全性
DataSource1
共享数据源
选择共享数据源
浏览
自定义数据源
数据源类型:
Microsoft SQL Server
连接字符串:
Data Source=DATASERVER;Initial Catalog=NetSales
连接方式:
运行该报表的用户提供的凭据
显示下列文本以提示用户输入用户名和密码:
请输入用户名和密码以访问数据源:
在与数据源建立连接时用作 Windows 凭据
安全存储在报表服务器中的凭据
完成
Internet | 保护模式: 禁用
100%

图 14-32 报表属性的“数据源”设置

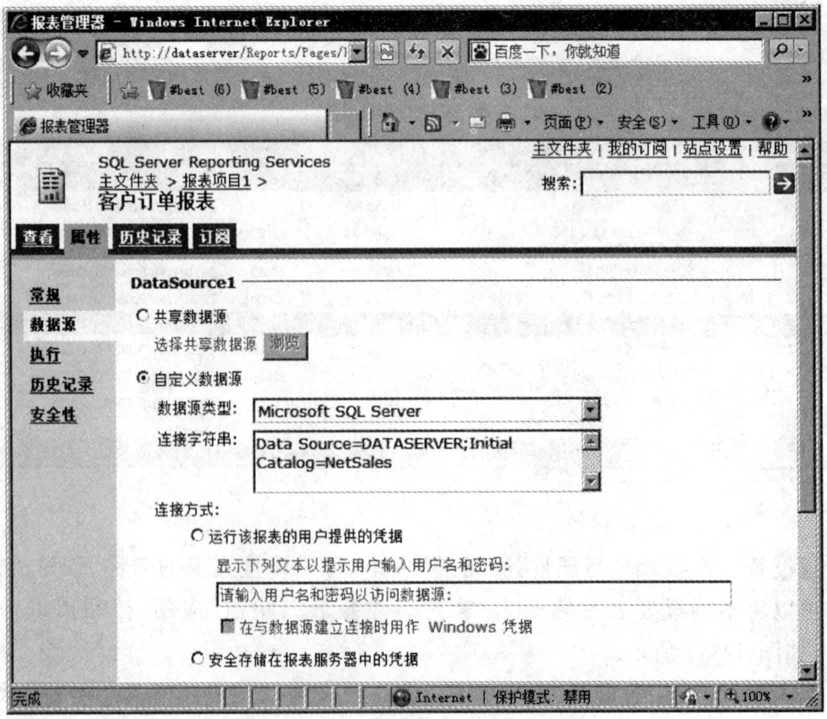

设置等。在报表的运行过程中，如果用户要求每次运行报表都要获取最新数据，可以选择“始终用最新数据运行此报表”；如果报表中的数据更新速度较慢，可以选择“通过报表执行快照呈现此报表”。当选择使用缓存和报表快照时，可以减少报表查询数据库的次数，降低服务器的负担，如图 14-33 所示。

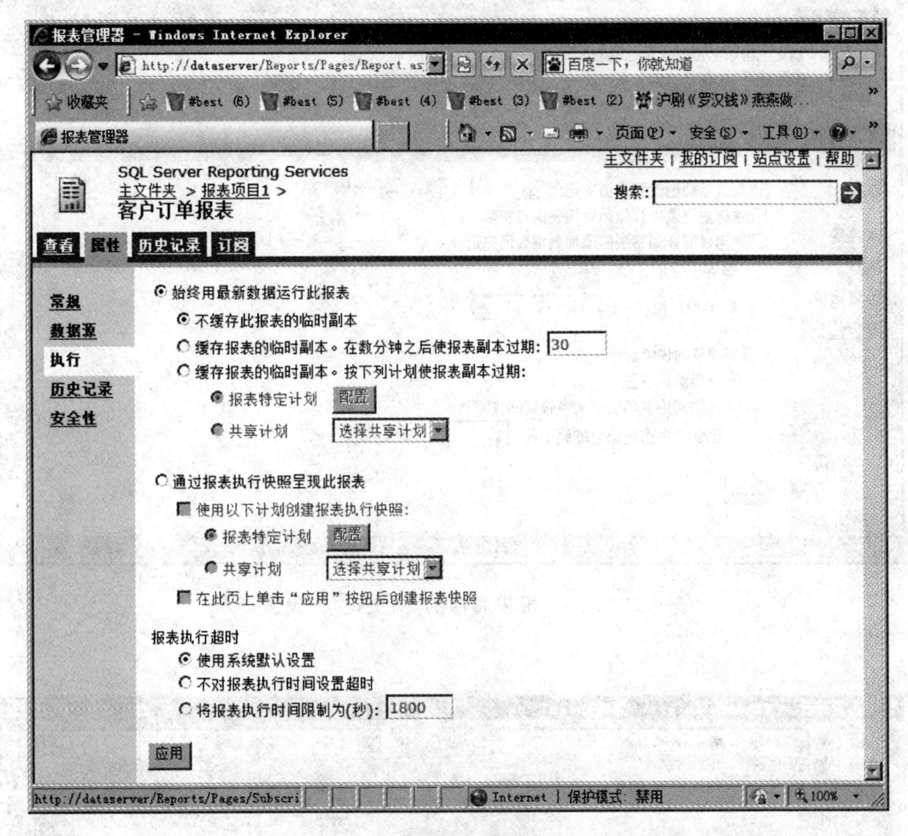

图 14-33　报表属性的“执行”设置

■ 历史记录设置。可以查看和设置报表历史记录的存储方式，默认设置为允许手动创建报表历史记录，可以根据需要选择“在历史记录中存储所有报表执行快照”“使用以下计划将快照添加到报表历史记录中”，如图 14-34 所示。

■ 安全性设置。可以设置用户对访问报表的权限。报表管理器默认只允许 Administrator 组的用户进入管理器，如果需要对用户访问报表的权限作设置，可以在如图 14-35 所示的“安全性”选项页中单击“编辑项安全设置”，通过设置 SQL Server Reporting Services 角色给用户设置权限。可分配的角色包括报表生成器、发布者、浏览者、内容管理员、我的报表。

- 报表生成器：可以查看报表定义。
- 发布者：可以将报表和链接报表发布到报表服务器。
- 浏览者：可以查看文件夹、报表和订阅报表。
- 内容管理员：可以管理报表服务器中的内容，包括文件夹、报表和资源。
- 我的报表：可以发布报表和链接报表，管理用户的“我的报表”文件夹中的文件夹、报表和资源。

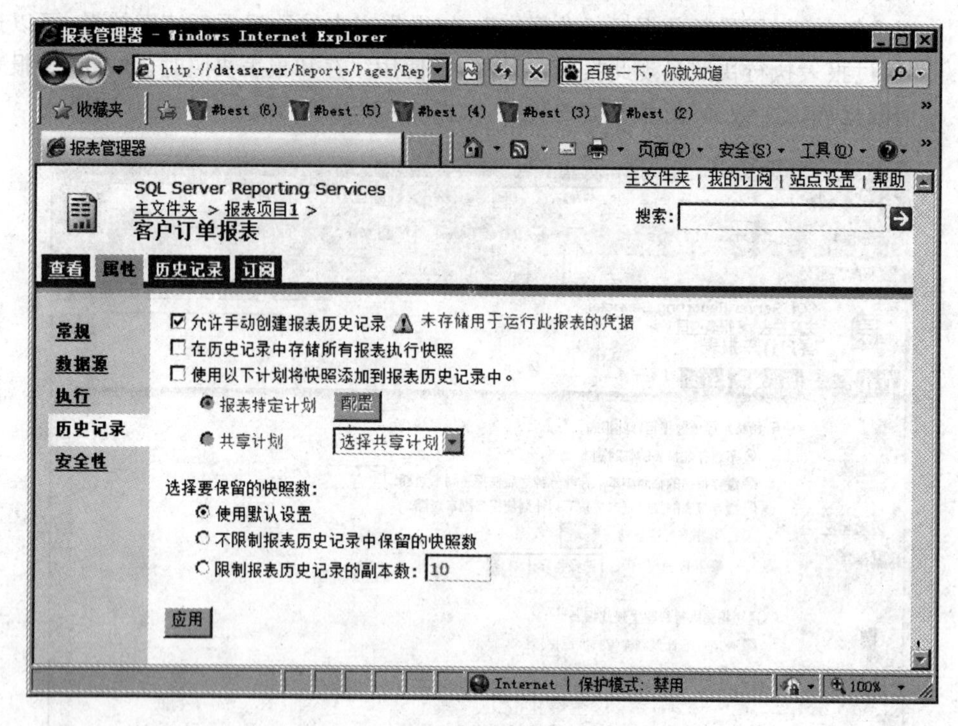

图 14-34　报表属性的“历史记录”设置

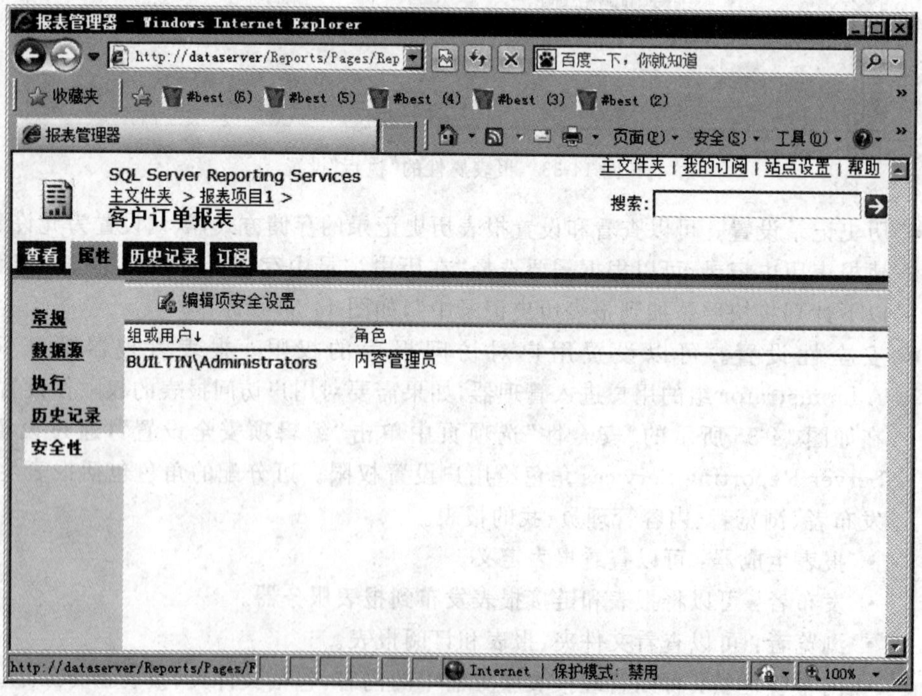

图 14-35　报表属性的“安全性”设置

14.5　本章小结

SQL Server 2012 Reporting Services 是服务器级的服务平台，灵活多样的报表设计和多种数据源的兼容可以使用户通过 SQL Server 2012 Reporting Services 创建多种用途的报表应用。

本章介绍了 SQL Server 2012 Reporting Services 的架构、报表的创建、部署和在 SQL Server 2012 Reporting Services 平台提供的报表管理器上对报表进行管理的操作和方法。

习题与思考

1. 简述 SQL Server Reporting Services 的架构及各组成部分的内容。

2. 使用向导创建 SQL Server Reporting Services 包的过程包括哪些？请自己完成上述过程。

3. SQL Server Reporting Services 的数据库有哪些？

4. SQL Server 2012 可以创建带参数的交互报表，请简述参数的传递方式。

5. SQL Server Reporting Services 配置过程包括哪些步骤？请尝试完成上述步骤。

6. 在 SQL Server 2012 中如何部署报表？请写出部署的简要过程。

参考文献

[1] Paul Atkinson,Robert Vieira. SQL Server 2012 编程入门经典.4 版.北京：清华大学出版社,2013.

[2] Adam Jorgensen,Patric LeBlanc,等. SQL Server 2012 宝典.4 版.北京：清华大学出版社,2014.

[3] 贾铁军,甘泉.数据库原理应用与实践——SQL Server 2012.北京：科学出版社,2013.

[4] 贾祥素.SQL Server 2012 案例教程.北京：清华大学出版社,2014.

[5] 勒布兰克.SQL Server 2012 从入门到精通.北京：清华大学出版社,2014.

[6] 秦婧.SQL Server 2012 王者归来——基础、安全、开发及性能优化.北京：清华大学出版社,2014.

[7] Paul Turley,Robert Bruckner,等.SQL Server 2012 Reporting Services 高级教程.2 版.北京：清华大学出版社,2014.

[8] 王英英,张少军,刘增杰. SQL Server 2012 从零开始学.北京：清华大学出版社,2012.

[9] 俞榕刚.SQL Server 2012 实施与管理实战指南.北京：电子工业出版社,2013.

[10] Brian Knight.SQL Server 2012 Integration Services 高级教程.2 版.北京：清华大学出版社,2013.

[11] 叶符明,王松.SQL Server 2012 数据库基础及应用.北京：北京理工大学出版社,2013.

教学资源支持

敬爱的教师：

感谢您一直以来对清华版计算机教材的支持和爱护。为了配合本课程的教学需要，本教材配有配套的电子教案(素材)，有需求的教师请到清华大学出版社主页(http://www.tup.com.cn)上查询和下载，也可以拨打电话或发送电子邮件咨询。

如果您在使用本教材的过程中遇到了什么问题，或者有相关教材出版计划，也请您发邮件告诉我们，以便我们更好地为您服务。

我们的联系方式：

地　　址：北京海淀区双清路学研大厦A座707

邮　　编：100084

电　　话：010－62770175－4604

课件下载：http://www.tup.com.cn

电子邮件：weijj@tup.tsinghua.edu.cn

教师交流QQ群：136490705

教师服务微信：itbook8

教师服务QQ：883604

(申请加入时，请写明您的学校名称和姓名)

用微信扫一扫右边的二维码，即可关注计算机教材公众号。

扫一扫

课件下载、样书申请

教材推荐、技术交流

质检 5